测量平差教程

张宏斌　刘学军　喻国荣　隋铭明　编著

科学出版社
北　京

内 容 简 介

测量平差是用于观测数据处理的一门应用数学。全书由三部分组成。第一部分介绍测量误差的基本理论，包括测量平差简介、误差及其定量指标、误差传播定律。第二部分阐述测量平差的基础方法，包括平差基本原理、条件平差、附有参数的条件平差、间接平差、附有限制条件的间接平差、概括平差、误差椭圆。第三部分讨论平差在测量中的应用。

本书可作为测绘类专业本科生、专科生的教材，也可供测绘工程技术人员及相关专业读者参考。

图书在版编目（CIP）数据

测量平差教程 / 张宏斌等编著. —北京：科学出版社，2019.1

ISBN 978-7-03-059717-5

Ⅰ. ①测… Ⅱ. ①张… Ⅲ. ①测量平差-教材 Ⅳ. ①P207

中国版本图书馆 CIP 数据核字（2018）第 262467 号

责任编辑：杨 红 程雷星 / 责任校对：何艳萍

责任印制：张 伟 / 封面设计：陈 敬

科学出版社出版

北京东黄城根北街 16 号

邮政编码：100717

http://www.sciencep.com

北京虎彩文化传播有限公司印刷

科学出版社发行 各地新华书店经销

*

2019 年 1 月第 一 版 开本：787×1092 1/16

2019 年 1 月第一次印刷 印张：16 7/8

字数：419 000

定价：59.00 元

（如有印装质量问题，我社负责调换）

前 言

测量平差的基本任务是处理一系列带有偶然误差的观测值，求出未知量的最佳估值，并评定测量成果的精度。“测量平差”是测绘类专业中一门重要的理论基础课，是用于观测数据处理的一门应用数学。误差理论及测量平差中的数据处理与精度评定方法，在某种程度上，对其他专业和行业的数据分析也具有一定的参考价值。

该课程理论性较强，需要具备较扎实的高等数学、线性代数、概率与数理统计知识。编者在与兄弟院校的测量平差授课教师交流时发现，测绘类专业学生在学习该门课程时，普遍存在一定的畏难情绪，教学效果未达预期。学生的数学与测绘基础尚有欠缺固然是一方面的原因，但有一本面向学生的教材，对学生来说可能也很重要，故萌生了新编一本测量平差教程的想法。

本教程主要有以下特点：

（1）加强了测量学知识与测量平差知识之间的联系，强化了测量学知识到测量平差理论的过渡。

（2）平差公式推导时，加强了纯量形式与矩阵形式之间的联系，强化了纯量形式到矩阵形式的过渡。

（3）在第 4 章平差基本原理中，引入了近似平差到严密平差的过渡，并以一个简单的水准网为例，引出四种经典平差方法，强化第 4 章在全教程中的引领作用。

（4）为比较四种经典平差方法的优缺点和适用情形，在第 5 章条件平差、第 6 章附有参数的条件平差、第 7 章间接平差、第 8 章附有限制条件的间接平差四章中，综合例题部分采用同样的水准网、三角网、导线网 3 条例题。

（5）加强了平差在测量中应用部分的内容。本教程以传统工程控制网、全球导航卫星系统、地理信息系统、摄影测量、遥感、坐标变换和曲线拟合为例，结合实例，介绍平差在测量中的应用。

（6）略去了平差系统的统计假设检验、近代平差的内容。

本书由南京师范大学刘学军，东南大学张宏斌、喻国荣，南京林业大学隋铭明共同编写。全书共 11 章，第 1、4 章由刘学军编写，第 2、3、5、6、7、8 章由张宏斌编写，第 9、10 章由喻国荣编写，第 11 章由张宏斌、隋铭明编写。全书由张宏斌统稿。

本书根据作者多年的教学与实践编写，由于编者水平有限，书中不足之处在所难免，恳请读者批评指正。

本书出版得到了东南大学交通学院、教务处及国家自然科学基金项目“插值条件下 DEM 误差的空间自相关模型研究”（项目号：41471373）的支持，在此一并表示感谢！

编 者

2018 年 6 月于南京

目　　录

第1章 绪　　论

“测量平差”（surveying adjustment）是测绘类专业中一门重要的理论基础课，是用于观测数据处理的一门应用数学。

1.1　什么是测量平差

为了测定两点间距离，如果仅丈量一次就可以得出其长度，实际工作中对该距离进行多次观测，各次重复观测的末位估读值可能不相等；欲确定一个平面三角形的形状，观测了其三个内角，三个内角观测值之和可能不等于理论值 180°；在水准网、三角网和导线网中，在多余观测了高差、角度和边长的情况下，也会出现高差、高程的矛盾和边角关系、平面坐标的矛盾，如高差闭合差、角度闭合差、纵横坐标增量闭合差等。

受仪器、观测者和外界环境的影响，观测值中不可避免地存在测量误差，误差造成了重复观测值不相等、测量值不等于理论值、几何图形不闭合，产生了不符值或闭合差。测量平差的目的就是要合理地消除这些不符值，求出未知量的最佳估值并评定结果的精度。

综上所述，测量平差即是测量数据调整的意思。其基本的定义是，依据某种最优化准则，由一系列带有观测误差的测量数据，对观测误差进行合理分配，求定未知量的最佳估值（不是真值）及精度的理论和方法。

平差是一个由中国天文学会名词审定委员会审定发布的天文学专有名词中文译名。测量平差是测绘学中一个专有名词，而且是一个有悠久历史的名词。从其基本定义可以看出，其理论和方法对于其他任何学科，只要是处理带有误差的观测数据均可适用，可见测量平差的应用十分广泛。

“测量平差”一词在我国最早出现在夏坚白、王之卓和陈永龄三位教授合著的我国第一本测量方面的教材。“二十八年秋，著者三人同在昆明，分别任教于同济大学、西南联大及中山大学。教学之际，深感国内关于测量课本及参考书之缺乏，学者苦之，乃有编辑测量学丛书之决心，而以《测量平差法》一书为始”（引自《学部委员夏坚白》）。

1.2　测量平差的发展简史

测量平差与其他学科一样，是由于生产的需要而产生的，并在生产实践的过程中，随着科学技术的进步而发展，经历了经典平差和近代平差等阶段。

1）*经典平差*

经典平差主要研究观测值中仅含有偶然误差的情形。

18 世纪末，在测量学、天文测量学等实践中提出了如何消除由观测误差引起的观测量之间矛盾的问题，即如何从带有误差的观测值中找出未知量的最佳估值。

1794 年，年仅 17 岁的高斯（Gauss）首先提出了解决这个问题的方法——最小二乘法。他根据偶然误差的四个特性，并以算术平均值为待求量的最或然值作为公理，导出了偶然误差的概率分布，给出了在最小二乘原理下未知量最或然值的计算方法。当时高斯的这一理论并没有正式发表。

1801 年，意大利天文学家朱赛普·皮亚齐发现了第一颗小行星谷神星。经过 40 天的跟踪观测后，由于谷神星运行至太阳背后，使得皮亚齐失去了谷神星的位置。随后全世界的科学家利用皮亚齐的观测数据开始寻找谷神星，但是根据大多数人计算的结果来寻找谷神星都没有结果。时年 24 岁的高斯用最小二乘法也计算了谷神星的轨道。奥地利天文学家海因里希·奥尔伯斯根据高斯计算出来的轨道重新发现了谷神星。

1809 年，高斯在《天体运动的理论》一文中正式发表了他的方法。在此之前，1806 年，勒让德尔（Legendre）发表了《决定彗星轨道方法》一文，从代数观点也独立地提出了最小二乘法，并定名为最小二乘法，所以后人称它为高斯-勒让德尔方法。

自 19 世纪初到 20 世纪五六十年代的 100 多年来，测量平差学者在基于偶然误差的依最小二乘准则的平差方法上做了许多研究，提出了一系列解决各类测量问题的平差方法（经典测量平差），针对这一时期的计算工具的情况，还提出了高斯约化法（高斯-杜里特表格）、平方根法（乔勒斯基法）等解算线性方程组的方法和许多分组解算线性方程组的方法，以达到简化计算的目的。

2）近代平差

自 20 世纪五六十年代开始，随着计算技术的进步和生产实践中高精度的需要，测量平差得到了很大发展，主要表现在以下几个方面。

（1）偶然误差→系统误差+粗差。从单纯研究观测的偶然误差理论扩展到包含系统误差和粗差，在偶然误差理论的基础上，对误差理论及其相应的测量平差理论和方法进行全方位研究，大大扩充了测量平差学科的研究领域和范围。

（2）独立观测值→相关观测值。1947 年，铁斯特拉（Tienstra）提出了相关观测值的平差理论，限于当时的计算条件，直到 20 世纪 70 年代以后才被广泛应用。相关平差的出现，使观测值的概念广义化了，将经典的最小二乘平差法推向更广泛的应用领域。

（3）非随机参数→随机参数。经典的最小二乘法平差，所选平差参数（未知量）假设是非随机变量。随着测量技术的进步，需要解决观测量和平差参数均为随机变量的平差问题，20 世纪 60 年代末提出并经 70 年代的发展，产生了顾及随机参数的最小二乘平差方法。它起源于最小二乘内插和外推重力异常的平差问题，由莫里茨（Moritz）、克拉鲁普（Krarup）提出，取名为最小二乘滤波、推估和配置，也称为拟合推估法。

（4）满秩→秩亏。经典的最小二乘平差法是一种满秩平差问题，即平差时的法方程组是满秩的，方程组有唯一解。20 世纪 60 年代，迈塞尔（Meissl）提出了针对非满秩平差问题的内制约平差原理，后经 70～80 年代多位国内外学者的深入研究，现已形成了一整套秩亏自由网平差的理论体系和多种解法，并广泛应用于测量实践。

（5）先验定权→后验定权。随着微波测距技术在测量中的应用，经典平差中的定权理论和方法也有所革新。许多学者致力于将经典的先验定权方法改进为后验定权方法的研究。在 20 世纪 80 年代，方差-协方差估计理论已经形成，并应用于测量实践。

（6）偶然误差→系统误差。观测中既然包含系统误差，那么系统误差特性、传播、检验、分析的理论研究自然展开，相应的平差方法也就产生，如附有系统参数的平差法等。为了检验系统误差的存在和影响，引进了数理统计学中的假设检验方法，结合平差对象和特点，测量学者发展了统计假设检验理论，提出了与平差同时进行的有效的检验方法。

（7）偶然误差→粗差。观测中有可能包含粗差，相应的误差理论也得到发展。其中最著名的是 20 世纪 60 年代后期荷兰巴尔达（Baarda）教授提出的测量系统的数据探测法和可靠性理论，为粗差的理论研究和实用检验方法奠定了基础。到目前为止，已经形成了粗差定位、估计和假设检验等理论体系。处理粗差问题，一种途径是进行数据探测，对粗差定位和消除；另一种途径是放弃最小二乘法，提出了在数学中称为稳健估计的方法，或称抗差估计。稳健估计理论研究和测量平差中的应用还在深入中。

另外，测量平差还从主要研究函数模型扩展到深入研究随机模型，从无偏估计扩展到有偏估计，从最小二乘估计准则扩展到其他多种估计准则，从线性模型的参数估计扩展到非线性模型的参数估计，从仅处理静态数据扩展到处理动态数据，从处理误差扩展到处理不确定性问题。

总之，自 20 世纪 70 年代以来，特别是近 20 多年来，测量平差与误差理论得到了充分发展。这些研究成果在常规测量技术中的应用已经相当普遍，但相对于不断出现和发展的测绘新技术，如何应用已有的方法，以及研究提出新的平差理论和方法，以适应现代数据处理的需要，是一个值得研究的课题。

1.3 本教程的内容和结构

本教程主要介绍偶然误差理论基础知识，讲述经典测量平差的基本理论和基本方法，数据处理的对象是带有偶然误差的观测列。教学目的是使学生掌握误差理论与经典测量平差基本原理，为进一步学习和研究近代误差理论和测量平差打好基础；学会经典测量平差的各种方法，使学生能独立地解决测绘工程中经常遇到的测量平差实际问题。

本教程主要讨论带有偶然误差的观测值平差处理问题，其内容为：

（1）偶然误差理论（第 2～3 章）。包含偶然误差特性和分布、偶然误差的传播、精度指标及其估计、权与中误差的定义及其估计方法。

（2）各类测量平差数学模型及其解算方法（第 4～10 章）。介绍各类测量平差的函数模型和随机模型的概念和建立、最小二乘原理及方法。分条件平差法、附有参数的条件平差法、间接平差法和附有限制条件的间接平差法，按最小二乘原理导出平差计算和精度评定的公式，4 种平差方法通过 3 条同样的综合例题比较其应用。还介绍了各种平差方法的概括和联系及误差椭圆。

（3）平差在测量中的应用（第 11 章）。介绍了误差理论与测量平差在传统工程控制网、全球导航卫星系统（global navigation satellite system，GNSS）、地理信息系统（geographic information system，GIS）、摄影测量、遥感（remote sensing，RS）、坐标变换和拟合模型等空间数据处理中的应用。

本教程的知识体系和组织结构如图 1-3-1 所示。

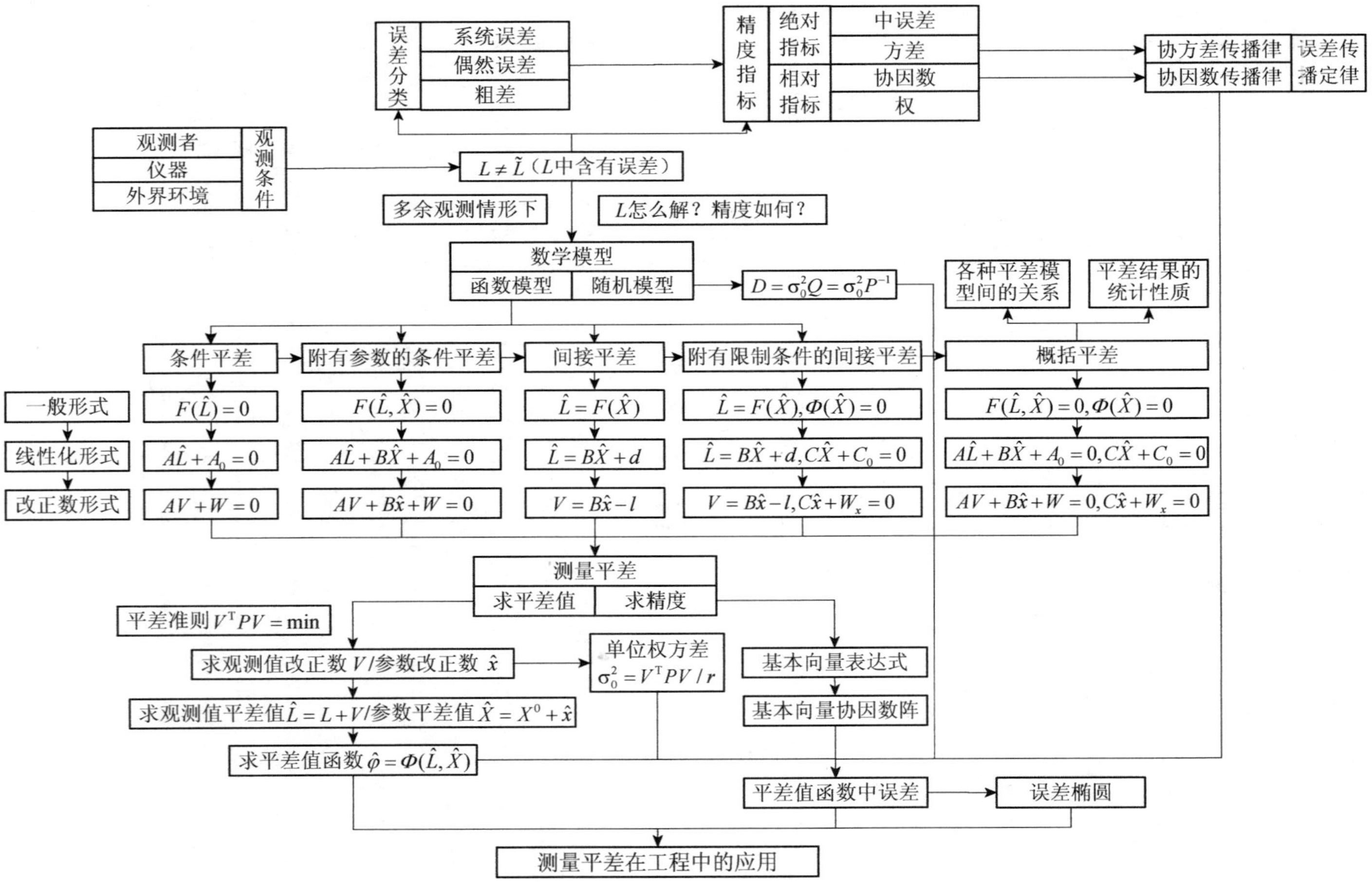

图 1-3-1　本教程的知识体系和组织结构图

1.4 如何学好测量平差

学好测量平差，需要做到以下几点。

（1）理解测量过程。测量平差主要研究观测数据的误差产生、传播及其处理，因此有必要熟悉和理解测量全过程。

（2）灵活运用数学知识。测绘类专业学生需学习高等数学、线性代数、概率与数理统计、数值分析等课程。在经典测量平差中，需要灵活运用微分、矩阵、概率等数学知识。

（3）学会运用 Matlab 或其他数据处理工具。测量平差的计算工作量很大，动辄高阶矩阵运算，手工计算费时且易算错。20 世纪 90 年代前，测绘类专业学生进行手工平差计算，甚至出现全班无两人计算结果完全一致的情形。因此有必要使学生学会运用某种数据计算和处理工具。

（4）多练习。测量平差是观测数据处理的一门应用数学课，即使经典平差部分，一些理论和方法也较难理解和掌握。需要多练习、多思考，学以致用，理论联系实际，才能更好地领悟其概念与方法。

第2章　误差及其定量指标

受观测者、测量仪器、外界环境等方面的影响，观测值不可避免地存在着测量误差。本章主要介绍测量误差的基本知识，描述单个观测量重复观测时的误差及其定量指标。论述测量误差产生的原因、测量误差分类、偶然误差的特性、衡量偶然误差的定量指标，在此基础上，阐述精度的理论定义和理论计算公式。

2.1　观测误差

2.1.1　观测条件与观测误差

对某一客观存在的量进行多次观测，例如，为求某段距离，往返丈量若干次；或为求某角度，重复观测几测回。其多次测量结果之间总是存在着差异，这说明观测值中不可避免地存在着测量误差。

产生测量误差的原因很多，概括起来有以下三方面。

1）仪器的原因

任何仪器只具有一定限度的精密度，使观测值的精密度受到限制。例如，在用只刻有厘米分划的普通水准尺进行水准测量时，就难以保证估读的毫米值完全准确。同时，仪器因装配、搬运、磕碰等存在着自身的误差，如水准仪的视准轴不平行于水准管轴，就会使观测结果产生误差。

2）观测者的原因

由于观测者的视觉、听觉等感观的鉴别能力有一定的局限，所以在仪器的安置、使用中都会产生误差，如整平误差、照准误差、读数误差等。同时，观测者的工作态度、技术水平和观测时的身体状况等也对观测结果的质量有直接影响。

3）外界环境的影响

测量工作都是在一定的外界环境条件下进行的，如温度、风力、大气折光等因素，这些因素的差异和变化都会直接对观测结果产生影响，必然使观测结果产生误差。

人、仪器、外界环境是测量工作的观测条件（即测量工作三要素），受这些条件的影响，观测结果总会产生这样或那样的观测误差，即在测量工作中观测误差是不可避免的。测量外业工作的责任就是要在一定的观测条件下，确保观测成果具有较高的质量，将观测误差减少或控制在允许的限度内。

按测量时所处的观测条件，观测可分为等精度观测和不等精度观测。在相同的观测条件下，即用同一精度等级的仪器、设备，用相同的方法和在相同的外界条件下，由具有大致相同技术水平的人所进行的观测称为等精度观测，其观测值称为等精度观测值；反之，则称为不等精度观测，其观测值称为不等精度观测值。例如，两人用 DJ6 经纬仪各自测得的一测回水平角度属于等精度观测值；若一人用 DJ2 经纬仪、一人用 DJ6 经纬仪测得的一测回水平角度，或都用 DJ6 经纬仪但一人测二测回、一人测四测回，各自所得到的均值则属于不等精度观测值。

例 2-1-1　某同学在某时间段内用某台仪器测量 AB 间水平距离五次，分别测得 110.010m、110.005m、110.000m、109.995m、109.990m。讨论：此五次数据中哪个数据的精度最高？

提示：五次数据的精度同样高。某同学、某台仪器、某时间段说明人、仪器、外界环境相同，为等精度观测。若测量过程中换不同精度仪器，则为不等精度观测。

2.1.2　观测误差分类及其处理

测量误差按其对观测结果影响性质的不同，分为系统误差、偶然误差和粗差三类。

1）系统误差

在相同的观测条件下，对某量进行的一系列观测中，数值大小和正负符号固定不变或按一定规律变化的误差，称为系统误差。

例如，用名义长度为 30.000m，而实际长度为 30.006m 的钢卷尺量距，每量一尺段就有 0.006m 的误差，其量距误差的影响符号不变，且与所量距离的长度成正比。

系统误差具有累积性，它随着单一观测值观测次数的增多而积累，系统误差的存在必将给观测成果带来系统的偏差，反映了观测结果的准确度。准确度是指观测值对真值的偏离程度或接近程度。

为了提高观测成果的准确度，首先要根据数理统计的原理和方法判断一组观测值中是否含有系统误差，其大小是否在允许的范围以内。然后采用适当的措施消除或减弱系统误差的影响，通常有以下三种处理方法。

（1）检定系统误差的大小，对观测值加以改正。例如，用钢尺量距时，通过对钢尺的检定求出尺长改正数，对观测结果加尺长改正数和温度变化改正数，来消除尺长误差和温度变化引起的误差这两种系统误差。

（2）采用对称观测的方法，使系统误差在观测值中以相反的符号出现，加以抵消。例如，水准测量时，采用前、后视距相等的对称观测，以消除视准轴不平行于水准管轴所引起的系统误差；经纬仪测角时，用盘左、盘右两个观测值取中数的方法可以消除视准轴误差、竖盘指标差等系统误差的影响。

（3）检校仪器，将仪器存在的系统误差降低到最低限度，或限制在允许的范围内，以减弱其对观测结果的影响。例如，经纬仪照准部水准管轴不垂直于竖轴的误差对水平角的影响，可通过精确检校仪器并在观测中仔细整平的方法，来减弱其影响。

系统误差的计算和消除，取决于人们对它的了解程度。用不同的测量仪器和测量方法，系统误差的存在形式不同，消除系统误差的方法也不同。必须根据具体情况进行检验、定位和分析研究，采取不同措施，使系统误差减小到可以忽略不计的程度。

系统误差的处理还有一种方法：在平差计算中考虑系统误差的存在，并将其当作附加参数纳入平差函数模型中，一并解算。

2）偶然误差

在相同的观测条件下对某量进行一系列观测，单个误差的出现没有一定的规律性，其数值的大小和符号都不固定，表现出偶然性，这种误差称为偶然误差，又称为随机误差。

例如，用经纬仪测角时，就单一观测值而言，受照准误差、读数误差、外界条件变化所引起的误差、仪器自身不完善引起的误差等的综合影响，测角误差的大小和正负号都不能预知，具有偶然性，所以测角误差属于偶然误差。

偶然误差反映了观测结果的精密度。精密度（又称精度）是指在同一观测条件下，用同一观测方法对某量多次观测时，各观测值之间相互的离散程度。

3）*粗差*

由于观测者使用仪器不正确或疏忽大意，如测错、读错、听错、算错等造成的错误，或外界条件发生意外的显著变动引起的差错称粗差。粗差的数值往往偏大，使观测结果显著偏离真值，因此，一旦发现含有粗差的观测值，应将其从观测成果中剔除出去。

一般情况下，只要严格遵守测量规范，工作中仔细谨慎，并对观测结果作必要的检核，粗差是可以发现和避免的。但在使用现今的高新测量技术，如全球导航卫星系统（GNSS）、地理信息系统（GIS）、遥感（RS）及其他高精度的自动化数据采集中，经常使粗差混入信息之中，识别粗差源并不是用简单方法就可以达到目的的，需要通过数据处理方法进行识别和消除其影响。

2.1.3 平差中三类误差的地位

在观测过程中，系统误差和偶然误差往往是同时存在的。当观测值中有显著的系统误差时，偶然误差就居于次要地位，观测误差呈现出系统的性质；反之，呈现出偶然的性质。因此，对一组剔除了粗差的观测值，首先应寻找、判断和排除系统误差，或将其控制在允许的范围内。然后根据偶然误差的特性对该组观测值进行数学处理，求出最接近未知量真值的估值，称为最或是值。同时，评定观测结果质量的优劣，即评定精度。这项工作在测量上称为测量平差，简称平差。

本教程主要讨论偶然误差及其平差方法，即总是假定：含粗差的观测值已被消除，含系统误差的观测值已经经过适当的改正。因此，在观测误差中，仅含有偶然误差，或者偶然误差占主导地位。

2.1.4 几个预备知识

下面介绍随机变量的数字特征：数学期望、方差、协方差、相关系数。

1）*数学期望*

随机变量 X 的数学期望定义为随机变量取值的概率平均值，记作 $E(X)$。

如果 X 是离散型随机变量，其可能取值为 $x_i(i=1,2,\cdots,n)$，且 $X=x_i$ 的概率 $P(X=x_i)=p_i$，则

$$E(X)=\sum_{i=1}^{\infty}x_i p_i \tag{2-1-1}$$

如果 X 是连续型随机变量，其分布密度为 $f(x)$，则

$$E(X)=\int_{-\infty}^{+\infty}xf(x)\,\mathrm{d}x \tag{2-1-2}$$

数学期望有如下性质，即运算规则如下。

设 C 为一常数，则

$$E(C)=C \tag{2-1-3}$$

这一性质是很明显的，即任意常数的理论平均值仍为该常数本身。

设 C 为一常数，X 为一随机变量，则

$$E(CX)=CE(X) \tag{2-1-4}$$

因为

$$E(CX)=\int_{-\infty}^{+\infty}Cxf(x)\,\mathrm{d}x=C\int_{-\infty}^{+\infty}xf(x)\,\mathrm{d}x=CE(X)$$

设有随机变量 X 和 Y，则

$$E(X+Y)=E(X)+E(Y) \tag{2-1-5}$$

因为

$$\begin{aligned}E(X+Y)&=\int_{-\infty}^{+\infty}\int_{-\infty}^{+\infty}(x+y)f(x,y)\,\mathrm{d}x\,\mathrm{d}y\\&=\int_{-\infty}^{+\infty}x\left[\int_{-\infty}^{+\infty}f(x,y)\,\mathrm{d}y\right]\mathrm{d}x+\int_{-\infty}^{+\infty}y\left[\int_{-\infty}^{+\infty}f(x,y)\,\mathrm{d}x\right]\mathrm{d}y\\&=\int_{-\infty}^{+\infty}xf_1(x)\,\mathrm{d}x+\int_{-\infty}^{+\infty}yf_2(y)\,\mathrm{d}y\\&=E(X)+E(Y)\end{aligned}$$

式中，$f_1(x)=\int_{-\infty}^{+\infty}f(x,y)\,\mathrm{d}y$ 和 $f_2(y)=\int_{-\infty}^{+\infty}f(x,y)\,\mathrm{d}x$ 分别为 X 和 Y 的边界分布密度，不论 X 、Y 是否相互独立，上式均成立。推广之，则有

$$E(X_1+X_2+\cdots+X_n)=E(X_1)+E(X_2)+\cdots+E(X_n) \tag{2-1-6}$$

若随机变量 X 、Y 相互独立，则

$$E(X,Y)=E(X)E(Y) \tag{2-1-7}$$

因为当 X 、Y 相互独立时，$f(X,Y)=f_1(X)f_2(Y)$，故有

$$E(X,Y)=\int_{-\infty}^{+\infty}\int_{-\infty}^{+\infty}xyf(x,y)\,\mathrm{d}x\,\mathrm{d}y=\int_{-\infty}^{+\infty}xf_1(x)\,\mathrm{d}x\int_{-\infty}^{+\infty}yf_2(y)\,\mathrm{d}y=E(X)E(Y)$$

推广之，如有随机变量 $X_1,X_2,\cdots,X_n$ 两两相互独立，则有

$$E(X_1,X_2,\cdots,X_n)=E(X_1)E(X_2)\cdots E(X_n) \tag{2-1-8}$$

以上数学期望运算规则也称为数学期望传播规律，在以后的公式推导中常要用到。

2）*方差*

随机变量 X 的方差记作 $D(X)$，其定义为

$$D(X)=E\left[X-E(X)\right]^2 \tag{2-1-9}$$

式中，$E(X)$ 为 X 的数学期望。

如果 X 是离散型随机变量，其可能取值为 $x_i(i=1,2,\cdots)$，且 $X=x_i$ 的概率 $P(X=x_i)=p_i$，则

$$D(X)=\sum_{i=1}^{\infty}\left[x-E(X)\right]^2p_i \tag{2-1-10}$$

如果 X 是连续型随机变量，其分布密度为 $f(x)$，则

$$D(X)=\int_{-\infty}^{+\infty}\left[x-E(X)\right]^2f(x)\,\mathrm{d}x \tag{2-1-11}$$

方差的运算有如下性质。

设 C 为一常数：

$$D(C)=0 \tag{2-1-12}$$

此性质可由方差定义式（2-1-9）直接得出。

设 C 为一常数，X 为一随机变量，则

$$D(CX)=C^2D(X) \tag{2-1-13}$$

这是因为

$$D(CX)=E\left[CX-E(CX)\right]^2=C^2E\left[X-E(X)\right]^2=C^2D(X)$$

$$D(X)=E(X^2)-\left[E(X)\right]^2 \tag{2-1-14}$$

这是因为

$$\begin{aligned}D(X)&=E\left[X-E(X)\right]^2=E\left[X^2-2XE(X)+E^2(X)\right]\\&=E(X^2)-2E(X)E(X)+E^2(X)=E(X^2)-E^2(X)\end{aligned}$$

若随机变量 X 和 Y 相互独立，则

$$D(X+Y)=D(X)+D(Y) \tag{2-1-15}$$

这是因为

$$\begin{aligned}D(X+Y)&=E\left[X+Y-E(X+Y)\right]^2\\&=E\left\{\left[X-E(X)\right]+\left[Y-E(Y)\right]\right\}^2\\&=D(X)+2\sigma_{XY}+D(Y)\end{aligned}$$

式中，$\sigma_{XY}=E\{[X-E(X)][Y-E(Y)]\}$，由下面的式（2-1-17）定义；当 X 和 Y 相互独立时，$\sigma_{XY}=0$，故式（2-1-15）成立。

推广之，若有随机变量 $X_1,X_2,\cdots,X_n$ 两两相互独立，则有

$$D(X_1+X_2+\cdots+X_n)=D(X_1)+D(X_2)+\cdots+D(X_n) \tag{2-1-16}$$

3）协方差

协方差用于描述两随机变量 X、Y 的相关程度，记作 σ_{XY}，定义为

$$\sigma_{XY}=E\left\{\left[X-E(X)\right]\left[Y-E(Y)\right]\right\} \tag{2-1-17}$$

当 X 和 Y 的协方差 $\sigma_{XY}=0$ 时，表示这两个随机变量互不相关；如果 $\sigma_{XY}\neq 0$，则表示它们是相关的。

4）相关系数

两随机变量 X、Y 的相关性还可用相关系数来描述，相关系数定义为

$$\rho=\frac{\sigma_{XY}}{\sqrt{D(X)}\sqrt{D(Y)}}=\frac{\sigma_{XY}}{\sigma_X\sigma_Y} \tag{2-1-18}$$

式中，$\sqrt{D(X)}=\sigma_X$ 和 $\sqrt{D(Y)}=\sigma_Y$ 分别称为随机变量 X 和 Y 的标准差。相关系数具有如下性质：

$$-1\leqslant\rho\leqslant 1$$

2.2 偶然误差

2.2.1 偶然误差的分析实验

测量中的被观测量，客观上都存在着一个真实值，简称真值。对该量进行观测得到观测值，真值与观测值之差，称为真误差。设某一量的真值为 $\tilde{L}$，对此量进行 n 次观测，得到的观测值（不包含系统误差）为 $L_1, L_2, \cdots, L_n$，在每次观测中发生的偶然误差（又称真误差）为 $\Delta_1, \Delta_2, \cdots, \Delta_n$，则定义：

$$\Delta_i = \tilde{L} - L_i \ (i = 1, 2, \cdots, n) \tag{2-2-1}$$

由前所述，偶然误差单个出现时不具有规律性，但在相同条件下重复观测某一量时，所出现的大量的偶然误差却具有一定的规律性。进行统计的数量越大，规律性越明显。这种规律性可根据概率论原理，用统计学的方法来分析研究。下面结合某观测实例，用统计方法进行分析。

例如，在相同条件下对某一个平面三角形的三个内角重复观测了 358 次，由于观测值含有误差，故每次观测所得的三个内角观测值之和一般不等于 180°，按式（2-2-1）算得三角形内角和各次观测的真误差 Δ_i：

$$\Delta_i = 180° - (\beta_{i1} + \beta_{i2} + \beta_{i3}) \tag{2-2-2}$$

式中，β_{i1}、β_{i2}、β_{i3} 为三角形三个内角的各次观测值（$i = 1, 2, \cdots, 358$）。

现取误差区间 dΔ（间隔）为 0.2″，将误差按数值大小及符号进行排列，统计出各区间的误差个数 k 及相对个数 $k/n(n = 358)$，见表 2-2-1。k/n 称为误差出现的频率。

表 2-2-1　偶然误差的统计

误差区间 dΔ	负误差		正误差	
	个数 k	相对个数 k/n	个数 k	相对个数 k/n
0～0.2″	45	0.126	46	0.128
0.2″～0.4″	40	0.112	41	0.115
0.4″～0.6″	33	0.092	33	0.092
0.6″～0.8″	23	0.064	21	0.059
0.8″～1.0″	17	0.047	16	0.045
1.0″～1.2″	13	0.036	13	0.036
1.2″～1.4″	6	0.017	5	0.014
1.4″～1.6″	4	0.011	2	0.006
1.6″以上	0	0.000	0	0.000
总和	181	0.505	177	0.495

2.2.2　偶然误差的分布特性

从表 2-2-1 的统计数字中，可以总结出在相同的条件下进行独立观测而产生的一组偶然误差具有以下四个统计特性。

（1）有界性：在一定的观测条件下，偶然误差的绝对值有一定的限度，或者说，超出一定限值的误差，其出现的频率为零，用概率表示为

$$P(\Delta) = \int_{-B}^{+B} f(\Delta)\,\mathrm{d}\Delta = 1 \tag{2-2-3}$$

（2）单峰性：绝对值小的误差比绝对值大的误差出现的机会（频率）大，用概率表示为

$$|\Delta_1| < |\Delta_2| \Rightarrow P(|\Delta_1|) > P(|\Delta_2|) \tag{2-2-4}$$

（3）对称性：绝对值相等的正、负误差出现的机会（频率）相等，用概率表示为

$$|\Delta_i| = |\Delta_j| \Rightarrow P(|\Delta_i|) = P(|\Delta_j|) \tag{2-2-5}$$

（4）抵偿性：在相同条件下，对同一量进行重复观测，偶然误差的算术平均值随着观测次数的无限增加而趋于零，即

$$\lim_{n\to\infty}\frac{\Delta_1+\Delta_2+\cdots+\Delta_n}{n}=\lim_{n\to\infty}\frac{[\Delta]}{n}=0 \tag{2-2-6}$$

式中，[]表示求和。

上述第四个特性是由第三个特性导出的，它说明偶然误差具有抵偿性，这个特性对深入研究偶然误差具有十分重要的意义。

由偶然误差的特性可知，当观测次数无限增加时，偶然误差的算术平均值必然趋近于零。但实际上，对任何一个未知量不可能进行无限次观测，通常为有限次观测，因而不能以严格的数学理论去理解表达式（2-2-6），它只能说明这个趋势。但是，由于其正的误差和负的误差可以相互抵消，因此，可以采用多次观测，取观测结果的算术平均值作为最终结果。

由于偶然误差本身的特性，它不能用计算改正和改变观测方法来简单地加以消除，只能用偶然误差的理论加以处理，以减弱偶然误差对测量成果的影响。

因为偶然误差对观测值的精度有较大影响，为了提高精度，削减其影响，一般采用以下措施：

（1）在必要时或仪器设备允许的条件下，适当提高仪器的精度等级。

（2）多余观测，例如，测一个平面三角形，只需测得其中两个角即可决定其形状，但实际上还应测出第三个角，使观测值的个数大于未知量的个数，以便检查三角形内角和是否等于 180°，从而根据闭合差评定测量精度和分配闭合差。

（3）求最可靠值，一般情况下未知量真值无法求得，通过多余观测，求出观测值的最或是值，即最可靠值，最常见的方法是求得观测值的算术平均值。

学习误差理论知识的目的是使学生能够了解误差产生的规律，正确地处理观测成果，即根据一组观测数据，求出未知量的最可靠值，并衡量其精度。同时，根据误差理论制定精度要求，选用适当观测方法指导测量工作，以符合规定精度。

2.2.3 偶然误差的概率密度函数

若以横坐标表示偶然误差的大小，纵坐标表示各区间内误差出现的频率除以区间的间隔值，即 $\frac{k/n}{\mathrm{d}\Delta}$（本例取 $\mathrm{d}\Delta=0.2''$），可绘出误差统计频率直方图（图 2-2-1）。

显然，图 2-2-1 中所有矩形面积的总和等于 1，而每个长方条的面积（图 2-2-1 中斜线所示的面积）等于

$$\frac{k/n}{\mathrm{d}\Delta}\times\mathrm{d}\Delta=k/n \tag{2-2-7}$$

即为偶然误差出现在该区间的频率，如偶然误差出现在 $+4''\sim+6''$ 区间内的频率为 0.092。

以上根据 358 个三角形角度闭合差作出的误差出现频率直方图的基本图形（中间高、两边低并向横轴逐渐逼近的对称图形）并不是一种特例，而是统计偶然误差出现的普遍规律，并且可以用数学公式表示。

若使观测次数 $n\to\infty$，并将区间 $\mathrm{d}\Delta$ 分得无限小（$\mathrm{d}\Delta\to 0$），此时各组内的频率趋于稳定而成为概率，直方图顶端连线将变成一个光滑的对称曲线（图 2-2-2），该曲线称为高斯偶然误差分布曲线，在概率论中称为正态分布曲线。也就是说，在一定的观测条件下，对应着一个确定的误差分布，曲线的纵坐标 y 是概率/间距，它是偶然误差 Δ 的函数，记为 $f(\Delta)$。图 2-2-2

中斜线所表示的长方条面积 $f(\Delta_i)\mathrm{d}\Delta$，则是偶然误差出现在微小区间 $\left(\Delta_i-\frac{1}{2}\mathrm{d}\Delta,\ \Delta_i+\frac{1}{2}\mathrm{d}\Delta\right)$ 内的概率，记为 $P(\Delta_i)=f(\Delta_i)\mathrm{d}\Delta$，称为概率元素。

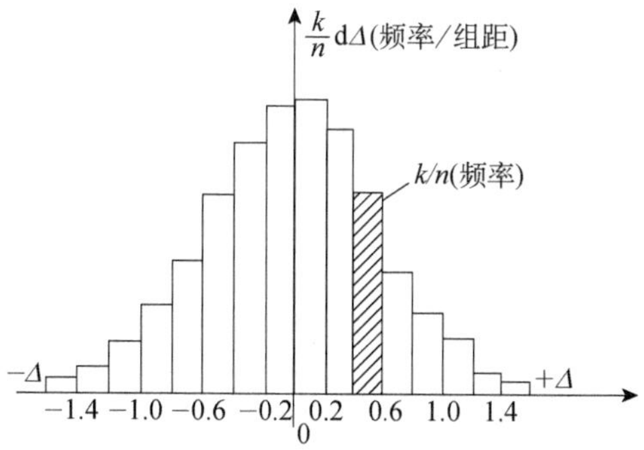

图 2-2-1　误差统计频率直方图

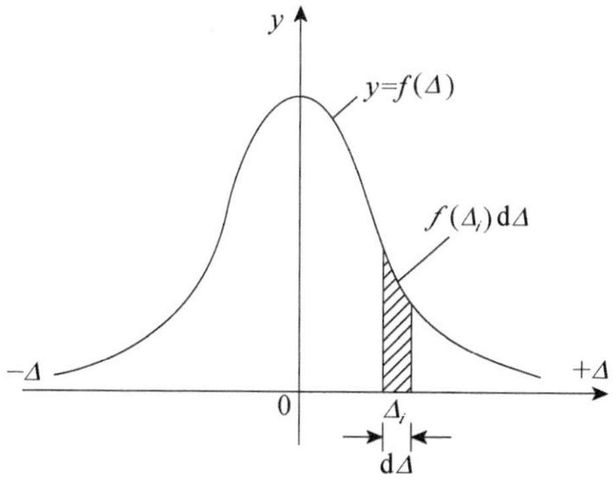

图 2-2-2　误差正态分布曲线

偶然误差出现在微小区间 dΔ 内的概率的大小与 $f(\Delta_i)$ 值有关，$f(\Delta_i)$ 越大表示偶然误差出现在该区间内的概率也越大，反之则越小，因此称 $f(\Delta)$ 为偶然误差的概率密度函数，简称密度函数，其公式为

$$y=f(\Delta)=\frac{1}{\sqrt{2\pi}\sigma}\mathrm{e}^{-\frac{\Delta^2}{2\sigma^2}} \tag{2-2-8}$$

式中，σ 为观测误差的标准差。

2.2.4　偶然误差的数字特征

由式（2-2-8）可知，偶然误差服从正态分布，即 $\Delta\sim N(0,\sigma^2)$。式中，$\pi=3.1415926$，为圆周率；$\mathrm{e}=2.7182818$，为自然对数的底；σ 为标准差；标准差的平方 σ^2 称为方差。该式以偶然误差 Δ 为自变量，标准差 σ 为密度函数的唯一参数。

偶然误差的数字特征如下。

（1）数学期望：

$$E(\Delta)=\lim_{n\to\infty}\frac{\sum\Delta_i}{n}=0 \tag{2-2-9}$$

此即为前述偶然误差的第四个特性——抵偿性。

（2）方差：

$$D(\Delta)=E\big[(\Delta-E(\Delta))(\Delta-E(\Delta))\big]=E(\Delta^2)=\lim_{n\to\infty}\frac{[\Delta\Delta]}{n}=\sigma^2 \tag{2-2-10}$$

即方差为偶然误差平方的理论平均值：

$$\sigma^2=\lim_{n\to\infty}\frac{\Delta_1^2+\Delta_2^2+\cdots+\Delta_n^2}{n}=\lim_{n\to\infty}\frac{[\Delta\Delta]}{n} \tag{2-2-11}$$

（3）标准差：

$$\sigma=\lim_{n\to\infty}\sqrt{\frac{[\Delta\Delta]}{n}} \tag{2-2-12}$$

标准差的大小取决于在一定条件下偶然误差出现的绝对值的大小。由于在计算时取各个偶然误差的平方和，当出现有较大绝对值的偶然误差时，在标准差σ中会得到明显的反映。

2.2.5 含有偶然误差的观测值分布

上面介绍了偶然误差的分布，下面讨论含有偶然误差的观测值分布。

由真误差定义$\varDelta=\tilde{L}-L$，得$L=\tilde{L}-\varDelta$。式中，$\tilde{L}$为观测量的真值，是常数；真误差$\varDelta$是服从正态分布的随机变量，故观测值L也是服从正态分布的随机变量。根据式（2-2-9）和式（2-2-10），则

观测值的数学期望：

$$E(L)=E(\tilde{L}-\varDelta)=E(\tilde{L})-E(\varDelta)=\tilde{L} \tag{2-2-13}$$

观测值的方差：

$$D(L)=E\left[(L-E(L))(L-E(L))\right]=E(\varDelta\varDelta)=\sigma^2 \tag{2-2-14}$$

故观测值$L\sim N(\tilde{L},\sigma^2)$，即观测值服从正态分布，其数学期望为观测值的真值，方差与偶然误差的方差相等。

2.3 偶然误差定量指标——精度

2.3.1 为什么要引入精度指标

在2.1.1节中已经指出：观测条件是指产生测量误差的几个主要因素（仪器、观测者、外界条件）的综合。众所周知，观测条件的好坏与观测成果的质量有着密切的关系。一般来说，观测条件好，观测时所产生的误差平均值就偏小，观测成果的质量就高，观测值的精度也高；反之，观测条件差，观测成果的质量就低，观测值的精度也低。因此，观测成果的质量高低在客观上反映了观测条件的优劣，即一定的观测条件对应于一定的测量精度。对于在相同观测条件下进行的一组观测，每一观测值都称为等精度观测值。但必须指出：由于偶然误差的随机性，各自的真误差彼此并不相等，有时甚至会相差较大。因此，等精度观测值的数值不一定相等。对于同一类的不同量，如果也是在相同的观测条件下进行的两组观测，则称这两组的观测值精度相等或相当。

在一定的观测条件下进行的一组观测，它总是对应着一种确定不变的误差分布。若观测条件好，则其对应的误差分布一定较为密集。小误差出现的机会多，则表示该组观测质量较好，即这一组的观测精度较高；反之，若观测条件差，则误差分布较为离散，即观测值的波动较大，表示该组观测质量较差，即该组观测精度较低。由此可见，观测精度，就是指该组观测值误差分布的密集或离散的程度。在不同的观测条件下，将会得到两条分布密度曲线，一条陡峭，一条平缓（图2-3-1）。陡峭的说明误差分布较为密集，小误差出现的个数较多，当然观测精度要高些；平缓的说明误差分布较为离散，当然，这组观测值的精度便低些。

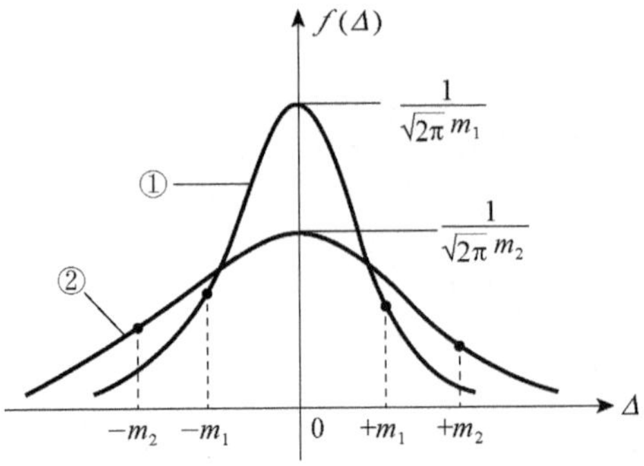

图2-3-1 不同误差的正态分布曲线

下面将直接给出评估观测值精度高低的几种数值指标。

2.3.2　绝对精度指标——方差与中误差

在数理统计中，随机变量 X 的离散程度是用 $E\left[\left|X-E(X)\right|\right]$ 来度量的，但如果依据此式进行离散程度运算，则会因为式中有绝对值的存在而产生困难。因此在测量数据处理中，通常用 $E\left\{\left[X-E(X)\right]^2\right\}$ 来度量随机变量与其均值的偏离程度，称其为方差，即式（2-1-11）：

$$D(X)=\sigma^2=E\left\{\left[X-E(X)\right]^2\right\}=\int_{-\infty}^{+\infty}\left[X-E(X)\right]^2 f(x)\mathrm{d}x \tag{2-3-1}$$

式中，σ^2 为误差分布的方差；$f(x)$ 为 X 的概率分布密度函数。

这里所研究的对象是偶然误差 $\varDelta$，它是随机变量，且服从正态分布，其概率密度函数为式（2-2-8），即

$$f(\varDelta)=\frac{1}{\sqrt{2\pi}\sigma}\mathrm{e}^{-\frac{\varDelta^2}{2\sigma^2}}$$

由方差定义式（2-3-1），并考虑 $E(\varDelta)=0$，则得偶然误差 $\varDelta$ 的方差表达式为

$$\sigma^2=D(\varDelta)=E(\varDelta^2)=\int_{-\infty}^{+\infty}\varDelta^2 f(\varDelta)\mathrm{d}\varDelta \tag{2-3-2}$$

方差为真误差平方 $\varDelta^2$ 的数学期望。上式可以写成

$$\sigma^2=\lim_{n\to\infty}\sum_{i=1}^{n}\frac{\varDelta_i^2}{n}=\lim_{n\to\infty}\frac{[\varDelta\varDelta]}{n} \tag{2-3-3}$$

标准差就是方差开方所得，即

$$\sigma=\sqrt{E(\varDelta^2)} \tag{2-3-4}$$

或者写成

$$\sigma=\lim_{n\to\infty}\sqrt{\frac{[\varDelta\varDelta]}{n}} \tag{2-3-5}$$

可以看出，上述方差和标准差的定义式，都是在理想情况下定义的，方差 σ^2 和标准差 σ 分别为 $\frac{[\varDelta\varDelta]}{n}$ 和 $\sqrt{\frac{[\varDelta\varDelta]}{n}}$ 的极限值，即当 n 充分大时的理论数值。但在实际计算中，n 总是一个有限值，这意味着，由有限个真误差只能求得方差和标准差的估值。

测量中，通常用符号 m^2 和 m 表征方差 σ^2 的估值 $\hat{\sigma}^2$ 和标准差 σ 的估值 $\hat{\sigma}$，并称 m 为中误差，即方差估值：

$$m^2=\frac{[\varDelta\varDelta]}{n} \tag{2-3-6}$$

中误差：

$$m=\sqrt{\frac{[\varDelta\varDelta]}{n}} \tag{2-3-7}$$

以上两式就是根据一组等精度真误差计算方差和中误差估值的公式。

不难看出，小误差出现得越多，m 越小，精度就越高，而且即使有一个真误差显著大时，m 也会有较大的增长，即中误差可以灵敏地反映出较大真误差的影响，能够明显地反映出精度的高低，这就是为什么我国及其他国家在测量中一般都使用中误差 m 作为衡量精度的指标的重要原因。

由于在实际的测量工作中，测量中观测次数 n 不可能为无穷，总是有限的，因此实际上

只能求得方差σ^2和标准差σ的估值。故在之后的叙述中，不再突出“估值”的概念，也就是不再着重于σ^2与$\hat{\sigma}^2$、m^2及σ与$\hat{\sigma}$、m的区分，统一称为“方差”和“中误差”。

关于方差和中误差的几点说明：①理论上σ^2和σ是常数，但观测次数是有限的，所以m^2和m仍然是一随机量。②是哪个观测值的$\varDelta$，计算出的就是哪个观测值的方差。③误差$\varDelta$是在相同观测条件下得到的同类量的真误差。$\varDelta$可以是同一个量的观测值的真误差，也可以不是同一个量的观测值的真误差，但必须是等精度、同类量的观测值的真误差。

例 2-3-1 为检定一架刚刚购进的经纬仪的测角精度，现对某一已知水平角（$\beta=85°24'37.0''$）做25次观测，根据观测结果算得各次的观测误差为：+1.5″，+1.3″，+0.8″，−1.1″，+0.6″，+1.1″，+0.2″，−0.3″，−0.5″，+0.6″，−2.0″，−0.7″，−0.8″，−1.2″，+0.8″，−0.3″，+0.6″，+0.8″，−0.3″，−0.9″，−1.1″，−0.4″，−1.3″，−0.9″，+1.2″。试根据$\varDelta_i$求测角精度$\hat{\sigma}^2$和$\hat{\sigma}$。

解： 由$\varDelta_i$解得

$$[\varDelta\varDelta]=\sum\varDelta_i^2=22.61('')^2$$

由式（2-3-6）和式（2-3-7）算得测角精度为

$$m^2=\hat{\sigma}^2=\frac{[\varDelta\varDelta]}{n}=\frac{22.61}{25}=0.90('')^2$$

$$m=\hat{\sigma}=\sqrt{\hat{\sigma}^2}=\sqrt{0.90}=0.95('')$$

例 2-3-2 在相同观测条件下，观测了某一测区的20个三角形的所有内角，并按公式$\varDelta_i=180°-(\beta_1+\beta_2+\beta_3)$计算出了20个三角形内角和的真误差，如下：+1.8″，+0.6″，−2.0″，−1.3″，+1.2″，−1.0″，+1.3″，+0.5″，−1.2″，−0.7″，−0.8″，−1.1″，+2.5″，+2.0″，+1.3″，+1.7″，−2.4″，+1.4″，+1.1″，+3.0″。试依据$\varDelta_i$计算三角形内角和Σ的方差和标准差的估值。

解： 由$\varDelta_i$算得$[\varDelta\varDelta]=50.21$，由式（2-3-6）和式（2-3-7）算得三角形内角和的方差和标准差的估值为

$$m_\Sigma^2=\hat{\sigma}_\Sigma^2=[\varDelta\varDelta]/n=50.21/20=2.51('')^2$$

$$m_\Sigma=\hat{\sigma}_\Sigma=\sqrt{2.51}=1.58('')$$

2.3.3 相对精度指标——权与协因数

1）为什么要引入权

前面所讨论的问题，是如何从n次等精度观测值中求出未知量的最或是值，并评定其精度。但在测量工作中，还可能经常遇到：对未知量进行n次不等精度观测。那么，也同样产生了如何从这些不等精度观测值求出未知量的最或是值并评定其精度的问题。

例如，对未知量x进行了n次不等精度的观测，得n个观测值$L_i(i=1,2,\cdots,n)$，它们的中误差为$m_i\ (i=1,2,\cdots,n)$，此时就不能取观测值的算术平均值作为未知量的最或是值了。那么，对于不同精度观测，应该用什么公式来计算未知量的最或是值呢？这个问题可以这样解决：在计算不同精度观测值的最或是值时，精度高的观测值在其中占的“比重”大一些，而精度低的观测值在其中占的“比重”小一些。这里，这个“比重”就反映了观测的精度，“比重”可以用数值表示，在测量工作中，称这个数值为观测值的“权”。显然，观测值的精度越高，即中误差越小，其权就越大；反之，观测值的精度越低，即中误差越大，其权就越小。

2）权的定义

在测量的计算中，给出了用中误差求权的定义公式：设以p_i表示观测值L_i的权，则权的

定义公式为

$$p_i = \frac{\sigma_0^2}{\sigma_i^2}(i = 1, 2, \cdots, n) \tag{2-3-8}$$

式中，σ_0 为任意值；σ_i 为 L_i 的中误差。在用上式求一组观测值的权 p_i 时，必须采用同一个 σ_0 值。从上式可见，p_i 是与中误差平方成反比的一组比例数。

式（2-3-8）可以改写为

$$\sigma_0^2 = p_i\sigma_i^2(i = 1, 2, \cdots, n) \text{ 或 } \frac{p_i}{1} = \frac{\sigma_0^2}{\sigma_i^2}(i = 1, 2, \cdots, n)$$

由上式可见，σ_0 为权等于 1 的观测值的中误差，通常称等于 1 的权为单位权，权为 1 的观测值为单位权观测值。而 σ_0 为单位权观测值的中误差，简称为单位权中误差。

当已知一组观测值的中误差时，可以先设定 σ_0 值，然后按式（2-3-8）确定这组观测值的权。

由权的定义公式（2-3-8）知：权与中误差的平方成反比，即精度越高，权越大。并且有

$$p_1 : p_2 : \cdots : p_n = \frac{1}{\sigma_1^2} : \frac{1}{\sigma_2^2} : \cdots : \frac{1}{\sigma_n^2} \tag{2-3-9}$$

权的性质：

（1）权和中误差都是用来衡量观测值精度的指标，但中误差是绝对性数值，表示观测值的绝对精度，权是相对性数值，表示观测值的相对精度。

（2）权与中误差的平方成反比，中误差越小，权越大，表示观测值越可靠，精度越高。

（3）权始终取正号。

（4）由于权是一个相对性数值，对于单一观测值而言，权无意义。

（5）权的大小随 σ_0 的不同而不同，但权之间的比例关系不变。

（6）在同一个问题中只能选定一个 σ_0 值，不能同时选用几个不同的 σ_0 值，否则就破坏了权之间的比例关系。

（7）在同类观测值中，权无单位，在不同类观测值中，权有单位。

“权”的概念之所以重要，主要是由于在平差前，必须首先确定各个观测值的“权”的大小，以权衡并确定各个观测值在平差结果中所占的比重，就如同确定一个人在某个集体中所起的作用一样。虽然在平差前，并不知道各观测值的中误差的大小，但根据各观测值的相互关系，可以确定各观测值的权，所以权为先验值。

思考：可不可以用 $p_i = \dfrac{\sigma_0}{\sigma_i}$ 或其他定权方式。

3）权的例题

例 2-3-3　在Ⅰ、Ⅱ等三角测量中，Ⅰ等观测角 β_{I} 的测角中误差为 0.7″，Ⅱ等观测角 β_{II} 的测角中误差为 1.0″，试确定Ⅰ、Ⅱ等观测角的权 p_{I} 和 p_{II}。

解：将Ⅱ等观测角（β_{II}）视为单位权观测，即取

$$\sigma_0 = \sigma_{\text{II}} = 1.0''$$

由此得

$$p_{\text{II}} = \sigma_0^2 / \sigma_{\text{II}}^2 = 1, \quad p_{\text{I}} = \sigma_0^2 / \sigma_{\text{I}}^2 = 1^2 / 0.7^2 = 2.04$$

例 2-3-4　在边角网中，已知角度观测值 β 的测角中误差为 1.0″，边长观测值 S 的测边中

误差为 2.0cm。试确定角度观测值 β 和边长观测值 S 的权 p_β 和 p_S。

解：将角度观测值 β 视为单位权观测，即取

$$\sigma_0 = \sigma_\beta = 1.0''$$

由此得 $p_\beta = \sigma_0^2 / \sigma_\beta^2 = 1$（无量纲）。

$$p_S = \sigma_0^2 / \sigma_S^2 = 1/2^2 = 0.25('')^2 / \text{cm}^2$$

由以上两个例子可以看出，在同类观测值中，权是无量纲的（如例 2-3-3）。在不同类的观测值中，若某一类观测值的权是无量纲的，则另一类观测值的权必然是有量纲的（如例 2-3-4）。其他平差问题中的常用定权方法，将在 3.7.5 节中作详细介绍。

4）协因数

由权的定义知道，观测值的权与它的方差成反比，即

$$p_i = \frac{\sigma_0^2}{\sigma_i^2}(i = 1,2,\cdots,n)$$

由上式得 $\sigma_i^2 = \dfrac{\sigma_0^2}{p_i}$ 或 $\sigma_i = \sigma_0\sqrt{\dfrac{1}{p_i}}$。

把 p_i^{-1} 定义为协因数（又称权倒数），即

$$Q_i = \frac{1}{p_i} = \frac{\sigma_i^2}{\sigma_0^2} \tag{2-3-10}$$

或

$$\sigma_i^2 = \sigma_0^2 Q_i \tag{2-3-11}$$

说明：(1) 任一观测值的方差，总等于单位权方差与该观测值协因数的乘积，因此评定观测成果精度时，可以直接利用公式 $\sigma_i^2 = \sigma_0^2 Q_i$。

(2) 协因数与权一样，为先验值，在平差前就可确定。

(3) 对某一观测值而言，只是把权的倒数定义为协因数，似乎用处不大。但在多变量公式推导中，使用协因数比使用权更为方便，它有很大的用处（详见后续各章）。

2.3.4 其他精度指标

本节简要介绍平均误差、或然误差、极限误差、相对误差等精度指标。

1）平均误差

在一定的观测条件下，一组独立的偶然误差的绝对值的数学期望称为平均误差。设以 θ 表示平均误差，则有

$$\theta = E(|\varDelta|) = \int_{-\infty}^{+\infty} |\varDelta| f(\varDelta)\mathrm{d}\varDelta = 2\int_0^{+\infty} \varDelta \frac{1}{\sqrt{2\pi}\sigma} \mathrm{e}^{-\frac{\varDelta^2}{2\sigma^2}}\mathrm{d}\varDelta = 0.7979\sigma \approx \frac{4}{5}\sigma \tag{2-3-12}$$

该式为平均误差 θ 与中误差 σ 的理论关系式。

当观测值个数 n 为有限时，可得 θ 的估值：

$$\hat{\theta} = \frac{1}{n}\sum_{i=1}^{n}|\varDelta_i| \tag{2-3-13}$$

2）或然误差

或然误差 ρ 定义为：观测误差 $\varDelta$ 出现在区间 $(-\rho,+\rho)$ 之间的概率等于 1/2，即

$$P(-\rho < \varDelta < +\rho) = \int_{-\rho}^{+\rho} f(\varDelta)\mathrm{d}\varDelta = \frac{1}{2} \tag{2-3-14}$$

由于 $\Delta \sim N(0,\sigma^2)$，将其标准化为

$$\eta=\frac{\Delta}{\sigma} \sim N(0,1)$$

当 $\Delta=\pm\rho$ 时，有 $\eta=\pm\frac{\rho}{\Delta}$，则

$$P(-\rho<\Delta<+\rho)=P\left(-\frac{\rho}{\sigma}<\eta<+\frac{\rho}{\sigma}\right)=\Phi\left(+\frac{\rho}{\sigma}\right)-\Phi\left(-\frac{\rho}{\sigma}\right)=\frac{1}{2}$$

由上式得 $\Phi\left(+\frac{\rho}{\sigma}\right)=0.75$，查正态分布表，得 $\frac{\rho}{\sigma}=0.6745$，所以 σ 与 ρ 的关系为

$$\rho=0.6745\sigma\approx\frac{2}{3}\sigma \tag{2-3-15}$$

上式为或然误差 ρ 与中误差 σ 的理论关系式。

3）*极限误差*

观测值的精度用方差或中误差表示，由上节讨论知，观测误差 $\Delta\sim N(0,\sigma^2)$ 分布，由分布密度函数可得

$$\begin{cases}P(-\sigma<\Delta<+\sigma)=68.3\%\\P(-2\sigma<\Delta<+2\sigma)=95.5\%\\P(-3\sigma<\Delta<+3\sigma)=99.7\%\end{cases} \tag{2-3-16}$$

这说明，观测误差大于 3 倍中误差的概率只有 0.3%，为小概率事件。大于 2 倍中误差的概率也只有 4.5%。测量中认为测量误差小于 2 倍或 3 倍中误差才算偶然误差，才是合理的。因此，通常将 2 倍或 3 倍中误差作为极限误差，即

$$\Delta_{限}=2\sigma \text{ 或 } \Delta_{限}=3\sigma \tag{2-3-17}$$

我国测量规范中，对不同的测量内容按等级有不同的极限限差要求，但基本上是以 2σ～3σ 为限差标准的。

上述式（2-3-16）说明了真误差与中误差的统计关系。计算了中误差就可以一定的概率得出真误差的估计区间，例如，取 $P=95.5\%$，则知观测值真误差 Δ 的大小在区间 $(-2\sigma,2\sigma)$ 内。

4）*相对误差*

前面已提到的真误差、中误差、平均误差、或然误差和极限误差等都是绝对误差。相对误差是绝对误差与观测值之比，通常用于误差与观测值大小有关的精度表示中。当绝对误差是中误差时，称为相对中误差。例如，边长观测值的精度是和其大小有关的，若两段距离的中误差相同，则边长值大的精度要高，这时宜用相对中误差表示。

相对误差是一个无名数，为方便比较，通常用分子为 1 的分式（$1/N$）表示，分母越大，精度越高。

2.4　精度的理解与说明

2.4.1　精度、准确度与精确度

1）*精度*

前已指出，观测值的精度，是指在一定观测条件下，一组观测值误差分布的密集或离散

程度，方差就是观测值的精度指标之一。由方差的定义式（2-3-1）可知，精度实际上反映了该组观测值与其理论平均值，即与其数学期望接近或离散的程度。当观测个数充分大时，也可以说，精度是以观测值自身的平均值为标准的。观测条件好，观测值越密集，则该组观测值的精度越高。

当观测值中仅含偶然误差时，其数学期望就是真值，在这种情况下，精度描述观测值与真值接近程度，可以说它表征观测结果的偶然误差的大小程度，是衡量偶然误差大小程度的指标。

2）准确度

准确度，是指随机变量 X 的真值 $\tilde{X}$ 与其数学期望 $E(X)$ 之差，即

$$\varepsilon = \tilde{X} - E(X) \tag{2-4-1}$$

即 $E(X)$ 的真误差，这是存在系统误差的情况。因此，准确度表征了观测结果系统误差大小的程度。当不存在系统误差时，$E(X)=\tilde{X}$，故 $\varepsilon=0$。

准确度是衡量系统误差大小程度的指标。对于观测值而言，其准确度是指观测值 L 的数学期望 $E(L)$ 与其真值 $\tilde{L}$ 接近的程度。

由于观测值与其真值之间存在如下关系：

$$\tilde{L} = L + \varDelta$$

对上式求期望得

$$E(\tilde{L}) = E(L) + E(\varDelta)$$

即

$$\tilde{L} = E(L) + E(\varDelta) \tag{2-4-2}$$

可见，只有当观测值中不含系统误差和粗差，即只含偶然误差的情况下，$E(\varDelta)$ 等于零，故有

$$E(L) = \tilde{L} \tag{2-4-3}$$

反之，当观测值中除含偶然误差外，还含有系统误差或粗差或两者均有，由于 $E(\varDelta)$ 不等于零，此时，观测值的数学期望将偏离其真值 $\tilde{L}$。人们常用准确度这个概念来表示观测值的数学期望 $E(\varDelta)$ 与其真值 $\tilde{L}$ 偏离的程度。偏离量越大，准确度越低。

在图 2-4-1 中，（a）、（b）两个图分别对应于同一个量的两组重复观测值的两个分布。因为 $\sigma_2 < \sigma_1$，所以第二组比第一组的精度要高些。但 $e_2 > e_1$，所以第二组比第一组的准确度要低些（但第二组的精度高）。

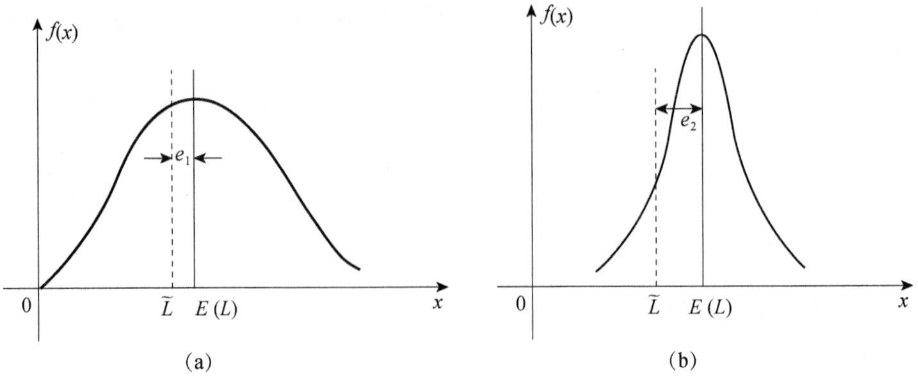

图 2-4-1　精度与准确度

3）精确度

精确度是精度与准确度的合成，是指观测结果与其真值的接近程度，包括观测结果与其数学期望的接近程度和数学期望与其真值的偏差。因此，精确度反映了偶然误差和系统误差联合影响的大小程度。当不存在系统误差时，精确度就是精度，精确度是一个全面衡量观测质量的指标。

精确度的衡量指标为均方误差。设观测值为 X ，均方误差的定义为

$$\mathrm{MSE}(X)=E(X-\tilde{X})^2 \tag{2-4-4}$$

当 $\tilde{X}=E(X)$ 时，均方误差即为方差。

将式（2-4-4）改写为

$$\begin{aligned}\mathrm{MSE}(X)&=E[(X-E(X))+(E(X)-\tilde{X})]^2\\&=E(X-E(X))^2+E(E(X)-\tilde{X})^2+2E[(X-E(X))(E(X)-\tilde{X})]\end{aligned}$$

因为

$$\begin{aligned}E[(X-E(X))(E(X)-\tilde{X})]&=E(X-E(X))(E(X)-\tilde{X})\\&=(E(X)-E(X))(E(X)-\tilde{X})=0\end{aligned}$$

故上式为

$$\mathrm{MSE}(X)=\sigma_X^2+(E(X)-\tilde{X})^2 \tag{2-4-5}$$

即 X 的均方误差等于 X 的偶然误差方差（精度）加上偏差（准确度）的平方。

下面通过“打靶”实验来全面分析精度、准确度、精确度的含义。今有甲、乙、丙 3 人分别对靶心进行射击，其射击结果如图 2-4-2～图 2-4-4 所示。如将打靶过程看成是用枪支对准靶心进行的“观测”，不难分析出以下几点。

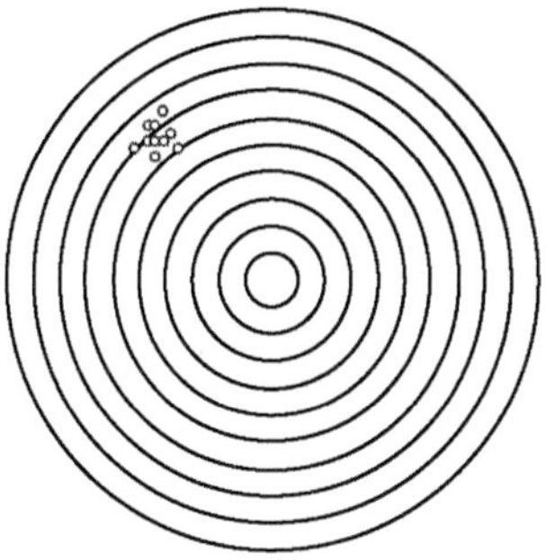

图 2-4-2　甲弹着点

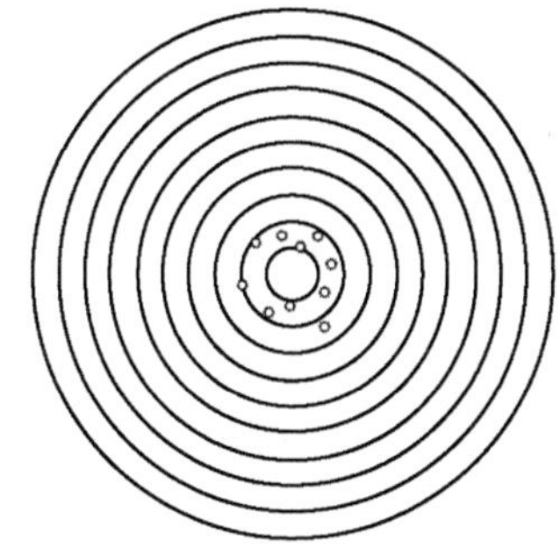

图 2-4-3　乙弹着点

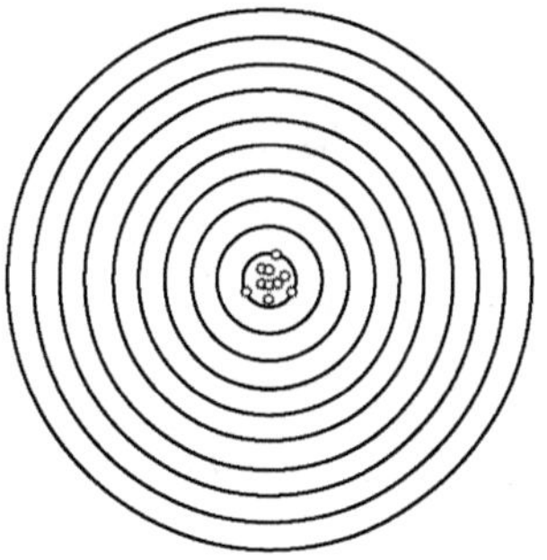

图 2-4-4　丙弹着点

甲的弹着点比较集中，但都离靶心有一段距离，说明队员的射击水平还是很高的。但弹着点的平均位置偏离靶心较远，则是某些因素影响（如准星偏）而产生的系统误差所导致的。因此相对来说，甲的射击精度较高，但准确度不高，精确度较差。

乙的弹着点分布较离散，但大多数都接近靶心附近，则表明其精度较低，但准确度较高，精确度也较好。

丙的弹着点分布十分密集，且都非常接近靶心，则表明其精度很高，准确度很高，精确度也非常高。

思考：分析下述案例中的系统误差、偶然误差、粗差及精度、准确度、精确度。

2004 年雅典奥运会男子步枪三姿决赛中，美国名将埃蒙斯在最后一枪之前领先中国选手

贾占波 3 环——只要不脱靶，金牌就是“探囊取物”。像之前的 9 枪一样，埃蒙斯耐心地端起步枪，慢慢地瞄准 50m 外的那个黑色靶心，稳稳地扣动扳机——成功将子弹送到了隔壁的靶子上！哦，居然还是一个惊人的 10.6 环！结果：0 环，0 奖牌，第 8 名。枪法精准的美国人射断了天空中悬挂金牌的那根细线，金牌却没如约砸中他的头。

2.4.2 观测误差精度与观测值精度

数理统计中，设有随机变量 X，其数学期望为 $E(X)$，方差为 $D(X)$，方差的定义为

$$\sigma_X^2 = D(X) = E\left[(X-E(X))^2\right] = \int_{-\infty}^{+\infty}(X-E(X))^2 f(x)\mathrm{d}x$$

方差可以作为观测质量的描述指标，因为它刻画了观测值与真值的离散程度，即观测条件越好，观测值 L 越接近，$L-E(L)$ 越小；反之亦然。

观测值 L 与观测值误差 $\varDelta$ 均为随机变量，根据式（2-2-10）和式（2-2-14）得

$$D(L) = D(\varDelta) = E(\varDelta^2) = \sigma^2$$

所以，观测值方差与观测值误差的方差相等，可以通过观测值误差的方差来表征观测值方差，即观测值误差精度与观测值精度相等。

2.5 精度的计算

2.5.1 等精度观测中误差

一组等精度观测值在真值已知的情况下（如三角形的三内角之和为180°），可以按照式（2-2-1）计算观测值的真误差，进而按式（2-3-7）计算观测值的中误差，即

$$\varDelta_i = \tilde{L} - L_i (i=1,2,\cdots,n),\quad m = \sqrt{\frac{[\varDelta\varDelta]}{n}}$$

在一般情况下，观测值的真值 $\tilde{L}$ 往往是不知道的，真误差 $\varDelta$ 也就无法求得，因此就不能用式（2-3-7）来求中误差。下面推求真值未知情况下，如何求得等精度观测的中误差。

1）算术平均值

对某未知量进行 n 次等精度观测，其观测值分别为 $L_1, L_2, \cdots, L_n$，将这些观测值取算术平均值 $\overline{L}$ 作为该未知量的最可靠的数值，又称最或然值（也称为最或是值），即

$$\overline{L} = \frac{L_1 + L_2 + \cdots + L_n}{n} = \frac{[L]}{n} \tag{2-5-1}$$

下面以偶然误差的特性来探讨算术平均值作为某量的最或然值的合理性和可靠性。

设某未知量真值为 $\tilde{L}$，各观测值为 $L_1, L_2, \cdots, L_n$，其对应的真误差为 $\varDelta_1, \varDelta_2, \cdots, \varDelta_n$，则

$$\begin{aligned} \varDelta_1 &= \tilde{L} - L_1 \\ \varDelta_2 &= \tilde{L} - L_2 \\ &\vdots \\ \varDelta_n &= \tilde{L} - L_n \end{aligned}$$

将等式两端分别相加并除以 n，则

$$\frac{[\varDelta]}{n} = \tilde{L} - \frac{[L]}{n} = \tilde{L} - \overline{L}$$

根据偶然误差的第 4 特性，当观测次数 n 无限增大时，$\frac{[\Delta]}{n}$ 就趋近于零，即

$$\lim_{n\to\infty}\frac{[\Delta]}{n}=0$$

由此看出，当观测次数无限增大时，算术平均值 $\overline{L}$ 趋近于该量的真值 $\tilde{L}$。但在实际工作中不可能进行无限次的观测，这样，算术平均值就不等于真值，因此，把有限个观测值的算术平均值认为是该量的最或然值。

2）观测值的改正数

观测值的改正数（以 v 表示），是算术平均值与观测值之差，即

$$\begin{cases} v_1=\overline{L}-L_1 \\ v_2=\overline{L}-L_2 \\ \quad\vdots \\ v_n=\overline{L}-L_n \end{cases} \tag{2-5-2}$$

将等式两端分别相加，得

$$[v]=n\overline{L}-[L]$$

将 $\overline{L}=\frac{[L]}{n}$ 代入上式，得

$$[v]=n\frac{[L]}{n}-[L]=0 \tag{2-5-3}$$

因此，一组等精度观测值的改正数之和恒等于零。这一结论可作为计算工作的校核。

另外，设在式（2-5-2）中以 $\overline{L}$ 为自变量（待定值），则改正值 v_i 为自变量 $\overline{L}$ 的函数。如果使改正数的平方和为最小值，即

$$[vv]_{\min}=(\overline{L}-L_1)^2+(\overline{L}-L_2)^2+\cdots+(\overline{L}-L_n)^2 \tag{2-5-4}$$

以此作为条件（称为“最小二乘原则”）来求 $\overline{L}$，这就是高等数学中求条件极值的问题。令

$$\frac{\mathrm{d}[vv]}{\mathrm{d}\overline{L}}=2\left[(\overline{L}-L)\right]=0$$

可得到

$$n\overline{L}-[L]=0$$

$$\overline{L}=\frac{[L]}{n}$$

此式即式（2-5-1），由此可知，取一组等精度观测值的算术平均值 $\overline{L}$ 作为最或然值，并据此得到各个观测值的改正值是符合最小二乘原则的。

3）按观测值的改正数计算中误差

由前述知道，在同样条件下对某量进行多次观测，可以计算其最或然值即算术平均值 $\overline{L}$ 及各个观测值的改正数 v_i；并且知道，最或然值 $\overline{L}$ 在观测次数无限增多时，将逐渐趋近于真值 $\tilde{L}$。在观测次数有限时，以 $\overline{L}$ 代替 $\tilde{L}$，就相当于以改正值 v_i 代替真误差 Δ_i。由此得到按观测值的改正数计算等精度观测值的中误差的实用公式如下：

$$\hat{\sigma}_L=\sqrt{\frac{[vv]}{n-1}} \tag{2-5-5}$$

式（2-5-5）与式（2-3-7）的不同之处是：其分子以$[vv]$代替$[\Delta\Delta]$，分母以$n-1$代替n。实际上n和$n-1$是代表两种不同情况下的多余观测数，因为在真值已知的情况下，所有n次观测均为多余观测；而在真值未知的情况下，则其中一个观测值是必要的，其余$n-1$个观测值是多余的。

式（2-5-5）也可以根据偶然误差的特征来证明。根据式（2-2-1）和式（2-5-2）可写出

$$
\begin{array}{ll}
\Delta_1=\tilde{L}-L_1 & v_1=\bar{L}-L_1 \\
\Delta_2=\tilde{L}-L_2 & v_2=\bar{L}-L_2 \\
\vdots & \vdots \\
\Delta_n=\tilde{L}-L_n & v_n=\bar{L}-L_n
\end{array}
$$

上列左右两式分别相减，得到

$$
\begin{cases}
\Delta_1=v_1+(\tilde{L}-\bar{L}) \\
\Delta_2=v_2+(\tilde{L}-\bar{L}) \\
\quad\vdots \\
\Delta_n=v_n+(\tilde{L}-\bar{L})
\end{cases} \tag{2-5-6}
$$

上列各式取其总和，并顾及$[v]=0$，得到

$$\tilde{L}-\bar{L}=\frac{[\Delta]}{n} \tag{2-5-7}$$

为了求得$[\Delta\Delta]$与$[vv]$的关系，将式（2-5-6）等号两端平方，取其总和，并顾及$[v]=0$，即可得到

$$[\Delta\Delta]=[vv]+n(\tilde{L}-\bar{L})^2 \tag{2-5-8}$$

式中，$(\tilde{L}-\bar{L})^2=\frac{[\Delta]^2}{n^2}=\frac{\Delta_1^2+\Delta_2^2+\cdots+\Delta_n^2}{n^2}+\frac{2(\Delta_1\Delta_2+\Delta_1\Delta_3+\cdots+\Delta_{n-1}\Delta_n)}{n^2}$，其中右端第二项中$\Delta_i\Delta_j(j\neq i)$为两个偶然误差的乘积，仍具有偶然误差的特性，根据其第4特性：

$$\lim_{n\to\infty}\frac{\Delta_1\Delta_2+\Delta_1\Delta_3+\cdots+\Delta_{n-1}\Delta_n}{n}=0$$

当n为有限数值时，上式的值为一微小量，再除以n后可以忽略不计，因此，

$$(\tilde{L}-\bar{L})^2=\frac{[\Delta\Delta]}{n^2} \tag{2-5-9}$$

将上式代入式（2-5-8），得到

$$[\Delta\Delta]=[vv]+\frac{[\Delta\Delta]}{n}$$

或

$$\frac{[\Delta\Delta]}{n}=\frac{[vv]}{n-1} \tag{2-5-10}$$

由此证明式（2-5-5）成立。式（2-5-5）为对某一量进行多次观测而评定观测值精度的实用公式。对于算术平均值$\bar{L}$，其中误差$\hat{\sigma}_{\bar{L}}$可用下式计算：

$$\hat{\sigma}_{\bar{L}}=\frac{\hat{\sigma}_L}{\sqrt{n}}=\sqrt{\frac{[vv]}{n(n-1)}} \tag{2-5-11}$$

式(2-5-11)为等精度观测算术平均值的中误差的计算公式。式（2-5-11）将在 3.7.3 节中进行证明。

综上，当真值未知时，等精度观测中误差问题，就是求解等精度观测值的算术平均值及其中误差。

4）例题

例 2-5-1 在测站 D 上，用经纬仪分别观测了三个方向 A、B、C（图 2-5-1），得 10 个测回的方向观测读数 a、b、c，其观测值列于表 2-5-1。试估算各个方向观测值的方差和标准差。

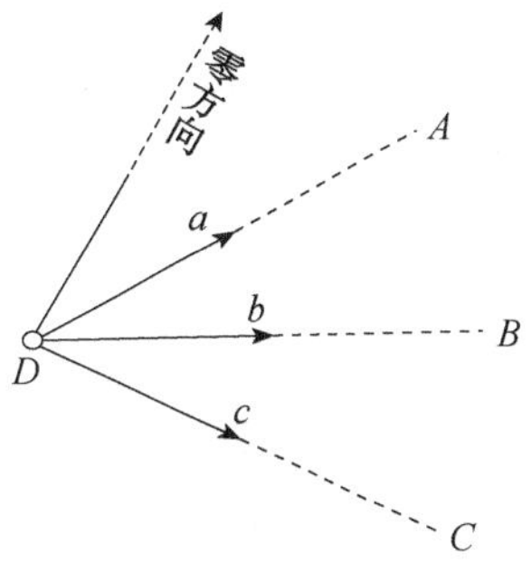

图 2-5-1 方向观测

表 2-5-1 各方向水平角观测值

测回	a	b	c
1	28°47′29″	47°18′19″	69°50′34″
2	28°47′34″	47°18′20″	69°50′35″
3	28°47′28″	47°18′18″	69°50′33″
4	28°47′33″	47°18′17″	69°50′35″
5	28°47′35″	47°18′24″	69°50′31″
6	28°47′35″	47°18′18″	69°50′30″
7	28°47′31″	47°18′16″	69°50′29″
8	28°47′29″	47°18′25″	69°50′32″
9	28°47′27″	47°18′19″	69°50′32″
10	28°47′32″	47°18′18″	69°50′37″

解： 依式（2-5-1）计算各个方向观测值的均值 $\bar{a}$、$\bar{b}$、$\bar{c}$，它们分别为

$$\bar{a}=28°47'31.3'',\quad \bar{b}=47°18'19.4'',\quad \bar{c}=69°50'32.8''$$

再依式（2-5-5）计算中误差。具体计算时，可在表 2-5-2 中进行。表中，$\delta_a=a-\bar{a}$，$\delta_b=b-\bar{b}$，$\delta_c=c-\bar{c}$。若计算正确无误，则 $\sum\delta_{a_i}=\sum\delta_{b_i}=\sum\delta_{c_i}=0$。这可作为计算正确性的检核。

表 2-5-2 方向观测计算

	δ_a	δ_a^2	δ_b	δ_b^2	δ_c	δ_c^2
1	−2.3	5.29	−0.4	0.16	1.2	1.44
2	2.7	7.29	0.6	0.36	2.2	4.84
3	−3.3	10.89	−1.4	1.96	0.2	0.04
4	1.7	2.89	−2.4	5.76	2.2	4.84
5	3.7	13.69	4.6	21.16	−1.8	3.24
6	3.7	13.69	−1.4	1.96	−2.8	7.84
7	−0.3	0.09	−3.4	11.56	−3.8	14.44
8	−2.3	5.29	5.6	31.36	−0.8	0.64
9	−4.3	18.49	−0.4	0.16	−0.8	0.64
10	0.7	0.49	−1.4	1.96	4.2	17.64
Σ	0.0	78.10	0.0	76.40	0.0	55.60

由表 2-5-2 中数值可得方差估值为

$$\hat{\sigma}_a^2=[\delta_a^2]/9=78.1/9=8.68('')^2$$

$$\hat{\sigma}_b^2 = [\delta_b^2]/9 = 76.4/9 = 8.49('')^2$$
$$\hat{\sigma}_c^2 = [\delta_c^2]/9 = 55.6/9 = 6.18('')^2$$

其标准差的估值为

$$\hat{\sigma}_a = 2.95'',\quad \hat{\sigma}_b = 2.91'',\quad \hat{\sigma}_c = 2.49''$$

例 2-5-2 对于某一水平角，在同样条件下用 J6 光学经纬仪进行 6 次观测，求其算术平均值 $\overline{L}$ 、观测值的中误差 $\hat{\sigma}_L$ 及算术平均值的中误差 $\hat{\sigma}_{\overline{L}}$ 。

解：计算在表 2-5-3 中进行。在计算算术平均值时，各个观测值相互比较接近，因此，令各观测值共同部分为 L_0 ，差异部分为 ΔL_i ，即

$$L_i = L_0 + \Delta L_i \ (i = 1, 2, \cdots, n)$$

则算术平均值的实用计算公式为

$$\overline{L} = L_0 + \frac{[\Delta L]}{n}$$

表 2-5-3 按观测值的改正数计算中误差

序号	观测值 L_i	ΔL_i	改正数 v_i	v_i^2	计算 $\overline{L}$ 、$\hat{\sigma}_L$ 、$\hat{\sigma}_{\overline{L}}$
1	78°26′42″	42″	−7″	49	$\overline{L} = L_0 + \frac{[\Delta L]}{n} = 78°26'35''$
2	78°26′36″	36″	−1″	1	
3	78°26′24″	24″	+11″	121	$[vv] = 300, n = 6$
4	78°26′45″	45″	−10″	100	$\hat{\sigma}_L = \sqrt{\frac{[vv]}{n-1}} = 7.8''$
5	78°26′30″	30″	+5″	25	$\hat{\sigma}_{\overline{L}} = \frac{\hat{\sigma}_L}{\sqrt{n}} = 3.2''$
6	78°26′33″	33″	+2″	4	
Σ	L_0=78°26′00″	210″	0″	300	

2.5.2 不等精度观测中误差

若对某一未知量重复观测时精度不相等，可以将不等精度观测值转化为等精度观测值，进而用等精度观测的计算方法，求其平均值并进行精度分析。

1）加权算术平均值

设对某一未知量 L 进行了 n 次不等精度观测，观测值为 $L_1, L_2, \cdots, L_n$ ，其相应权为 $p_1, p_2, \cdots, p_n$ 。下面讨论如何根据这组观测值来求出未知量的最或是值。

已知观测值 L_i 及其权 p_i ，可以按式（2-3-11）求出其中误差：$\sigma_i^2 = \frac{\sigma_0^2}{p_i}$ ，即 $\sigma_i = \frac{\sigma_0}{\sqrt{p_i}}$ 。

根据式（2-5-11），求等精度观测算术平均值中误差的公式为 $\sigma_{\overline{L}} = \frac{\sigma_L}{\sqrt{n}}$ ，将这两个公式对比一下，就可以发现，上述的 L_i 相当于 p_i 个中误差都为 σ_0 的观测值 $L_k^i (k = 1, 2, \cdots, p_i)$ 的算术平均值，即

$$\begin{cases} L_1=\dfrac{L_1^1+L_2^1+\cdots+L_{p_1}^1}{p_1} \\ L_2=\dfrac{L_1^2+L_2^2+\cdots+L_{p_2}^2}{p_2} \\ \vdots \\ L_n=\dfrac{L_1^n+L_2^n+\cdots+L_{p_n}^n}{p_n} \end{cases} \tag{2-5-12}$$

其中，每个 L_k^i 是等精度的，它们的中误差都是 σ_0，设为单位权中误差。这样就相当于对未知量 L 进行了 $p_1,p_2,\cdots,p_n$ 次等精度观测，观测值为 $L_1^1L_2^1\cdots L_{p_1}^1$，$L_1^2L_2^2\cdots L_{p_2}^2$，$\cdots$，$L_1^nL_2^n\cdots L_{p_n}^n$。因此，就可按算术平均值求出未知量的最或是值：

$$\hat{L}=\overline{L}=\frac{L_1^1+L_2^1+\cdots+L_{p_1}^1+L_1^2+L_2^2+\cdots+L_{p_2}^2+\cdots+L_1^n+L_2^n+\cdots+L_{p_n}^n}{p_1+p_2+\cdots+p_n} \tag{2-5-13}$$

将式（2-5-12）代入上式，即

$$\overline{L}=\frac{p_1L_1+p_2L_2+\cdots+p_nL_n}{p_1+p_2+\cdots+p_n}=\frac{[pL]}{[p]} \tag{2-5-14}$$

式（2-5-14）就是根据对未知量 L 进行了不等精度观测值求其最或是值的公式，称为加权算术平均值。

2）加权算术平均值的中误差

由权的定义式（2-3-8）可知

$$\sigma_0^2=p_1\sigma_1^2$$
$$\sigma_0^2=p_2\sigma_2^2$$
$$\vdots$$
$$\sigma_0^2=p_n\sigma_n^2$$

对其等号两端进行求和可得

$$n\sigma_0^2=p_1\sigma_1^2+p_2\sigma_2^2+\cdots+p_n\sigma_n^2=[p\sigma\sigma]$$

当 n 足够大时，用真误差 $\varDelta$ 代替中误差 σ，衡量精度的意义不变，则上式可改写为

$$\hat{\sigma}_0=\sqrt{\frac{[p\varDelta\varDelta]}{n}} \tag{2-5-15}$$

式（2-5-15）即为用真误差计算单位权观测值中误差的公式。单位权中误差 σ_0 还可以通过将不等精度观测值“齐次化”后进行计算，参见3.7.6节。

根据权的定义，可得各不等精度观测值的中误差：

$$\hat{\sigma}_i=\hat{\sigma}_0\sqrt{\frac{1}{p_i}}=\sqrt{\frac{[p\varDelta\varDelta]}{np_i}} \tag{2-5-16}$$

如前所述，n 次不等精度观测值 $L_1,L_2,\cdots,L_n$ 的加权算术平均值，可以看成 $(p_1+p_2+\cdots+p_n)$ 次等精度观测值 $L_1^1L_2^1\cdots L_{p_1}^1$，$L_1^2L_2^2\cdots L_{p_2}^2$，$\cdots$，$L_1^nL_2^n\cdots L_{p_n}^n$ 的算术平均值，因此加权算术平均值的中误差可以转化为算术平均值的中误差。根据等精度观测算术平均值的中误差的计算公式（2-5-11），结合式（2-5-15）得

$$\hat{\sigma}_{\bar{L}}=\frac{\hat{\sigma}_L}{\sqrt{n}}=\frac{\hat{\sigma}_0}{\sqrt{p_1+p_2+\cdots+p_n}}=\sqrt{\frac{[p\Delta\Delta]}{n[p]}} \tag{2-5-17}$$

式（2-5-17）即用真误差计算加权算术平均值的中误差的表达式。上式还可以通过误差传播定律推导，参见 3.7.3 节。

3）按观测值的改正数计算加权算术平均值的中误差

实用中常用观测值的改正数 $v_i=\bar{L}-L_i$ 来计算中误差 $\sigma_{\bar{L}}$，类似式（2-5-10），有

$$\frac{[p\Delta\Delta]}{n}=\frac{[pvv]}{n-1}$$

则式（2-5-15）～式（2-5-17）改写为

$$\hat{\sigma}_0=\sqrt{\frac{[pvv]}{n-1}} \tag{2-5-18}$$

$$\hat{\sigma}_i=\hat{\sigma}_0\sqrt{\frac{1}{p_i}}=\sqrt{\frac{[pvv]}{(n-1)p_i}} \tag{2-5-19}$$

$$\hat{\sigma}_{\bar{L}}=\hat{\sigma}_0\sqrt{\frac{1}{[p]}}=\sqrt{\frac{[pvv]}{(n-1)[p]}} \tag{2-5-20}$$

不等精度观测值的改正数 v_i，同样符合最小二乘原则。其数学表达式为

$$[pvv]_{\min}=p_1(\bar{L}-L_1)^2+p_2(\bar{L}-L_2)^2+\cdots+p_n(\bar{L}-L_n)^2 \tag{2-5-21}$$

以 $\bar{L}$ 为自变量，对上式求一阶导数，并令其等于 0，即

$$\frac{\mathrm{d}[pvv]}{\mathrm{d}\bar{L}}=2\left[p(\bar{L}-L)\right]=0$$

上式整理可得到 $\bar{L}=\dfrac{[pL]}{[p]}$，此式即式（2-5-14）。

另外，不等精度观测值的改正数还满足下列条件：

$$[pv]=\left[p(\bar{L}-L)\right]=[p]\bar{L}-[pL]=0 \tag{2-5-22}$$

式（2-5-22）可作计算校核用。

综上，当真值未知时，不等精度观测中误差问题，就是求解不等精度观测值的加权算术平均值及其中误差。

4）例题

例 2-5-3 某水平角用 J2 经纬仪分别进行了三组观测，每组观测的测回数不同（表 2-5-4），试计算该水平角的加权平均值 $\bar{L}$ 及其中误差 $\sigma_{\bar{L}}$。

表 2-5-4 加权平均值及其中误差的计算

序号	测回数	观测值 L_i	权 p_i	v_i	p_iv_i	$p_iv_i^2$
1	3	35°32′29.5″	3	+5.0	+15.0	75.0
2	5	35°32′34.3″	5	+0.2	+1.0	0.2
3	8	35°32′36.5″	8	−2.0	−16.0	32.0
Σ			16		0	107.2

解：

$$\overline{L}=\frac{[pL]}{[p]}=35°32'34.5'',\quad [pvv]=107.2,\quad n=3$$

$$\hat{\sigma}_0=\sqrt{\frac{[pvv]}{n-1}}=7.4'',\quad \hat{\sigma}_{\overline{L}}=\hat{\sigma}_0\sqrt{\frac{1}{[p]}}=1.8''$$

2.6　延伸阅读

本章偶然误差服从正态分布，是由实验数据分析总结得到的。为此需对误差分布的正态性进行假设检验。这就需要先根据观测子样来对母体分布的假设进行检验，从而判断对母体分布所作的原假设是否正确。本节介绍常用的 χ^2 检验法。

χ^2 检验法可以根据子样来检验母体是否服从某种分布的原假设 H_0，而这个原假设不限定是正态分布，也可以是其他类型的分布。例如，已知 $x_1, x_2, \cdots, x_n$ 是取自母体分布函数为 $F(x)$ 的一个子样，现在要根据子样来检验下述原假设是否成立：

$$H_0: F(x)=F_0(x)$$

式中，$F_0(x)$ 是事先假设的某一已知的分布函数。

为了检验子样是否来自分布函数为 $F(x)$ 的母体，它的做法是：一方面将子样观测值按一定的组距分组（分成区间）。例如，分成 k 组，并统计子样值落入各组内的实际频数 v_i。另一方面，在用下述 χ^2 检验法检验假设 H_0 时，要求在假设 H_0 下，$F_0(x)$ 的形式及其参数都是已知的。例如，如果所假设的 $F_0(x)$ 是正态分布函数，那么其中的两个参数 μ 和 σ 应该是已知的。可是实际上参数值往往是未知的，因此要根据子样值来估计原假设中理论分布 $F_0(x)$ 中的参数，从而确定该分布函数的具体形式，这样就可以在假设 H_0 下，计算出子样值落入上述各组中的概率 $p_1, p_2, \cdots, p_k$（即理论频率），以及由 p_i 与子样容量 n 的乘积算出理论频数 $np_1, np_2, \cdots, np_k$。

由于子样总是带有随机性，因而落入各组中的实际频数 v_i 总是不会和理论频数 np_i 完全相等。一般来说，若 H_0 为真，则这种差异并不显著；若 H_0 为假，这种差异就较显著。这样，就必须找出一个能够描述它们之间偏离程度的一个统计量，从而通过此统计量的大小来判断它们之间的差异是由子样随机性引起的，还是由 $F_0(x)\neq F(x)$ 所引起的。描述上述偏离程度的统计量为

$$\chi^2=\sum_{i=1}^{k}\frac{(v_i-np_i)^2}{np_i} \tag{2-6-1}$$

从理论上已经证明，不论母体属于什么分布，当子样容量 n 充分大（$n\geqslant 50$）时，则上述统计量总是趋近于服从自由度为 $k-r-1$ 的 χ^2 分布。其中，k 为分组的组数；r 为在假设的某种理论分布中用实际子样值估计出的参数个数。

进行检验时，对于事先给定的显著水平 α，可由

$$p(\chi^2>\chi_\alpha^2)=\alpha$$

定出临界值 χ_α^2，最后将按式（2-6-1）算出的 χ^2 和 χ_α^2 相比较，若 $\chi^2<\chi_\alpha^2$，则接受 H_0，否则拒绝 H_0。

必须指出，式（2-6-1）中的统计量只有在 n 充分大时（$n\geqslant 50$）才接近于 χ^2 分布。因此，

它是适用于大子样的一种检验方法。

下面举例说明 χ^2 检验法的具体做法。

例 2-6-1 对表 2-2-1 中的 358 次角度观测数据，试检验三角形内角和观测误差是否服从正态分布。

解： 检验时先将观测数据分组（表 2-6-1），当观测个数较多时，一般以分成 10～15 组为宜。本例分成 16 组。每组数据所处的区间端点称为组限，上、下限之差称为组距，本例组距均为 0.2″。

表 2-6-1 观测数据

误差区间 $d\Delta$	区间中值 x_i	频数 v_i	频率 v_i/n	累计频率
−1.6″～−1.4″	−1.5″	4	0.011	0.011
−1.4″～−1.2″	−1.3″	6	0.017	0.028
−1.2″～−1.0″	−1.1″	13	0.036	0.064
−1.0″～−0.8″	−0.9″	17	0.047	0.111
−0.8″～−0.6″	−0.7″	23	0.064	0.175
−0.6″～−0.4″	−0.5″	33	0.092	0.267
−0.4″～−0.2″	−0.3″	40	0.112	0.379
−0.2″～0	−0.1″	45	0.126	0.505
0～+0.2″	+0.1″	46	0.128	0.633
+0.2″～+0.4″	+0.3″	41	0.115	0.748
+0.4″～+0.6″	+0.5″	33	0.092	0.84
+0.6″～+0.8″	+0.7″	21	0.059	0.899
+0.8″～+1.0″	+0.9″	16	0.045	0.944
+1.0″～+1.2″	+1.1″	13	0.036	0.98
+1.2″～+1.4″	+1.3″	5	0.014	0.994
+1.4″～+1.6″	+1.5″	2	0.006	1
Σ		n=358	1	

先由表 2-6-1 中的数据来估计母体参数 μ 和 σ。利用每组的组中值（即上、下限的平均值）和频数求子样均值 $\overline{x}$（即 $\hat{u}$）。

$$\hat{u}=\overline{x}=\frac{\sum v_i x_i}{\sum v_i}=-0.017$$

$$\hat{\sigma}^2=\frac{1}{n}\sum_{i=1}^{16}\left[\left(x_i-\overline{x}\right)^2 v_i\right]=\frac{1}{n}\left(\sum_{i=1}^{16} v_i x_i^2-n\overline{x}^2\right)=0.381097$$

$$\hat{\sigma}=0.617$$

因此，需要检验的原假设为

$$H_0: X \sim N(-0.017,\ 0.381097)$$

为了便于计算 np_i，可先作变换 $y=\left[x-(-0.017)\right]/0.617$，使 x 转化为标准变量 y，由此计算出表 2-6-1 中各组的组限。其中第一组下限为 $-\infty$，末组上限为 $+\infty$。根据正态分布表查得 y 的组限概率，进一步，上、下限组限概率相减求得区间概率 p_i，其余计算结果列于表 2-6-2 中。

表 2-6-2　标准化后的计算结果

y 的组限	v_i	组限概率	区间概率 p_i	np_i	$\frac{(v_i-np_i)^2}{np_i}$
−∞～−2.24	4	0～0.0125	0.0125	4.475	0.0504
−2.24～−1.92	6	0.0125～0.0274	0.0149	5.3342	0.0831
−1.92～−1.59	13	0.0274～0.0559	0.0285	10.203	0.7668
−1.59～−1.27	17	0.0559～0.1020	0.0461	16.5038	0.0149
−1.27～−0.94	23	0.1020～0.1736	0.0716	25.6328	0.2704
−0.94～−0.62	33	0.1736～0.2676	0.094	33.652	0.0126
−0.62～−0.30	40	0.2676～0.3821	0.1145	40.991	0.0240
−0.30～+0.03	45	0.3821～0.5120	0.1299	46.5042	0.0487
+0.03～+0.35	46	0.5120～0.6368	0.1248	44.6784	0.0391
+0.35～+0.68	41	0.6368～0.7517	0.1149	41.1342	0.0004
+0.68～+1.00	33	0.7517～0.8413	0.0896	32.0768	0.0266
+1.00～+1.32	21	0.8413～0.9066	0.0653	23.3774	0.2418
+1.32～+1.65	16	0.9066～0.9505	0.0439	15.7162	0.0051
+1.65～+1.97	13	0.9505～0.9756	0.0251	8.9858	1.7933
+1.97～+2.30	5	0.9756～0.9893	0.0137	4.9046	0.0019
+2.30～+∞	2	0.9893～1	0.0107	3.8306	0.8748
Σ	358		1	358	4.2538

本例中组数 $k=16$，正态分布的参数为 μ 和 σ，故参数个数 $r=2$，自由度 $k-r-1=13$，若取显著水平 $\alpha=0.05$，则由 χ^2 分布表可查得

$$\chi^2_{0.05}(13)=22.362$$

大于按式（2-6-1）计算得到的统计量 χ^2=4.2538，所以，判断在 $\alpha=0.05$ 下接受 H_0，认为该列三角形内角和观测误差服从正态分布。

第3章 误差传播定律

单个观测量由若干个等精度（例 2-5-1）或不等精度（例 2-5-3）直接观测值组成，单个观测量是随机变量，每个直接观测值也是随机变量。一组观测量形成观测向量，一组观测向量形成观测向量组。第 2 章阐述了每个直接观测值的精度［观测值中误差，式（2-5-5）、式（2-5-19）］和多个直接观测值组成的观测量的精度［观测值的算术平均值或加权算术平均值的中误差，式（2-5-11）、式（2-5-20）］，本章研究单个或多个观测量所组成的单个或多个观测量函数的精度。

实际工作中，某个观测量并不常常观测若干个等精度或不等精度观测值，观测量的精度也不常常用观测值的算术平均值或加权算术平均值的中误差公式计算，而是用某个精度先验值。另外，诸多文献中观测值和观测量两个概念常常混淆，常用观测值表示观测量，为统一，本教程也如此代用。

本章阐述协方差传播律的基本概念，导出协方差传播律的一般公式，以测量中的几个典型应用说明其计算步骤；介绍平差理论中的协因数、协因数阵、权、权阵等重要概念，导出协因数阵的传播律；介绍测量数据处理中常用的定权及精度计算方法。

3.1 为什么要有误差传播定律

在实际工作中，往往会遇到某些量的大小并不是直接测定的，而是由测量值通过一定的函数关系间接计算出来的，即常常遇到的某些量是观测值的函数。这类例子很多。

1）一个观测值函数的情形

例如，观测了长方形的长度 a 和宽度 b，则其面积为

$$S = ab$$

又如，图 3-1-1 中，A、B 两点间的边长由于有障碍物而难以直接测定。现观测了角度 β 和边长 S_1、S_2，则

$$S_3 = (S_1^2 + S_2^2 - 2S_1S_2\cos\beta)^{1/2}$$

2）两个或多个观测值函数的情形

再如，图 3-1-2 侧方交会中，已知 A、B 两点的坐标 x_A、y_A 和 x_B、y_B，它们之间的距离为 S_0，坐标方位角为 α_0，由交会的观测角 L_1、L_2 通过以下公式求交会点的坐标：

$$\begin{aligned}
S_{AC} &= S_0\frac{\sin L_1}{\sin L_2} \\
\alpha_{AC} &= \alpha_0 - (180° - L_1 - L_2) \\
x_C &= x_A + S_{AC}\cos\alpha_{AC} \\
y_C &= y_A + S_{AC}\sin\alpha_{AC}
\end{aligned}$$

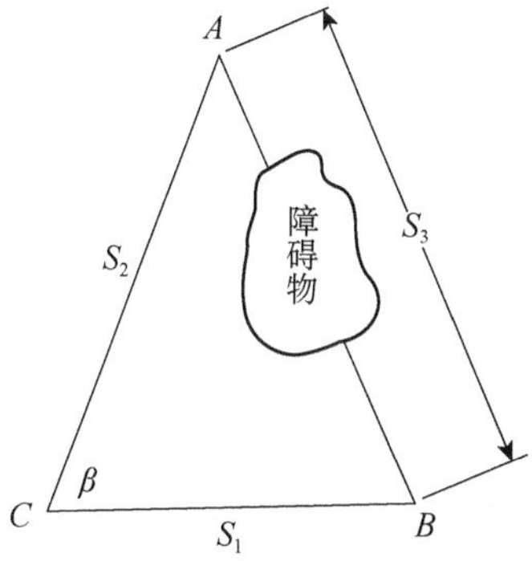

图 3-1-1　某些量无法直接观测

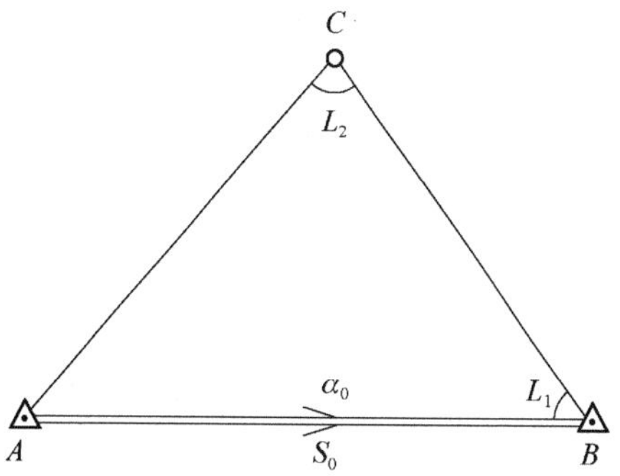

图 3-1-2　侧方交会示意图

现在提出这样一个问题：观测值的函数的中误差与观测值的中误差之间，存在怎样的关系？因为中误差可以由相应的方差开方得到，所以它们之间的关系可以通过方差和协方差的运算规律来导出，故将阐述这种关系的公式称为协方差传播律。协方差传播律也称为误差传播定律。

3.2　方差-协方差阵

第 2 章讨论了如何描述单个观测值的精度指标问题，着重讨论了单个观测值的方差 σ_i^2。但在测量平差中，通常碰到的是由 m 个观测值组成的 m 维观测向量 $\boldsymbol{L}=(L_1,L_2,\cdots,L_m)$。为描述 m 维观测向量 $\boldsymbol{L}$ 的精度，必须引入方差-协方差阵、协因数阵与权阵的概念。

3.2.1　方差-协方差阵的定义

由式（2-1-9）知，一维随机变量 X 的方差定义为

$$\underset{1,1}{D_X}=\underset{1,1}{\sigma_X^2}=E\{(X-E(X))^2\}=E\{(X-E(X))(X-E(X))^{\mathrm{T}}\} \tag{3-2-1a}$$

也可写成

$$\underset{1,1}{D_X}=\underset{1,1}{\sigma_X^2}=E(\varDelta_X\varDelta_X^{\mathrm{T}})=E(\varDelta_X^2)=\lim_{n\to\infty}\frac{[\varDelta_X^2]}{n} \tag{3-2-1b}$$

式中，$\varDelta_{X_i}=E(X)-X_i$。

仿照方差的定义，即可写出一维随机变量 X 关于另一个一维随机变量 Y 的协方差的定义为［即式（2-1-17）］

$$\underset{1,1}{D_{XY}}=\underset{1,1}{\sigma_{XY}}=E\{(X-E(X))(Y-E(Y))\} \tag{3-2-2a}$$

也可写成

$$\underset{1,1}{D_{XY}}=\sigma_{XY}=E(\varDelta_X\varDelta_Y)==\lim_{n\to\infty}\frac{[\varDelta_X\varDelta_Y]}{n} \tag{3-2-2b}$$

式中，$\varDelta_{Y_i}=E(Y)-Y_i$。

一维随机变量的方差 σ_X^2 表征着该随机变量的离散程度，而协方差 σ_{XY} 则是两个随机变量相关程度的标志。由相关系数的定义［即式（2-1-18）］：

$$\rho_{XY}=\frac{\sigma_{XY}}{\sigma_X\sigma_Y} \tag{3-2-3}$$

可知，当$\sigma_{XY}=0$时，$\rho_{XY}=0$，表示两个随机变量统计无关，即互不相关。当X、Y均为正态随机变量时，则表示两个随机变量相互独立。

现将一维随机变量X的方差的定义扩充到t个随机变量X_i（$i=1，2，\cdots，t$）所组成的t维随机向量$\underset{t,1}{\boldsymbol{X}}$。设

$$\underset{t,1}{\boldsymbol{X}}=\begin{bmatrix}X_1 & X_2 & \cdots & X_t\end{bmatrix}^{\mathrm{T}}=\begin{bmatrix}X_1\\X_2\\\vdots\\X_t\end{bmatrix}$$

则t维随机向量$\underset{t,1}{\boldsymbol{X}}$的方差阵的定义为

$$\begin{aligned}\underset{t,t}{\boldsymbol{D}_X}&=\boldsymbol{E}\{(\boldsymbol{X}-\boldsymbol{E}(\boldsymbol{X}))(\boldsymbol{X}-\boldsymbol{E}(\boldsymbol{X}))^{\mathrm{T}}\}\\&=\boldsymbol{E}\left\{\begin{bmatrix}X_1-E(X_1)\\X_2-E(X_2)\\\vdots\\X_t-E(X_t)\end{bmatrix}\begin{bmatrix}X_1-E(X_1) & X_2-E(X_2) & \cdots & X_t-E(X_t)\end{bmatrix}\right\}\\&=\begin{bmatrix}\sigma_{X_1}^2 & \sigma_{X_1X_2} & \cdots & \sigma_{X_1X_t}\\\sigma_{X_2X_1} & \sigma_{X_2}^2 & \cdots & \sigma_{X_2X_t}\\\vdots & \vdots & & \vdots\\\sigma_{X_tX_1} & \sigma_{X_tX_2} & \cdots & \sigma_{X_t}^2\end{bmatrix}\end{aligned}\tag{3-2-4a}$$

为书写方便，还可简记为

$$\underset{t,t}{\boldsymbol{D}_X}=\begin{bmatrix}\sigma_1^2 & \sigma_{12} & \cdots & \sigma_{1t}\\\sigma_{21} & \sigma_2^2 & \cdots & \sigma_{2t}\\\vdots & \vdots & & \vdots\\\sigma_{t1} & \sigma_{t2} & \cdots & \sigma_t^2\end{bmatrix}\tag{3-2-4b}$$

3.2.2 方差-协方差阵的说明

（1）由于

$$\sigma_{ij}=E\{(X_i-E(X_i))(X_j-E(X_j))\}=E\{(X_j-E(X_j))(X_i-E(X_i))\}=\sigma_{ji}\quad(i\neq j=1,\ 2,\ \cdots,\ t)\tag{3-2-5}$$

所以，方差阵$\boldsymbol{D}_X$是一$t\times t$维对称方阵。

（2）将式（3-2-1）、式（3-2-2）与式（3-2-4）对比，不难理解，由式（3-2-4）所表示的方差阵$\boldsymbol{D}_X$中，主对角线元素$\sigma_{X_i}^2$实为随机变量X_i的方差；而非对角线元素$\sigma_{X_iX_j}(i\neq j)$实为随机变量X_i关于随机变量X_j的协方差。

（3）当t维随机变量$\underset{t,1}{X}$中的任意两个随机变量均为互不相关时，则$\sigma_{ij}=0\,(i\neq j)$。此时，由式（3-2-4b）所表示的方差阵$\boldsymbol{D}_X$即变为对角阵：

$$\boldsymbol{D}_X = \begin{bmatrix} \sigma_1^2 & 0 & \cdots & 0 \\ 0 & \sigma_2^2 & \cdots & 0 \\ \vdots & \vdots & & \vdots \\ 0 & 0 & \cdots & \sigma_t^2 \end{bmatrix} \tag{3-2-6}$$

（4）进一步，当 $\sigma_1^2 = \sigma_2^2 = \cdots = \sigma_t^2 = \sigma^2$，即方差阵中的主对角线元素均为同一数值时，则 $\boldsymbol{D}_X$ 变为数量矩阵，$\boldsymbol{D}(X) = \sigma^2 \boldsymbol{I}$（$\boldsymbol{I}$ 为单位阵），这表明所有观测值的精度均相同。

（5）现设 $\boldsymbol{Z}$ 向量是由 t 维 $\underset{t,1}{\boldsymbol{X}}$ 向量和 r 维 $\underset{r,1}{\boldsymbol{Y}}$ 向量所组成，即

$$\underset{(t+r),1}{\boldsymbol{Z}} = \begin{bmatrix} \underset{t,1}{\boldsymbol{X}} \\ \underset{r,1}{\boldsymbol{Y}} \end{bmatrix}$$

则 $\boldsymbol{Z}$ 向量的方差阵为

$$\begin{aligned} \underset{(t+r),\ (t+r)}{\boldsymbol{D}_{Z}} &= \boldsymbol{E}\{(\boldsymbol{Z} - \boldsymbol{E}(\boldsymbol{Z}))(\boldsymbol{Z} - \boldsymbol{E}(\boldsymbol{Z}))^{\mathrm{T}}\} \\ &= \boldsymbol{E}\left\{\begin{pmatrix} (\boldsymbol{X} - \boldsymbol{E}(\boldsymbol{X})) \\ (\boldsymbol{Y} - \boldsymbol{E}(\boldsymbol{Y})) \end{pmatrix} \left[(\boldsymbol{X} - \boldsymbol{E}(\boldsymbol{X}))^{\mathrm{T}}\ \ (\boldsymbol{Y} - \boldsymbol{E}(\boldsymbol{Y}))^{\mathrm{T}}\right]\right\} \\ &= \begin{bmatrix} \underset{t,\ t}{\boldsymbol{D}_{X}} & \cdots & \underset{t,\ r}{\boldsymbol{D}_{XY}} \\ \vdots & & \vdots \\ \underset{r,\ t}{\boldsymbol{D}_{YX}} & \cdots & \underset{r,\ r}{\boldsymbol{D}_{Y}} \end{bmatrix} \end{aligned} \tag{3-2-7a}$$

式中，$\boldsymbol{D}_X$、$\boldsymbol{D}_Y$ 分别为 $\underset{t,1}{\boldsymbol{X}}$、$\underset{r,1}{\boldsymbol{Y}}$ 向量的方差阵；而 $\boldsymbol{D}_{XY}$、$\boldsymbol{D}_{YX}$ 分别为 $\boldsymbol{X}$ 向量关于 $\boldsymbol{Y}$ 向量、$\boldsymbol{Y}$ 向量关于 $\boldsymbol{X}$ 向量的协方差阵，且

$$\boldsymbol{D}_{XY} = \boldsymbol{E}\left\{(\boldsymbol{X} - \boldsymbol{E}(\boldsymbol{X}))(\boldsymbol{Y} - \boldsymbol{E}(\boldsymbol{Y}))^{\mathrm{T}}\right\} \tag{3-2-7b}$$

$$\boldsymbol{D}_{YX} = \boldsymbol{E}\left\{(\boldsymbol{Y} - \boldsymbol{E}(\boldsymbol{Y}))(\boldsymbol{X} - \boldsymbol{E}(\boldsymbol{X}))^{\mathrm{T}}\right\} \tag{3-2-7c}$$

显而易见，上式就是两个随机变量间协方差定义式（3-2-2a）的扩充。因为

$$\begin{aligned} \boldsymbol{D}_{YX}^{\mathrm{T}} &= \boldsymbol{E}\left\{(\boldsymbol{Y} - \boldsymbol{E}(\boldsymbol{Y}))(\boldsymbol{X} - \boldsymbol{E}(\boldsymbol{X}))^{\mathrm{T}}\right\}^{\mathrm{T}} \\ &= \boldsymbol{E}\left\{(\boldsymbol{X} - \boldsymbol{E}(\boldsymbol{X}))(\boldsymbol{Y} - \boldsymbol{E}(\boldsymbol{Y}))^{\mathrm{T}}\right\} \\ &= \boldsymbol{D}_{XY} \end{aligned}$$

可见，$\boldsymbol{D}_{XY}$ 与 $\boldsymbol{D}_{YX}$ 互为转置。

当 $\boldsymbol{D}_{XY}=0$ 时，则表示 $\boldsymbol{X}$ 与 $\boldsymbol{Y}$ 在统计意义上是互不相关的两个向量组。此时，$\boldsymbol{X}$、$\boldsymbol{Y}$ 在这两个（或两组）观测值的误差之间互不影响，或者说，它们的误差是不相关的，并称这些观测值为不相关的观测值。如果 $\boldsymbol{D}_{XY} \neq 0$，则表示它们的误差是相关的，称这些观测值为相关观测值。因为本书假设观测值和观测误差均是服从正态分布的随机变量，而对于正态分布的随机变量而言，“不相关”与“独立”是等价的，所以把不相关观测值也称为独立观测值，同样把相关观测值也称为不独立观测值。因此，在无须强调“不独立”与“相关”两者差别的情况下，本书就不再严加区分了。

3.2.3　方差-协方差的计算

关于方差 σ_X^2、协方差 σ_{XY} 的估算问题，可仿照 3.2.1 节介绍的估算方法进行。

对方差σ_X^2，当真值已知时，只需将式（3-2-1b）中的极限符号去掉，即得观测值X的方差的估算公式［即式（2-3-6）］：

$$\hat{\sigma}_X^2 = \left[\Delta_{X_i}\Delta_{X_i}\right]/n \tag{3-2-8a}$$

式中，Δ_{X_i}为观测值X第i次观测时的真误差。

当真值未知时，则采用下式估算［即式（2-5-5）］：

$$\hat{\sigma}_X^2 = \frac{1}{n-1}\left[(X_i-\bar{X})(X_i-\bar{X})\right] \tag{3-2-8b}$$

式中，$\bar{X}$为X的子样均值，即观测值的算术平均值。

对协方差σ_{XY}，当真值已知时，只需将式（3-2-2b）中的极限符号去掉，即得X关于Y的协方差的估算公式：

$$\hat{\sigma}_{XY} = \left[\Delta_{X_i}\Delta_{Y_i}\right]/n \tag{3-2-9a}$$

式中，Δ_{X_i}、Δ_{Y_i}分别为观测值X、Y同次观测时的真误差。

当真值未知时，则采用下式估算：

$$\hat{\sigma}_{XY} = \frac{1}{n-1}\left[(X_i-\bar{X})(Y_i-\bar{Y})\right] \tag{3-2-9b}$$

式中，$\bar{X}$、$\bar{Y}$分别为X、Y的子样均值。

3.2.4 例题

例 3-2-1 试估算例 2-5-1 中三个方向观测值a、b、c之间的协方差及其相关系数。

解：（1）由例 2-5-1 知，三个方向观测值的均值分别为

$$\bar{a} = 28°47'31.3'',\quad \bar{b} = 47°18'19.4'',\quad \bar{c} = 69°50'32.8''$$

依式（3-2-9b）即可估算两个方向观测值之间的协方差$\hat{\sigma}_{ab}$、$\hat{\sigma}_{ac}$、$\hat{\sigma}_{bc}$。具体计算列于表 3-2-1 中。因此有

$$\hat{\sigma}_{ab} = \frac{1}{10-1}\sum_{i=1}^{10}(a_i-\bar{a})(b_i-\bar{b}) = \left[\delta_a\delta_b\right]/9 = 3.80/9 = 0.42('')^2$$

$$\hat{\sigma}_{ac} = \frac{1}{10-1}\sum_{i=1}^{10}(a_i-\bar{a})(c_i-\bar{c}) = \left[\delta_a\delta_c\right]/9 = -1.40/9 = -0.16('')^2$$

$$\hat{\sigma}_{bc} = \frac{1}{10-1}\sum_{i=1}^{10}(b_i-\bar{b})(c_i-\bar{c}) = \left[\delta_b\delta_c\right]/9 = -6.20/9 = -0.69('')^2$$

表 3-2-1 协方差的计算

序号	δ_a	δ_b	δ_c	$\delta_a\delta_b$	$\delta_a\delta_c$	$\delta_b\delta_c$
1	−2.3	−0.4	1.2	0.92	−2.76	−0.48
2	2.7	0.6	2.2	1.62	5.94	1.32
3	−3.3	−1.4	0.2	4.62	−0.66	−0.28
4	1.7	−2.4	2.2	−4.08	3.74	−5.28
5	3.7	4.6	−1.8	17.02	−6.66	−8.28
6	3.7	−1.4	−2.8	−5.18	−10.36	3.92
7	−0.3	−3.4	−3.8	1.02	1.14	12.92
8	−2.3	5.6	−0.8	−12.88	1.84	−4.48
9	−4.3	−0.4	−0.8	1.72	3.44	0.32
10	0.7	−1.4	4.2	−0.98	2.94	−5.88
Σ	0.0	0.0	0.0	3.80	−1.40	−6.20

（2）由例 2-5-1 知，三个方向 a、b、c 的方差估值分别为

$$\hat{\sigma}_a^2=\hat{\sigma}_{aa}=\frac{1}{10-1}\sum(a_i-\overline{a})^2=2.95^2('')^2$$

$$\hat{\sigma}_b^2=\hat{\sigma}_{bb}=\frac{1}{10-1}\sum(b_i-\overline{b})^2=2.91^2('')^2$$

$$\hat{\sigma}_c^2=\hat{\sigma}_{cc}=\frac{1}{10-1}\sum(c_i-\overline{c})^2=2.49^2('')^2$$

依式（3-2-3），即可计算两个方向观测值间相关系数的估值为

$$\hat{\rho}_{ab}=\hat{\sigma}_{ab}/\hat{\sigma}_a\hat{\sigma}_b=0.05,\quad \hat{\rho}_{ac}=\hat{\sigma}_{ac}/\hat{\sigma}_a\hat{\sigma}_c=-0.02,\quad \hat{\rho}_{bc}=\hat{\sigma}_{bc}/\hat{\sigma}_b\hat{\sigma}_c=-0.09$$

可见，两个方向观测值间的相关系数很小。因此，一般认为方向观测值之间是不相关的。

3.3 协因数阵

3.3.1 协因数与互协因数

第 2 章中已经定义了一个观测值（随机变量）的协因数，即观测值的权倒数，其表示为

$$Q_{ii}=Q_i=\frac{1}{P_i}=\frac{\sigma_i^2}{\sigma_0^2} \tag{3-3-1}$$

有了协方差的概念后，即可定义两个观测值（随机变量）之间的互协因数，其表达式为

$$Q_{ij}=\frac{\sigma_{ij}}{\sigma_0^2} \tag{3-3-2}$$

3.3.2 协因数阵的定义

现将 t 维随机向量 $\underset{t,1}{\boldsymbol{X}}$ 方差阵的定义式（3-2-4b），等式两边同乘以一个纯量因子 $1/\sigma_0^2$，顾及式（3-3-1）、式（3-3-2），得

$$\frac{1}{\sigma_0^2}\boldsymbol{D}_X=\begin{bmatrix}\sigma_1^2/\sigma_0^2 & \sigma_{12}/\sigma_0^2 & \cdots & \sigma_{1t}/\sigma_0^2\\ & \sigma_2^2/\sigma_0^2 & \cdots & \sigma_{2t}/\sigma_0^2\\ & & \ddots & \vdots\\ & & & \sigma_t^2/\sigma_0^2\end{bmatrix}=\begin{bmatrix}Q_{11} & Q_{12} & \cdots & Q_{1t}\\ & Q_{22} & \cdots & Q_{2t}\\ & & \ddots & \vdots\\ & & & Q_{tt}\end{bmatrix} \tag{3-3-3}$$

通常，将由协因数 Q_{ii} 和互协因数 Q_{ij} 按照一定顺序排列成的矩阵称为协因数阵，记作 $\boldsymbol{Q}_X$，即

$$\boldsymbol{Q}_X=\begin{bmatrix}Q_{11} & Q_{12} & \cdots & Q_{1t}\\ & Q_{22} & \cdots & Q_{2t}\\ & & \ddots & \vdots\\ & & & Q_{tt}\end{bmatrix} \tag{3-3-4}$$

3.3.3 协因数阵的说明

（1）对照式（3-3-1）和式（3-3-2）可知，协因数阵 $\boldsymbol{Q}_X$ 中，主对角线元素 Q_{ii} 实为随机变量 X_i 的协因数，即权倒数；而非主对角线元素 $Q_{ij}(i\neq j)$ 实为随机变量 X_i 关于随机变量 X_j 的互协因数，且有 $Q_{ij}=Q_{ji}$。

（2）$\boldsymbol{Q}_X$、$\boldsymbol{D}_X$ 效能一致，仅相差一个乘常数。

由式（3-3-2）知，互协因数 Q_{ij} 与协方差 σ_{ij} 一样，也是两个随机变量间相关程度的标志。当 $Q_{ij}=0(i\neq j)$ 时，则 X_i 和 X_j 互不相关。

由式（3-3-3）即得同一随机向量的协因数阵与方差阵之间的关系式为

$$\boldsymbol{D}_X=\sigma_0^2\boldsymbol{Q}_X \tag{3-3-5}$$

上式表明，任一随机向量的方差阵恒等于它的协因数阵与单位权方差因子的乘积。

（3）$\boldsymbol{Q}_X$ 阵的重要性在于：欲求某一随机向量的方差阵，只要计算单位权方差 σ_0^2 和这一随机向量的协因数阵 $\boldsymbol{Q}_X$ 即可。这是测量平差中经常采用的方法。

（4）同样，也可将式（3-2-7）表示成协因数阵的形式，即当

$$\boldsymbol{Z}=\begin{bmatrix}\boldsymbol{X}\\ \boldsymbol{Y}\end{bmatrix} \tag{3-3-6a}$$

时，则有

$$\boldsymbol{Q}_Z=\begin{bmatrix}\boldsymbol{Q}_X & \boldsymbol{Q}_{XY}\\ \boldsymbol{Q}_{YX} & \boldsymbol{Q}_Y\end{bmatrix} \tag{3-3-6b}$$

式中，$\boldsymbol{Q}_X$、$\boldsymbol{Q}_Y$ 分别为 $\boldsymbol{X}$、$\boldsymbol{Y}$ 向量的自协因数阵；而 $\boldsymbol{Q}_{XY}$、$\boldsymbol{Q}_{YX}$ 分别为 $\boldsymbol{X}$ 向量关于 $\boldsymbol{Y}$ 向量、$\boldsymbol{Y}$ 向量关于 $\boldsymbol{X}$ 向量的互协因数阵，且 $\boldsymbol{Q}_{XY}$ 与 $\boldsymbol{Q}_{YX}$ 互为转置。当 $\boldsymbol{Q}_{XY}$ 等于零时，则表示 $\boldsymbol{X}$、$\boldsymbol{Y}$ 这两个向量组互不相关。换言之，欲证明两个向量组是互不相关的，只需证明这两个向量间的互协因数阵为零即可。

3.4 权　　阵

3.4.1 权与权阵

由式（2-3-10）知，一个观测值 L_i 的权 P_i 与其协因数 Q_{ii}（即 Q_i）互为倒数，即有

$$Q_{ii}=\frac{1}{P_i}=P_i^{-1} \tag{3-4-1a}$$

或写成

$$P_i=\left(\frac{1}{P_i}\right)^{-1}=Q_{ii}^{-1} \tag{3-4-1b}$$

将上述概念加以推广，即可定义 t 维观测值向量 $\underset{t,1}{\boldsymbol{X}}$ 的权阵 $\underset{t,t}{\boldsymbol{P}_X}$ 为

$$\boldsymbol{P}_X=\boldsymbol{Q}_X^{-1} \tag{3-4-2a}$$

这表明，观测值向量 $\boldsymbol{X}$ 的权阵是其协因数阵 $\boldsymbol{Q}_X$ 的逆矩阵。当然，协因数阵 $\boldsymbol{Q}_X$ 也是权阵 $\boldsymbol{P}_X$ 的逆阵。因此，下式成立

$$\boldsymbol{Q}_X=\boldsymbol{P}_X^{-1} \tag{3-4-2b}$$

将上式代入式（3-3-5），即得观测值向量 $\boldsymbol{X}$ 的权阵与其方差阵之间的关系式为

$$\boldsymbol{D}_X=\sigma_0^2\boldsymbol{Q}_X=\sigma_0^2\boldsymbol{P}_X^{-1} \tag{3-4-3}$$

因为 $\boldsymbol{D}_X$ 是对称方阵，所以，$\boldsymbol{Q}_X$、$\boldsymbol{P}_X$ 也是对称方阵。若记权阵为

$$P_X = \begin{bmatrix} P_{11} & P_{12} & \cdots & P_{1t} \\ P_{21} & P_{22} & \cdots & P_{2t} \\ \vdots & \vdots & & \vdots \\ P_{t1} & P_{t2} & \cdots & P_{tt} \end{bmatrix} \tag{3-4-4}$$

则有 $P_{ij} = P_{ji} (i \neq j)$。

根据上述定义：协因数与权互为倒数，协因数阵与权阵互为逆矩阵。

为了书写方便，本书一律以 **D**、**Q** 和 **P** 分别表示观测值向量的方差阵、协因数阵和权阵。

3.4.2 观测值的权 P_i 与观测值向量权阵 $\boldsymbol{P}$ 的关系

设有 n 个观测值 $L_1, L_2, \cdots, L_n$，它们各自的方差为 $\sigma_1^2, \sigma_2^2, \cdots, \sigma_n^2$，其权分别为 $P_1, P_2, \cdots, P_n$。令观测值向量为

$$\boldsymbol{L} = \begin{bmatrix} L_1 & L_2 & \cdots & L_n \end{bmatrix}^{\mathrm{T}} \tag{3-4-5}$$

（1）当 L_i、L_j 互不相关时，则有［参阅式（3-2-6）］

$$\boldsymbol{D} = \begin{bmatrix} \sigma_1^2 & & & 0 \\ & \sigma_2^2 & & \\ & & \ddots & \\ 0 & & & \sigma_n^2 \end{bmatrix} = \sigma_0^2 \begin{bmatrix} Q_{11} & & & 0 \\ & Q_{22} & & \\ & & \ddots & \\ 0 & & & Q_{nn} \end{bmatrix} = \sigma_0^2 \boldsymbol{Q} \tag{3-4-6}$$

依协因数阵的定义，Q_{ii} 是观测值 L_i 的权倒数，即

$$Q_{ii} = 1 / P_i \tag{3-4-7a}$$

故 L_i 的权为

$$P_i = 1 / Q_{ii} \tag{3-4-7b}$$

依权阵的定义，并顾及上式得

$$\boldsymbol{P} = \boldsymbol{Q}^{-1} = \begin{bmatrix} 1/Q_{11} & & & 0 \\ & 1/Q_{22} & & \\ & & \ddots & \\ 0 & & & 1/Q_{nn} \end{bmatrix} = \begin{bmatrix} P_1 & & & 0 \\ & P_2 & & \\ & & \ddots & \\ 0 & & & P_n \end{bmatrix} \tag{3-4-8}$$

可见，当观测值向量中的观测值互不相关时，则观测值向量 **L** 的权阵不仅为对角阵，更重要的是：权阵 **P** 中的主对角线元素就是每一个观测值 L_i（$i = 1, 2, \cdots, n$）的权 P_i，即

$$P_{ii} = P_i \tag{3-4-9}$$

观测值互不相关时，协因数阵也是对角阵，协因数阵中的主对角线元素也为每一个观测值的协因数。

（2）当 L_i、L_j 相关时，则有［参阅式（3-2-4b）、式（3-3-3）、式（3-3-4）］

$$\boldsymbol{D} = \begin{bmatrix} \sigma_1^2 & \sigma_{12} & \cdots & \sigma_{1n} \\ & \sigma_2^2 & \cdots & \sigma_{2n} \\ & & \ddots & \vdots \\ & & & \sigma_n^2 \end{bmatrix} = \sigma_0^2 \begin{bmatrix} Q_{11} & Q_{12} & \cdots & Q_{1n} \\ & Q_{22} & \cdots & Q_{2n} \\ & & \ddots & \vdots \\ & & & Q_{nn} \end{bmatrix} = \sigma_0^2 \boldsymbol{Q} \tag{3-4-10}$$

依协因数阵的定义，Q_{ii} 是观测值 L_i 的权倒数，即

$$Q_{ii}=1/P_i \tag{3-4-11a}$$

故 L_i 的权为

$$P_i=1/Q_{ii} \tag{3-4-11b}$$

比较可知，上式与式（3-4-7b）完全一致。可见，不管观测值 L_i、L_j 间是相关还是不相关，当已知观测值向量 $\boldsymbol{L}$ 的协因数阵 $\boldsymbol{Q}$ 时，则可依式（3-4-7b）或式（3-4-11b）求得观测值 L_i 的权。

依权阵的定义，观测值向量 $\boldsymbol{L}$ 的权阵为

$$\boldsymbol{P}=\boldsymbol{Q}^{-1}=\begin{bmatrix} P_{11} & P_{12} & \cdots & P_{1n} \\ & P_{22} & \cdots & P_{2n} \\ & & \ddots & \vdots \\ & & & P_{nn} \end{bmatrix} \tag{3-4-12}$$

由 $\boldsymbol{PQ=I}$ 得

$$\begin{bmatrix} P_{11} & & & & P_{1n} \\ & \ddots & & & \\ P_{i1} & \cdots & P_{ii} & \cdots & P_{in} \\ & & & \ddots & \\ P_{n1} & & & & P_{nn} \end{bmatrix}\begin{bmatrix} Q_{11} & & Q_{1i} & & Q_{1n} \\ & \ddots & \vdots & & \\ & & Q_{ii} & & \\ & & \vdots & \ddots & \\ Q_{n1} & & Q_{ni} & & Q_{nn} \end{bmatrix}=\begin{bmatrix} 1 & & & & 0 \\ & \ddots & & & \\ & & 1 & & \\ & & & \ddots & \\ 0 & & & & 1 \end{bmatrix},$$

进一步展开得

$$P_{i1}Q_{1i}+\cdots+P_{ii}Q_{ii}+\cdots+P_{in}Q_{ni}=1 \tag{3-4-13}$$

因此有

$$P_{ii}Q_{ii}\neq 1 \tag{3-4-14a}$$

即

$$P_{ii}\neq 1/Q_{ii}(\neq P_i) \tag{3-4-14b}$$

可见，当观测值向量中的观测值相关时，协因数阵和权阵均不是对角阵，协因数阵中的主对角线元素 Q_{ii} 仍为观测值 L_i 的权倒数。但权阵 $\boldsymbol{P}$ 中的主对角线元素 P_{ii} 并不是每一个观测值 L_i（$i=1,2,\cdots,n$）的权 P_i，权阵 $\boldsymbol{P}$ 中的各个元素也不再有权的意义了。但是，相关观测量的权阵在平差计算的公式中，也能起到同独立观测向量的权阵一样的作用，故仍将 $\boldsymbol{P}$ 称为权阵。

观测值相关时，一般先计算观测向量的协因数阵，权阵由协因数阵求逆得到。

3.4.3 例题

为加深对 3.4.2 节概念的理解，下面举两个例子。

例 3-4-1 已知观测值向量 $\underset{2,1}{\boldsymbol{L}}=(L_1\ \ L_2)^{\mathrm{T}}$ 的协因数阵为

$$\boldsymbol{Q}=\begin{bmatrix} 2 & -1 \\ -1 & 2 \end{bmatrix}$$

试求：①观测值 L_1、L_2 的权 P_1 和 P_2；②观测值向量 $\boldsymbol{L}$ 的权阵 $\boldsymbol{P}$。

解：（1）由协因数阵的定义可知［参阅式（3-4-1a）］：

$$Q_{11}=Q_{22}=\frac{1}{P_1}=\frac{1}{P_2}=2$$

所以，观测值 L_1、L_2 的权均为

$$P_1 = P_2 = 1/2$$

（2）由权阵的定义，即由式（3-4-2a），可得观测值向量 $\boldsymbol{L}$ 的权阵为

$$\boldsymbol{P} = \boldsymbol{Q}^{-1} = \begin{bmatrix} 2 & -1 \\ -1 & 2 \end{bmatrix}^{-1} = \frac{1}{3}\begin{bmatrix} 2 & 1 \\ 1 & 2 \end{bmatrix}$$

很显然，

$$P_{11} = \frac{2}{3} \neq P_1, \quad P_{22} = \frac{2}{3} \neq P_2$$

例 3-4-2 设观测值向量 $\underset{3,1}{\boldsymbol{L}} = (L_1 \quad L_2 \quad L_3)^{\mathrm{T}}$ 的权阵为

$$\boldsymbol{P} = \begin{bmatrix} 3 & 2 & 1 \\ 2 & 4 & 2 \\ 1 & 2 & 3 \end{bmatrix}$$

求观测值 L_1、L_2、L_3 的权。

解： 由式（3-4-2b）得观测值向量 $\boldsymbol{L}$ 的协因数阵为

$$\boldsymbol{Q} = \boldsymbol{P}^{-1} = \begin{bmatrix} 3 & 2 & 1 \\ 2 & 4 & 2 \\ 1 & 2 & 3 \end{bmatrix}^{-1} = \frac{1}{4}\begin{bmatrix} 2 & -1 & 0 \\ -1 & 2 & -1 \\ 0 & -1 & 2 \end{bmatrix}$$

可见，$Q_{11} = Q_{22} = Q_{33} = 2/4 = 1/2$。再由式（3-4-1b）得

$$P_1 = P_2 = P_3 = 1/Q_{ii} = 2$$

很显然，它们与权阵中的三个主对角线元素 P_{11}、P_{22}、P_{33} 是不相等的。

3.5 协方差与协因数传播律

3.5.1 协方差传播律

1）单个观测值线性函数的方差

单个观测值线性函数，指由若干个观测值通过一定的线性函数关系组成的单个函数。下面用矩阵形式推导，用纯量形式推求单个观测值一般函数的方差（参见 3.9 节延伸阅读）。

设有观测值 $\underset{n\,1}{\boldsymbol{X}}$，其数学期望为 $\underset{n\,1}{\boldsymbol{\mu}_X}$，协方差为 $\underset{n\,n}{\boldsymbol{D}_{XX}}$，即

$$\begin{cases} \boldsymbol{X} = \begin{bmatrix} X_1 \\ X_2 \\ \vdots \\ X_n \end{bmatrix}, \qquad \boldsymbol{\mu}_X = \begin{bmatrix} \mu_{X_1} \\ \mu_{X_2} \\ \vdots \\ \mu_{X_n} \end{bmatrix} = \begin{bmatrix} E(X_1) \\ E(X_2) \\ \vdots \\ E(X_n) \end{bmatrix} = \boldsymbol{E}(\boldsymbol{X}) \\ \boldsymbol{D}_{XX} = \boldsymbol{E}\left[(\boldsymbol{X}-\boldsymbol{\mu}_X)(\boldsymbol{X}-\boldsymbol{\mu}_X)^{\mathrm{T}}\right] = \begin{bmatrix} \sigma_1^2 & \sigma_{12} & \cdots & \sigma_{1n} \\ \sigma_{21} & \sigma_2^2 & \cdots & \sigma_{2n} \\ \vdots & \vdots & & \vdots \\ \sigma_{n1} & \sigma_{n2} & \cdots & \sigma_n^2 \end{bmatrix} \end{cases} \tag{3-5-1}$$

其中，σ_i 为 X_i 的方差；σ_{ij} 为 X_i 与 X_j 的协方差，又设有 $\boldsymbol{X}$ 的线性函数为

$$\underset{11}{\boldsymbol{Z}} = \underset{1n}{\boldsymbol{K}}\,\underset{n1}{\boldsymbol{X}} + \underset{11}{k_0} \tag{3-5-2}$$

式中，$\underset{1n}{\boldsymbol{K}} = [k_1, k_2, \cdots, k_n]$；$k_0$ 为常数。式（3-5-2）的纯量形式为

$$\boldsymbol{Z} = k_1 X_1 + k_2 X_2 + \cdots + k_n X_n + k_0$$

现在来求 $\boldsymbol{Z}$ 的方差 $\boldsymbol{D}_{ZZ}$。对式（3-5-2）取数学期望，得

$$\boldsymbol{E}(\boldsymbol{Z}) = \boldsymbol{E}(\boldsymbol{KX} + k_0) = \boldsymbol{KE}(\boldsymbol{X}) + k_0 = k\boldsymbol{\mu}_{\boldsymbol{X}} + k_0 \tag{3-5-3}$$

根据方差的定义可知，$\boldsymbol{Z}$ 的方差为

$$\underset{11}{\boldsymbol{D}_{ZZ}} = \sigma_{\boldsymbol{Z}}^2 = \boldsymbol{E}[(\boldsymbol{Z} - \boldsymbol{E}(\boldsymbol{Z}))(\boldsymbol{Z} - \boldsymbol{E}(\boldsymbol{Z}))^{\mathrm{T}}]$$

将式（3-5-2）和式（3-5-3）代入上式，得

$$\begin{aligned}\underset{11}{\boldsymbol{D}_{ZZ}} = \sigma_Z^2 &= \boldsymbol{E}[(\boldsymbol{KX} - \boldsymbol{K\mu_X})(\boldsymbol{KX} - \boldsymbol{K\mu_X})^{\mathrm{T}}] \\ &= \boldsymbol{E}[\boldsymbol{K}(\boldsymbol{X} - \boldsymbol{\mu_X})(\boldsymbol{X} - \boldsymbol{\mu_X})^{\mathrm{T}}\boldsymbol{K}^{\mathrm{T}}] \\ &= \boldsymbol{KE}[(\boldsymbol{X} - \boldsymbol{\mu_X})(\boldsymbol{X} - \boldsymbol{\mu_X})^{\mathrm{T}}]\boldsymbol{K}^{\mathrm{T}}\end{aligned}$$

所以，

$$\underset{11}{\boldsymbol{D}_{ZZ}} = \sigma_{\boldsymbol{Z}}^2 = \boldsymbol{K}\boldsymbol{D}_{XX}\boldsymbol{K}^{\mathrm{T}} \tag{3-5-4}$$

将上式展开成纯量形式，得

$$\begin{aligned}\underset{11}{\boldsymbol{D}_{ZZ}} = \sigma_{\boldsymbol{Z}}^2 = k_1^2\sigma_1^2 + k_2^2\sigma_2^2 + \cdots + k_n^2\sigma_n^2 + 2k_1k_2\sigma_{12} + 2k_1k_3\sigma_{13} \\ + \cdots + 2k_1k_n\sigma_{1n} + \cdots + 2k_{n-1}k_n\sigma_{n-1,n}\end{aligned} \tag{3-5-5}$$

当向量中的各分量 $X_i(i = 1, 2, \cdots, n)$ 两两独立时，它们之间的协方差 $\sigma_{ij} = 0(i \neq j)$，此时上式为

$$\underset{11}{\boldsymbol{D}_{ZZ}} = \sigma_{\boldsymbol{Z}}^2 = k_1^2\sigma_1^2 + k_2^2\sigma_2^2 + \cdots + k_n^2\sigma_n^2 \tag{3-5-6}$$

通常将式（3-5-4）～式（3-5-6）称为协方差传播律。其中，式（3-5-6）是式（3-5-5）的一个特例。2.1.4 节中导出的方差运算四个性质都是上述协方差传播律的特例。

2）多个（一组）观测值线性函数的协方差阵

多个（一组）观测值线性函数，指由若干个观测值通过一定的线性函数关系组成的多个函数（只有一组）。

设有观测值 $\underset{n1}{\boldsymbol{X}}$，它的数学期望 $\boldsymbol{\mu_X}$ 与方差阵 $\boldsymbol{D}_{XX}$ 如式（3-5-1），若有 $\boldsymbol{X}$ 的 t 个线性函数：

$$\begin{cases} Z_1 = k_{11}X_1 + k_{12}X_2 + \cdots + k_{1n}X_n + k_{10} \\ Z_2 = k_{21}X_1 + k_{22}X_2 + \cdots + k_{2n}X_n + k_{20} \\ \qquad\vdots \\ Z_t = k_{t1}X_1 + k_{t2}X_2 + \cdots + k_{tn}X_n + k_{t0} \end{cases} \tag{3-5-7}$$

下面来求函数 $Z_1, Z_2, \cdots, Z_t$ 的方差和它们之间的协方差。

若令

$$\underset{t1}{\boldsymbol{Z}}=\begin{bmatrix}Z_1\\Z_2\\\vdots\\Z_t\end{bmatrix},\quad \underset{tn}{\boldsymbol{K}}=\begin{bmatrix}k_{11}&k_{12}&\cdots&k_{1n}\\k_{21}&k_{22}&\cdots&k_{2n}\\\vdots&\vdots&&\vdots\\k_{t1}&k_{t2}&\cdots&k_{tn}\end{bmatrix},\quad \underset{t1}{\boldsymbol{K}_0}=\begin{bmatrix}k_{10}\\k_{20}\\\vdots\\k_{t0}\end{bmatrix}$$

则式（3-5-7）可写为

$$\underset{t1}{\boldsymbol{Z}}=\underset{tn}{\boldsymbol{K}}\underset{n1}{\boldsymbol{X}}+\underset{t1}{\boldsymbol{K}_0} \tag{3-5-8}$$

也就是要求 $\boldsymbol{Z}$ 的协方差矩阵 $\boldsymbol{D}_{ZZ}$。

因为 $\boldsymbol{Z}$ 的数学期望为

$$\boldsymbol{E}(\boldsymbol{Z})=\boldsymbol{E}(\boldsymbol{KX}+\boldsymbol{K}_0)=\boldsymbol{K\mu}_X+\boldsymbol{K}_0 \tag{3-5-9}$$

所以 $\boldsymbol{Z}$ 的协方差矩阵为

$$\begin{aligned}\underset{tt}{\boldsymbol{D}_{ZZ}}&=\boldsymbol{E}[(\boldsymbol{Z}-\boldsymbol{E}(\boldsymbol{Z}))(\boldsymbol{Z}-\boldsymbol{E}(\boldsymbol{Z}))^{\mathrm{T}}]\\&=\boldsymbol{E}[(\boldsymbol{KX}-\boldsymbol{K\mu}_X)(\boldsymbol{KX}-\boldsymbol{K\mu}_X)^{\mathrm{T}}]\\&=\boldsymbol{KE}[(\boldsymbol{X}-\boldsymbol{\mu}_X)(\boldsymbol{X}-\boldsymbol{\mu}_X)^{\mathrm{T}}]\boldsymbol{K}^{\mathrm{T}}\end{aligned}$$

即得到

$$\underset{tt}{\boldsymbol{D}_{ZZ}}=\underset{tn}{\boldsymbol{K}}\underset{nn}{\boldsymbol{D}_{XX}}\underset{nt}{\boldsymbol{K}^{\mathrm{T}}} \tag{3-5-10}$$

可以看到，上式与式（3-5-4）在形式上完全相同，且两式的推导过程也相同；所不同的是式（3-5-4）中的 $\boldsymbol{D}_{ZZ}$ 是一个观测值函数的方差，而式（3-5-10）的 $\boldsymbol{D}_{ZZ}$ 是 t 个观测值函数的协方差阵，因而式（3-5-4）只是式（3-5-10）的一种特殊情况。所以式（3-5-10）是协方差传播律的一般公式。

3）多个（两组）观测值线性函数的互协方差阵

多个（两组）观测值线性函数，指由若干个观测值通过一定的线性函数关系组成的多个函数（有两组）。

设另外还有 $\boldsymbol{X}$ 的 r 个线性函数：

$$\begin{cases}Y_1=f_{11}X_1+f_{12}X_2+\cdots+f_{1n}X_n+f_{10}\\Y_2=f_{21}X_1+f_{22}X_2+\cdots+f_{2n}X_n+f_{20}\\\qquad\vdots\\Y_r=f_{r1}X_1+f_{r2}X_2+\cdots+f_{rn}X_n+f_{r0}\end{cases} \tag{3-5-11}$$

若记

$$\underset{r1}{\boldsymbol{Y}}=\begin{bmatrix}Y_1\\Y_2\\\vdots\\Y_r\end{bmatrix},\quad \underset{rn}{\boldsymbol{F}}=\begin{bmatrix}f_{11}&f_{12}&\cdots&f_{1n}\\f_{21}&f_{22}&\cdots&f_{2n}\\\vdots&\vdots&&\vdots\\f_{r1}&f_{r2}&\cdots&f_{rn}\end{bmatrix},\quad \underset{r1}{\boldsymbol{F}_0}=\begin{bmatrix}f_{10}\\f_{20}\\\vdots\\f_{r0}\end{bmatrix}$$

则式（3-5-11）可写为

$$\underset{r1}{\boldsymbol{Y}}=\underset{rn}{\boldsymbol{F}}\underset{n1}{\boldsymbol{X}}+\underset{r1}{\boldsymbol{F}_0} \tag{3-5-12}$$

$\boldsymbol{Y}$ 的数学期望为

$$\boldsymbol{E}(\boldsymbol{Y})=\boldsymbol{F\mu}_X+\boldsymbol{F}_0 \tag{3-5-13}$$

由式（3-5-10）可知，$\boldsymbol{Y}$ 的协方差阵为

$$\underset{rr}{\boldsymbol{D}_{YY}} = \underset{rn}{\boldsymbol{F}}\underset{nn}{\boldsymbol{D}_{XX}}\underset{nr}{\boldsymbol{F}^{\mathrm{T}}} \tag{3-5-14}$$

下面来求 $\boldsymbol{Y}$ 关于 $\boldsymbol{Z}$ 的互协方差阵 $\underset{rt}{\boldsymbol{D}_{YZ}}$。

根据互协方差阵的定义可知

$$\boldsymbol{D}_{YZ} = \boldsymbol{E}\left[(\boldsymbol{Y} - \boldsymbol{E}(\boldsymbol{Y}))(\boldsymbol{Z} - \boldsymbol{E}(\boldsymbol{Z}))^{\mathrm{T}}\right]$$

将式（3-5-12）、式（3-5-13）、式（3-5-8）及式（3-5-9）代入上式，可得

$$\begin{aligned}\boldsymbol{D}_{YZ} &= \boldsymbol{E}[(\boldsymbol{FX} - \boldsymbol{F\mu}_X)(\boldsymbol{KX} - \boldsymbol{K\mu}_X)^{\mathrm{T}}] \\ &= \boldsymbol{FE}[(\boldsymbol{X} - \boldsymbol{\mu}_X)(\boldsymbol{X} - \boldsymbol{\mu}_X)^{\mathrm{T}}]\boldsymbol{K}^{\mathrm{T}}\end{aligned}$$

所以

$$\underset{rt}{\boldsymbol{D}_{YZ}} = \underset{rn}{\boldsymbol{F}}\underset{nn}{\boldsymbol{D}_{XX}}\underset{nt}{\boldsymbol{K}^{\mathrm{T}}} \tag{3-5-15}$$

这就是由 $\boldsymbol{X}$ 的协方差阵求它的两组函数 $\boldsymbol{Y}$ 和 $\boldsymbol{Z}$ 的互协方差阵的公式。

习惯上，将描述观测值 $\boldsymbol{X}$ 的协方差阵 $\boldsymbol{D}_{XX}$ 与观测值函数 $\boldsymbol{Z}$ 的协方差阵 $\boldsymbol{D}_{ZZ}$ 及两组函数 $\boldsymbol{Y}$ 和 $\boldsymbol{Z}$ 的互协方差阵之间关系的式（3-5-4）、式（3-5-10）和式（3-5-15）都称为协方差传播律。

因为

$$\boldsymbol{D}_{YZ} = \boldsymbol{D}_{ZY}^{\mathrm{T}}$$

所以

$$\underset{tr}{\boldsymbol{D}_{ZY}} = (\boldsymbol{FD}_{XX}\boldsymbol{K}^{\mathrm{T}})^{\mathrm{T}} = \underset{tn}{\boldsymbol{K}}\underset{nn}{\boldsymbol{D}_{XX}}\underset{nr}{\boldsymbol{F}^{\mathrm{T}}}$$

如果 $\boldsymbol{Y} = \boldsymbol{Z}$，则式（3-5-15）就变为式（3-5-10），所以式（3-5-10）也可以看作式（3-5-15）的一种特殊情况。

测量平差的主要内容之一是精度评定，即评定观测值及观测值函数的精度。协方差传播律正是用来求观测值函数的中误差和协方差的基本公式。在以后有关平差计算的章节中，都是以协方差传播律为基础，分别推导适用于不同平差方法的精度计算公式。

例 3-5-1 设有 $\boldsymbol{Y} = 4X_1 - 3X_2 - 50$，$\underset{2,1}{\boldsymbol{X}} = (X_1 \quad X_2)^{\mathrm{T}}$，已知 $\boldsymbol{X}$ 的方差阵为

$$\boldsymbol{D}_{XX} = \begin{bmatrix} 7 & 2 \\ 2 & 3 \end{bmatrix}(\mathrm{cm}^2)$$

试求 $\boldsymbol{Y}$ 的方差 σ_Y^2。

解： 将函数写成矩阵形式，即

$$\boldsymbol{Y} = 4X_1 - 3X_2 - 50 = [4 \quad -3]\boldsymbol{X} - 50$$

则系数矩阵为

$$\boldsymbol{F} = [4 \quad -3]$$

依式（3-5-4）得

$$\sigma_Y^2 = \boldsymbol{FD}_{XX}\boldsymbol{F}^{\mathrm{T}} = [4 \quad -3]\begin{bmatrix} 7 & 2 \\ 2 & 3 \end{bmatrix}\begin{bmatrix} 4 \\ -3 \end{bmatrix} = 91(\mathrm{cm}^2)$$

例 3-5-2 设有函数 $\boldsymbol{Z} = \boldsymbol{F}_1\boldsymbol{X} + \boldsymbol{F}_2\boldsymbol{Y} + \boldsymbol{F}^0$，已知 $\boldsymbol{X}$、$\boldsymbol{Y}$ 的方差阵分别为 $\boldsymbol{D}_X$、$\boldsymbol{D}_Y$，两者之

间的互协方差阵为 $\boldsymbol{D}_{XY}$。试求：①$\boldsymbol{Z}$ 的方差阵 $\boldsymbol{D}_{ZZ}$ 及 $\boldsymbol{Z}$ 对 $\boldsymbol{X}$、$\boldsymbol{Z}$ 对 $\boldsymbol{Y}$ 的互协方差阵 $\boldsymbol{D}_{ZX}$ 和 $\boldsymbol{D}_{ZY}$；②若 $\boldsymbol{X}$、$\boldsymbol{Y}$ 相互独立，则 $\boldsymbol{D}_Z$ 如何表达。

解：（1）将函数式改写为

$$\boldsymbol{Z}=\boldsymbol{F}_1\boldsymbol{X}+\boldsymbol{F}_2\boldsymbol{Y}+\boldsymbol{F}^0=\begin{bmatrix}\boldsymbol{F}_1 & \boldsymbol{F}_2\end{bmatrix}\begin{bmatrix}\boldsymbol{X}\\ \boldsymbol{Y}\end{bmatrix}+\boldsymbol{F}^0=\boldsymbol{K}\boldsymbol{u}+\boldsymbol{F}^0$$

式中，$\boldsymbol{K}=\begin{bmatrix}\boldsymbol{F}_1 & \boldsymbol{F}_2\end{bmatrix}$，$\boldsymbol{u}=\begin{bmatrix}\boldsymbol{X}\\ \boldsymbol{Y}\end{bmatrix}$。由方差阵的定义，即可写出 $\boldsymbol{u}$ 的方差阵［参阅式（3-2-7a)］为

$$\boldsymbol{D}_u=\begin{bmatrix}\boldsymbol{D}_X & \boldsymbol{D}_{XY}\\ \boldsymbol{D}_{YX} & \boldsymbol{D}_Y\end{bmatrix}$$

依式（3-5-10）得

$$\begin{aligned}\boldsymbol{D}_Z=\boldsymbol{K}\boldsymbol{D}_u\boldsymbol{K}^{\mathrm{T}}&=\begin{bmatrix}\boldsymbol{F}_1 & \boldsymbol{F}_2\end{bmatrix}\begin{bmatrix}\boldsymbol{D}_X & \boldsymbol{D}_{XY}\\ \boldsymbol{D}_{XY} & \boldsymbol{D}_Y\end{bmatrix}\begin{bmatrix}\boldsymbol{F}_1^{\mathrm{T}}\\ \boldsymbol{F}_2^{\mathrm{T}}\end{bmatrix}\\ &=\boldsymbol{F}_1\boldsymbol{D}_X\boldsymbol{F}_1^{\mathrm{T}}+\boldsymbol{F}_2\boldsymbol{D}_Y\boldsymbol{F}_2^{\mathrm{T}}+\boldsymbol{F}_1\boldsymbol{D}_{XY}\boldsymbol{F}_2^{\mathrm{T}}+\boldsymbol{F}_2\boldsymbol{D}_{YX}\boldsymbol{F}_1^{\mathrm{T}}\end{aligned}\tag{3-5-16}$$

（2）当 $\boldsymbol{X}$、$\boldsymbol{Y}$ 相互独立时，则 $\boldsymbol{D}_{XY}=0$，$\boldsymbol{D}_{YX}=0$。代入上式得

$$\boldsymbol{D}_Z=\boldsymbol{F}_1\boldsymbol{D}_X\boldsymbol{F}_1^{\mathrm{T}}+\boldsymbol{F}_2\boldsymbol{D}_Y\boldsymbol{F}_2^{\mathrm{T}}$$

（3）为能利用式（3-5-15）求 $\boldsymbol{Z}$ 对 $\boldsymbol{X}$ 的协方差 $\boldsymbol{D}_{ZX}$，则必须将 $\boldsymbol{Z}$、$\boldsymbol{X}$ 表达为同一随机向量的函数，即均表达为 $\boldsymbol{X}$、$\boldsymbol{Y}$ 的函数，则有

$$\boldsymbol{Z}=\boldsymbol{F}_1\boldsymbol{X}+\boldsymbol{F}_2\boldsymbol{Y}+\boldsymbol{F}^0=\begin{bmatrix}\boldsymbol{F}_1 & \boldsymbol{F}_2\end{bmatrix}\begin{bmatrix}\boldsymbol{X}\\ \boldsymbol{Y}\end{bmatrix}+\boldsymbol{F}^0=\boldsymbol{F}\boldsymbol{u}+\boldsymbol{F}^0$$

$$\boldsymbol{X}=\boldsymbol{I}\boldsymbol{X}+0\boldsymbol{Y}=\begin{bmatrix}\boldsymbol{I} & 0\end{bmatrix}\begin{bmatrix}\boldsymbol{X}\\ \boldsymbol{Y}\end{bmatrix}=\boldsymbol{K}\boldsymbol{u}$$

再依式（3-5-15）即得

$$\boldsymbol{D}_{ZX}=\boldsymbol{F}\boldsymbol{D}_u\boldsymbol{K}^{\mathrm{T}}=\begin{bmatrix}\boldsymbol{F}_1 & \boldsymbol{F}_2\end{bmatrix}\begin{bmatrix}\boldsymbol{D}_X & \boldsymbol{D}_{XY}\\ \boldsymbol{D}_{XY} & \boldsymbol{D}_Y\end{bmatrix}\begin{bmatrix}\boldsymbol{I}\\ 0\end{bmatrix}=\boldsymbol{F}_1\boldsymbol{D}_X+\boldsymbol{F}_2\boldsymbol{D}_{YX}\tag{3-5-17a}$$

同理可得

$$\boldsymbol{D}_{ZY}=\begin{bmatrix}\boldsymbol{F}_1 & \boldsymbol{F}_2\end{bmatrix}\begin{bmatrix}\boldsymbol{D}_X & \boldsymbol{D}_{XY}\\ \boldsymbol{D}_{YX} & \boldsymbol{D}_Y\end{bmatrix}\begin{bmatrix}0\\ \boldsymbol{I}\end{bmatrix}=\boldsymbol{F}_1\boldsymbol{D}_{XY}+\boldsymbol{F}_2\boldsymbol{D}_Y\tag{3-5-17b}$$

必须强调指出：在上例中，看起来似乎难以应用协方差传播律的两个函数，但通过加入零矩阵乘以任一向量的办法，就可顺利地达到应用协方差传播律公式的目的。这种“加零法”在以后本课程的学习中将会经常采用。

例 3-5-3 设有函数

$$\boldsymbol{Y}=\boldsymbol{F}\boldsymbol{X}_1+\boldsymbol{F}^0,\quad \boldsymbol{Z}=\boldsymbol{K}\boldsymbol{X}_2+\boldsymbol{K}^0$$

又已知 $\boldsymbol{X}_1$、$\boldsymbol{X}_2$ 之间的协方差为 $\boldsymbol{D}_{12}$，试证明 $\boldsymbol{Y}$ 对 $\boldsymbol{Z}$ 的协方差为

$$\boldsymbol{D}_{YZ}=\boldsymbol{F}\boldsymbol{D}_{12}\boldsymbol{K}^{\mathrm{T}}\tag{3-5-18}$$

证：将函数改写为

$$\boldsymbol{Y}=\boldsymbol{F}\boldsymbol{X}_1+0\boldsymbol{X}_2+\boldsymbol{F}^0=\begin{bmatrix}\boldsymbol{F} & 0\end{bmatrix}\begin{bmatrix}\boldsymbol{X}_1\\ \boldsymbol{X}_2\end{bmatrix}+\boldsymbol{F}^0$$

$$\boldsymbol{Z}=0\boldsymbol{X}_1+\boldsymbol{K}\boldsymbol{X}_2+\boldsymbol{K}^0=\begin{bmatrix}0 & \boldsymbol{K}\end{bmatrix}\begin{bmatrix}\boldsymbol{X}_1\\ \boldsymbol{X}_2\end{bmatrix}+\boldsymbol{K}^0$$

由式（3-5-15）即得 $\boldsymbol{Y}$ 对 $\boldsymbol{Z}$ 的协方差为

$$\boldsymbol{D}_{YZ}=\begin{bmatrix}\boldsymbol{F} & 0\end{bmatrix}\begin{bmatrix}\boldsymbol{D}_{X_1} & \boldsymbol{D}_{12}\\ \boldsymbol{D}_{21} & \boldsymbol{D}_{X_2}\end{bmatrix}\begin{bmatrix}0\\ \boldsymbol{K}^{\mathrm{T}}\end{bmatrix}=\boldsymbol{F}\boldsymbol{D}_{12}\boldsymbol{K}^{\mathrm{T}}$$

证毕。

式（3-5-18）表明，尽管 $\boldsymbol{Y}$ 是 $\boldsymbol{X}_1$ 向量的函数，$\boldsymbol{Z}$ 是 $\boldsymbol{X}_2$ 向量的函数，两者之间似乎毫无关系，但当 $\boldsymbol{X}_1$ 与 $\boldsymbol{X}_2$ 间的协方差不为零时，则 $\boldsymbol{Y}$ 对 $\boldsymbol{Z}$ 的协方差仍然存在，其计算公式只要将式（3-5-15）右边的 $\boldsymbol{D}_X$ 换成 $\boldsymbol{D}_{12}$ 即可。

例 3-5-2 和例 3-5-3 中的结论，即式（3-5-16）～式（3-5-18），今后可直接作为协方差传播律的基本公式加以引用。

3.5.2 协因数传播律

由协因数和协因数阵的定义可知，协因数阵可以由协方差阵乘上常数 $1/\sigma_0^2$ 得到，而且观测向量的协因数阵的对角元素是相应的权倒数。因此，有了协因数和协因数阵的概念，根据协方差传播律，可以方便地得到由观测向量的协因数阵求其函数的协因数阵的计算公式，从而也就得到了函数的权。

设有观测值 X，已知它的协因数阵 $\boldsymbol{Q}_{XX}$，又设有 $\boldsymbol{X}$ 的函数 $\boldsymbol{Y}$ 和 $\boldsymbol{Z}$

$$\begin{cases}\boldsymbol{Y}=\boldsymbol{F}\boldsymbol{X}+\boldsymbol{F}^0\\ \boldsymbol{Z}=\boldsymbol{K}\boldsymbol{X}+\boldsymbol{K}^0\end{cases}\tag{3-5-19}$$

下面根据协方差传播律式（3-5-10）和式（3-5-15），来导出用 $\boldsymbol{Q}_{XX}$ 求 $\boldsymbol{Q}_{YY}$、$\boldsymbol{Q}_{ZZ}$ 和 $\boldsymbol{Q}_{ZY}$ 的公式。

假定 $\boldsymbol{X}$ 的方差阵为 $\boldsymbol{D}_{XX}$，单位权方差为 σ_0^2，则按协方差传播律式（3-5-10）知，$\boldsymbol{Y}$ 和 $\boldsymbol{Z}$ 的协方差阵为

$$\begin{cases}\boldsymbol{D}_{YY}=\boldsymbol{F}\boldsymbol{D}_{XX}\boldsymbol{F}^{\mathrm{T}}\\ \boldsymbol{D}_{ZZ}=\boldsymbol{K}\boldsymbol{D}_{XX}\boldsymbol{K}^{\mathrm{T}}\end{cases}\tag{3-5-20}$$

由式（3-5-15）知 $\boldsymbol{Y}$ 关于 $\boldsymbol{Z}$ 的互协方差阵为

$$\boldsymbol{D}_{YZ}=\boldsymbol{F}\boldsymbol{D}_{XX}\boldsymbol{K}^{\mathrm{T}}\tag{3-5-21}$$

由协因数阵的定义知

$$\begin{cases}\boldsymbol{D}_{XX}=\sigma_0^2\boldsymbol{Q}_{XX},\ \boldsymbol{D}_{YY}=\sigma_0^2\boldsymbol{Q}_{YY}\\ \boldsymbol{D}_{ZZ}=\sigma_0^2\boldsymbol{Q}_{ZZ},\ \boldsymbol{D}_{YZ}=\sigma_0^2\boldsymbol{Q}_{YZ}\end{cases}\tag{3-5-22}$$

将式（3-5-22）代入式（3-5-20）及式（3-5-21），得

$$\begin{cases}\sigma_0^2\boldsymbol{Q}_{YY}=\boldsymbol{F}(\sigma_0^2\boldsymbol{Q}_{XX})\boldsymbol{F}^{\mathrm{T}}\\ \sigma_0^2\boldsymbol{Q}_{ZZ}=\boldsymbol{K}(\sigma_0^2\boldsymbol{Q}_{XX})\boldsymbol{K}^{\mathrm{T}}\end{cases}\tag{3-5-23}$$

$$\sigma_0^2\boldsymbol{Q}_{YZ}=\boldsymbol{F}(\sigma_0^2\boldsymbol{Q}_{XX})\boldsymbol{K}^{\mathrm{T}}\tag{3-5-24}$$

再将式（3-5-23）和式（3-5-24）都除以 σ_0^2，即得

$$\begin{cases} \boldsymbol{Q}_{YY} = \boldsymbol{F}\boldsymbol{Q}_{XX}\boldsymbol{F}^{\mathrm{T}} \\ \boldsymbol{Q}_{ZZ} = \boldsymbol{K}\boldsymbol{Q}_{XX}\boldsymbol{K}^{\mathrm{T}} \\ \boldsymbol{Q}_{YZ} = \boldsymbol{F}\boldsymbol{Q}_{XX}\boldsymbol{K}^{\mathrm{T}} \end{cases} \tag{3-5-25}$$

这就是观测值的协因数阵与其线性函数的协因数阵的关系式，通常称为协因数传播律，或称为权逆阵传播律。式（3-5-25）在形式上与协方差传播律相同，所以将协方差传播律与协因数传播律合称为广义传播律。

例 3-5-4 如图 3-5-1 所示，β_1、β_2、β_3 为等精度独立观测值（可设 $\boldsymbol{Q}=\boldsymbol{I}$），试求经过三角形闭合差分配后的平差角 $\hat{\boldsymbol{L}} = (\hat{\beta}_1 \ \hat{\beta}_2 \ \hat{\beta}_3)^{\mathrm{T}}$ 的协因数阵。

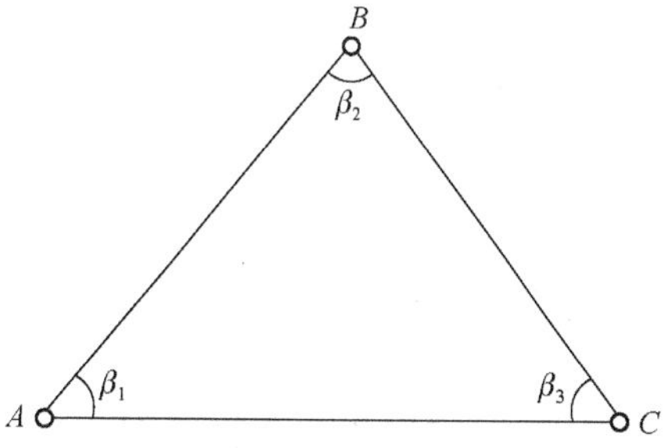

图 3-5-1 测角三角形

解：设三角形闭合差为

$$w = (\beta_1 + \beta_2 + \beta_3) - 180°$$

经闭合差分配后的平差角为

$$\hat{\beta}_1 = \beta_1 - \frac{w}{3} = \frac{2}{3}\beta_1 - \frac{1}{3}\beta_2 - \frac{1}{3}\beta_3 + 60°$$

$$\hat{\beta}_2 = \beta_2 - \frac{w}{3} = -\frac{1}{3}\beta_1 + \frac{2}{3}\beta_2 - \frac{1}{3}\beta_3 + 60°$$

$$\hat{\beta}_3 = \beta_3 - \frac{w}{3} = -\frac{1}{3}\beta_1 - \frac{1}{3}\beta_2 + \frac{2}{3}\beta_3 + 60°$$

即

$$\hat{\boldsymbol{L}} = \begin{bmatrix} \hat{\beta}_1 \\ \hat{\beta}_2 \\ \hat{\beta}_3 \end{bmatrix} = \frac{1}{3}\begin{bmatrix} 2 & -1 & -1 \\ -1 & 2 & -1 \\ -1 & -1 & 2 \end{bmatrix}\begin{bmatrix} \beta_1 \\ \beta_2 \\ \beta_3 \end{bmatrix} + \begin{bmatrix} 60 \\ 60 \\ 60 \end{bmatrix}$$

按协因数传播律式（3-5-25）得

$$\boldsymbol{Q}_{\hat{L}\hat{L}} = \boldsymbol{F}\boldsymbol{Q}\boldsymbol{F}^{\mathrm{T}} = \frac{1}{3}\begin{bmatrix} 2 & -1 & -1 \\ -1 & 2 & -1 \\ -1 & -1 & 2 \end{bmatrix}\boldsymbol{I}\left[\frac{1}{3}\begin{pmatrix} 2 & -1 & -1 \\ -1 & 2 & -1 \\ -1 & -1 & 2 \end{pmatrix}\right]^{\mathrm{T}} = \frac{1}{3}\begin{bmatrix} 2 & -1 & -1 \\ -1 & 2 & -1 \\ -1 & -1 & 2 \end{bmatrix}$$

即平差后三个内角的协因数（权倒数）均为 2/3，它们之间的互协因数均为−1/3。可见，平差后三个角的权均为 3/2，比平差前的权均有所提高。

3.6 非线性函数的误差传播定律

3.6.1 非线性函数的线性化

前面所讨论的都是关于观测值的线性函数的协方差和协因数传播律，在实际应用中，大多数都是非线性的情况，因此研究非线性函数的协方差和协因数传播律十分重要。其核心原理是将非线性函数进行线性化，变换成线性模型，最后利用上述的线性函数的协方差和协因数传播律求出函数方差和协因数。

1）非线性函数的协方差传播律

设有观测值 $\underset{n1}{\boldsymbol{X}}$ 的一个非线性函数，即

$$Z = f(\boldsymbol{X}) = f(X_1, X_2, \cdots, X_n) \tag{3-6-1}$$

已知 $\underset{n1}{\boldsymbol{X}}$ 的协方差阵 $\boldsymbol{D}_{XX}$，欲求 Z 的方差 $\boldsymbol{D}_{ZZ}$。

根据泰勒级数展开的原理，假定观测值 $\boldsymbol{X}$ 有近似值 $\underset{n1}{\boldsymbol{X}^0}$，即

$$\underset{n1}{\boldsymbol{X}^0} = \begin{bmatrix} X_1^0 & X_2^0 & \cdots & X_n^0 \end{bmatrix}^{\mathrm{T}}$$

将式（3-6-1）在点 $(X_1^0, X_2^0, \cdots, X_n^0)$ 处泰勒级数展开，得

$$\begin{aligned} Z = {} & f(X_1^0, X_2^0, \cdots, X_n^0) + \left(\frac{\partial f}{\partial X_1}\right)_0 (X_1 - X_1^0) + \left(\frac{\partial f}{\partial X_2}\right)_0 (X_2 - X_2^0) \\ & + \cdots + \left(\frac{\partial f}{\partial X_n}\right)_0 (X_n - X_n^0) + (\text{二次以上项}) \end{aligned} \tag{3-6-2}$$

式中，$\left(\dfrac{\partial f}{\partial X_i}\right)_0$ 为函数 Z 对各变量的偏导数在 $\boldsymbol{X}^0$ 处的值；$f(X_1^0, X_2^0, \cdots, X_n^0)$ 为将近似值 $\boldsymbol{X}^0$ 代入所算得的函数值，它们都是常数。

当近似值 $\boldsymbol{X}^0$ 与 $\boldsymbol{X}$ 非常接近时，二次以上各项相比就很微小，因此可以略去。故式（3-6-2）变化为

$$\begin{aligned} Z = {} & \left(\frac{\partial f}{\partial X_1}\right)_0 X_1 + \left(\frac{\partial f}{\partial X_2}\right)_0 X_2 + \cdots + \left(\frac{\partial f}{\partial X_n}\right)_0 X_n \\ & + f(X_1^0, X_2^0, \cdots, X_n^0) - \sum_{i=1}^{n} \left(\frac{\partial f}{\partial X_i}\right)_0 X_i^0 \end{aligned} \tag{3-6-3}$$

若令

$$\boldsymbol{K} = \begin{bmatrix} k_1 & k_2 & \cdots & k_n \end{bmatrix} = \begin{bmatrix} \left(\dfrac{\partial f}{\partial X_1}\right)_0 & \left(\dfrac{\partial f}{\partial X_2}\right)_0 & \cdots & \left(\dfrac{\partial f}{\partial X_n}\right)_0 \end{bmatrix}$$

$$k_0 = f(X_1^0, X_2^0, \cdots, X_n^0) - \sum_{i=1}^{n} \left(\frac{\partial f}{\partial X_i}\right)_0 X_i^0$$

即得

$$Z = k_1 X_1 + k_2 X_2 + \cdots + k_n X_n + k_0 = \boldsymbol{K}\boldsymbol{X} + k_0 \tag{3-6-4}$$

通过以上的公式推演，非线性函数式（3-6-1）就转化成了线性函数式（3-6-4），这样就可以利用式（3-5-4）求得 Z 的方差为

$$\boldsymbol{D}_{ZZ} = \boldsymbol{K}\boldsymbol{D}_{XX}\boldsymbol{K}^{\mathrm{T}}$$

纯量形式表达为（当 $\sigma_{ij} = 0$ 时）

$$\sigma_z^2 = \left(\frac{\partial f}{\partial X_1}\right)_0^2 \sigma_1^2 + \left(\frac{\partial f}{\partial X_2}\right)_0^2 \sigma_2^2 + \cdots + \left(\frac{\partial f}{\partial X_n}\right)_0^2 \sigma_n^2 = \sum_{i=1}^{n} \left(\frac{\partial f}{\partial X_i}\right)_0^2 \sigma_i^2 \tag{3-6-5}$$

进行泰勒级数展开的工作无疑是烦琐的，那么可以换一种思路，从式（3-6-2）出发，引入变量和函数的微分的概念，即考虑

$$\begin{cases} X_i - X_i^0 = \mathrm{d}X_i \ (i=1,2,\cdots,n) \\ Z - f(X_1^0, X_2^0, \cdots, X_n^0) = \mathrm{d}Z \end{cases}$$

且令

$$\mathrm{d}\boldsymbol{X} = \begin{bmatrix} \mathrm{d}X_1 & \mathrm{d}X_2 & \cdots & \mathrm{d}X_n \end{bmatrix}^{\mathrm{T}}$$

则式（3-6-2）就转换成

$$\mathrm{d}Z = \left(\frac{\partial f}{\partial X_1}\right)_0 \mathrm{d}X_1 + \left(\frac{\partial f}{\partial X_2}\right)_0 \mathrm{d}X_2 + \cdots + \left(\frac{\partial f}{\partial X_n}\right)_0 \mathrm{d}X_n = \boldsymbol{K}\mathrm{d}\boldsymbol{X} \tag{3-6-6}$$

不难看出，式（3-6-6）就是非线性函数式（3-6-1）的全微分形式。在利用式（3-6-4）应用协方差传播律求 $\boldsymbol{D}_{ZZ}$ 时，知道系数阵 $\boldsymbol{K}$ 就足够了，也就意味着求出非线性函数的全微分，得到各偏导数值即可，不必每次都用泰勒级数展开。

假设有 t 个非线性函数：

$$\begin{cases} Z_1 = f_1(X_1, X_2, \cdots, X_n) \\ Z_2 = f_2(X_1, X_2, \cdots, X_n) \\ \quad\vdots \\ Z_t = f_t(X_1, X_2, \cdots, X_n) \end{cases} \tag{3-6-7}$$

将此 t 个函数全微分，得

$$\begin{cases} \mathrm{d}Z_1 = \left(\frac{\partial f_1}{\partial X_1}\right)_0 \mathrm{d}X_1 + \left(\frac{\partial f_1}{\partial X_2}\right)_0 \mathrm{d}X_2 + \cdots + \left(\frac{\partial f_1}{\partial X_n}\right)_0 \mathrm{d}X_n \\ \mathrm{d}Z_2 = \left(\frac{\partial f_2}{\partial X_1}\right)_0 \mathrm{d}X_1 + \left(\frac{\partial f_2}{\partial X_2}\right)_0 \mathrm{d}X_2 + \cdots + \left(\frac{\partial f_2}{\partial X_n}\right)_0 \mathrm{d}X_n \\ \quad\vdots \\ \mathrm{d}Z_t = \left(\frac{\partial f_t}{\partial X_1}\right)_0 \mathrm{d}X_1 + \left(\frac{\partial f_t}{\partial X_2}\right)_0 \mathrm{d}X_2 + \cdots + \left(\frac{\partial f_t}{\partial X_n}\right)_0 \mathrm{d}X_n \end{cases} \tag{3-6-8}$$

若令

$$\underset{t\,1}{\mathrm{d}\boldsymbol{Z}} = \begin{bmatrix} \mathrm{d}Z_1 \\ \mathrm{d}Z_2 \\ \vdots \\ \mathrm{d}Z_t \end{bmatrix}, \quad \underset{t\,n}{\boldsymbol{K}} = \begin{bmatrix} \left(\frac{\partial f_1}{\partial X_1}\right)_0 & \left(\frac{\partial f_1}{\partial X_2}\right)_0 & \cdots & \left(\frac{\partial f_1}{\partial X_n}\right)_0 \\ \left(\frac{\partial f_2}{\partial X_1}\right)_0 & \left(\frac{\partial f_2}{\partial X_2}\right)_0 & \cdots & \left(\frac{\partial f_2}{\partial X_n}\right)_0 \\ \vdots & \vdots & & \vdots \\ \left(\frac{\partial f_t}{\partial X_1}\right)_0 & \left(\frac{\partial f_t}{\partial X_2}\right)_0 & \cdots & \left(\frac{\partial f_t}{\partial X_n}\right)_0 \end{bmatrix}, \quad \underset{n\,1}{\mathrm{d}\boldsymbol{X}} = \begin{bmatrix} \mathrm{d}X_1 \\ \mathrm{d}X_2 \\ \vdots \\ \mathrm{d}X_n \end{bmatrix}$$

则有

$$\mathrm{d}\boldsymbol{Z} = \boldsymbol{K}\mathrm{d}\boldsymbol{X} \tag{3-6-9}$$

应用误差传播定律，$\underset{t\,1}{\boldsymbol{Z}}$ 的协方差阵为

$$\boldsymbol{D}_{ZZ} = \boldsymbol{K}\boldsymbol{D}_{XX}\boldsymbol{K}^{\mathrm{T}} \tag{3-6-10}$$

同样，若还有 r 个非线性函数

$$\begin{cases} Y_1 = F_1(X_1, X_2, \cdots, X_n) \\ Y_2 = F_2(X_1, X_2, \cdots, X_n) \\ \quad\vdots \\ Y_r = F_r(X_1, X_2, \cdots, X_n) \end{cases} \tag{3-6-11}$$

令

$$\underset{r1}{\boldsymbol{Y}} = \begin{bmatrix} Y_1 \\ Y_2 \\ \vdots \\ Y_r \end{bmatrix},\quad \mathrm{d}\underset{r1}{\boldsymbol{Y}} = \begin{bmatrix} \mathrm{d}Y_1 \\ \mathrm{d}Y_2 \\ \vdots \\ \mathrm{d}Y_r \end{bmatrix},\quad \underset{rn}{\boldsymbol{F}} = \begin{bmatrix} \left(\dfrac{\partial F_1}{\partial X_1}\right)_0 & \left(\dfrac{\partial F_1}{\partial X_2}\right)_0 & \cdots & \left(\dfrac{\partial F_1}{\partial X_n}\right)_0 \\ \left(\dfrac{\partial F_2}{\partial X_1}\right)_0 & \left(\dfrac{\partial F_2}{\partial X_2}\right)_0 & \cdots & \left(\dfrac{\partial F_2}{\partial X_n}\right)_0 \\ \vdots & \vdots & & \vdots \\ \left(\dfrac{\partial F_r}{\partial X_1}\right)_0 & \left(\dfrac{\partial F_r}{\partial X_2}\right)_0 & \cdots & \left(\dfrac{\partial F_r}{\partial X_n}\right)_0 \end{bmatrix}$$

则有

$$\mathrm{d}\boldsymbol{Y} = \boldsymbol{F}\mathrm{d}\boldsymbol{X} \tag{3-6-12}$$

应用误差传播定律，同样可得

$$\boldsymbol{D}_{YY} = \boldsymbol{F}\boldsymbol{D}_{XX}\boldsymbol{F}^{\mathrm{T}} \tag{3-6-13}$$

依据式（3-5-15），函数 $\boldsymbol{Y}$、$\boldsymbol{Z}$ 的互协方差阵为

$$\boldsymbol{D}_{YZ} = \boldsymbol{F}\boldsymbol{D}_{XX}\boldsymbol{K}^{\mathrm{T}} \tag{3-6-14}$$

2）非线性函数的协因数传播律

如果协因数传播律式（3-5-25）中，$\boldsymbol{Y}$ 和 $\boldsymbol{Z}$ 的各个分量都是 $\boldsymbol{X}$ 的非线性函数：

$$\boldsymbol{Y} = \begin{bmatrix} Y_1 \\ Y_2 \\ \vdots \\ Y_r \end{bmatrix} = \begin{bmatrix} F_1(X_1, X_2, \cdots, X_n) \\ F_2(X_1, X_2, \cdots, X_n) \\ \vdots \\ F_r(X_1, X_2, \cdots, X_n) \end{bmatrix},\quad \boldsymbol{Z} = \begin{bmatrix} Z_1 \\ Z_2 \\ \vdots \\ Z_t \end{bmatrix} = \begin{bmatrix} f_1(X_1, X_2, \cdots, X_n) \\ f_2(X_1, X_2, \cdots, X_n) \\ \vdots \\ f_t(X_1, X_2, \cdots, X_n) \end{bmatrix} \tag{3-6-15}$$

也可按非线性函数的协方差传播律的方法求 $\boldsymbol{Y}$ 和 $\boldsymbol{Z}$ 的全微分，即

$$\begin{cases} \mathrm{d}\boldsymbol{Y} = \boldsymbol{F}\mathrm{d}\boldsymbol{X} \\ \mathrm{d}\boldsymbol{Z} = \boldsymbol{K}\mathrm{d}\boldsymbol{X} \end{cases} \tag{3-6-16}$$

其中，

$$\boldsymbol{F} = \begin{bmatrix} \dfrac{\partial F_1}{\partial X_1} & \dfrac{\partial F_1}{\partial X_2} & \cdots & \dfrac{\partial F_1}{\partial X_n} \\ \dfrac{\partial F_2}{\partial X_1} & \dfrac{\partial F_2}{\partial X_2} & \cdots & \dfrac{\partial F_2}{\partial X_n} \\ \vdots & \vdots & & \vdots \\ \dfrac{\partial F_r}{\partial X_1} & \dfrac{\partial F_r}{\partial X_2} & \cdots & \dfrac{\partial F_r}{\partial X_n} \end{bmatrix},\quad \boldsymbol{K} = \begin{bmatrix} \dfrac{\partial f_1}{\partial X_1} & \dfrac{\partial f_1}{\partial X_2} & \cdots & \dfrac{\partial f_1}{\partial X_n} \\ \dfrac{\partial f_2}{\partial X_1} & \dfrac{\partial f_2}{\partial X_2} & \cdots & \dfrac{\partial f_2}{\partial X_n} \\ \vdots & \vdots & & \vdots \\ \dfrac{\partial f_t}{\partial X_1} & \dfrac{\partial f_t}{\partial X_2} & \cdots & \dfrac{\partial f_t}{\partial X_n} \end{bmatrix}$$

则 $\boldsymbol{Y}$、$\boldsymbol{Z}$ 的协因数阵 $\boldsymbol{Q}_{YY}$、$\boldsymbol{Q}_{ZZ}$、$\boldsymbol{Q}_{YZ}$ 也可按式（3-5-25）求得。

比较非线性函数和线性函数的协方差和协因数传播律，公式的表达形式都是一样的。不同的是：线性函数中，系数阵 $\boldsymbol{K}$、$\boldsymbol{F}$ 中的各个系数是已知的；非线性函数中，系数阵 $\boldsymbol{K}$、$\boldsymbol{F}$ 中

的各个系数都是相应的偏导数值，是非线性函数线性化过程中所求得的。

对于独立观测值 $\underset{n1}{\boldsymbol{L}}$，假定各 L_i 的权为 p_i，则 $\boldsymbol{L}$ 的权阵为对角阵：

$$\underset{nn}{\boldsymbol{P}_{LL}}=\begin{bmatrix} p_1 & 0 & \cdots & 0 \\ 0 & p_2 & \cdots & 0 \\ \vdots & \vdots & & \vdots \\ 0 & 0 & \cdots & p_n \end{bmatrix}$$

它的协因数阵（权逆阵）也是对角阵：

$$\underset{nn}{\boldsymbol{Q}_{LL}}=\begin{bmatrix} Q_{11} & 0 & \cdots & 0 \\ 0 & Q_{22} & \cdots & 0 \\ \vdots & \vdots & & \vdots \\ 0 & 0 & \cdots & Q_{nn} \end{bmatrix}=\begin{bmatrix} \frac{1}{p_1} & 0 & \cdots & 0 \\ 0 & \frac{1}{p_2} & \cdots & 0 \\ \vdots & \vdots & & \vdots \\ 0 & 0 & \cdots & \frac{1}{p_n} \end{bmatrix}$$

如果有函数

$$\underset{11}{\boldsymbol{Z}}=f(L_1,L_2,\cdots,L_n) \tag{3-6-17}$$

则全微分为

$$\mathrm{d}\boldsymbol{Z}=\frac{\partial f}{\partial L_1}\mathrm{d}L_1+\frac{\partial f}{\partial L_2}\mathrm{d}L_2+\cdots+\frac{\partial f}{\partial L_n}\mathrm{d}L_n=\boldsymbol{K}\mathrm{d}\boldsymbol{L} \tag{3-6-18}$$

由协因数传播律式（3-5-25）可得

$$\boldsymbol{Q}_{ZZ}=\boldsymbol{K}\boldsymbol{Q}_{LL}\boldsymbol{K}^{\mathrm{T}}=\begin{bmatrix} \frac{\partial f}{\partial L_1} & \frac{\partial f}{\partial L_2} & \cdots & \frac{\partial f}{\partial L_n} \end{bmatrix}\begin{bmatrix} \frac{1}{p_1} & 0 & \cdots & 0 \\ 0 & \frac{1}{p_2} & \cdots & 0 \\ \vdots & \vdots & & \vdots \\ 0 & 0 & \cdots & \frac{1}{p_n} \end{bmatrix}\begin{bmatrix} \frac{\partial f}{\partial L_1} \\ \frac{\partial f}{\partial L_2} \\ \vdots \\ \frac{\partial f}{\partial L_n} \end{bmatrix}$$

展开后得纯量形式为

$$\frac{1}{p_Z}=\left(\frac{\partial f}{\partial L_1}\right)^2\frac{1}{p_1}+\left(\frac{\partial f}{\partial L_2}\right)^2\frac{1}{p_2}+\cdots+\left(\frac{\partial f}{\partial L_n}\right)^2\frac{1}{p_n} \tag{3-6-19}$$

这就是独立观测值权倒数与其函数的权倒数之间的关系式，通常称为权倒数传播律。它与式（3-5-6）的形式相同，显然，它是协因数传播律的一种特殊情况。

3.6.2　非线性函数误差传播的计算步骤

非线性函数应用协方差传播律的具体步骤如下。

（1）按要求写出函数式，如 $Z_i=f_i(X_1,X_2,\cdots,X_n)\,(i=1,2,\cdots,t)$。

（2）如果为非线性函数，则对函数式求全微分，得

$$\mathrm{d}Z_i=\left(\frac{\partial f_i}{\partial X_1}\right)_0\mathrm{d}X_1+\left(\frac{\partial f_i}{\partial X_2}\right)_0\mathrm{d}X_2+\cdots+\left(\frac{\partial f_i}{\partial X_n}\right)_0\mathrm{d}X_n\ (i=1,2,\cdots,t)$$

（3）将微分关系写成矩阵形式：

$$\underset{t1}{\mathrm{d}\boldsymbol{Z}} = \underset{tn}{\boldsymbol{K}}\,\underset{n1}{\mathrm{d}\boldsymbol{X}}$$

其中，

$$\underset{t1}{\mathrm{d}\boldsymbol{Z}} = \begin{bmatrix} \mathrm{d}Z_1 \\ \mathrm{d}Z_2 \\ \vdots \\ \mathrm{d}Z_t \end{bmatrix}, \quad \underset{tn}{\boldsymbol{K}} = \begin{bmatrix} \left(\dfrac{\partial f_1}{\partial X_1}\right)_0 & \left(\dfrac{\partial f_1}{\partial X_2}\right)_0 & \cdots & \left(\dfrac{\partial f_1}{\partial X_n}\right)_0 \\ \left(\dfrac{\partial f_2}{\partial X_1}\right)_0 & \left(\dfrac{\partial f_2}{\partial X_2}\right)_0 & \cdots & \left(\dfrac{\partial f_2}{\partial X_n}\right)_0 \\ \vdots & \vdots & & \vdots \\ \left(\dfrac{\partial f_t}{\partial X_1}\right)_0 & \left(\dfrac{\partial f_t}{\partial X_2}\right)_0 & \cdots & \left(\dfrac{\partial f_t}{\partial X_n}\right)_0 \end{bmatrix}$$

（4）应用协方差传播律式（3-5-4）、式（3-5-10）或式（3-5-15）求方差或协方差阵。

因为协因数传播律与协方差传播律在形式上完全相同，所以，应用协因数传播律的实际步骤也与应用协方差传播律的步骤相同，这里就不多述了。

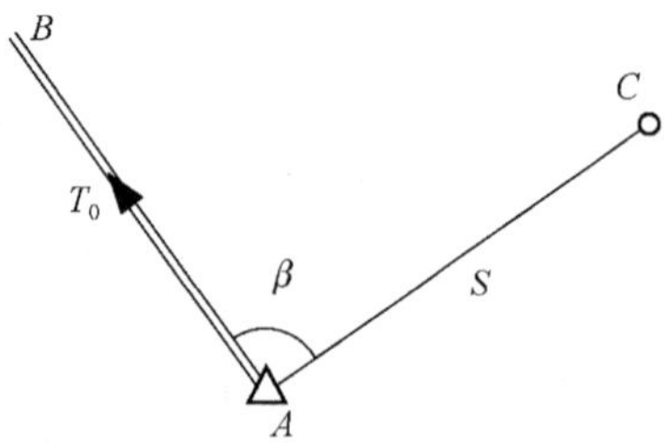

图 3-6-1　支导线

3.6.3　例题

例 3-6-1　图 3-6-1 为一支导线，其中 A 为已知点，T_0 为 AB 方向的方位角，其方差为 $1.0('')^2$。观测角 β 的方差为 $4.0('')^2$，A、C 两点的边长观测值为 600.00m，其方差为 0.5cm^2，试求 C 点的点位精度。

解法一： 由 C 点的坐标方差计算 C 点的点位方差。

（1）列函数式。由图 3-6-1 知

$$\begin{cases} T = T_0 + \beta \\ X_C = X_A + \Delta X = X_A + S\cos(T_0 + \beta) \\ Y_C = Y_A + \Delta Y = Y_A + S\sin(T_0 + \beta) \end{cases} \tag{3-6-20}$$

（2）线性化。对上式求全微分得

$$\mathrm{d}X_C = \cos T\mathrm{d}S - \Delta Y\frac{\mathrm{d}T_0}{\rho} - \Delta Y\frac{\mathrm{d}\beta}{\rho} = \begin{bmatrix} \cos T & -\dfrac{\Delta Y}{\rho} & -\dfrac{\Delta Y}{\rho} \end{bmatrix}\begin{bmatrix} \mathrm{d}S \\ \mathrm{d}T_0 \\ \mathrm{d}\beta \end{bmatrix} \tag{3-6-21a}$$

$$\mathrm{d}Y_C = \sin T\mathrm{d}S + \Delta X\frac{\mathrm{d}T_0}{\rho} + \Delta X\frac{\mathrm{d}\beta}{\rho} = \begin{bmatrix} \sin T & \dfrac{\Delta X}{\rho} & \dfrac{\Delta X}{\rho} \end{bmatrix}\begin{bmatrix} \mathrm{d}S \\ \mathrm{d}T_0 \\ \mathrm{d}\beta \end{bmatrix} \tag{3-6-21b}$$

（3）计算坐标方差 $\sigma_{X_C}^2$ 和 $\sigma_{Y_C}^2$。设

$$\boldsymbol{X} = \begin{bmatrix} S & T_0 & \beta \end{bmatrix}^{\mathrm{T}}$$

则由题意得

$$\boldsymbol{D}_X = \begin{bmatrix} 0.5 & & \\ & 1 & \\ & & 4 \end{bmatrix}$$

按协方差传播律得

$$\sigma_{X_C}^2 = \begin{bmatrix} \cos T & -\frac{\Delta Y}{\rho} & -\frac{\Delta Y}{\rho} \end{bmatrix} \begin{bmatrix} 0.5 & & \\ & 1 & \\ & & 4 \end{bmatrix} \begin{bmatrix} \cos T \\ -\Delta Y/\rho \\ -\Delta Y/\rho \end{bmatrix} = 0.5\cos^2 T + 5\frac{\Delta Y^2}{\rho^2}$$

同理可得

$$\sigma_{Y_C}^2 = 0.5\sin^2 T + 5\Delta X^2/\rho^2$$

所以

$$\begin{aligned} \sigma_C^2 &= \sigma_{X_C}^2 + \sigma_{Y_C}^2 = 0.5(\sin^2 T + \cos^2 T) + \frac{5}{\rho^2}(\Delta X^2 + \Delta Y^2) \\ &= 0.5 + \frac{5}{\rho^2}S^2 = 0.5 + \frac{5}{206\ 265^2}(6\times 10^4)^2 = 0.95(\text{cm}^2) \end{aligned}$$

或写为 $\sigma_C = 0.97\text{cm}$ 。

解法二： 由 C 点的纵向方差 σ_s^2 和横向方差 σ_u^2 计算 C 点的点位方差。

C 点在 AC 边上的边长方差 σ_s^2 称为纵向方差。由题意知

$$\sigma_s^2 = 0.5\text{cm}^2$$

横向方差 σ_u^2 是由 AC 边的坐标方位角 T 的方差 σ_T^2 而引起的，两者的关系式为

$$\sigma_u^2 = S^2\frac{\sigma_T^2}{\rho^2} \tag{3-6-22}$$

因为 $T = T_0 + \beta$ ，所以

$$\sigma_T^2 = \sigma_{T_0}^2 + \sigma_\beta^2 = 1 + 4 = 5('')^2$$

$$\sigma_u^2 = S^2\frac{\sigma_T^2}{\rho^2} = (6\times 10^4)^2\frac{5}{206265^2} = 0.45(\text{cm}^2)$$

C 点的点位方差也等于该点纵、横方差之和，故有

$$\sigma_c^2 = \sigma_s^2 + \sigma_u^2 = 0.95\text{cm}^2$$

通过上例可以看出：

（1）偏导数 $\left(\frac{\partial f}{\partial X_i}\right)_0$ 的数值，用 X 的近似值代入后计算。

（2）根据具体情况选择相应的协方差阵可以简化计算过程。

（3）用数值代入计算时，各项的单位要统一。当角度中误差（或方差、协方差）以秒（″）为单位时，则应除以 ρ 或 ρ^2，将秒化为弧度（rad）。

顺便指出，有些函数先取对数再求全微分，计算可能较为方便。

3.7 误差传播定律在测量中的应用

3.7.1 水准测量精度

经 N 个测站测定 A、B 两水准点间的高差，其中第 i 站的观测高差为 h_i，则 A、B 两水准点间的总高差为

$$h_{AB}=h_1+h_2+\cdots+h_n$$

设各测站观测高差是精度相同的独立观测值，其方差均为 $\sigma_{站}^2$，则可由协方差传播律，求得 h_{AB} 的方差为

$$\sigma_{h_{AB}}^2=\sigma_{站}^2+\sigma_{站}^2+\cdots+\sigma_{站}^2=N\sigma_{站}^2$$

中误差为

$$\sigma_{h_{AB}}=\sqrt{N}\sigma_{站} \tag{3-7-1}$$

若水准路线布设在平坦地区，前、后两测站间的距离 s 大致相等，设 A、B 间的距离为 S，则测站数 $N=\dfrac{S}{s}$，代入上式得

$$\sigma_{h_{AB}}=\sqrt{\frac{S}{s}}\sigma_{站}$$

若 $S=1\text{km}$，则 $1/s$ 表示单位距离（km）的测站数，每千米观测高差的中误差即为

$$\sigma_{\text{km}}=\sqrt{\frac{1}{s}}\sigma_{站} \tag{3-7-2}$$

所以，距离为 S km 的 A、B 两点的观测高差的中误差为

$$\sigma_{h_{AB}}=\sqrt{S}\sigma_{\text{km}} \tag{3-7-3}$$

式（3-7-1）和式（3-7-3）是水准测量计算高差中误差的基本公式。由式（3-7-1）可知，当各测站的高差观测精度相同时，水准测量高差的中误差与测站数的平方根成正比。由式（3-7-3）可知，当各测站的距离大致相等时，水准测量高差的中误差与距离的平方根成正比。

3.7.2 导线边方位角的精度

以附合导线为例，如图 3-7-1 所示，A、B、1、2、3、4 为导线前进方向，β_1、β_2、β_3、β_4 为导线的左角，则第 n 条导线边的坐标方位角为

$$\alpha_n=\alpha_0+\beta_1+\beta_2+\cdots+\beta_n\pm n\times180°$$

式中，α_0 为已知角，误差视为 0。

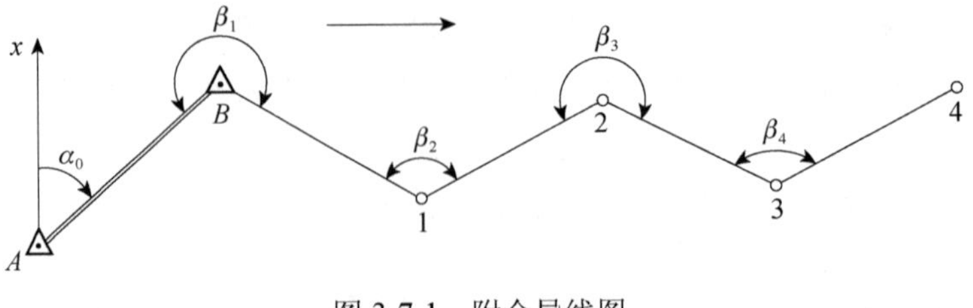

图 3-7-1 附合导线图

设各转折角为等精度观测，中误差均为 m_β。应用协方差传播律，第 n 条边方位角的方差为

$$\sigma_{\alpha_n}^2 = m_\beta^2 + m_\beta^2 + \cdots + m_\beta^2 = n \cdot m_\beta^2 \tag{3-7-4}$$

则中误差为

$$\sigma_{\alpha_n} = \sqrt{n} \cdot m_\beta \tag{3-7-5}$$

也就是说，经过n个转折角推算的导线边坐标方位角的中误差等于导线中各转折角的中误差的$\sqrt{n}$倍。

3.7.3　等/不等精度观测平均值的精度

首先讨论等精度观测算术平均值的精度。

设对某量以等精度独立观测了 N 次，即得到 N 个独立观测值 $L_1, L_2, \cdots, L_n$，它们的中误差均为σ，则 N 个观测值的算术平均值为

$$x = \frac{1}{N}\sum_{i=1}^{N} L_i = \frac{1}{N}L_1 + \frac{1}{N}L_2 + \cdots + \frac{1}{N}L_N$$

应用协方差传播律，平均值 x 的方差为

$$\sigma_x^2 = \frac{1}{N^2}\sigma^2 + \frac{1}{N^2}\sigma^2 + \cdots + \frac{1}{N^2}\sigma^2 = \frac{1}{N}\sigma^2 \tag{3-7-6}$$

则中误差为

$$\sigma_x = \frac{1}{\sqrt{N}}\sigma \tag{3-7-7}$$

也就是说，N 个等精度独立观测值的算术平均值的中误差等于各观测值的中误差除以$\sqrt{N}$。

下面讨论不等精度观测加权算术平均值的精度。

设对某一未知量 L 进行了 n 次不等精度观测，观测值为 $L_1, L_2, \cdots, L_n$，其相应权为 $p_1, p_2, \cdots, p_n$，则加权算术平均值为

$$\overline{L} = \frac{[pL]}{[p]} = \frac{p_1}{[p]} \bullet L_1 + \frac{p_2}{[p]} \bullet L_2 + \cdots + \frac{p_n}{[p]} \bullet L_n$$

根据误差传播定律，可得 $\overline{L}$ 的中误差 $\sigma_{\overline{L}}$ 为

$$\sigma_{\overline{L}}^2 = \frac{1}{[p]^2}(p_1^2\sigma_1^2 + p_2^2\sigma_2^2 + \cdots + p_n^2\sigma_n^2)$$

式中，$\sigma_1, \sigma_2, \cdots, \sigma_n$ 相应为 $L_1, L_2, \cdots, L_n$ 的中误差。将 $\sigma_i^2 = \frac{\sigma_0^2}{p_i}$（$\sigma_0$ 为单位权中误差）代入上式得

$$\sigma_{\overline{L}}^2 = \frac{1}{[p]^2}\left(p_1^2\frac{\sigma_0^2}{p_1} + p_2^2\frac{\sigma_0^2}{p_2} + \cdots + p_n^2\frac{\sigma_0^2}{p_n}\right) = \frac{\sigma_0^2}{[p]}$$

即

$$\sigma_{\overline{L}} = \sigma_0\sqrt{\frac{1}{[p]}} \tag{3-7-8}$$

单位权中误差 σ_0 的计算公式（参见 2.5.2 节或 3.7.6 节）为

$$\sigma_0 = \sqrt{\frac{[p\varDelta\varDelta]}{n}}$$

代入式（3-7-8）得

$$\sigma_{\overline{L}} = \sigma_0 \sqrt{\frac{1}{[p]}} = \sqrt{\frac{[p\Delta\Delta]}{n[p]}} \tag{3-7-9}$$

式（3-7-9）即用真误差计算加权算术平均值的中误差的表达式。

3.7.4 根据实际要求确定部分观测值精度

3.7.1～3.7.3 节主要介绍根据观测值精度求观测值函数精度，本节介绍为使观测值函数达到某一精度，反求观测值需要满足的精度。

例 3-7-1 一个三角形独立观测其两角 α 和 β，第三角为 γ。若已知 α 的测角中误差为 $\sigma_\alpha = 3''$，要求 γ 角中误差 $m_\gamma \leqslant 5''$。问：β 角的观测精度应不低于多少?

解： 列函数关系式：

$$\gamma = 180° - \alpha - \beta$$

按协方差传播律得

$$m_\gamma^2 = m_\alpha^2 + m_\beta^2 = 3'' \times 3'' + m_\beta^2 \leqslant 5'' \times 5''$$

则 β 角的观测中误差：

$$m_\beta \leqslant 4''$$

例 3-7-2 水准测量中，每测站观测高差的中误差为 $\sigma_{站}$=1cm，今要求从已知点 A 推算待定点 B 的高程中误差不大于 5cm，问：可以设多少站？

解： 列函数关系式：

$$H_B = H_A + h_1 + \cdots + h_n$$

按协方差传播律得

$$m_{H_B}^2 = m_1^2 + \cdots + m_n^2 = n \bullet m_{站}^2$$

点 B 的高程中误差：

$$m_{H_B} = \sqrt{n} \bullet m_{站} \leqslant 5\text{cm}$$

则

$$n \leqslant 25站$$

例 3-7-3 有一个角度观测了 20 个测回，算术平均值的中误差为 $0.42''$，问：再增加多少测回，算术平均值的中误差为 $0.28''$？

解： 根据式（3-7-7），测 20 个测回角度的算术平均值的中误差为

$$m_x = \frac{1}{\sqrt{n}} \bullet m_{测}$$

则每测回中误差为

$$m_{测} = m_x \bullet \sqrt{n} = 0.42\sqrt{20}$$

要使算术平均值 x 的中误差为 $0.28''$，其测回数应满足

$$m_x = \frac{1}{\sqrt{n}} \bullet m_{测} = \frac{1}{\sqrt{n}} \bullet 0.42\sqrt{20} = 0.28$$

即

$$n = \frac{0.42^2 \times 20}{0.28^2} = 45$$

应再增加 $45 - 20 = 25$ 个测回即可。

3.7.5 常用定权方法

在平差计算前，衡量精度的绝对数字指标一般是不知道的，往往要根据事先给定的条件，首先确定出各观测值的权，然后通过平差计算，一方面求出各观测值的最或然值，另一方面求出衡量观测值精度的绝对数字指标。因此定权在平差计算中非常重要，下面从权的定义出发，介绍几种常用定权的公式。

1）距离丈量的权

设单位长度（如 1km）的丈量中误差为σ，则全长为S km 的丈量中误差为

$$\sigma_S = \sigma\sqrt{S}$$

取长度为C（km）的丈量中误差为单位权中误差，即

$$\sigma_0 = \sigma\sqrt{C}$$

则距离丈量的权为

$$p_S = \frac{\sigma_0^2}{\sigma_S^2} = \frac{C}{S} \tag{3-7-10}$$

即距离丈量的权与长度成反比。

2）水准测量高差的权

设水准测量一个测站观测高差的中误差均为$\sigma_{站}$，则由n个测站测得的高差h的中误差为

$$\sigma_h = \sigma_{站}\sqrt{n}$$

取C个测站的观测高差中误差为单位权中误差，即

$$\sigma_0 = \sigma_{站}\sqrt{C}$$

则水准测量高差的权为

$$p_h = \frac{\sigma_0^2}{\sigma_h^2} = \frac{C}{n} \tag{3-7-11}$$

即水准测量高差的权与测站数成反比。

平坦地区水准测量可以用距离进行定权，设每千米水准测量路线观测高差的中误差为σ_L，则S（km）观测高差的中误差为

$$\sigma_S = \sigma_L\sqrt{S}$$

取C（km）的观测高差中误差为单位权中误差，即

$$\sigma_0 = \sigma_L\sqrt{C}$$

则水准测量高差的权为

$$p_h = \frac{\sigma_0^2}{\sigma_h^2} = \frac{C}{S} \tag{3-7-12}$$

即水准测量高差的权与路线长度成反比。

在实际平差工作中，一般来说，对于在平原地区的水准网，因为每千米的测站数大致相等，所以，可按水准线路的长度定权。对于起伏较大的丘陵地区或山区，因为每千米的测站数相差较大，所以，应按水准线路的测站数定权。

3）等精度观测值的算术平均值的权

设每次观测的中误差为σ，根据式（3-7-7），N次等精度独立观测值的算术平均值的中误

差为

$$\sigma_x=\frac{1}{\sqrt{N}}\sigma$$

若取 C 次等精度独立观测值的算术平均值的中误差为单位权中误差，即

$$\sigma_0=\frac{1}{\sqrt{C}}\sigma$$

根据权的定义

$$p_x=\frac{\sigma_0^2}{\sigma_x^2}=\left(\frac{1}{\sqrt{C}}\sigma\right)^2\bigg/\left(\frac{1}{\sqrt{N}}\sigma\right)^2=\frac{N}{C} \tag{3-7-13}$$

即算术平均值的权与观测次数成正比。

例如，角度（或方向）观测的权是与观测的测回数成正比的。若一测回的权为 1，则 n 个测回中数的权为 n。

4）导线测量角度闭合差的权

角度闭合差的一般公式为

$$f_\beta=\alpha_{始}-\alpha_{终}+\sum_{i=1}^{n}\beta_i-n\times180°$$

设一个角的中误差为 σ_β，则角度闭合差的中误差为

$$\sigma_{f_\beta}=\sigma_\beta\sqrt{n}$$

取 C 个角的中误差为单位权中误差，即

$$\sigma_0=\sigma_\beta\sqrt{C}$$

则角度闭合差的权为

$$p_{f_\beta}=\frac{\sigma_0^2}{\sigma_{f_\beta}^2}=\frac{C}{n} \tag{3-7-14}$$

即角度闭合差的权与转折角的个数成反比。

5）三角高程测量高差的权

三角高程计算高差公式为

$$h=D\tan\alpha$$

根据误差传播定律有

$$\sigma_h^2=(\tan^2\alpha)\sigma_D^2+D^2(\sec^4\alpha)\left(\frac{\sigma''_\alpha}{\rho''}\right)^2$$

式中，D 为三角网的边长，其误差很小，故可忽略不计。在实际工作中，垂直角一般不会大于5°，故 $\tan^2\alpha$ 很小，所以上式中的第一项相对于第二项而言，可以忽略不计。当垂直角小于5°时，$\sec\alpha$ 趋于 1，则

$$\sigma_h^2=D^2\left(\frac{\sigma''_\alpha}{\rho''}\right)^2$$

实际上三角高程高差往往按往返测计算（即按双向计算），则上式变为

$$\sigma_{h双}^2=\frac{1}{2}D^2\left(\frac{\sigma''_\alpha}{\rho''}\right)^2$$

取 1km 观测高差中误差为单位权中误差，即

$$\sigma_0 = \frac{1}{\sqrt{2}}\left(\frac{\sigma''_\alpha}{\rho''}\right)$$

则可得三角高程观测高差的权为

$$p_h = \frac{\sigma_0^2}{\sigma_{h双}^2} = \frac{1}{D^2} \tag{3-7-15}$$

若取 10km 观测高差中误差为单位中误差，则

$$p_h = \frac{100}{D^2} \tag{3-7-16}$$

即三角高程观测高差的权与距离的平方成反比。

以上公式的推导都是以方差为基础的，它是精度的理论值。在实际中往往只知道它们的估值，因此严格起来，要把 σ^2 换成 $\hat{\sigma}^2$。

由权的定义知

$$\sigma_i = \frac{\sigma_0}{\sqrt{p_i}} \text{ 或 } \sigma_i = \sigma_0\sqrt{\frac{1}{p_i}} \tag{3-7-17}$$

因此，任一观测值 L_i 的中误差 σ_i 等于单位权中误差除以它的权的平方根。这里 p_i 是在平差前根据前面所给的公式求得的，而单位权中误差 σ_0 则是平差结尾时才能算出，其计算公式将在以后有关章节给出。式（3-7-17）也适用于计算观测值函数的中误差，此时只要将式中的权换成函数的权即可。

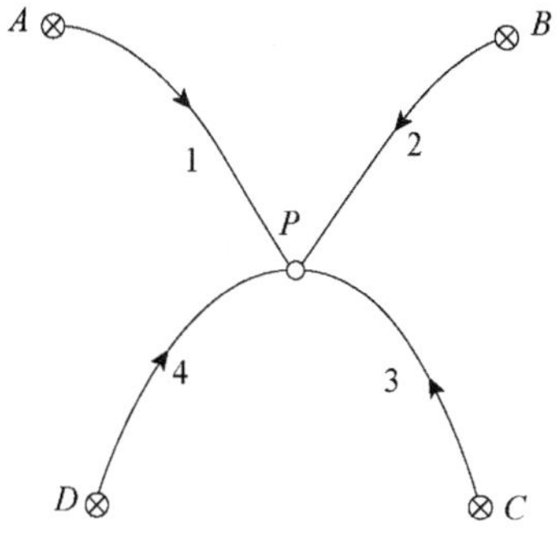

图 3-7-2　水准测量

例 3-7-4　设水准网由 4 条线路构成，如图 3-7-2 所示，各路线的观测高差为 h_i，对应测站数 $n_1 = 20$，$n_2 = 40$，$n_3 = 80$，$n_4 = 10$，各测站观测高差的精度相同，求：①各观测高差的权；②一个测站的观测高差的权。

解：取 C=80，即 80 个测站的观测高差为单位权观测值，该高差的中误差为单位权中误差。

（1）应用式（3-7-11），则各路线观测高差的权为

$$p_1 = \frac{C}{n_1} = \frac{80}{20} = 4,\ p_2 = \frac{C}{n_2} = \frac{80}{40} = 2,\ p_3 = \frac{C}{n_3} = \frac{80}{80} = 1,\ p_4 = \frac{C}{n_4} = \frac{80}{10} = 8$$

（2）根据协方差传播律，80 个测站的观测高差的中误差为

$$\sigma_0^2 = 80\sigma_{站}^2$$

则一个测站的观测高差的权：

$$P_{站} = \frac{\sigma_0^2}{\sigma_{站}^2} = \frac{80\sigma_{站}^2}{\sigma_{站}^2} = 80$$

或直接应用式（3-7-11）

$$P_{站} = \frac{C}{n} = \frac{80}{1} = 80$$

例 3-7-5　对三个角度 L_1、L_2和L_3 分别等精度观测 3、6、12 个测回，求：①三个角度平均

值$\hat{L}_1$、$\hat{L}_2$和$\hat{L}_3$的权；②单位权观测测回数；③一测回权。

解： $N_1=3, N_2=6, N_3=12$，取C=3，

（1）根据式（3-7-13）得

$$P_1=\frac{N_1}{C}=\frac{3}{3}=1,\ P_2=\frac{N_2}{C}=\frac{6}{3}=2,\ P_3=\frac{N_3}{C}=\frac{12}{3}=4$$

（2）因为C=3，故单位权观测测回数为3。

（3）再应用式（3-7-13），得一测回的权为

$$P=\frac{N}{C}=\frac{1}{3}$$

3.7.6 利用真误差计算方差

本节按真误差分等精度、不等精度两类，介绍两方面的内容：一是如何利用真误差来计算方差的估计值；二是通过实例来说明这些估值公式的实际应用。

1）用真误差计算方差的基本公式

（1）用等精度的真误差计算方差。

设有一组（n个）等精度独立观测值$L_1,L_2,\cdots,L_n$，它们的数学期望为$\mu_1,\mu_2,\cdots,\mu_n$，真误差为$\Delta_1,\Delta_2,\cdots,\Delta_n$，$L_i\sim N(\mu_i,\sigma^2)$，$\Delta_i\sim N(0,\sigma^2)$，有

$$\Delta_i=\mu_i-L_i\ (i=1,2,\cdots,n)$$

观测值L_i的方差为

$$\sigma^2=E(\Delta^2)=\lim_{n\to\infty}\frac{[\Delta\Delta]}{n} \tag{3-7-18}$$

当n为有限值时得到方差的估值：

$$\hat{\sigma}^2=\frac{[\Delta\Delta]}{n} \tag{3-7-19}$$

式（3-7-19）是根据一组等精度独立的真误差计算方差的基本公式。

（2）用不等精度的真误差计算单位权方差。

若对某一未知量重复观测时精度不相等，可以将不等精度观测转化为等精度观测，进而用等精度观测的计算方法，进行精度分析。

现在设$L_1,L_2,\cdots,L_n$是一组不等精度的独立观测值，L_i的数学期望、方差和权分别为μ_i、σ_i^2和p_i，$\Delta_i=\mu_i-L_i$，$L_i\sim N(\mu_i,\sigma_i^2), \Delta_i\sim N(0,\sigma_i^2)$。

为了求得单位权方差σ_0^2，需要得到一组精度相同且其权均为1的独立的真误差，即进行“齐次化”，然后按式（3-7-18）计算。现作如下变换：

$$\Delta_i'=\sqrt{p_i}\Delta_i \tag{3-7-20}$$

根据协因数传播律得

$$Q_i'=p_iQ_i=p_i\frac{1}{p_i}=1$$

则

$$p_i'=\frac{1}{Q_i'}=1$$

说明对于一组不等精度独立的真误差，经式（3-7-20）变换后，得到一组权为$p_i'=1$的等

精度独立的真误差 $\varDelta'_1,\varDelta'_2,\cdots,\varDelta'_n$。按式（3-7-18）计算单位权方差 σ_0^2：

$$\sigma_0^2 = E\left[(\varDelta')^2\right] = \lim_{n\to\infty}\frac{[\varDelta'\varDelta']}{n} = \lim_{n\to\infty}\frac{[p\varDelta\varDelta]}{n} \tag{3-7-21}$$

上式就是根据一组不等精度的真误差所定义的单位权方差的理论值。由于 n 总是有限的，故只能求得单位权方差 σ_0^2 的估值 $\hat{\sigma}_0^2$：

$$\hat{\sigma}_0^2 = \frac{[\varDelta'\varDelta']}{n} = \frac{[p\varDelta\varDelta]}{n} \tag{3-7-22}$$

顺便指出，若设 $L'_i = \sqrt{p_i}L_i$，则 $L'_1,L'_2,\cdots,L'_n$ 也是一组权为 1 的等精度观测值。

2）由真误差计算方差的应用

在一般情况下，观测量的真值（或数学期望）是不知道的，因此真误差一般也无法得到，这时也就不能直接用 $\hat{\sigma}=\sqrt{[\varDelta\varDelta]/n}$ 这个概念公式计算中误差。但是，在某些情况下，由若干个观测值（如角度、长度、高差等）所构成的函数，其真值有时是已知的，因而其真误差也是可以求得的。例如，一个平面三角形三内角之和的真值为180°，由三内角观测值计算而得的三角形闭合差就是三内角观测值之和的真误差。这时基于函数值和观测值的数学关系，运用广义传播律就可能求得观测值的中误差。实际上，测量工作中的许多实用公式都是这样导出的。

（1）等精度观测情形——由三角形闭合差求测角中误差。

设在一个三角网中，以等精度独立观测了各三角形之内角，由各观测角值计算而得的三角形内角和的闭合差分别为 $w_1,w_2,\cdots,w_n$，它们是一组真误差，则三角形闭合差的方差为

$$\sigma_w^2 = \lim_{n\to\infty}\frac{[ww]}{n} \tag{3-7-23}$$

$$w_i = 180° - (\alpha_i+\beta_i+\gamma_i)\ (i=1,2,\cdots,n) \tag{3-7-24}$$

当三角形个数 n 为有限的情况下，可求得三角形闭合差的方差 σ_w^2 的估计值：

$$\hat{\sigma}_w^2 = \frac{[ww]}{n} \tag{3-7-25}$$

对式（3-7-24）运用协方差传播律，并设测角方差均为 $\hat{\sigma}_\beta^2$，得

$$\hat{\sigma}_w^2 = \hat{\sigma}_\alpha^2 + \hat{\sigma}_\beta^2 + \hat{\sigma}_\gamma^2 = 3\hat{\sigma}_\beta^2$$

代入式（3-7-25）中，得测角方差为

$$\hat{\sigma}_\beta^2 = \frac{[ww]}{3n} \tag{3-7-26}$$

测角中误差为

$$\hat{\sigma}_\beta = \sqrt{\frac{[ww]}{3n}} \tag{3-7-27}$$

上式称为菲列罗公式，在传统的三角形测量中经常用它来初步评定测角的精度。

（2）不等精度观测情形——由双观测值之差求中误差。

在测量工作中，常常对一系列被观测量分别进行成对的观测。例如，在水准测量中对每段路线进行往返观测、在导线测量中每条边测量两次等，这种成对的观测，称为双观测。

设对量 $X_1,X_2,\cdots,X_n$ 分别观测两次，得独立观测值和权分别为

$$L_1', L_2', \cdots, L_n';\ L_1'', L_2'', \cdots, L_n'';\ p_1, p_2, \cdots, p_n$$

其中，观测值 L_i' 和 L_i'' 是对同一量 X_i 的两次观测的结果，称为一个观测对。假定不同的观测对的精度不同，而同一观测对的两个观测值的精度相同，即 L_i' 和 L_i'' 的权都为 p_i。

由于观测值带有误差，对同一个量的两个观测值相减一般是不等于零的。设第 i 个观测量的两次观测值的差数为 d_i：

$$d_i = L_i' - L_i''\ (i = 1, 2, \cdots, n) \tag{3-7-28}$$

设 X_i 的真值是 $\tilde{X}_i$，则 d_i 的真误差：

$$\Delta_{d_i} = (\tilde{X}_i - \tilde{X}_i) - (L_i' - L_i'') = 0_i - d_i = -d_i$$

对式（3-7-28）运用协因数传播定律可得

$$\frac{1}{p_{d_i}} = \frac{1}{p_i} + \frac{1}{p_i} = \frac{2}{p_i}$$

即 d_i 的权：

$$p_{d_i} = \frac{p_i}{2}$$

这样，就得到了 n 个真误差 Δ_{d_i} 和它们的权 p_{d_i}，于是由双观测值之差求单位权方差的公式为

$$\sigma_0^2 = \lim_{n\to\infty} \frac{[p_d \Delta_d \Delta_d]}{n} = \lim_{n\to\infty} \frac{[pdd]}{2n} \tag{3-7-29}$$

当 n 有限时，其估值为

$$\hat{\sigma}_0^2 = \frac{[pdd]}{2n} \tag{3-7-30}$$

根据权的定义，得各观测值 L_i' 和 L_i'' 的方差为

$$\hat{\sigma}_{L_i'}^2 = \hat{\sigma}_{L_i''}^2 = \hat{\sigma}_0^2 \frac{1}{p_i} \tag{3-7-31}$$

应用协方差传播律，得第 i 对观测值的平均值 $X_i = \dfrac{L_i' + L_i''}{2}$ 的方差为

$$\hat{\sigma}_{X_i}^2 = \frac{\hat{\sigma}_{L_i'}^2}{2} = \hat{\sigma}_0^2 \frac{1}{2p_i} \tag{3-7-32}$$

3.8 综 合 例 题

例 3-8-1 设观测向量 $\underset{31}{\boldsymbol{L}} = [L_1 \quad L_2 \quad L_3]^{\mathrm{T}} = \begin{bmatrix} L_1 \\ L_2 \\ L_3 \end{bmatrix}$，方差阵为 $\boldsymbol{D}_L = \begin{bmatrix} 6 & 0 & -2 \\ 0 & 4 & 0 \\ -2 & 0 & 2 \end{bmatrix}$，

求：① $F_1 = 3L_2 - 2L_3$；② $F_2 = (L_1)^2 + (L_3)^{\frac{1}{2}}$ 的方差。

解： 方法一：纯量形式计算。

（1）根据 $\boldsymbol{L}$ 的方差阵 $\boldsymbol{D_L}$ 可知 $\sigma_2^2 = 4$、$\sigma_3^2 = 2$，$\sigma_{23} = \sigma_{32} = 0$，所以 L_2 和 L_3 相互独立。对 $F_1 = 3L_2 - 2L_3$，应用协方差传播律式（3-5-5）得

$$D_{F_1}=k_2^2\sigma_2^2+k_3^2\sigma_3^2+2k_2k_3\sigma_{23}=3^2\times 4+(-2)^2\times 2+2\times 3\times(-2)\times 0=44$$

（2）根据 $\boldsymbol{L}$ 的方差阵 $\boldsymbol{D}_L$ 可知 $\sigma_1^2=6$、$\sigma_3^2=2$，$\sigma_{13}=\sigma_{31}=-2$，所以 L_1 和 L_3 相互不独立。对 $F_2=L_1^2+L_3^{\frac{1}{2}}$ 全微分得

$$\mathrm{d}F_2=2L_1\mathrm{d}L_1+\frac{1}{2}L_3^{-\frac{1}{2}}\mathrm{d}L_3$$

应用式（3-5-5）得

$$D_{F_2}=k_1^2\sigma_1^2+k_3^2\sigma_3^2+2k_1k_3\sigma_{13}=(2L_1)^2\times 6+\left(\frac{1}{2}L_3^{-\frac{1}{2}}\right)^2\times 2+2\times(2L_1)\times\left(\frac{1}{2}L_3^{-\frac{1}{2}}\right)\times(-2)$$

$$=24L_1^2+\frac{1}{2}L_3^{-1}-4L_1L_3^{-\frac{1}{2}}$$

方法二：矩阵形式计算。

（1）F_1 写成矩阵形式：

$$\boldsymbol{F}_1=3L_2-2L_3=\begin{bmatrix}0 & 3 & -2\end{bmatrix}\begin{bmatrix}L_1\\ L_2\\ L_3\end{bmatrix}$$

根据协方差传播律式（3-5-4），$\boldsymbol{F}_1$ 的方差为

$$\boldsymbol{D}_{F_1}=\boldsymbol{K}_1\boldsymbol{D}_L\boldsymbol{K}_1^{\mathrm{T}}=\begin{bmatrix}0 & 3 & -2\end{bmatrix}\begin{bmatrix}6 & 0 & -2\\ 0 & 4 & 0\\ -2 & 0 & 2\end{bmatrix}\begin{bmatrix}0 & 3 & -2\end{bmatrix}^{\mathrm{T}}=44$$

（2）F_2 的全微分式写成矩阵形式：

$$\mathrm{d}\boldsymbol{F}_2=\begin{bmatrix}2L_1 & 0 & \frac{1}{2}L_3^{-\frac{1}{2}}\end{bmatrix}\begin{bmatrix}\mathrm{d}L_1\\ \mathrm{d}L_2\\ \mathrm{d}L_3\end{bmatrix}$$

应用式（3-5-4）得

$$\boldsymbol{D}_{F_2}=\boldsymbol{K}_2\boldsymbol{D}_L\boldsymbol{K}_2^{\mathrm{T}}=\begin{bmatrix}2L_1 & 0 & \frac{1}{2}L_3^{-\frac{1}{2}}\end{bmatrix}\begin{bmatrix}6 & 0 & -2\\ 0 & 4 & 0\\ -2 & 0 & 2\end{bmatrix}\begin{bmatrix}2L_1 & 0 & \frac{1}{2}L_3^{-\frac{1}{2}}\end{bmatrix}^{\mathrm{T}}$$

$$=24L_1^2+\frac{1}{2}L_3^{-1}-4L_1L_3^{-\frac{1}{2}}$$

例 3-8-2　如图 3-8-1 所示，A、B 为已知水准点，P 为待定高程点，已知 AP、BP 距离和高差分别为 S_1、S_2 和 h_1、h_2，水准测量每千米高差中误差为 $\sigma_{\mathrm{km}}=1\mathrm{cm}$，试求高差平差值的协方差阵。

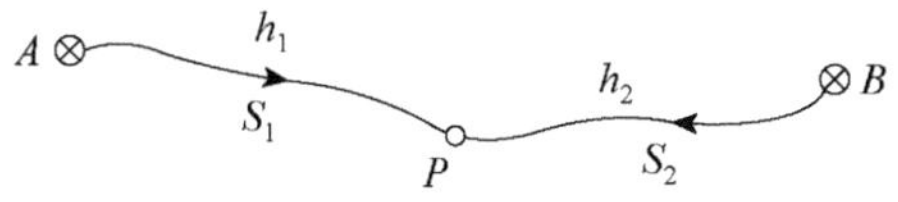

图 3-8-1　水准测量

解： S_1、S_2 两段为独立观测，$\sigma_{\mathrm{km}}=1\mathrm{cm}$，则

$$\sigma_{h_1}^2 = S_1\sigma_{\text{km}}^2 = S_1,\quad \sigma_{h_2}^2 = S_2\sigma_{\text{km}}^2 = S_2,\quad \sigma_{h_1h_2} = 0$$

即高差观测值的协方差阵为

$$\boldsymbol{D}_{h_1h_2} = \begin{bmatrix} S_1 & 0 \\ 0 & S_2 \end{bmatrix}$$

附合水准路线高差闭合差：

$$w = (h_1 - h_2) - (H_B - H_A) = h_1 - h_2 + H_A - H_B$$

平差后的高差：

$$\hat{h}_1 = h_1 - \frac{S_1}{S_1 + S_2}w = \frac{S_2}{S_1 + S_2}h_1 + \frac{S_1}{S_1 + S_2}h_2 - \frac{S_1}{S_1 + S_2}(H_A - H_B)$$

$$\hat{h}_2 = h_2 + \frac{S_2}{S_1 + S_2}w = \frac{S_2}{S_1 + S_2}h_1 + \frac{S_1}{S_1 + S_2}h_2 + \frac{S_2}{S_1 + S_2}(H_A - H_B)$$

写成矩阵形式：

$$\begin{bmatrix} \hat{h}_1 \\ \hat{h}_2 \end{bmatrix} = \frac{1}{S_1 + S_2}\begin{bmatrix} S_2 & S_1 \\ S_2 & S_1 \end{bmatrix}\begin{bmatrix} h_1 \\ h_2 \end{bmatrix} + \frac{H_A - H_B}{S_1 + S_2}\begin{bmatrix} -S_1 \\ S_2 \end{bmatrix}$$

应用协方差传播律式（3-5-10），得高差平差值的协方差阵为

$$\boldsymbol{D}_{\hat{h}_1\hat{h}_2} = \boldsymbol{K}\boldsymbol{D}_{h_1h_2}\boldsymbol{K}^{\mathrm{T}} = \frac{1}{S_1 + S_2}\begin{bmatrix} S_2 & S_1 \\ S_2 & S_1 \end{bmatrix}\begin{bmatrix} S_1 & 0 \\ 0 & S_2 \end{bmatrix}\left[\frac{1}{S_1 + S_2}\begin{bmatrix} S_2 & S_1 \\ S_2 & S_1 \end{bmatrix}\right]^{\mathrm{T}} = \frac{S_1S_2}{S_1 + S_2}\begin{bmatrix} 1 & 1 \\ 1 & 1 \end{bmatrix}$$

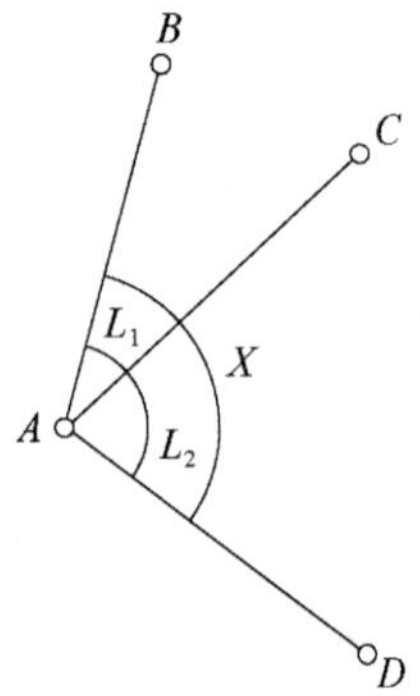

图 3-8-2　两个水平角观测

例 3-8-3　如图 3-8-2 所示，L_1 和 L_2 为两个水平角，L_1 测回法观测了 20 次，其均值 $\overline{L}_1 = 32°18'14''$，每次观测中误差为 5″；$L_2$ 测回法观测了 16 次，其均值 $\overline{L}_2 = 80°16'07''$，每次观测中误差为 8″。设 X 为 L_1 和 L_2 之和，若以 5″ 为单位权中误差，求 L_1、L_2 和 X 的权。

解：（1）对 L_1，观测 20 次，每次观测中误差为 $m_{L_1} = 5''$，则算术平均值的中误差：

$$m_{\overline{L}_1} = \frac{5''}{\sqrt{20}} = \left(\frac{\sqrt{5}}{2}\right)''$$

算术平均值的权：

$$P_{\overline{L}_1} = \frac{\sigma_0^2}{m_{\overline{L}_1}^2} = 5^2 \Big/ \left(\frac{5}{\sqrt{20}}\right)^2 = 20$$

（2）对 L_2，观测 16 次，每次观测中误差为 $m_{L_2} = 8''$，则算术平均值的中误差：

$$m_{\overline{L}_2} = \frac{8''}{\sqrt{16}} = 2''$$

算术平均值的权：

$$P_{\overline{L}_2} = \frac{\sigma_0^2}{m_{\overline{L}_2}^2} = \frac{5^2}{2^2} = \frac{25}{4}$$

（3）列函数关系式 $X = \overline{L}_1 + \overline{L}_2$，根据协方差传播律得

$$m_X^2 = m_{L_1}^2 + m_{L_2}^2 = \left(\frac{\sqrt{5}}{2}\right)^2 + 2^2 = \frac{21}{4}('')^2$$

则 X 的权：

$$P_X = \frac{\sigma_0^2}{m_X^2} = \frac{5^2}{21/4} = \frac{100}{21}$$

例 3-8-4　随机向量 $\boldsymbol{Y}$ 、$\boldsymbol{Z}$ 都是观测向量 $\boldsymbol{L}$ 的函数，函数关系为

$$\boldsymbol{Y} = (\boldsymbol{E} - \boldsymbol{A}^{\mathrm{T}}(\boldsymbol{A}\boldsymbol{A}^{\mathrm{T}})^{-1}\boldsymbol{A})\boldsymbol{L}$$

$$\boldsymbol{Z} = (\boldsymbol{A}\boldsymbol{A}^{\mathrm{T}})^{-1}\boldsymbol{A}\boldsymbol{L}$$

$\boldsymbol{A}$ 为系数阵，已知 $\boldsymbol{Q}_{LL} = \boldsymbol{E}$ ，试证明 $\boldsymbol{Y}$ 与 $\boldsymbol{Z}$ 不相关。

证：应用协因数传播律式（3-5-25），得 $\boldsymbol{Y}$ 、$\boldsymbol{Z}$ 的互协因数阵为

$$\begin{aligned}\boldsymbol{Q}_{YZ} &= [\boldsymbol{E} - \boldsymbol{A}^{\mathrm{T}}(\boldsymbol{A}\boldsymbol{A}^{\mathrm{T}})^{-1}\boldsymbol{A}]\boldsymbol{Q}_{LL}[(\boldsymbol{A}\boldsymbol{A}^{\mathrm{T}})^{-1}\boldsymbol{A}]^{\mathrm{T}} \\ &= [\boldsymbol{E} - \boldsymbol{A}^{\mathrm{T}}(\boldsymbol{A}\boldsymbol{A}^{\mathrm{T}})^{-1}\boldsymbol{A}]\boldsymbol{E}[\boldsymbol{A}^{\mathrm{T}}((\boldsymbol{A}\boldsymbol{A}^{\mathrm{T}})^{-1})^{\mathrm{T}}] \\ &= \boldsymbol{A}^{\mathrm{T}}((\boldsymbol{A}\boldsymbol{A}^{\mathrm{T}})^{-1})^{\mathrm{T}} - \boldsymbol{A}^{\mathrm{T}}(\boldsymbol{A}\boldsymbol{A}^{\mathrm{T}})^{-1}\boldsymbol{A}\boldsymbol{A}^{\mathrm{T}}((\boldsymbol{A}\boldsymbol{A}^{\mathrm{T}})^{-1})^{\mathrm{T}} \\ &= \boldsymbol{A}^{\mathrm{T}}((\boldsymbol{A}\boldsymbol{A}^{\mathrm{T}})^{-1})^{\mathrm{T}} - \boldsymbol{A}^{\mathrm{T}}(\boldsymbol{A}^{\mathrm{T}})^{-1}\boldsymbol{A}^{-1}\boldsymbol{A}\boldsymbol{A}^{\mathrm{T}}((\boldsymbol{A}\boldsymbol{A}^{\mathrm{T}})^{-1})^{\mathrm{T}} \\ &= \boldsymbol{A}^{\mathrm{T}}((\boldsymbol{A}\boldsymbol{A}^{\mathrm{T}})^{-1})^{\mathrm{T}} - \boldsymbol{A}^{\mathrm{T}}((\boldsymbol{A}\boldsymbol{A}^{\mathrm{T}})^{-1})^{\mathrm{T}} = 0\end{aligned}$$

所以，$\boldsymbol{Y}$ 与 $\boldsymbol{Z}$ 不相关。

3.9　延伸阅读

单个独立观测值线性函数的方差公式（3-5-6），前文用矩阵形式推导。为便于理解，下面用纯量形式推导单个独立观测值一般函数关系的误差传播定律。

设有一般函数：

$$z = F(x_1, x_2, \cdots, x_n) \tag{3-9-1}$$

式中，$x_1, x_2, \cdots, x_n$ 为可直接观测的相互独立的未知量；z 为不便于直接观测的未知量。

设 $x_i (i = 1, 2, \cdots, n)$ 的独立观测值为 l_i，其相应的真误差为 Δx_i 。Δx_i 的存在，使函数 z 也产生相应的真误差 Δz 。将式（3-9-1）全微分，得

$$\mathrm{d}z = \frac{\partial F}{\partial x_1} \cdot \mathrm{d}x_1 + \frac{\partial F}{\partial x_2} \cdot \mathrm{d}x_2 + \cdots + \frac{\partial F}{\partial x_n} \cdot \mathrm{d}x_n$$

因误差 Δx_i 及 Δz 都很小，故在上式中，可近似用 Δx_i 及 Δz 代替 $\mathrm{d}x_i$ 及 $\mathrm{d}z$ ，于是有

$$\Delta z = \frac{\partial F}{\partial x_1} \cdot \Delta x_1 + \frac{\partial F}{\partial x_2} \cdot \Delta x_2 + \cdots + \frac{\partial F}{\partial x_n} \cdot \Delta x_n \tag{3-9-2}$$

式中，$\dfrac{\partial F}{\partial x_i}$ 为函数 F 对各个变量的偏导数。将 $x_i = l_i$ 代入各偏导数中，即为确定的常数，设

$$\left(\frac{\partial F}{\partial x_i}\right)_{x_i = l_i} = f_i$$

则式（3-9-2）可写成

$$\Delta z = f_1 \cdot \Delta x_1 + f_2 \cdot \Delta x_2 + \cdots + f_n \cdot \Delta x_n \tag{3-9-3}$$

为了求得函数和观测值之间的中误差关系式，设想对各 x_i 进行了 k 次观测，则可写成 k 个

类似于式（3-9-3）的关系式：

$$\begin{cases}\Delta z^{(1)} = f_1 \bullet \Delta x_1^{(1)} + f_2 \bullet \Delta x_2^{(1)} + \cdots + f_n \bullet \Delta x_n^{(1)} \\ \Delta z^{(2)} = f_1 \bullet \Delta x_1^{(2)} + f_2 \bullet \Delta x_2^{(2)} + \cdots + f_n \bullet \Delta x_n^{(2)} \\ \vdots \\ \Delta z^{(k)} = f_1 \bullet \Delta x_1^{(k)} + f_2 \bullet \Delta x_2^{(k)} + \cdots + f_n \bullet \Delta x_n^{(k)}\end{cases}$$

将以上各式等号两边平方，再相加，得

$$\left[\Delta z^2\right] = f_1^2 \bullet \left[\Delta x_1^{\ 2}\right] + f_2^2 \bullet \left[\Delta x_2^{\ 2}\right] + \cdots + f_n^2 \bullet \left[\Delta x_n^{\ 2}\right] + \sum_{\substack{i,j=1 \\ (i \neq j)}}^{n} f_i f_j \left[\Delta x_i \Delta x_j\right]$$

上式两端各除以 k，得到

$$\frac{\left[\Delta z^2\right]}{k} = f_1^2 \bullet \frac{\left[\Delta x_1^{\ 2}\right]}{k} + f_2^2 \bullet \frac{\left[\Delta x_2^{\ 2}\right]}{k} + \cdots + f_n^2 \bullet \frac{\left[\Delta x_n^{\ 2}\right]}{k} + \sum_{\substack{i,j=1 \\ (i \neq j)}}^{n} f_i f_j \frac{\left[\Delta x_i \Delta x_j\right]}{k} \tag{3-9-4}$$

设对各 x_i 的观测值 l_i 为彼此独立的观测，则 $\Delta x_i \Delta x_j$（当 $i \neq j$ 时）也为偶然误差。根据偶然误差的第四个特性可知，式（3-9-4）的末项当 $k \to \infty$ 时趋近于零，即

$$\lim_{k \to \infty} \frac{\left[\Delta x_i \Delta x_j\right]}{k} = 0$$

故式（3-9-4）可写为

$$\lim_{k \to \infty} \frac{\left[\Delta z^2\right]}{k} = \lim_{k \to \infty} \left(f_1^2 \bullet \frac{\left[\Delta x_1^2\right]}{k} + f_2^{\ 2} \bullet \frac{\left[\Delta x_2^2\right]}{k} + \cdots + f_n^{\ 2} \bullet \frac{\left[\Delta x_n^2\right]}{k} \right)$$

根据中误差的定义，上式可写成

$$\sigma_z^2 = f_1^2 \bullet \sigma_1^2 + f_2^{\ 2} \bullet \sigma_2^2 + \cdots + f_n^{\ 2} \bullet \sigma_n^2$$

当 k 为有限值时，可写为

$$m_z^2 = f_1^2 \bullet m_1^2 + f_2^{\ 2} \bullet m_2^2 + \cdots + f_n^{\ 2} \bullet m_n^2 \tag{3-9-5}$$

$$m_z = \sqrt{\left(\frac{\partial F}{\partial x_1}\right)^2 \bullet m_1^2 + \left(\frac{\partial F}{\partial x_2}\right)^2 \bullet m_2^2 + \cdots + \left(\frac{\partial F}{\partial x_n}\right)^2 \bullet m_n^2} \tag{3-9-6}$$

式（3-9-6）即为计算单个观测值函数中误差的一般形式。应用式（3-9-6）时，必须注意各观测值是相互独立的变量。

第 4 章　平差基本原理

本章首先介绍必要观测、多余观测和测量学中应用的近似平差方法，分析近似平差的特点和适用条件，然后引出严密平差的基本概念；其次阐述直接观测量、未知参数及它们之间的函数关系，介绍严密平差的函数模型和随机模型，为以后各章系统地学习各种平差理论打好基础；最后介绍最小二乘原理，这是测量平差法所遵循的准则。

4.1　必要观测与多余观测

4.1.1　概述

在测量工程中，最常见的是确定几何模型中某些几何量的大小。例如，为了确定一些点的高程而建立了水准网，为了确定某些点的平面坐标而建立了平面控制网（导线网、边角网、GNSS 网）。前者包含点间的高差、点的高程元素，后者包含角度、边长、边的方位角及点的平面坐标、坐标差等元素。这些元素都是几何量，以下统称这些网为几何模型。

对于单个元素的几何模型，测量一次就能得到该元素的大小；对于多个元素的几何模型，为了确定该几何模型，并不需要知道该模型中所有元素的大小，而只需要知道其中部分元素的大小就行了，其他元素可以通过它们来确定。

4.1.2　实例分析

例 4-1-1　为了确定边 AB 的长度，只要量测一次边长就行了。它是同一类型的元素（长度）。

例 4-1-2　图 4-1-1 中，为了确定△ABC 的形状（相似三角形），只要知道其中任意两个内角的大小就行了，如 $\tilde{L}_1$、$\tilde{L}_2$ 或 $\tilde{L}_1$、$\tilde{L}_3$ 或 $\tilde{L}_2$、$\tilde{L}_3$ 等。它们都是同一类型的元素（角度）。

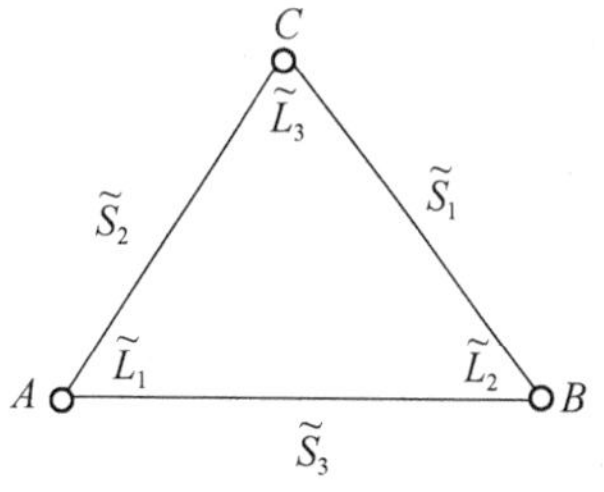

图 4-1-1　三角形几何模型

例 4-1-3　为了确定△ABC 的形状和大小（全等三角形），只要知道其中任意的两角一边、两边一角或三边的大小就行了，如 $\tilde{L}_1$、$\tilde{L}_2$、$\tilde{S}_1$ 或 $\tilde{S}_1$、$\tilde{S}_2$、$\tilde{L}_3$ 或 $\tilde{S}_1$、$\tilde{S}_2$、$\tilde{S}_3$ 等。它们包含两种类型的元素（角度、边长）。

例 4-1-4　为了确定△ABC 的形状、大小和位置，除需要观测上述例 4-1-3 中的元素外，还必须至少知道一个三角点的坐标和一条三角边的坐标方位角。它们包含四种类型的元素（角度、边长、坐标、坐标方位角）。

为了将形状和大小已确定的几何模型纳入指定的高程或坐标系统内，所必须知道的元素，如例 4-1-4 中的一点坐标和一个坐标方位角，称为必要起算数据。

为确定某个几何模型所必须进行的最少元素的观测，称为必要观测，其元素称为必要元素。必要观测的个数，称为必要观测数，一般用t表示。在测量工作中，一般要进行多于必要观测的观测，称为多余观测。多余观测的个数，称为多余观测数，一般用r表示，r在统计学中也称自由度。

4.1.3 相关说明

关于必要观测与多余观测的几点说明：

（1）在一个几何模型中，存在已知数据、观测数据、未知数据三种量。

（2）当几何模型给定，能唯一确定该模型的必要元素的类型和个数也就随之确定。因此，必要观测数t只与几何模型有关，与实际观测量无关。

（3）能唯一确定几何模型的必要元素之间是相互独立的，即任何一个必要元素不可能表达成其他必要元素的函数。在例 4-1-3 中，若以$\tilde{L}_1$、$\tilde{L}_2$、$\tilde{S}_1$为必要元素，则它们之间无函数关系。

（4）通过必要元素确定的几何模型中，任何一个量的大小都可用必要元素来确定，或者说，模型中任何一个量都是t个必要元素的函数。

（5）在一个几何模型中，除必要观测值外，每增加一个新的量，则必然增加一个函数关系。在例 4-1-3 中，必要元素选为$\tilde{L}_1$、$\tilde{L}_2$、$\tilde{S}_1$，若增加一个量$\tilde{L}_3$，则存在$\tilde{L}_1+\tilde{L}_2+\tilde{L}_3=180°$；若再增加一个量$\tilde{S}_2$，则有$\tilde{S}_2=\tilde{S}_1\dfrac{\sin\tilde{L}_2}{\sin\tilde{L}_1}$。由此可知，一个几何模型的独立量个数最多为$t$个。除此之外，增加一个量必然要产生一个相应的函数关系式，这种函数关系式，在测量平差中称为条件方程。

（6）几何模型中观测数一般用n表示。①当观测个数少于必要元素的个数，即$n<t$时，无法确定该模型。②当$n=t$且n个观测量为独立量时，可以唯一确定该模型，此时不存在任何条件方程。在这种情况下，如果观测结果中含有粗差和错误，都将无法发现，在测量工作中是不允许这样做的。③当$n>t$且n个观测量中包含t个独立量时，存在多余观测数$r=n-t$，产生r个条件方程。此时能及时发现粗差和错误，并提高测量成果的精度。

（7）多余观测r存在，才能进行平差。对于单个元素的几何模型而言，有了多余观测可以发现观测值中的错误，以便将其剔除或重测。由于观测值中的偶然误差不可避免，有了多余观测，观测值之间必然产生差值。差值如果大到一定的程度，就认为观测值中有错误（不属于偶然误差），称为误差超限。差值如果不超限，则按偶然误差的规律加以处理，以求得最可靠的数值，同时根据差值的大小来评定测量的精度（中误差），详见 2.5 节。

对于多个元素的几何模型，由于观测值不可避免地存在偶然误差，因此有了多余观测，则观测值之间必然产生闭合差，如单一附合水准中的高差闭合差、单一附合导线中的角度闭合差，需进行闭合差的调整。调整观测值，即对观测值合理地加上改正数，使其达到消除闭合差的目的，这是测量平差的主要任务之一（测量平差的另一个主要任务是评定观测成果的精度）。

下面回顾一下近似平差的解决方法。

4.2 近似平差

在测量学课程中，也用到相关的测量数据处理方法，为与本书介绍的平差方法区别，称之为近似平差方法。下面以单一附合水准路线和单一附合导线为例说明。

4.2.1 单一附合水准路线

例 4-2-1 如图 4-2-1 所示的附合水准路线，BM.A 和 BM.B 为已知水准点，按普通水准测量的方法，测得各测段观测高差和测段路线长度，分别标注在路线的上、下方。用近似平差方法，将此算例高差闭合差的分配、改正后高差和高程计算成果列于表 4-2-1 中。

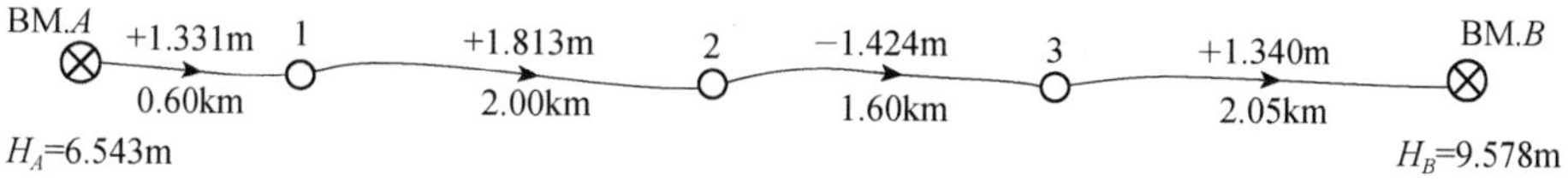

图 4-2-1 单一附合水准路线

表 4-2-1 单一附合水准路线近似平差计算表

点号	路线长度 L/km	观测高差 h_i/m	高差改正数 v_{h_i} /m	改正后高差 $\hat{h}_i$ /m	高程 H_i/m	备注
BM.A					6.543	已知
	0.60	+1.331	−0.002	+1.329		
1					7.872	
	2.00	+1.813	−0.008	+1.805		
2					9.677	
	1.60	−1.424	−0.007	−1.431		
3					8.246	
	2.05	+1.340	−0.008	+1.332		
BM.B					9.578	已知
Σ	6.25	+3.060	−0.025	+3.035		

$f_h = \Sigma h_{测} - (H_B - H_A) = +25\text{mm}$　　$f_{h容} = 40\sqrt{L} = 100\text{mm}$

$v_{1\text{km}} = -\dfrac{f_h}{L} = -\dfrac{+25}{6.25} = -4\text{mm/km}$　　$\Sigma v_{h_i} = -25\text{mm} = -f_h$

图 4-2-1 单一附合水准路线测量中，起、终点的高程 H_A、H_B 已知，两点间高差的理论值 $\Sigma h_{理} = H_{终} - H_{始}$，实测的各测段高差之和为 $\Sigma h_{测}$。各种误差的影响，使得 $\Sigma h_{测} \neq \Sigma h_{理}$，所以需对高差闭合差 $f_h = \Sigma h_{测} - \Sigma h_{理}$ 进行分配。当 $f_h \leqslant f_{h容}$ 时，近似平差方法是按与路线长度 L 或按测站数 n 成正比的原则，将高差闭合差反号分配给各测段高差，进而用改正后的测段高差计算各点高程。

本例中，观测数 $n = 4$，必要观测数 $t = 3$，多余观测数 $r = n - t = 1$。

4.2.2 单一附合导线

例 4-2-2 图 4-2-2 为一四等附合导线，已知数据和观测值见表 4-2-2。用近似平差方法，将此算例角度闭合差的计算与调整、各边的坐标方位角推算、坐标增量的计算及其闭合差的调整、各导线点的坐标计算成果列于表 4-2-3 中。

图 4-2-2 单一附合导线测量中，起、终边的坐标方位角 α_{AB}、α_{CD} 已知，两边间方位角差的理论值 $\Sigma\beta_{理} = \alpha_{终} - \alpha_{起} + n \times 180°$，实测的各转折角之和为 $\Sigma\beta_{测}$，则角度闭合差 $f_\beta = \Sigma\beta_{测} - \Sigma\beta_{理}$。当 $f_\beta \leqslant f_{\beta容}$ 时，对角度闭合差，近似平差方法是将其反号进行平均分配。

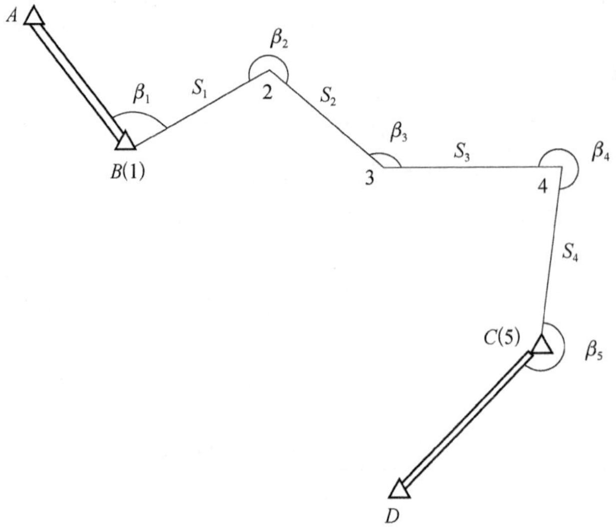

图 4-2-2　附合导线

表 4-2-2　已知数据和观测值

已知坐标/m	已知方位角	导线边长观测值/m	转折角度观测值
B（187396.252，505530.009）	$T_{AB}=161°44'07.2''$	S_1=1474.444	$\beta_1=85°30'21.1''$
C（184817.605，509341.482）	$T_{CD}=249°30'27.9''$	S_2=1424.717	$\beta_2=254°32'32.2''$
		S_3=1749.322	$\beta_3=131°04'33.3''$
		S_4=1950.412	$\beta_4=272°20'20.2''$
			$\beta_5=244°18'30.0''$

表 4-2-3　单一附合导线近似平差计算表

点号（左角）	角度观测值	改正后角度	方位角	水平距离/m	坐标增量		改正后坐标增量		坐标	
					Δx/m	Δy/m	Δx/m	Δy/m	x/m	y/m
（1）	（2）	（3）	（4）	（5）	（6）	（7）	（8）	（9）	（10）	（11）
A										
			161°44′07.2″							
B（1）	+0.7″ 85°30′21.1″	85°30′21.8″							187396.252	505530.009
			67°14′29.0″	1474.444	+3 570.388	+12 1359.648	570.391	1359.660		
2	+0.8″ 254°32′32.2″	254°32′33.0″							187966.643	506889.669
			141°47′02.0″	1424.717	+3 −1119.376	+12 881.372	−1119.373	881.384		
3	+0.8″ 131°04′33.3″	131°04′34.1″							186847.270	507771.053
			92°51′36.1″	1749.322	+3 −87.284	+14 1747.143	−87.281	1747.157		
4	+0.8″ 272°20′20.2″	272°20′21.0″							186759.989	509518.210
			185°11′57.1″	1950.412	+3 −1942.387	+16 −176.744	−1942.384	−176.728		
C（5）	+0.8″ 244°18′30.0″	244°18′30.8″							184817.605	509341.482
			249°30′27.9″							
D										
Σ	987°46′16.8″	987°46′20.7″		6598.895	−2578.659	3811.419	−2578.647	3811.473		

续表

$f_{\beta容} = \pm 5''\sqrt{n} = \pm 11.1''$	$\Sigma\Delta x_{理} = x_{终} - x_{起} = -2578.647\text{m}$ $\Sigma\Delta y_{理} = y_{终} - y_{起} = 3811.473\text{m}$
$\Sigma\beta_{理} = \alpha_{终} - \alpha_{起} + n\times 180^\circ = 987^\circ 46' 20.7''$	$f_x = \Sigma\Delta x_{测} - \Sigma\Delta x_{理} = -0.012\text{m}$ $f_y = \Sigma\Delta y_{测} - \Sigma\Delta y_{理} = -0.054\text{m}$
$f_\beta = \Sigma\beta_{测} - \Sigma\beta_{理} = -3.9'' < f_{\beta容}$（角度闭合差合格）	$f_D = \sqrt{f_x^2 + f_y^2} = 0.055\text{m}$ $\Sigma D = 6598.895\text{m}$
	$K = \dfrac{f_D}{\Sigma D} = \dfrac{1}{119292} < K_{容} = \dfrac{1}{35000}$（导线全长相对闭合差合格）

在进行角度平差后，再进行坐标平差。首先利用平差角 $\hat{\beta}$ 推算各边的坐标方位角 $\hat{\alpha}_i$，再与观测边长 D 一起计算坐标增量近似值，进而求坐标增量闭合差 f_x、f_y 和导线全长闭合差 f_D 及导线全长相对闭合差 K，当 $K \leqslant K_{容}$ 时，将坐标增量闭合差按与边长成正比的原则，反号分配给各坐标增量，最后用改正后的坐标增量计算各点坐标。

本例中，观测数 $n=9$，必要观测数 $t=6$，多余观测数 $r=n-t=3$ 个。多余观测可以设为 β_1、S_1、β_2 或 β_2、S_2、β_3 或 β_3、S_3、β_4 或 β_4、S_4、β_5 等。

4.2.3 近似平差方法分析

通过分析上述近似平差方法可以看出：

在单一附合或闭合水准测量中，多余观测数 $r=1$，只有一个条件，根据测站数或路线长短给每个测段的观测值分配一个改正数，用改正数与对应观测值相加得到平差值，再用平差值计算各点的高程，计算方法简单。

单一导线近似平差时，多余观测数 $r=3$，可以看出有三个条件：第一个条件是方位角角度闭合差条件，第二、三个条件分别是纵、横坐标增量的闭合差条件。第一个条件给出了角度的改正数，第二、三个条件给出了纵、横坐标增量的改正数，但不能给出直接观测边长的改正数。另外，第二、三个条件顺序满足后，用近似平差后的坐标反算的各导线边方位角与使用角度平差值推算出来的各边方位角不相等，即导线近似平差中的三个条件，独立按顺序满足，后一个满足后，不能保证上一个条件继续满足。

概括起来，近似平差存在的问题有以下几点：

（1）有时不能求出直接观测值的改正数，像导线中的边长改正数。

（2）分配的原则不明确，且缺乏严密的科学依据。

（3）当条件较多时，前后互相影响，不能同时符合要求。特别是，当水准路线变成水准网，导线变成导线网时，则多余观测值会增多，会同时有很多条件，此时近似平差将不能适应。

（4）一般只计算近似平差值，未计算平差值精度，当观测值有多种类型（如导线中观测角度和边长）时，平差值精度计算不方便。

为此，必须探讨一种新的较为严密的平差方法，要能够做到多个条件同时满足，求出不同类型观测值的改正数，分配的原则明确，有科学依据。

一个严密测量平差问题，首先要由观测值和未知量组成函数模型，然后采用一定的平差原则对未知量进行估计，这种估计要求是最优的，最后计算和分析成果的精度。

下面介绍严密平差的数学模型。

4.3 测量平差的数学模型

严密平差方法要克服近似平差存在的缺点，必须要有完整的模型和严密的计算方法。

就统计意义来讲，测量平差是一种由观测样本推求母体中有关未知参数的方法，在数理统计中也称为参数估计。为此，首先需要建立平差的数学模型。数学模型是对研究对象进行抽象和概括，用数学关系式来描述它的某种特征和内在的联系。

测量平差中的数学模型分为函数模型和随机模型两类。因为测量观测值是一种随机变量，所以，平差的数学模型和传统意义上的数学模型不同，它不仅要考虑描述已知量、观测量和待求量之间的函数模型，还要考虑随机模型。在研究任何平差方法时，函数模型和随机模型必须同时予以考虑。

4.3.1 函数模型

测量平差中，函数模型是描述几何模型中已知量、观测量和待求量之间的数学函数关系的模型。建立函数模型是测量平差中最基本、最重要的问题，同一个平差问题，可根据情况采用不同的函数模型，与之相应就产生了不同的平差方法，如条件平差、附有参数的条件平差、间接平差、附有限制条件的间接平差等。

下面以一个简单的水准网为例，阐述经典平差中几种基本平差方法的函数模型及其建立方法。

1）条件平差的函数模型

如图 4-3-1 所示水准网中，A、B 为已知高程的水准点，P_1、P_2 为待定水准点，观测高差为 h_1、h_2、h_3、h_4。图中，观测数 $n=4$，必要观测数 $t=2$，则多余观测数 $r=n-t=2$，存在两个线性无关的函数关系式（条件方程），可以表示为

$$\tilde{h}_2-\tilde{h}_3=0$$
$$H_A+\tilde{h}_1+\tilde{h}_2+\tilde{h}_4-H_B=0$$

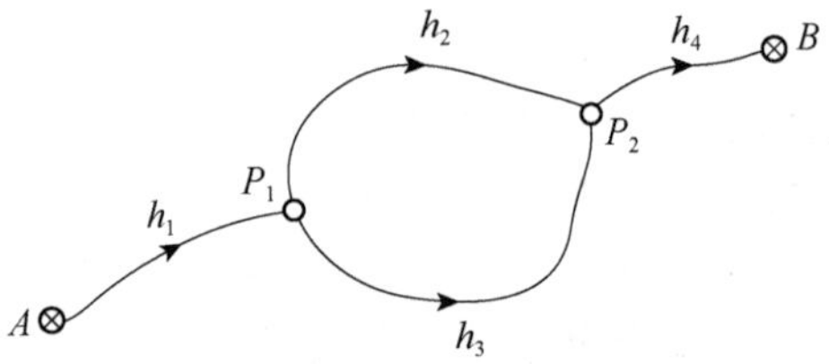

图 4-3-1 水准网示意图

令

$$\underset{24}{\boldsymbol{A}}=\begin{bmatrix}0 & 1 & -1 & 0\\ 1 & 1 & 0 & 1\end{bmatrix},\ \underset{41}{\tilde{\boldsymbol{L}}}=\begin{bmatrix}\tilde{h}_1 & \tilde{h}_2 & \tilde{h}_3 & \tilde{h}_4\end{bmatrix}^{\mathrm{T}},\ \underset{21}{\boldsymbol{A}_0}=\begin{bmatrix}0\\ H_A-H_B\end{bmatrix}$$

则上述条件方程组可写为

$$\underset{24}{\boldsymbol{A}}\,\underset{41}{\tilde{\boldsymbol{L}}}+\underset{21}{\boldsymbol{A}_0}=\underset{21}{0} \tag{4-3-1}$$

一般而言，如果有 n 个观测值 $\underset{n1}{\boldsymbol{L}}$，$t$ 个必要观测，则应列出 $r=n-t$ 个条件方程，即

$$\underset{r1}{\boldsymbol{F}}(\tilde{\boldsymbol{L}})=0 \tag{4-3-2}$$

如果条件方程为线性形式，可直接写为

$$\underset{rn}{\boldsymbol{A}}\,\underset{n1}{\tilde{\boldsymbol{L}}}+\underset{r1}{\boldsymbol{A}_0}=\underset{r1}{0} \tag{4-3-3}$$

将 $\tilde{\boldsymbol{L}}=\boldsymbol{L}+\boldsymbol{\varDelta}$ 代入式（4-3-3），并令

$$\boldsymbol{W}=\boldsymbol{A}\boldsymbol{L}+\boldsymbol{A}_0 \tag{4-3-4}$$

则式（4-3-3）为

$$\underset{rn}{\boldsymbol{A}}\underset{n1}{\boldsymbol{\varDelta}}+\underset{r1}{\boldsymbol{W}}=\underset{r1}{0} \tag{4-3-5}$$

式（4-3-3）或式（4-3-5）即为条件平差的函数模型。以此模型为基础的平差计算称为条件平差法。

在式（4-3-3）和式（4-3-5）中，分别用观测值的真值 $\tilde{\boldsymbol{L}}$ 和真误差 $\boldsymbol{\varDelta}$ 表达。真值是未知的，通过平差（后面会详细阐述），即按最小二乘原理，可求出 $\boldsymbol{\varDelta}$ 的最佳估值 $\boldsymbol{V}$，从而进一步计算观测量 $\boldsymbol{L}$ 的最佳估值 $\hat{\boldsymbol{L}}$：

$$\hat{\boldsymbol{L}}=\boldsymbol{L}+\boldsymbol{V} \tag{4-3-6}$$

在式（4-3-3）和式（4-3-5）中，将 $\tilde{\boldsymbol{L}}$ 和 $\boldsymbol{\varDelta}$ 改写为 $\hat{\boldsymbol{L}}$ 和 $\boldsymbol{V}$，则得到条件平差函数模型的实用公式：

$$\underset{rn}{\boldsymbol{A}}\underset{n1}{\hat{\boldsymbol{L}}}+\underset{r1}{\boldsymbol{A}_0}=\underset{r1}{0} \tag{4-3-7}$$

$$\underset{rn}{\boldsymbol{A}}\underset{n1}{\boldsymbol{V}}+\underset{r1}{\boldsymbol{W}}=\underset{r1}{0} \tag{4-3-8}$$

2）附有参数的条件平差的函数模型

设在平差问题中，观测值个数为 n，t 为必要观测数，则可列出 $r=n-t$ 个条件方程。有时由于实际情况的需要，为了便于列条件方程或便于直接求出几何模型中某些未观测量的估值（平差值），又增设了 u 个独立量作为参数，且 $0<u<t$，每增设一个参数应增加一个条件方程，因此，共需列出 $r+u$ 个条件方程。以含有参数的条件方程作为平差的函数模型，称为附有参数的条件平差法。便于列条件方程而增设参数的情形，有点类似于几何中的辅助线的作用。没有该参数，条件方程较难列立，如第 5 章例 5-6-2；设了该参数，条件方程列立容易多了，如第 6 章例 6-5-2。

图 4-3-1 所示水准网中，若选 P_1 点高程作为未知参数 $\tilde{X}$，即 $u=1$，此时，$0<u<t\ (=2)$，条件方程个数应为 $r+u=3$，它们可以写成

$$\begin{gathered}\tilde{h}_2-\tilde{h}_3=0\\ H_A+\tilde{h}_1+\tilde{h}_2+\tilde{h}_4-H_B=0\\ H_A+\tilde{h}_1-\tilde{X}=0\end{gathered}$$

令

$$\underset{34}{\boldsymbol{A}}=\begin{bmatrix}0&1&-1&0\\1&1&0&1\\1&0&0&0\end{bmatrix},\ \underset{41}{\tilde{\boldsymbol{L}}}=\begin{bmatrix}\tilde{h}_1&\tilde{h}_2&\tilde{h}_3&\tilde{h}_4\end{bmatrix}^{\mathrm{T}},\ \underset{31}{\boldsymbol{B}}=\begin{bmatrix}0\\0\\-1\end{bmatrix},\ \underset{31}{\boldsymbol{A}_0}=\begin{bmatrix}0\\H_A-H_B\\H_A\end{bmatrix}$$

则上述条件方程组可写为

$$\underset{34}{\boldsymbol{A}}\underset{41}{\tilde{\boldsymbol{L}}}+\underset{31}{\boldsymbol{B}}\underset{11}{\tilde{\boldsymbol{X}}}+\underset{31}{\boldsymbol{A}_0}=\underset{31}{0} \tag{4-3-9}$$

一般而言，在某一个平差问题中，如果有 n 个观测值 $\underset{n1}{\boldsymbol{L}}$，$t$ 个必要观测，多余观测数为 $r=n-t$，再增选 u 个独立参数 $\underset{u1}{\tilde{\boldsymbol{X}}}$，$0<u<t$，则总共应列出 $c=r+u$ 个条件方程，其一般形式为

$$\underset{c1}{\boldsymbol{F}}(\tilde{\boldsymbol{L}},\tilde{\boldsymbol{X}})=0 \tag{4-3-10}$$

如果条件方程为线性形式，可直接写为

$$\underset{cn}{\boldsymbol{A}}\underset{n1}{\tilde{\boldsymbol{L}}}+\underset{cu}{\boldsymbol{B}}\underset{u1}{\tilde{\boldsymbol{X}}}+\underset{c1}{\boldsymbol{A}_0}=\underset{c1}{0} \tag{4-3-11}$$

将 $\tilde{\boldsymbol{L}}=\boldsymbol{L}+\boldsymbol{\varDelta}$，$\tilde{\boldsymbol{X}}=\boldsymbol{X}^0+\tilde{\boldsymbol{x}}$（$\boldsymbol{X}^0$、$\tilde{\boldsymbol{x}}$ 为参数 $\tilde{\boldsymbol{X}}$ 的近似值和真误差）代入上式，并令

$$\boldsymbol{W}=\boldsymbol{A}\boldsymbol{L}+\boldsymbol{B}\boldsymbol{X}^0+\boldsymbol{A}_0 \tag{4-3-12}$$

则式（4-3-11）为

$$\underset{cn}{\boldsymbol{A}}\underset{n1}{\boldsymbol{\varDelta}}+\underset{cu}{\boldsymbol{B}}\underset{u1}{\tilde{\boldsymbol{x}}}+\underset{c1}{\boldsymbol{W}}=\underset{c1}{0} \tag{4-3-13}$$

在式（4-3-11）或式（4-3-13）中，真值 $\tilde{\boldsymbol{L}}$、$\tilde{\boldsymbol{X}}$ 和真误差 $\boldsymbol{\varDelta}$、$\tilde{\boldsymbol{x}}$ 分别用最佳估值 $\hat{\boldsymbol{L}}$、$\hat{\boldsymbol{X}}$ 和改正数 $\boldsymbol{V}$、$\hat{\boldsymbol{x}}$ 代替，则得到附有参数的条件平差的函数模型的实用公式，即平差值条件方程及改正数条件方程：

$$\underset{cn}{\boldsymbol{A}}\underset{n1}{\hat{\boldsymbol{L}}}+\underset{cu}{\boldsymbol{B}}\underset{u1}{\hat{\boldsymbol{X}}}+\underset{c1}{\boldsymbol{A}_0}=\underset{c1}{0} \tag{4-3-14}$$

$$\underset{cn}{\boldsymbol{A}}\underset{n1}{\boldsymbol{V}}+\underset{cu}{\boldsymbol{B}}\underset{u1}{\hat{\boldsymbol{x}}}+\underset{c1}{\boldsymbol{W}}=\underset{c1}{0} \tag{4-3-15}$$

3）间接平差的函数模型

由前所述，每一个几何模型可以由 t 个独立的必要观测值唯一确定，即在一个几何模型中，最多只能选出 t 个独立量。如果在进行平差时，就选定 t 个独立量作为参数，即 $u=t$，那么通过这 t 个独立参数就能唯一确定该几何模型了。换言之，模型中的所有量都一定是这 t 个独立参数的函数，即每个观测量都可表达成所选 t 个独立参数的函数。

参数的选择有多种方法，可以根据需要解决的问题而定。例如布设水准网，通常是想得到网中待定点的高程，于是水准网间接平差常选待定点的高程为参数，而平面控制网就常选待定点的平面坐标值为参数。

选择几何模型中 t 个独立量为平差参数，将每一个观测量（共 n 个，$n=r+t=r+u$）表达成所选参数的函数，列出 n 个这种函数关系式，称为观测方程，以此作为平差的函数模型的平差方法，称为间接平差法，又称为参数平差法。

图 4-3-1 所示水准网中，若选 P_1、P_2 点高程作为未知参数 $\tilde{X}_1$、$\tilde{X}_2$，则 $u=2=t$。此时，如果选用附有参数的条件平差法，条件方程个数应为 $c=r+u=4$，它们可以写成

$$\begin{aligned}&\tilde{h}_2-\tilde{h}_3=0\\&H_A+\tilde{h}_1+\tilde{h}_2+\tilde{h}_4-H_B=0\\&H_A+\tilde{h}_1-\tilde{X}_1=0\\&\tilde{X}_2+\tilde{h}_4-H_B=0\end{aligned}\quad\text{或}\quad\begin{aligned}&H_A+\tilde{h}_1-\tilde{X}_1=0\\&\tilde{X}_1+\tilde{h}_2-\tilde{X}_2=0\\&\tilde{X}_1+\tilde{h}_3-\tilde{X}_2=0\\&\tilde{X}_2+\tilde{h}_4-H_B=0\end{aligned}$$

如果选用间接平差法，观测方程个数应为 $n=4(=r+u)$，它们可以写成

$$\begin{aligned}\tilde{h}_1&=\tilde{X}_1-H_A\\\tilde{h}_2&=-\tilde{X}_1+\tilde{X}_2\\\tilde{h}_3&=-\tilde{X}_1+\tilde{X}_2\\\tilde{h}_4&=-\tilde{X}_2+H_B\end{aligned}$$

只要将上式所有的变量都移项到等号的一边，就变成前面的附有参数的条件方程的第二种形式。

令

$$\underset{41}{\tilde{\boldsymbol{L}}}=\begin{bmatrix}\tilde{h}_1\\\tilde{h}_2\\\tilde{h}_3\\\tilde{h}_4\end{bmatrix},\ \underset{42}{\boldsymbol{B}}=\begin{bmatrix}1&0\\-1&1\\-1&1\\0&-1\end{bmatrix},\ \underset{21}{\tilde{\boldsymbol{X}}}=\begin{bmatrix}\tilde{X}_1\\\tilde{X}_2\end{bmatrix},\ \underset{41}{\boldsymbol{d}}=\begin{bmatrix}-H_A\\0\\0\\H_B\end{bmatrix}$$

则上述观测方程可写为

$$\underset{41}{\tilde{\boldsymbol{L}}}=\underset{42}{\boldsymbol{B}}\underset{21}{\tilde{\boldsymbol{X}}}+\underset{41}{\boldsymbol{d}} \tag{4-3-16}$$

一般而言，在某一个平差问题中，如果有 n 个观测值 $\underset{n1}{\boldsymbol{L}}$，$t$ 个必要观测，多余观测数为 $r=n-t$，再增选 $u=t$ 个独立参数 $\underset{t1}{\tilde{\boldsymbol{X}}}$，则总共应列出 $c=r+u=n$ 个观测方程，其一般形式为

$$\underset{n1}{\tilde{\boldsymbol{L}}}=\underset{n1}{\boldsymbol{F}}(\underset{t1}{\tilde{\boldsymbol{X}}}) \tag{4-3-17}$$

如果条件方程为线性形式，可直接写为

$$\underset{n1}{\tilde{\boldsymbol{L}}}=\underset{nt}{\boldsymbol{B}}\underset{t1}{\tilde{\boldsymbol{X}}}+\underset{n1}{\boldsymbol{d}} \tag{4-3-18}$$

将 $\tilde{\boldsymbol{L}}=\boldsymbol{L}+\boldsymbol{\Delta}$，$\tilde{\boldsymbol{X}}=\boldsymbol{X}^0+\tilde{\boldsymbol{x}}$ 代入上式，并令

$$\boldsymbol{l}=\boldsymbol{L}-(\boldsymbol{B}\boldsymbol{X}^0+\boldsymbol{d})=\boldsymbol{L}-\boldsymbol{L}^0 \tag{4-3-19}$$

则式（4-3-18）为

$$\underset{n1}{\boldsymbol{\Delta}}=\underset{nt}{\boldsymbol{B}}\underset{t1}{\tilde{\boldsymbol{x}}}-\underset{n1}{\boldsymbol{l}} \tag{4-3-20}$$

在式（4-3-18）或式（4-3-20）中，真值 $\tilde{\boldsymbol{L}}$、$\tilde{\boldsymbol{X}}$ 和真误差 $\boldsymbol{\Delta}$、$\tilde{\boldsymbol{x}}$ 分别用最佳估值 $\hat{\boldsymbol{L}}$、$\hat{\boldsymbol{X}}$ 和改正数 $\boldsymbol{V}$、$\hat{\boldsymbol{x}}$ 代替，则得到间接平差的函数模型的实用公式，即观测方程及误差方程：

$$\underset{n1}{\hat{\boldsymbol{L}}}=\underset{nt}{\boldsymbol{B}}\underset{t1}{\hat{\boldsymbol{X}}}+\underset{n1}{\boldsymbol{d}} \tag{4-3-21}$$

$$\underset{n1}{\boldsymbol{V}}=\underset{nt}{\boldsymbol{B}}\underset{t1}{\hat{\boldsymbol{x}}}-\underset{n1}{\boldsymbol{l}} \tag{4-3-22}$$

4）附有限制条件的间接平差的函数模型

如果进行间接平差，就要选出 t 个独立量作为平差参数，按每一个观测值与所选参数间函数关系，组成 t 个观测方程。在实际工作中，有时只选取 t 个必要观测作为未知参数，观测方程很难全部列出，如例 7-5-2，此时如选取的未知参数个数大于必要观测数，则问题就会迎刃而解，如例 8-5-2。

如果在平差问题中，不是选 t 个而是选定 $u>t$ 个参数，其中包含 t 个独立参数，则多选的 $s=u-t$ 个参数必是 t 个独立参数的函数，即在 u 个参数之间存在着 s 个函数关系，它们用来约束参数之间应满足的关系。因此，在选定 $u>t$ 个参数进行间接平差时，除了建立 n 个观测方程外，还要增加 s 个约束参数的条件方程，故称此平差方法为附有限制条件的间接平差法。

图 4-3-1 所示水准网中，若选 h_1、h_2、h_3 段高差作为未知参数 $\tilde{X}_1$、$\tilde{X}_2$、$\tilde{X}_3$（如此选取参数，从例子本身看没有必要，只是为了说明问题），则 $u=3>t(=2)$ 且包含两个独立参数。此时，如果选用附有限制条件的间接平差法，则观测方程个数应为 $n=4$，它们可以写成

$$\tilde{h}_1=\tilde{X}_1$$
$$\tilde{h}_2=\tilde{X}_2$$
$$\tilde{h}_3=\tilde{X}_3$$

$$\tilde{h}_4 = -H_A - \tilde{X}_1 - \tilde{X}_2 + H_B$$

限制条件方程为 $s = u - t = 1$ 个，可以写成（等号左边常数项为 0）

$$\tilde{X}_2 - \tilde{X}_3 = 0$$

令

$$\underset{41}{\tilde{\boldsymbol{L}}} = \begin{bmatrix} \tilde{h}_1 \\ \tilde{h}_2 \\ \tilde{h}_3 \\ \tilde{h}_4 \end{bmatrix},\ \underset{43}{\boldsymbol{B}} = \begin{bmatrix} 1 & 0 & 0 \\ 0 & 1 & 0 \\ 0 & 0 & 1 \\ -1 & -1 & 0 \end{bmatrix},\ \underset{31}{\tilde{\boldsymbol{X}}} = \begin{bmatrix} \tilde{X}_1 \\ \tilde{X}_2 \\ \tilde{X}_3 \end{bmatrix},\ \underset{41}{\boldsymbol{d}} = \begin{bmatrix} 0 \\ 0 \\ 0 \\ -H_A + H_B \end{bmatrix},\ \underset{13}{\boldsymbol{C}} = \begin{bmatrix} 0 & 1 & -1 \end{bmatrix},\ \boldsymbol{C}_0 = 0$$

则上述观测方程和限制条件方程可写为

$$\underset{41}{\tilde{\boldsymbol{L}}} = \underset{43}{\boldsymbol{B}}\underset{31}{\tilde{\boldsymbol{X}}} + \underset{41}{\boldsymbol{d}} \tag{4-3-23a}$$

$$\underset{13}{\boldsymbol{C}}\underset{31}{\tilde{\boldsymbol{X}}} + \underset{11}{\boldsymbol{C}_0} = 0 \tag{4-3-23b}$$

一般而言，在某一个平差问题中，如果有 n 个观测值 $\underset{n1}{\boldsymbol{L}}$，$t$ 个必要观测，多余观测数为 $r = n - t$，再增选 $u > t$ 个参数 $\underset{u1}{\tilde{\boldsymbol{X}}}$，且其中包含 t 个独立参数，则总共应列出 n 个观测方程和 $s = u - t$ 个限制条件方程，方程总数为 $c = n + s = r + t + s = r + u$，其一般形式为

$$\underset{n1}{\tilde{\boldsymbol{L}}} = \underset{n1}{\boldsymbol{F}}(\underset{u1}{\tilde{\boldsymbol{X}}}) \tag{4-3-24a}$$

$$\underset{s1}{\boldsymbol{\Phi}}(\underset{u1}{\tilde{\boldsymbol{X}}}) = \underset{s1}{0} \tag{4-3-24b}$$

如果条件方程为线性形式，可直接写为

$$\underset{n1}{\tilde{\boldsymbol{L}}} = \underset{nu}{\boldsymbol{B}}\underset{u1}{\tilde{\boldsymbol{X}}} + \underset{n1}{\boldsymbol{d}} \tag{4-3-25a}$$

$$\underset{su}{\boldsymbol{C}}\underset{u1}{\tilde{\boldsymbol{X}}} + \underset{s1}{\boldsymbol{C}_0} = \underset{s1}{0} \tag{4-3-25b}$$

将 $\tilde{\boldsymbol{L}} = \boldsymbol{L} + \boldsymbol{\Delta}$，$\tilde{\boldsymbol{X}} = \boldsymbol{X}^0 + \tilde{\boldsymbol{x}}$ 代入上式，并令

$$\boldsymbol{l} = \boldsymbol{L} - (\boldsymbol{B}\boldsymbol{X}^0 + \boldsymbol{d}) = \boldsymbol{L} - \boldsymbol{L}^0 \tag{4-3-26}$$

$$\boldsymbol{W}_x = \boldsymbol{C}\boldsymbol{X}^0 + \boldsymbol{C}_0 \tag{4-3-27}$$

则式（4-3-25）为

$$\underset{n1}{\boldsymbol{\Delta}} = \underset{nu}{\boldsymbol{B}}\underset{u1}{\tilde{\boldsymbol{x}}} - \underset{n1}{\boldsymbol{l}} \tag{4-3-28a}$$

$$\underset{su}{\boldsymbol{C}}\underset{u1}{\tilde{\boldsymbol{x}}} + \underset{s1}{\boldsymbol{W}_x} = \underset{s1}{0} \tag{4-3-28b}$$

在式（4-3-25）和式（4-3-28）中，真值 $\tilde{\boldsymbol{L}}$、$\tilde{\boldsymbol{X}}$ 和真误差 $\boldsymbol{\Delta}$、$\tilde{\boldsymbol{x}}$ 分别用最佳估值 $\hat{\boldsymbol{L}}$、$\hat{\boldsymbol{X}}$ 和改正数 $\boldsymbol{V}$、$\hat{\boldsymbol{x}}$ 代替，则得到附有限制条件间接平差的函数模型的实用公式，即观测方程及限制条件方程：

$$\underset{n1}{\hat{\boldsymbol{L}}} = \underset{nu}{\boldsymbol{B}}\underset{u1}{\hat{\boldsymbol{X}}} + \underset{n1}{\boldsymbol{d}} \tag{4-3-29a}$$

$$\underset{su}{\boldsymbol{C}}\underset{u1}{\hat{\boldsymbol{X}}} + \underset{s1}{\boldsymbol{C}_0} = \underset{s1}{0} \tag{4-3-29b}$$

改正数形式为

$$\underset{n1}{\boldsymbol{V}} = \underset{nu}{\boldsymbol{B}}\underset{u1}{\hat{\boldsymbol{x}}} - \underset{n1}{\boldsymbol{l}} \tag{4-3-30a}$$

$$\underset{suu1}{C}\hat{x}+\underset{s1}{W_x}=\underset{s1}{0} \tag{4-3-30b}$$

上面介绍了测量平差中建立函数模型的基本概念和基本方法，也说明了四种基本平差方法所对应的函数模型的基本形式。各种函数的基本类型和具体化将在后续有关章节中讨论。

4.3.2　随机模型

随机模型是描述平差问题中的随机量（如观测量）及其相互间统计相关性质的模型。观测不可避免地带有偶然误差，使观测结果具有随机性，从概率统计学的观点来看，观测量是一个随机变量，描述随机变量的精度指标是方差（中误差），描述两个随机变量之间相关性的是协方差，方差、协方差是随机变量的主要统计性质。

对于观测向量 $\boldsymbol{L}=(L_1,L_2,\cdots,L_n)^{\mathrm{T}}$，随机模型是用 $\boldsymbol{L}$ 的方差-协方差阵来描述的，简称方差阵或协方差阵。观测向量 $\boldsymbol{L}$ 的方差阵为

$$\underset{nn}{\boldsymbol{D}}=\sigma_0^2\underset{nn}{\boldsymbol{Q}}=\sigma_0^2\underset{nn}{\boldsymbol{P}}^{-1} \tag{4-3-31}$$

式中，$\boldsymbol{Q}$ 为 $\boldsymbol{L}$ 的协因数阵；$\boldsymbol{P}$ 为 $\boldsymbol{L}$ 的权阵；$\boldsymbol{P}$ 与 $\boldsymbol{Q}$ 互为逆阵；σ_0^2 为单位权方差。

如前所述，平差的数学模型包括函数模型和随机模型。在对某一个问题进行平差前，必须确定该问题的函数模型和随机模型，前者按上节介绍的方法建立，后者需知道 $\boldsymbol{P}$、$\boldsymbol{Q}$、$\boldsymbol{D}$ 其中之一。一般是按 3.7.5 节介绍的方法进行平差前经验定权。σ_0^2 可以通过平差计算求出其估值 $\hat{\sigma}_0^2$，然后根据公式 $\boldsymbol{D}=\hat{\sigma}_0^2\boldsymbol{Q}$ 求得 $\boldsymbol{D}$ 的估值。随机模型的计算，将在后续有关章节中讨论。

如图 4-3-1 所示水准网中，各个水准路线的长度为 $s_1$km、$s_2$km、$s_3$km、$s_4$km，设该水准网按照设定的等级进行观测，每千米观测中误差为 σ_0，根据误差传播定律可以得出各个路线的观测值的中误差分别为 $\sqrt{s_1}\sigma_0$、$\sqrt{s_2}\sigma_0$、$\sqrt{s_3}\sigma_0$、$\sqrt{s_4}\sigma_0$，可以看出各段的高差观测值为独立观测，为此可以确定观测值的方差-协方差阵为

$$\underset{44}{\boldsymbol{D}}=\begin{bmatrix} s_1\sigma_0^2 & 0 & 0 & 0 \\ 0 & s_2\sigma_0^2 & 0 & 0 \\ 0 & 0 & s_3\sigma_0^2 & 0 \\ 0 & 0 & 0 & s_4\sigma_0^2 \end{bmatrix}$$

4.4　非线性函数线性化

在各种平差中，所列出的条件方程或观测方程或限制条件方程，有的是线性形式，也有的是非线性形式。在进行平差计算时，必须首先将非线性方程按泰勒级数展开，取至一次项，转换成线性方程。

在所有平差函数模型中，$\underset{n1}{\tilde{\boldsymbol{L}}}$ 和 $\underset{u1}{\tilde{\boldsymbol{X}}}$ 分别代表观测值和参数的真值向量。根据泰勒级数展开的要求，必须要知道它们的近似值。对于向量 $\tilde{\boldsymbol{L}}$ 中的各分量来说，由于通过观测已得到其观测值向量 $\boldsymbol{L}$，故可以把观测值作为其近似值；对于向量 $\tilde{\boldsymbol{X}}$ 中的各分量来说，因为大多不是直接观测量，所以不具备先验值，必须根据已知值和观测值计算其近似值 $\boldsymbol{X}^0$。

设有函数［即式（4-3-10)］

$$\underset{c1}{\boldsymbol{F}}=\underset{c1}{\boldsymbol{F}}(\underset{n1}{\tilde{\boldsymbol{L}}},\underset{u1}{\tilde{\boldsymbol{X}}}) \tag{4-4-1}$$

其中，

$$\tilde{\boldsymbol{L}}=\boldsymbol{L}+\boldsymbol{\varDelta},\quad \tilde{\boldsymbol{X}}=\boldsymbol{X}^0+\tilde{\boldsymbol{x}} \tag{4-4-2}$$

按泰勒级数在近似值 $\boldsymbol{L}$ 、$\boldsymbol{X}^0$ 处展开，略去二次及二次以上各项，于是有

$$\boldsymbol{F}(\tilde{\boldsymbol{L}},\tilde{\boldsymbol{X}})=\boldsymbol{F}(\boldsymbol{L}+\boldsymbol{\varDelta},\boldsymbol{X}^0+\tilde{\boldsymbol{x}})=\boldsymbol{F}(\boldsymbol{L},\boldsymbol{X}^0)+\left.\frac{\partial \boldsymbol{F}}{\partial \tilde{\boldsymbol{L}}}\right|_{\boldsymbol{L},\boldsymbol{X}^0}\boldsymbol{\varDelta}+\left.\frac{\partial \boldsymbol{F}}{\partial \tilde{\boldsymbol{X}}}\right|_{\boldsymbol{L},\boldsymbol{X}^0}\tilde{\boldsymbol{x}}$$

在测量平差中，所测得的观测值和算得的参数值都会有误差，但误差值都很小。因此可以利用泰勒级数公式进行线性化，在一个近似值处展开。在泰勒级数中，$\boldsymbol{\varDelta}=\tilde{\boldsymbol{L}}-\boldsymbol{L}$、$\tilde{\boldsymbol{x}}=\tilde{\boldsymbol{X}}-\boldsymbol{X}^0$ 为平差中的真误差，所以高次项中的值会越来越小，可以只保留一次多项式，舍去二次及更高次的多项式，这样计算更加方便，提高了计算效率，也不会造成较大误差影响。

若令

$$\underset{cn}{\boldsymbol{A}}=\left.\frac{\partial \boldsymbol{F}}{\partial \tilde{\boldsymbol{L}}}\right|_{\boldsymbol{L},\boldsymbol{X}^0}=\begin{bmatrix}\frac{\partial F_1}{\partial \tilde{L}_1} & \frac{\partial F_1}{\partial \tilde{L}_2} & \cdots & \frac{\partial F_1}{\partial \tilde{L}_n}\\ \frac{\partial F_2}{\partial \tilde{L}_1} & \frac{\partial F_2}{\partial \tilde{L}_2} & \cdots & \frac{\partial F_2}{\partial \tilde{L}_n}\\ \vdots & \vdots & & \vdots\\ \frac{\partial F_c}{\partial \tilde{L}_1} & \frac{\partial F_c}{\partial \tilde{L}_2} & \cdots & \frac{\partial F_c}{\partial \tilde{L}_n}\end{bmatrix}_{\boldsymbol{L},\boldsymbol{X}^0},\quad \underset{cu}{\boldsymbol{B}}=\left.\frac{\partial \boldsymbol{F}}{\partial \tilde{\boldsymbol{X}}}\right|_{\boldsymbol{L},\boldsymbol{X}^0}=\begin{bmatrix}\frac{\partial F_1}{\partial \tilde{X}_1} & \frac{\partial F_1}{\partial \tilde{X}_2} & \cdots & \frac{\partial F_1}{\partial \tilde{X}_u}\\ \frac{\partial F_2}{\partial \tilde{X}_1} & \frac{\partial F_2}{\partial \tilde{X}_2} & \cdots & \frac{\partial F_2}{\partial \tilde{X}_u}\\ \vdots & \vdots & & \vdots\\ \frac{\partial F_c}{\partial \tilde{X}_1} & \frac{\partial F_c}{\partial \tilde{X}_2} & \cdots & \frac{\partial F_c}{\partial \tilde{X}_u}\end{bmatrix}_{\boldsymbol{L},\boldsymbol{X}^0}$$

则函数 $\underset{c1}{\boldsymbol{F}}(\underset{n1}{\tilde{\boldsymbol{L}}},\underset{u1}{\tilde{\boldsymbol{X}}})$ 的线性形式为

$$\boldsymbol{F}(\tilde{\boldsymbol{L}},\tilde{\boldsymbol{X}})=\boldsymbol{F}(\boldsymbol{L},\boldsymbol{X}^0)+\boldsymbol{A\varDelta}+\boldsymbol{B}\tilde{\boldsymbol{x}} \tag{4-4-3}$$

根据上述函数线性化过程，下面将四种基本平差方法的非线性方程转换成线性方程。

1）条件平差

条件方程的一般形式为 $\underset{r1}{\boldsymbol{F}}(\tilde{\boldsymbol{L}})=0$，对照式（4-4-2）和式（4-4-3），则有

$$\boldsymbol{F}(\tilde{\boldsymbol{L}})=\boldsymbol{F}(\boldsymbol{L})+\boldsymbol{A\varDelta}=0$$

令

$$\boldsymbol{W}=\boldsymbol{F}(\boldsymbol{L})$$

可得其函数模型为［即式（4-3-5）］

$$\underset{rn}{\boldsymbol{A}}\underset{n1}{\boldsymbol{\varDelta}}+\underset{r1}{\boldsymbol{W}}=\underset{r1}{0} \tag{4-4-4}$$

2）附有参数的条件平差

附有参数的条件方程的一般形式 $\underset{c1}{\boldsymbol{F}}(\tilde{\boldsymbol{L}},\tilde{\boldsymbol{X}})=0$，对照式（4-4-2）和式（4-4-3），则有

$$\boldsymbol{F}(\tilde{\boldsymbol{L}},\tilde{\boldsymbol{X}})=\boldsymbol{F}(\boldsymbol{L},\boldsymbol{X}^0)+\boldsymbol{A\varDelta}+\boldsymbol{B}\tilde{\boldsymbol{x}}$$

令

$$\boldsymbol{W}=\boldsymbol{F}(\boldsymbol{L},\boldsymbol{X}^0)$$

可得其函数模型为［即式（4-3-13）］

$$\underset{cn}{\boldsymbol{A}}\underset{n1}{\boldsymbol{\varDelta}}+\underset{cu}{\boldsymbol{B}}\underset{u1}{\tilde{\boldsymbol{x}}}+\underset{c1}{\boldsymbol{W}}=\underset{c1}{0} \tag{4-4-5}$$

3）间接平差

观测方程的一般形式为 $\underset{n1}{\tilde{\boldsymbol{L}}}=\underset{n1}{\boldsymbol{F}}(\underset{t1}{\tilde{\boldsymbol{X}}})$，对照式（4-4-2）和式（4-4-3），则有

$$\tilde{\boldsymbol{L}}=\boldsymbol{L}+\boldsymbol{\Delta}=\boldsymbol{F}(\tilde{\boldsymbol{X}})=\boldsymbol{F}(\boldsymbol{X}^0)+\boldsymbol{B}\tilde{\boldsymbol{x}}$$

令

$$\boldsymbol{l}=\boldsymbol{L}-\boldsymbol{F}(\boldsymbol{X}^0)$$

可得其函数模型为［即式（4-3-20）］

$$\underset{n1}{\boldsymbol{\Delta}}=\underset{nt}{\boldsymbol{B}}\,\underset{t1}{\tilde{\boldsymbol{x}}}-\underset{n1}{\boldsymbol{l}} \tag{4-4-6}$$

4）附有限制条件的间接平差

观测方程和限制条件方程的一般形式分别为 $\underset{n1}{\tilde{\boldsymbol{L}}}=\underset{n1}{\boldsymbol{F}}(\underset{u1}{\tilde{\boldsymbol{X}}})$ 和 $\underset{s1}{\boldsymbol{\Phi}}(\underset{u1}{\tilde{\boldsymbol{X}}})=\underset{s1}{0}$，因为

$$\underset{s1}{\boldsymbol{\Phi}}(\tilde{\boldsymbol{X}})=\boldsymbol{\Phi}(\boldsymbol{X}^0)+\left.\frac{\partial\boldsymbol{\Phi}}{\partial\tilde{\boldsymbol{X}}}\right|_{X^0}\tilde{\boldsymbol{x}}=0$$

令

$$\boldsymbol{C}=\left.\frac{\partial\boldsymbol{\Phi}}{\partial\tilde{\boldsymbol{X}}}\right|_{X^0}=\begin{bmatrix}\dfrac{\partial\Phi_1}{\partial\tilde{X}_1} & \dfrac{\partial\Phi_1}{\partial\tilde{X}_2} & \cdots & \dfrac{\partial\Phi_1}{\partial\tilde{X}_u}\\ \dfrac{\partial\Phi_2}{\partial\tilde{X}_1} & \dfrac{\partial\Phi_2}{\partial\tilde{X}_2} & \cdots & \dfrac{\partial\Phi_2}{\partial\tilde{X}_u}\\ \vdots & \vdots & & \vdots\\ \dfrac{\partial\Phi_s}{\partial\tilde{X}_1} & \dfrac{\partial\Phi_s}{\partial\tilde{X}_2} & \cdots & \dfrac{\partial\Phi_s}{\partial\tilde{X}_u}\end{bmatrix}_{X^0},\quad \boldsymbol{W}_x=\boldsymbol{\Phi}(\boldsymbol{X}^0)$$

结合式（4-4-6），可得其函数模型为［即式（4-3-28）］

$$\underset{n1}{\boldsymbol{\Delta}}=\underset{nu}{\boldsymbol{B}}\,\underset{u1}{\tilde{\boldsymbol{x}}}-\underset{n1}{\boldsymbol{l}} \tag{4-4-7a}$$

$$\underset{su}{\boldsymbol{C}}\,\underset{u1}{\tilde{\boldsymbol{x}}}+\underset{s1}{\boldsymbol{W}_x}=\underset{s1}{0} \tag{4-4-7b}$$

4.5 平差模型的求解

由表 4-5-1 可知，四种平差函数模型中的未知量数都比方程数多 t 个，因此，多余观测产生的平差函数模型，都不可能直接获得唯一解。平差问题正是由于测量中进行了多余观测而产生的，不论何种平差方法，平差最终目的都是对观测量 $\tilde{\boldsymbol{L}}$（或 $\boldsymbol{\Delta}$）和参数 $\tilde{\boldsymbol{X}}$（或 $\tilde{\boldsymbol{x}}$）做出某种估计，并评定其精度。评定精度，就是对未知量的方差与协方差做出估计。对未知量数值大小的估计和对未知量方差-协方差的估计，统称为平差模型的参数估计。

表 4-5-1 四种平差函数模型中的方程数和未知量数

	条件平差	附有参数的条件平差	间接平差	附有限制条件的间接平差
方程数	r	$r+u$	n	$n+s$
未知量数	$n=r+t$	$n+u=r+t+u$	$n+t$	$n+u=n+t+s$

测量平差中的参数估计，是要在众多的解中，找出一个最为合理的解，作为平差参数的最终估计。为此，对最终估计值应该提出某种要求，考虑平差所处理的是随机观测值，这种要求自然从数理统计观点去寻求，即参数估计要具有最优的统计性质（无偏性、一致性和有效性），从而可对平差数学模型附加某种约束，实现满足最优性质的参数唯一解。这种约束是

用某种准则实现的，其中最广泛采用的准则是最小二乘原理。

4.5.1 最小二乘原理

1）最小二乘法

下面以一个简单的一元线性回归模型来阐述最小二乘法。

如图 4-5-1 所示，一个做匀速运动的质点在时刻t（自变量，设无观测误差）的位置是$\hat{y}$（因变量，是观测量，有观测误差），可以用如下的线性函数来描述：

$$\hat{y}=\hat{\alpha}+t\hat{\beta} \tag{4-5-1}$$

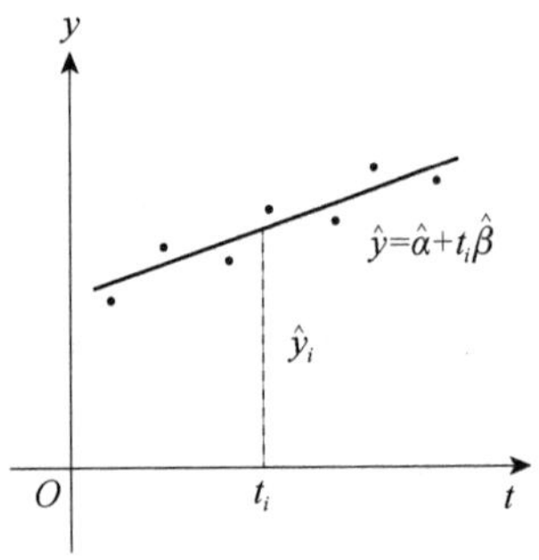

图 4-5-1 质点匀速运动示意图

式中，$\hat{\alpha}$ 为质点在$t=0$时刻的初始位置；$\hat{\beta}$ 为平均速度，它们是待估计的未知参数，可见这类问题为线性参数的估计问题。对于这一问题，如果位置观测没有误差，则只要在两个不同时刻 t_1 和 t_2 观测出质点的相应位置 y_1 和 y_2，由式（4-5-1）分别建立两个方程，就可以解出 $\hat{\alpha}$ 和 $\hat{\beta}$ 的值了。

但是，实际上在观测时，考虑位置观测值带有偶然误差，所以总是作多余观测。在这种情况下，为了求得 $\hat{\alpha}$ 和 $\hat{\beta}$，就需要在不同时刻 $t_1,t_2,\cdots,t_n$ 来测定其位置，得出一组观测值 $y_1,y_2,\cdots,y_n$。设位置观测值的改正数为 $v_1,v_2,\cdots,v_n$，将 $\hat{y}_i=y_i+v_i$ 代入式（4-5-1），并整理得

$$v_i=\hat{\alpha}+t_i\hat{\beta}-y_i\ (i=1,2,\cdots,n) \tag{4-5-2}$$

若令

$$\underset{n1}{\boldsymbol{V}}=\begin{bmatrix}v_1\\v_2\\\vdots\\v_n\end{bmatrix},\ \underset{n2}{\boldsymbol{B}}=\begin{bmatrix}1&t_1\\1&t_2\\\vdots&\vdots\\1&t_n\end{bmatrix},\ \underset{21}{\hat{\boldsymbol{X}}}=\begin{bmatrix}\hat{\alpha}\\\hat{\beta}\end{bmatrix},\ \underset{n1}{\boldsymbol{Y}}=\begin{bmatrix}y_1\\y_2\\\vdots\\y_n\end{bmatrix}$$

则式（4-5-2）的矩阵形式为

$$\boldsymbol{V}=\boldsymbol{B}\hat{\boldsymbol{X}}-\boldsymbol{Y} \tag{4-5-3}$$

这是间接平差的函数模型。

从图 4-5-1 可以看出，由于存在观测误差，由位置观测数据绘出的点描绘不成直线，而有某些“摆动”。换个角度看，方程组式（4-5-2）中，有n个方程，未知量是观测量改正数V和参数 $\hat{X}$，共有$n+2$个，解不确定。

这里就产生了这样一个问题：用什么准则来对参数 $\tilde{\alpha}$ 和 $\tilde{\beta}$ 进行估计，使得方程组的解唯一，从而使估计直线 $\hat{y}=\hat{\alpha}+t_i\hat{\beta}$“最佳”地拟合于各观测点？现讨论以下的这些准则是否适用：

（1）残差代数和最小原则，即 $\sum\limits_{i=1}^{n}v_i=v_1+v_2+\cdots+v_n=\min$，各观测点对直线的偏差之和取最小值。因为残差中有正有负，取代数和时会抵消一部分而不能反映出真正的误差，所以这个原则是不适用的。

（2）残差绝对值和最小原则，即 $\sum\limits_{i=1}^{n}|v_i|=|v_1|+|v_2|+\cdots+|v_n|=\min$，各观测点对直线的偏差的绝对值之和取最小值。这个原则理论上是可以适用的，它可以保证各观测量的改正数 v_i 的

数值最小，但因为取绝对值会给计算带来一定的麻烦，所以经典平差中也不采用这个原则。

（3）残差平方和最小（最小二乘）原则，即 $\sum_{i=1}^{n} v_i^2 = v_1^2 + v_2^2 + \cdots + v_n^2 = \min$，各观测点对直线的偏差的平方和取最小值。这一原则既不考虑残差的符号，又可以满足残差数值最小的要求，所以是具有实用性的原则，也是经典平差中遵循的准则。

最小二乘原理，在上例中，就是要在满足

$$\sum_{i=1}^{n} v_i^2 = \sum_{i=1}^{n} (\hat{\alpha} + t_i \hat{\beta} - y_i)^2 = \min \tag{4-5-4}$$

的条件下，解出式（4-5-2）中参数的估值 $\hat{\alpha}$ 和 $\hat{\beta}$，即将式（4-5-4）作用于式（4-5-2），相当于在其多组解中挑选出一组解，这组解满足 $\sum_{i=1}^{n} v_i^2 = \min$，是唯一解。上式也可以表达为

$$\boldsymbol{V}^{\mathrm{T}}\boldsymbol{V} = (\boldsymbol{B}\hat{\boldsymbol{X}} - \boldsymbol{Y})^{\mathrm{T}}(\boldsymbol{B}\hat{\boldsymbol{X}} - \boldsymbol{Y}) = \min \tag{4-5-5}$$

式中，$\hat{\boldsymbol{X}}$ 为未知参数（例中为 $\hat{\alpha}$ 和 $\hat{\beta}$）的估计向量。满足式（4-5-5）的估计 $\hat{\boldsymbol{X}}$ 称为 $\tilde{\boldsymbol{X}}$ 的最小二乘估计，这种求估计量的方法就称为最小二乘法。

当观测值不等权时，设观测值的权阵为 $\boldsymbol{P}$，这时最小二乘为

$$\boldsymbol{V}^{\mathrm{T}}\boldsymbol{P}\boldsymbol{V} = \min \tag{4-5-6}$$

从以上的推导可以看出，只要具有式（4-5-3）的线性模型参数估计问题，则不论观测值属于何种统计分布，都可按最小二乘原理进行参数估计。过去有人认为最小二乘平差要求观测量服从正态分布，其实是不对的。

2）最小二乘估计与极大似然估计

极大似然法又称最或然法，它与最小二乘法都是点估计的方法之一，那么两者之间的关系又是怎样的呢？

测量中的观测值是服从正态分布的随机变量。设观测向量及其数学期望、方差分别为

$$\boldsymbol{L} = \begin{bmatrix} L_1 \\ L_2 \\ \vdots \\ L_n \end{bmatrix},\ \boldsymbol{E}(\boldsymbol{L}) = \begin{bmatrix} E(L_1) \\ E(L_2) \\ \vdots \\ E(L_n) \end{bmatrix},\ \boldsymbol{D} = \boldsymbol{D}_{LL} = \begin{bmatrix} \sigma_1^2 & \sigma_{12} & \cdots & \sigma_{1n} \\ \sigma_{21} & \sigma_2^2 & \cdots & \sigma_{2n} \\ \vdots & \vdots & & \vdots \\ \sigma_{n1} & \sigma_{n2} & \cdots & \sigma_n^2 \end{bmatrix}$$

由极大似然估计准则知，其似然函数，即 n 维正态随机变量 L 的联合分布密度函数为

$$G = f(L_1, L_2, \cdots, L_n) = \frac{1}{(2\pi)^{n/2}|\boldsymbol{D}|^{1/2}} \exp\left[-\frac{1}{2}(\boldsymbol{L} - \boldsymbol{E}(\boldsymbol{L}))^{\mathrm{T}} \boldsymbol{D}^{-1} (\boldsymbol{L} - \boldsymbol{E}(\boldsymbol{L}))\right] \tag{4-5-7}$$

或

$$\ln G = -\ln\left[(2\pi)^{n/2}|\boldsymbol{D}|^{1/2}\right] - \frac{1}{2}(\boldsymbol{L} - \boldsymbol{E}(\boldsymbol{L}))^{\mathrm{T}} \boldsymbol{D}^{-1} (\boldsymbol{L} - \boldsymbol{E}(\boldsymbol{L})) \tag{4-5-8}$$

按极大似然估计的要求，应选取能使 $\ln G$ 取得极大值的 $\hat{\boldsymbol{L}}$ 作为 $\boldsymbol{E}(\boldsymbol{L})$ 的估计量，考虑 $\boldsymbol{E}(\boldsymbol{L}) - \boldsymbol{L} = \boldsymbol{\Delta}$、$\hat{\boldsymbol{L}} - \boldsymbol{L} = \boldsymbol{V}$，$\hat{\boldsymbol{L}}$ 为 $\boldsymbol{E}(\boldsymbol{L})$ 的估计量，也就是以改正数 $\boldsymbol{V}$ 作为真误差 $\boldsymbol{\Delta}$ 的估计量。因为式（4-5-8）右边第一项为常量，第二项前为负号，所以只有当第二项取得极小值时，似然函数 $\ln G$ 才能取得极大值。因此，由极大似然估计求得的 $\boldsymbol{V}$ 值必须满足条件：

$$\boldsymbol{V}^{\mathrm{T}}\boldsymbol{D}^{-1}\boldsymbol{V} = \min \tag{4-5-9}$$

考虑 $\boldsymbol{D}=\sigma_0^2\boldsymbol{Q}=\sigma_0^2\boldsymbol{P}^{-1}$，$\sigma_0^2$ 为常量，则上式等价于

$$\boldsymbol{V}^{\mathrm{T}}\boldsymbol{P}\boldsymbol{V}=\min \tag{4-5-10}$$

此即最小二乘原理。

由此可见，当观测值为正态随机变量时，最小二乘估计可由最大似然估计导出，由以上两个准则出发，平差结果完全一致。

4.5.2 求解策略

仍以图 4-5-1 质点匀速运动为例。若等精度独立观测了 $t=1,2,3$ 时刻的质点位置，$y_1=1.6$, $y_2=2.0$, $y_3=2.4$，对照式（4-5-2），可列出 3 个约束方程：

$$\begin{cases} v_1=\hat{\alpha}+\hat{\beta}-1.6 \\ v_2=\hat{\alpha}+2\hat{\beta}-2.0 \\ v_3=\hat{\alpha}+3\hat{\beta}-2.4 \end{cases} \tag{4-5-11}$$

或表达成

$$\begin{cases} v_1-\hat{\alpha}-\hat{\beta}+1.6=0 \\ v_2-\hat{\alpha}-2\hat{\beta}+2.0=0 \\ v_3-\hat{\alpha}-3\hat{\beta}+2.4=0 \end{cases} \tag{4-5-12}$$

最小二乘法实则是求 $f=v_1^2+v_2^2+v_3^2$ 满足上面条件式（4-5-12）成立下的极值。这是一个条件极值问题，可采用拉格朗日乘常数法求参数 $\hat{\alpha}$ 和 $\hat{\beta}$。

第一步，组成一个新函数：

$$\begin{aligned} \Phi &= f+\lambda_1\varphi_1+\lambda_2\varphi_2+\lambda_3\varphi_3 \\ &= (\hat{\alpha}+\hat{\beta}-1.6)^2+(\hat{\alpha}+2\hat{\beta}-2.0)^2+(\hat{\alpha}+3\hat{\beta}-2.4)^2 \\ &\quad -2k_a(v_1-\hat{\alpha}-\hat{\beta}+1.6)-2k_b(v_2-\hat{\alpha}-2\hat{\beta}+2.0)-2k_c(v_3-\hat{\alpha}-3\hat{\beta}+2.4) \end{aligned}$$

第二步，分别对 v_1、v_2、v_3、$\hat{\alpha}$、$\hat{\beta}$ 求偏导数，并令其等于零：

$$\begin{cases} -2k_a=0 \\ -2k_b=0 \\ -2k_c=0 \\ 6\hat{\alpha}+12\hat{\beta}-12+(2k_a+2k_b+2k_c)\hat{\alpha}=0 \\ 12\hat{\alpha}+28\hat{\beta}-25.6+(2k_a+4k_b+6k_c)\hat{\beta}=0 \end{cases}$$

解得

$$k_a=k_b=k_c=0,\ \hat{\alpha}=1.2,\ \hat{\beta}=0.4$$

所以，质点运动方程为

$$y=0.4t+1.2$$

上例中，为了说明条件极值中的拉格朗日乘常数法，将约束方程式（4-5-11）$\boldsymbol{V}=\boldsymbol{B}\hat{\boldsymbol{x}}-\boldsymbol{l}$ 形式转换成式（4-5-12）$\boldsymbol{A}\boldsymbol{V}+\boldsymbol{B}\hat{\boldsymbol{x}}+\boldsymbol{W}=0$ 的形式。事实上，该例为间接平差问题，可以按照数学上求函数自由极值的方法进行。将式（4-5-11）代入 $f=v_1^2+v_2^2+v_3^2$，得

$$f=(\hat{\alpha}+\hat{\beta}-1.6)^2+(\hat{\alpha}+2\hat{\beta}-2.0)^2+(\hat{\alpha}+3\hat{\beta}-2.4)^2$$

然后对 $\hat{\alpha}$、$\hat{\beta}$ 求偏导数，并令其等于 0 即可。

与前文平差函数模型不同的是，式（4-5-11）和式（4-5-12）中直接用的是参数的估值 $\hat{\boldsymbol{X}}$，即 $\hat{\alpha}$ 和 $\hat{\beta}$，而没有用参数估值 $\hat{\boldsymbol{X}}$ 的改正数 $\tilde{\boldsymbol{x}}$。

通过以上分析可以看出，条件平差的函数模型和随机模型相结合，就是求解附有约束条件的函数极值问题。利用高等数学上的拉格朗日乘常数法解决，即由需要求极值的函数 $\boldsymbol{V}^{\mathrm{T}}\boldsymbol{PV}$ 和所要满足的条件 $\boldsymbol{AV}+\boldsymbol{W}=0$ 乘常数后组成新函数 $\boldsymbol{\Phi}=\boldsymbol{V}^{\mathrm{T}}\boldsymbol{PV}-2\boldsymbol{K}^{\mathrm{T}}(\boldsymbol{AV}+\boldsymbol{W})$，新函数再对观测值的改正数求偏导数，并令其等于零组成法方程，再解算法方程，求出乘常数，进而求出改正数，此组改正数就是既能满足所给的条件，又能满足最小二乘原则的一组最优解。

同理，附有参数的条件方程，也是求解附有约束条件 $\boldsymbol{AV}+\boldsymbol{B}\hat{\boldsymbol{x}}+\boldsymbol{W}=0$ 的函数 $\boldsymbol{V}^{\mathrm{T}}\boldsymbol{PV}$ 的极值问题。只是所附加的条件中不仅包含有观测值的改正数，还包含有未知参数的改正数。也可以利用拉格朗日乘常数法解决，新函数 $\boldsymbol{\Phi}=\boldsymbol{V}^{\mathrm{T}}\boldsymbol{PV}-2\boldsymbol{K}^{\mathrm{T}}(\boldsymbol{AV}+\boldsymbol{B}\hat{\boldsymbol{x}}+\boldsymbol{W})$ 求偏导数时，要分别对观测值的改正数 $\boldsymbol{V}$ 和未知参数的改正数 $\hat{\boldsymbol{x}}$ 求偏导数。

间接平差中，因为观测值的改正数可以表达成未知参数的函数 $\boldsymbol{V}=\boldsymbol{B}\hat{\boldsymbol{x}}-\boldsymbol{l}$，所以，按照最小二乘原理，未知参数 $\hat{\boldsymbol{X}}$ 必须满足 $\boldsymbol{V}^{\mathrm{T}}\boldsymbol{PV}=\min$ 的要求，可以按照数学上求函数自由极值的方法进行，将 $\boldsymbol{V}^{\mathrm{T}}\boldsymbol{PV}$ 代入 $\boldsymbol{V}=\boldsymbol{B}\hat{\boldsymbol{x}}-\boldsymbol{l}$ 后直接对未知参数的改正数 $\hat{\boldsymbol{x}}$ 求偏导数即可。

附有限制条件的间接平差中，除观测值改正数方程 $\boldsymbol{V}=\boldsymbol{B}\hat{\boldsymbol{x}}-\boldsymbol{l}$ 外，参数之间还存在限制条件 $\boldsymbol{C}\hat{\boldsymbol{x}}+\boldsymbol{W}_x=0$，统一可以利用拉格朗日乘常数法解决，组成新函数 $\boldsymbol{\Phi}=\boldsymbol{V}^{\mathrm{T}}\boldsymbol{PV}+2\boldsymbol{K}_s^{\mathrm{T}}(\boldsymbol{C}\hat{\boldsymbol{x}}+\boldsymbol{W}_x)$ 后，也只需要对未知参数的改正数 $\hat{\boldsymbol{x}}$ 求偏导数即可。

上述的各种平差模型及其解法在后续的章节中都要详细地阐述。

4.5.3　近似平差原则验证

在近似平差中，三角形、单一导线中的角度闭合差，进行反符号平均分配；单一水准路线中的高差闭合差，进行反符号按与距离或测站数成正比分配；单一导线中的坐标增量闭合差，进行反符号按与导线边长成正比分配。下面用最小二乘法证明其合理性。

近似平差原则一：闭合差反符号平均分配原则。

以三角形的角度闭合差为例。如图 4-5-2 所示，等精度（设 $p_1=p_2=p_3=1$）独立观测 3 个角度 β_1、β_2、β_3，则观测数 $n=3$，必要观测数 $t=2$，多余观测数 $r=1$。存在一个观测值条件方程，表示为

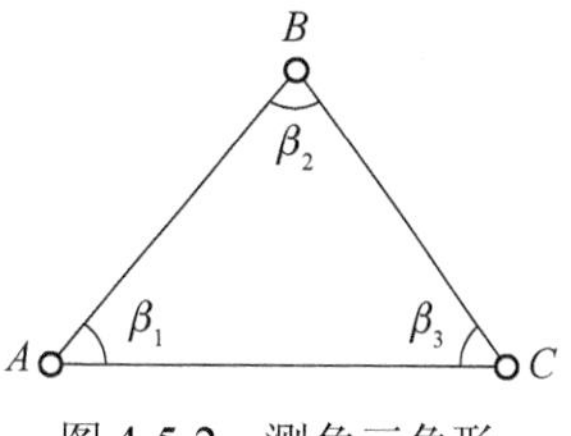

图 4-5-2　测角三角形

$$\hat{\beta}_1+\hat{\beta}_2+\hat{\beta}_3-180°=0$$

将 $\hat{\beta}_i=\beta_i+v_i$ 代入上式，并令 $W=\beta_1+\beta_2+\beta_3-180°$，则得改正数条件方程

$$v_1+v_2+v_3+W=0$$

上式一个方程，3 个未知量，为不定解。用拉格朗日乘常数法求解，在满足上式的条件下求最小二乘 $v_1^2+v_2^2+v_3^2=\min$ 的条件极值，组成新函数：

$$\varPhi=f+\lambda_1\varphi_1=(v_1^2+v_2^2+v_3^2)-2k_a(v_1+v_2+v_3+W)$$

分别对 v_1、v_2、v_3 求偏导数，并令其为 0：

$$\begin{cases} \dfrac{\partial \Phi}{\partial v_1}=0 \\ \dfrac{\partial \Phi}{\partial v_2}=0 \\ \dfrac{\partial \Phi}{\partial v_3}=0 \end{cases} \text{可得} \begin{cases} 2v_1-2k_a=0 \\ 2v_2-2k_a=0 \\ 2v_3-2k_a=0 \end{cases}，\text{解之得} \begin{cases} v_1=k_a \\ v_2=k_a \\ v_3=k_a \end{cases}$$

将 v_1、v_2、v_3 代入改正数条件方程，解得

$$k_a=-\frac{W}{3}=v_1=v_2=v_3$$

即三角形角度闭合差，平差时进行反符号平均分配。

近似平差原则二：闭合差反符号按比例分配原则。

以单一附合水准的高差闭合差为例。如图 4-5-3 所示，A 和 B 为平坦地区的已知水准点，测得各测段观测高差和测段路线长度，分别为 h_1、h_2、h_3、h_4 和 s_1、s_2、s_3、s_4，则观测数 $n=4$，必要观测数 $t=3$，多余观测数 $r=1$。存在一个观测值条件方程，表示为

$$H_A+\hat{h}_1+\hat{h}_2+\hat{h}_3+\hat{h}_4-H_B=0$$

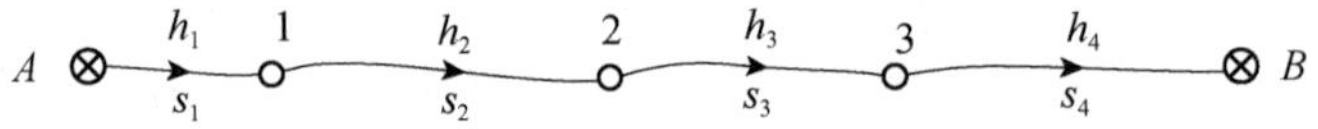

图 4-5-3　单一附合水准路线

将 $\hat{h}_i=h_i+v_i$ 代入上式，并令 $f_h=h_1+h_2+h_3+h_4-(H_B-H_A)$，则得改正数条件方程：

$$v_1+v_2+v_3+v_4+f_h=0$$

上式一个方程，4 个未知量，为不定解。用拉格朗日乘常数法求解，在满足上式的条件下求最小二乘 $p_1v_1^2+p_2v_2^2+p_3v_3^2+p_4v_4^2=\min$ 的条件极值。

设每千米观测高差的中误差为单位权中误差，则各测段观测高差的权分别为 $1/s_1$、$1/s_2$、$1/s_3$、$1/s_4$，组成新函数：

$$\Phi=f+\lambda_1\varphi_1=\left(\frac{1}{s_1}v_1^2+\frac{1}{s_2}v_2^2+\frac{1}{s_3}v_3^2+\frac{1}{s_4}v_4^2\right)-2k_a(v_1+v_2+v_3+v_4+f_h)$$

分别对 v_1、v_2、v_3、v_4 求偏导数，并令其为 0：

$$\begin{cases} \dfrac{\partial \Phi}{\partial v_1}=0 \\ \dfrac{\partial \Phi}{\partial v_2}=0 \\ \dfrac{\partial \Phi}{\partial v_3}=0 \\ \dfrac{\partial \Phi}{\partial v_4}=0 \end{cases} \text{可得} \begin{cases} \dfrac{2}{s_1}v_1-2k_a=0 \\ \dfrac{2}{s_2}v_2-2k_a=0 \\ \dfrac{2}{s_3}v_3-2k_a=0 \\ \dfrac{2}{s_4}v_4-2k_a=0 \end{cases}，\text{解之得} \begin{cases} v_1=s_1k_a \\ v_2=s_2k_a \\ v_3=s_3k_a \\ v_4=s_4k_a \end{cases}$$

将 v_1、v_2、v_3、v_4 代入改正数条件方程，解得

$$k_a=-\frac{f_h}{s_1+s_2+s_3+s_4}$$

回代改正数式得

$$v_i = -\frac{s_i}{s_1 + s_2 + s_3 + s_4} f_h$$

即单一附合水准（平坦地区）的高差闭合差，平差时进行反符号按与距离成正比分配。

4.6 公式汇编

1）条件平差的函数模型

观测值的一般形式：

$$\underset{r1}{\boldsymbol{F}}(\underset{n1}{\hat{\boldsymbol{L}}}) = 0 \qquad \text{类似（4-3-2）}$$

观测值的线性化形式：

$$\underset{rn}{\boldsymbol{A}}\underset{n1}{\hat{\boldsymbol{L}}} + \underset{r1}{\boldsymbol{A}_0} = \underset{r1}{0} \qquad (4\text{-}3\text{-}7)$$

观测值的改正数形式：

$$\underset{rn}{\boldsymbol{A}}\underset{n1}{\boldsymbol{V}} + \underset{r1}{\boldsymbol{W}} = \underset{r1}{0} \qquad (4\text{-}3\text{-}8)$$

式中，$\boldsymbol{W} = \boldsymbol{AL} + \boldsymbol{A}_0$；$\boldsymbol{A} = \left.\dfrac{\partial \boldsymbol{F}}{\partial \hat{\boldsymbol{L}}}\right|_{\boldsymbol{L}}$。

2）附有参数的条件平差的函数模型

观测值和参数的一般形式：

$$\underset{c1}{\boldsymbol{F}}(\underset{n1}{\hat{\boldsymbol{L}}}, \underset{u1}{\hat{\boldsymbol{X}}}) = 0 \qquad \text{类似（4-3-10）}$$

观测值和参数的线性化形式：

$$\underset{cn}{\boldsymbol{A}}\underset{n1}{\hat{\boldsymbol{L}}} + \underset{cu}{\boldsymbol{B}}\underset{u1}{\hat{\boldsymbol{X}}} + \underset{c1}{\boldsymbol{A}_0} = \underset{c1}{0} \qquad (4\text{-}3\text{-}14)$$

观测值和参数的改正数形式：

$$\underset{cn}{\boldsymbol{A}}\underset{n1}{\boldsymbol{V}} + \underset{cu}{\boldsymbol{B}}\underset{u1}{\hat{\boldsymbol{x}}} + \underset{c1}{\boldsymbol{W}} = \underset{c1}{0} \qquad (4\text{-}3\text{-}15)$$

式中，$\boldsymbol{W} = \boldsymbol{AL} + \boldsymbol{BX}^0 + \boldsymbol{A}_0$；$\boldsymbol{A} = \left.\dfrac{\partial \boldsymbol{F}}{\partial \hat{\boldsymbol{L}}}\right|_{\boldsymbol{L},\boldsymbol{X}^0}$；$\boldsymbol{B} = \left.\dfrac{\partial \boldsymbol{F}}{\partial \hat{\boldsymbol{X}}}\right|_{\boldsymbol{L},\boldsymbol{X}^0}$。

3）间接平差的函数模型

观测值和参数的一般形式：

$$\underset{n1}{\hat{\boldsymbol{L}}} = \underset{n1}{\boldsymbol{F}}(\underset{t1}{\hat{\boldsymbol{X}}}) \qquad \text{类似（4-3-17）}$$

观测值和参数的线性化形式：

$$\underset{n1}{\hat{\boldsymbol{L}}} = \underset{nt}{\boldsymbol{B}}\underset{t1}{\hat{\boldsymbol{X}}} + \underset{n1}{\boldsymbol{d}} \qquad (4\text{-}3\text{-}21)$$

观测值和参数的改正数形式：

$$\underset{n1}{\boldsymbol{V}} = \underset{nt}{\boldsymbol{B}}\underset{t1}{\hat{\boldsymbol{x}}} - \underset{n1}{\boldsymbol{l}} \qquad (4\text{-}3\text{-}22)$$

式中，$\boldsymbol{l} = \boldsymbol{L} - (\boldsymbol{BX}^0 + \boldsymbol{d}) = \boldsymbol{L} - \boldsymbol{L}^0$；$\boldsymbol{B} = \left.\dfrac{\partial \boldsymbol{F}}{\partial \hat{\boldsymbol{X}}}\right|_{\boldsymbol{X}^0}$。

4）附有限制条件的间接平差的函数模型

观测值和参数的一般形式：

$$\underset{n1}{\hat{\boldsymbol{L}}}=\underset{n1}{\boldsymbol{F}}(\underset{u1}{\hat{\boldsymbol{X}}}) \qquad \text{类似（4-3-24a）}$$

$$\underset{s1}{\boldsymbol{\Phi}}(\underset{u1}{\hat{\boldsymbol{X}}})=\underset{s1}{0} \qquad \text{类似（4-3-24b）}$$

观测值和参数的线性化形式：

$$\underset{n1}{\hat{\boldsymbol{L}}}=\underset{nu}{\boldsymbol{B}}\underset{u1}{\hat{\boldsymbol{X}}}+\underset{n1}{\boldsymbol{d}} \qquad (4\text{-}3\text{-}29\text{a})$$

$$\underset{su}{\boldsymbol{C}}\underset{u1}{\hat{\boldsymbol{X}}}+\underset{s1}{\boldsymbol{C}_0}=\underset{s1}{0} \qquad (4\text{-}3\text{-}29\text{b})$$

观测值和参数的改正数形式：

$$\underset{n1}{\boldsymbol{V}}=\underset{nu}{\boldsymbol{B}}\underset{u1}{\hat{\boldsymbol{x}}}-\underset{n1}{\boldsymbol{l}} \qquad (4\text{-}3\text{-}30\text{a})$$

$$\underset{su}{\boldsymbol{C}}\underset{u1}{\hat{\boldsymbol{x}}}+\underset{s1}{\boldsymbol{W}_x}=\underset{s1}{0} \qquad (4\text{-}3\text{-}30\text{b})$$

式中，$\boldsymbol{l}=\boldsymbol{L}-(\boldsymbol{B}\boldsymbol{X}^0+\boldsymbol{d})=\boldsymbol{L}-\boldsymbol{L}^0$；$\boldsymbol{W}_x=\boldsymbol{C}\boldsymbol{X}^0+\boldsymbol{C}_0=\boldsymbol{\Phi}(\boldsymbol{X}^0)$；$\boldsymbol{B}=\left.\dfrac{\partial \boldsymbol{F}}{\partial \hat{\boldsymbol{X}}}\right|_{\boldsymbol{X}^0}$；$\boldsymbol{C}=\left.\dfrac{\partial \boldsymbol{\Phi}}{\partial \hat{\boldsymbol{X}}}\right|_{\boldsymbol{X}^0}$。

上述四种平差的随机模型皆为

$$\underset{nn}{\boldsymbol{D}}=\sigma_0^2\underset{nn}{\boldsymbol{Q}}=\sigma_0^2\underset{nn}{\boldsymbol{P}^{-1}} \qquad (4\text{-}3\text{-}31)$$

第5章 条件平差

在测量工作中，为了能及时发现错误、提高精度和保证一定的可靠性，一般都要有多余观测，这就产生了平差问题。此时观测值之间存在一些矛盾，因此观测值的平差值之间就需要满足一些条件。

如果一个几何模型中有 r 个多余观测，就产生 r 个条件方程，以条件方程为函数模型的平差方法，就是条件平差。

条件平差是经典平差的重要方法之一，当观测值相互独立时，其实质是观测值的改正数在满足一定的条件下，求改正数带权平方和的极值问题，可采用拉格朗日乘常数法求条件极值。

5.1 概　　述

例 5-1-1　对某一边长量测一次就能得到结果，实际工作中独立、等精度观测了 n 次，即对同一未知量进行多次直接观测。此时，观测数为 n，必要观测数 $t=1$，多余观测数 $r=n-1$。多余观测应满足条件：

$$\begin{cases}\hat{L}_1-\hat{L}_2=0\\ \hat{L}_2-\hat{L}_3=0\\ \quad\vdots\\ \hat{L}_{n-1}-\hat{L}_n=0\end{cases}$$

此时 $\hat{L}_1-\hat{L}_n=0$，但不独立。

例 5-1-2　对如图 5-1-1 所示的几何模型进行多于必要观测的观测。

本例水准测量中，A、B 为已知高程水准点，高差观测数 $n=5$。为确定点 1、2、3 的高程，必要观测数 $t=3$，多余观测数 $r=n-t=2$。按 A→1→2→B 附合水准路线，与 1→2→3 闭合水准路线所算得的 h_2 改正数，会存在矛盾。多余观测应满足条件：

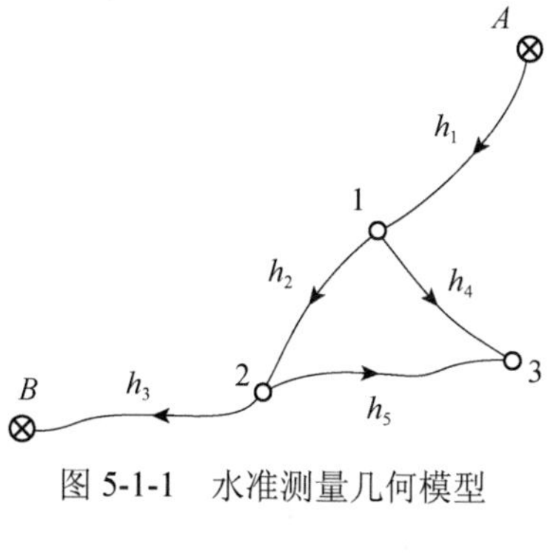

图 5-1-1　水准测量几何模型

$$\begin{cases}H_A+\hat{h}_1+\hat{h}_2+\hat{h}_3-H_B=0\\ \hat{h}_2-\hat{h}_4+\hat{h}_5=0\end{cases}$$

总结：①由于多余观测值的存在，观测量之间必然受到几何约束，即产生条件方程；②观测值存在误差，导致观测值条件方程不满足；③条件平差，就是根据观测值形成的条件方程，消除观测值由于误差而产生的不符值，进而求得观测值的估值。

针对例 5-1-2，令 $\hat{h}_i=h_i+v_i$，即有

$$\begin{cases} v_1+v_2+v_3+(H_A+h_1+h_2+h_3-H_B)=0 \\ v_2-v_4+v_5+(h_2-h_4+h_5)=0 \end{cases}$$

令

$$\begin{cases} w_1=H_A+h_1+h_2+h_3-H_B \\ w_2=h_2-h_4+h_5 \end{cases}$$

则

$$\begin{cases} v_1+v_2+v_3+w_1=0 \\ v_2-v_4+v_5+w_2=0 \end{cases}$$

上式在改正数满足 $V^{\mathrm{T}}PV=\min$ 下求解，即可求得 v_i，进而求得 $\hat{h}_i$。

5.2 条件平差原理

5.2.1 符号约定

对条件平差中的符号，做如表 5-2-1 所示的约定。

表 5-2-1 条件平差中的符号约定

术语	符号	术语	符号
观测数	n	观测值平差值	$\hat{L}_1,\hat{L}_2,\cdots,\hat{L}_n$
必要观测数	t	观测值改正数	$v_1,v_2,\cdots,v_n$
多余观测数	r	条件方程系数	$a_i,b_i,\cdots,r_i$
观测值	$L_1,L_2,\cdots,L_n$	改正数条件方程常数项	$w_a,w_b,\cdots,w_r$
观测值权	$P_1,P_2,\cdots,P_n$	平差值方程	$\hat{L}_i=L_i+v_i$

5.2.2 函数模型与随机模型

第 4 章中已给出了条件平差的函数模型为

$$\underset{rn}{\boldsymbol{A}}\underset{n1}{\hat{\boldsymbol{L}}}+\underset{r1}{\boldsymbol{A}_0}=\underset{r1}{0} \tag{5-2-1}$$

或

$$\underset{rn}{\boldsymbol{A}}\underset{n1}{\boldsymbol{V}}+\underset{r1}{\boldsymbol{W}}=\underset{r1}{0} \tag{5-2-2}$$

随机模型为

$$\underset{nn}{\boldsymbol{D}}=\sigma_0^2\underset{nn}{\boldsymbol{Q}}=\sigma_0^2\underset{nn}{\boldsymbol{P}^{-1}} \tag{5-2-3}$$

平差的准则为

$$\boldsymbol{V}^{\mathrm{T}}\boldsymbol{PV}=\min \tag{5-2-4}$$

条件平差就是要求在满足 r 个条件方程式（5-2-2）条件下，求函数 $\boldsymbol{V}^{\mathrm{T}}\boldsymbol{PV}=\min$（最小二乘原则）时的 $\boldsymbol{V}$ 值，在数学中是求函数的条件极值问题。函数中，$\boldsymbol{P}$ 为观测值权阵。

5.2.3 基础（条件）方程及其求解

1）纯量形式推导

实际测量工作中，观测值一般是相互独立的。为简化问题，纯量形式推导时，仅考虑观测值相互独立，即含有相互独立的偶然误差的情形。此时，观测值权阵 $\boldsymbol{P}$ 为对角阵：

$$\underset{nn}{\boldsymbol{P}}=\begin{pmatrix} p_1 & & & \\ & p_2 & & \\ & & \ddots & \\ & & & p_n \end{pmatrix}$$

设有 r 个观测值平差值的线性条件方程：

$$\begin{cases} a_1\hat{L}_1+a_2\hat{L}_2+\cdots+a_n\hat{L}_n+a_0=0 \\ b_1\hat{L}_1+b_2\hat{L}_2+\cdots+b_n\hat{L}_n+b_0=0 \\ \qquad\vdots \\ r_1\hat{L}_1+r_2\hat{L}_2+\cdots+r_n\hat{L}_n+r_0=0 \end{cases} \tag{5-2-5}$$

式中，$a_i,b_i,\cdots,r_i(i=1,2,\cdots,n)$ 为条件方程系数；$a_0,b_0,\cdots,r_0$ 为条件方程常数项，系数和常数项随不同的平差问题取不同的值，它们与观测值无关。用 $\hat{L}_i=L_i+v_i$ 代入上式，可得

$$\begin{cases} a_1(L_1+v_1)+a_2(L_2+v_2)+\cdots+a_n(L_n+v_n)+a_0=0 \\ b_1(L_1+v_1)+b_2(L_2+v_2)+\cdots+b_n(L_n+v_n)+b_0=0 \\ \qquad\vdots \\ r_1(L_1+v_1)+r_2(L_2+v_2)+\cdots+r_n(L_n+v_n)+r_0=0 \end{cases}$$

令

$$\begin{cases} w_a=a_1L_1+a_2L_2+\cdots+a_nL_n+a_0 \\ w_b=b_1L_1+b_2L_2+\cdots+b_nL_n+b_0 \\ \qquad\vdots \\ w_r=r_1L_1+r_2L_2+\cdots+r_nL_n+r_0 \end{cases} \tag{5-2-6}$$

则式（5-2-5）转化为

$$\begin{cases} a_1v_1+a_2v_2+\cdots+a_nv_n+w_a=0 \\ b_1v_1+b_2v_2+\cdots+b_nv_n+w_b=0 \\ \qquad\vdots \\ r_1v_1+r_2v_2+\cdots+r_nv_n+w_r=0 \end{cases} \tag{5-2-7}$$

式中，$w_a,w_b,\cdots,w_r$ 为常数，是条件方程的闭合差，或称不符值。

式（5-2-7）称为观测值改正数的条件方程。该方程组中有 n 个未知数、r 个方程。因为 n 为观测数，t 为必要观测数，多余观测数 $r=n-t<n$，所以式（5-2-7）方程组具有不定解。

当观测值相互独立时，按求条件极值的拉格朗日乘数法，即为求满足最小二乘 $[pvv]=\sum p_iv_i^2=\min$ 中的 v_i 值。设其乘数为 $k_a,k_b,\cdots,k_r$，称为联系数，组成函数：

$$\begin{aligned} \varPhi=\sum p_iv_i^2 &-2k_a(a_1v_1+a_2v_2+\cdots+a_nv_n+w_a) \\ &-2k_b(b_1v_1+b_2v_2+\cdots+b_nv_n+w_b) \\ &\cdots \\ &-2k_r(r_1v_1+r_2v_2+\cdots+r_nv_n+w_r) \end{aligned}$$

上式将 $\varPhi$ 对 v_i 求一阶偏导，并令其为 0，得

$$\begin{cases} \dfrac{\partial \Phi}{\partial v_1} = 2p_1v_1 - 2a_1k_a - 2b_1k_b - \cdots - 2r_1k_r = 0 \\ \dfrac{\partial \Phi}{\partial v_2} = 2p_2v_2 - 2a_2k_a - 2b_2k_b - \cdots - 2r_2k_r = 0 \\ \qquad \vdots \\ \dfrac{\partial \Phi}{\partial v_n} = 2p_nv_n - 2a_nk_a - 2b_nk_b - \cdots - 2r_nk_r = 0 \end{cases}$$

所以

$$\begin{cases} v_1 = \dfrac{1}{p_1}(a_1k_a + b_1k_b + \cdots + r_1k_r) \\ v_2 = \dfrac{1}{p_2}(a_2k_a + b_2k_b + \cdots + r_2k_r) \\ \qquad \vdots \\ v_n = \dfrac{1}{p_n}(a_nk_a + b_nk_b + \cdots + r_nk_r) \end{cases} \tag{5-2-8}$$

要求改正数 v_i，需要先求 k_i，将上式方程代入观测值改正数条件方程式（5-2-7），并按照 k_i 集项整理得

$$\begin{cases} \sum_{i=1}^{n}\dfrac{a_ia_i}{p_i}k_a + \sum_{i=1}^{n}\dfrac{a_ib_i}{p_i}k_b + \cdots + \sum_{i=1}^{n}\dfrac{a_ir_i}{p_i}k_r + w_a = 0 \\ \sum_{i=1}^{n}\dfrac{a_ib_i}{p_i}k_a + \sum_{i=1}^{n}\dfrac{b_ib_i}{p_i}k_b + \cdots + \sum_{i=1}^{n}\dfrac{b_ir_i}{p_i}k_r + w_b = 0 \\ \qquad \vdots \\ \sum_{i=1}^{n}\dfrac{a_ir_i}{p_i}k_a + \sum_{i=1}^{n}\dfrac{b_ir_i}{p_i}k_b + \cdots + \sum_{i=1}^{n}\dfrac{r_ir_i}{p_i}k_r + w_r = 0 \end{cases} \tag{5-2-9}$$

上述方程组中，有 r 个未知数 $k_a, k_b, \cdots, k_r$，r 个方程，解唯一。先求 k_i，进而代入式（5-2-8）求出改正数 v_i，再求观测值平差值 $\hat{L}_i = L_i + v_i$，这样就完成了用纯量形式按条件平差求平差值的工作。

2）矩阵形式推导

矩阵形式推导时，观测值扩充到一般情形，不要求其相互独立。此时，观测值权阵：

$$\underset{n\,n}{\boldsymbol{P}} = \begin{pmatrix} p_{11} & p_{12} & \cdots & p_{1n} \\ p_{21} & p_{22} & \cdots & p_{2n} \\ \vdots & \vdots & & \vdots \\ p_{n1} & p_{n2} & \cdots & p_{nn} \end{pmatrix}$$

在式（5-2-5）～式（5-2-7）中，令

$$\underset{r\,n}{\boldsymbol{A}} = \begin{bmatrix} a_1 & a_2 & \cdots & a_n \\ b_1 & b_2 & \cdots & b_n \\ \vdots & \vdots & & \vdots \\ r_1 & r_2 & \cdots & r_n \end{bmatrix},\ \underset{n\,1}{\hat{\boldsymbol{L}}} = \begin{bmatrix} \hat{L}_1 \\ \hat{L}_2 \\ \vdots \\ \hat{L}_n \end{bmatrix},\ \underset{r\,1}{\boldsymbol{A}_0} = \begin{bmatrix} a_0 \\ b_0 \\ \vdots \\ r_0 \end{bmatrix},\ \underset{n\,1}{\boldsymbol{V}} = \begin{bmatrix} v_1 \\ v_2 \\ \vdots \\ v_n \end{bmatrix},\ \underset{r\,1}{\boldsymbol{W}} = \begin{bmatrix} w_a \\ w_b \\ \vdots \\ w_r \end{bmatrix},\ \underset{n\,1}{\boldsymbol{L}} = \begin{bmatrix} L_1 \\ L_2 \\ \vdots \\ L_n \end{bmatrix}$$

则该三式可写为

$$\underset{r\,n}{A}\underset{n\,1}{\hat{L}}+\underset{r\,1}{A_0}=\underset{r\,1}{0} \tag{5-2-10}$$

$$\underset{r\,n}{A}\underset{n\,1}{V}+\underset{r\,1}{W}=\underset{r\,1}{0} \tag{5-2-11}$$

$$\underset{r\,1}{W}=\underset{r\,n}{A}\underset{n\,1}{L}+\underset{r\,1}{A_0} \tag{5-2-12}$$

由式（5-2-10）知，$A\hat{L}+A_0$ 的应有值为 0，所以闭合差 W 等于观测值 $AL+A_0$ 减去其应有值 0。

按求条件极值的拉格朗日乘数法，设其乘数为 $\underset{r\,1}{K}=\begin{bmatrix}k_a & k_b & \cdots & k_r\end{bmatrix}^{\mathrm{T}}$，称为联系数向量。组成函数：

$$\boldsymbol{\Phi}=V^{\mathrm{T}}PV-2K^{\mathrm{T}}(AV+W)$$

将 $\boldsymbol{\Phi}$ 对 V 求一阶导数，并令其为 0，得

$$\frac{\mathrm{d}\boldsymbol{\Phi}}{\mathrm{d}V}=\frac{\mathrm{d}(V^{\mathrm{T}}PV)}{\mathrm{d}V}-\frac{\mathrm{d}[2K^{\mathrm{T}}(AV+W)]}{\mathrm{d}V}=2V^{\mathrm{T}}P-2K^{\mathrm{T}}A=0$$

即 $V^{\mathrm{T}}P=K^{\mathrm{T}}A$，两边转置得 $PV=A^{\mathrm{T}}K$，再用 P^{-1} 左乘上式两端，得改正数 V 的计算公式为

$$V=P^{-1}A^{\mathrm{T}}K=QA^{\mathrm{T}}K \tag{5-2-13}$$

上式称为改正数方程。

将 n 个改正数方程式（5-2-13）和 r 个改正数条件方程式（5-2-11）联立求解，就可以求得一组唯一的解：n 个改正数和 r 个联系数。为此，将式（5-2-11）和式（5-2-13）合称为条件平差的基础方程。显然，由基础方程解出的一组 V，不仅能消除闭合差，也必能满足最小二乘条件 $V^{\mathrm{T}}PV=\min$ 的要求。

解算基础方程时，先将式（5-2-13）代入式（5-2-11），得 $AQA^{\mathrm{T}}K+W=0$，令

$$\underset{r\,r}{N_{aa}}=\underset{r\,n}{A}\underset{n\,n}{Q}\underset{n\,r}{A^{\mathrm{T}}}=AP^{-1}A^{\mathrm{T}} \tag{5-2-14}$$

则有

$$\underset{rr}{N_{aa}}\underset{r1}{K}+\underset{r1}{W}=0 \tag{5-2-15}$$

称为联系数法方程，它是条件平差的法方程，简称法方程。

上述法方程，有如下三个特点。

（1）因为 $N_{aa}^{\mathrm{T}}=(AQA^{\mathrm{T}})^{\mathrm{T}}=AQA^{\mathrm{T}}=N_{aa}$，所以法方程系数关于对角线对称。

（2）法方程系数阵的系数由条件方程系数自乘得到，对角线元素是条件方程系数的自乘系数。法方程常数项为改正数条件方程常数项。

（3）法方程系数阵的秩：

$$R\left(N_{aa}\right)=R(AQA^{\mathrm{T}})=R(A)=r \tag{5-2-16}$$

即 N_{aa} 是一个 r 阶满秩方阵，且可逆。由此可得联系数 K 的唯一解：

$$K=-N_{aa}^{-1}W \tag{5-2-17}$$

从法方程解出联系数 K 后，将 K 值代入改正数方程式（5-2-13），求出改正数 V 值，再求平差值 $\hat{L}=L+V$，这样就完成了用矩阵形式按条件平差求平差值的工作。

5.2.4 计算步骤及算例

综上所述可知，按条件平差求平差值的计算步骤如下。

（1）列立条件式：根据平差问题的具体情况，列出观测值改正数条件方程式（5-2-11），条件方程的个数等于多余观测数 r，若条件式非线性方程，需要线性化。

（2）组成法方程：根据条件式的系数、闭合差及观测值的协因数阵组成法方程式（5-2-15），法方程的个数等于多于观测数 r。

（3）解算法方程：求出联系数 $\boldsymbol{K}$ 值，$\boldsymbol{K}=-\boldsymbol{N}_{aa}^{-1}\boldsymbol{W}$。

（4）计算改正数：将 $\boldsymbol{K}$ 代入改正数方程式（5-2-13），求出改正数 $\boldsymbol{V}=\boldsymbol{Q}\boldsymbol{A}^{\mathrm{T}}\boldsymbol{K}$。

（5）计算平差值：$\hat{\boldsymbol{L}}=\boldsymbol{L}+\boldsymbol{V}$。

（6）平差结果检验：为了检查平差计算的正确性，常用平差值 $\hat{L}$ 重新列出平差值条件方程式（5-2-10），看其是否满足方程。

（7）评定精度：计算单位权中误差、平差值函数精度等（详见 5.5 节）。

例 5-2-1 设例 5-1-1 中对某直线段独立、等精度观测了 4 次，其结果为：L_1=124.387m，L_2=124.375m，L_3=124.391m，L_4=124.385m。试按条件平差求 4 次观测长度的平差值。

解：（1）列立条件式。

观测数 $n=4$，必要观测数 $t=1$，多余观测数 $r=n-t=3$。所以本题有 3 个条件式，其平差值条件方程为

$$\begin{cases}\hat{L}_1-\hat{L}_2=0\\ \hat{L}_2-\hat{L}_3=0\\ \hat{L}_3-\hat{L}_4=0\end{cases}$$

以 $\hat{L}_i=L_i+V_i$ 及 L_i 的值代入上式，得改正数条件方程

$$\hat{v}_1-\hat{v}_2+12=0$$
$$\hat{v}_2-\hat{v}_3-16=0$$
$$\hat{v}_3-\hat{v}_4+6=0$$

式中，闭合差的单位是 mm。由条件方程知系数阵、常数阵为

$$\boldsymbol{A}=\begin{bmatrix}1&-1&0&0\\0&1&-1&0\\0&0&1&-1\end{bmatrix},\quad \boldsymbol{W}=\begin{bmatrix}12\\-16\\6\end{bmatrix}$$

（2）定权并组成法方程。

因为观测值精度相同，设其权 $p_1=p_2=p_3=p_4=1$，则观测值的权阵 $\boldsymbol{P}$ 为单位阵，即 $\boldsymbol{P}=\boldsymbol{I}$，$\boldsymbol{Q}=\boldsymbol{P}^{-1}=\boldsymbol{I}$。故法方程系数为

$$\boldsymbol{N}_{aa}=\boldsymbol{A}\boldsymbol{Q}\boldsymbol{A}^{\mathrm{T}}=\boldsymbol{A}\boldsymbol{A}^{\mathrm{T}}=\begin{bmatrix}2&-1&0\\-1&2&-1\\0&-1&2\end{bmatrix}$$

法方程为

$$\begin{bmatrix}2&-1&0\\-1&2&-1\\0&-1&2\end{bmatrix}\begin{bmatrix}k_a\\k_b\\k_c\end{bmatrix}+\begin{bmatrix}12\\-16\\6\end{bmatrix}=0$$

（3）解算法方程。

解得 $\boldsymbol{K}=\begin{bmatrix}-2.5\\7.0\\0.5\end{bmatrix}$。

（4）计算改正数。

将 $\boldsymbol{K}$ 值代入式（5-2-13），得

$$\underset{41}{\boldsymbol{V}}=\boldsymbol{Q}\boldsymbol{A}^{\mathrm{T}}\boldsymbol{K}=\boldsymbol{A}^{\mathrm{T}}\boldsymbol{K}=\begin{bmatrix}-2.5 & 9.5 & -6.5 & -0.5\end{bmatrix}^{\mathrm{T}}$$

（5）计算平差值。

各观测值平差值为

$$\begin{bmatrix}\hat{L}_1\\\hat{L}_2\\\hat{L}_3\\\hat{L}_4\end{bmatrix}=\begin{bmatrix}L_1\\L_2\\L_3\\L_4\end{bmatrix}+\begin{bmatrix}v_1\\v_2\\v_3\\v_4\end{bmatrix}=\begin{bmatrix}124.3845\\124.3845\\124.3845\\124.3845\end{bmatrix}$$

由上述计算结果可知，边长等精度独立观测中，4 次观测值的平差值相等，且等于观测值的算术平均值。

（6）平差结果检验。

将平差值 $\hat{\boldsymbol{L}}$ 重新组成平差值条件方程，经检验满足所有条件方程，故知计算无误。

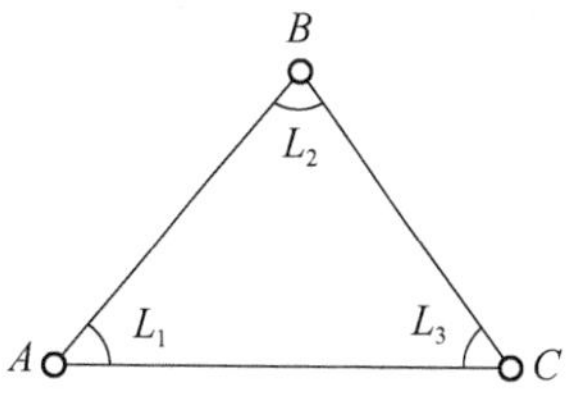

图 5-2-1　测角三角形

例 5-2-2　设对图 5-2-1 中的三个内角作等精度观测，测得观测值：$L_1=42°12'20''$，$L_2=78°09'09''$，$L_3=59°38'40''$。试按条件平差求三个内角的平差值。

解：（1）列立条件式。

观测数 $n=3$，必要观测数 $t=2$，多余观测数 $r=n-t=1$。所以本题有一个条件式，其平差值条件方程为

$$\hat{L}_1+\hat{L}_2+\hat{L}_3-180°=0$$

以 $\hat{L}_i=L_i+V_i$ 及 L_i 的值代入上式，得改正数条件方程：

$$v_1+v_2+v_3+9=0$$

用矩阵表示为

$$\begin{bmatrix}1 & 1 & 1\end{bmatrix}\begin{bmatrix}v_1\\v_2\\v_3\end{bmatrix}+9=0$$

即 $\boldsymbol{A}=\begin{bmatrix}1 & 1 & 1\end{bmatrix}$。

（2）定权并组成法方程。

因为观测值精度相同，设其权 $p_1=p_2=p_3=1$，则观测值的权阵 $\boldsymbol{P}$ 为单位阵，即 $\boldsymbol{P}=\boldsymbol{I}$，$\boldsymbol{Q}=\boldsymbol{P}^{-1}=\boldsymbol{I}$。故法方程系数为

$$\boldsymbol{N}_{aa}=\boldsymbol{A}\boldsymbol{Q}\boldsymbol{A}^{\mathrm{T}}=\boldsymbol{A}\boldsymbol{A}^{\mathrm{T}}=3$$

法方程为

$$3k_a+9=0$$

（3）解算法方程。

解得 $k_a=-3$。

（4）计算改正数。

将 k_a 值代入式（5-2-13），得

$$\underset{31}{V}=QA^{\mathrm{T}}K=A^{\mathrm{T}}K=\begin{bmatrix}-3'' & -3'' & -3''\end{bmatrix}^{\mathrm{T}}$$

可见，各角的改正数为反号平均分配其闭合差。

（5）计算平差值。

各角平差值为

$$\begin{bmatrix}\hat{L}_1\\\hat{L}_2\\\hat{L}_3\end{bmatrix}=\begin{bmatrix}L_1\\L_2\\L_3\end{bmatrix}+\begin{bmatrix}v_1\\v_2\\v_3\end{bmatrix}=\begin{bmatrix}42^\circ12'17''\\78^\circ09'06''\\59^\circ38'37''\end{bmatrix}$$

（6）平差结果检验。

为了检核，将平差值 $\hat{\boldsymbol{L}}$ 重新组成平差值条件方程，得

$$42^\circ12'17''+78^\circ09'06''+59^\circ38'37''-180^\circ=0$$

可见，各角的平差值满足了三角形内角和等于180°的几何条件，即闭合差为 0，故计算无误。

5.3 条件方程个数的确定

进行条件平差时，首先要确定条件方程。由上节内容可知，一般情况下，条件方程式的个数与多余观测的个数 r 相等，而要确定多余观测个数就必须先确定必要观测个数 t。

测量控制网分为平面控制网和高程控制网。高差测量的主要目的是确定待定点的高程值。高程网包括水准网和三角高程网，二者在高程平差时仅定权方式有差别，其他计算相同。

平面控制网测量的目的是通过观测各方向（角度）或边长，计算平面网中的边长、方位角和各待定点的坐标等。根据观测元素类型的不同，平面控制网可分为测角网、测边网、边角网、导线网等布网形式。平面控制网的必要起算数据（基准）包括：①限制平面网平移的一个点的坐标（x 坐标和 y 坐标）；②限制平面网旋转的一个方位角；③限制平面网缩放的一个边长，或与其等价的两个已知点的坐标。

下面分别以水准网、测角网、测边网、边角网和导线网为例，介绍条件平差中条件方程个数（与多余观测数相同）的确定方法。

5.3.1 水准网中的条件方程数

建立水准网的最终目的是求定网中各点的高程。在图 5-3-1 中，“⊗”表示高程为已知的点，“○”表示待定点，水准网中的观测量是点与点之间的高差。为了确定各点的高程，网中至少要有一个已知点作为推算其他点高程的依据。当网中没有已知点时，则可假定某一点的高程为已知，并以此高程为基准来确定其他点的相对高程（局部高程系统）。不难看出，从一个已知点的高程出发，确定待定点的高程，每增加一个待定点，就必须相应地增测一个高差。

因此，在水准网平差中，必要观测数的确定方法是：如果水准网中有足够的起算数据，必要观测个数t等于待定点个数；如果水准网中没有起算数据，必要观测个数等于待定点个数减去1，即

$$t=\begin{cases}p-k & \text{网中有已知点}\\ p-1 & \text{网中没有已知点}\end{cases} \tag{5-3-1}$$

式中，p 为网中点的总数；k 为已知点的个数。

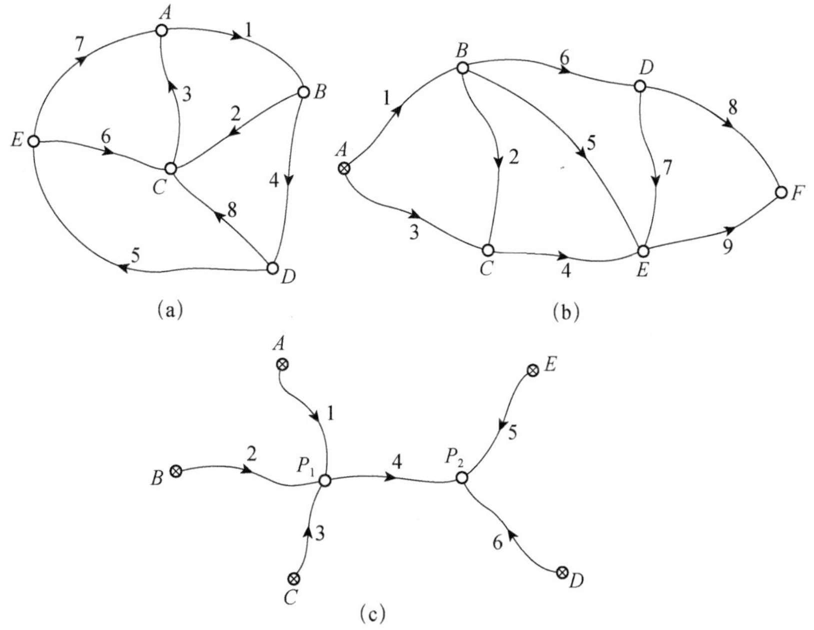

图 5-3-1　水准网

设全网观测高差总数为 n，则多余观测数：

$$r=n-t=\begin{cases}n-(p-k) & \text{网中有已知点}\\ n-(p-1) & \text{网中没有已知点}\end{cases} \tag{5-3-2}$$

例如，在图 5-3-1 中的（a）、（b）、（c）各水准网中，它们的观测数 n 分别为 8、9、6，总点数 p 分别为 5、6、7，已知点数k 分别为 0、1、5，则必要观测数 t 分别为 4、5、2，因此多余观测数，即条件方程的个数分别为 8−4=4，9−5=4，6−2=4。

5.3.2　测角网中的条件方程数

建立三角网的最终目的是求定网中各点在统一坐标系或某一局部坐标系中的坐标。在图 5-3-2 中，“△”表示坐标为已知的固定点，“○”表示待定点。在测角三角网中，观测量是角度。

在测角三角网中，如果只有角度，则只能确定网的形状。为了确定其大小和在坐标系中的位置，还需要 4 个起算数据，其中最少应有一个已知点的坐标，另外两个可以是另一个已知点的坐标，或者是一个已知边长和一个已知方位角。在这 4 个起算数据中，一个点的坐标和一条边的方位角称为网的外部配置数据。如果不要求将网定位于统一的坐标系中，则这三个元素也可以任意给定。这时，相当于将网定位于某个局部的坐标系中，但其中一条边的边

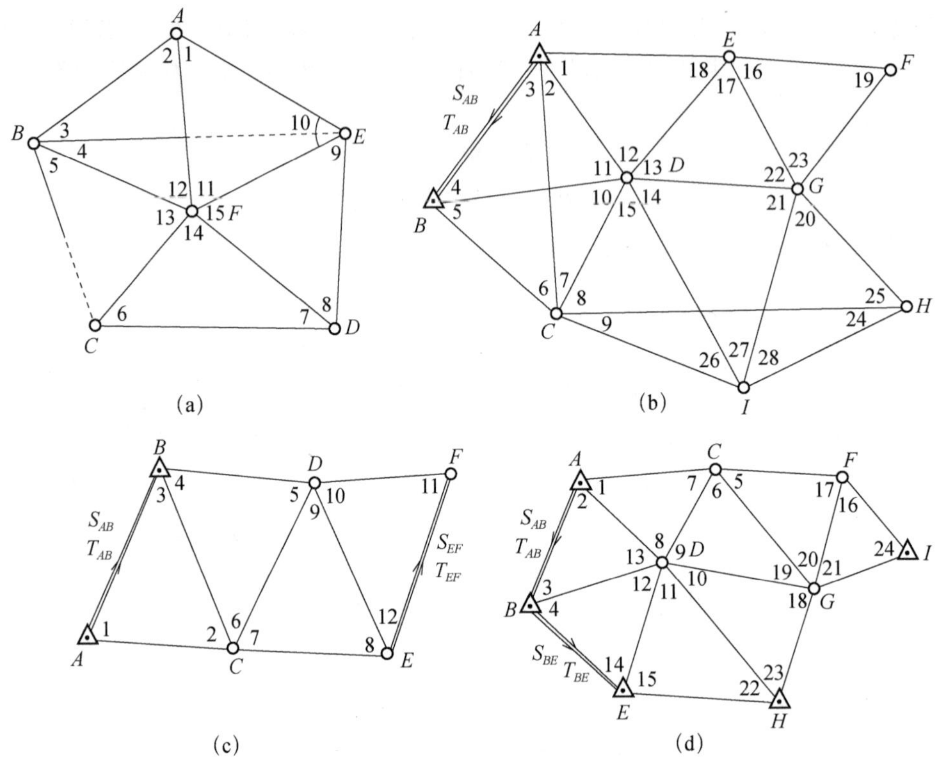

图 5-3-2　三角网

长必须是精确测定的或者是已知的（如高级网的一条边），不能任意给定。因此，在测角网中，当网中没有已知点和方位角时，只要有了一条实测边长或已知边长，也可以看成是具备了局部定位的 4 个必要元素。

当网中仅有或少于上述 4 个必要起算数据时，称为独立网或自由网。除了必要起算数据之外，网中还有多余的独立起算数据时，则称为非独立网或附合网。例如，图 5-3-2 中的（a）、（b）为独立网，（c）、（d）为非独立网，图中注明的 S 和 T 均为固定的边长和方位角。

图 5-3-2（b）中有 A、B 两点相邻接的一个已知点组，其中共有 6 个起算数据，即 A、B 两点的坐标和边长、方位角各一个。但在这 6 个元素之间存在着两个确定的函数关系，例如，B 点坐标可以由 A 点坐标和 S_{AB}、T_{AB} 推算而得；或者说，S_{AB}、T_{AB} 可以由 A、B 两点的坐标反算得到。因此，在这 6 个起算数据中，只有 4 个是独立的起算数据。它们可以是：①A、B 两点的坐标；②A 点或 B 点的坐标，以及 AB 的边长和方位角。

同样，图 5-3-2（d）中有 A、B、E 相连的一个已知点组，其中共有 10 个起算数据，即坐标 6 个，边长、方位角各 2 个。但其中只有 6 个元素是独立的起算数据。它们可以是：①三个点的坐标；②任意两个点，如 A、B 点的坐标，以及 BE 的边长和方位角；③任意一个点，如 A 点的坐标，以及 AB、BE 的边长和方位角。

现在讨论测角网中必要观测数 t 的确定。设网中共有 p 个三角点，如果取网中的某一边作为出发边，通过两个角度交会，就能确定另一个点的位置。除了出发边的两个端点外，为了确定其余 $p-2$ 个点的位置，则总共必须有 $2(p-2)$ 个角度。如果网中有多余的独立起算数据，则每多余一个独立起算数据，就可以相应地减少一个必要的观测角度。设网中除了 4 个必要的独立起算数据之外，还有 q 个多余的独立起算数据，则必要观测数：

$$t = 2(p-2) - q = 2p - q - 4 \tag{5-3-3}$$

上式表明，测角网中，已知点数大于或等于 2 时，必要观测数等于未知点数乘以 2；当测角网中已知点数小于 2 时，必要观测数等于总点数乘以 2 再减去 4。

条件平差不加入任何参数，线性无关的条件方程的个数应等于多余观测数 r 。设全网观测角度总数为 n ，则

$$r = n - t = n - (2p - q - 4) \tag{5-3-4}$$

例如，在图 5-3-2（a）中，p=6，q=0，故 t=2×6−0−4=8，n=15，r=15−8=7；图 5-3-2（b）中，p=9，只有 4 个必要的独立起算数据，无多余的独立起算数据，即 q=0，故 t=2×9−0−4=14，n=28，r=28−14=14；图 5-3-2（c）中，p=6，除了 4 个必要的起算数据（A 点坐标、S_{AB} 和 T_{AB}），还多余两个独立的起算数据（S_{EF} 和 T_{EF}），即 q=2，故 t=2×6−2−4=6，n=12，r=12−6=6；图 5-3-2（d）中，p=9，独立起算数据共有 8 个（ABE 点组中 6 个，I 点坐标两个），除了必要的 4 个起算数据，多余 4 个独立起算数据，即 q=4，故 t=2×9−4−4=10，n=24，r=24−10=14。

5.3.3 测边网中的条件方程数

测边三角网中的观测量是三角点之间的边长。测边网也分为独立网与非独立网两种。为了确定一个测边网在某个坐标系中的位置和方向，至少要有一个点的坐标和一个已知方位角作为起算数据，它们都是网的外部配置元素。如果网中没有任何已知点和已知方位角，则只能由边长确定网的大小和形状。在此情况下，为了确定其在坐标系中的位置和方向，也可以任意给定一个点的坐标和一个边的方位角，这就相当于将网定位于某个局部坐标系中。当网中起算数据超过上述三个元素时，就称为非独立网。

对于独立网而言，从任意两个相邻点出发，如图 5-3-3（a）中的 A、B，在这两点之间只需观测一个边长，以后每增加一个点，都需要观测两条边。设全网共有 p 个点，则全网必要观测边应为 $2(p-2)+1$=$2p-3$ 。此外，如果网中有多余的独立起算数据，每多一个固定方位角或固定边长，就相应地各减少一个必要的观测边。每多一个固定点，就可相应地减少两个必要观测边。设网中除了三个必要的起算数据（一个点的坐标和一个方位角）之外，还有 q 个多余的独立起算数据，则必要观测数：

$$t = 2p - q - 3 \tag{5-3-5}$$

上式表明，当测边网中已知点数小于 2 时，必要观测数等于网中总点数乘以 2 再减去 3；当测边网中已知点数大于或等于 2 时，必要观测数等于未知点数乘以 2。

条件平差不加入未知参数，设网中观测边总数为 n，则条件方程的个数就等于多余观测数 r：

$$r = n - t = n - (2p - q - 3) \tag{5-3-6}$$

在图 5-3-3（a）、（b）、（c）中，仅有或少于 3 个必要的起算数据，无多余起算数据，$q=0$，它们都是独立网。由式（5-3-5）和式（5-3-6）可以算得图 5-3-3 中各测边网的必要观测数、条件方程个数。

图 5-3-3（a），$p=5$，$q=0$，$t=2\times5-3=7$，$n=7$，$r=7-7=0$ 。

图 5-3-3（b），$p=4$，$q=0$，$t=2\times4-3=5$，$n=6$，$r=6-5=1$ 。

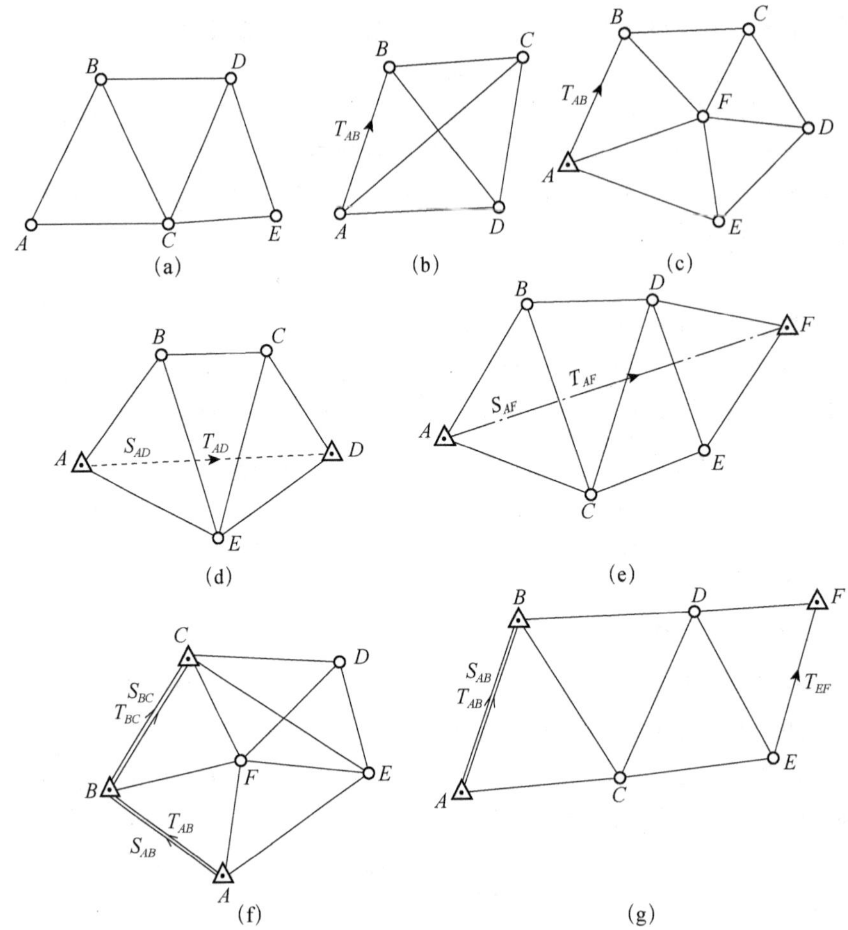

图 5-3-3　测边网

图 5-3-3（c），$p=6$，$q=0$，$t=2\times6-3=9$，$n=10$，$r=10-9=1$。

图 5-3-3（d），有 4 个独立起算数据，即 A、D 两个点的坐标，它们等价于一个点的坐标（如 A 点）、一个方位角（T_{AD}）和一个边长（S_{AD}）。其中一个点的坐标和一个方位角为必要起算数据，因而多余一个起算边长 S_{AD}，即 $q=1$，故有 $p=5$，$t=2\times5-1-3=6$，$n=7$，$r=7-6-1$。

图 5-3-3（e），$p=6$，$q=1$，$t=2\times6-1-3=8$，$n=9$，$r=9-8=1$。

图 5-3-3（f），在 A、B、C 的已知点组中有 6 个独立起算数据，即任一点的坐标（如 A 点）、两个方位角（T_{AB}、T_{BC}）和两个边长（S_{AB}、S_{BC}）。除去一个点的坐标和一个方位角，还多余 3 个独立起算数据，即 $q=3$，因而有 $p=6$，$t=2\times6-3-3=6$，$n=9$，$r=9-6=3$。

图 5-3-3（g），有 7 个独立起算数据（在 A、B 已知点组中，取一个点的坐标和边长、方位角各一个，此外，F 点的坐标和 EF 的方位角 T_{EF}）。除去 3 个必要起算数据，还多余 4 个独立起算数据（一个点的坐标、一个方位角和一个边长），即 $q=4$，因而有 $p=6$，$t=2\times6-4-3=5$，$n=8$，$r=8-5=3$。

图 5-3-3（d）～（g）等 4 个网均有多余的独立起算数据，故为非独立网。

由以上多余观测数计算结果可见：①对相同网形而言，因为测角网中每个三角形一般观测三个角度，而测边网中相邻两个三角形常共用一条边长，所以测边网的条件数远远少于测角网的条件数。②在测边网的独立线性锁［图 5-3-3（a）］中，没有多余观测。换言之，根据观测边长可以唯一地确定其图形。但若观测边中含有观测误差，甚至含有粗差都将无法发现。因此，在实际工作中一般是不允许这样做的。

5.3.4　边角网中的条件方程数

边角网是在网中既有角度观测值又有边长观测值的三角网。它和测边网一样，必要的起算数据是一个点的坐标和一条边的方位角等三个元素。当网中有多余的独立起算数据时，则称为非独立网，否则，称为独立网。例如，在图 5-3-4 中，（a）为独立网，（b）、（c）为非独立网。（a）中观测了全部角度和边长，（b）中观测了全部边长和部分点上的角度，（c）中观测了全部角度，加测了若干边长。

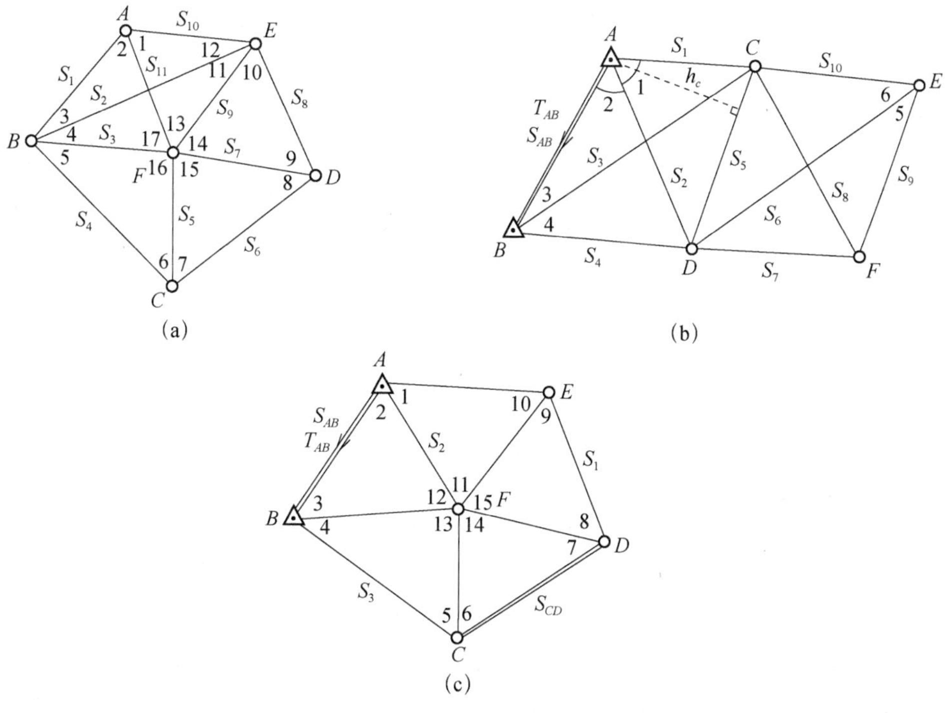

图 5-3-4　边角网

边角网的必要观测数 t、条件方程个数 r 仍可按测边网的式（5-3-5）和式（5-3-6）计算，不同的是，此时 n 为观测的边角总数。同理可得，当边角网中已知点数小于 2 时，必要观测数等于网中总点数乘以 2 再减去 3；当边角网中已知点数大于或等于 2 时，必要观测数等于未知点数乘以 2。

图 5-3-4（a），$p=6$，$q=0$，$t=2\times6-3=9$，$n=28$，$r=28-9=19$。

图 5-3-4（b），$p=6$，$q=1$，$t=2\times6-1-3=8$，$n=16$，$r=16-8=8$。

图 5-3-4（c），$p=6$，$q=2$，$t=2\times6-2-3=7$，$n=18$，$r=18-7=11$。

5.3.5　导线网中的条件方程数

导线测量平差计算的主要目的是确定各未知导线点在平面坐标系中的最或然坐标。导线网是一种特殊形式的边角网，但不是三角网。

导线网的必要观测数 t、条件方程个数 r 仍可按测边网的式（5-3-5）和式（5-3-6）计算，不同的是，此时 n 为观测的边角总数。同理可得，当导线网中已知点数小于 2 时，必要观测数等于网中总点数乘以 2 再减去 3；当导线网中已知点数大于或等于 2 时，必要观测数等于未知点数乘以 2。在图 5-3-5 中，$p=11$，$q=5$，$t=2\times11-5-3=14$，$n=17$，$r=17-14=3$。

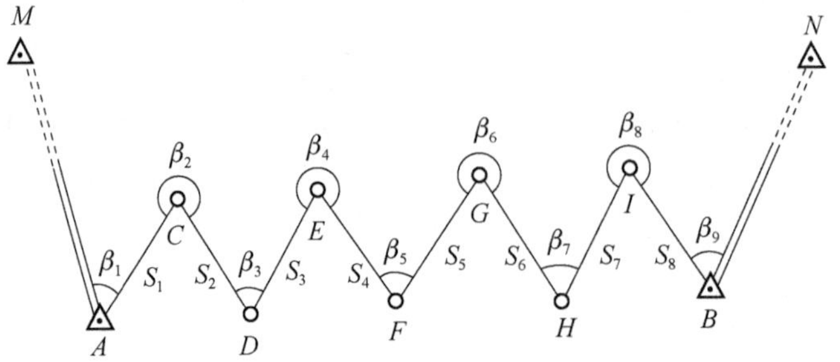

图 5-3-5　单一附合导线

图 5-3-5 为单一附合导线，其必要观测数 t、条件方程个数 r 还可作如下理解。M、A、B 和 N 是已知点，C、D、E、F、G、H 和 I 等是未知点，为了确定一个未知导线点的坐标，必需观测一个转折角和一条边长，即有两个必要观测。例如，为了求得 C 点坐标，需要观测角 β_1 和边长 S_1，所以在导线测量中，必要观测个数为未知点个数的两倍。例如，对图 5-3-5 所示的导线来说，必要观测个数 $t=2\times7=14$，而边角观测总数 $n=17$，则条件方程个数 $r=17-14=3$。

对于单一导线而言，无论未知点的个数是多少，其条件方程的个数总是等于 3。

5.4　条件方程列立及其类型

进行条件平差时，首先要确定条件方程，如果这一步出现差错，即使在后续计算中不发生错误，也会导致平差结果的不正确。条件方程的列立原则有：①方程数应足数，即要与多余观测数 r 相等；②方程之间的函数关系式需相互独立；③在确保条件总数不变和独立前提下，有些条件可相互替换，故应选择简单、便于计算的条件取代复杂的形式。

下面分别以水准网、测角网、测边网、边角网、导线网和以坐标为观测值的测量为例，介绍常规测量中一些基本图形条件方程的组成。

5.4.1　水准网条件方程

水准网，包括单一附合水准、单一闭合水准和结点水准网。其条件方程主要包括附合条件 $\sum\hat{h}_i=H_B-H_A$ 和闭合条件 $\sum\hat{h}_i=0$ 两种类型。

以图 5-3-1（b）为例，其条件式为

$$\hat{h}_1+\hat{h}_2-\hat{h}_3=0 \tag{5-4-1}$$

$$\hat{h}_2+\hat{h}_4-\hat{h}_5=0 \tag{5-4-2}$$

$$\hat{h}_5-\hat{h}_6-\hat{h}_7=0 \tag{5-4-3}$$

$$\hat{h}_7-\hat{h}_8+\hat{h}_9=0 \tag{5-4-4}$$

需要指出的是，在图 5-3-1（b）中还能够列出其他形式的条件式。例如，$ABECA$ 的闭合

环中有

$$\hat{h}_1 - \hat{h}_3 - \hat{h}_4 + \hat{h}_5 = 0 \tag{5-4-5}$$

但不难发现，这里式(5-4-5) = 式(5-4-1) − 式(5-4-2)。也就是说，式（5-4-5）是式（5-4-1）和式（5-4-2）的线性组合，当式（5-4-1）和式（5-4-2）成立时，则式（5-4-5）必然成立。一般来说，如果所列出的条件式，其中部分条件可以由另一部分条件导出，则称这两部分条件是互不独立的，或者说是线性相关的。在平差中要求全部条件是彼此线性无关的。在上例中，可以取条件式（5-4-1）和式（5-4-2），也可以取式（5-4-1）和式（5-4-5）或式（5-4-2）和式（5-4-5），但不能三个条件同时采用。在水准网中，通常由每个小闭合环列出一个条件，这样既可以使条件式的形式较为简单，又可以保证条件式之间线性无关。

概括起来，水准网条件方程的列立方法为：①先列附合水准条件，再列闭合水准条件；②附合条件按测段数较少的线路列立，个数为已知点数减 1；③闭合条件按测段数最少的环列立，且无重叠图形，网中有多少个小环，就应列多少个闭合条件；④对于有重叠的水准网，先去掉连成重叠图形的观测值，然后加上去掉的观测值，每增加一个观测值，就增加一个包含此观测值的条件。

对列立方法④，在图 5-3-1（b）中，如 C、D 间增加观测高差 h_{10}（图 5-4-1），列立条件方程时，先去掉连成重叠图形的观测值 h_{10}，如前所述列立式（5-4-1）～式（5-4-4）4 个条件方程，然后加上去掉的观测值 h_{10}，增加一个条件方程：

$$\hat{h}_2 - \hat{h}_6 + \hat{h}_{10} = 0 \tag{5-4-6}$$

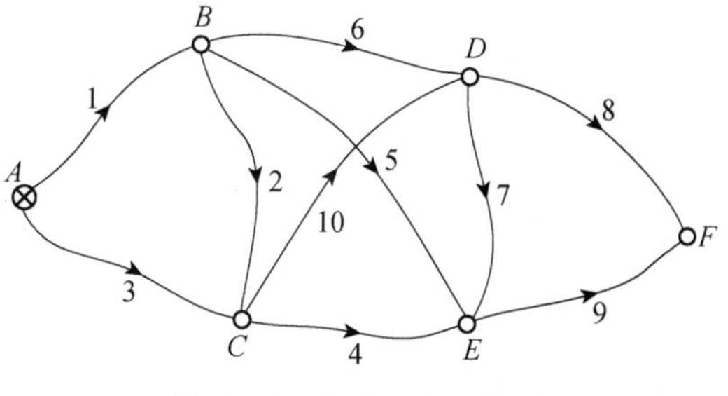

图 5-4-1　有重叠的水准网

5.4.2　测角网条件方程

图 5-4-2 为一测角网，其中 A、B 为坐标已知的三角点，C、D 为待定点，为了确定其坐标，共观测了 9 个水平角，即 a_i，b_i，$c_i\ (i=1,2,3)$。根据角度的交会原理，为了确定 C、D 两点的平面坐标，至少需要观测 4 个水平角，即必要观测数 $t=4$（如测量 a_1 和 b_1 可计算出 D 点坐标，再测量 a_2 和 c_2 可以确定 C 点坐标）。于是，多余观测数 $r=n-t=9-4=5$，所以总共可以列出 5 个条件方程。

测角网的基本条件方程有三种类型，下面主要以此例说明。

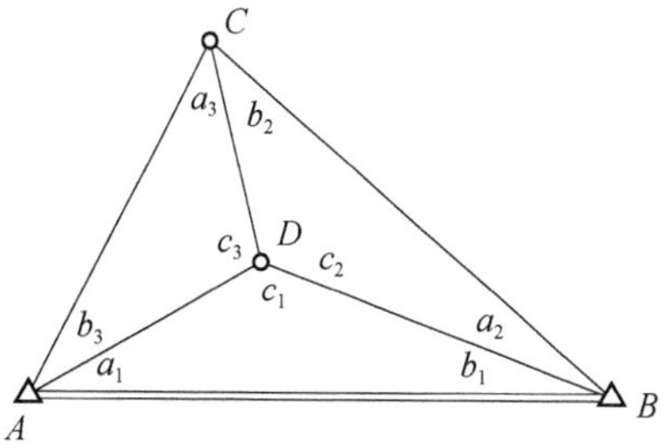

图 5-4-2　测角中点三边形

1）图形条件（内角和条件）

图形条件是指闭合的平面多边形中，各内角平差值之和应等于其应有值。由图 5-4-2 可列出三个图形条件：

$$\hat{a}_i + \hat{b}_i + \hat{c}_i - 180^\circ = 0\ (i = 1,2,3) \tag{5-4-7}$$

其相应的改正数条件方程为

$$\begin{cases} v_{a_1} + v_{b_1} + v_{c_1} + w_a = 0, & w_a = a_1 + b_1 + c_1 - 180^\circ \\ v_{a_2} + v_{b_2} + v_{c_2} + w_b = 0, & w_b = a_2 + b_2 + c_2 - 180^\circ \\ v_{a_3} + v_{b_3} + v_{c_3} + w_c = 0, & w_c = a_3 + b_3 + c_3 - 180^\circ \end{cases} \tag{5-4-8}$$

2）圆周条件（水平条件）

对于中点多边形来说，如果仅仅满足了上述三个图形条件，还不能保证它的几何图形都能够闭合，因此还要列出圆周条件。由图 5-4-2 可列出一个圆周条件为

$$\hat{c}_1 + \hat{c}_2 + \hat{c}_3 - 360^\circ = 0 \tag{5-4-9}$$

其改正数条件方程为

$$v_{c_1} + v_{c_2} + v_{c_3} + w_d = 0, \quad w_d = c_1 + c_2 + c_3 - 360^\circ \tag{5-4-10}$$

由图 5-4-2 可以看出，图形条件还有其他列法，如可以列如下形式的条件方程：

$$\hat{a}_1 + \hat{b}_1 + \hat{a}_2 + \hat{b}_2 + \hat{a}_3 + \hat{b}_3 - 180^\circ = 0 \tag{5-4-11}$$

$$\hat{a}_1 + \hat{b}_1 + \hat{c}_1 + \hat{a}_2 + \hat{b}_2 + \hat{c}_2 - 360^\circ = 0 \tag{5-4-12}$$

但这些条件方程都是上面列出的式（5-4-7）、式（5-4-9）的线性组合，将式（5-4-7）中三个式子相加并减去式（5-4-9）即得式（5-4-11），若前两式成立，则式（5-4-11）必满足，式（5-4-12）也同样满足。所以列出条件方程式（5-4-7）和式（5-4-9）后，不能再列其他三角和或多边形角度和的图形条件了。

此例 $r=5$，还要列出一个条件方程，是极条件。

3）极条件（边长条件）

极条件是一种边长条件，一般见于中点多边形和大地四边形中。

（1）中点多边形的极条件方程：中点多边形列立极条件时，一般以多边形的顶点为极。

还是以图 5-4-2 为例，满足上述四个条件方程的角值还不能使该图形完全闭合。例如，从任一边（如 DA 边）出发，经过不同的三角形用正弦定理逐个推算边长（如 $DA \to DB \to DC \to DA'$），仍旧回到该出发边时，其推算值 DA' 不会等于原有值 DA，于是 DA 就出现了两个不同的长度。因此，在平差时，应考虑这样的条件，由某个线路推算得到的同一条边长的长度，推算前后应相等，即

$$\overline{DB} = \overline{DA}\frac{\sin\hat{a}_1}{\sin\hat{b}_1}$$

$$\overline{DC} = \overline{DB}\frac{\sin\hat{a}_2}{\sin\hat{b}_2} = \overline{DA}\frac{\sin\hat{a}_1}{\sin\hat{b}_1}\frac{\sin\hat{a}_2}{\sin\hat{b}_2}$$

$$\overline{DA'} = \overline{DC}\frac{\sin\hat{a}_3}{\sin\hat{b}_3} = \overline{DA}\frac{\sin\hat{a}_1}{\sin\hat{b}_1}\frac{\sin\hat{a}_2}{\sin\hat{b}_2}\frac{\sin\hat{a}_3}{\sin\hat{b}_3}$$

$$\overline{DA'} = \overline{DA}$$

整理得

$$\frac{\sin\hat{a}_1}{\sin\hat{b}_1}\frac{\sin\hat{a}_2}{\sin\hat{b}_2}\frac{\sin\hat{a}_3}{\sin\hat{b}_3} = 1 \tag{5-4-13}$$

此即

$$\frac{\overline{DB}}{\overline{DA}}\cdot\frac{\overline{DA}}{\overline{DC}}\cdot\frac{\overline{DC}}{\overline{DB}}=1 \tag{5-4-14}$$

以 D 为极，列出各图形边长比的积为 1，故称为极条件方程，或称为边长条件方程。

列立极条件方程时，先列出边长条件，然后将式中的边长比换成各对应三角形中的角度正弦比。

从式（5-4-13）可以看出极条件方程为非线性形式，可按照函数模型线性化的方法，将上式用泰勒公式展开并取至一次项，得线性形式的极条件方程。过程如下：

将 $\hat{a}_i = a_i + v_{a_i}, \hat{b}_i = b_i + v_{b_i}, \hat{c}_i = c_i + v_{c_i} (i=1,2,3)$ 代入式（5-4-13）中展开得

$$\begin{aligned}\frac{\sin(a_1+v_{a_1})\sin(a_2+v_{a_2})\sin(a_3+v_{a_3})}{\sin(b_1+v_{b_1})\sin(b_2+v_{b_2})\sin(b_3+v_{b_3})}-1&=\frac{\sin a_1\sin a_2\sin a_3}{\sin b_1\sin b_2\sin b_3}-1\\&+\frac{\sin a_1\sin a_2\sin a_3}{\sin b_1\sin b_2\sin b_3}\cot a_1\frac{v_{a_1}}{\rho''}+\frac{\sin a_1\sin a_2\sin a_3}{\sin b_1\sin b_2\sin b_3}\cot a_2\frac{v_{a_2}}{\rho''}\\&+\frac{\sin a_1\sin a_2\sin a_3}{\sin b_1\sin b_2\sin b_3}\cot a_3\frac{v_{a_3}}{\rho''}-\frac{\sin a_1\sin a_2\sin a_3}{\sin b_1\sin b_2\sin b_3}\cot b_1\frac{v_{b_1}}{\rho''}\\&-\frac{\sin a_1\sin a_2\sin a_3}{\sin b_1\sin b_2\sin b_3}\cot b_2\frac{v_{b_2}}{\rho''}-\frac{\sin a_1\sin a_2\sin a_3}{\sin b_1\sin b_2\sin b_3}\cot b_3\frac{v_{b_3}}{\rho''}\end{aligned}$$

化简后，即得极条件的改正数条件方程：

$$\cot a_1 v_{a_1}+\cot a_2 v_{a_2}+\cot a_3 v_{a_3}-\cot b_1 v_{b_1}-\cot b_2 v_{b_2}-\cot b_3 v_{b_3}+w=0 \tag{5-4-15}$$

$$w=\rho''\left(1-\frac{\sin b_1\sin b_2\sin b_3}{\sin a_1\sin a_2\sin a_3}\right) \tag{5-4-16}$$

这就是极条件方程式（5-4-13）的线性化形式。

（2）大地四边形的极条件方程：大地四边形列立极条件时，分为以顶点和中点为极两种方法。先讨论以顶点为极的方法。

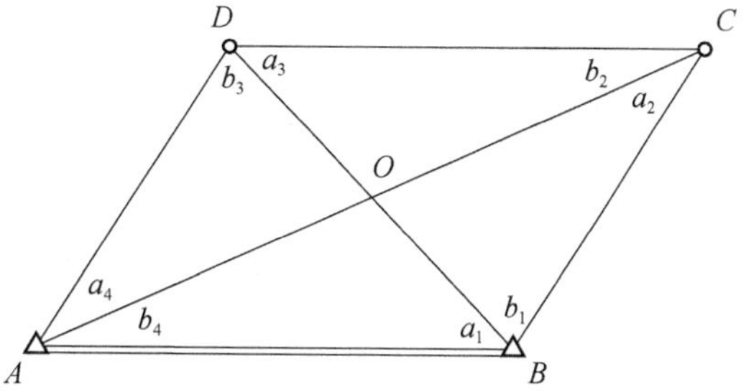

图 5-4-3　测角大地四边形

以图 5-4-3 的大地四边形为例，条件个数 $r=n-t=8-4=4$，可组成三个图形条件：

$$\begin{cases}v_{a_1}+v_{b_1}+v_{a_2}+v_{b_4}+w_a=0\\v_{b_1}+v_{a_2}+v_{b_2}+v_{a_3}+w_b=0\\v_{b_2}+v_{a_3}+v_{b_3}+v_{a_4}+w_c=0\end{cases}$$

和一个大地四边形极条件，即

$$\frac{\overline{AB}}{\overline{AC}}\cdot\frac{\overline{AC}}{\overline{AD}}\cdot\frac{\overline{AD}}{\overline{AB}}=1 \tag{5-4-17}$$

或

$$\frac{\sin\hat{a}_2\sin(\hat{a}_3+\hat{b}_3)\sin\hat{a}_1}{\sin(\hat{a}_1+\hat{b}_1)\sin\hat{b}_2\sin\hat{b}_3}=1 \tag{5-4-18}$$

其线性形式为

$$\begin{aligned}&\cot a_2 v_{a_2}+\cot(a_3+b_3)(v_{a_3}+v_{b_3})+\cot a_1 v_{a_1}\\&-\cot(a_1+b_1)(v_{a_1}+v_{b_1})-\cot b_2 v_{b_2}-\cot b_3 v_{b_3}-w_d=0\end{aligned}$$

整理得

$$\begin{aligned}&\left[\cot a_1-\cot(a_1+b_1)\right]v_{a_1}-\cot(a_1+b_1)v_{b_1}+\cot a_2 v_{a_2}-\cot b_2 v_{b_2}+\\&\cot(a_3+b_3)v_{a_3}+\left[\cot(a_3+b_3)-\cot b_3\right]v_{b_3}+w_d=0\end{aligned} \tag{5-4-19}$$

式中，

$$w_d=\rho''\left(1-\frac{\sin(a_1+b_1)\sin b_2\sin b_3}{\sin a_2\sin(a_3+b_3)\sin a_1}\right)$$

式（5-4-19）为大地四边形以 A 点为极的极条件方程。

下面讨论以中点为极的方法。大地四边形以中点为极，即为中点四边形的列立方法。

图 5-4-3 中，大地四边形以对角线交点 O 为极的极条件方程（$OA\to OB\to OC\to OD\to OA'$）为

$$\frac{\overline{OA}}{\overline{OB}}\cdot\frac{\overline{OB}}{\overline{OC}}\cdot\frac{\overline{OC}}{\overline{OD}}\cdot\frac{\overline{OD}}{\overline{OA}}=1 \tag{5-4-20}$$

其角度正弦比的关系为

$$\frac{\sin\hat{a}_1}{\sin\hat{b}_4}\frac{\sin\hat{a}_2}{\sin\hat{b}_1}\frac{\sin\hat{a}_3}{\sin\hat{b}_2}\frac{\sin\hat{a}_4}{\sin\hat{b}_3}=1 \tag{5-4-21}$$

线性形式为

$$\begin{aligned}&\cot a_1 v_{a_1}+\cot a_2 v_{a_2}+\cot a_3 v_{a_3}+\cot a_4 v_{a_4}\\&-\cot b_1 v_{b_1}-\cot b_2 v_{b_2}-\cot b_3 v_{b_3}-\cot b_4 v_{b_4}+w=0\end{aligned} \tag{5-4-22}$$

式中，

$$w=\rho''\left(1-\frac{\sin b_1\sin b_2\sin b_3\sin b_4}{\sin a_1\sin a_2\sin a_3\sin a_4}\right)$$

从式（5-4-17）可以看出，组成极条件时以顶点 A 为极点，即从 AB 出发，经过 AC、AD 闭合至 AB。此例中也可以顶点 B 或 C 或 D 为极点，按以上推导方法组成极条件；或以对角线的交点（中点）为极点，组成中点多边形极条件式（5-4-22）。所以，大地四边形可以列出 5 个以不同点为极点的极条件。可以证明，大地四边形在满足三个图形条件的情况下，只要满足其中任一个极条件，其余极条件也就必然满足。一般情况下，以对角线交点为极较为方便，因为此极条件中将不出现复合角的正弦项［对比式（5-4-18）和式（5-4-21）］。

极条件方程的列立和线性化有着一定的规律性，在实际应用中极条件方程可直接写出。

测角网是由三角形、大地四边形和中点多边形三种基本图形互相邻接或互相重叠而成的。综上所述，三角形中，观测数为 3，必要观测数为 2，有 1 个多余观测值，应列出一个图形条件；大地四边形中，观测数为 8，必要观测数为 4，有 4 个多余观测值，应列出 3 个图形条件和 1 个极条件；中点 n 边形中，观测数为 $3n$，三角点个数为 $n+1$，必要观测数为 $2(n-1)$，有

$n+2$ 个多余观测值，应列 n 个图形条件、1 个圆周条件和 1 个极条件。

5.4.3　测边网条件方程

与测角网一样，测边网也可以分为三角形、大地四边形和中点多边形三种基本图形。对于测边三角形，决定其形状和大小的必要观测为三条边长，即 $t=3$，此时 $r=n-t=3-3=0$，说明测边三角形不存在条件方程。对于大地四边形，要确定第一个三角形，必须观测其中三条边长，确定第二个三角形只需再增加两条边长，所以确定一个四边形的图形，必须观测 5 条边长，即 $t=5$，此时 $r=n-t=6-5=1$，存在一个条件方程。对于中点多边形，例如，中点五边形，它由四个独立三角形组成，此时 $t=3+2\times3=9$，所以 $r=n-t=10-9=1$。因此，测边网中的中点多边形与大地四边形个数之和，即为该网条件方程的总数，这类条件称为图形条件。

图形条件的列出，可利用角度闭合法、边长闭合法和面积闭合法等，本节仅介绍角度闭合法。

测边网的图形条件按角度闭合法列出，其基本思想是：利用观测边长求出网中的内角，列出角度间应满足的条件，然后，以边长改正数代换角度改正数，得到以边长改正数表示的图形条件。现以图 5-4-4 为例，说明条件方程的组成方法。

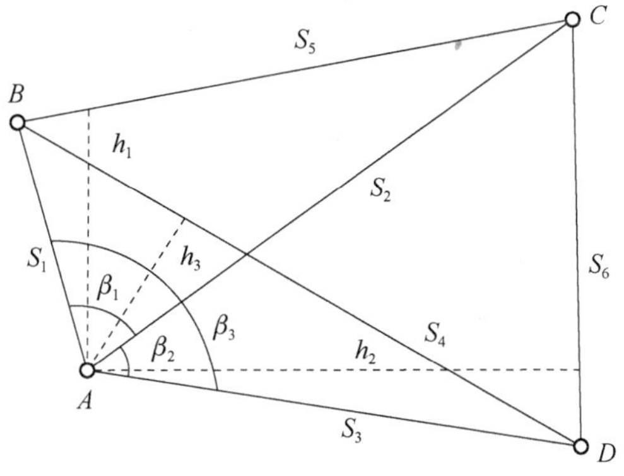

图 5-4-4　测边大地四边形

1）以角度改正数表示的条件方程

在图 5-4-4 的测边大地四边形中，由观测边 $S_i(i=1,2,3,\cdots,6)$ 精确地计算出角值 $\beta_j(j=1,2,3)$，此时，可列平差值条件方程为

$$\hat{\beta}_1+\hat{\beta}_2-\hat{\beta}_3=0$$

以角度改正数表示的图形条件为

$$v_{\beta_1}+v_{\beta_2}-v_{\beta_3}+w=0 \tag{5-4-23}$$

其中，

$$w=\beta_1+\beta_2-\beta_3$$

又如，在图 5-4-5 的测边中点三边形中，以角度改正数表示的图形条件为

$$v_{\beta_1}+v_{\beta_2}+v_{\beta_3}+w=0 \tag{5-4-24}$$

其中，

$$w=\beta_1+\beta_2+\beta_3-360^\circ$$

上述条件中角度改正数必须代换成观测值改正数（即边长改正数），才是图形条件的最终形式。为此，必须找出边长改正数和角度改正数之间的关系式。

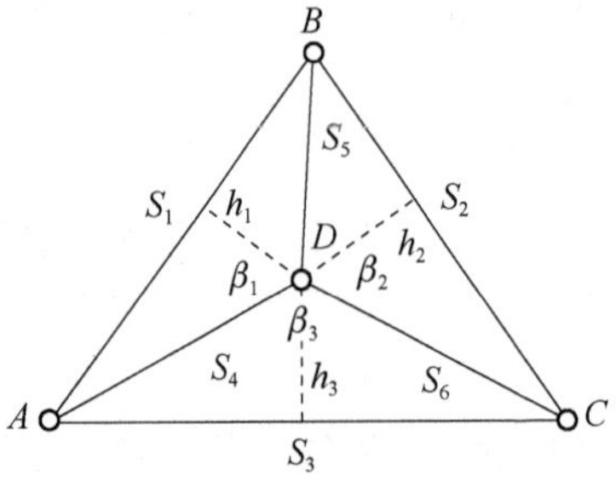

图 5-4-5　测边中点三边形

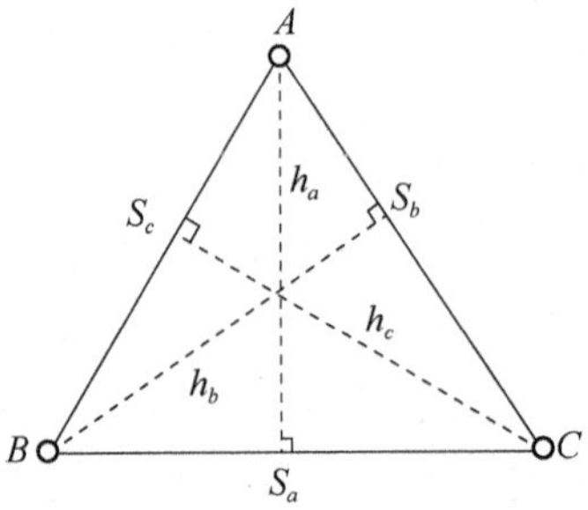

图 5-4-6　测边三角形

2）角度改正数和边长改正数的关系式

如图 5-4-6 所示，由余弦定理可知

$$\hat{S}_a^2=\hat{S}_b^2+\hat{S}_c^2-2\hat{S}_b\hat{S}_c\cos\hat{A}$$

微分得

$$\begin{aligned}2\hat{S}_a\mathrm{d}\hat{S}_a&=2\hat{S}_b\mathrm{d}\hat{S}_b+2\hat{S}_c\mathrm{d}\hat{S}_c-2\hat{S}_c\cos\hat{A}\mathrm{d}\hat{S}_b-2\hat{S}_b\cos\hat{A}\mathrm{d}\hat{S}_c+2\hat{S}_b\hat{S}_c\sin\hat{A}\mathrm{d}\hat{A}\\&=(2\hat{S}_b-2\hat{S}_c\cos\hat{A})\mathrm{d}\hat{S}_b+(2\hat{S}_c-2\hat{S}_b\cos\hat{A})\mathrm{d}\hat{S}_c+2\hat{S}_b\hat{S}_c\sin\hat{A}\mathrm{d}\hat{A}\end{aligned}$$

则

$$\mathrm{d}\hat{A}=\frac{1}{\hat{S}_b\hat{S}_c\sin\hat{A}}\left[\hat{S}_a\mathrm{d}\hat{S}_a-(\hat{S}_b-\hat{S}_c\cos\hat{A})\mathrm{d}\hat{S}_b-(\hat{S}_c-\hat{S}_b\cos\hat{A})\mathrm{d}\hat{S}_c\right]\tag{5-4-25}$$

又由于在图 5-4-6 中，

$$\hat{S}_b\hat{S}_c\sin\hat{A}=\hat{S}_b\hat{h}_b=2\text{倍三角形面积}=\hat{S}_a\hat{h}_a$$

$$\hat{S}_b-\hat{S}_c\cos\hat{A}=\hat{S}_a\cos\hat{C}，\ \hat{S}_c-\hat{S}_b\cos\hat{A}=\hat{S}_a\cos\hat{B}$$

故有

$$\mathrm{d}\hat{A}=\frac{1}{\hat{h}_a}(\mathrm{d}\hat{S}_a-\cos\hat{C}\mathrm{d}\hat{S}_b-\cos\hat{B}\mathrm{d}\hat{S}_c)\tag{5-4-26}$$

将式（5-4-26）中的微分换成相应的改正数，同时考虑式中 $\mathrm{d}\hat{A}$ 的单位是弧度，而角度改正数是以“秒”为单位，故式（5-4-26）可写为

$$v''_A=\frac{\rho''}{h_a}(v_{S_a}-\cos Cv_{S_b}-\cos Bv_{S_c})\tag{5-4-27}$$

这就是角度改正数与三个边长改正数之间的关系式，该式称为角度改正数方程。上式规律极为明显，即任意一角（如 A 角）的改正数等于其对边（S_a 边）的改正数与两个夹边（S_b、S_c 边）的改正数分别与其邻角余弦（S_b 边邻角为 C 角、S_c 边邻角为 B 角）乘积负值之和，乘以 ρ''，再除以该角至其对边之高（h_a）。

3）以边长改正数表示的图形条件方程

按照上述规律，可以写出图 5-4-4 中角 β_1、β_2 及 β_3 的角度改正数方程分别为

$$v_{\beta_1}=\frac{\rho''}{h_1}(v_{S_5}-\cos\angle ABCv_{S_1}-\cos\angle ACBv_{S_2})$$

$$v_{\beta_2}=\frac{\rho''}{h_2}(v_{S_6}-\cos\angle ACDv_{S_2}-\cos\angle ADCv_{S_3})$$

$$v_{\beta_3}=\frac{\rho''}{h_3}(v_{S_4}-\cos\angle ABDv_{S_1}-\cos\angle ADBv_{S_3})$$

式中，h_1、h_2 及 h_3 分别是从 A 点向 $\beta_i(i=1,2,3)$ 角对边所作的高。将上列三式代入式（5-4-23），按 $v_{S_i}(i=1,2,\cdots,6)$ 的顺序并项，即得四边形的以边长改正数表示的图形条件：

$$\begin{aligned}&\rho''\left(\frac{\cos\angle ABD}{h_3}-\frac{\cos\angle ABC}{h_1}\right)v_{S_1}-\rho''\left(\frac{\cos\angle ACB}{h_1}+\frac{\cos\angle ACD}{h_2}\right)v_{S_2}\\&+\rho''\left(\frac{\cos\angle ADB}{h_3}-\frac{\cos\angle ADC}{h_2}\right)v_{S_3}-\frac{\rho''}{h_3}v_{S_4}+\frac{\rho''}{h_1}v_{S_5}+\frac{\rho''}{h_2}v_{S_6}+w=0\end{aligned}\tag{5-4-28}$$

如果图形中出现已知边时，在条件方程中，要把相应于该边的改正数项舍去。

对于图 5-4-5 中的中点三边形来说，β_1、β_2 及 β_3 的改正数与各边改正数的关系为

$$v_{\beta_1}=\frac{\rho''}{h_1}(v_{S_1}-\cos\angle DABv_{S_4}-\cos\angle DBAv_{S_5})$$

$$v_{\beta_2}=\frac{\rho''}{h_2}(v_{S_2}-\cos\angle DBCv_{S_5}-\cos\angle DCBv_{S_6})$$

$$v_{\beta_3}=\frac{\rho''}{h_3}(v_{S_3}-\cos\angle DCAv_{S_6}-\cos\angle DACv_{S_4})$$

将上述关系式代入式（5-4-24），并按 $v_{S_i}(i=1,2,\cdots,6)$ 的顺序并项，即得中点三边形的图形条件：

$$\begin{aligned}&\frac{\rho''}{h_1}v_{S_1}+\frac{\rho''}{h_2}v_{S_2}+\frac{\rho''}{h_3}v_{S_3}-\rho''\left(\frac{\cos\angle DAB}{h_1}+\frac{\cos\angle DAC}{h_3}\right)v_{S_4}\\&-\rho''\left(\frac{\cos\angle DBA}{h_1}+\frac{\cos\angle DBC}{h_2}\right)v_{S_5}-\rho''\left(\frac{\cos\angle DCB}{h_2}+\frac{\cos\angle DCA}{h_3}\right)v_{S_6}+w=0\end{aligned}\tag{5-4-29}$$

在具体计算图形条件的系数和闭合差时，一般取边长改正数的单位为 cm，高 h 的单位为 km，此时 ρ'' 的值取 2.06265，而闭合差 w 的单位为“秒”。由观测边长计算系数中的角值（图 5-4-6），可按余弦定理或下式计算：

$$\tan\frac{A}{2}=\frac{r}{p-S_a},\tan\frac{B}{2}=\frac{r}{p-S_b},\tan\frac{C}{2}=\frac{r}{p-S_c}\tag{5-4-30}$$

式中，

$$p=(S_a+S_b+S_c)/2$$

$$r=\sqrt{\frac{(p-S_a)(p-S_b)(p-S_c)}{p}}$$

而高 h 为

$$\begin{cases}h_a=S_b\sin C=S_c\sin B\\h_b=S_a\sin C=S_c\sin A\\h_c=S_a\sin B=S_b\sin A\end{cases}\tag{5-4-31}$$

5.4.4　边角网条件方程

如图 5-4-7 所示边角网，有 4 个已知点 A、B、E、F，两个待定点 C、D，观测了 12 个角

度和两个边长。

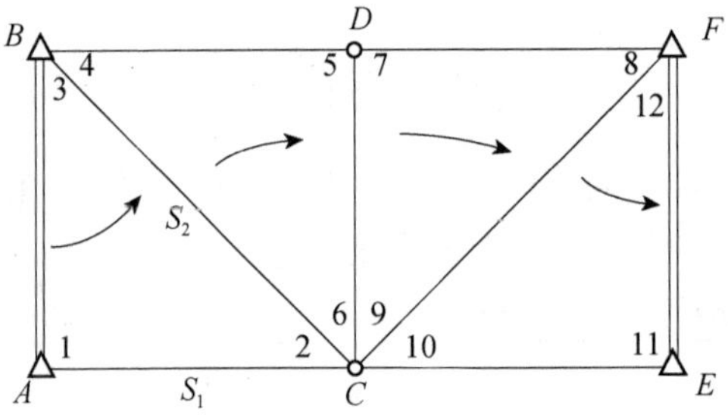

图 5-4-7　边角网

总观测数 $n=14$，必要观测数 $t=4$，$r=n-t=10$，总共要列出 10 个独立的条件方程式。可能的条件方程式类型为图形条件、方位角条件、边长条件、正弦条件、余弦条件、坐标条件等。图 5-4-7 中，可以列出 4 个图形条件方程［参照式（5-4-8）］，1 个已知方位角推算的方位角条件方程［参照式（5-4-36）］，1 个已知边推算的边长条件方程，△*ABC* 中正弦定理 1 个、余弦定理条件 1 个［余弦条件参照式（5-4-27）］，从已知点 *B* 到已知点 *E* 的纵、横坐标附合条件 2 个［参照式（5-4-41）］。边长条件、正弦定理条件叙述如下。

1）边长条件方程

边长条件即边长附合条件，是指从一个已知边长出发，推算至另一个已知边长后，所得推算值应与原已知值相等。

设 *AB* 边的已知长度为 S_{AB}，*EF* 边的已知长度为 S_{EF}。如果沿图 5-4-7 所示的推算路线，从 *AB* 向 *EF* 推算（*AB*→*BC*→ *CD*→*CF*→*FE*），得 *EF* 边长推算值的最或然值为 $\hat{S}_{EF}$，设由网中 *AB* 边已知边长和各观测角度推算的 *EF* 边长近似值为 S_{EF}^0，则边长附合条件方程为

$$\hat{S}_{EF}-S_{EF}=0$$

其中，

$$\hat{S}_{EF}=S_{AB}\frac{\sin\hat{L}_1\sin\hat{L}_4\sin\hat{L}_7\sin\hat{L}_{10}}{\sin\hat{L}_2\sin\hat{L}_5\sin\hat{L}_8\sin\hat{L}_{11}}$$

整理得

$$\frac{S_{AB}\sin\hat{L}_1\sin\hat{L}_4\sin\hat{L}_7\sin\hat{L}_{10}}{\hat{S}_{EF}\sin\hat{L}_2\sin\hat{L}_5\sin\hat{L}_8\sin\hat{L}_{11}}-1=0$$

改正数条件方程为

$$\cot L_1v_1-\cot L_2v_2+\cot L_4v_4-\cot L_5v_5+\cot L_7v_7-\cot L_8v_8+\cot L_{10}v_{10}-\cot L_{11}v_{11}+w_S=0 \tag{5-4-32}$$

式中，

$$w_S=\rho''\left(1-\frac{S_{EF}^0\sin L_2\sin L_5\sin L_8\sin L_{11}}{S_{AB}\sin L_1\sin L_4\sin L_7\sin L_{10}}\right)$$

2）正弦定理条件方程

在图 5-4-7 所示的三角形 *ABC* 中，根据正弦定理得

$$\frac{\hat{S}_1}{\sin\hat{L}_3}=\frac{\hat{S}_2}{\sin\hat{L}_1}$$

线性化的改正数条件方程为

$$-S_1\cos L_1\frac{v_1}{\rho''}+S_2\cos L_3\frac{v_3}{\rho''}+\sin L_1 v_{S_1}-\sin L_3 v_{S_2}+w=0 \tag{5-4-33}$$

式中，

$$w=S_1\sin L_1-S_2\sin L_3$$

3）边角权的确定

边角网和下节的导线网中，既有角度又有边长，两者的量纲不同，观测精度一般情况下也不相等。在依据最小二乘法进行平差时，应合理地确定边角权之间的关系。为统一确定角度和边长观测值的权，可以采用以下方法。

设先验单位权方差为σ_0^2，测角中误差为σ_{β_i}，测边中误差为σ_{S_i}，则定权公式为

$$p_{\beta_i}=\frac{\sigma_0^2}{\sigma_{\beta_i}^2},\ p_{S_i}=\frac{\sigma_0^2}{\sigma_{S_i}^2}$$

当角度为等精度观测时，设$\sigma_{\beta_1}=\sigma_{\beta_2}=\cdots=\sigma_{\beta_n}=\sigma_\beta$。导线边长变化较大使得测边精度不等，定权时一般令$\sigma_0^2=\sigma_\beta^2$，即以测角中误差为边角网平差中的单位权观测值中误差，由此即得

$$p_{\beta_i}=\frac{\sigma_\beta^2}{\sigma_\beta^2}=1,\quad p_{S_i}=\frac{\sigma_\beta^2}{\sigma_{S_i}^2} \tag{5-4-34}$$

式中，σ_β以秒为单位。

为了确定边、角观测值的权，必须已知σ_β和σ_{S_i}。一般平差前是无法精确知道的，所以采用经验定权的方法，即σ_β^2和$\sigma_{S_i}^2$采用厂方给定的测角、测距仪器的标称精度或者是经验数据。

在边角同测网中，权是有单位的，如式（5-4-34）中$p_{\beta_i}=1$无量纲，而边长的权p_{S_i}有量纲。在实际计算时，测角中误差的单位为秒，为使边长观测值的权与角度观测值的权相差不至于过大，应合理选择测边中误差的单位，如果σ_{S_i}的单位取 cm，则p_{S_i}的量纲为秒^2 / cm^2。在这种情况下，角度改正数v_{β_i}要取秒为单位，而边长改正数v_{S_i}则要取 cm 为单位。这点在不同类型观测联合平差时应予以注意。

5.4.5 导线网条件方程

导线网，包括单一附合导线、单一闭合导线和结点导线网。

导线测量的观测元素包括角度和边长两种元素，所以也可以把导线网看做是边角网。导线有单一附合导线和闭合导线两种，而导线网又是由若干单一附合导线和闭合导线组成的。

1）单一附合导线的条件方程

如图 5-4-8 所示的单一附合导线，观测了 n+1 个左角和 n 条边，观测总数是 2n+1，必要观测数为 2(n−1)，故多余观测数是 3 个，说明在该单一附合导线中产生三个条件方程，分别是由两个起算边坐标方位角构成的一个坐标方位角条件和两个起算点构成的一对纵横坐标条件。

坐标方位角条件式：从起始方位角α_{AB}开始，利用导线各转折角的平差值推算出终边方位角α'_{CD}，推算的方位角α'_{CD}应等于其已知的起算方位角α_{CD}，即

$$\alpha_{AB}+\sum_{i=1}^{n+1}\hat{\beta}_i-(n+1)\times180^\circ=\alpha_{CD} \tag{5-4-35}$$

或

$$\sum_{i=1}^{n+1} v_{\beta_i} + w_\beta = 0 \tag{5-4-36}$$

式中，w_β 为闭合差：

$$w_\beta = \alpha_{AB} + \sum_{i=1}^{n+1} \beta_i - (n+1)\times 180° - \alpha_{CD} \tag{5-4-37}$$

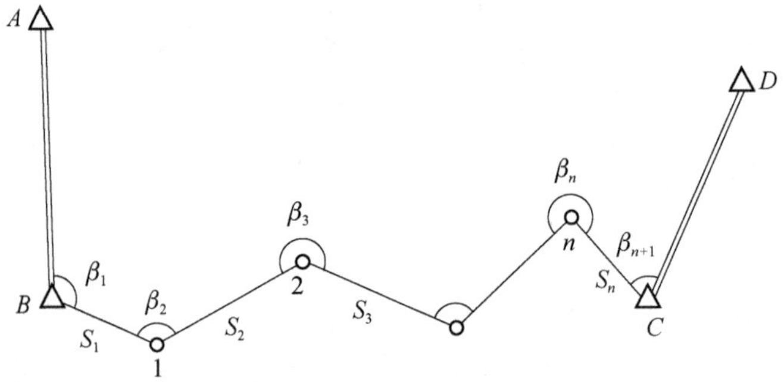

图 5-4-8　单一附合导线

纵、横坐标条件式：从一个起算点的纵、横坐标出发，利用导线各转折角、边长的平差值计算另一个起算点的纵、横坐标值，推算的坐标值应等于该起算点的已知纵、横坐标值。则坐标条件表达为

$$\begin{cases} x_B + \sum_{i=1}^{n} \Delta\hat{x}_i - x_C = 0 \\ y_B + \sum_{i=1}^{n} \Delta\hat{y}_i - y_C = 0 \end{cases} \tag{5-4-38}$$

式中，

$$\begin{cases} \Delta\hat{x}_i = \hat{S}_i \times \cos\hat{\alpha}_i \\ \Delta\hat{y}_i = \hat{S}_i \times \sin\hat{\alpha}_i \end{cases} \tag{5-4-39}$$

而方位角又是观测角度的函数：

$$\hat{\alpha}_i = \alpha_{AB} + \sum_{j=1}^{i} \hat{\beta}_j \pm i \times 180° \tag{5-4-40}$$

将边长 $\hat{S}_i = S_i + v_{S_i}$、方位角 $\hat{\alpha}_i = \alpha_i + v_{\alpha_i}$、角度 $\hat{\beta}_i = \beta_i + v_{\beta_i}$ 代入式（5-4-39）中的纵坐标增量公式及式（5-4-40），用泰勒公式展开并取至一次项，将非线性条件式线性化：

$$\begin{aligned} \Delta\hat{x}_i &= (S_i + v_{S_i})\cos(\alpha_i + v_{\alpha_i}) = (S_i + v_{S_i})\cos(\alpha_i + \sum_{j=1}^{i} v_{\beta_j}) \\ &= S_i \cos\alpha_i + \cos\alpha_i v_{S_i} - \frac{S_i \sin\alpha_i}{\rho''} \sum_{j=1}^{i} v_{\beta_j} \\ &= \Delta x_i + \cos\alpha_i v_{S_i} - \frac{\Delta y_i}{\rho''} \sum_{j=1}^{i} v_{\beta_j} \end{aligned}$$

其中，$\Delta x_i = S_i \cos\alpha_i$ 为由观测量计算出的近似坐标增量。将上式代入式（5-4-38）中的纵坐标

式的等号左端，并按 v_{β_j} 合并同类项，得

$$
\begin{aligned}
x_B+\sum_{i=1}^{n}\Delta\hat{x}_i-x_C &= x_B+\sum_{i=1}^{n}(\Delta x_i+\cos\alpha_i v_{S_i}-\frac{\Delta y_i}{\rho''}\sum_{j=1}^{i}v_{\beta_j})-x_C \\
&=(x_B+\sum_{i=1}^{n}\Delta x_i)+\sum_{i=1}^{n}\cos\alpha_i v_{S_i}-\frac{1}{\rho''}\sum_{i=1}^{n}(y'_C-y_i)v_{\beta_i}-x_C \\
&=x'_C+\sum_{i=1}^{n}\cos\alpha_i v_{S_i}-\frac{1}{\rho''}\sum_{i=1}^{n}(y'_C-y_i)v_{\beta_i}-x_C
\end{aligned}
$$

式中，x'_C、y'_C 表示通过角度、边长观测值计算的 C 点坐标，为平差前近似坐标。

仿照纵坐标条件推导过程，可写出横坐标条件式。最后的纵、横坐标条件方程为

$$
\begin{cases}
\sum_{i=1}^{n}\cos\alpha_i v_{s_i}-\frac{1}{\rho''}\sum_{i=1}^{n}(y'_C-y_i)v_{\beta_i}+w_x=0 \\
\sum_{i=1}^{n}\sin\alpha_i v_{s_i}+\frac{1}{\rho''}\sum_{i=1}^{n}(x'_C-x_i)v_{\beta_i}+w_y=0
\end{cases}
\tag{5-4-41}
$$

常数项按下式计算：

$$
\begin{cases}
w_x=x_B+\sum_{i=1}^{n}\Delta x_i-x_C=x'_C-x_C \\
w_y=y_B+\sum_{i=1}^{n}\Delta y_i-y_C=y'_C-y_C
\end{cases}
\tag{5-4-42}
$$

2）单一闭合导线的条件方程

若图 5-4-8 中的 B 和 C、A 和 D 分别重合，则形成图 5-4-9 所示的单一闭合导线。坐标方位角条件就成为多边形内角和条件，纵、横坐标条件则成为多边形各边的坐标增量闭合条件。

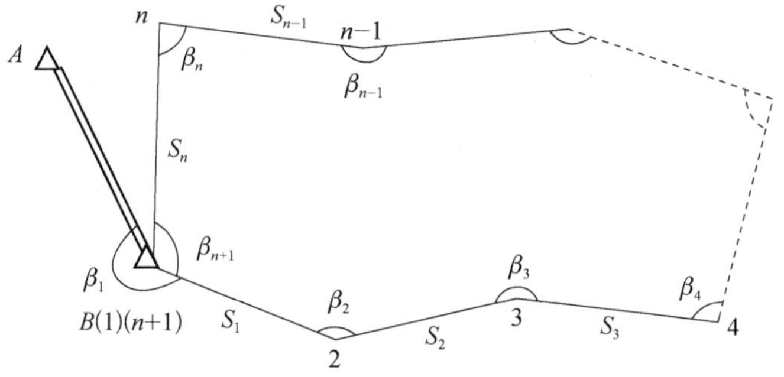

图 5-4-9　单一闭合导线

图 5-4-9 中，有一个已知点和 $n-1$ 个待测点，观测了 n 个转折角和 n+1 条导线边，为了定向，还观测了一个连接角 β_1。不难分析，闭合导线也只有三个多余观测值，产生三个条件式。仿照附合导线条件方程的列立方法，可得闭合导线的条件方程。

多边形内角和闭合条件：

$$
\sum_{i=2}^{n+1}v_{\beta_i}+w_\beta=0 \tag{5-4-43}
$$

式中，w_β 为闭合差：

$$w_{\beta}=\sum_{i=2}^{n+1}\beta_i-(n-2)\times 180^{\circ} \tag{5-4-44}$$

纵、横坐标条件方程：

$$\begin{cases}\sum_{i=1}^{n}\cos\alpha_i v_{S_i}-\dfrac{1}{\rho''}\sum_{i=1}^{n}(y'_B-y_i)v_{\beta_i}+w_x=0\\ \sum_{i=1}^{n}\sin\alpha_i v_{S_i}+\dfrac{1}{\rho''}\sum_{i=1}^{n}(x'_B-x_i)v_{\beta_i}+w_y=0\end{cases} \tag{5-4-45}$$

常数项按下式计算：

$$\begin{cases}w_x=\sum_{i=1}^{n}\Delta x_i=x'_B-x_B\\ w_y=\sum_{i=1}^{n}\Delta y_i=y'_B-y_B\end{cases} \tag{5-4-46}$$

3）导线网条件方程

导线网一般都是由单一附合导线和闭合导线组成的。因此，导线网条件方程有方位角条件和坐标条件。另外，当节点周围的角度都进行了观测，在节点上还要产生一个圆周条件。

5.4.6 以坐标为观测值的条件方程

GIS 基础数据的来源，一类是用仪器直接采集数据获得，一类是数字化所得数据，如数字化仪或扫描仪对地面点坐标数字化得出的坐标值，该坐标值是仪器机械坐标系统的坐标，经坐标变换得到地面坐标系统中的坐标值。由于观测或数字化过程有误差，这些坐标被认为是一组观测值而参与平差。下面举例说明。

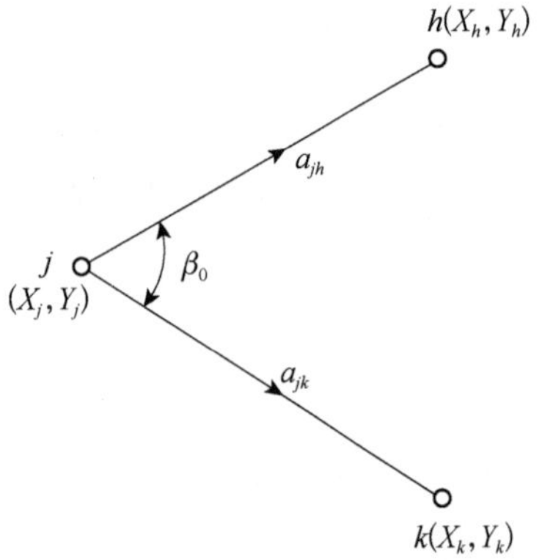

图 5-4-10 坐标观测值和内角

1）直角与直线型的条件方程

设有数字化坐标观测值 (X_h,Y_h)、(X_j,Y_j)、(X_k,Y_k)，如图 5-4-10 所示。坐标平差值为 $\hat{X}=X+v_x$，$\hat{Y}=Y+v_y$，β_0 为应有值，如果两条直线垂直，则 $\beta_0=90°$ 或 $270°$；如 h、j、k 三个点在同一条直线上，则 $\beta_0=180°$ 或 $0°$。故有条件方程为

$$\hat{\alpha}_{jk}-\hat{\alpha}_{jh}=\beta_0 \tag{5-4-47}$$

或

$$\arctan\frac{(Y_k+v_{y_k})-(Y_j+v_{y_j})}{(X_k+v_{x_k})-(X_j+v_{x_j})}-\arctan\frac{(Y_h+v_{y_h})-(Y_j+v_{y_j})}{(X_h+v_{x_h})-(X_j+v_{x_j})}-\beta_0=0 \tag{5-4-48}$$

式中，左端的第一项为

$$\hat{\alpha}_{jk}=\arctan\frac{\hat{Y}_k-\hat{Y}_j}{\hat{X}_k-\hat{X}_j}=\arctan\frac{(Y_k+v_{y_k})-(Y_j+v_{y_j})}{(X_k+v_{x_k})-(X_j+v_{x_j})}$$

将上式右端按台劳公式展开并取至一次项，得

$$\hat{\alpha}_{jk}=\arctan\frac{Y_k-Y_j}{X_k-X_j}+\left(\frac{\partial\hat{\alpha}_{jk}}{\partial\hat{X}_j}\right)_0 v_{x_j}+\left(\frac{\partial\hat{\alpha}_{jk}}{\partial\hat{Y}_j}\right)_0 v_{y_j}+\left(\frac{\partial\hat{\alpha}_{jk}}{\partial\hat{X}_k}\right)_0 v_{x_k}+\left(\frac{\partial\hat{\alpha}_{jk}}{\partial\hat{Y}_k}\right)_0 v_{y_k} \tag{5-4-49}$$

令

$$\alpha_{jk}^{0} = \arctan\frac{Y_k - Y_j}{X_k - X_j}$$

$$\delta\alpha_{jk} = \left(\frac{\partial\hat{\alpha}_{jk}}{\partial\hat{X}_j}\right)_0 v_{x_j} + \left(\frac{\partial\hat{\alpha}_{jk}}{\partial\hat{Y}_j}\right)_0 v_{y_j} + \left(\frac{\partial\hat{\alpha}_{jk}}{\partial\hat{X}_k}\right)_0 v_{x_k} + \left(\frac{\partial\hat{\alpha}_{jk}}{\partial\hat{Y}_k}\right)_0 v_{y_k}$$

式中，$()_0$ 表示用坐标观测值代替坐标平差值计算的偏导数值。于是，式（5-4-49）又可写为

$$\hat{\alpha}_{jk} = \alpha_{jk}^{0} + \delta\alpha_{jk} \tag{5-4-50}$$

因为 $(\arctan x)' = \frac{1}{1+x^2}$，$\left(\frac{1}{x}\right)' = -\frac{1}{x^2}$，所以

$$\left(\frac{\partial\hat{\alpha}_{jk}}{\partial\hat{X}_j}\right)_0 = \frac{\dfrac{Y_k^0 - Y_j^0}{(X_k^0 - X_j^0)^2}}{1+\left(\dfrac{Y_k^0 - Y_j^0}{X_k^0 - X_j^0}\right)^2} = \frac{Y_k^0 - Y_j^0}{(X_k^0 - X_j^0)^2 + (Y_k^0 - Y_j^0)^2} = \frac{\Delta Y_{jk}^0}{(S_{jk}^0)^2}$$

类似可得

$$\left(\frac{\partial\hat{\alpha}_{jk}}{\partial\hat{Y}_j}\right)_0 = -\frac{\Delta X_{jk}^0}{(S_{jk}^0)^2}, \left(\frac{\partial\hat{\alpha}_{jk}}{\partial\hat{X}_k}\right)_0 = -\frac{\Delta Y_{jk}^0}{(S_{jk}^0)^2}, \left(\frac{\partial\hat{\alpha}_{jk}}{\partial\hat{Y}_k}\right)_0 = \frac{\Delta X_{jk}^0}{(S_{jk}^0)^2}$$

将上述结果代入式（5-4-49），并顾及全式的单位得

$$\hat{\alpha}_{jk} = \alpha_{jk}^{0} + \frac{\rho''\Delta Y_{jk}^0}{(S_{jk}^0)^2}v_{x_j} - \frac{\rho''\Delta X_{jk}^0}{(S_{jk}^0)^2}v_{y_j} - \frac{\rho''\Delta Y_{jk}^0}{(S_{jk}^0)^2}v_{x_k} + \frac{\rho''\Delta X_{jk}^0}{(S_{jk}^0)^2}v_{y_k} \tag{5-4-51}$$

同理可得

$$\hat{\alpha}_{jh} = \alpha_{jh}^{0} + \delta\alpha_{jh} = \alpha_{jh}^{0} + \frac{\rho''\Delta Y_{jh}^0}{(S_{jh}^0)^2}v_{x_j} - \frac{\rho''\Delta X_{jh}^0}{(S_{jh}^0)^2}v_{y_j} - \frac{\rho''\Delta Y_{jh}^0}{(S_{jh}^0)^2}v_{x_h} + \frac{\rho''\Delta X_{jh}^0}{(S_{jh}^0)^2}v_{y_h} \tag{5-4-52}$$

将式（5-4-51）和式（5-4-52）代入式（5-4-47），即得条件方程为

$$\begin{aligned}&\rho''\left(\frac{\Delta Y_{jk}^0}{(S_{jk}^0)^2} - \frac{\Delta Y_{jh}^0}{(S_{jh}^0)^2}\right)v_{x_j} - \rho''\left(\frac{\Delta X_{jk}^0}{(S_{jk}^0)^2} - \frac{\Delta X_{jh}^0}{(S_{jh}^0)^2}\right)v_{y_j} - \frac{\rho''\Delta Y_{jk}^0}{(S_{jk}^0)^2}v_{x_k} \\ &+ \frac{\rho''\Delta X_{jk}^0}{(S_{jk}^0)^2}v_{y_k} + \frac{\rho''\Delta Y_{jh}^0}{(S_{jh}^0)^2}v_{x_h} - \frac{\rho''\Delta X_{jh}^0}{(S_{jh}^0)^2}v_{y_h} + w = 0\end{aligned} \tag{5-4-53}$$

及

$$w = \alpha_{jk}^0 - \alpha_{jh}^0 - \beta_0 \tag{5-4-54}$$

2）距离型的条件方程

数字化所得两点间距离应与已知值相符合，为此所组成的条件方程称为距离型条件方程。设点 $(\hat{X}_j, \hat{Y}_j)$ 与点 $(\hat{X}_k, \hat{Y}_k)$ 之间的距离已知值为 S_0，则其条件方程为

$$\left[(\hat{Y}_k - \hat{Y}_j)^2 + (\hat{X}_k - \hat{X}_j)^2\right]^{\frac{1}{2}} = S_0$$

将数字化坐标观测值及其改正数代入，并用台劳公式展开取至一次项，得条件方程为

$$-\frac{\Delta X_{jk}^0}{S_{jk}^0}v_{x_j}-\frac{\Delta Y_{jk}^0}{S_{jk}^0}v_{y_j}+\frac{\Delta X_{jk}^0}{S_{jk}^0}v_{x_k}+\frac{\Delta Y_{jk}^0}{S_{jk}^0}v_{y_k}+w_s=0 \tag{5-4-55}$$

式中，

$$w_s=S_{jk}^0-S_0=\left[(Y_k-Y_j)^2+(X_k-X_j)^2\right]^{\frac{1}{2}}-S_0 \tag{5-4-56}$$

例 5-4-1 在摄影测量的竖直平面相对控制中，为使n个观测点(x_i,y_i)位于同一竖直面上，试列出所应满足的条件方程。

解： 本题$t=2$（不在同一铅垂线上的 2 个点），条件方程数$r=n-2$。设观测点坐标的平差值为(X_i,Y_i)，则可列出$n-2$个条件方程为

$$\frac{X_i-X_1}{Y_i-Y_1}=\frac{X_i-X_2}{Y_i-Y_2}\quad (i=3,4,\cdots,n)$$

或

$$(X_i-X_1)(Y_i-Y_2)-(X_i-X_2)(Y_i-Y_1)=0\quad (i=3,4,\cdots,n)$$

将$X_i=x_i+v_{x_i}$，$Y_i=y_i+v_{y_i}$代入，用泰勒公式展开取一次项可得条件方程的线性形式为

$$\left[\Delta y_{2i}-\Delta y_{1i}\right]v_{x_i}+\left[\Delta x_{1i}-\Delta x_{2i}\right]v_{y_i}+w=0$$

式中，$\Delta x_{1i}=x_i-x_1$；$\Delta x_{2i}=x_i-x_2$；$\Delta y_{1i}=y_i-y_1$；$\Delta y_{2i}=y_i-y_2$；$w=\Delta x_{1i}\Delta y_{2i}-\Delta x_{2i}\Delta y_{1i}$。

5.5 精 度 评 定

测量平差的目的之一是要评定测量成果的精度，测量成果精度包括两个方面：一是观测值的实际精度；二是由观测值经平差得到的观测值函数的精度。

设观测值向量 $\boldsymbol{L}$ 的方差为

$$\boldsymbol{D}_L=\boldsymbol{D}=\sigma_0^2\boldsymbol{Q}=\sigma_0^2\boldsymbol{P}^{-1} \tag{5-5-1}$$

平差前已知的是先验方差，由此定权参与平差。但是，评定精度需要的是观测的实际精度，式（5-5-1）中，$\boldsymbol{Q}$ 已知，故只要对单位权方差σ_0^2作出估计，由估值$\hat{\sigma}_0^2$代入式（5-5-1）求得方差估值$\hat{\boldsymbol{D}}$，同时通过$\hat{\boldsymbol{D}}$与$\boldsymbol{D}$的比较，可用统计检验方法检验后验方差$\hat{\boldsymbol{D}}$是否与先验方差一致（$\hat{\boldsymbol{D}}$与$\boldsymbol{D}$的检验，参见相关测量平差教材）。

通过条件平差，求得改正数 $\boldsymbol{V}$，平差值$\hat{\boldsymbol{L}}$，由此可计算平差值$\hat{\boldsymbol{L}}$的任何函数$\hat{\varphi}=\boldsymbol{F}^{\mathrm{T}}\hat{\boldsymbol{L}}$。$\boldsymbol{V}$、$\hat{\boldsymbol{L}}$、$\hat{\varphi}$等都是观测值 $\boldsymbol{L}$ 的函数。有了观测值向量 $\boldsymbol{L}$ 的方差阵，便可推求$\boldsymbol{V}$、$\hat{\boldsymbol{L}}$、$\hat{\varphi}$等的方差阵。一般，设观测值的函数为

$$\boldsymbol{G}=\boldsymbol{F}^{\mathrm{T}}\boldsymbol{L}$$

则按协方差传播律可得

$$\hat{\boldsymbol{D}}_G=\hat{\sigma}_0^2\boldsymbol{Q}_{GG}=\hat{\sigma}_0^2\boldsymbol{F}^{\mathrm{T}}\boldsymbol{Q}\boldsymbol{F} \tag{5-5-2}$$

式中，$\boldsymbol{Q}$ 为观测值协因数阵。所以，为求定 $\boldsymbol{G}$ 的方差估值，需要计算涉及变量 $\boldsymbol{G}$ 的协因数阵和估计单位权方差。

5.5.1 单位权方差的估值公式

一个平差问题，不论采用何种基本平差方法，单位权方差的估值都是残差平方和$\boldsymbol{V}^{\mathrm{T}}\boldsymbol{P}\boldsymbol{V}$除以该平差问题的自由度$r$（多余观测数），即

$$\hat{\sigma}_0^2 = \frac{\boldsymbol{V}^{\mathrm{T}}\boldsymbol{PV}}{r} \tag{5-5-3}$$

对于条件平差，r 也是条件方程的个数。

考虑四种基本平差方法的单位权方差估值公式都是式（5-5-3），它与具体采用的平差方法无关，此公式将在 9.5.5 节中证明。

计算 $\hat{\sigma}_0^2$，需先计算 $\boldsymbol{V}^{\mathrm{T}}\boldsymbol{PV}$。$\boldsymbol{V}^{\mathrm{T}}\boldsymbol{PV}$ 可以采用多种方法计算。

1）直接计算

计算出 $\boldsymbol{V}$ 和 $\boldsymbol{P}$ 后，直接由它们计算 $\boldsymbol{V}^{\mathrm{T}}\boldsymbol{PV}$。观测值若相互独立，则 $\boldsymbol{P}$ 为对角阵，纯量形式为

$$\boldsymbol{V}^{\mathrm{T}}\boldsymbol{PV} = [pvv] = p_1v_1^2 + p_2v_2^2 + \cdots + p_nv_n^2$$

2）公式计算

因为 $\boldsymbol{V}=\boldsymbol{QA}^{\mathrm{T}}\boldsymbol{K}$，$\boldsymbol{K} = -\boldsymbol{N}_{aa}^{-1}\boldsymbol{W}$，故有

$$\boldsymbol{V}^{\mathrm{T}}\boldsymbol{PV}=(\boldsymbol{QA}^{\mathrm{T}}\boldsymbol{K})^{\mathrm{T}}\boldsymbol{P}(\boldsymbol{QA}^{\mathrm{T}}\boldsymbol{K}) = \boldsymbol{K}^{\mathrm{T}}\boldsymbol{AQA}^{\mathrm{T}}\boldsymbol{K} = \boldsymbol{K}^{\mathrm{T}}\boldsymbol{N}_{aa}\boldsymbol{K} = \boldsymbol{W}^{\mathrm{T}}\boldsymbol{N}_{aa}^{-1}\boldsymbol{W} \tag{5-5-4}$$

式中顾及了 $(\boldsymbol{QA}^{\mathrm{T}}\boldsymbol{K})^{\mathrm{T}} = \boldsymbol{K}^{\mathrm{T}}\boldsymbol{AQ}^{\mathrm{T}}$，$\boldsymbol{Q}^{\mathrm{T}}=\boldsymbol{Q}$，$\boldsymbol{PQ} = \boldsymbol{I}$，所以二次型 $\boldsymbol{V}^{\mathrm{T}}\boldsymbol{PV}$ 可用联系数 $\boldsymbol{K}$ 或闭合差 $\boldsymbol{W}$ 及法方程系数阵 $\boldsymbol{N}_{aa}$ 来计算。

此外，

$$\boldsymbol{V}^{\mathrm{T}}\boldsymbol{PV}=\boldsymbol{V}^{\mathrm{T}}\boldsymbol{P}(\boldsymbol{QA}^{\mathrm{T}}\boldsymbol{K})=\boldsymbol{V}^{\mathrm{T}}\boldsymbol{A}^{\mathrm{T}}\boldsymbol{K} = -\boldsymbol{W}^{\mathrm{T}}\boldsymbol{K} \tag{5-5-5}$$

式中顾及了条件方程 $\boldsymbol{AV} + \boldsymbol{W} = 0$，即 $\boldsymbol{AV}= -\boldsymbol{W}$，$\boldsymbol{V}^{\mathrm{T}}\boldsymbol{A}^{\mathrm{T}} = -\boldsymbol{W}^{\mathrm{T}}$，所以 $\boldsymbol{V}^{\mathrm{T}}\boldsymbol{PV}$ 也可用闭合差和联系数的积反号来计算。

5.5.2　协因数阵的计算

在条件平差中，基本向量为 $\boldsymbol{L}$、$\boldsymbol{W}$、$\boldsymbol{K}$、$\boldsymbol{V}$ 和 $\hat{\boldsymbol{L}}$，它们都是观测值向量 $\boldsymbol{L}$ 的函数，即

$$\boldsymbol{L} = \boldsymbol{L}$$

$$\boldsymbol{W} = \boldsymbol{AL} + \boldsymbol{A}_0 \tag{5-5-6}$$

$$\boldsymbol{K} = -\boldsymbol{N}_{aa}^{-1}\boldsymbol{W} = -\boldsymbol{N}_{aa}^{-1}\boldsymbol{AL} - \boldsymbol{N}_{aa}^{-1}\boldsymbol{A}_0 \tag{5-5-7}$$

$$\boldsymbol{V} = \boldsymbol{QA}^{\mathrm{T}}\boldsymbol{K} = -\boldsymbol{QA}^{\mathrm{T}}\boldsymbol{N}_{aa}^{-1}\boldsymbol{W} = -\boldsymbol{QA}^{\mathrm{T}}\boldsymbol{N}_{aa}^{-1}\boldsymbol{AL} - \boldsymbol{QA}^{\mathrm{T}}\boldsymbol{N}_{aa}^{-1}\boldsymbol{A}_0 \tag{5-5-8}$$

$$\hat{\boldsymbol{L}} = \boldsymbol{L} + \boldsymbol{V}=(\boldsymbol{I} - \boldsymbol{QA}^{\mathrm{T}}\boldsymbol{N}_{aa}^{-1}\boldsymbol{A})\boldsymbol{L} - \boldsymbol{QA}^{\mathrm{T}}\boldsymbol{N}_{aa}^{-1}\boldsymbol{A}_0 \tag{5-5-9}$$

令

$$\boldsymbol{Z} = \begin{bmatrix} \boldsymbol{L} \\ \boldsymbol{W} \\ \boldsymbol{K} \\ \boldsymbol{V} \\ \hat{\boldsymbol{L}} \end{bmatrix} = \begin{bmatrix} \boldsymbol{I} \\ \boldsymbol{A} \\ -\boldsymbol{N}_{aa}^{-1}\boldsymbol{A} \\ -\boldsymbol{QA}^{\mathrm{T}}\boldsymbol{N}_{aa}^{-1}\boldsymbol{A} \\ (\boldsymbol{I} - \boldsymbol{QA}^{\mathrm{T}}\boldsymbol{N}_{aa}^{-1}\boldsymbol{A}) \end{bmatrix} \boldsymbol{L} + \begin{bmatrix} 0 \\ \boldsymbol{A}_0 \\ -\boldsymbol{N}_{aa}^{-1}\boldsymbol{A}_0 \\ -\boldsymbol{QA}^{\mathrm{T}}\boldsymbol{N}_{aa}^{-1}\boldsymbol{A}_0 \\ -\boldsymbol{QA}^{\mathrm{T}}\boldsymbol{N}_{aa}^{-1}\boldsymbol{A}_0 \end{bmatrix}$$

则 $\boldsymbol{Z}$ 的协因数阵为

$$\boldsymbol{Q}_{ZZ} = \begin{bmatrix} \boldsymbol{Q}_{LL} & \boldsymbol{Q}_{LW} & \boldsymbol{Q}_{LK} & \boldsymbol{Q}_{LV} & \boldsymbol{Q}_{L\hat{L}} \\ \boldsymbol{Q}_{WL} & \boldsymbol{Q}_{WW} & \boldsymbol{Q}_{WK} & \boldsymbol{Q}_{WV} & \boldsymbol{Q}_{W\hat{L}} \\ \boldsymbol{Q}_{KL} & \boldsymbol{Q}_{KW} & \boldsymbol{Q}_{KK} & \boldsymbol{Q}_{KV} & \boldsymbol{Q}_{K\hat{L}} \\ \boldsymbol{Q}_{VL} & \boldsymbol{Q}_{VW} & \boldsymbol{Q}_{VK} & \boldsymbol{Q}_{VV} & \boldsymbol{Q}_{V\hat{L}} \\ \boldsymbol{Q}_{\hat{L}L} & \boldsymbol{Q}_{\hat{L}W} & \boldsymbol{Q}_{\hat{L}K} & \boldsymbol{Q}_{\hat{L}V} & \boldsymbol{Q}_{\hat{L}\hat{L}} \end{bmatrix}$$

已知$\boldsymbol{Q}_{LL}=\boldsymbol{Q}$，应用协因数传播律，就可以推求上述 5 个基本向量各自的协因数阵及两两向量间的互协因数阵。推导时，每个协因数阵或互协因数阵都可基于观测值向量$\boldsymbol{L}$的函数形式进行推导（见延伸阅读），事实上后面公式推导时可以用前面的推导结果。

对式（5-5-6）～式（5-5-9），按协因数传播律，顾及$(\boldsymbol{N}_{aa}^{-1})^{\mathrm{T}}=\boldsymbol{N}_{aa}^{-1}$、$\boldsymbol{Q}^{\mathrm{T}}=\boldsymbol{Q}$，可得$\boldsymbol{L}$、$\boldsymbol{W}$、$\boldsymbol{K}$、$\boldsymbol{V}$的自协因数阵及相互间的协因数阵为

$$\begin{aligned}
\boldsymbol{Q}_{LL}&=\boldsymbol{Q}\\
\boldsymbol{Q}_{WW}&=\boldsymbol{AQA}^{\mathrm{T}}=\boldsymbol{N}_{aa}\\
\boldsymbol{Q}_{KK}&=\boldsymbol{N}_{aa}^{-1}\boldsymbol{Q}_{WW}\boldsymbol{N}_{aa}^{-1}=\boldsymbol{N}_{aa}^{-1}\boldsymbol{N}_{aa}\boldsymbol{N}_{aa}^{-1}=\boldsymbol{N}_{aa}^{-1}\\
\boldsymbol{Q}_{VV}&=\boldsymbol{QA}^{\mathrm{T}}\boldsymbol{Q}_{KK}\boldsymbol{AQ}=\boldsymbol{QA}^{\mathrm{T}}\boldsymbol{N}_{aa}^{-1}\boldsymbol{AQ}\\
\boldsymbol{Q}_{LW}&=\boldsymbol{QA}^{\mathrm{T}}\\
\boldsymbol{Q}_{LK}&=-\boldsymbol{QA}^{\mathrm{T}}\boldsymbol{N}_{aa}^{-1}\\
\boldsymbol{Q}_{LV}&=-\boldsymbol{QA}^{\mathrm{T}}\boldsymbol{N}_{aa}^{-1}\boldsymbol{AQ}\\
\boldsymbol{Q}_{WK}&=-\boldsymbol{AQA}^{\mathrm{T}}\boldsymbol{N}_{aa}^{-1}=-\boldsymbol{N}_{aa}\boldsymbol{N}_{aa}^{-1}=-\boldsymbol{I}\\
\boldsymbol{Q}_{WV}&=-\boldsymbol{Q}_{WW}\boldsymbol{N}_{aa}^{-1}\boldsymbol{AQ}=-\boldsymbol{N}_{aa}\boldsymbol{N}_{aa}^{-1}\boldsymbol{AQ}=-\boldsymbol{AQ}\\
\boldsymbol{Q}_{KV}&=\boldsymbol{N}_{aa}^{-1}\boldsymbol{Q}_{WW}\boldsymbol{N}_{aa}^{-1}\boldsymbol{AQ}=\boldsymbol{N}_{aa}^{-1}\boldsymbol{AQ}
\end{aligned}$$

计算$\hat{\boldsymbol{L}}$与$\boldsymbol{L}$、$\boldsymbol{W}$、$\boldsymbol{K}$、$\boldsymbol{V}$间的互协因数阵及它的自协因数阵，得

$$\begin{aligned}
\boldsymbol{Q}_{L\hat{L}}&=\boldsymbol{Q}_{LL}+\boldsymbol{Q}_{LV}=\boldsymbol{Q}-\boldsymbol{QA}^{\mathrm{T}}\boldsymbol{N}_{aa}^{-1}\boldsymbol{AQ}\\
\boldsymbol{Q}_{W\hat{L}}&=\boldsymbol{Q}_{WL}+\boldsymbol{Q}_{WV}=\boldsymbol{Q}_{LW}^{\mathrm{T}}+\boldsymbol{Q}_{WV}=\boldsymbol{AQ}-\boldsymbol{AQ}=0\\
\boldsymbol{Q}_{K\hat{L}}&=\boldsymbol{Q}_{KL}+\boldsymbol{Q}_{KV}=-\boldsymbol{N}_{aa}^{-1}\boldsymbol{AQ}+\boldsymbol{N}_{aa}^{-1}\boldsymbol{AQ}=0\\
\boldsymbol{Q}_{V\hat{L}}&=\boldsymbol{Q}_{VL}+\boldsymbol{Q}_{VV}=0\\
\boldsymbol{Q}_{\hat{L}\hat{L}}&=\boldsymbol{Q}_{LL}-\boldsymbol{Q}_{VV}=\boldsymbol{Q}-\boldsymbol{QA}^{\mathrm{T}}\boldsymbol{N}_{aa}^{-1}\boldsymbol{AQ}
\end{aligned}$$

类似可以推求剩余的 10 个协因数阵。将以上结果列于表 5-5-1，以便查用。由表 5-5-1 可知：①$\boldsymbol{Q}_{LV}=\boldsymbol{Q}_{VL}=-\boldsymbol{Q}_{VV}$，$\boldsymbol{Q}_{\hat{L}\hat{L}}=\boldsymbol{Q}_{L\hat{L}}=\boldsymbol{Q}_{\hat{L}L}=\boldsymbol{Q}-\boldsymbol{Q}_{VV}$；②平差值$\hat{\boldsymbol{L}}$与改正数$\boldsymbol{V}$、闭合差$\boldsymbol{W}$、联系数$\boldsymbol{K}$是不相关的统计量，因为它们都是正态向量，所以也可以说$\hat{\boldsymbol{L}}$与$\boldsymbol{V}$、$\boldsymbol{K}$、$\boldsymbol{W}$相互独立。

表 5-5-1　条件平差基本向量的协因数阵（$\boldsymbol{N}_{aa}=\boldsymbol{AQA}^{\mathrm{T}}$）

	$\boldsymbol{L}$	$\boldsymbol{W}$	$\boldsymbol{K}$	$\boldsymbol{V}$	$\hat{\boldsymbol{L}}$
$\boldsymbol{L}$	$\boldsymbol{Q}$	$\boldsymbol{QA}^{\mathrm{T}}$	$-\boldsymbol{QA}^{\mathrm{T}}\boldsymbol{N}_{aa}^{-1}$	$-\boldsymbol{QA}^{\mathrm{T}}\boldsymbol{N}_{aa}^{-1}\boldsymbol{AQ}$	$\boldsymbol{Q}-\boldsymbol{QA}^{\mathrm{T}}\boldsymbol{N}_{aa}^{-1}\boldsymbol{AQ}$
$\boldsymbol{W}$	$\boldsymbol{AQ}$	$\boldsymbol{N}_{aa}$	$-\boldsymbol{I}$	$-\boldsymbol{AQ}$	0
$\boldsymbol{K}$	$-\boldsymbol{N}_{aa}^{-1}\boldsymbol{AQ}$	$-\boldsymbol{I}$	$\boldsymbol{N}_{aa}^{-1}$	$\boldsymbol{N}_{aa}^{-1}\boldsymbol{AQ}$	0
$\boldsymbol{V}$	$-\boldsymbol{QA}^{\mathrm{T}}\boldsymbol{N}_{aa}^{-1}\boldsymbol{AQ}$	$-\boldsymbol{QA}^{\mathrm{T}}$	$\boldsymbol{QA}^{\mathrm{T}}\boldsymbol{N}_{aa}^{-1}$	$\boldsymbol{QA}^{\mathrm{T}}\boldsymbol{N}_{aa}^{-1}\boldsymbol{AQ}$	0
$\hat{\boldsymbol{L}}$	$\boldsymbol{Q}-\boldsymbol{QA}^{\mathrm{T}}\boldsymbol{N}_{aa}^{-1}\boldsymbol{AQ}$	0	0	0	$\boldsymbol{Q}-\boldsymbol{QA}^{\mathrm{T}}\boldsymbol{N}_{aa}^{-1}\boldsymbol{AQ}$

下面以$\boldsymbol{Q}_{WV}$、$\boldsymbol{Q}_{L\hat{L}}$、$\boldsymbol{Q}_{\hat{L}\hat{L}}$为例进行推导。对$\boldsymbol{Q}_{WV}$，因为$\boldsymbol{W}=\boldsymbol{I}\boldsymbol{W}$，$\boldsymbol{V}=-\boldsymbol{QA}^{\mathrm{T}}\boldsymbol{N}_{aa}^{-1}\boldsymbol{W}$，用协因数传播律得

$$\boldsymbol{Q}_{WV}=\boldsymbol{I}\,\boldsymbol{Q}_{WW}(-\boldsymbol{QA}^{\mathrm{T}}\boldsymbol{N}_{aa}^{-1})^{\mathrm{T}}=-\boldsymbol{Q}_{WW}\boldsymbol{N}_{aa}^{-1}\boldsymbol{AQ}=-\boldsymbol{N}_{aa}\boldsymbol{N}_{aa}^{-1}\boldsymbol{AQ}=-\boldsymbol{AQ}$$

对 $\boldsymbol{Q}_{L\hat{L}}$，因为 $\boldsymbol{L}=\boldsymbol{L}=\begin{pmatrix}\boldsymbol{I} & 0\end{pmatrix}\begin{pmatrix}\boldsymbol{L}\\ \boldsymbol{V}\end{pmatrix}$，$\hat{\boldsymbol{L}}=\boldsymbol{L}+\boldsymbol{V}=\begin{pmatrix}\boldsymbol{I} & \boldsymbol{I}\end{pmatrix}\begin{pmatrix}\boldsymbol{L}\\ \boldsymbol{V}\end{pmatrix}$，则

$$\boldsymbol{Q}_{L\hat{L}}=\begin{pmatrix}\boldsymbol{I} & 0\end{pmatrix}\begin{pmatrix}\boldsymbol{Q}_{LL} & \boldsymbol{Q}_{LV}\\ \boldsymbol{Q}_{VL} & \boldsymbol{Q}_{VV}\end{pmatrix}\begin{pmatrix}\boldsymbol{I} & \boldsymbol{I}\end{pmatrix}^{\mathrm{T}}=\boldsymbol{Q}_{LL}+\boldsymbol{Q}_{LV}=\boldsymbol{Q}-\boldsymbol{Q}\boldsymbol{A}^{\mathrm{T}}\boldsymbol{N}_{aa}^{-1}\boldsymbol{A}\boldsymbol{Q}$$

对 $\boldsymbol{Q}_{\hat{L}\hat{L}}$，因为 $\hat{\boldsymbol{L}}=\boldsymbol{L}+\boldsymbol{V}=\begin{pmatrix}\boldsymbol{I} & \boldsymbol{I}\end{pmatrix}\begin{pmatrix}\boldsymbol{L}\\ \boldsymbol{V}\end{pmatrix}$，顾及 $\boldsymbol{Q}_{LV}=\boldsymbol{Q}_{VL}=-\boldsymbol{Q}_{VV}$，则

$$\begin{aligned}\boldsymbol{Q}_{\hat{L}\hat{L}}&=\begin{pmatrix}\boldsymbol{I} & \boldsymbol{I}\end{pmatrix}\begin{pmatrix}\boldsymbol{Q}_{LL} & \boldsymbol{Q}_{LV}\\ \boldsymbol{Q}_{VL} & \boldsymbol{Q}_{VV}\end{pmatrix}\begin{pmatrix}\boldsymbol{I} & \boldsymbol{I}\end{pmatrix}^{\mathrm{T}}=\boldsymbol{Q}_{LL}+\boldsymbol{Q}_{LV}+\boldsymbol{Q}_{VL}+\boldsymbol{Q}_{VV}\\ &=\boldsymbol{Q}_{LL}-\boldsymbol{Q}_{VV}=\boldsymbol{Q}-\boldsymbol{Q}\boldsymbol{A}^{\mathrm{T}}\boldsymbol{N}_{aa}^{-1}\boldsymbol{A}\boldsymbol{Q}\end{aligned}$$

5.5.3　平差值函数的中误差

在条件平差中，经平差计算，首先得到的是各个观测量的平差值。例如，水准网平差先求得的是观测高差的平差值，测角网中则是观测角度的平差值。但是，水准网平差后要求得到的是各待定点的平差高程，测角网平差后则要知道点的坐标、边长和方位角等。这些都是观测量平差值的函数，如何计算平差值函数的中误差，是下面要讨论的问题。

由方差和协因数的关系式

$$\sigma_i^2=\sigma_0^2 Q_{ii}$$

可知，计算某个量的中误差，必须先求出其协因数。下面讨论平差值函数的协因数计算问题。

在图 5-5-1 中，为求平差后 CD 边方位角 $\hat{\alpha}_{CD}$、边长 $\hat{S}_{CD}$ 和 D 点坐标（$\hat{X}_D$，$\hat{Y}_D$），可列出其平差值函数式为

$$\begin{aligned}\hat{\alpha}_{CD}&=\alpha_{AB}+\hat{a}_1+\hat{c}_1+\hat{c}_2\\ \hat{S}_{CD}&=S_{AB}\frac{\sin\hat{a}_1\sin\hat{a}_2}{\sin\hat{c}_1\sin\hat{b}_2}\\ \hat{X}_D&=X_A+\hat{S}_{AD}\cos\hat{\alpha}_{AD}\\ \hat{Y}_D&=Y_A+\hat{S}_{AD}\sin\hat{\alpha}_{AD}\end{aligned}$$

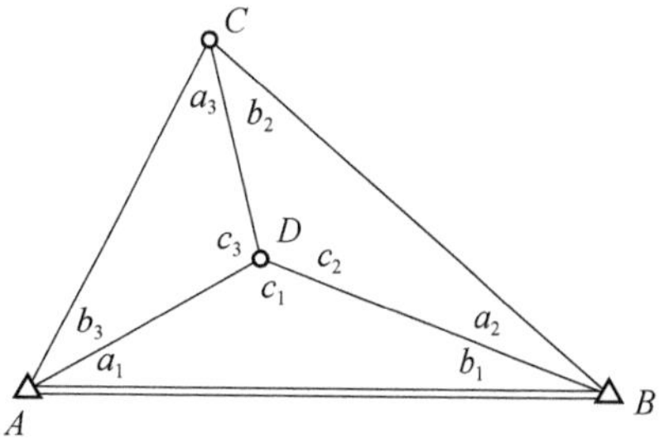

图 5-5-1　测边中点三边形

后两式中的 $\hat{S}_{AD}$、$\hat{\alpha}_{AD}$ 也要像前两式那样化为观测量平差值的函数，并代入该两式中，才是最后形式。

一般，设平差值函数为

$$\hat{\boldsymbol{\varphi}}=f(\hat{L}_1,\hat{L}_2,\cdots,\hat{L}_n)\tag{5-5-10}$$

按 3.6 节所述的非线性函数的协方差（或协因数）传播律计算规则，可将上式全微分化为误差之间关系的线性形式：

$$\mathrm{d}\hat{\boldsymbol{\varphi}}=\left(\frac{\partial f}{\partial\hat{L}_1}\right)_0\mathrm{d}\hat{L}_1+\left(\frac{\partial f}{\partial\hat{L}_2}\right)_0\mathrm{d}\hat{L}_2+\cdots+\left(\frac{\partial f}{\partial\hat{L}_n}\right)_0\mathrm{d}\hat{L}_n\tag{5-5-11}$$

式中，$\left(\dfrac{\partial f}{\partial\hat{L}_i}\right)_0$ 表示用 L_i 代替偏导数中的 $\hat{L}_i$，令其系数值为 f_i，则上式为

$$\mathrm{d}\hat{\boldsymbol{\varphi}}=f_1\mathrm{d}\hat{L}_1+f_2\mathrm{d}\hat{L}_2+\cdots+f_n\mathrm{d}\hat{L}_n\tag{5-5-12}$$

式（5-5-12）称为权函数式。将上式写成矩阵形式：

$$\mathrm{d}\hat{\varphi}=\boldsymbol{F}^{\mathrm{T}}\mathrm{d}\hat{\boldsymbol{L}}=[f_1 \quad f_2 \quad \cdots \quad f_n]\begin{bmatrix}\mathrm{d}\hat{L}_1\\ \mathrm{d}\hat{L}_2\\ \vdots \\ \mathrm{d}\hat{L}_n\end{bmatrix} \tag{5-5-13}$$

由此即得观测值平差值函数 $\hat{\boldsymbol{\varphi}}$ 的协因数阵：

$$\boldsymbol{Q}_{\hat{\varphi}\hat{\varphi}}=\boldsymbol{F}^{\mathrm{T}}\boldsymbol{Q}_{\hat{L}\hat{L}}\boldsymbol{F} \tag{5-5-14}$$

式中，$\boldsymbol{Q}_{\hat{L}\hat{L}}$ 为观测值平差值 $\hat{\boldsymbol{L}}$ 的协因数阵。由表 5-5-1 查得

$$\boldsymbol{Q}_{\hat{L}\hat{L}}=\boldsymbol{Q}-\boldsymbol{Q}\boldsymbol{A}^{\mathrm{T}}\boldsymbol{N}_{aa}^{-1}\boldsymbol{A}\boldsymbol{Q} \tag{5-5-15}$$

代入式（5-5-14）即得

$$\boldsymbol{Q}_{\hat{\varphi}\hat{\varphi}}=\boldsymbol{F}^{\mathrm{T}}\boldsymbol{Q}\boldsymbol{F}-(\boldsymbol{A}\boldsymbol{Q}\boldsymbol{F})^{\mathrm{T}}\boldsymbol{N}_{aa}^{-1}\boldsymbol{A}\boldsymbol{Q}\boldsymbol{F} \tag{5-5-16}$$

式中，$\boldsymbol{Q}$ 为观测值 $\boldsymbol{L}$ 的协因数阵。

由此可见，当列出平差值函数后，只要对函数进行全微分，求出系数 f_i，即可按式（5-5-16）计算函数 $\hat{\boldsymbol{\varphi}}$ 的协因数。

当平差值函数为线性形式时，其函数式为

$$\hat{\boldsymbol{\varphi}}=f_1\hat{L}_1+f_2\hat{L}_2+\cdots+f_n\hat{L}_n+f_0 \tag{5-5-17}$$

则可直接应用式（5-5-16）计算 $\hat{\boldsymbol{\varphi}}$ 的协因数。

平差值函数的中误差为

$$\hat{\sigma}_{\hat{\varphi}}=\hat{\sigma}_0\sqrt{\boldsymbol{Q}_{\hat{\varphi}\hat{\varphi}}} \tag{5-5-18}$$

例 5-5-1 对例 5-2-1 中数据，计算独立等精度观测中的观测值的中误差、算术平均值、算术平均值的中误差和相对中误差。

解：设各次观测值权为 $p_1=p_2=p_3=p_4=1$，计算单位权中误差：

$$\hat{\sigma}_0=\sqrt{\frac{\boldsymbol{V}^{\mathrm{T}}\boldsymbol{P}\boldsymbol{V}}{r}}=\sqrt{\frac{139}{3}}=6.8\,(\mathrm{mm})$$

即每次观测值的中误差为 6.8mm。

按题意要求列出算术平均值的平差值函数式：

$$\hat{\boldsymbol{\varphi}}=\frac{\hat{L}_1+\hat{L}_2+\hat{L}_3+\hat{L}_4}{4}=124.3845$$

所以，$\boldsymbol{F}^{\mathrm{T}}=[0.25 \quad 0.25 \quad 0.25 \quad 0.25]$。

依据式（5-5-16）计算平差值函数的协因数：

$$\boldsymbol{Q}_{\hat{\varphi}\hat{\varphi}}=\boldsymbol{F}^{\mathrm{T}}\boldsymbol{Q}\boldsymbol{F}-(\boldsymbol{A}\boldsymbol{Q}\boldsymbol{F})^{\mathrm{T}}\boldsymbol{N}_{aa}^{-1}\boldsymbol{A}\boldsymbol{Q}\boldsymbol{F}=0.25$$

则算术平均值的中误差和相对中误差：

$$\hat{\sigma}_{\hat{\varphi}}=\hat{\sigma}_0\sqrt{\boldsymbol{Q}_{\hat{\varphi}\hat{\varphi}}}=6.8\sqrt{0.25}=3.4\,(\mathrm{mm})$$

$$\frac{\hat{\sigma}_{\hat{\varphi}}}{\hat{\boldsymbol{\varphi}}}=\frac{0.0034}{124.3845}=\frac{1}{36500}$$

例 5-5-2 例 5-2-2 中，*AC* 边长等于 124.384m，为已知值，设为无误差，试求平差后 *AB* 边边长的相对中误差。

解：设各角度观测值权为 $p_1=p_2=p_3=1$，计算单位权中误差：

$$\hat{\sigma}_0=\sqrt{\frac{V^{\mathrm{T}}PV}{r}}=\sqrt{\frac{27}{1}}=5.20\,('')$$

即角度观测值的中误差为 ±5.20″。

由图 5-2-1 可知，平差后 AB 边长的函数式为

$$\hat{S}_{AB}=S_{AC}\frac{\sin\hat{L}_3}{\sin\hat{L}_2}$$

求全微分，得

$$\mathrm{d}\hat{S}_{AB}=S_{AB}\cot L_3\frac{\mathrm{d}\hat{L}_3}{\rho''}-S_{AB}\cot L_2\frac{\mathrm{d}\hat{L}_2}{\rho''}$$

设权函数式 $\mathrm{d}\varphi=\frac{\mathrm{d}\hat{S}_{AB}}{S_{AB}}\rho''$，则

$$\mathrm{d}\varphi=\cot L_3\mathrm{d}\hat{L}_3-\cot L_2\mathrm{d}\hat{L}_2=0.5857\mathrm{d}\hat{L}_3-0.2098\mathrm{d}\hat{L}_2$$

所以，$\boldsymbol{F}^{\mathrm{T}}=\begin{bmatrix}0 & -0.2098 & 0.5857\end{bmatrix}$。

依据式（5-5-16）计算平差值函数的协因数：

$$\boldsymbol{Q}_{\hat{\varphi}\hat{\varphi}}=\boldsymbol{F}^{\mathrm{T}}\boldsymbol{QF}-(\boldsymbol{AQF})^{\mathrm{T}}\boldsymbol{N}_{aa}^{-1}\boldsymbol{AQF}=0.3399$$

则平差值函数的中误差：

$$\hat{\sigma}_{\hat{\varphi}}=\hat{\sigma}_0\sqrt{\boldsymbol{Q}_{\hat{\varphi}\hat{\varphi}}}=5.20''\sqrt{0.3399}=3.03''$$

由权函数式 $\frac{\mathrm{d}\hat{S}_{AB}}{S_{AB}}\rho''=\mathrm{d}\boldsymbol{\varphi}$，得 AB 边边长的相对中误差为

$$\frac{\hat{\sigma}_{S_{AB}}}{S_{AB}}=\frac{\hat{\sigma}_{\hat{\varphi}}}{\rho''}=\frac{3.03}{206265}=\frac{1}{68000}$$

5.6　综 合 例 题

第 5～第 8 章以水准网、三角网和导线网为例，介绍四种典型严密平差的计算方法。为便于比较，后续各章采用同样的例题，请读者体会各种平差模型的适用情形和优缺点。

5.6.1　水准网

例 5-6-1　在图 5-6-1 的水准网中，A 点和 B 点是已知高程的水准点，设这些点已知高程无误差，C 点、D 点、E 点是待定点。A 点和 B 点高程、观测高差和相应的水准路线长度见表 5-6-1。试按条件平差求：①各待定点的平差高程；②C 点到 D 点间高差的平差值及其中误差。

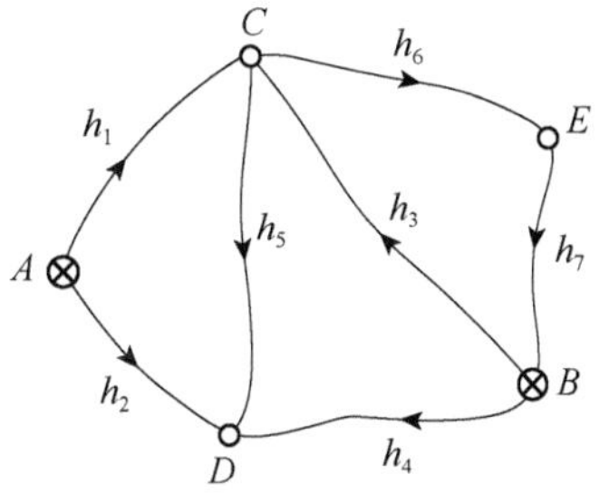

图 5-6-1　水准网

表 5-6-1　观测值与起始数据

路线号	观测高差/m	水准路线长度/km	已知高程/m
1	+1.359	1.1	$H_A=5.016$
2	+2.009	1.7	$H_B=6.016$
3	+0.363	2.3	

续表

路线号	观测高差/m	水准路线长度/km	已知高程/m
4	+1.012	2.7	
5	+0.657	2.4	$H_A = 5.016$
6	+0.238	1.4	$H_B = 6.016$
7	−0.595	2.6	

解：本题有 $n=7$ 个观测值，$t=3$ 个待定点，所以有条件 $r=n-t=7-3=4$ 个。

（1）列条件方程。4 个平差值方程（$\boldsymbol{A}\hat{\boldsymbol{L}}+\boldsymbol{A}_0=0$）为

$$\begin{cases}\hat{L}_1-\hat{L}_2+\hat{L}_5=0\\ \hat{L}_3-\hat{L}_4+\hat{L}_5=0\\ \hat{L}_3+\hat{L}_6+\hat{L}_7=0\\ \hat{L}_2-\hat{L}_4-(H_B-H_A)=0\end{cases}$$

将 $\hat{L}_i=L_i+v_i$ 代入，得 4 个改正数条件方程（$\boldsymbol{AV}+\boldsymbol{W}=0$，$\boldsymbol{W}=\boldsymbol{AL}+\boldsymbol{A}_0$）为

$$\begin{cases}v_1-v_2+v_5+7=0\\ v_3-v_4+v_5+8=0\\ v_3+v_6+v_7+6=0\\ v_2-v_4-3=0\end{cases}$$

式中，闭合差以 mm 为单位。

（2）定权并组成法方程。令 C=1，即以 1km 观测高差为单位权观测，于是 $p_i=\dfrac{1}{S_i}$，$Q_{ii}=\dfrac{1}{p_i}=S_i$。因为各观测高差不相关，故权阵、协因数阵为对角阵，即

$$\underset{77}{\boldsymbol{P}}=\begin{bmatrix}\frac{1}{1.1}&&&&&&\\&\frac{1}{1.7}&&&&&\\&&\frac{1}{2.3}&&&&\\&&&\frac{1}{2.7}&&&\\&&&&\frac{1}{2.4}&&\\&&&&&\frac{1}{1.4}&\\&&&&&&\frac{1}{2.6}\end{bmatrix},\underset{77}{\boldsymbol{Q}}=\boldsymbol{P}^{-1}=\begin{bmatrix}1.1&&&&&&\\&1.7&&&&&\\&&2.3&&&&\\&&&2.7&&&\\&&&&2.4&&\\&&&&&1.4&\\&&&&&&2.6\end{bmatrix}$$

由条件方程知系数阵、常数阵为

$$\underset{47}{\boldsymbol{A}}=\begin{bmatrix}1 & -1 & 0 & 0 & 1 & 0 & 0\\0 & 0 & 1 & -1 & 1 & 0 & 0\\0 & 0 & 1 & 0 & 0 & 1 & 1\\0 & 1 & 0 & -1 & 0 & 0 & 0\end{bmatrix},\underset{41}{\boldsymbol{W}}=\begin{bmatrix}7\\8\\6\\-3\end{bmatrix}$$

由此组成法方程($\boldsymbol{N}_{aa}\boldsymbol{K}+\boldsymbol{W}=0$，$\boldsymbol{N}_{aa}=\boldsymbol{AQA}^{\mathrm{T}}$)为

$$\begin{bmatrix}5.2 & 2.4 & 0 & -1.7\\2.4 & 7.4 & 2.3 & 2.7\\0 & 2.3 & 6.3 & 0\\-1.7 & 2.7 & 0 & 4.4\end{bmatrix}\begin{bmatrix}k_a\\k_b\\k_c\\k_d\end{bmatrix}+\begin{bmatrix}7\\8\\6\\-3\end{bmatrix}=0$$

（3）解算法方程。可用 $\boldsymbol{K}=-\boldsymbol{N}_{aa}^{-1}\boldsymbol{W}$ 求解，解得

$$k_a=-0.2206，k_b=-1.4053，k_c=-0.4393，k_d=1.4589$$

（4）计算改正数。利用改正数方程($\boldsymbol{V}=\boldsymbol{QA}^{\mathrm{T}}\boldsymbol{K}$)求得

$$\boldsymbol{V}=\begin{bmatrix}-0.2 & 2.9 & -4.2 & -0.1 & -3.9 & -0.6 & -1.1\end{bmatrix}^{\mathrm{T}}\ (\mathrm{mm})$$

（5）计算平差值($\hat{\boldsymbol{L}}=\boldsymbol{L}+\boldsymbol{V}$)，并代入平差值条件式($\boldsymbol{A}\hat{\boldsymbol{L}}+\boldsymbol{A}_0=0$)检核。

$$\hat{\boldsymbol{L}}=\begin{bmatrix}1.3588 & 2.0119 & 0.3588 & 1.0119 & 0.6531 & 0.2374 & -0.5961\end{bmatrix}^{\mathrm{T}}\ (\mathrm{m})$$

经检验满足所有条件方程。

（6）计算 C 点、D 点、E 点高程平差值。

$$\hat{H}_C=H_A+\hat{L}_1=6.3748\mathrm{m}$$
$$\hat{H}_D=H_A+\hat{L}_2=7.0279\mathrm{m}$$
$$\hat{H}_E=H_B-\hat{L}_7=6.6121\mathrm{m}$$

（7）计算单位权中误差。

$$\hat{\sigma}_0=\sqrt{\frac{\boldsymbol{V}^{\mathrm{T}}\boldsymbol{PV}}{r}}=\sqrt{\frac{19.80}{4}}=2.2\ (\mathrm{mm})$$

即该水准网 1km 观测高差的中误差为 2.2mm 。

（8）列平差值函数式。C 点到 D 点的高差平差值（$\hat{\varphi}=\boldsymbol{F}^{\mathrm{T}}\hat{\boldsymbol{L}}$）：

$$\hat{\varphi}=\hat{\boldsymbol{L}}_5=\begin{bmatrix}0 & 0 & 0 & 0 & 1 & 0 & 0\end{bmatrix}\begin{bmatrix}\hat{L}_1\\\hat{L}_2\\\hat{L}_3\\\hat{L}_4\\\hat{L}_5\\\hat{L}_6\\\hat{L}_7\end{bmatrix}=0.6531\mathrm{m}$$

所以，$\boldsymbol{F}^{\mathrm{T}}=\begin{bmatrix}0 & 0 & 0 & 0 & 1 & 0 & 0\end{bmatrix}$。

（9）计算 C 点到 D 点间高差平差值的中误差。按式（5-5-16）计算得

$$\boldsymbol{Q}_{\hat{\varphi}\hat{\varphi}}=\boldsymbol{F}^{\mathrm{T}}\boldsymbol{QF}-(\boldsymbol{AQF})^{\mathrm{T}}\boldsymbol{N}_{aa}^{-1}\boldsymbol{AQF}=0.99$$

则

$$\hat{\sigma}_{\hat{\varphi}}=\hat{\sigma}_0\sqrt{Q_{\hat{\varphi}\hat{\varphi}}}=2.2\sqrt{0.99}=2.2\ (\mathrm{mm})$$

可以看出，C 点到 D 点的高差平差值即为 $\hat{\boldsymbol{L}}_5$，计算 $\boldsymbol{Q}_{\hat{L}\hat{L}}=\boldsymbol{Q}-\boldsymbol{Q}\boldsymbol{A}^{\mathrm{T}}\boldsymbol{N}_{aa}^{-1}\boldsymbol{A}\boldsymbol{Q}$，取其矩阵中 $\boldsymbol{Q}_{\hat{L}_5\hat{L}_5}$ 值，开根号后乘以 $\hat{\sigma}_0$，即为 C 点到 D 点间高差平差值的中误差。两者的计算结果是一致的。

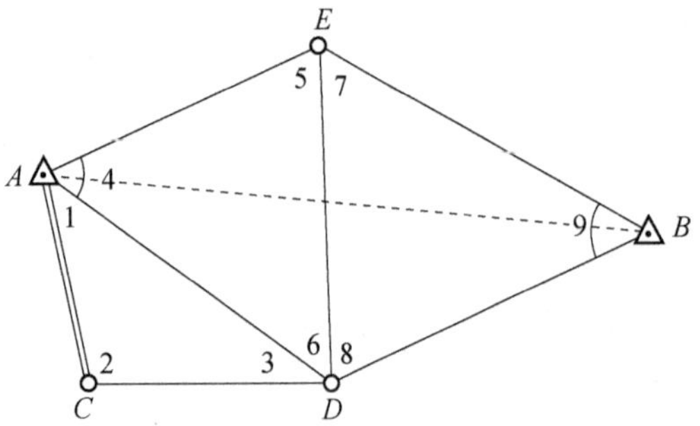

图 5-6-2　测角三角网

5.6.2　三角网

例 5-6-2　图 5-6-2 的三角网中，A、B 为已知点，AC 为已知边。在网中观测了 9 个角度，起算数据列于表 5-6-2，观测角值（同精度）列于表 5-6-3，试按条件平差法对该三角网进行平差：①求观测角度的平差值；②求平差后 BE 边长的中误差和相对中误差。

表 5-6-2　起算数据

点名	坐标		边长 S/m	至何点
	X/m	Y/m		
A	2798372.451	523925.867	6177.162	B
A			2307.880	C
B	2793886.844	528172.826		

表 5-6-3　观测数据

角号	观测角值	角号	观测角值	角号	观测角值
1	35°19′16.2″	4	47°01′21.8″	7	51°38′11.9″
2	109°47′28.8″	5	57°05′04.0″	8	61°31′30.5″
3	34°53′12.0″	6	75°53′35.7″	9	66°50′19.2″

解：本题有 $n=9$ 个观测值，为了确定 C、D、E 三点坐标，其必要观测数 $t=5$，故多余观测数 $r=n-t=4$，因此，必须列出 4 个条件方程。

（1）列平差值条件方程（$\boldsymbol{A}\hat{\boldsymbol{L}}+\boldsymbol{A}_0=0$）。图形条件 3 个：

$$\hat{L}_1+\hat{L}_2+\hat{L}_3=180°$$
$$\hat{L}_4+\hat{L}_5+\hat{L}_6=180°$$
$$\hat{L}_7+\hat{L}_8+\hat{L}_9=180°$$

列出第 4 个条件就比较困难了。第 4 个条件可用极条件结合余弦定理列立。例如，从 AC 边出发，经过不同的三角形用正弦定理逐个推算部分边的边长（$AC\to AD\to DE\to DB$），有了边长 AD、DB，再在△ADB 中应用余弦定理便可以列出第 4 个条件方程。根据正弦定理、余弦定理得

$$\hat{S}_{DA}=\frac{\sin\hat{L}_2}{\sin\hat{L}_3}S_{CA}$$

$$\hat{S}_{DE}=\frac{\sin\hat{L}_4}{\sin\hat{L}_5}\hat{S}_{DA}=\frac{\sin\hat{L}_4}{\sin\hat{L}_5}\frac{\sin\hat{L}_2}{\sin\hat{L}_3}S_{CA}$$

$$\hat{S}_{DB}=\frac{\sin\hat{L}_7}{\sin\hat{L}_9}\hat{S}_{DE}=\frac{\sin\hat{L}_7}{\sin\hat{L}_9}\frac{\sin\hat{L}_4}{\sin\hat{L}_5}\frac{\sin\hat{L}_2}{\sin\hat{L}_3}S_{CA}$$

$$\hat{S}_{DA}^2+\hat{S}_{DB}^2-2\hat{S}_{DA}\hat{S}_{DB}\cos(\hat{L}_6+\hat{L}_8)=S_{BA}^2$$

则第 4 个条件为

$$\left(S_{CA}\frac{\sin\hat{L}_2}{\sin\hat{L}_3}\right)^2+\left(S_{CA}\frac{\sin\hat{L}_2}{\sin\hat{L}_3}\frac{\sin\hat{L}_4}{\sin\hat{L}_5}\frac{\sin\hat{L}_7}{\sin\hat{L}_9}\right)^2-2\left(S_{CA}\frac{\sin\hat{L}_2}{\sin\hat{L}_3}\right)^2\frac{\sin\hat{L}_4}{\sin\hat{L}_5}\frac{\sin\hat{L}_7}{\sin\hat{L}_9}\cos(\hat{L}_6+\hat{L}_8)=S_{BA}^2$$

整理得

$$\frac{\sin^2\hat{L}_2}{\sin^2\hat{L}_3}\left[1+\frac{\sin^2\hat{L}_4\sin^2\hat{L}_7}{\sin^2\hat{L}_5\sin^2\hat{L}_9}-2\frac{\sin\hat{L}_4\sin\hat{L}_7}{\sin\hat{L}_5\sin\hat{L}_9}\cos(\hat{L}_6+\hat{L}_8)\right]-\frac{S_{BA}^2}{S_{CA}^2}=0$$

（2）列改正数条件方程（$\boldsymbol{AV}+\boldsymbol{W}=0$）。将 $\hat{L}_i=L_i+v_i$ 代入上述 4 个平差值条件方程，求改正数条件方程。

$$v_1+v_2+v_3+(L_1+L_2+L_3)-180°=0,\ v_1+v_2+v_3-3.0=0$$
$$v_4+v_5+v_6+(L_4+L_5+L_6)-180°=0,\ v_4+v_5+v_6+1.5=0$$
$$v_7+v_8+v_9+(L_7+L_8+L_9)-180°=0,\ v_7+v_8+v_9+1.6=0$$

第 4 个平差值条件方程为非线性形式，线性化时比较复杂。按照函数模型线性化的方法，将 $\hat{L}_i=L_i+v_i$ 代入该式，用泰勒公式展开并取至一次项，得

$$\begin{aligned}
&2\frac{\sin^2L_2}{\sin^2L_3}\left[1+\frac{\sin^2L_4\sin^2L_7}{\sin^2L_5\sin^2L_9}-2\frac{\sin L_4\sin L_7}{\sin L_5\sin L_9}\cos(L_6+L_8)\right]\cot L_2\frac{v_2}{\rho''}\\
&-2\frac{\sin^2L_2}{\sin^2L_3}\left[1+\frac{\sin^2L_4\sin^2L_7}{\sin^2L_5\sin^2L_9}-2\frac{\sin L_4\sin L_7}{\sin L_5\sin L_9}\cos(L_6+L_8)\right]\cot L_3\frac{v_3}{\rho''}\\
&+2\frac{\sin^2L_2}{\sin^2L_3}\left[\frac{\sin^2L_4\sin^2L_7}{\sin^2L_5\sin^2L_9}-\frac{\sin L_4\sin L_7}{\sin L_5\sin L_9}\cos(L_6+L_8)\right]\cot L_4\frac{v_4}{\rho''}\\
&+2\frac{\sin^2L_2}{\sin^2L_3}\left[-\frac{\sin^2L_4\sin^2L_7}{\sin^2L_5\sin^2L_9}+\frac{\sin L_4\sin L_7}{\sin L_5\sin L_9}\cos(L_6+L_8)\right]\cot L_5\frac{v_5}{\rho''}\\
&+2\frac{\sin^2L_2}{\sin^2L_3}\left[\frac{\sin L_4\sin L_7}{\sin L_5\sin L_9}\sin(L_6+L_8)\right]\frac{v_6}{\rho''}\\
&+2\frac{\sin^2L_2}{\sin^2L_3}\left[\frac{\sin^2L_4\sin^2L_7}{\sin^2L_5\sin^2L_9}-\frac{\sin L_4\sin L_7}{\sin L_5\sin L_9}\cos(L_6+L_8)\right]\cot L_7\frac{v_7}{\rho''}\\
&+2\frac{\sin^2L_2}{\sin^2L_3}\left[\frac{\sin L_4\sin L_7}{\sin L_5\sin L_9}\sin(L_6+L_8)\right]\frac{v_8}{\rho''}\\
&+2\frac{\sin^2L_2}{\sin^2L_3}\left[-\frac{\sin^2L_4\sin^2L_7}{\sin^2L_5\sin^2L_9}+\frac{\sin L_4\sin L_7}{\sin L_5\sin L_9}\cos(L_6+L_8)\right]\cot L_9\frac{v_9}{\rho''}\\
&+\frac{\sin^2L_2}{\sin^2L_3}\left[1+\frac{\sin^2L_4\sin^2L_7}{\sin^2L_5\sin^2L_9}-2\frac{\sin L_4\sin L_7}{\sin L_5\sin L_9}\cos(L_6+L_8)\right]-\frac{S_{BA}^2}{S_{CA}^2}=0
\end{aligned}$$

令

$$a=1+\frac{\sin^2L_4\sin^2L_7}{\sin^2L_5\sin^2L_9}-2\frac{\sin L_4\sin L_7}{\sin L_5\sin L_9}\cos(L_6+L_8)$$

$$b=\frac{\sin^2L_4\sin^2L_7}{\sin^2L_5\sin^2L_9}-\frac{\sin L_4\sin L_7}{\sin L_5\sin L_9}\cos(L_6+L_8)$$

$$c = \frac{\sin L_4 \sin L_7}{\sin L_5 \sin L_9} \sin(L_6 + L_8)$$

$$d = \frac{\sin^2 L_3}{\sin^2 L_2}$$

则上式化为

$$2a\cot L_2 v_2 - 2a\cot L_3 v_3 + 2b\cot L_4 v_4 - 2b\cot L_5 v_5 + 2cv_6$$
$$+ 2b\cot L_7 v_7 + 2cv_8 - 2b\cot L_9 v_9 + \rho''(a - d\frac{S_{BA}^2}{S_{CA}^2}) = 0$$

将 9 个观测值 $L_i(i=1,2,\cdots,9)$ 代入上式，得第 4 个改正数条件方程：

$$-1.91v_2 - 7.59v_3 + 2.05v_4 - 1.42v_5 + 1.01v_6 + 1.74v_7 + 1.01v_8 - 0.94v_9 - 7.77 = 0$$

改正数条件方程式中，闭合差的单位均为“秒”。条件方程闭合差的计算如表 5-6-4 所示。

表 5-6-4　条件方程闭合差的计算

角号	顶点	观测角值	sin *L*	cos *L*	cot *L*
1	*A*	35°19′16.2″			
2	*C*	109°47′28.8″	0.9409		−0.3599
3	*D*	34°53′12.0″	0.5720		+1.4342
		179°59′57.0″			
4	*A*	47°01′21.8″	0.7316		+0.9318
5	*E*	57°05′04.0″	0.8395		+0.6473
6	*D*	75°53′35.7″			
		180°00′01.5″			
7	*E*	51°38′11.9″	0.7841		+0.7915
8	*D*	61°31′30.5″			
9	*B*	66°50′19.2″	0.9194		+0.4278
		180°00′01.6″			
6+8	*D*	137°25′06.2″	0.6766	−0.7363	

（3）定权并组成法方程。各观测角为独立等精度观测，设权均为 1，故权阵、协因数阵为单位阵，即

$$\underset{99}{\boldsymbol{P}} = \begin{bmatrix} 1 &&&&&&&& \\ & 1 &&&&&&& \\ && 1 &&&&&& \\ &&& 1 &&&&& \\ &&&& 1 &&&& \\ &&&&& 1 &&& \\ &&&&&& 1 && \\ &&&&&&& 1 & \\ &&&&&&&& 1 \end{bmatrix}, \underset{99}{\boldsymbol{Q}} = \boldsymbol{P}^{-1} = \begin{bmatrix} 1 &&&&&&&& \\ & 1 &&&&&&& \\ && 1 &&&&&& \\ &&& 1 &&&&& \\ &&&& 1 &&&& \\ &&&&& 1 &&& \\ &&&&&& 1 && \\ &&&&&&& 1 & \\ &&&&&&&& 1 \end{bmatrix}$$

由条件方程知系数阵、常数阵为

$$\underset{47}{\boldsymbol{A}}=\begin{bmatrix} 1.00 & 1.00 & 1.00 & 0 & 0 & 0 & 0 & 0 & 0 \\ 0 & 0 & 0 & 1.00 & 1.00 & 1.00 & 0 & 0 & 0 \\ 0 & 0 & 0 & 0 & 0 & 0 & 1.00 & 1.00 & 1.00 \\ 0 & -1.91 & -7.59 & 2.05 & -1.42 & 1.01 & 1.74 & 1.01 & -0.94 \end{bmatrix},\ \underset{41}{\boldsymbol{W}}=\begin{bmatrix} -3.00 \\ 1.50 \\ 1.60 \\ -7.77 \end{bmatrix}$$

由此组成法方程($\boldsymbol{N}_{aa}\boldsymbol{K}+\boldsymbol{W}=0$，$\boldsymbol{N}_{aa}=\boldsymbol{AQA}^{\mathrm{T}}$)为

$$\begin{bmatrix} 3.00 & 0 & 0 & -9.50 \\ 0 & 3.00 & 0 & 1.63 \\ 0 & 0 & 3.00 & 1.81 \\ -9.50 & 1.63 & 1.81 & 73.44 \end{bmatrix}\begin{bmatrix} k_a \\ k_b \\ k_c \\ k_d \end{bmatrix}+\begin{bmatrix} -3.00 \\ 1.50 \\ 1.60 \\ -7.77 \end{bmatrix}=0$$

（4）解算法方程。可用 $\boldsymbol{K}=-\boldsymbol{N}_{aa}^{-1}\boldsymbol{W}$ 求解，解得

$$k_a=2.4565，k_b=-0.7502，k_c=-0.8103，k_d=0.4601$$

（5）计算改正数。利用改正数方程($\boldsymbol{V}=\boldsymbol{QA}^{\mathrm{T}}\boldsymbol{K}$)求得

$$\boldsymbol{V}=\begin{bmatrix}2.46 & 1.58 & -1.04 & 0.19 & -1.41 & -0.29 & -0.01 & -0.35 & -1.24\end{bmatrix}^{\mathrm{T}}\ ('')$$

（6）计算平差值($\hat{\boldsymbol{L}}=\boldsymbol{L}+\boldsymbol{V}$)，并代入平差值条件式($\boldsymbol{A}\hat{\boldsymbol{L}}+\boldsymbol{A}_0=0$)检核。

$$\hat{L}_1=35°19'18.7''，\hat{L}_2=109°47'30.4''，\hat{L}_3=34°53'11.0''$$

$$\hat{L}_4=47°01'22.0''，\hat{L}_5=57°05'02.6''，\quad \hat{L}_6=75°53'35.4''$$

$$\hat{L}_7=51°38'11.9''，\hat{L}_8=61°31'30.2''，\quad \hat{L}_9=66°50'18.0''$$

经检验满足所有条件方程。

（7）计算单位权中误差。

$$\hat{\sigma}_0=\sqrt{\frac{\boldsymbol{V}^{\mathrm{T}}\boldsymbol{PV}}{r}}=\sqrt{\frac{13.37}{4}}=1.83\ ('')$$

即该三角网每个角度观测值的中误差为 ±1.83″。

（8）列平差值函数式。平差后 BE 边的边长（$\hat{\boldsymbol{\varphi}}=f(\hat{L}_1,\hat{L}_2,\cdots,\hat{L}_n)$）：

$$\hat{S}_{BE}=S_{CA}\frac{\sin\hat{L}_8\sin\hat{L}_4\sin\hat{L}_2}{\sin\hat{L}_9\sin\hat{L}_5\sin\hat{L}_3}=3163.684\mathrm{m}$$

全微分得线性形式的权函数式（$\mathrm{d}\hat{\boldsymbol{\varphi}}=\boldsymbol{F}^{\mathrm{T}}\mathrm{d}\hat{\boldsymbol{L}}$）：

$$\begin{aligned}\mathrm{d}\hat{S}_{BE}&=100S_{CA}\frac{\sin L_2\sin L_4\sin L_8}{\sin L_3\sin\hat{L}_5\sin\hat{L}_9}(\cot L_2\frac{\mathrm{d}\hat{L}_2}{\rho''}-\cot L_3\frac{\mathrm{d}\hat{L}_3}{\rho''}\\&\quad+\cot L_4\frac{\mathrm{d}\hat{L}_4}{\rho''}-\cot L_5\frac{\mathrm{d}\hat{L}_5}{\rho''}+\cot L_8\frac{\mathrm{d}\hat{L}_8}{\rho''}-\cot L_9\frac{\mathrm{d}\hat{L}_9}{\rho''})\\&=\frac{100S_{BE}}{\rho''}(\cot L_2\mathrm{d}\hat{L}_2-\cot L_3\mathrm{d}\hat{L}_3+\cot L_4\mathrm{d}\hat{L}_4-\cot L_5\mathrm{d}\hat{L}_5+\cot L_8\mathrm{d}\hat{L}_8-\cot L_9\mathrm{d}\hat{L}_9)\\&=-0.5519\mathrm{d}\hat{L}_2-2.1997\mathrm{d}\hat{L}_3+1.4291\mathrm{d}\hat{L}_4-0.9928\mathrm{d}\hat{L}_5+0.8319\mathrm{d}\hat{L}_8-0.6562\mathrm{d}\hat{L}_9\end{aligned}$$

所以，$\boldsymbol{F}^{\mathrm{T}}=\begin{bmatrix}0 & -0.5519 & -2.1997 & 1.4291 & -0.9928 & 0 & 0 & 0.8319 & -0.6562\end{bmatrix}$。

（9）计算平差后 BE 边长的中误差和相对中误差。按式（5-5-16）计算得

$$\boldsymbol{Q}_{\hat{S}_{BE}\hat{S}_{BE}}=\boldsymbol{F}^{\mathrm{T}}\boldsymbol{QF}-(\boldsymbol{AQF})^{\mathrm{T}}\boldsymbol{N}_{aa}^{-1}\boldsymbol{AQF}=1.6215$$

则
$$\hat{\sigma}_{\hat{S}_{BE}} = \hat{\sigma}_0\sqrt{Q_{\hat{S}_{BE}\hat{S}_{BE}}} = 1.83\sqrt{1.6215} = 2.33\,(\text{cm})$$
$$\frac{\hat{\sigma}_{\hat{S}_{BE}}}{\hat{S}_{BE}} = \frac{0.0233}{3163.684} = \frac{1}{135000}$$

5.6.3 导线网

例 5-6-3 如图 5-6-3 所示为一四等附合导线，测角中误差 $\sigma_\beta = 2.5''$，测边所用测距仪的标称精度公式为 $\sigma_S = 5\text{mm}+5\times10^{-6}\cdot D$。已知数据和观测值见表 5-6-5。试按条件平差法对此导线进行平差，求：①2、3、4 点的坐标平差值；②3 号点 x、y 坐标平差值的精度。

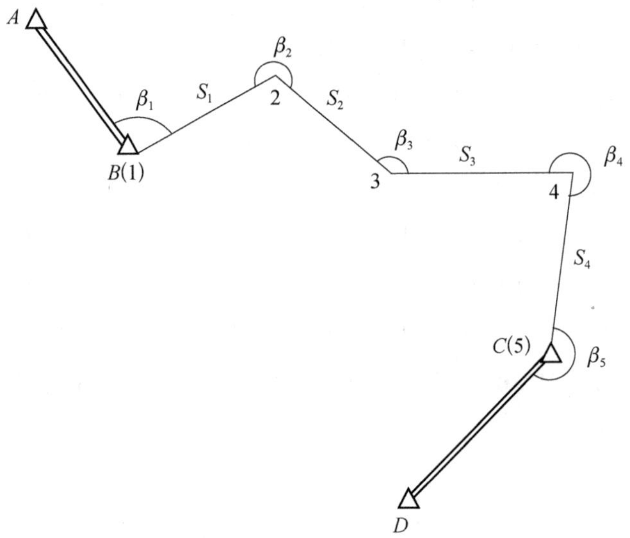

图 5-6-3 附合导线

表 5-6-5 已知数据和观测值

已知坐标/m	已知方位角	导线边长观测值/m	转折角度观测值
B（187396.252，505530.009）	$T_{AB} = 161°44'07.2''$	S_1=1474.444	$\beta_1 = 85°30'21.1''$
C（184817.605，509341.482）	$T_{CD} = 249°30'27.9''$	S_2=1424.717	$\beta_2 = 254°32'32.2''$
		S_3=1749.322	$\beta_3 = 131°04'33.3''$
		S_4=1950.412	$\beta_4 = 272°20'20.2''$
			$\beta_5 = 244°18'30.0''$

解：本题观测导线边数为 4，角度个数为 5，即有 $n=9$ 个观测值，待定导线点个数为 3，必要观测数 $t=6$，所以有条件 $r=n-t=3$ 个。

（1）计算各导线边的近似坐标方位角和各导线点的近似坐标。计算公式为
$$T_{n+1} = T_n + \beta_{n+1} - 180°$$
$$x_{n+1} = x_n + S_n\cos T_n$$
$$y_{n+1} = y_n + S_n\sin T_n$$

计算结果见表 5-6-6。

表 5-6-6　近似坐标方位角和近似坐标的计算

近似坐标/m	近似坐标方位角
2（187966.645，506889.655）	$T_1 = 67°14'28.3''$
3（186847.275，507771.035）	$T_2 = 141°47'00.5''$
4（186760.010，509518.179）	$T_3 = 92°51'33.8''$
5（184817.620，509341.465）	$T_4 = 185°11'54.0''$
	$T_5 = 249°30'24.0''$

（2）列条件方程。列平差值条件方程：

$$\hat{T}_5 - T_{CD} = 0, \quad T_{AB} + [\hat{\beta}_i]_1^5 - 4\times 180° - T_{CD} = 0$$

$$\hat{x}_5 - x_C = 0, \quad x_B + [\hat{S}_i \cos\hat{T}_i]_1^4 - x_C = 0$$

$$\hat{y}_5 - y_C = 0, \quad y_B + [\hat{S}_i \sin\hat{T}_i]_1^4 - y_C = 0$$

线性化得改正数条件方程：

$$[v_{\beta_i}]_1^5 + w_1 = 0, \quad w_1 = T_5 - T_{CD} = -3.90''$$

$$[\cos T_i \bullet v_{S_i}]_1^4 - \frac{1}{2062.65}[(y_5 - y_i)v_{\beta_i}]_1^4 + w_2 = 0, \quad w_2 = x_5 - x_C = 1.51\text{cm}$$

$$[\sin T_i \bullet v_{S_i}]_1^4 + \frac{1}{2062.65}[(x_5 - x_i)v_{\beta_i}]_1^4 + w_3 = 0, \quad w_3 = y_5 - y_C = -1.74\text{cm}$$

代入各坐标方位角和坐标的已知值和近似值，得（$\boldsymbol{AV} + \boldsymbol{W} = 0$）

$$v_{\beta_1} + v_{\beta_2} + v_{\beta_3} + v_{\beta_4} + v_{\beta_5} - 3.90 = 0$$

$$0.3869v_{S_1} - 0.7857v_{S_2} - 0.0499v_{S_3} - 0.9959v_{S_4} - 1.8478v_{\beta_1} - 1.1887v_{\beta_2} - 0.7614v_{\beta_3} + 0.0857v_{\beta_4} + 1.51 = 0$$

$$0.9221v_{S_1} + 0.6186v_{S_2} + 0.9988v_{S_3} - 0.0906v_{S_4} - 1.2502v_{\beta_1} - 1.5267v_{\beta_2} - 0.9840v_{\beta_3} - 0.9417v_{\beta_4} - 1.74 = 0$$

（3）确定边、角观测值的权。设单位权中误差$\sigma_0 = \sigma_\beta = 2.5''$，根据提供的标称精度公式$\sigma_D = 5\text{mm} + 5\times 10^{-6} \bullet D$，计算测边中误差。

根据式（5-4-34），测角观测值的权为

$$p_\beta = 1$$

为了不使测边观测值的权与测角观测值的权相差过大，在计算测边观测值的权时，取测边中误差和边长改正数的单位均为 cm。

$$p_{S_i} = \frac{\sigma_0^2}{\sigma_{S_i}^2}[('')^2/\text{cm}^2]$$

则可得观测值的权阵、协因数阵为

$$\boldsymbol{P} = \begin{bmatrix} 4.0831 & & & & & & & & \\ & 4.2522 & & & & & & & \\ & & 3.3074 & & & & & & \\ & & & 2.8719 & & & & & \\ & & & & 1 & & & & \\ & & & & & 1 & & & \\ & & & & & & 1 & & \\ & & & & & & & 1 & \\ & & & & & & & & 1 \end{bmatrix}$$

$$Q = P^{-1} = \begin{bmatrix} 0.2449 &&&&&&&& \\ & 0.2352 &&&&&&& \\ && 0.3024 &&&&&& \\ &&& 0.3482 &&&&& \\ &&&& 1 &&&& \\ &&&&& 1 &&& \\ &&&&&& 1 && \\ &&&&&&& 1 & \\ &&&&&&&& 1 \end{bmatrix}$$

（4）组成法方程。由条件方程知系数阵、常数阵为

$$A = \begin{bmatrix} 0 & 0 & 0 & 0 & 1.0000 & 1.0000 & 1.0000 & 1.0000 & 1.0000 \\ 0.3869 & -0.7857 & -0.0499 & -0.9959 & -1.8478 & -1.1887 & -0.7614 & 0.0857 & 0 \\ 0.9221 & 0.6186 & 0.9988 & -0.0906 & -1.2502 & -1.5267 & -0.9840 & -0.9417 & 0 \end{bmatrix}$$

$$W = \begin{bmatrix} -3.90 & 1.51 & -1.74 \end{bmatrix}^{\mathrm{T}}$$

由此组成法方程（$N_{aa}K + W = 0$，$N_{aa} = AQA^{\mathrm{T}}$）为

$$\begin{bmatrix} 5.0000 & -3.7122 & -4.7025 \\ -3.7122 & 5.9424 & 4.7827 \\ -4.7025 & 4.7827 & 6.3514 \end{bmatrix} \begin{bmatrix} k_a \\ k_b \\ k_c \end{bmatrix} + \begin{bmatrix} -3.90 \\ 1.51 \\ -1.74 \end{bmatrix} = 0$$

（5）解算法方程。可用 $K = -N_{aa}^{-1}W$ 求解，解得

$$K = -\begin{bmatrix} 0.6641 & 0.0485 & 0.4551 \\ 0.0485 & 0.4307 & -0.2884 \\ 0.4551 & -0.2884 & 0.7116 \end{bmatrix} \begin{bmatrix} -3.90 \\ 1.51 \\ -1.74 \end{bmatrix} = \begin{bmatrix} 3.3086 \\ -0.9643 \\ 3.4498 \end{bmatrix}$$

（6）计算改正数（$V = QA^{\mathrm{T}}K$）、平差值（$\hat{L} = L + V$），并代入平差值条件式（$A\hat{L} + A_0 = 0$）检核。

$$V = \begin{bmatrix} 0.69\text{cm} \\ 0.68\text{cm} \\ 1.06\text{cm} \\ 0.23\text{cm} \\ 0.78'' \\ -0.81'' \\ 0.65'' \\ -0.02'' \\ 3.31'' \end{bmatrix}, \quad \hat{L} = \begin{bmatrix} \hat{S}_1 \\ \hat{S}_2 \\ \hat{S}_3 \\ \hat{S}_4 \\ \hat{\beta}_1 \\ \hat{\beta}_2 \\ \hat{\beta}_3 \\ \hat{\beta}_4 \\ \hat{\beta}_5 \end{bmatrix} = \begin{bmatrix} 1474.451\text{m} \\ 1424.724\text{m} \\ 1749.333\text{m} \\ 1950.414\text{m} \\ 85^\circ30'21.9'' \\ 254^\circ32'31.4'' \\ 131^\circ04'33.9'' \\ 272^\circ20'20.2'' \\ 244^\circ18'33.3'' \end{bmatrix}$$

经检验满足所有条件方程。

（7）计算各导线点的坐标平差值。进一步用平差后的角度和边长，计算各导线点的坐标平差值：

2（187966.642，506889.664）

3（186847.267，507771.048）

4（186759.997，509518.202）

（8）计算单位权中误差。

$$\hat{\sigma}_0=\sqrt{\frac{\boldsymbol{V}^{\mathrm{T}}\boldsymbol{P}\boldsymbol{V}}{r}}=\sqrt{\frac{20.37}{3}}=2.61\,('')$$

即该导线中每个观测角度的中误差为2.61″。

（9）列平差值函数式并线性化。3号点的坐标平差值（$\hat{\varphi}=f(\hat{L}_1,\hat{L}_2,\cdots,\hat{L}_n)$）

$$\hat{x}_3=x_B+[\Delta x_i]_1^2=x_B+[\hat{S}_i\cos\hat{T}_i]_1^2=x_B+[\hat{S}_i\cos(T_{AB}+[\hat{\beta}_j]_1^i-i\cdot180°)]_1^2$$

$$\hat{y}_3=y_B+[\Delta y_i]_1^2=y_B+[\hat{S}_i\sin\hat{T}_i]_1^2=y_B+[\hat{S}_i\sin(T_{AB}+[\hat{\beta}_j]_1^i-i\cdot180°)]_1^2$$

全微分得线性形式的权函数式（$\mathrm{d}\hat{\boldsymbol{\varphi}}=\boldsymbol{F}^{\mathrm{T}}\mathrm{d}\hat{\boldsymbol{L}}$）：

$$\mathrm{d}\hat{x}_3=[\cos T_i\cdot\mathrm{d}\hat{S}_i]_1^2-\frac{1}{2062.65}[(y_3-y_i)\mathrm{d}\hat{\beta}_i]_1^2=\cos T_1\cdot\mathrm{d}\hat{S}_1+\cos T_2\cdot\mathrm{d}\hat{S}_2-\frac{y_3-y_1}{2062.65}\mathrm{d}\hat{\beta}_1-\frac{y_3-y_2}{2062.65}\mathrm{d}\hat{\beta}_2$$
$$=0.3869\mathrm{d}\hat{S}_1-0.7857\mathrm{d}\hat{S}_2-1.0865\mathrm{d}\hat{\beta}_1-0.4273\mathrm{d}\hat{\beta}_2$$

$$\mathrm{d}\hat{y}_3=[\sin T_i\cdot\mathrm{d}\hat{S}_i]_1^2+\frac{1}{2062.65}[(x_3-x_i)\mathrm{d}\hat{\beta}_i]_1^2=\sin T_1\cdot\mathrm{d}\hat{S}_1+\sin T_2\cdot\mathrm{d}\hat{S}_2+\frac{x_3-x_1}{2062.65}\mathrm{d}\hat{\beta}_1+\frac{x_3-x_2}{2062.65}\mathrm{d}\hat{\beta}_2$$
$$=0.9221\mathrm{d}\hat{S}_1+0.6186\mathrm{d}\hat{S}_2-0.2662\mathrm{d}\hat{\beta}_1-0.5427\mathrm{d}\hat{\beta}_2$$

写成矩阵形式：

$$\begin{bmatrix}\mathrm{d}\hat{x}_3\\\mathrm{d}\hat{y}_3\end{bmatrix}=\begin{bmatrix}0.3869&-0.7857&0&0&-1.0865&-0.4273&0&0&0\\0.9221&0.6186&0&0&-0.2662&-0.5427&0&0&0\end{bmatrix}\begin{bmatrix}\mathrm{d}\hat{S}_1\\\mathrm{d}\hat{S}_2\\\mathrm{d}\hat{S}_3\\\mathrm{d}\hat{S}_4\\\mathrm{d}\hat{\beta}_1\\\mathrm{d}\hat{\beta}_2\\\mathrm{d}\hat{\beta}_3\\\mathrm{d}\hat{\beta}_4\\\mathrm{d}\hat{\beta}_5\end{bmatrix}$$

所以，$\boldsymbol{F}^{\mathrm{T}}=\begin{bmatrix}0.3869&-0.7857&0&0&-1.0865&-0.4273&0&0&0\\0.9221&0.6186&0&0&-0.2662&-0.5427&0&0&0\end{bmatrix}$。

（10）计算平差后3号点x、y坐标平差值的中误差。按式（5-5-16）计算得

$$Q_{\hat{X}_3\hat{Y}_3}=\boldsymbol{F}^{\mathrm{T}}\boldsymbol{Q}\boldsymbol{F}-(\boldsymbol{A}\boldsymbol{Q}\boldsymbol{F})^{\mathrm{T}}\boldsymbol{N}_{aa}^{-1}\boldsymbol{A}\boldsymbol{Q}\boldsymbol{F}=\begin{bmatrix}0.3052&0.0249\\0.0249&0.2788\end{bmatrix}$$

$$\sigma_{\hat{X}_3\hat{Y}_3}=\hat{\sigma}_0\sqrt{\boldsymbol{Q}_{\hat{X}_3\hat{Y}_3}}=\begin{bmatrix}1.4394&0.4113\\0.4113&1.3758\end{bmatrix}$$

即3号点x、y坐标的精度分别为$\sigma_{\hat{X}_3}=1.44\mathrm{cm}$，$\sigma_{\hat{Y}_3}=1.38\mathrm{cm}$。

5.7　延伸阅读和公式汇编

5.7.1　延伸阅读

基本向量$\boldsymbol{L}$、$\boldsymbol{W}$、$\boldsymbol{K}$、$\boldsymbol{V}$和$\hat{\boldsymbol{L}}$都可以表达成观测值向量$\boldsymbol{L}$的函数形式，见式（5-5-6）～式

(5-5-9)，则基本向量的协因数阵或互协因数阵可据此直接推导。

按协因数传播律，顾及 $(\boldsymbol{N}_{aa}^{-1})^{\mathrm{T}}=\boldsymbol{N}_{aa}^{-1}$、$\boldsymbol{Q}^{\mathrm{T}}=\boldsymbol{Q}$（因为 $\boldsymbol{N}_{aa}^{-1}$、$\boldsymbol{Q}$ 是对称矩阵），可得 $\boldsymbol{L}$、$\boldsymbol{W}$、$\boldsymbol{K}$、$\boldsymbol{V}$ 的自协因数阵及相互间的协因数阵（部分）为

$$\boldsymbol{Q}_{LL}=\boldsymbol{Q}$$

$$\boldsymbol{Q}_{WW}=\boldsymbol{AQA}^{\mathrm{T}}=\boldsymbol{N}_{aa}$$

$$\boldsymbol{Q}_{KK}=(-\boldsymbol{N}_{aa}^{-1}\boldsymbol{A})\boldsymbol{Q}(-\boldsymbol{N}_{aa}^{-1}\boldsymbol{A})^{\mathrm{T}}=-\boldsymbol{N}_{aa}^{-1}\boldsymbol{AQA}^{\mathrm{T}}(-\boldsymbol{N}_{aa}^{-1})=\boldsymbol{N}_{aa}^{-1}\boldsymbol{N}_{aa}\boldsymbol{N}_{aa}^{-1}=\boldsymbol{N}_{aa}^{-1}$$

$$\begin{aligned}\boldsymbol{Q}_{VV}&=(-\boldsymbol{QA}^{\mathrm{T}}\boldsymbol{N}_{aa}^{-1}\boldsymbol{A})\boldsymbol{Q}(-\boldsymbol{QA}^{\mathrm{T}}\boldsymbol{N}_{aa}^{-1}\boldsymbol{A})^{\mathrm{T}}=-\boldsymbol{QA}^{\mathrm{T}}\boldsymbol{N}_{aa}^{-1}\boldsymbol{AQ}(-\boldsymbol{A}^{\mathrm{T}}\boldsymbol{N}_{aa}^{-1}\boldsymbol{AQ})\\&=\boldsymbol{QA}^{\mathrm{T}}\boldsymbol{N}_{aa}^{-1}\boldsymbol{N}_{aa}\boldsymbol{N}_{aa}^{-1}\boldsymbol{AQ}=\boldsymbol{QA}^{\mathrm{T}}\boldsymbol{N}_{aa}^{-1}\boldsymbol{AQ}\end{aligned}$$

$$\boldsymbol{Q}_{LW}=\boldsymbol{IQA}^{\mathrm{T}}=\boldsymbol{QA}^{\mathrm{T}}$$

$$\boldsymbol{Q}_{LK}=\boldsymbol{IQ}(-\boldsymbol{N}_{aa}^{-1}\boldsymbol{A})^{\mathrm{T}}=-\boldsymbol{QA}^{\mathrm{T}}\boldsymbol{N}_{aa}^{-1}$$

$$\boldsymbol{Q}_{LV}=\boldsymbol{IQ}(-\boldsymbol{QA}^{\mathrm{T}}\boldsymbol{N}_{aa}^{-1}\boldsymbol{A})^{\mathrm{T}}=-\boldsymbol{QA}^{\mathrm{T}}\boldsymbol{N}_{aa}^{-1}\boldsymbol{AQ}$$

$$\boldsymbol{Q}_{WK}=\boldsymbol{AQ}(-\boldsymbol{N}_{aa}^{-1}\boldsymbol{A})^{\mathrm{T}}=-\boldsymbol{AQA}^{\mathrm{T}}\boldsymbol{N}_{aa}^{-1}=-\boldsymbol{N}_{aa}\boldsymbol{N}_{aa}^{-1}=-\boldsymbol{I}$$

$$\boldsymbol{Q}_{WV}=\boldsymbol{AQ}(-\boldsymbol{QA}^{\mathrm{T}}\boldsymbol{N}_{aa}^{-1}\boldsymbol{A})^{\mathrm{T}}=-\boldsymbol{AQA}^{\mathrm{T}}\boldsymbol{N}_{aa}^{-1}\boldsymbol{AQ}=-\boldsymbol{N}_{aa}\boldsymbol{N}_{aa}^{-1}\boldsymbol{AQ}=-\boldsymbol{AQ}$$

$$\boldsymbol{Q}_{KV}=(-\boldsymbol{N}_{aa}^{-1}\boldsymbol{A})\boldsymbol{Q}(-\boldsymbol{QA}^{\mathrm{T}}\boldsymbol{N}_{aa}^{-1}\boldsymbol{A})^{\mathrm{T}}=\boldsymbol{N}_{aa}^{-1}\boldsymbol{AQA}^{\mathrm{T}}\boldsymbol{N}_{aa}^{-1}\boldsymbol{AQ}=\boldsymbol{N}_{aa}^{-1}\boldsymbol{N}_{aa}\boldsymbol{N}_{aa}^{-1}\boldsymbol{AQ}=\boldsymbol{N}_{aa}^{-1}\boldsymbol{AQ}$$

$\hat{\boldsymbol{L}}$ 与 $\boldsymbol{L}$、$\boldsymbol{W}$、$\boldsymbol{K}$、$\boldsymbol{V}$ 间的互协因数阵及 $\hat{\boldsymbol{L}}$ 的自协因数阵为

$$\boldsymbol{Q}_{L\hat{L}}=\boldsymbol{IQ}(\boldsymbol{I}-\boldsymbol{QA}^{\mathrm{T}}\boldsymbol{N}_{aa}^{-1}\boldsymbol{A})^{\mathrm{T}}=\boldsymbol{IQI}^{\mathrm{T}}-\boldsymbol{IQA}^{\mathrm{T}}\boldsymbol{N}_{aa}^{-1}\boldsymbol{AQ}=\boldsymbol{Q}-\boldsymbol{QA}^{\mathrm{T}}\boldsymbol{N}_{aa}^{-1}\boldsymbol{AQ}$$

$$\boldsymbol{Q}_{W\hat{L}}=\boldsymbol{AQ}(\boldsymbol{I}-\boldsymbol{QA}^{\mathrm{T}}\boldsymbol{N}_{aa}^{-1}\boldsymbol{A})^{\mathrm{T}}=\boldsymbol{AQI}^{\mathrm{T}}-\boldsymbol{AQA}^{\mathrm{T}}\boldsymbol{N}_{aa}^{-1}\boldsymbol{AQ}=\boldsymbol{AQ}-\boldsymbol{N}_{aa}\boldsymbol{N}_{aa}^{-1}\boldsymbol{AQ}=\boldsymbol{AQ}-\boldsymbol{AQ}=0$$

$$\begin{aligned}\boldsymbol{Q}_{K\hat{L}}&=(-\boldsymbol{N}_{aa}^{-1}\boldsymbol{A})\boldsymbol{Q}(\boldsymbol{I}-\boldsymbol{QA}^{\mathrm{T}}\boldsymbol{N}_{aa}^{-1}\boldsymbol{A})^{\mathrm{T}}=-\boldsymbol{N}_{aa}^{-1}\boldsymbol{AQI}^{\mathrm{T}}+\boldsymbol{N}_{aa}^{-1}\boldsymbol{AQA}^{\mathrm{T}}\boldsymbol{N}_{aa}^{-1}\boldsymbol{AQ}\\&=-\boldsymbol{N}_{aa}^{-1}\boldsymbol{AQ}+\boldsymbol{N}_{aa}^{-1}\boldsymbol{N}_{aa}\boldsymbol{N}_{aa}^{-1}\boldsymbol{AQ}=-\boldsymbol{N}_{aa}^{-1}\boldsymbol{AQ}+\boldsymbol{N}_{aa}^{-1}\boldsymbol{AQ}=0\end{aligned}$$

$$\begin{aligned}\boldsymbol{Q}_{V\hat{L}}&=(-\boldsymbol{QA}^{\mathrm{T}}\boldsymbol{N}_{aa}^{-1}\boldsymbol{A})\boldsymbol{Q}(\boldsymbol{I}-\boldsymbol{QA}^{\mathrm{T}}\boldsymbol{N}_{aa}^{-1}\boldsymbol{A})^{\mathrm{T}}=-\boldsymbol{QA}^{\mathrm{T}}\boldsymbol{N}_{aa}^{-1}\boldsymbol{AQI}^{\mathrm{T}}+\boldsymbol{QA}^{\mathrm{T}}\boldsymbol{N}_{aa}^{-1}\boldsymbol{AQA}^{\mathrm{T}}\boldsymbol{N}_{aa}^{-1}\boldsymbol{AQ}\\&=-\boldsymbol{QA}^{\mathrm{T}}\boldsymbol{N}_{aa}^{-1}\boldsymbol{AQI}^{\mathrm{T}}+\boldsymbol{QA}^{\mathrm{T}}\boldsymbol{N}_{aa}^{-1}\boldsymbol{N}_{aa}\boldsymbol{N}_{aa}^{-1}\boldsymbol{AQ}=-\boldsymbol{QA}^{\mathrm{T}}\boldsymbol{N}_{aa}^{-1}\boldsymbol{AQ}+\boldsymbol{QA}^{\mathrm{T}}\boldsymbol{N}_{aa}^{-1}\boldsymbol{AQ}=0\end{aligned}$$

$$\begin{aligned}\boldsymbol{Q}_{\hat{L}\hat{L}}&=(\boldsymbol{I}-\boldsymbol{QA}^{\mathrm{T}}\boldsymbol{N}_{aa}^{-1}\boldsymbol{A})\boldsymbol{Q}(\boldsymbol{I}-\boldsymbol{QA}^{\mathrm{T}}\boldsymbol{N}_{aa}^{-1}\boldsymbol{A})^{\mathrm{T}}=(\boldsymbol{I}-\boldsymbol{QA}^{\mathrm{T}}\boldsymbol{N}_{aa}^{-1}\boldsymbol{A})\boldsymbol{Q}(\boldsymbol{I}-\boldsymbol{A}^{\mathrm{T}}\boldsymbol{N}_{aa}^{-1}\boldsymbol{AQ})\\&=\boldsymbol{IQI}-\boldsymbol{IQA}^{\mathrm{T}}\boldsymbol{N}_{aa}^{-1}\boldsymbol{AQ}-\boldsymbol{QA}^{\mathrm{T}}\boldsymbol{N}_{aa}^{-1}\boldsymbol{AQI}+\boldsymbol{QA}^{\mathrm{T}}\boldsymbol{N}_{aa}^{-1}\boldsymbol{AQA}^{\mathrm{T}}\boldsymbol{N}_{aa}^{-1}\boldsymbol{AQ}\\&=\boldsymbol{Q}-\boldsymbol{QA}^{\mathrm{T}}\boldsymbol{N}_{aa}^{-1}\boldsymbol{AQ}-\boldsymbol{QA}^{\mathrm{T}}\boldsymbol{N}_{aa}^{-1}\boldsymbol{AQ}+\boldsymbol{QA}^{\mathrm{T}}\boldsymbol{N}_{aa}^{-1}\boldsymbol{N}_{aa}\boldsymbol{N}_{aa}^{-1}\boldsymbol{AQ}=\boldsymbol{Q}-\boldsymbol{QA}^{\mathrm{T}}\boldsymbol{N}_{aa}^{-1}\boldsymbol{AQ}\end{aligned}$$

5.7.2 公式汇编

条件平差的函数模型和随机模型：

$$\underset{r\,n}{\boldsymbol{A}}\underset{n\,1}{\boldsymbol{V}}+\underset{r\,1}{\boldsymbol{W}}=\underset{r\,1}{0} \tag{5-2-2}$$

$$\underset{n\,n}{\boldsymbol{D}}=\sigma_0^2\underset{n\,n}{\boldsymbol{Q}}=\sigma_0^2\underset{n\,n}{\boldsymbol{P}^{-1}} \tag{5-2-3}$$

式中，$\boldsymbol{W}=\boldsymbol{AL}+\boldsymbol{A}_0$。

法方程：

$$\underset{r\,r}{\boldsymbol{N}_{aa}}\underset{r\,1}{\boldsymbol{K}}+\underset{r\,1}{\boldsymbol{W}}=0 \tag{5-2-15}$$

式中，$\boldsymbol{N}_{aa}=\boldsymbol{AQA}^{\mathrm{T}}$。

法方程解为

$$\boldsymbol{K}=-\boldsymbol{N}_{aa}^{-1}\boldsymbol{W} \tag{5-2-17}$$

改正数方程：

$$\boldsymbol{V}=\boldsymbol{P}^{-1}\boldsymbol{A}^{\mathrm{T}}\boldsymbol{K}=\boldsymbol{Q}\boldsymbol{A}^{\mathrm{T}}\boldsymbol{K} \tag{5-2-13}$$

观测值平差值：

$$\hat{\boldsymbol{L}}=\boldsymbol{L}+\boldsymbol{V}$$

单位权方差的估值：

$$\hat{\sigma}_0^2=\frac{\boldsymbol{V}^{\mathrm{T}}\boldsymbol{P}\boldsymbol{V}}{r} \tag{5-5-3}$$

条件平差基本向量的协因数阵见表 5-5-1。

平差值函数：

$$\hat{\boldsymbol{\varphi}}=f(\hat{L}_1,\hat{L}_2,\cdots,\hat{L}_n) \tag{5-5-10}$$

平差值函数的权函数式、协因数和中误差：

$$\mathrm{d}\hat{\boldsymbol{\varphi}}=\boldsymbol{F}^{\mathrm{T}}\mathrm{d}\hat{\boldsymbol{L}} \tag{5-5-13}$$

$$\boldsymbol{Q}_{\hat{\varphi}\hat{\varphi}}=\boldsymbol{F}^{\mathrm{T}}\boldsymbol{Q}\boldsymbol{F}-(\boldsymbol{A}\boldsymbol{Q}\boldsymbol{F})^{\mathrm{T}}\boldsymbol{N}_{aa}^{-1}\boldsymbol{A}\boldsymbol{Q}\boldsymbol{F} \tag{5-5-16}$$

$$\hat{\sigma}_{\hat{\varphi}}=\hat{\sigma}_0\sqrt{\boldsymbol{Q}_{\hat{\varphi}\hat{\varphi}}} \tag{5-5-18}$$

式中，$\boldsymbol{F}^{\mathrm{T}}=\begin{bmatrix}f_1 & f_2 & \cdots & f_n\end{bmatrix}=\begin{bmatrix}\dfrac{\partial f}{\partial \hat{L}_1} & \dfrac{\partial f}{\partial \hat{L}_2} & \cdots & \dfrac{\partial f}{\partial \hat{L}_n}\end{bmatrix}_0$。

第 6 章　附有参数的条件平差

6.1　概　　述

有些情况下，条件方程列立或线性化时非常困难；或由于环境限制，某些想要的量无法直接观测。此时可设定未知参数（类似几何问题中的辅助线），从附有参数的条件方程出发进行平差，就是附有参数的条件平差方法，它是平差的基础方法之一。

6.1.1　条件方程列立或线性化困难

在例 5-6-2 的测角网中，A、B 为已知点，AC 为已知边。在网中观测了 9 个角度，即 $n=9$，为了确定 C、D、E 三点坐标，其必要观测数 $t=5$，故 $r=n-t=4$，因此，必须列出 4 个条件方程。其中 3 个图形条件是很容易列出的，但列出第 4 个条件并线性化时非常困难。

为了解决这一问题，选取非观测量 $\angle ABD$ 作为参数 $\hat{X}$，这样就要列出 $c=r+u=4+1=5$ 个条件方程。此时虽然需多列出一个条件方程，但方程列立容易多了。除了 3 个图形条件外，还可列出 1 个极条件和 1 个固定边条件。若以 A 点为极，则极条件为

$$\frac{\sin(\hat{L}_5+\hat{L}_7)\sin\hat{X}\sin\hat{L}_6}{\sin(\hat{L}_9-\hat{X})\sin(\hat{L}_6+\hat{L}_8)\sin\hat{L}_5}=1 \tag{6-1-1}$$

固定边条件为（由 AC 推算到 AB）

$$S_{AB}=S_{AC}\frac{\sin\hat{L}_2\sin(\hat{L}_6+\hat{L}_8)}{\sin\hat{L}_3\sin\hat{X}} \tag{6-1-2a}$$

或写成

$$\frac{S_{AC}\sin\hat{L}_2\sin(\hat{L}_6+\hat{L}_8)}{S_{AB}\sin\hat{L}_3\sin\hat{X}}=1 \tag{6-1-2b}$$

6.1.2　某些量无法直接观测

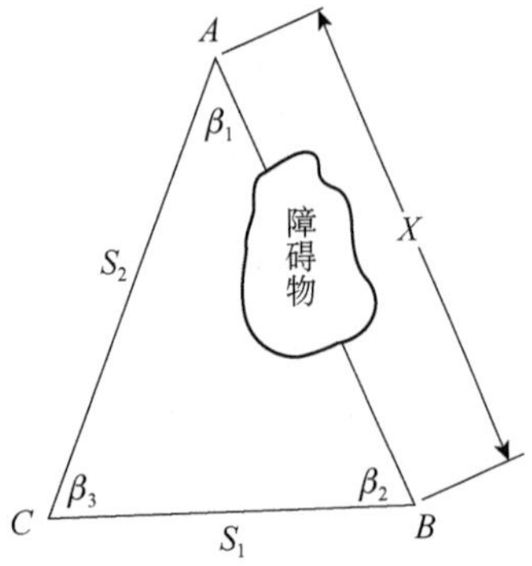

图 6-1-1　某些量无法直接观测

在图 6-1-1 中，A、B 两点间的边长由于有障碍物而难以直接测定。现观测了角度 β_1、β_2、β_3 和边长 S_1、S_2，此时 $n=5$，$t=3$（确定△ABC 的形状和大小），因而 $r=n-t=2$，即在上述 5 个观测量真值之间应存在 2 个条件方程。为了能通过平差计算直接求得 A、B 间的边长，可以设 AB 边长为 X，并将其作为一个未知参数列入条件方程。这样，由于增加了一个未知参数，因而在原有的 5 个观测量的真值和未知量 X 真值之间又将产生一个条件方程。3 个附有参数的条件方程不妨用余弦定理列为

$$\hat{S}_1^2 = \hat{S}_2^2 + \hat{X}^2 - 2\hat{S}_2\hat{X}\cos\hat{\beta}_1 \tag{6-1-3a}$$

$$\hat{S}_2^2 = \hat{S}_1^2 + \hat{X}^2 - 2\hat{S}_1\hat{X}\cos\hat{\beta}_2 \tag{6-1-3b}$$

$$\hat{X}^2 = \hat{S}_1^2 + \hat{S}_2^2 - 2\hat{S}_1\hat{S}_2\cos\hat{\beta}_3 \tag{6-1-3c}$$

图 6-1-1 如用条件平差方法计算，平差后，将 AB 边长用式（6-1-3c）表示成直接观测量平差值函数的形式，并进行推算。此时的 2 个不含参数的条件方程不妨用图形条件、正弦定理列为

$$\hat{\beta}_1 + \hat{\beta}_2 + \hat{\beta}_3 = 180°$$

$$\frac{\hat{S}_1}{\sin\hat{\beta}_1} = \frac{\hat{S}_2}{\sin\hat{\beta}_2}$$

上两例中只引入了一个未知参数。实际上，根据所要解决问题的不同需要，也可以引入更多的未知参数，参数的个数是任意的。

6.2　附有参数的条件方程个数的确定

在一个平差问题中，如果观测值个数为 n，必要观测数为 t，则多余观测数 $r=n-t$。若不增选参数，只需列出 r 个条件方程，这就是条件平差法。如果又选了 u 个独立量为参数（且 $0<u<t$）参加平差计算，就可建立含有参数的条件方程 $F(\hat{L},\hat{X})=0$ 作为平差的函数模型，这就是附有参数的条件平差法。

由于每增加一个量就多增加一个函数关系式，因而总共应列出 $r+u$ 个条件方程式。设附有参数的条件方程数为 $c=r+u$，因为在一个模型中函数独立的元素只可能有 t 个，也就是说，独立未知参数的个数最多是 $u=t$，此时 $c=r+u=r+t=n$，所以，如果要求所选的参数是函数独立的，则条件方程个数应满足 $r<c<n$（$c=n$ 时是间接平差）。

顺便指出，在实际计算中，不仅可以对未观测过的量设立未知参数，而且可以对观测过的量设立未知参数，如例 6-5-1 中选取高差观测值 h_5 为参数；不仅可以选取函数独立的量设立未知参数，也可以选取函数不独立的量设立未知参数，如例 8-5-1 中选取高差观测值 h_2、h_5、h_6、h_7 为参数，此时增加了一个限制条件：

$$\hat{X}_1 - \hat{X}_2 + \hat{X}_3 + \hat{X}_4 - (H_B - H_A) = 0$$

这是另一种平差模型。

6.3　附有参数的条件平差原理

6.3.1　函数模型与随机模型

附有参数的条件平差的函数模型在第 4 章中已给出，即

$$\underset{c\,n\,n\,1}{\boldsymbol{A}\boldsymbol{V}} + \underset{c\,u\,u\,1}{\boldsymbol{B}\hat{\boldsymbol{x}}} + \underset{c\,1}{\boldsymbol{W}} = \underset{c\,1}{0} \tag{6-3-1}$$

式中，$\boldsymbol{V}$ 为观测值 $\boldsymbol{L}$ 的改正数；$\hat{\boldsymbol{x}}$ 为参数近似值 $\boldsymbol{X}^0$ 的改正数，即

$$\hat{\boldsymbol{L}} = \boldsymbol{L} + \boldsymbol{V},\quad \hat{\boldsymbol{X}} = \boldsymbol{X}^0 + \hat{\boldsymbol{x}}$$

这里，$c=r+u$，$c<n$，$u<t$，系数阵的秩分别为

$$\boldsymbol{R}(\boldsymbol{A})=c, \boldsymbol{R}(\boldsymbol{B})=u$$

即 $\boldsymbol{A}$ 为行满秩阵；$\boldsymbol{B}$ 为列满秩阵。式中，

$$\boldsymbol{W}=\boldsymbol{A}\boldsymbol{L}+\boldsymbol{B}\boldsymbol{X}^0+\boldsymbol{A}_0 \tag{6-3-2}$$

随机模型为

$$\underset{nn}{\boldsymbol{D}}=\sigma_0^2\underset{nn}{\boldsymbol{Q}}=\sigma_0^2\underset{nn}{\boldsymbol{P}^{-1}} \tag{6-3-3}$$

式（6-3-1）中待求量为 n 个改正数和 u 个参数，方程的个数为 $c=r+u<n+u$，即方程个数少于未知数的个数，且其系数矩阵的秩等于其增广矩阵的秩，即 $\boldsymbol{R}(\boldsymbol{A}\ \boldsymbol{B})=\boldsymbol{R}(\boldsymbol{A}\boldsymbol{B}\vdots\boldsymbol{W})=c$，故式（6-3-1）是一组具有无穷多组解的相容方程组。按最小二乘原理，应在无穷多组解中求出能使 $\boldsymbol{V}^{\mathrm{T}}\boldsymbol{P}\boldsymbol{V}=\min$ 的一组解。

6.3.2 基础方程及其求解

为了求出能使 $\boldsymbol{V}^{\mathrm{T}}\boldsymbol{P}\boldsymbol{V}=\min$ 的一组解，按求函数条件极值的方法，组成函数：

$$\boldsymbol{\Phi}=\boldsymbol{V}^{\mathrm{T}}\boldsymbol{P}\boldsymbol{V}-2\boldsymbol{K}^{\mathrm{T}}(\boldsymbol{A}\boldsymbol{V}+\boldsymbol{B}\hat{\boldsymbol{x}}+\boldsymbol{W})$$

式中，$\underset{c1}{\boldsymbol{K}}$ 为对应于条件方程式（6-3-1）的联系数向量，为求 $\boldsymbol{\Phi}$ 的极小值，将其分别对 $\boldsymbol{V}$ 和 $\hat{\boldsymbol{x}}$ 求一阶导数并令其等于 0，则有

$$\partial\boldsymbol{\Phi}/\partial\boldsymbol{V}=2\boldsymbol{V}^{\mathrm{T}}\boldsymbol{P}-2\boldsymbol{K}^{\mathrm{T}}\boldsymbol{A}=0$$

$$\partial\boldsymbol{\Phi}/\partial\hat{\boldsymbol{x}}=-2\boldsymbol{K}^{\mathrm{T}}\boldsymbol{B}=0$$

由两式转置得

$$\underset{nn}{\boldsymbol{P}}\underset{n1}{\boldsymbol{V}}-\underset{nc}{\boldsymbol{A}^{\mathrm{T}}}\underset{c1}{\boldsymbol{K}}=0 \tag{6-3-4}$$

$$\underset{uc}{\boldsymbol{B}^{\mathrm{T}}}\underset{c1}{\boldsymbol{K}}=\underset{u1}{0} \tag{6-3-5}$$

在式（6-3-1）、式（6-3-4）和式（6-3-5）三式中，共有 $c+n+u$ 个方程，待求的未知数是 n 个改正数、u 个参数和 c 个联系数，即方程个数等于未知数个数，所以由它们可以求得能使 $\boldsymbol{V}^{\mathrm{T}}\boldsymbol{P}\boldsymbol{V}=\min$ 的一组唯一解。上述三式称为附有参数的条件平差的基础方程。

用 $\boldsymbol{P}^{-1}$ 左乘式（6-3-4）得

$$\underset{n1}{\boldsymbol{V}}=\boldsymbol{P}^{-1}\boldsymbol{A}^{\mathrm{T}}\boldsymbol{K}=\boldsymbol{Q}\boldsymbol{A}^{\mathrm{T}}\boldsymbol{K} \tag{6-3-6}$$

上式称为改正数方程。于是基础方程为

$$\begin{cases}\underset{cn}{\boldsymbol{A}}\underset{n1}{\boldsymbol{V}}+\underset{cu}{\boldsymbol{B}}\underset{u1}{\hat{\boldsymbol{x}}}+\underset{c1}{\boldsymbol{W}}=\underset{c1}{0}\\ \underset{n1}{\boldsymbol{V}}=\underset{nn}{\boldsymbol{P}^{-1}}\underset{nc}{\boldsymbol{A}^{\mathrm{T}}}\underset{c1}{\boldsymbol{K}}=\underset{nn}{\boldsymbol{Q}}\underset{nc}{\boldsymbol{A}^{\mathrm{T}}}\underset{c1}{\boldsymbol{K}}\\ \underset{uc}{\boldsymbol{B}^{\mathrm{T}}}\underset{c1}{\boldsymbol{K}}=0\end{cases} \tag{6-3-7}$$

解算此基础方程，通常是将其中的改正数方程代入条件方程，得到一组包含 K 和 $\hat{x}$ 的对称线性方程组，即

$$\begin{cases}\boldsymbol{A}\boldsymbol{Q}\boldsymbol{A}^{\mathrm{T}}\boldsymbol{K}+\boldsymbol{B}\hat{\boldsymbol{x}}+\boldsymbol{W}=0\\ \boldsymbol{B}^{\mathrm{T}}\boldsymbol{K}=0\end{cases} \tag{6-3-8}$$

在第 5 章中已令 $\boldsymbol{N}_{aa}=\boldsymbol{A}\boldsymbol{Q}\boldsymbol{A}^{\mathrm{T}}$，故上式也可写成

$$\begin{cases} \underset{cc}{N_{aa}} \underset{c1}{K} + \underset{cu}{B} \underset{u1}{\hat{x}} + \underset{c1}{W} = \underset{c1}{0} \\ \underset{uc}{B^{\mathrm{T}}} \underset{c1}{K} = \underset{u1}{0} \end{cases} \tag{6-3-9}$$

上式称为附有参数的条件平差的法方程。因为 $R(\underset{cc}{N_{aa}}) = R(AQA^{\mathrm{T}}) = R(\underset{cn}{A}) = c$，且 $N_{aa}^{\mathrm{T}} = (AQA^{\mathrm{T}})^{\mathrm{T}} = AQA^{\mathrm{T}} = N_{aa}$，故知 N_{aa} 为一 c 阶的对称满秩方阵，是一可逆阵。用 N_{aa}^{-1} 左乘式（6-3-9）的第一式，得

$$\underset{c1}{K} = -N_{aa}^{-1}(B\hat{x} + W) \tag{6-3-10}$$

又以 $B^{\mathrm{T}}N_{aa}^{-1}$ 左乘式（6-3-9）中的第一式，并与第二式相减，得

$$B^{\mathrm{T}}N_{aa}^{-1}B\hat{x} + B^{\mathrm{T}}N_{aa}^{-1}W = 0$$

现令

$$N_{bb} = B^{\mathrm{T}}N_{aa}^{-1}B \tag{6-3-11}$$

则有

$$\underset{uu}{N_{bb}} \underset{u1}{\hat{x}} + \underset{uc}{B^{\mathrm{T}}} \underset{cc}{N_{aa}^{-1}} \underset{c1}{W} = 0 \tag{6-3-12}$$

因 $R(N_{bb}) = R(B^{\mathrm{T}}N_{aa}^{-1}B) = R(B) = u$，且$N_{bb}^{\mathrm{T}} = N_{bb}$，故 N_{bb} 是 u 阶可逆对称方阵，解之得

$$\hat{x} = -N_{bb}^{-1}B^{\mathrm{T}}N_{aa}^{-1}W \tag{6-3-13}$$

在实际计算时，由式（6-3-13）计算 $\hat{x}$，然后由式（6-3-10）计算 K，再由式（6-3-6）计算 V（$\hat{x} \rightarrow K \rightarrow V$）。

联系数 K 不是平差计算的目的，有时可以不计算，这样就可将式（6-3-10）代入式（6-3-6），得

$$V = -QA^{\mathrm{T}}N_{aa}^{-1}(B\hat{x} + W) \tag{6-3-14}$$

即在计算出 $\hat{x}$ 后，直接计算改正数 V（$\hat{x} \rightarrow V$）。

最后按下两式计算平差值：

$$\hat{L} = L + V \tag{6-3-15}$$

$$\hat{X} = X^0 + \hat{x} \tag{6-3-16}$$

6.3.3　计算步骤

综上所述，按附有参数的条件平差求观测量平差值和参数平差值的计算步骤可归纳如下。

（1）列立条件式。根据平差问题的具体情况，设 u 个独立量为参数（$0 < u < t$），列出附有参数的条件方程式（6-3-1），条件方程的个数等于多余观测数与参数个数之和，即 $c = r + u$。

（2）组成法方程。根据条件方程的系数阵 $\underset{cn}{A}$、$\underset{cn}{B}$，闭合差 $\underset{c1}{W}$ 及观测值的协因数阵 $\underset{nn}{Q}$，组成法方程式（6-3-9），法方程的个数为 $c + u$ 个。

（3）解算法方程。先由式（6-3-13）计算 $\hat{x}$，然后由式（6-3-10）计算联系数 K。

（4）计算观测值改正数。将 K 代入改正数方程式（6-3-6）计算 V 值。

（5）计算平差值。观测量平差值 $\hat{L} = L + V$，参数平差值 $\hat{X} = X^0 + \hat{x}$。

（6）平差结果检验。为了检查平差计算的正确性，用平差值 $\hat{L}$ 和 $\hat{X}$ 重新列出平差值条件方程 $A\hat{L} + B\hat{X} + A_0 = 0$，看其是否满足方程。

（7）评定精度。计算单位权中误差、平差值函数精度等（详见 6.4 节）。

6.4 精度评定

6.4.1 单位权方差的估值公式

单位权方差公式同式（5-5-3），即残差平方和除以平差问题的自由度（多余观测数）：

$$\hat{\sigma}_0^2=\frac{\boldsymbol{V}^{\mathrm{T}}\boldsymbol{P}\boldsymbol{V}}{r}=\frac{\boldsymbol{V}^{\mathrm{T}}\boldsymbol{P}\boldsymbol{V}}{c-u} \tag{6-4-1}$$

它与平差时是否选取参数 $\hat{\boldsymbol{X}}$ 无关。

6.4.2 协因数阵的计算

在附有参数的条件平差中，基本向量为 $\boldsymbol{L}$、$\boldsymbol{W}$、$\hat{\boldsymbol{X}}$、$\boldsymbol{K}$、$\boldsymbol{V}$ 和 $\hat{\boldsymbol{L}}$，由已知 $\boldsymbol{Q}_{LL}=\boldsymbol{Q}$ 可推求各向量的自协因数阵及两两向量间的互协因数阵。

附有参数的条件平差中各基本向量的表达式为

$$\begin{aligned}
&\boldsymbol{L}=\boldsymbol{L}\\
&\boldsymbol{W}=\boldsymbol{A}\boldsymbol{L}+\boldsymbol{B}\boldsymbol{X}^0+\boldsymbol{A}_0=\boldsymbol{A}\boldsymbol{L}+\boldsymbol{W}^0\\
&\hat{\boldsymbol{X}}=\boldsymbol{X}^0+\hat{\boldsymbol{x}}=\boldsymbol{X}^0-\boldsymbol{N}_{bb}^{-1}\boldsymbol{B}^{\mathrm{T}}\boldsymbol{N}_{aa}^{-1}\boldsymbol{W}\\
&\boldsymbol{K}=-\boldsymbol{N}_{aa}^{-1}\boldsymbol{W}-\boldsymbol{N}_{aa}^{-1}\boldsymbol{B}\hat{\boldsymbol{x}}\\
&\boldsymbol{V}=\boldsymbol{Q}\boldsymbol{A}^{\mathrm{T}}\boldsymbol{K}\\
&\hat{\boldsymbol{L}}=\boldsymbol{L}+\boldsymbol{V}
\end{aligned}$$

先求以上前三个向量的自协因数阵和互协因数阵的计算公式。按协因数传播律得

$$\begin{aligned}
\boldsymbol{Q}_{LL}&=\boldsymbol{Q}\\
\boldsymbol{Q}_{WW}&=\boldsymbol{A}\boldsymbol{Q}\boldsymbol{A}^{\mathrm{T}}=\boldsymbol{N}_{aa}\\
\boldsymbol{Q}_{\hat{X}\hat{X}}&=\boldsymbol{N}_{bb}^{-1}\boldsymbol{B}^{\mathrm{T}}\boldsymbol{N}_{aa}^{-1}\boldsymbol{Q}_{WW}\boldsymbol{N}_{aa}^{-1}\boldsymbol{B}\boldsymbol{N}_{bb}^{-1}=\boldsymbol{N}_{bb}^{-1}\boldsymbol{B}^{\mathrm{T}}\boldsymbol{N}_{aa}^{-1}\boldsymbol{N}_{aa}\boldsymbol{N}_{aa}^{-1}\boldsymbol{B}\boldsymbol{N}_{bb}^{-1}\\
&=\boldsymbol{N}_{bb}^{-1}\boldsymbol{B}^{\mathrm{T}}\boldsymbol{N}_{aa}^{-1}\boldsymbol{B}\boldsymbol{N}_{bb}^{-1}=\boldsymbol{N}_{bb}^{-1}\boldsymbol{N}_{bb}\boldsymbol{N}_{bb}^{-1}=\boldsymbol{N}_{bb}^{-1}\\
\boldsymbol{Q}_{WL}&=\boldsymbol{A}\boldsymbol{Q}\\
\boldsymbol{Q}_{\hat{X}L}&=-\boldsymbol{N}_{bb}^{-1}\boldsymbol{B}^{\mathrm{T}}\boldsymbol{N}_{aa}^{-1}\boldsymbol{Q}_{WL}=-\boldsymbol{N}_{bb}^{-1}\boldsymbol{B}^{\mathrm{T}}\boldsymbol{N}_{aa}^{-1}\boldsymbol{A}\boldsymbol{Q}=-\boldsymbol{Q}_{\hat{X}\hat{X}}\boldsymbol{B}^{\mathrm{T}}\boldsymbol{N}_{aa}^{-1}\boldsymbol{A}\boldsymbol{Q}\\
\boldsymbol{Q}_{\hat{X}W}&=-\boldsymbol{N}_{bb}^{-1}\boldsymbol{B}^{\mathrm{T}}\boldsymbol{N}_{aa}^{-1}\boldsymbol{Q}_{WW}=-\boldsymbol{N}_{bb}^{-1}\boldsymbol{B}^{\mathrm{T}}\boldsymbol{N}_{aa}^{-1}\boldsymbol{N}_{aa}=-\boldsymbol{N}_{bb}^{-1}\boldsymbol{B}^{\mathrm{T}}=-\boldsymbol{Q}_{\hat{X}\hat{X}}\boldsymbol{B}^{\mathrm{T}}
\end{aligned}$$

以下推导其他向量的有关协因数阵：

$$\begin{aligned}
\boldsymbol{Q}_{KK}&=\boldsymbol{N}_{aa}^{-1}\boldsymbol{Q}_{WW}\boldsymbol{N}_{aa}^{-1}+\boldsymbol{N}_{aa}^{-1}\boldsymbol{B}\boldsymbol{Q}_{\hat{X}W}\boldsymbol{N}_{aa}^{-1}+\boldsymbol{N}_{aa}^{-1}\boldsymbol{Q}_{W\hat{X}}\boldsymbol{B}^{\mathrm{T}}\boldsymbol{N}_{aa}^{-1}+\boldsymbol{N}_{aa}^{-1}\boldsymbol{B}\boldsymbol{Q}_{\hat{X}\hat{X}}\boldsymbol{B}^{\mathrm{T}}\boldsymbol{N}_{aa}^{-1}\\
&=\boldsymbol{N}_{aa}^{-1}-\boldsymbol{N}_{aa}^{-1}\boldsymbol{B}\boldsymbol{N}_{bb}^{-1}\boldsymbol{B}^{\mathrm{T}}\boldsymbol{N}_{aa}^{-1}-\boldsymbol{N}_{aa}^{-1}\boldsymbol{B}\boldsymbol{N}_{bb}^{-1}\boldsymbol{B}^{\mathrm{T}}\boldsymbol{N}_{aa}^{-1}+\boldsymbol{N}_{aa}^{-1}\boldsymbol{B}\boldsymbol{N}_{bb}^{-1}\boldsymbol{B}^{\mathrm{T}}\boldsymbol{N}_{aa}^{-1}\\
&=\boldsymbol{N}_{aa}^{-1}-\boldsymbol{N}_{aa}^{-1}\boldsymbol{B}\boldsymbol{N}_{bb}^{-1}\boldsymbol{B}^{\mathrm{T}}\boldsymbol{N}_{aa}^{-1}=\boldsymbol{N}_{aa}^{-1}-\boldsymbol{N}_{aa}^{-1}\boldsymbol{B}\boldsymbol{Q}_{\hat{X}\hat{X}}\boldsymbol{B}^{\mathrm{T}}\boldsymbol{N}_{aa}^{-1}\\
\boldsymbol{Q}_{KL}&=-\boldsymbol{N}_{aa}^{-1}\boldsymbol{Q}_{WL}-\boldsymbol{N}_{aa}^{-1}\boldsymbol{B}\boldsymbol{Q}_{\hat{X}L}=-\boldsymbol{N}_{aa}^{-1}\boldsymbol{A}\boldsymbol{Q}+\boldsymbol{N}_{aa}^{-1}\boldsymbol{B}\boldsymbol{N}_{bb}^{-1}\boldsymbol{B}^{\mathrm{T}}\boldsymbol{N}_{aa}^{-1}\boldsymbol{A}\boldsymbol{Q}\\
&=-(\boldsymbol{N}_{aa}^{-1}-\boldsymbol{N}_{aa}^{-1}\boldsymbol{B}\boldsymbol{N}_{bb}^{-1}\boldsymbol{B}^{\mathrm{T}}\boldsymbol{N}_{aa}^{-1})\boldsymbol{A}\boldsymbol{Q}=-\boldsymbol{Q}_{KK}\boldsymbol{A}\boldsymbol{Q}\\
\boldsymbol{Q}_{KW}&=-\boldsymbol{N}_{aa}^{-1}\boldsymbol{Q}_{WW}-\boldsymbol{N}_{aa}^{-1}\boldsymbol{B}\boldsymbol{Q}_{\hat{X}W}=-\boldsymbol{N}_{aa}^{-1}\boldsymbol{N}_{aa}+\boldsymbol{N}_{aa}^{-1}\boldsymbol{B}\boldsymbol{N}_{bb}^{-1}\boldsymbol{B}^{\mathrm{T}}\boldsymbol{N}_{aa}^{-1}\boldsymbol{N}_{aa}=-\boldsymbol{Q}_{KK}\boldsymbol{N}_{aa}\\
\boldsymbol{Q}_{K\hat{X}}&=-\boldsymbol{N}_{aa}^{-1}\boldsymbol{Q}_{W\hat{X}}-\boldsymbol{N}_{aa}^{-1}\boldsymbol{B}\boldsymbol{Q}_{\hat{X}\hat{X}}=\boldsymbol{N}_{aa}^{-1}\boldsymbol{B}\boldsymbol{N}_{bb}^{-1}-\boldsymbol{N}_{aa}^{-1}\boldsymbol{B}\boldsymbol{N}_{bb}^{-1}=0\\
\boldsymbol{Q}_{VV}&=\boldsymbol{Q}\boldsymbol{A}^{\mathrm{T}}\boldsymbol{Q}_{KK}\boldsymbol{A}\boldsymbol{Q}\\
\boldsymbol{Q}_{VL}&=\boldsymbol{Q}\boldsymbol{A}^{\mathrm{T}}\boldsymbol{Q}_{KL}=-\boldsymbol{Q}\boldsymbol{A}^{\mathrm{T}}\boldsymbol{Q}_{KK}\boldsymbol{A}\boldsymbol{Q}=-\boldsymbol{Q}_{VV}
\end{aligned}$$

$$Q_{VW}=QA^{\mathrm{T}}Q_{KW}=-QA^{\mathrm{T}}Q_{KK}N_{aa}$$
$$Q_{V\hat{X}}=QA^{\mathrm{T}}Q_{K\hat{X}}=0$$
$$Q_{VK}=QA^{\mathrm{T}}Q_{KK}$$
$$Q_{\hat{L}\hat{L}}=Q+Q_{LV}+Q_{VL}+Q_{VV}=Q-Q_{VV}-Q_{VV}+Q_{VV}=Q-Q_{VV}$$
$$Q_{\hat{L}L}=Q+Q_{VL}=Q-Q_{VV}$$
$$Q_{\hat{L}W}=Q_{LW}+Q_{VW}=QA^{\mathrm{T}}-QA^{\mathrm{T}}Q_{KK}N_{aa}=QA^{\mathrm{T}}N_{aa}^{-1}BQ_{\hat{X}\hat{X}}B^{\mathrm{T}}$$
$$Q_{\hat{L}K}=Q_{LK}+Q_{VK}=-QA^{\mathrm{T}}Q_{KK}+QA^{\mathrm{T}}Q_{KK}=0$$
$$Q_{\hat{L}\hat{X}}=Q_{L\hat{X}}+Q_{V\hat{X}}=-QA^{\mathrm{T}}N_{aa}^{-1}BN_{bb}^{-1}$$
$$Q_{\hat{L}V}=Q_{LV}+Q_{VV}=0$$

类似可以推求剩余的 15 个协因数阵。将以上结果列于表 6-4-1，以便查用。

表 6-4-1 基本向量的协因数阵（$N_{aa}=AQA^{\mathrm{T}}$，$N_{bb}=B^{\mathrm{T}}N_{aa}^{-1}B$）

	L	W	$\hat{X}$	K	V	$\hat{L}$
L	Q	QA^{T}	$-QA^{\mathrm{T}}N_{aa}^{-1}BQ_{\hat{X}\hat{X}}$	$-QA^{\mathrm{T}}Q_{KK}$	$-Q_{VV}$	$Q-Q_{VV}$
W	AQ	N_{aa}	$-BQ_{\hat{X}\hat{X}}$	$-N_{aa}Q_{KK}$	$-N_{aa}Q_{KK}AQ$	$BQ_{\hat{X}\hat{X}}B^{\mathrm{T}}N_{aa}^{-1}AQ$
$\hat{X}$	$-Q_{\hat{X}\hat{X}}B^{\mathrm{T}}N_{aa}^{-1}AQ$	$-Q_{\hat{X}\hat{X}}B^{\mathrm{T}}$	N_{bb}^{-1}	0	0	$-N_{bb}^{-1}B^{\mathrm{T}}N_{aa}^{-1}AQ$
K	$-Q_{KK}AQ$	$-Q_{KK}N_{aa}$	0	$N_{aa}^{-1}-N_{aa}^{-1}B$ $Q_{\hat{X}\hat{X}}B^{\mathrm{T}}N_{aa}^{-1}$	$Q_{KK}AQ$	0
V	$-Q_{VV}$	$-QA^{\mathrm{T}}Q_{KK}N_{aa}$	0	$QA^{\mathrm{T}}Q_{KK}$	$QA^{\mathrm{T}}Q_{KK}AQ$	0
$\hat{L}$	$Q-Q_{VV}$	$QA^{\mathrm{T}}N_{aa}^{-1}BQ_{\hat{X}\hat{X}}B^{\mathrm{T}}$	$-QA^{\mathrm{T}}N_{aa}^{-1}BN_{bb}^{-1}$	0	0	$Q-Q_{VV}$

6.4.3 平差值函数的中误差

在附有参数的条件平差中，任何一个量的平差值都可表达成观测量平差值和参数平差值的函数。例如，在例 5-6-2 中，若选取非观测量 $\angle ABD$ 作为参数 $\hat{X}$，如果要求平差后 $\angle BAC$ 的角值和中误差，则由图 5-6-2 知，它的函数式应为

$$\hat{\varphi}_1=180^{\circ}-\hat{X}-\hat{L}_8-\hat{L}_6+\hat{L}_1$$

若还要求平差后 BD 边的边长和中误差，由图知它的函数式可写成

$$\hat{\varphi}_2=\hat{S}_{BD}=S_{AB}\frac{\sin(180^{\circ}-\hat{L}_6-\hat{L}_8-\hat{X})}{\sin(\hat{L}_6+\hat{L}_8)}$$

式中，S_{AB}、180° 均为常量，视为无误差；$\hat{\varphi}_1$ 为线性函数；$\hat{\varphi}_2$ 为非线性函数。一般而言，如有一平差值函数为

$$\hat{\varphi}=\Phi(\underset{n1}{\hat{L}},\underset{u1}{\hat{X}}) \tag{6-4-2}$$

对其全微分，得权函数式为

$$\mathrm{d}\hat{\varphi}=\frac{\partial\Phi}{\partial\hat{L}}\mathrm{d}\hat{L}+\frac{\partial\Phi}{\partial\hat{X}}\mathrm{d}\hat{X}=F^{\mathrm{T}}\mathrm{d}\hat{L}+F_x^{\mathrm{T}}\mathrm{d}\hat{X} \tag{6-4-3}$$

其中，

$$\underset{1n}{F^{\mathrm{T}}}=\left[\frac{\partial \Phi}{\partial \hat{L}_1} \quad \frac{\partial \Phi}{\partial \hat{L}_2} \quad \cdots \quad \frac{\partial \Phi}{\partial \hat{L}_n}\right]_{L,X^0},\quad \underset{1u}{F_x^{\mathrm{T}}}=\left[\frac{\partial \Phi}{\partial \hat{X}_1} \quad \frac{\partial \Phi}{\partial \hat{X}_2} \quad \cdots \quad \frac{\partial \Phi}{\partial \hat{X}_u}\right]_{L,X^0} \tag{6-4-4}$$

按协因数传播律得$\hat{\varphi}$的协因数为

$$Q_{\hat{\varphi}\hat{\varphi}}=F^{\mathrm{T}}Q_{\hat{L}\hat{L}}F+F^{\mathrm{T}}Q_{\hat{L}\hat{X}}F_x+F_x^{\mathrm{T}}Q_{\hat{X}\hat{L}}F+F_x^{\mathrm{T}}Q_{\hat{X}\hat{X}}F_x \tag{6-4-5}$$

其中，$Q_{\hat{L}\hat{L}}$、$Q_{\hat{X}\hat{L}}=Q_{\hat{L}\hat{X}}^{\mathrm{T}}$、$Q_{\hat{X}\hat{X}}$等协因数阵可按表 6-4-1 中的公式计算。$\hat{\varphi}$的中误差为

$$\hat{\sigma}_{\hat{\varphi}}=\hat{\sigma}_0\sqrt{Q_{\hat{\varphi}\hat{\varphi}}} \tag{6-4-6}$$

6.5 综 合 例 题

平差计算设有参数时，首先需要应用已知值和观测值，根据测量网形的几何关系，求定参数的近似值。若设点位平面坐标为参数，一般用导线或前方交会法计算其坐标近似值。

6.5.1 水准网

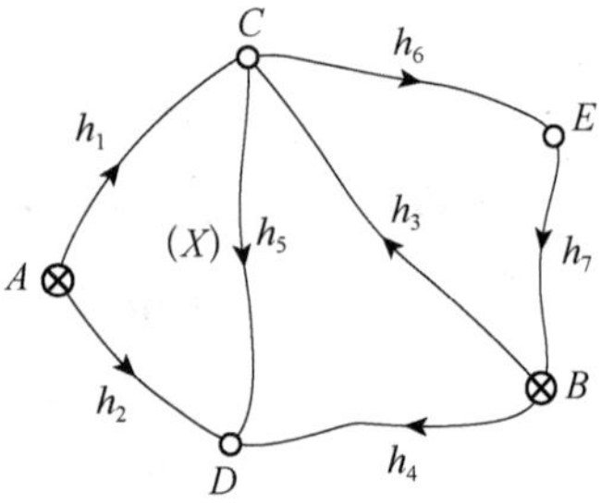

图 6-5-1 水准网

例 6-5-1 在例 5-6-1 水准网（图 6-5-1）中，选取 C 点到 D 点间高差平差值为参数$\hat{X}$，试按附有参数的条件平差法对该水准网进行平差，求：①各待定点的平差高程；②C 点到 D 点间高差的平差值及其中误差。

解：本题有$n=7$个观测值，$t=3$个待定点，多余观测数$r=n-t=7-3=4$个，参数$u=1<t$，故可按附有参数的条件平差法进行平差。条件方程数$c=r+u=4+1=5$，即其函数模型为 5 个附有参数的条件方程。

（1）计算参数的近似值X^0。

$$X^0=L_5=+0.657\text{m}$$

（2）列条件方程。5 个平差值方程（$A\hat{L}+B\hat{X}+A_0=0$）为

$$\begin{cases}\hat{L}_1-\hat{L}_2+\hat{L}_5=0\\ \hat{L}_3-\hat{L}_4+\hat{L}_5=0\\ \hat{L}_3+\hat{L}_6+\hat{L}_7=0\\ \hat{L}_2-\hat{L}_4-(H_B-H_A)=0\\ \hat{L}_5-\hat{X}=0\end{cases}$$

将$\hat{L}=L+V$、$\hat{X}=X^0+\hat{x}$代入，得 5 个改正数条件方程（$AV+B\hat{x}+W=0$）为

$$\begin{cases}v_1-v_2+v_5+7=0\\ v_3-v_4+v_5+8=0\\ v_3+v_6+v_7+6=0\\ v_2-v_4-3=0\\ v_5-\hat{x}=0\end{cases}$$

式中，闭合差以 mm 为单位。

（3）定权并组成法方程。令 C=1，即以 1km 观测高差为单位权观测，于是$p_i=\dfrac{1}{S_i}$，

$Q_{ii}=\frac{1}{p_i}=S_i$。因为各观测高差不相关，故权阵、协因数阵为对角阵，即

$$\underset{77}{\boldsymbol{P}}=\begin{bmatrix}\frac{1}{1.1}&&&&&&\\&\frac{1}{1.7}&&&&&\\&&\frac{1}{2.3}&&&&\\&&&\frac{1}{2.7}&&&\\&&&&\frac{1}{2.4}&&\\&&&&&\frac{1}{1.4}&\\&&&&&&\frac{1}{2.6}\end{bmatrix},\underset{77}{\boldsymbol{Q}}=\boldsymbol{P}^{-1}=\begin{bmatrix}1.1&&&&&&\\&1.7&&&&&\\&&2.3&&&&\\&&&2.7&&&\\&&&&2.4&&\\&&&&&1.4&\\&&&&&&2.6\end{bmatrix}$$

由附有参数的条件方程知系数阵、常数阵为

$$\underset{57}{\boldsymbol{A}}=\begin{bmatrix}1&-1&0&0&1&0&0\\0&0&1&-1&1&0&0\\0&0&1&0&0&1&1\\0&1&0&-1&0&0&0\\0&0&0&0&1&0&0\end{bmatrix},\underset{51}{\boldsymbol{B}}=\begin{bmatrix}0\\0\\0\\0\\-1\end{bmatrix},\underset{51}{\boldsymbol{W}}=\begin{bmatrix}7\\8\\6\\-3\\0\end{bmatrix}$$

要列法方程：

$$\begin{cases}\boldsymbol{N}_{aa}\boldsymbol{K}+\boldsymbol{B}\hat{\boldsymbol{x}}+\boldsymbol{W}=0\\\boldsymbol{B}^{\mathrm{T}}\boldsymbol{K}=0\end{cases}$$

先求

$$\boldsymbol{N}_{aa}=\boldsymbol{AQA}^{\mathrm{T}}=\begin{bmatrix}5.2&2.4&0&-1.7&2.4\\2.4&7.4&2.3&2.7&2.4\\0&2.3&6.3&0&0\\-1.7&2.7&0&4.4&0\\2.4&2.4&0&0&2.4\end{bmatrix}$$

$$\boldsymbol{B}^{\mathrm{T}}=\begin{bmatrix}0&0&0&0&-1\end{bmatrix}$$

则法方程为

$$\begin{bmatrix}5.2&2.4&0&-1.7&2.4&0\\2.4&7.4&2.3&2.7&2.4&0\\0&2.3&6.3&0&0&0\\-1.7&2.7&0&4.4&0&0\\2.4&2.4&0&0&2.4&-1\\0&0&0&0&-1&0\end{bmatrix}\begin{bmatrix}k_a\\k_b\\k_c\\k_d\\k_e\\\hat{x}\end{bmatrix}+\begin{bmatrix}7\\8\\6\\-3\\0\\0\end{bmatrix}=0$$

（4）解算法方程。可用 $\hat{\boldsymbol{x}}=-\boldsymbol{N}_{bb}^{-1}\boldsymbol{B}^{\mathrm{T}}\boldsymbol{N}_{aa}^{-1}\boldsymbol{W}$ 、 $\underset{c1}{\boldsymbol{K}}=-\boldsymbol{N}_{aa}^{-1}(\boldsymbol{B}\hat{\boldsymbol{x}}+\boldsymbol{W})$ 求解，也可以用程序直接

解上述线性方程组。

$$k_a=-0.2206,\ k_b=-1.4053,\ k_c=-0.4393,\ k_d=1.4589,\ k_e=0,\ \hat{x}=-3.9\text{mm}$$

（5）计算观测值改正数。利用改正数方程($\boldsymbol{V}=\boldsymbol{Q}\boldsymbol{A}^{\mathrm{T}}\boldsymbol{K}$)求得

$$\boldsymbol{V}=\begin{bmatrix}-0.2 & 2.9 & -4.2 & -0.1 & -3.9 & -0.6 & -1.1\end{bmatrix}^{\mathrm{T}}(\text{mm})$$

（6）计算平差值($\hat{\boldsymbol{L}}=\boldsymbol{L}+\boldsymbol{V}$，$\hat{\boldsymbol{X}}=\boldsymbol{X}^0+\hat{\boldsymbol{x}}$)，并将$\hat{\boldsymbol{L}}$、$\hat{\boldsymbol{X}}$代入平差值条件式($\boldsymbol{A}\hat{\boldsymbol{L}}+\boldsymbol{B}\hat{\boldsymbol{X}}+\boldsymbol{A}_0=0$)检核。

$$\hat{\boldsymbol{L}}=\begin{bmatrix}1.3588 & 2.0119 & 0.3588 & 1.0119 & 0.6531 & 0.2374 & -0.5961\end{bmatrix}^{\mathrm{T}}(\text{m})$$

$$\hat{\boldsymbol{X}}=0.6531\text{m}$$

经检验满足所有条件方程。

（7）计算 C、D、E 点高程平差值。

$$\hat{H}_C=H_A+\hat{L}_1=6.3748\text{m}$$

$$\hat{H}_D=H_A+\hat{L}_2=7.0279\text{m}$$

$$\hat{H}_E=H_B-\hat{L}_7=6.6121\text{m}$$

（8）计算单位权中误差。

$$\hat{\sigma}_0=\sqrt{\frac{\boldsymbol{V}^{\mathrm{T}}\boldsymbol{P}\boldsymbol{V}}{r}}=\sqrt{\frac{19.80}{4}}=2.2\,(\text{mm})$$

即该水准网 1km 观测高差的中误差为 2.2mm 。

（9）计算平差后 C 点到 D 点间高差平差值及其中误差，也就是计算参数$\hat{\boldsymbol{X}}$的平差值及其中误差。

$$\hat{\boldsymbol{X}}=\boldsymbol{X}^0+\hat{\boldsymbol{x}}=0.6531\text{m}$$

查表 6-4-1，得

$$\boldsymbol{Q}_{\hat{X}\hat{X}}=\boldsymbol{N}_{bb}^{-1}=(\boldsymbol{B}^{\mathrm{T}}\boldsymbol{N}_{aa}^{-1}\boldsymbol{B})^{-1}=0.99$$

则

$$\hat{\sigma}_{\hat{X}}=\hat{\sigma}_0\sqrt{\boldsymbol{Q}_{\hat{X}\hat{X}}}=2.2\sqrt{0.99}=2.2\,(\text{mm})$$

此时，参数$\hat{\boldsymbol{X}}$便是 C 点到 D 点间的高差平差值，因此无需再列平差值函数。

6.5.2 三角网

例 6-5-2 例 5-6-2 的三角网（图 6-5-2）中，选取$\angle ABD$的平差值为参数$\hat{X}$，试按附有参数的条件平差法对该三角网进行平差：①求观测角度的平差值；②求平差后 BE 边长的中误差和相对中误差。

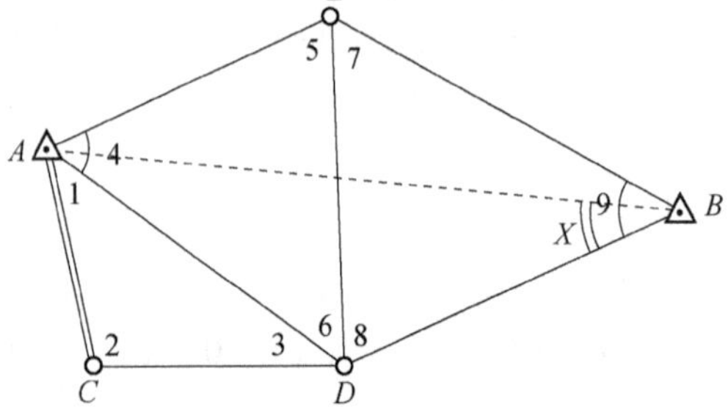

图 6-5-2 测角三角网

解： 本题有 $n=9$ 个观测值，为了确定 C、D、E 三点坐标，其必要观测数 $t=5$，多余观测数 $r=n-t=4$，参数 $u=1<t$，故可按附有参数的条件平差法进行平差。条件方程数 $c=r+u=4+1=5$，即其函数模型为 5 个附有参数的条件方程。

（1）计算参数的近似值 X^0。

$$\sin X^0=\frac{S_{AD}\sin(L_6+L_8)}{S_{AB}}=\frac{S_{AC}\sin L_2\sin(L_6+L_8)}{S_{AB}\sin L_3}=0.41588976$$

得 $X^0=24^0 34'31.3''$。

（2）列条件方程。

a. 图形条件：

$$\begin{aligned}v_1+v_2+v_3-3.0&=0\\ v_4+v_5+v_6+1.5&=0\\ v_7+v_8+v_9+1.6&=0\end{aligned}$$

b. 极条件（以 A 点为极）：

$$\frac{\overline{AB}}{\overline{AE}}\cdot\frac{\overline{AE}}{\overline{AD}}\cdot\frac{\overline{AD}}{\overline{AB}}=1,\quad \frac{\sin(\hat{L}_5+\hat{L}_7)\sin\hat{L}_6\sin\hat{X}}{\sin(\hat{L}_9-\hat{X})\sin\hat{L}_5\sin(\hat{L}_6+\hat{L}_8)}=1$$

令

$$a=\frac{\sin(L_5+L_7)\sin L_6\sin X^0}{\sin(L_9-X^0)\sin L_5\sin(L_6+L_8)}$$

则上式的线性形式为

$$a\left[\cot(L_5+L_7)\frac{v_5+v_7}{\rho''}+\cot L_6\frac{v_6}{\rho''}+\cot X^0\frac{\hat{x}}{\rho''}-\cot(L_9-X^0)\frac{v_9-\hat{x}}{\rho''}\right.$$
$$\left.-\cot L_5\frac{v_5}{\rho''}-\cot(L_6+L_8)\frac{v_6+v_8}{\rho''}\right]+a-1=0$$

整理得

$$[\cot(L_5+L_7)-\cot L_5]v_5+[\cot L_6-\cot(L_6+L_8)]v_6+\cot(L_5+L_7)v_7$$
$$-\cot(L_6+L_8)v_8-\cot(L_9-X^0)v_9+[\cot(L_9-X^0)+\cot X^0]\hat{x}+\rho''\left(1-\frac{1}{a}\right)=0$$

代入观测值 L_i、参数近似值 X^0，即为

$$-0.99v_5+1.34v_6-0.34v_7+1.09v_8-1.10v_9+3.29\hat{x}-4.41=0$$

c. 固定边条件（$S_{AC}\to S_{AB}$）：

$$S_{AB}=S_{AC}\frac{\sin\hat{L}_2\sin(\hat{L}_6+\hat{L}_8)}{\sin\hat{L}_3\sin\hat{X}}$$

令

$$S'_{AB}=S_{AC}\frac{\sin L_2\sin(L_6+L_8)}{\sin L_3\sin X^0}$$

则上式的线性形式为

$$S'_{AB}[\cot L_2\frac{v_2}{\rho''}+\cot(L_6+L_8)\frac{v_6+v_8}{\rho''}-\cot L_3\frac{v_3}{\rho''}-\cot X^0\frac{\hat{x}}{\rho''}]+(S'_{AB}-S_{AB})=0$$

整理得

$$\cot L_2 v_2 - \cot L_3 v_3 + \cot(L_6 + L_8) v_6 + \cot(L_6 + L_8) v_8 - \cot X^0 \hat{x} + \rho''(1 - \frac{S_{AB}}{S'_{AB}}) = 0$$

代入观测值 L_i、参数近似值 X^0，即为

$$-0.36v_2 - 1.43v_3 - 1.09v_6 - 1.09v_8 - 2.19\hat{x} = 0$$

改正数条件方程中，闭合差的单位均为“秒”。条件方程闭合差的计算如表 6-5-1 所示。

表 6-5-1　条件方程闭合差的计算

角号	顶点	观测角值	正弦	余切
1	A	35°19′16.2″		
2	C	109°47′28.8″	0.9409	−0.3599
3	D	34°53′12.0″	0.5720	1.4342
		179°59′57.0″		
4	A	47°01′21.8″		
5	E	57°05′04.0″	0.8395	0.6473
6	D	75°53′35.7″	0.9698	0.2513
		180°00′01.5″		
7	E	51°38′11.9″		
8	D	61°31′30.5″		
9	B	66°50′19.2″		
		180°00′01.6″		
X^0	B	24°34′31.3″	0.4159	2.1867
5+7	E	108°43′15.9″	0.9471	−0.3389
$9-X^0$	B	42°15′47.9″	0.6725	1.1004
6+8	D	137°25′06.2″	0.6766	−1.0882
$8+X^0-5$	A	29°00′57.8″	0.4851	1.8029
			$S_{AB} = 6177.162$	$w_4 = -4.41''$
			$S_{AC} = 2307.880$	$w_5 = 0$

（3）定权并组成法方程。各观测角为独立等精度观测，设权均为 1，故权阵、协因数阵为单位阵，即

$$\underset{99}{\boldsymbol{P}} = \begin{bmatrix} 1 & & & & & & & & \\ & 1 & & & & & & & \\ & & 1 & & & & & & \\ & & & 1 & & & & & \\ & & & & 1 & & & & \\ & & & & & 1 & & & \\ & & & & & & 1 & & \\ & & & & & & & 1 & \\ & & & & & & & & 1 \end{bmatrix}, \underset{99}{\boldsymbol{Q}} = \boldsymbol{P}^{-1} = \begin{bmatrix} 1 & & & & & & & & \\ & 1 & & & & & & & \\ & & 1 & & & & & & \\ & & & 1 & & & & & \\ & & & & 1 & & & & \\ & & & & & 1 & & & \\ & & & & & & 1 & & \\ & & & & & & & 1 & \\ & & & & & & & & 1 \end{bmatrix}$$

由附有参数的条件方程知系数阵、常数阵为

$$\boldsymbol{A}=\begin{bmatrix}1.00&1.00&1.00&0&0&0&0&0&0\\0&0&0&1.00&1.00&1.00&0&0&0\\0&0&0&0&0&0&1.00&1.00&1.00\\0&0&0&0&-0.99&1.34&-0.34&1.09&-1.10\\0&-0.36&-1.43&0&0&-1.09&0&-1.09&0\end{bmatrix},\boldsymbol{B}=\begin{bmatrix}0\\0\\0\\3.29\\-2.19\end{bmatrix},\boldsymbol{W}=\begin{bmatrix}-3.00\\1.50\\1.60\\-4.41\\0\end{bmatrix}$$

由此组成法方程 $\begin{cases}\boldsymbol{N}_{aa}\boldsymbol{K}+\boldsymbol{B}\hat{\boldsymbol{x}}+\boldsymbol{W}=0\;(\boldsymbol{N}_{aa}=\boldsymbol{AQA}^{\mathrm{T}})\\\boldsymbol{B}^{\mathrm{T}}\boldsymbol{K}=0\end{cases}$ 为

$$\begin{bmatrix}3.00&0.00&0.00&0.00&-1.79&0.00\\0.00&3.00&0.00&0.35&-1.09&0.00\\0.00&0.00&3.00&-0.35&-1.09&0.00\\0.00&0.35&-0.35&5.28&-2.64&3.29\\-1.79&-1.09&-1.09&-2.64&4.55&-2.19\\0.00&0.00&0.00&3.29&-2.19&0.00\end{bmatrix}\begin{bmatrix}k_a\\k_b\\k_c\\k_d\\k_e\\\hat{x}\end{bmatrix}+\begin{bmatrix}-3.00\\1.50\\1.60\\-4.41\\0.00\\0.00\end{bmatrix}=0$$

（4）解算法方程。可用 $\hat{\boldsymbol{x}}=-\boldsymbol{N}_{bb}^{-1}\boldsymbol{B}^{\mathrm{T}}\boldsymbol{N}_{aa}^{-1}\boldsymbol{W}$ 、$\underset{c1}{\boldsymbol{K}}=-\boldsymbol{N}_{aa}^{-1}(\boldsymbol{B}\hat{\boldsymbol{x}}+\boldsymbol{W})$ 求解，也可以用程序直接解上述线性方程组。

$$\underset{51}{\boldsymbol{K}}=\begin{bmatrix}2.4565 & 0.1927 & 0.5397 & 1.6202 & 2.4356\end{bmatrix}^{\mathrm{T}},\ \hat{\boldsymbol{x}}=0.7358$$

（5）计算观测值改正数。利用改正数方程 $(\boldsymbol{V}=\boldsymbol{QA}^{\mathrm{T}}\boldsymbol{K})$ 求得

$$\boldsymbol{V}=\begin{bmatrix}2.46 & 1.58 & -1.04 & 0.19 & -1.41 & -0.29 & -0.01 & -0.35 & -1.24\end{bmatrix}^{\mathrm{T}}\ ('')$$

（6）计算平差值 $(\hat{\boldsymbol{L}}=\boldsymbol{L}+\boldsymbol{V},\ \hat{\boldsymbol{X}}=\boldsymbol{X}^0+\hat{\boldsymbol{x}})$，并将 $\hat{\boldsymbol{L}}$ 、$\hat{\boldsymbol{X}}$ 代入平差值条件式（$\boldsymbol{A}\hat{\boldsymbol{L}}+\boldsymbol{B}\hat{\boldsymbol{X}}+\boldsymbol{A}_0=0$）检核。

$$\hat{L}_1=35^0 19'18.7'',\hat{L}_2=109^0 47'30.4'',\hat{L}_3=34^0 53'11.0'',\hat{L}_4=47^0 01'22.0'',\hat{L}_5=57^0 05'02.6''$$
$$\hat{L}_6=75^0 53'35.4'',\hat{L}_7=51^0 38'11.9'',\ \hat{L}_8=61^0 31'30.2'',\hat{L}_9=66^0 50'18.0'',\hat{\boldsymbol{X}}=24^0 34'32.0''$$

经检验满足所有条件方程。

（7）计算单位权中误差。

$$\hat{\sigma}_0=\sqrt{\frac{\boldsymbol{V}^{\mathrm{T}}\boldsymbol{PV}}{n-t}}=\sqrt{\frac{13.37}{4}}=1.83\ ('')$$

即该三角网每个角度观测值的中误差为1.83″。

（8）列平差值函数式。平差后 BE 边的边长：

$$\hat{S}_{BE}=S_{AB}\frac{\sin(\hat{L}_8+\hat{X}-\hat{L}_5)}{\sin(\hat{L}_5+\hat{L}_7)}=3163.684$$

全微分得线性形式的权函数式：

$$\mathrm{d}\hat{S}_{BE}=100S_{AB}\frac{\sin(L_8+X^0-L_5)}{\sin(L_5+L_7)}[\cot(L_8+X^0-L_5)\frac{\mathrm{d}(\hat{L}_8+\hat{X}-\hat{L}_5)}{\rho''}-\cot(L_5+L_7)\frac{\mathrm{d}(\hat{L}_5+\hat{L}_7)}{\rho''}]$$
$$=100\frac{S_{BE}}{\rho''}\{[-\cot(L_5+L_7)-\cot(L_8+X^0-L_5)]\mathrm{d}\hat{L}_5-\cot(L_5+L_7)\mathrm{d}\hat{L}_7+\cot(L_8+X^0-L_5)\mathrm{d}\hat{L}_8$$
$$+\cot(L_8+X^0-L_5)\mathrm{d}\hat{X}\}$$
$$=-2.2454\mathrm{d}\hat{L}_5+0.5198\mathrm{d}\hat{L}_7+2.7652\mathrm{d}\hat{L}_8+2.7652\mathrm{d}\hat{X}$$

所以，$\boldsymbol{F}^{\mathrm{T}}=[0\quad 0\quad 0\quad 0\quad -2.2454\quad 0\quad 0.5198\quad 2.7652\quad 0]$, $\boldsymbol{F}_x^{\mathrm{T}}=[2.7652]$

（9）计算平差后 BE 边长的中误差和相对中误差。按式（6-4-5）并查表 6-4-1 计算 $\hat{S}_{BE}$ 的协因数（$\boldsymbol{N}_{aa}=\boldsymbol{AQA}^{\mathrm{T}}$，$\boldsymbol{N}_{bb}=\boldsymbol{B}^{\mathrm{T}}\boldsymbol{N}_{aa}^{-1}\boldsymbol{B}$）：

$$\begin{aligned}\boldsymbol{Q}_{\hat{S}_{BE}\hat{S}_{BE}}&=\boldsymbol{F}^{\mathrm{T}}\boldsymbol{Q}_{\hat{L}\hat{L}}\boldsymbol{F}+\boldsymbol{F}^{\mathrm{T}}\boldsymbol{Q}_{\hat{L}\hat{X}}\boldsymbol{F}_x+\boldsymbol{F}_x^{\mathrm{T}}\boldsymbol{Q}_{\hat{X}\hat{L}}\boldsymbol{F}+\boldsymbol{F}_x^{\mathrm{T}}\boldsymbol{Q}_{\hat{X}\hat{X}}\boldsymbol{F}_x\\&=\boldsymbol{F}^{\mathrm{T}}[\boldsymbol{Q}-\boldsymbol{QA}^{\mathrm{T}}(\boldsymbol{N}_{aa}^{-1}-\boldsymbol{N}_{aa}^{-1}\boldsymbol{BN}_{bb}^{-1}\boldsymbol{B}^{\mathrm{T}}\boldsymbol{N}_{aa}^{-1})\boldsymbol{AQ}]\boldsymbol{F}+\boldsymbol{F}^{\mathrm{T}}(-\boldsymbol{QA}^{\mathrm{T}}\boldsymbol{N}_{aa}^{-1}\boldsymbol{BN}_{bb}^{-1})\boldsymbol{F}_x\\&\quad+\boldsymbol{F}_x^{\mathrm{T}}(-\boldsymbol{N}_{bb}^{-1}\boldsymbol{B}^{\mathrm{T}}\boldsymbol{N}_{aa}^{-1}\boldsymbol{AQ})\boldsymbol{F}+\boldsymbol{F}_x^{\mathrm{T}}(\boldsymbol{N}_{bb}^{-1})\boldsymbol{F}_x=1.6216\end{aligned}$$

则

$$\hat{\sigma}_{\hat{S}_{BE}}=\hat{\sigma}_0\sqrt{Q_{\hat{S}_{BE}\hat{S}_{BE}}}=1.83\sqrt{1.6216}=2.33\,(\mathrm{cm})$$

$$\frac{\hat{\sigma}_{\hat{S}_{BE}}}{\hat{S}_{BE}}=\frac{0.0233}{3163.684}=\frac{1}{135000}$$

6.5.3 导线网

例 6-5-3 例 5-6-3 四等附合导线（图 6-5-3）中，选取 3 号点的坐标平差值为参数（$\hat{X}$、$\hat{Y}$），试按附有参数的条件平差法对此导线进行平差，求：①2、3、4 点的坐标平差值；②3 号点 x、y 坐标平差值的精度。

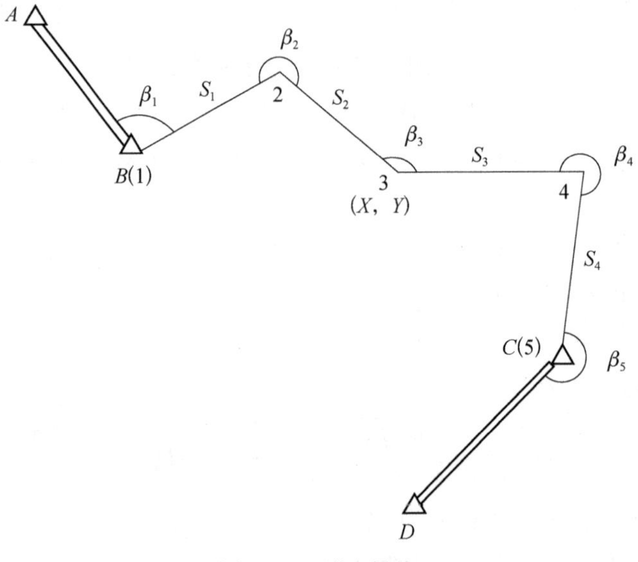

图 6-5-3 附合导线

解：本题观测导线边数为 4，角度个数为 5，即有 $n=9$ 个观测值，待定导线点数为 3，必要观测 $t=6$ 个，多余观测数 $r=n-t=3$ 个。参数 $u=2<t$，故可按附有参数的条件平差法进行平差。条件方程数 $c=r+u=5$，即其函数模型为 5 个附有参数的条件方程。

（1）计算各导线边的近似坐标方位角和各导线点的近似坐标。计算公式为

$$T_{n+1}=T_n+\beta_{n+1}-180°$$
$$x_{n+1}=x_n+S_n\cos T_n$$
$$y_{n+1}=y_n+S_n\sin T_n$$

计算结果见表 6-5-2。则参数的近似值 X^0=186847.275，Y^0=507771.035。

表 6-5-2　近似坐标方位角和近似坐标的计算

近似坐标/m	近似坐标方位角
2（187966.645，506889.655）	$T_1 = 67°14'28.3''$
3（186847.275，507771.035）	$T_2 = 141°47'00.5''$
4（186760.010，509518.179）	$T_3 = 92°51'33.8''$
5（184817.620，509341.465）	$T_4 = 185°11'54.0''$
	$T_5 = 249°30'24.0''$

（2）列条件方程。5 个平差值条件方程（$\boldsymbol{A}\hat{\boldsymbol{L}} + \boldsymbol{B}\hat{\boldsymbol{X}} + \boldsymbol{A}_0 = 0$）为

$$\hat{T}_5 - T_{CD} = 0，\quad T_{AB} + [\hat{\beta}_i]_1^5 \pm 4\times 180° - T_{CD} = 0$$

$$\hat{x}_5 - x_C = 0，\quad x_B + [\hat{S}_i \cos\hat{T}_i]_1^4 - x_C = 0$$

$$\hat{y}_5 - y_C = 0，\quad y_B + [\hat{S}_i \sin\hat{T}_i]_1^4 - y_C = 0$$

$$\hat{x}_3 - \hat{X} = 0，\quad x_B + [\hat{S}_i \cos\hat{T}_i]_1^2 - \hat{X} = 0$$

$$\hat{y}_3 - \hat{Y} = 0，\quad y_B + [\hat{S}_i \sin\hat{T}_i]_1^2 - \hat{Y} = 0$$

线性化得改正数条件方程：

$$[v_{\beta_i}]_1^5 + w_1 = 0，\quad w_1 = T_5 - T_{CD} = -3.90''$$

$$[\cos T_i \bullet v_{S_i}]_1^4 - \frac{1}{2062.65}[(y_5 - y_i)v_{\beta_i}]_1^4 + w_2 = 0，\quad w_2 = x_5 - x_C = 1.51\text{cm}$$

$$[\sin T_i \bullet v_{S_i}]_1^4 + \frac{1}{2062.65}[(x_5 - x_i)v_{\beta_i}]_1^4 + w_3 = 0，\quad w_3 = y_5 - y_C = -1.74\text{cm}$$

$$[\cos T_i \bullet v_{S_i}]_1^2 - \frac{1}{2062.65}[(y_3 - y_i)v_{\beta_i}]_1^2 - \hat{x}_X + w_4 = 0，\quad w_4 = x_3 - X^0 = 0\text{cm}$$

$$[\sin T_i \bullet v_{S_i}]_1^2 + \frac{1}{2062.65}[(x_3 - x_i)v_{\beta_i}]_1^2 - \hat{x}_Y + w_5 = 0，\quad w_5 = y_3 - Y^0 = 0\text{cm}$$

代入各坐标方位角和坐标的已知值和近似值，得 $\boldsymbol{AV} + \boldsymbol{B}\hat{\boldsymbol{x}} + \boldsymbol{W} = 0$。

$$v_{\beta_1} + v_{\beta_2} + v_{\beta_3} + v_{\beta_4} + v_{\beta_5} - 3.90 = 0$$

$$0.3869v_{S_1} - 0.7857v_{S_2} - 0.0499v_{S_3} - 0.9959v_{S_4} - 1.8478v_{\beta_1} - 1.1887v_{\beta_2} - 0.7614v_{\beta_3} + 0.0857v_{\beta_4} + 1.51 = 0$$

$$0.9221v_{S_1} + 0.6186v_{S_2} + 0.9988v_{S_3} - 0.0906v_{S_4} - 1.2502v_{\beta_1} - 1.5267v_{\beta_2} - 0.9840v_{\beta_3} - 0.9417v_{\beta_4} - 1.74 = 0$$

$$0.3869v_{S_1} - 0.7857v_{S_2} - 1.0865v_{\beta_1} - 0.4273v_{\beta_2} - \hat{x}_X = 0$$

$$0.9221v_{S_1} + 0.6186v_{S_2} - 0.2662v_{\beta_1} - 0.5427v_{\beta_2} - \hat{x}_Y = 0$$

（3）确定边、角观测值的权。设单位权中误差 $\sigma_0 = \sigma_\beta = 2.5''$，根据提供的标称精度公式 $\sigma_D = 5\text{mm} + 5\times 10^{-6} \bullet D$，计算测边中误差。

根据式（5-4-34），测角观测值的权为

$$p_\beta = 1$$

为了不使测边观测值的权与测角观测值的权相差过大，在计算测边观测值的权时，取测边中误差和边长改正数的单位均为 cm：

$$p_{S_i} = \frac{\sigma_0^2}{\sigma_{S_i}^2}[('')^2 / \text{cm}^2]$$

则可得观测值的权阵、协因数阵为

$$\boldsymbol{P}=\begin{bmatrix}4.0831 &&&&&&&& \\ & 4.2522 &&&&&&& \\ && 3.3074 &&&&&& \\ &&& 2.8719 &&&&& \\ &&&& 1 &&&& \\ &&&&& 1 &&& \\ &&&&&& 1 && \\ &&&&&&& 1 & \\ &&&&&&&& 1\end{bmatrix}$$

$$\boldsymbol{Q}=\boldsymbol{P}^{-1}=\begin{bmatrix}0.2449 &&&&&&&& \\ & 0.2352 &&&&&&& \\ && 0.3024 &&&&&& \\ &&& 0.3482 &&&&& \\ &&&& 1 &&&& \\ &&&&& 1 &&& \\ &&&&&& 1 && \\ &&&&&&& 1 & \\ &&&&&&&& 1\end{bmatrix}$$

（4）组成法方程。由附有参数的条件方程知系数阵、常数阵为

$$\boldsymbol{A}=\begin{bmatrix}0 & 0 & 0 & 0 & 1.0000 & 1.0000 & 1.0000 & 1.0000 & 1.0000 \\ 0.3869 & -0.7857 & -0.0499 & -0.9959 & -1.8478 & -1.1887 & -0.7614 & 0.0857 & 0 \\ 0.9221 & 0.6186 & 0.9988 & -0.0906 & -1.2502 & -1.5267 & -0.9840 & -0.9417 & 0 \\ 0.3869 & -0.7857 & 0 & 0 & -1.0865 & -0.4273 & 0 & 0 & 0 \\ 0.9221 & 0.6186 & 0 & 0 & -0.2662 & -0.5427 & 0 & 0 & 0\end{bmatrix}$$

$$\boldsymbol{B}=\begin{bmatrix}0 & 0 \\ 0 & 0 \\ 0 & 0 \\ -1 & 0 \\ 0 & -1\end{bmatrix},\quad \boldsymbol{W}=\begin{bmatrix}-3.90 \\ 1.51 \\ -1.74 \\ 0 \\ 0\end{bmatrix}$$

由此组成法方程 $\begin{cases}\boldsymbol{N}_{aa}\boldsymbol{K}+\boldsymbol{B}\hat{\boldsymbol{x}}+\boldsymbol{W}=0\ (\boldsymbol{N}_{aa}=\boldsymbol{AQA}^{\mathrm{T}}) \\ \boldsymbol{B}^{\mathrm{T}}\boldsymbol{K}=0\end{cases}$ 为

$$\begin{bmatrix}5.0000 & -3.7122 & -4.7025 & -1.5138 & -0.8088 & 0 & 0 \\ -3.7122 & 5.9424 & 4.7827 & 2.6974 & 1.1099 & 0 & 0 \\ -4.7025 & 4.7827 & 6.3514 & 1.9837 & 1.4595 & 0 & 0 \\ -1.5138 & 2.6974 & 1.9837 & 1.5448 & 0.4941 & -1 & 0 \\ -0.8088 & 1.1099 & 1.4595 & 0.4941 & 0.6636 & 0 & -1 \\ 0 & 0 & 0 & -1.0000 & 0 & 0 & 0 \\ 0 & 0 & 0 & 0 & -1.0000 & 0 & 0\end{bmatrix}\begin{bmatrix}k_a \\ k_b \\ k_c \\ k_d \\ k_e \\ \hat{x}_X \\ \hat{x}_Y\end{bmatrix}+\begin{bmatrix}-3.90 \\ 1.51 \\ -1.74 \\ 0 \\ 0 \\ 0 \\ 0\end{bmatrix}=0$$

（5）解算法方程。可用 $\hat{\boldsymbol{x}}=-\boldsymbol{N}_{bb}^{-1}\boldsymbol{B}^{\mathrm{T}}\boldsymbol{N}_{aa}^{-1}\boldsymbol{W}$ 、$\underset{c1}{\boldsymbol{K}}=-\boldsymbol{N}_{aa}^{-1}(\boldsymbol{B}\hat{\boldsymbol{x}}+\boldsymbol{W})$ 求解，也可以用程序直接解上述线性方程组。

$$\underset{51}{\boldsymbol{K}}=[3.3086\quad -0.9643\quad 3.4498\quad 0\quad 0\ ]^{\mathrm{T}},\hat{x}_X=-0.7663,\ \hat{x}_Y=1.2885$$

（6）计算观测值改正数 $(\boldsymbol{V}=\boldsymbol{QA}^{\mathrm{T}}\boldsymbol{K})$、平差值 $(\hat{\boldsymbol{L}}=\boldsymbol{L}+\boldsymbol{V},\ \hat{\boldsymbol{X}}=\boldsymbol{X}^0+\hat{\boldsymbol{x}})$，并将 $\hat{\boldsymbol{L}}$、$\hat{\boldsymbol{X}}$ 代入平差值条件式 $(\boldsymbol{A}\hat{\boldsymbol{L}}+\boldsymbol{B}\hat{\boldsymbol{X}}+\boldsymbol{A}_0=0)$ 检核：

$$\boldsymbol{V}=\begin{bmatrix}0.69\text{cm}\\0.68\text{cm}\\1.06\text{cm}\\0.23\text{cm}\\0.78''\\-0.81''\\0.65''\\-0.02''\\3.31''\end{bmatrix},\ \hat{\boldsymbol{L}}=\begin{bmatrix}\hat{S}_1\\\hat{S}_2\\\hat{S}_3\\\hat{S}_4\\\hat{\beta}_1\\\hat{\beta}_2\\\hat{\beta}_3\\\hat{\beta}_4\\\hat{\beta}_5\end{bmatrix}=\begin{bmatrix}1474.451\text{m}\\1424.724\text{m}\\1749.333\text{m}\\1950.414\text{m}\\85°30'21.9''\\254°32'31.4''\\131°04'33.9''\\272°20'20.2''\\244°18'33.3''\end{bmatrix},\begin{bmatrix}\hat{X}\\\hat{Y}\end{bmatrix}=\begin{bmatrix}X^0+\hat{x}_X\\Y^0+\hat{x}_Y\end{bmatrix}=\begin{bmatrix}186847.267\\507771.048\end{bmatrix}$$

经检验满足所有条件方程。

（7）计算各导线点的坐标平差值。进一步用平差后的角度和边长，计算各导线点的坐标平差值：

2（187966.642，506889.664）

3（186847.267，507771.048）

4（186759.997，509518.202）

（8）精度评定。计算单位权中误差：

$$\hat{\sigma}_0=\sqrt{\frac{\boldsymbol{V}^{\mathrm{T}}\boldsymbol{PV}}{r}}=\sqrt{\frac{20.37}{3}}=2.61\,('')$$

即该导线中每个观测角度的中误差为 2.61″。

要求 3 号点 x、y 坐标平差值的精度，实则就是求参数平差值 $\hat{\boldsymbol{X}}$、$\hat{\boldsymbol{Y}}$ 的精度。查表 6-4-1 得

$$\boldsymbol{Q}_{\hat{X}\hat{X}}=\boldsymbol{N}_{bb}^{-1}=(\boldsymbol{B}^{\mathrm{T}}\boldsymbol{N}_{aa}^{-1}\boldsymbol{B})^{-1}=\begin{bmatrix}0.3052&0.0249\\0.0249&0.2788\end{bmatrix}$$

$$\boldsymbol{\sigma}_{\hat{X}\hat{X}}=\hat{\sigma}_0\sqrt{\boldsymbol{Q}_{\hat{X}\hat{X}}}=\begin{bmatrix}1.4394&0.4113\\0.4113&1.3758\end{bmatrix}$$

即 3 号点 x、y 坐标的精度分别为 $\sigma_{\hat{X}_3}=1.44\text{cm}$，$\sigma_{\hat{Y}_3}=1.38\text{cm}$。

6.6　公 式 汇 编

附有参数的条件平差的函数模型和随机模型：

$$\underset{c\,n\,n\,1}{\boldsymbol{A}\boldsymbol{V}}+\underset{c\,u\,u\,1}{\boldsymbol{B}\hat{\boldsymbol{x}}}+\underset{c1}{\boldsymbol{W}}=\underset{c1}{0}\tag{6-3-1}$$

$$\underset{nn}{\boldsymbol{D}}=\sigma_0^2\underset{nn}{\boldsymbol{Q}}=\sigma_0^2\underset{nn}{\boldsymbol{P}^{-1}}\tag{6-3-3}$$

式中，$\boldsymbol{W}=\boldsymbol{A}\boldsymbol{L}+\boldsymbol{B}\boldsymbol{X}^0+\boldsymbol{A}_0$。

法方程：

$$\begin{cases}\underset{cc}{\boldsymbol{N}_{aa}}\underset{c1}{\boldsymbol{K}}+\underset{cu}{\boldsymbol{B}}\underset{u1}{\hat{\boldsymbol{x}}}+\underset{c1}{\boldsymbol{W}}=\underset{c1}{0}\\ \underset{uc}{\boldsymbol{B}^{\mathrm{T}}}\underset{c1}{\boldsymbol{K}}=\underset{u1}{0}\end{cases} \tag{6-3-9}$$

式中，$\boldsymbol{N}_{aa}=\boldsymbol{A}\boldsymbol{Q}\boldsymbol{A}^{\mathrm{T}}$。

法方程解为

$$\underset{c1}{\boldsymbol{K}}=-\boldsymbol{N}_{aa}^{-1}(\boldsymbol{B}\hat{\boldsymbol{x}}+\boldsymbol{W}) \tag{6-3-10}$$

$$\hat{\boldsymbol{x}}=-\boldsymbol{N}_{bb}^{-1}\boldsymbol{B}^{\mathrm{T}}\boldsymbol{N}_{aa}^{-1}\boldsymbol{W} \tag{6-3-13}$$

式中，$\boldsymbol{N}_{bb}=\boldsymbol{B}^{\mathrm{T}}\boldsymbol{N}_{aa}^{-1}\boldsymbol{B}$。

观测值改正数方程：

$$\underset{n1}{\boldsymbol{V}}=\boldsymbol{P}^{-1}\boldsymbol{A}^{\mathrm{T}}\boldsymbol{K}=\boldsymbol{Q}\boldsymbol{A}^{\mathrm{T}}\boldsymbol{K} \tag{6-3-6}$$

观测值和参数的平差值：

$$\hat{\boldsymbol{L}}=\boldsymbol{L}+\boldsymbol{V} \tag{6-3-15}$$

$$\hat{\boldsymbol{X}}=\boldsymbol{X}^0+\hat{\boldsymbol{x}} \tag{6-3-16}$$

单位权方差的估值：

$$\hat{\sigma}_0^2=\frac{\boldsymbol{V}^{\mathrm{T}}\boldsymbol{P}\boldsymbol{V}}{r}=\frac{\boldsymbol{V}^{\mathrm{T}}\boldsymbol{P}\boldsymbol{V}}{c-u} \tag{6-4-1}$$

附有参数的条件平差基本向量的协因数阵见表 6-4-1。

平差参数的协方差：

$$\boldsymbol{D}_{\hat{X}\hat{X}}=\hat{\sigma}_0^2\boldsymbol{Q}_{\hat{X}\hat{X}}=\hat{\sigma}_0^2\boldsymbol{N}_{bb}^{-1}$$

平差值函数：

$$\hat{\varphi}=\boldsymbol{\Phi}(\underset{n1}{\hat{\boldsymbol{L}}},\underset{u1}{\hat{\boldsymbol{X}}}) \tag{6-4-2}$$

平差值函数的权函数式、协因数和中误差：

$$\mathrm{d}\hat{\varphi}=\frac{\partial\Phi}{\partial\hat{\boldsymbol{L}}}\mathrm{d}\hat{\boldsymbol{L}}+\frac{\partial\Phi}{\partial\hat{\boldsymbol{X}}}\mathrm{d}\hat{\boldsymbol{X}}=\boldsymbol{F}^{\mathrm{T}}\mathrm{d}\hat{\boldsymbol{L}}+\boldsymbol{F}_x^{\mathrm{T}}\mathrm{d}\hat{\boldsymbol{X}} \tag{6-4-3}$$

$$\boldsymbol{Q}_{\hat{\varphi}\hat{\varphi}}=\boldsymbol{F}^{\mathrm{T}}\boldsymbol{Q}_{\hat{L}\hat{L}}\boldsymbol{F}+\boldsymbol{F}^{\mathrm{T}}\boldsymbol{Q}_{\hat{L}\hat{X}}\boldsymbol{F}_x+\boldsymbol{F}_x^{\mathrm{T}}\boldsymbol{Q}_{\hat{X}\hat{L}}\boldsymbol{F}+\boldsymbol{F}_x^{\mathrm{T}}\boldsymbol{Q}_{\hat{X}\hat{X}}\boldsymbol{F}_x \tag{6-4-5}$$

$$\hat{\sigma}_{\hat{\varphi}}=\hat{\sigma}_0\sqrt{\boldsymbol{Q}_{\hat{\varphi}\hat{\varphi}}} \tag{6-4-6}$$

其中，

$$\underset{1n}{\boldsymbol{F}^{\mathrm{T}}}=\begin{bmatrix}\dfrac{\partial\Phi}{\partial\hat{L}_1} & \dfrac{\partial\Phi}{\partial\hat{L}_2} & \cdots & \dfrac{\partial\Phi}{\partial\hat{L}_n}\end{bmatrix}_{L,X^0},\quad \underset{1u}{\boldsymbol{F}_x^{\mathrm{T}}}=\begin{bmatrix}\dfrac{\partial\Phi}{\partial\hat{X}_1} & \dfrac{\partial\Phi}{\partial\hat{X}_2} & \cdots & \dfrac{\partial\Phi}{\partial\hat{X}_u}\end{bmatrix}_{L,X^0} \tag{6-4-4}$$

第7章　间接平差

7.1　概　　述

在条件平差中，观测数 n，必要观测数 t，多余观测数 $r=n-t$ 。此时，条件数 $c=r$ ，在条件平差方程 $\boldsymbol{F}(\hat{\boldsymbol{L}})=0$ 或 $\boldsymbol{A}\hat{\boldsymbol{L}}+\boldsymbol{A}_0=0$ 中，只含有观测量。

条件平差中，每增加一个量，必定增加一个条件，即增加一个条件方程。如果选 u 个独立参数（ $0<u<t$ ），此时，条件数 $c=r+u$ （ $r<c<n$ ），构成附有参数的条件平差，即 $\boldsymbol{F}(\hat{\boldsymbol{L}},\hat{\boldsymbol{X}})=0$ ，或表示为 $\boldsymbol{A}\hat{\boldsymbol{L}}+\boldsymbol{B}\hat{\boldsymbol{X}}+\boldsymbol{A}_0=0$ 。附有参数的条件平差方程中，含有观测量和未知参数。

如果选 $u=t$ 个独立参数，则 $c=r+u=r+t=n$ ，此时，条件式个数与观测数相等。列出附有参数的条件平差方程为 $\boldsymbol{F}(\hat{\boldsymbol{L}},\hat{\boldsymbol{X}})=0$ 或 $\boldsymbol{A}\hat{\boldsymbol{L}}+\boldsymbol{B}\hat{\boldsymbol{X}}+\boldsymbol{A}_0=0$ ，将之作变形处理，等号左边仅保留 $\hat{\boldsymbol{L}}$ ，其他项移到等号右边，得 $\hat{\boldsymbol{L}}=\boldsymbol{F}(\hat{\boldsymbol{X}})$ 或 $\hat{\boldsymbol{L}}=\boldsymbol{B}\hat{\boldsymbol{X}}+\boldsymbol{d}$ （上述两个矩阵 $\boldsymbol{B}$ 的内涵不同），即每个观测值都可以写成未知参数的函数，该方程称为观测方程。

在一个平差问题中，当所选的独立参数 $\hat{\boldsymbol{X}}$ 的个数等于必要观测数 t 时，可将每个观测值表达成这 t 个参数的函数，组成观测方程，这种以观测方程为函数模型的平差方法，就是间接平差。

间接平差法具有附有参数的条件平差法的优点，即便于列平差值方程和便于直接求出几何模型中某些未观测量的估值。另外，其观测方程列立较为规则且不易遗漏（一个观测值列一个观测方程）。

7.2　间接平差原理

7.2.1　函数模型与随机模型

第 4 章中已给出间接平差的函数模型为

$$\underset{n1}{\hat{\boldsymbol{L}}}=\underset{nt}{\boldsymbol{B}}\,\underset{t1}{\hat{\boldsymbol{X}}}+\underset{n1}{\boldsymbol{d}} \tag{7-2-1}$$

上式称为观测方程，式中，$\boldsymbol{d}$ 为观测方程常数项。平差时，一般对参数 $\hat{\boldsymbol{X}}$ 都要取近似值 $\boldsymbol{X}^0$ ，令

$$\hat{\boldsymbol{X}}=\boldsymbol{X}^0+\hat{\boldsymbol{x}} \tag{7-2-2}$$

将 $\hat{\boldsymbol{X}}=\boldsymbol{X}^0+\hat{\boldsymbol{x}}$、 $\hat{\boldsymbol{L}}=\boldsymbol{L}+\boldsymbol{V}$ 代入式（7-2-1），整理得

$$\boldsymbol{V}=\boldsymbol{B}\hat{\boldsymbol{x}}-[\boldsymbol{L}-(\boldsymbol{B}\boldsymbol{X}^0+\boldsymbol{d})]=\boldsymbol{B}\hat{\boldsymbol{x}}-(\boldsymbol{L}-\boldsymbol{L}^0)$$

式中， $\boldsymbol{L}^0=\boldsymbol{B}\boldsymbol{X}^0+d$ 为观测值的近似值，所以 $\boldsymbol{l}$ 是观测值与其近似值之差。令

$$\boldsymbol{l}=\boldsymbol{L}-(\boldsymbol{B}\boldsymbol{X}^0+d)=\boldsymbol{L}-\boldsymbol{L}^0 \tag{7-2-3a}$$

由此可得误差方程：

$$\underset{n1}{\boldsymbol{V}}=\underset{nt}{\boldsymbol{B}}\underset{t1}{\hat{\boldsymbol{x}}}-\underset{n1}{\boldsymbol{l}} \tag{7-2-4a}$$

式中，$\boldsymbol{l}$ 为误差方程常数项。

当参数不取近似值时，上两式表达为

$$\boldsymbol{l}=\boldsymbol{L}-\boldsymbol{d} \tag{7-2-3b}$$

$$\underset{n1}{\boldsymbol{V}}=\underset{nt}{\boldsymbol{B}}\underset{t1}{\hat{\boldsymbol{X}}}-\underset{n1}{\boldsymbol{l}} \tag{7-2-4b}$$

也就是式（7-2-3a）和式（7-2-4a）中 $\boldsymbol{X}^0=0$ 的情形。由于式（7-2-3a）中 $\boldsymbol{l}$ 与 $\boldsymbol{L}$ 只差一个常数项 $\boldsymbol{L}^0=\boldsymbol{B}\boldsymbol{X}^0+\boldsymbol{d}$，故其精度相同，即 $\boldsymbol{D}_l=\boldsymbol{D}_L=\boldsymbol{D}$，$\boldsymbol{Q}_{ll}=\boldsymbol{Q}_{LL}=\boldsymbol{Q}$，所以 $\boldsymbol{l}$ 也称为观测值。

间接平差的随机模型为

$$\underset{nn}{\boldsymbol{D}}=\sigma_0^2\underset{nn}{\boldsymbol{Q}}=\sigma_0^2\boldsymbol{P}^{-1} \tag{7-2-5}$$

平差的准则为

$$\boldsymbol{V}^{\mathrm{T}}\boldsymbol{P}\boldsymbol{V}=\min \tag{7-2-6}$$

在式（7-2-4）中，有 n 个方程，待定量为观测值 n 个、独立参数 t 个，方程数小于待定量数（$n<n+t$），方程组有不定解。间接平差就是在最小二乘准则要求下求出误差方程中的待定参数 $\hat{\boldsymbol{x}}$，在数学中是求多元函数的极值问题。

7.2.2 基础方程及其求解

设有 n 个观测值方程为

$$\begin{aligned}
L_1+v_1&=a_1\hat{X}_1+b_1\hat{X}_2+\cdots+t_1\hat{X}_t+d_1\\
L_2+v_2&=a_2\hat{X}_1+b_2\hat{X}_2+\cdots+t_2\hat{X}_t+d_2\\
&\vdots\\
L_n+v_n&=a_n\hat{X}_1+b_n\hat{X}_2+\cdots+t_n\hat{X}_t+d_n
\end{aligned}$$

令

$$\hat{X}_j=X_j^0+\hat{x}_j\ (j=1,2,\cdots,t)$$

$$l_i=L_i-(a_iX_1^0+b_iX_2^0+\cdots+t_iX_t^0+d_i)\ (i=1,2,\cdots,n)$$

则得误差方程为

$$v_i=a_i\hat{x}_1+b_i\hat{x}_2+\cdots+t_i\hat{x}_t-l_i\ (i=1,2,\cdots,n)$$

令

$$\underset{nt}{\boldsymbol{B}}=\begin{bmatrix}a_1 & b_1 & \cdots & t_1\\ a_2 & b_2 & \cdots & t_2\\ \vdots & \vdots & & \vdots\\ a_n & b_n & \cdots & t_n\end{bmatrix}$$

$$\underset{n1}{\boldsymbol{V}}=\begin{bmatrix}v_1 & v_2 & \cdots & v_n\end{bmatrix}^{\mathrm{T}}$$

$$\underset{t1}{\hat{\boldsymbol{x}}}=\begin{bmatrix}\hat{x}_1 & \hat{x}_2 & \cdots & \hat{x}_t\end{bmatrix}^{\mathrm{T}}$$

$$\underset{n1}{\boldsymbol{l}}=\begin{bmatrix}l_1 & l_2 & \cdots & l_n\end{bmatrix}^{\mathrm{T}}$$

$$\underset{n1}{\boldsymbol{L}}=\begin{bmatrix}L_1 & L_2 & \cdots & L_n\end{bmatrix}^{\mathrm{T}}$$

$$\underset{n1}{\boldsymbol{d}}=\begin{bmatrix}d_1 & d_2 & \cdots & d_n\end{bmatrix}^{\mathrm{T}}$$

$$\underset{t1}{\boldsymbol{X}^0}=\begin{bmatrix}X_1^0 & X_2^0 & \cdots & X_t^0\end{bmatrix}$$

$$\underset{n1}{\boldsymbol{L}^0}=\begin{bmatrix}L_1^0 & L_2^0 & \cdots & L_n^0\end{bmatrix}^{\mathrm{T}}$$

可得平差值方程的矩阵形式：

$$\boldsymbol{V}=\boldsymbol{B}\hat{\boldsymbol{x}}-\boldsymbol{l},\ \boldsymbol{l}=\boldsymbol{L}-(\boldsymbol{B}\boldsymbol{X}^0+\boldsymbol{d})=\boldsymbol{L}-\boldsymbol{F}(\boldsymbol{X}^0)=\boldsymbol{L}-\boldsymbol{L}^0 \tag{7-2-7}$$

按最小二乘原理，上式的 $\hat{\boldsymbol{x}}$ 必须满足 $\boldsymbol{V}^{\mathrm{T}}\boldsymbol{P}\boldsymbol{V}=\min$ 的要求，因为 t 个参数为独立量，故可按数学上求函数自由极值的方法，得

$$\frac{\partial \boldsymbol{V}^{\mathrm{T}}\boldsymbol{P}\boldsymbol{V}}{\partial\hat{\boldsymbol{x}}}=2\boldsymbol{V}^{\mathrm{T}}\boldsymbol{P}\frac{\partial\boldsymbol{V}}{\partial\hat{\boldsymbol{x}}}=\boldsymbol{V}^{\mathrm{T}}\boldsymbol{P}\boldsymbol{B}=0$$

或按第 5、第 6 章条件平差中求函数条件极值的方法，组成函数：

$$\boldsymbol{\Phi}=\boldsymbol{V}^{\mathrm{T}}\boldsymbol{P}\boldsymbol{V}-2\boldsymbol{K}^{\mathrm{T}}(\boldsymbol{V}-\boldsymbol{B}\hat{\boldsymbol{x}}+\boldsymbol{l})$$

式中，$\underset{n1}{\boldsymbol{K}}$ 为对应于条件方程 $\boldsymbol{V}-\boldsymbol{B}\hat{\boldsymbol{x}}+\boldsymbol{l}=0$ 的联系数向量，为求 $\boldsymbol{\Phi}$ 的极小值，将其分别对 $\boldsymbol{V}$ 和 $\hat{\boldsymbol{x}}$ 求一阶导数并令其等于 0，则有

$$\partial\boldsymbol{\Phi}/\partial\boldsymbol{V}=2\boldsymbol{V}^{\mathrm{T}}\boldsymbol{P}-2\boldsymbol{K}^{\mathrm{T}}=0$$

$$\partial\boldsymbol{\Phi}/\partial\hat{\boldsymbol{x}}=2\boldsymbol{K}^{\mathrm{T}}\boldsymbol{B}=0$$

由上两式同样可得

$$\boldsymbol{V}^{\mathrm{T}}\boldsymbol{P}\boldsymbol{B}=0$$

转置后得

$$\boldsymbol{B}^{\mathrm{T}}\boldsymbol{P}\boldsymbol{V}=0 \tag{7-2-8}$$

以上所得的式（7-2-7）和式（7-2-8）中的待求量是 n 个 V 和 t 个 $\hat{\boldsymbol{x}}$，而方程个数也是 $n+t$ 个，有唯一解。此两式为间接平差的基础方程。

解此基础方程，一般是将式（7-2-7）代入式（7-2-8），以便消去 $\boldsymbol{V}$，得

$$\boldsymbol{B}^{\mathrm{T}}\boldsymbol{P}\boldsymbol{B}\hat{\boldsymbol{x}}-\boldsymbol{B}^{\mathrm{T}}\boldsymbol{P}\boldsymbol{l}=0 \tag{7-2-9}$$

令

$$\underset{tt}{\boldsymbol{N}_{BB}}=\boldsymbol{B}^{\mathrm{T}}\boldsymbol{P}\boldsymbol{B},\ \underset{t1}{\boldsymbol{W}}=\boldsymbol{B}^{\mathrm{T}}\boldsymbol{P}\boldsymbol{l}$$

上式可简写成

$$\boldsymbol{N}_{BB}\hat{\boldsymbol{x}}-\boldsymbol{W}=0 \tag{7-2-10}$$

式中，系数阵 $\boldsymbol{N}_{BB}$ 为满秩，即 $\boldsymbol{R}(\boldsymbol{N}_{BB})=t$，$\hat{\boldsymbol{x}}$ 有唯一解，上式称为间接平差的法方程。解之得

$$\hat{\boldsymbol{x}}=\boldsymbol{N}_{BB}^{-1}\boldsymbol{W} \tag{7-2-11}$$

或

$$\hat{\boldsymbol{x}}=(\boldsymbol{B}^{\mathrm{T}}\boldsymbol{P}\boldsymbol{B})^{-1}\boldsymbol{B}^{\mathrm{T}}\boldsymbol{P}\boldsymbol{l} \tag{7-2-12}$$

将求出的 $\hat{\boldsymbol{x}}$ 代入误差方程式（7-2-7），即可求得改正数 $\boldsymbol{V}$，从而平差结果为

$$\hat{\boldsymbol{L}}=\boldsymbol{L}+\boldsymbol{V},\ \hat{\boldsymbol{X}}=\boldsymbol{X}^0+\hat{\boldsymbol{x}} \tag{7-2-13}$$

特别地，当 $\boldsymbol{P}$ 为对角阵时，即观测值间相互独立，则法方程式（7-2-10）的纯量形式为

$$\begin{cases}\sum_{i=1}^{n}p_ia_ia_i\hat{x}_1+\sum_{i=1}^{n}p_ia_ib_i\hat{x}_2+\cdots+\sum_{i=1}^{n}p_ia_it_i\hat{x}_t=\sum_{i=1}^{n}p_ia_il_i\\ \sum_{i=1}^{n}p_ia_ib_i\hat{x}_1+\sum_{i=1}^{n}p_ib_ib_i\hat{x}_2+\cdots+\sum_{i=1}^{n}p_ib_it_i\hat{x}_t=\sum_{i=1}^{n}p_ib_il_i\\ \vdots\\ \sum_{i=1}^{n}p_ia_it_i\hat{x}_1+\sum_{i=1}^{n}p_ib_it_i\hat{x}_2+\cdots+\sum_{i=1}^{n}p_it_it_i\hat{x}_t=\sum_{i=1}^{n}p_it_il_i\end{cases}\tag{7-2-14}$$

由上述推得 $\boldsymbol{V}^{\mathrm{T}}\boldsymbol{PB}=0$ 的过程可知，间接平差与条件平差虽采用了不同的函数模型，但它们是在相同的最小二乘原理下进行的，所以两种方法的平差结果总是相同的，即其最小二乘解与采用的具体平差方法无关。这是因为在满足 $\boldsymbol{V}^{\mathrm{T}}\boldsymbol{PV}=\min$ 条件下的 $\boldsymbol{V}$ 是唯一确定的，故平差值 $\hat{\boldsymbol{L}}=\boldsymbol{L}+\boldsymbol{V}$ 不因方法不同而异。

7.2.3 计算步骤及算例

综上所述，按间接平差法求平差值的计算步骤可归纳如下。

（1）选择参数：根据平差问题的性质，选择 $u=t$ 个独立量作为参数。

（2）列误差方程：将每一个观测量的平差值分别表达成所选参数的函数，若函数为非线性，则要将其线性化，列出误差方程式（7-2-7）。

（3）组成法方程：由误差方程系数 $\boldsymbol{B}$ 和自由项 $\boldsymbol{l}$ 组成法方程式（7-2-10），法方程个数等于参数的个数 t。

（4）解算法方程：求出参数 $\hat{\boldsymbol{x}}$，计算参数的平差值 $\hat{\boldsymbol{X}}=\boldsymbol{X}^0+\hat{\boldsymbol{x}}$。

（5）计算观测值改正数：由误差方程计算 $\boldsymbol{V}$，求出观测量平差值 $\hat{\boldsymbol{L}}=\boldsymbol{L}+\boldsymbol{V}$。

（6）平差结果检验：为了检查平差计算的正确性，常用平差值 $\hat{\boldsymbol{L}}$、$\hat{\boldsymbol{X}}$ 重新列出平差值观测方程式（7-2-1），看其是否满足方程。

（7）评定精度：计算单位权中误差、平差值函数精度等（详见 7.4 节）。

例 7-2-1 将例 5-2-1 中等精度观测推广到不等精度观测，且不限定是观测长度情形。设对未知量 $\tilde{X}$ 进行 n 次独立不等精度观测，观测值为 $\underset{n1}{\boldsymbol{L}}$，权阵为 $\underset{nn}{\boldsymbol{P}}$，且它为对角阵，其对角线元素为 p_1，p_2，$\cdots$，p_n，p_i 为 L_i 的权。试按间接平差求各次观测长度的平差值。

解：（1）参数选取。依题意知本题有 n 个观测值，必要观测数 $t=1$，多余观测数 $r=n-t=n-1$。选取未知量平差值 $\hat{X}$ 为参数，此时，$u=1=t$。

（2）列观测方程、误差方程。

观测方程为

$$\begin{cases}\hat{L}_1=\hat{X}\\ \hat{L}_2=\hat{X}\\ \vdots\\ \hat{L}_n=\hat{X}\end{cases}$$

将 $\hat{\boldsymbol{L}}=\boldsymbol{L}+\boldsymbol{V}$ 代入，并将观测值移到等号右侧，即得误差方程（本例写为 $\boldsymbol{V}=\boldsymbol{B}\hat{\boldsymbol{X}}-\boldsymbol{L}$ 形式，不用 $\boldsymbol{V}=\boldsymbol{B}\hat{\boldsymbol{x}}-\boldsymbol{l}$ 形式）：

$$\begin{cases} v_1 = \hat{X} - L_1 \\ v_2 = \hat{X} - L_2 \\ \quad\vdots \\ v_n = \hat{X} - L_n \end{cases}$$

（3）定权并组成法方程。由题意知观测值权阵、协因数阵为

$$\boldsymbol{P} = \begin{bmatrix} p_1 & & & \\ & p_2 & & \\ & & \ddots & \\ & & & p_n \end{bmatrix}, \boldsymbol{Q} = \begin{bmatrix} \frac{1}{p_1} & & & \\ & \frac{1}{p_2} & & \\ & & \ddots & \\ & & & \frac{1}{p_n} \end{bmatrix}$$

由误差方程知系数阵、常数阵为

$$\boldsymbol{B} = \begin{bmatrix} 1 \\ 1 \\ \vdots \\ 1 \end{bmatrix}, \boldsymbol{L} = \begin{bmatrix} L_1 \\ L_2 \\ \vdots \\ L_n \end{bmatrix}$$

则

$$\boldsymbol{N}_{BB} = \boldsymbol{B}^{\mathrm{T}}\boldsymbol{PB} = [p_1 + p_2 + \cdots + p_n],\ \ \boldsymbol{W} = \boldsymbol{B}^{\mathrm{T}}\boldsymbol{PL} = [p_1L_1 + p_2L_2 + \cdots + p_nL_n]$$

式中，$\boldsymbol{N}_{BB}$、$\boldsymbol{W}$ 皆为1×1维矩阵。

按式（7-2-9），将 $\hat{\boldsymbol{x}} \to \hat{\boldsymbol{X}}$、$\boldsymbol{l} \to \boldsymbol{L}$，组成法方程（$\boldsymbol{B}^{\mathrm{T}}\boldsymbol{PB}\hat{\boldsymbol{X}} - \boldsymbol{B}^{\mathrm{T}}\boldsymbol{PL} = 0$）为

$$[p_1 + p_2 + \cdots + p_n]\hat{X} = [p_1L_1 + p_2L_2 + \cdots + p_nL_n]$$

（4）解算法方程。可用 $\hat{\boldsymbol{X}} = \boldsymbol{N}_{BB}^{-1}\boldsymbol{W} = (\boldsymbol{B}^{\mathrm{T}}\boldsymbol{PB})^{-1}\boldsymbol{B}^{\mathrm{T}}\boldsymbol{PL}$ 求解，对本例，直接解上述一元一次线性方程，求得未知量的平差值：

$$\hat{X} = \frac{p_1L_1 + p_2L_2 + \cdots + p_nL_n}{p_1 + p_2 + \cdots + p_n}$$

（5）计算观测值的平差值。

$$\hat{L}_1 = \hat{L}_2 = \cdots = \hat{L}_n = \hat{X} = \frac{p_1L_1 + p_2L_2 + \cdots + p_nL_n}{p_1 + p_2 + \cdots + p_n}$$

（6）平差结果检验。将平差值 $\hat{\boldsymbol{L}}$ 重新组成平差值条件方程，经检验满足所有条件方程，故知计算无误。

由上述计算结果可知，未知量独立不等精度观测中，未知量的平差值与各次观测值的平差值相等，都等于观测值的加权算术平均值。特别地，当 $p_1 = p_2 = \cdots = p_n = 1$ 时，未知量的平差值 $\hat{X} = \dfrac{L_1 + L_2 + \cdots + L_n}{n}$，即对某个量所作的 n 个独立等精度观测值的算术平均值就是该量的平差值。

例 7-2-1 中各量用符号表示，为了推求方便，误差方程写为 $\boldsymbol{V} = \boldsymbol{B}\hat{\boldsymbol{X}} - \boldsymbol{L}$ 形式。在实际数值计算中，这种误差方程的常数项可能将很大，这对后续计算是不利的。为了便于计算，应

选取参数的近似值$\boldsymbol{X}^0$，将$\hat{\boldsymbol{X}}=\boldsymbol{X}^0+\hat{\boldsymbol{x}}$代入$\boldsymbol{V}=\boldsymbol{B}\hat{\boldsymbol{X}}-\boldsymbol{L}$，误差方程转化为$\boldsymbol{V}=\boldsymbol{B}\hat{\boldsymbol{x}}-\boldsymbol{l}$形式，这样后续计算求定的只是未知数近似值的改正数$\hat{\boldsymbol{x}}$，详见7.5节例题。

7.3 误差方程列立及其线性化

按间接平差法进行平差计算，需要列出观测方程和误差方程。为此，要确定平差问题中参数的个数、参数的选择及误差方程的建立等。如果观测方程是非线性的，需线性化。

7.3.1 确定待定参数的个数

在间接平差中，待定参数的个数必须等于必要观测的个数t，而且要求这t个参数必须是独立的，即所选参数之间不存在函数关系。这样才可能将每个观测量表达成这t个参数的函数，而这种类型的函数式正是间接平差函数模型的基本形式。一个平差问题中，必要观测的个数取决于该问题本身的性质，与观测值的多少无关。根据5.3节的介绍，现就常用的不同形式的控制网简述如下。

1）水准网（三角高程网）

水准网（三角高程网）平差的主要目的是确定网中未知点的最或然高程。如果网中有高程已知的水准点，则必要观测数t就等于待定点的个数；若无已知点，则t就等于全部点数减去1，因为这一点的高程可以任意给定，以作为全网高程的基准，这并不影响网点高程之间的相对关系。

2）三角网

三角网平差的目的是确定三角点在平面坐标系中坐标的最或是值。当网中有两个或两个以上已知点坐标时，必要观测个数就等于未知点个数的2倍；当网中少于两个已知点时，必要观测个数就等于总点数的2倍减去4。

3）测边网、边角网、导线网

当网中有两个或两个以上已知点坐标时，则必要观测个数就等于未知点个数的2倍；当网中少于两个已知点时，则必要观测个数就等于总点数的2倍减去3。

4）GNSS网

当网中具有足够的起算数据时，则必要观测个数等于未知点个数的3倍（x、y、z坐标），再加上WGS84坐标系向地方坐标系转换时所选取的转换参数的个数（有三参数、四参数、七参数等）；当网中没有足够的起算数据时，必要观测个数就等于总点数的3倍减去3。

以上为各类型的标准情况，但加测已知方向、已知边长时，视具体情况具体分析。

7.3.2 参数的选取

在水准网中，常选取待定点高程作为参数，也可选取点间的高差作为参数，但要注意参数的独立性。选取待定点高程作为参数可以保证参数的独立性。在第4章图4-3-1中，可选取P_1、P_2点高程作为未知参数，也可以选取路段1、2或2、4高差平差值作为参数，但不能选取2、3高差平差值作为参数，因为此时两个参数间函数相关。

在平面控制网、GNSS网中选取未知点的二维坐标或三维坐标作为未知参数，可以保证参数之间的独立性，也可以选取观测值的平差值作为未知数，同样要注意参数之间的独立性。

因此，采用间接平差，应该选定刚好t个而又函数独立的一组量作为参数。至于应选择其中哪些量作为参数，则应按实际需要和是否便于计算而定。

7.3.3　误差方程的组成

第 4 章 4.3.1 节的间接平差部分，已就水准网说明了观测方程和误差方程的组成方法，观测值的平差值是参数的线性函数，对于 GNSS 控制网，因为观测值为两点的坐标差，所以其误差方程也是线性的。而对于传统的平面控制网，其误差方程一般是非线性的。现举例说明观测量平差值与参数间为非线性函数时组成误差方程的方法。

例如，在图 7-3-1 测角三角网中，不管选择怎样的一组参数，都将出现非线性形式的观测方程。设以 D 点坐标 $\hat{X}_D$ 和 $\hat{Y}_D$ 为参数，由图知，第一个观测方程为

$$\hat{L}_1 = \arctan\frac{Y_B - \hat{Y}_D}{X_B - \hat{X}_D} - \arctan\frac{Y_A - \hat{Y}_D}{X_A - \hat{X}_D} \tag{7-3-1}$$

式中，(X_A, Y_A)、(X_B, Y_B) 为已知点 A、点 B 的坐标。上式为非线性方程。

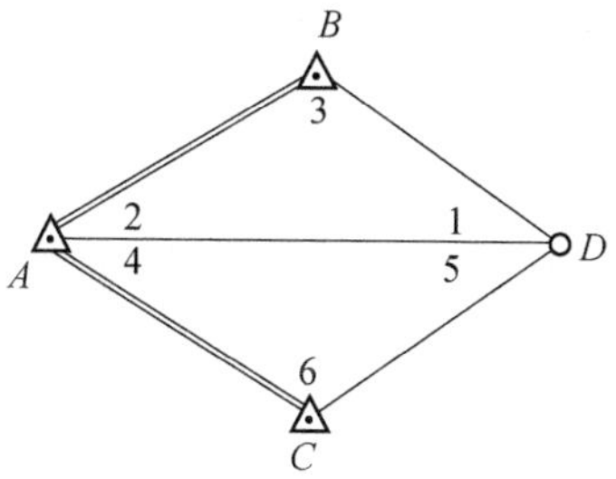

图 7-3-1　测角三角网

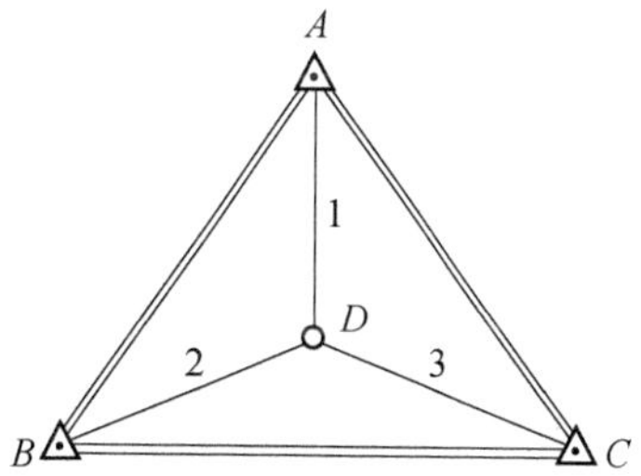

图 7-3-2　测边交会

又如，对图 7-3-2 测边交会图形来说，若选择待定点 D 的坐标为参数，平差值为 $\hat{X}_D$、$\hat{Y}_D$，则由图可列出其中第一个观测方程为

$$\hat{L}_1 = \sqrt{(\hat{X}_D - X_A)^2 + (\hat{Y}_D - Y_A)^2} \tag{7-3-2}$$

它也是非线性函数关系。

7.3.4　误差方程线性化

设 $\hat{X} = X^0 + \hat{x}$。取 $\hat{X}$ 的充分近似值 X^0，则 $\hat{x}$ 是微小量，在按泰勒公式展开时可以略去二次和二次以上的项，而只取至一次项，于是可对非线性观测方程线性化，将

$$\hat{L}_i = L_i + v_i = f_i(\hat{X}_1, \hat{X}_2, \cdots, \hat{X}_t) = f_i(X_1^0 + \hat{x}_1, X_2^0 + \hat{x}_2, \cdots, X_t^0 + \hat{x}_t) \tag{7-3-3}$$

按泰勒公式展开得

$$v_i = \left(\frac{\partial f_i}{\partial \hat{X}_1}\right)_0 \hat{x}_1 + \left(\frac{\partial f_i}{\partial \hat{X}_2}\right)_0 \hat{x}_2 + \cdots + \left(\frac{\partial f_i}{\partial \hat{X}_t}\right)_0 \hat{x}_t - \left[L_i - f(X_1^0, X_2^0, \cdots, X_t^0)\right] \tag{7-3-4}$$

令

$$a_i = \left(\frac{\partial f_i}{\partial \hat{X}_1}\right)_0, \quad b_i = \left(\frac{\partial f_i}{\partial \hat{X}_2}\right)_0, \cdots, \quad t_i = \left(\frac{\partial f_i}{\partial \hat{X}_t}\right)_0$$

$$l_i = L_i - f_i(X_1^0, X_2^0, \cdots, X_t^0) = L_i - L_i^0 \tag{7-3-5}$$

式中，L_i^0 为相应函数的近似值；自由项 l_i 为观测值 L_i 减去其近似值 L_i^0。由此，式（7-3-4）可写为

$$v_i = a_i\hat{x}_1 + b_i\hat{x}_2 + \cdots + t_i\hat{x}_t - l_i \tag{7-3-6}$$

需要指出，线性化的误差方程式是个近似式，因为它略去了 $\hat{x}_j(1,2,\cdots,t)$ 的二次以上的各项。当 X_j^0 取值充分近似 $\hat{X}_j$，即 $\hat{x}_j$ 很小时，略去高次项是不会影响计算精度的。但是，如果由于某种原因不能求得较为精确的参数的计算近似值，即 $\hat{x}_j$ 都很大，这样，平差值仍然会存在不符值。此时，就要把第一次平差结果作为参数的近似值再进行第二次平差。

上面给出了非线性误差方程线性化的一般方法。下面结合常用的一些具体情况，来讨论相应误差方程的线性化问题，可以总结一些规律，便于实际应用。

7.3.5 测角网坐标平差的误差方程

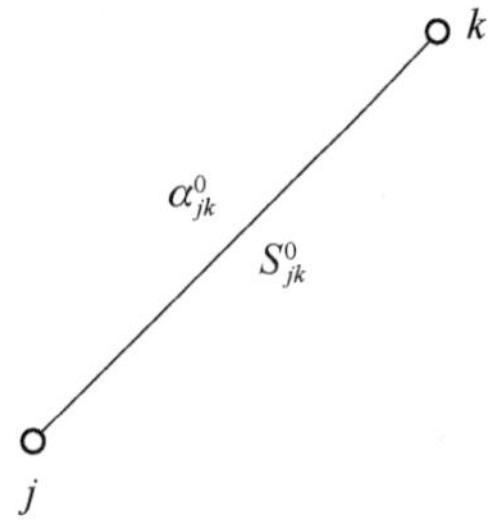

图 7-3-3 坐标方位角示意图

观测值为角度，参数为待定点坐标的平差问题，称为测角网坐标平差。要讨论测角网中选择待定点的坐标平差值为参数时误差方程的线性问题，需要先介绍坐标改正数与坐标方位角改正数之间的关系。

1）坐标改正数与坐标方位角改正数之间的关系

图 7-3-3 中，j、k 是两个待定点，它们的近似坐标为 (X_j^0, Y_j^0)、(X_k^0, Y_k^0)。根据这些近似坐标可以计算 j、k 两点间的近似坐标方位角 α_{jk}^0 和近似边长 S_{jk}^0。设这两点的近似坐标改正数为 $\hat{x}_j$、$\hat{y}_j$、$\hat{x}_k$、$\hat{y}_k$，即

$$\hat{X}_j = X_j^0 + \hat{x}_j,\quad \hat{Y}_j = Y_j^0 + \hat{y}_j$$

$$\hat{X}_k = X_k^0 + \hat{x}_k,\quad \hat{Y}_k = Y_k^0 + \hat{y}_k$$

由近似坐标改正数引起的近似坐标方位角的改正数为 $\delta\alpha_{jk}$，即

$$\hat{\alpha}_{jk} = \alpha_{jk}^0 + \delta\alpha_{jk} \tag{7-3-7}$$

现求坐标改正数 $\hat{x}_j$、$\hat{y}_j$、$\hat{x}_k$、$\hat{y}_k$ 与坐标方位角改正数 $\delta\alpha_{jk}$ 之间的线性关系。

根据图 7-3-3 可以写出

$$\hat{\alpha}_{jk} = \arctan\frac{(Y_k^0 + \hat{y}_k) - (Y_j^0 + \hat{y}_j)}{(X_k^0 + \hat{x}_k) - (X_j^0 + \hat{x}_j)}$$

将上式右端按泰勒公式展开，并取至一次项，得

$$\hat{\alpha}_{jk} = \arctan\frac{Y_k^0 - Y_j^0}{X_k^0 - X_j^0} + \left(\frac{\partial\hat{\alpha}_{jk}}{\partial\hat{X}_j}\right)_0 \hat{x}_j + \left(\frac{\partial\hat{\alpha}_{jk}}{\partial\hat{Y}_j}\right)_0 \hat{y}_j + \left(\frac{\partial\hat{\alpha}_{jk}}{\partial\hat{X}_k}\right)_0 \hat{x}_k + \left(\frac{\partial\hat{\alpha}_{jk}}{\partial\hat{Y}_k}\right)_0 \hat{y}_k$$

等式中右边第一项就是由近似坐标算得的近似坐标方位角，对照式（7-3-7）可知

$$\delta\alpha_{jk} = \left(\frac{\partial\hat{\alpha}_{jk}}{\partial\hat{X}_j}\right)_0 \hat{x}_j + \left(\frac{\partial\hat{\alpha}_{jk}}{\partial\hat{Y}_j}\right)_0 \hat{y}_j + \left(\frac{\partial\hat{\alpha}_{jk}}{\partial\hat{X}_k}\right)_0 \hat{x}_k + \left(\frac{\partial\hat{\alpha}_{jk}}{\partial\hat{Y}_k}\right)_0 \hat{y}_k \tag{7-3-8}$$

式中，

$$\left(\frac{\partial\hat{\alpha}_{jk}}{\partial\hat{X}_j}\right)_0 = \frac{\dfrac{Y_k^0 - Y_j^0}{(X_k^0 - X_j^0)^2}}{1 + \left(\dfrac{Y_k^0 - Y_j^0}{X_k^0 - X_j^0}\right)^2} = \frac{Y_k^0 - Y_j^0}{(X_k^0 - X_j^0)^2 + (Y_k^0 - Y_j^0)^2} = \frac{\Delta Y_{jk}^0}{(S_{jk}^0)^2}$$

同理可得

$$\left(\frac{\partial\hat{\alpha}_{jk}}{\partial\hat{Y}_j}\right)_0=-\frac{\Delta X_{jk}^0}{(S_{jk}^0)^2}$$

$$\left(\frac{\partial\hat{\alpha}_{jk}}{\partial\hat{X}_k}\right)_0=-\frac{\Delta Y_{jk}^0}{(S_{jk}^0)^2}$$

$$\left(\frac{\partial\hat{\alpha}_{jk}}{\partial\hat{Y}_k}\right)_0=\frac{\Delta X_{jk}^0}{(S_{jk}^0)^2}$$

将上述 4 个结果代入式（7-3-8），并顾及全式的单位得

$$\delta\alpha_{jk}''=\frac{\rho''\Delta Y_{jk}^0}{(S_{jk}^0)^2}\hat{x}_j-\frac{\rho''\Delta X_{jk}^0}{(S_{jk}^0)^2}\hat{y}_j-\frac{\rho''\Delta Y_{jk}^0}{(S_{jk}^0)^2}\hat{x}_k+\frac{\rho''\Delta X_{jk}^0}{(S_{jk}^0)^2}\hat{y}_k \tag{7-3-9}$$

或写成

$$\delta\alpha_{jk}''=\frac{\rho''\sin\alpha_{jk}^0}{S_{jk}^0}\hat{x}_j-\frac{\rho''\cos\alpha_{jk}^0}{S_{jk}^0}\hat{y}_j-\frac{\rho''\sin\alpha_{jk}^0}{S_{jk}^0}\hat{x}_k+\frac{\rho''\cos\alpha_{jk}^0}{S_{jk}^0}\hat{y}_k \tag{7-3-10}$$

上式就是坐标改正数与坐标方位角改正数间的一般关系式，称为坐标方位角改正数方程。其中，$\delta\alpha$ 以秒为单位。上式可用表 7-3-1 表示。

表 7-3-1　$j\to k$ 方向坐标方位角改正数方程系数

项目	$\hat{x}_j$	$\hat{y}_j$	$\hat{x}_k$	$\hat{y}_k$
符号	+	−	−	+
分子	$\rho''\Delta Y_{jk}^0$	$\rho''\Delta X_{jk}^0$	$\rho''\Delta Y_{jk}^0$	$\rho''\Delta X_{jk}^0$
分母	$(S_{jk}^0)^2$	$(S_{jk}^0)^2$	$(S_{jk}^0)^2$	$(S_{jk}^0)^2$

平差计算时，可按不同的情况灵活应用式（7-3-9），如下。

（1）若某边的两端均为待定点，则坐标改正数与坐标方位角改正数间的关系式就是式（7-3-9）。此时，$\hat{x}_j$ 与 $\hat{x}_k$ 的系数的绝对值相等，$\hat{y}_j$ 与 $\hat{y}_k$ 的系数的绝对值也相等，但符号相反。

（2）若测站点 j 为已知点，则 $\hat{x}_j=\hat{y}_j=0$，得

$$\delta\alpha_{jk}''=-\frac{\rho''\Delta Y_{jk}^0}{(S_{jk}^0)^2}\hat{x}_k+\frac{\rho''\Delta X_{jk}^0}{(S_{jk}^0)^2}\hat{y}_k \tag{7-3-11}$$

若照准点 k 为已知点，则 $\hat{x}_k=\hat{y}_k=0$，得

$$\delta\alpha_{jk}''=\frac{\rho''\Delta Y_{jk}^0}{(S_{jk}^0)^2}\hat{x}_j-\frac{\rho''\Delta X_{jk}^0}{(S_{jk}^0)^2}\hat{y}_j \tag{7-3-12}$$

（3）若某边的两个端点均为已知点，则 $\hat{x}_j=\hat{y}_j=\hat{x}_k=\hat{y}_k=0$，于是 $\delta\alpha_{jk}''=0$。

（4）同一边的正反坐标方位角的改正数相等，它们与坐标改正数的关系式也一样。对照式（7-3-9），顾及 $\Delta Y_{jk}^0=-\Delta Y_{kj}^0$，$\Delta X_{jk}^0=-\Delta X_{kj}^0$，得

$$\delta\alpha''_{kj}=\frac{\rho''\Delta Y^0_{kj}}{(S^0_{kj})^2}\hat{x}_k-\frac{\rho''\Delta X^0_{kj}}{(S^0_{kj})^2}\hat{y}_k-\frac{\rho''\Delta Y^0_{kj}}{(S^0_{kj})^2}\hat{x}_j+\frac{\rho''\Delta X^0_{kj}}{(S^0_{kj})^2}\hat{y}_j$$
$$=-\frac{\rho''\Delta Y^0_{jk}}{(S^0_{jk})^2}\hat{x}_k+\frac{\rho''\Delta X^0_{jk}}{(S^0_{jk})^2}\hat{y}_k+\frac{\rho''\Delta Y^0_{jk}}{(S^0_{jk})^2}\hat{x}_j-\frac{\rho''\Delta X^0_{jk}}{(S^0_{jk})^2}\hat{y}_j$$
$$=\delta\alpha''_{jk}$$

据此，实际计算时，只要对每条待定边计算一个坐标方位角改正数方程即可。

2）坐标方位角改正数与角度改正数之间的关系

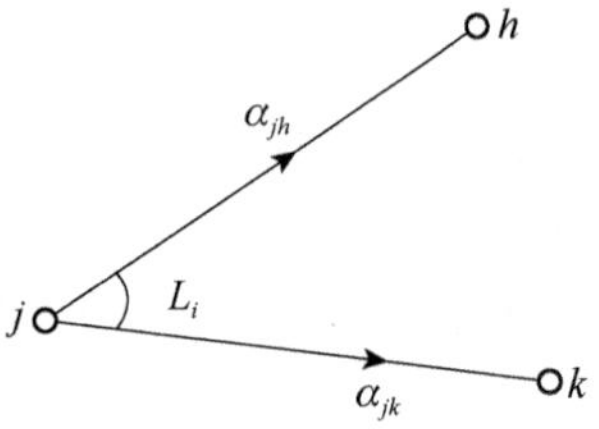

图 7-3-4　角度观测示意图

下面讨论坐标改正数与角度改正数之间的关系。在图 7-3-4 中，观测角度 L_i，设 j、h、k 均为待定点，参数为 $(\hat{X}_j,\ \hat{Y}_j)$、$(\hat{X}_h,\ \hat{Y}_h)$、$(\hat{X}_k,\ \hat{Y}_k)$，它们的近似坐标为 $(X^0_j,\ Y^0_j)$、$(X^0_h,\ Y^0_h)$、$(X^0_k,\ Y^0_k)$。令 $\hat{X}=X^0+\hat{x}$，$\hat{Y}=Y^0+\hat{y}$。

对于角度观测值 L_i 来说，其观测方程为

$$L_i+v_i=\hat{\alpha}_{jk}-\hat{\alpha}_{jh} \tag{7-3-13}$$

将 $\hat{\alpha}=\alpha^0+\delta\alpha$ 代入，并转换得

$$v_i=\delta\alpha_{jk}-\delta\alpha_{jh}-[L_i-(\alpha^0_{jk}-\alpha^0_{jh})]$$

令

$$l_i=L_i-(\alpha^0_{jk}-\alpha^0_{jh})=L_i-L^0_i \tag{7-3-14}$$

可得角度改正数：

$$v_i=\delta\alpha_{jk}-\delta\alpha_{jh}-l_i \tag{7-3-15}$$

这是由方位角改正数表示的误差方程。上两式中，l_i 为常数项，等于观测角值减去其近似角值；L_i 为角度观测值；L^0_i 为坐标参数近似值反算的坐标方位角再相减得到的角度近似值。

3）坐标改正数与角度改正数之间的关系

将坐标改正数与坐标方位角改正数之间的关系式（7-3-9）代入式（7-3-15）得坐标改正数与角度改正数之间的关系：

$$v_i=\frac{\rho''\Delta Y^0_{jk}}{(S^0_{jk})^2}\hat{x}_j-\frac{\rho''\Delta X^0_{jk}}{(S^0_{jk})^2}\hat{y}_j-\frac{\rho''\Delta Y^0_{jk}}{(S^0_{jk})^2}\hat{x}_k+\frac{\rho''\Delta X^0_{jk}}{(S^0_{jk})^2}\hat{y}_k$$
$$-\left[\frac{\rho''\Delta Y^0_{jh}}{(S^0_{jh})^2}\hat{x}_j-\frac{\rho''\Delta X^0_{jh}}{(S^0_{jh})^2}\hat{y}_j-\frac{\rho''\Delta Y^0_{jh}}{(S^0_{jh})^2}\hat{x}_h+\frac{\rho''\Delta X^0_{jh}}{(S^0_{jh})^2}\hat{y}_h\right]-l_i$$

合并同类项后得

$$\begin{aligned}v_i=&\rho''\left(\frac{\Delta Y^0_{jk}}{(S^0_{jk})^2}-\frac{\Delta Y^0_{jh}}{(S^0_{jh})^2}\right)\hat{x}_j-\rho''\left(\frac{\Delta X^0_{jk}}{(S^0_{jk})^2}-\frac{\Delta X^0_{jh}}{(S^0_{jh})^2}\right)\hat{y}_j\\&-\rho''\frac{\Delta Y^0_{jk}}{(S^0_{jk})^2}\hat{x}_k+\rho''\frac{\Delta X^0_{jk}}{(S^0_{jk})^2}\hat{y}_k+\rho''\frac{\Delta Y^0_{jh}}{(S^0_{jh})^2}\hat{x}_h-\rho''\frac{\Delta X^0_{jh}}{(S^0_{jh})^2}\hat{y}_h-l_i\end{aligned} \tag{7-3-16}$$

或写成

$$
\begin{aligned}
v_i=&\rho''\left(\frac{\sin\alpha_{jk}^0}{S_{jk}^0}-\frac{\sin\alpha_{jh}^0}{S_{jh}^0}\right)\hat{x}_j-\rho''\left(\frac{\cos\alpha_{jk}^0}{S_{jk}^0}-\frac{\cos\alpha_{jh}^0}{S_{jh}^0}\right)\hat{y}_j\\
&-\rho''\frac{\sin\alpha_{jk}^0}{S_{jk}^0}\hat{x}_k+\rho''\frac{\cos\alpha_{jk}^0}{S_{jk}^0}\hat{y}_k+\rho''\frac{\sin\alpha_{jh}^0}{S_{jh}^0}\hat{x}_h-\rho''\frac{\cos\alpha_{jh}^0}{S_{jh}^0}\hat{y}_h-l_i
\end{aligned}
\tag{7-3-17}
$$

上两式即为线性化后的观测角度的误差方程，可以当作公式使用。

综上所述，对于角度观测的三角网，采用间接平差，选择待定点的坐标为参数时，列误差方程的步骤如下。

（1）计算各待定点的近似坐标 X^0、Y^0。

（2）由待定点的近似值坐标和已知点的坐标计算各待定边的近似坐标方位角 α^0 和近似边长 S^0。

（3）列出各待定边的坐标方位角改正数方程，并计算其系数。

（4）按照式（7-3-16）或式（7-3-17）和式（7-3-15）列出误差方程。

7.3.6　测边网坐标平差的误差方程

观测值为边长，参数为待定点坐标的平差问题，称为测边网坐标平差。下面讨论在测边网平差中，选择待定点的坐标为参数时误差方程的线性化问题。

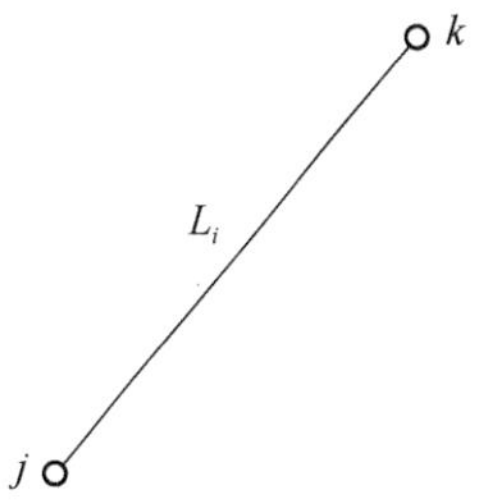

图 7-3-5　边长观测示意图

先讨论一般情况。在图 7-3-5 中，测得待定点间的边长 L_i，设待定点的坐标平差值 $\hat{X}_j$、$\hat{Y}_j$、$\hat{X}_k$、$\hat{Y}_k$ 为参数，令

$$
\hat{X}_j=X_j^0+\hat{x}_j,\quad \hat{Y}_j=Y_j^0+\hat{y}_j
$$

$$
\hat{X}_k=X_k^0+\hat{x}_k,\quad \hat{Y}_k=Y_k^0+\hat{y}_k
$$

由图 7-3-5 可写出边长 $\hat{L}_i$ 的平差值方程为

$$
\hat{L}_i=L_i+v_i=\sqrt{(\hat{X}_k-\hat{X}_j)^2+(\hat{Y}_k-\hat{Y}_j)^2} \tag{7-3-18}
$$

按泰勒公式展开，取至一次项，得

$$
L_i+v_i=S_{jk}^0+\frac{\Delta X_{jk}^0}{S_{jk}^0}(\hat{x}_k-\hat{x}_j)+\frac{\Delta Y_{jk}^0}{S_{jk}^0}(\hat{y}_k-\hat{y}_j) \tag{7-3-19}
$$

式中，

$$
\Delta X_{jk}^0=X_k^0-X_j^0,\quad \Delta Y_{jk}^0=Y_k^0-Y_j^0
$$

$$
S_{jk}^0=\sqrt{(\hat{X}_k^0-\hat{X}_j^0)^2+(\hat{Y}_k^0-\hat{Y}_j^0)^2}
$$

再令

$$
l_i=L_i-S_{jk}^0 \tag{7-3-20}
$$

则由式（7-3-19）可得测边的误差方程为

$$
v_i=-\frac{\Delta X_{jk}^0}{S_{jk}^0}\hat{x}_j-\frac{\Delta Y_{jk}^0}{S_{jk}^0}\hat{y}_j+\frac{\Delta X_{jk}^0}{S_{jk}^0}\hat{x}_k+\frac{\Delta Y_{jk}^0}{S_{jk}^0}\hat{y}_k-l_i \tag{7-3-21}
$$

式中，等号右边前 4 项之和是由坐标改正数引起的边长改正数。

式（7-3-21）就是测边坐标平差误差方程式的一般形式，它是在假设两端点都是待定点的情况下导出的。上式可用表 7-3-2 表示。

表 7-3-2 jk 边长坐标平差误差方程系数和常数项

项目	$\hat{x}_j$	$\hat{y}_j$	$\hat{x}_k$	$\hat{y}_k$	常数项
符号	−	−	+	+	
分子	ΔX_{jk}^0	ΔY_{jk}^0	ΔX_{jk}^0	ΔY_{jk}^0	$-(L_i - S_{jk}^0)$
分母	S_{jk}^0	S_{jk}^0	S_{jk}^0	S_{jk}^0	

具体应用式（7-3-21）计算时，可按不同情况灵活运用。

（1）若某边的两端点均为待定点，则式（7-3-21）就是该观测边的误差方程。式中，$\hat{x}_j$ 与 $\hat{x}_k$ 的系数的绝对值相等，$\hat{y}_j$ 与 $\hat{y}_k$ 的系数的绝对值也相等，但符号相反；常数项 l_i 等于该边的观测值减去其近似值。

（2）若 j 为已知点，则 $\hat{x}_j = \hat{y}_j = 0$，得

$$v_i = \frac{\Delta X_{jk}^0}{S_{jk}^0}\hat{x}_k + \frac{\Delta Y_{jk}^0}{S_{jk}^0}\hat{y}_k - l_i \tag{7-3-22}$$

若 k 为已知点，则 $\hat{x}_k = \hat{y}_k = 0$，得

$$v_i = -\frac{\Delta X_{jk}^0}{S_{jk}^0}\hat{x}_j - \frac{\Delta Y_{jk}^0}{S_{jk}^0}\hat{y}_j - l_i \tag{7-3-23}$$

若 j、k 均为已知点，则该边为固定边，不需要观测，故对该边不需要列误差方程。

（3）某边的误差方程，按 jk 向列立和按 kj 向列立的结果相同。对照式（7-3-21），顾及 $\Delta X_{jk}^0 = -\Delta X_{kj}^0$，$\Delta Y_{jk}^0 = -\Delta Y_{kj}^0$，得

$$\begin{aligned} v_i^{kj} &= -\frac{\Delta X_{kj}^0}{S_{kj}^0}\hat{x}_k - \frac{\Delta Y_{kj}^0}{S_{kj}^0}\hat{y}_k + \frac{\Delta X_{kj}^0}{S_{kj}^0}\hat{x}_j + \frac{\Delta Y_{kj}^0}{S_{kj}^0}\hat{y}_j - (L_i^{kj} - S_{kj}^0) \\ &= \frac{\Delta X_{jk}^0}{S_{jk}^0}\hat{x}_k + \frac{\Delta Y_{jk}^0}{S_{jk}^0}\hat{y}_k - \frac{\Delta X_{jk}^0}{S_{jk}^0}\hat{x}_j - \frac{\Delta Y_{jk}^0}{S_{jk}^0}\hat{y}_j - (L_i^{jk} - S_{jk}^0) \\ &= v_i^{jk} \end{aligned}$$

7.3.7 边角网（含导线网）坐标平差的误差方程

在导线网中，有两类观测值，即边长观测值和角度观测值，所以导线网也是一种边角同测网。边角网中角度观测值的误差方程，其组成与测角网坐标平差的误差方程相同；边长观测的误差方程，其组成与测边网坐标平差的误差方程相同。因此，边角网中观测值的误差方程列立与上述测角、测边网相同。在边角网中有边、角两类观测值，确定两类观测值的权的配比问题是平差中的重要环节。边角网中边、角权的确定见 5.4.4 节。

7.4 精 度 评 定

7.4.1 单位权方差的估值公式

单位权方差 σ_0^2 的估值 $\hat{\sigma}_0^2$，其计算式仍是 $\boldsymbol{V}^{\mathrm{T}}\boldsymbol{PV}$ 除以其自由度，即

$$\hat{\sigma}_0^2=\frac{\boldsymbol{V}^{\mathrm{T}}\boldsymbol{P}\boldsymbol{V}}{r}=\frac{\boldsymbol{V}^{\mathrm{T}}\boldsymbol{P}\boldsymbol{V}}{n-t} \tag{7-4-1}$$

中误差的估值为

$$\hat{\sigma}_0=\sqrt{\frac{\boldsymbol{V}^{\mathrm{T}}\boldsymbol{P}\boldsymbol{V}}{n-t}} \tag{7-4-2}$$

式中，$\boldsymbol{V}^{\mathrm{T}}\boldsymbol{P}\boldsymbol{V}$ 可以用已经算出的 $\boldsymbol{V}$ 和已知的权阵 $\boldsymbol{P}$ 直接计算。此外，也可按以下导出的公式计算。计算 $\boldsymbol{V}^{\mathrm{T}}\boldsymbol{P}\boldsymbol{V}$，可将误差方程代入后计算，即

$$\boldsymbol{V}^{\mathrm{T}}\boldsymbol{P}\boldsymbol{V}=(\boldsymbol{B}\hat{\boldsymbol{x}}-\boldsymbol{l})^{\mathrm{T}}\boldsymbol{P}\boldsymbol{V}=\hat{\boldsymbol{x}}^{\mathrm{T}}\boldsymbol{B}^{\mathrm{T}}\boldsymbol{P}\boldsymbol{V}-\boldsymbol{l}^{\mathrm{T}}\boldsymbol{P}\boldsymbol{V}$$

顾及式（7-2-8）$\boldsymbol{B}^{\mathrm{T}}\boldsymbol{P}\boldsymbol{V}=0$ 得

$$\boldsymbol{V}^{\mathrm{T}}\boldsymbol{P}\boldsymbol{V}=-\boldsymbol{l}^{\mathrm{T}}\boldsymbol{P}(\boldsymbol{B}\hat{\boldsymbol{x}}-\boldsymbol{l})=\boldsymbol{l}^{\mathrm{T}}\boldsymbol{P}\boldsymbol{l}-\boldsymbol{l}^{\mathrm{T}}\boldsymbol{P}\boldsymbol{B}\hat{\boldsymbol{x}}$$

考虑 $\boldsymbol{l}^{\mathrm{T}}\boldsymbol{P}\boldsymbol{B}=(\boldsymbol{B}^{\mathrm{T}}\boldsymbol{P}\boldsymbol{l})^{\mathrm{T}}$，$\boldsymbol{W}=\boldsymbol{B}^{\mathrm{T}}\boldsymbol{P}\boldsymbol{l}$ 得

$$\boldsymbol{V}^{\mathrm{T}}\boldsymbol{P}\boldsymbol{V}=\boldsymbol{l}^{\mathrm{T}}\boldsymbol{P}\boldsymbol{l}-(\boldsymbol{B}^{\mathrm{T}}\boldsymbol{P}\boldsymbol{l})^{\mathrm{T}}\hat{\boldsymbol{x}}=\boldsymbol{l}^{\mathrm{T}}\boldsymbol{P}\boldsymbol{l}-\boldsymbol{W}^{\mathrm{T}}\hat{\boldsymbol{x}} \tag{7-4-3}$$

7.4.2　协因数阵的计算

在间接平差中，基本向量为 $\boldsymbol{L}(\boldsymbol{l})$、$\hat{\boldsymbol{X}}(\hat{\boldsymbol{x}})$、$\boldsymbol{V}$ 和 $\hat{\boldsymbol{L}}$。已知 $\boldsymbol{Q}_{LL}=\boldsymbol{Q}$。由式（7-2-7）知，$\boldsymbol{l}=\boldsymbol{L}-F(\boldsymbol{X}^0)=\boldsymbol{L}-\boldsymbol{L}^0$，$\boldsymbol{L}^0=F(\boldsymbol{X}^0)$ 是由近似值计算的函数值，故 $F(\boldsymbol{X}^0)$ 对于讨论精度将不产生影响，即 $\boldsymbol{Q}_{ll}=\boldsymbol{Q}_{LL}$。此外，由定义知，$\hat{\boldsymbol{X}}=\boldsymbol{X}^0+\hat{\boldsymbol{x}}$，$\boldsymbol{X}^0$ 是参数近似值，故 $\boldsymbol{Q}_{\hat{X}\hat{X}}=\boldsymbol{Q}_{\hat{x}\hat{x}}$，因此下面在与 $\hat{\boldsymbol{x}}$ 有关的协因数阵中，均将 $\hat{\boldsymbol{x}}$ 写成 $\hat{\boldsymbol{X}}$。

下面推求各基本向量的自协因数阵和两两向量间的互协因数阵。

设 $\boldsymbol{Z}^{\mathrm{T}}=(\boldsymbol{L}^{\mathrm{T}}\quad\hat{\boldsymbol{X}}^{\mathrm{T}}\quad\boldsymbol{V}^{\mathrm{T}}\quad\hat{\boldsymbol{L}}^{\mathrm{T}})$，则 $\boldsymbol{Z}$ 的协因数阵为

$$\boldsymbol{Q}_{ZZ}=\begin{bmatrix}\boldsymbol{Q}_{LL} & \boldsymbol{Q}_{L\hat{X}} & \boldsymbol{Q}_{LV} & \boldsymbol{Q}_{L\hat{L}}\\ \boldsymbol{Q}_{\hat{X}L} & \boldsymbol{Q}_{\hat{X}\hat{X}} & \boldsymbol{Q}_{\hat{X}V} & \boldsymbol{Q}_{\hat{X}\hat{L}}\\ \boldsymbol{Q}_{VL} & \boldsymbol{Q}_{V\hat{X}} & \boldsymbol{Q}_{VV} & \boldsymbol{Q}_{V\hat{L}}\\ \boldsymbol{Q}_{\hat{L}L} & \boldsymbol{Q}_{\hat{L}\hat{X}} & \boldsymbol{Q}_{\hat{L}V} & \boldsymbol{Q}_{\hat{L}\hat{L}}\end{bmatrix}$$

式中，对角线上的子矩阵，就是各基本向量的自协因数阵，非对角线上的子矩阵为两两向量的互协因数阵。已知 $\boldsymbol{Q}_{LL}=\boldsymbol{Q}$，即可求 $\boldsymbol{Q}_{ZZ}$。

把基本向量表达成协因数已知量的函数，基本向量的关系式已知为

$$\boldsymbol{L}=\boldsymbol{l}+\boldsymbol{L}^0 \tag{7-4-4}$$

$$\hat{\boldsymbol{x}}=\boldsymbol{N}_{BB}^{-1}\boldsymbol{B}^{\mathrm{T}}\boldsymbol{P}\boldsymbol{l} \tag{7-4-5}$$

$$\boldsymbol{V}=\boldsymbol{B}\hat{\boldsymbol{x}}-\boldsymbol{l} \tag{7-4-6}$$

$$\hat{\boldsymbol{L}}=\boldsymbol{L}+\boldsymbol{V} \tag{7-4-7}$$

由前三个式子，按协因数传播律得出

$$\begin{aligned}
&\boldsymbol{Q}_{LL}=\boldsymbol{Q}\\
&\boldsymbol{Q}_{\hat{X}\hat{X}}=\boldsymbol{N}_{BB}^{-1}\boldsymbol{B}^{\mathrm{T}}\boldsymbol{P}\boldsymbol{Q}\boldsymbol{P}\boldsymbol{B}\boldsymbol{N}_{BB}^{-1}=\boldsymbol{N}_{BB}^{-1}\\
&\boldsymbol{Q}_{\hat{X}L}=\boldsymbol{N}_{BB}^{-1}\boldsymbol{B}^{\mathrm{T}}\boldsymbol{P}\boldsymbol{Q}=\boldsymbol{N}_{BB}^{-1}\boldsymbol{B}^{\mathrm{T}}=\boldsymbol{Q}_{L\hat{X}}^{\mathrm{T}}\\
&\boldsymbol{Q}_{VL}=\boldsymbol{B}\boldsymbol{Q}_{\hat{X}L}-\boldsymbol{Q}=\boldsymbol{B}\boldsymbol{N}_{BB}^{-1}\boldsymbol{B}^{\mathrm{T}}-\boldsymbol{Q}=\boldsymbol{Q}_{LV}^{\mathrm{T}}\\
&\boldsymbol{Q}_{V\hat{X}}=\boldsymbol{B}\boldsymbol{Q}_{\hat{X}\hat{X}}-\boldsymbol{Q}_{L\hat{X}}=\boldsymbol{B}\boldsymbol{N}_{BB}^{-1}-\boldsymbol{B}\boldsymbol{N}_{BB}^{-1}=0=\boldsymbol{Q}_{\hat{X}V}^{\mathrm{T}}
\end{aligned}$$

$$
\begin{aligned}
Q_{VV} &= BQ_{\hat{X}\hat{X}}B^{\mathrm{T}} - BQ_{\hat{X}L} - Q_{L\hat{X}}B^{\mathrm{T}} + Q \\
&= BN_{BB}^{-1}B^{\mathrm{T}} - BN_{BB}^{-1}B^{\mathrm{T}} - BN_{BB}^{-1}B^{\mathrm{T}} + Q \\
&= Q - BN_{BB}^{-1}B^{\mathrm{T}}
\end{aligned}
$$

再计算与式（7-4-7）有关的协因数阵，得

$$
\begin{aligned}
&Q_{\hat{L}L} = Q + Q_{VL} = BN_{BB}^{-1}B^{\mathrm{T}} = Q_{L\hat{L}}^{\mathrm{T}} \\
&Q_{\hat{L}\hat{X}} = Q(N_{BB}^{-1}B^{\mathrm{T}}P)^{\mathrm{T}} + Q_{V\hat{X}} = QPBN_{BB}^{-1} + 0 = BN_{BB}^{-1} = Q_{\hat{X}\hat{L}}^{\mathrm{T}} \\
&Q_{\hat{L}V} = Q_{LV} + Q_{VV} = 0 = Q_{V\hat{L}}^{\mathrm{T}} \\
&Q_{\hat{L}\hat{L}} = Q + Q_{LV} + Q_{VL} + Q_{VV} = BN_{BB}^{-1}B^{\mathrm{T}}
\end{aligned}
$$

类似可以推求剩余的6个协因数阵。将以上结果列于表7-4-1，以便查用。

表 7-4-1　间接平差的协因数阵（$N_{BB} = B^{\mathrm{T}}PB$）

	L	$\hat{X}$	V	$\hat{L}$
L	Q	BN_{BB}^{-1}	$BN_{BB}^{-1}B^{\mathrm{T}} - Q$	$BN_{BB}^{-1}B^{\mathrm{T}}$
$\hat{X}$	$N_{BB}^{-1}B^{\mathrm{T}}$	N_{BB}^{-1}	0	$N_{BB}^{-1}B$
V	$BN_{BB}^{-1}B^{\mathrm{T}} - Q$	0	$Q - BN_{BB}^{-1}B^{\mathrm{T}}$	0
$\hat{L}$	$BN_{BB}^{-1}B^{\mathrm{T}}$	BN_{BB}^{-1}	0	$BN_{BB}^{-1}B^{\mathrm{T}}$

由表7-4-1可知，平差值$\hat{X}$、$\hat{L}$与改正数V的互协因数阵为零，说明$\hat{L}$与V，$\hat{X}$与V统计不相关，这是一个很重要的结果。

7.4.3　参数平差值函数的中误差

在间接平差中，解算法方程后首先求得的是t个参数。有了这些参数，便可根据它们来计算该平差问题中任一量的平差值（最或然值）。在如图7-4-1所示的水准网中，已知A点的高程为H_A。若平差时选定P_1、P_2、P_3点的高程平差值作为参数$\hat{X}_1$、$\hat{X}_2$、$\hat{X}_3$，则在平差后，不但求得了参数，而且可以根据它们求出网中其他各观测高差的平差值。例如，P_3P_2路线高差的平差值为$\hat{L}_5 = \hat{X}_2 - \hat{X}_3$；$P_1P_3$路线高差平差值为$\hat{L}_4 = \hat{X}_1 - \hat{X}_3$。

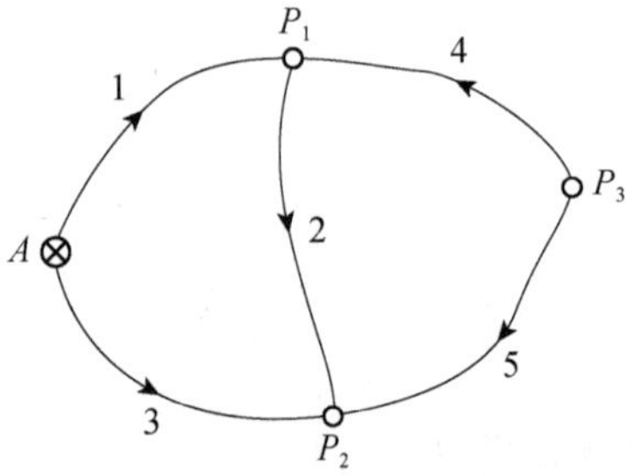

图 7-4-1　水准网示意图

又如，在图7-3-1的测角网中，求得D点坐标平差值$\hat{X}_D$和$\hat{Y}_D$后，即可计算任何一边的边长或坐标方位角的平差值，如AD间边长平差值为

$$\hat{S}_{AD} = \sqrt{(\hat{X}_D - X_A)^2 + (\hat{Y}_D - Y_A)^2}$$

坐标方位角的平差值为

$$\hat{\alpha}_{AD} = \arctan\frac{\hat{Y}_D - Y_A}{\hat{X}_D - X_A}$$

通过以上举例可知，在间接平差中，任何一个量的平差值都可以由平差所选参数求得，或者说都可以表达为参数的函数。下面将从一般情况来讨论如何求参数函数的中误差的问题。

假定间接平差问题中有 t 个参数，设参数的函数为

$$\hat{\varphi}=\Phi(\hat{X}_1,\ \hat{X}_2,\cdots,\hat{X}_t) \tag{7-4-8}$$

为求函数 $\hat{\varphi}$ 的中误差，先对上式全微分得参数函数的权函数式为

$$\mathrm{d}\hat{\varphi}=f_1\mathrm{d}\hat{X}_1+f_2\mathrm{d}\hat{X}_2+\cdots+f_t\mathrm{d}\hat{X}_t \tag{7-4-9}$$

或

$$\mathrm{d}\hat{\varphi}=f_1\hat{x}_1+f_2\hat{x}_2+\cdots+f_t\hat{x}_t$$

式中，

$$f_i=\left(\frac{\partial\Phi}{\partial\hat{X}_i}\right)_0$$

当平差值函数式是线性形式时，其函数式为

$$\hat{\varphi}=f_1\hat{X}_1+f_2\hat{X}_2+\cdots+f_t\hat{X}_t \tag{7-4-10}$$

对于计算 $\hat{\varphi}$ 的中误差而言，给出 $\hat{\varphi}$ 和 $\mathrm{d}\hat{\varphi}$ 是一样的，式（7-4-9）和式（7-4-10）是等价的，可以得到同样的结果。

令 $\underset{1t}{\boldsymbol{F}^{\mathrm{T}}}=\begin{bmatrix}f_1 & f_2 & \cdots & f_t\end{bmatrix}$，则式（7-4-9）为

$$\mathrm{d}\hat{\varphi}=\boldsymbol{F}^{\mathrm{T}}\mathrm{d}\hat{\boldsymbol{X}} \tag{7-4-11}$$

由表 7-4-1 查得 $\boldsymbol{Q}_{\hat{X}\hat{X}}=\boldsymbol{N}_{BB}^{-1}$，故函数 $\hat{\varphi}$ 的协因数阵为

$$\boldsymbol{Q}_{\hat{\varphi}\hat{\varphi}}=\boldsymbol{F}^{\mathrm{T}}\boldsymbol{Q}_{\hat{X}\hat{X}}\boldsymbol{F}=\boldsymbol{F}^{\mathrm{T}}\boldsymbol{N}_{BB}^{-1}\boldsymbol{F} \tag{7-4-12}$$

函数 $\hat{\varphi}$ 的协方差阵为

$$\boldsymbol{D}_{\hat{\varphi}\hat{\varphi}}=\sigma_0^2\boldsymbol{Q}_{\hat{\varphi}\hat{\varphi}}=\sigma_0^2(\boldsymbol{F}^{\mathrm{T}}\boldsymbol{N}_{BB}^{-1}\boldsymbol{F}) \tag{7-4-13}$$

推广到一般情况，设有函数向量 $\underset{m1}{\hat{\boldsymbol{\varphi}}}$ 的权函数式为

$$\mathrm{d}\underset{m1}{\hat{\boldsymbol{\varphi}}}=\underset{mt}{\boldsymbol{F}^{\mathrm{T}}}\mathrm{d}\hat{\boldsymbol{X}} \tag{7-4-14}$$

即可用来计算 m 个函数的精度，其协因数阵为

$$\underset{mm}{\boldsymbol{Q}_{\hat{\varphi}\hat{\varphi}}}=\boldsymbol{F}^{\mathrm{T}}\boldsymbol{Q}_{\hat{X}\hat{X}}\boldsymbol{F}=\boldsymbol{F}^{\mathrm{T}}\boldsymbol{N}_{BB}^{-1}\boldsymbol{F} \tag{7-4-15}$$

协方差阵为

$$\underset{mm}{\boldsymbol{D}_{\hat{\varphi}\hat{\varphi}}}=\sigma_0^2\boldsymbol{Q}_{\hat{\varphi}\hat{\varphi}}=\sigma_0^2(\boldsymbol{F}^{\mathrm{T}}\boldsymbol{N}_{BB}^{-1}\boldsymbol{F}) \tag{7-4-16}$$

$\underset{mm}{\boldsymbol{D}_{\hat{\varphi}\hat{\varphi}}}$ 中对角线元素为各平差值函数的方差，非对角线元素为各平差值函数的协方差。

上述方程中，$\boldsymbol{Q}_{\hat{X}\hat{X}}$ 是参数向量 $\hat{\boldsymbol{X}}=\begin{bmatrix}\hat{X}_1 & \hat{X}_2 & \cdots & \hat{X}_t\end{bmatrix}^{\mathrm{T}}$ 的协因数阵，即

$$\boldsymbol{Q}_{\hat{X}\hat{X}}=\begin{bmatrix}Q_{\hat{X}_1\hat{X}_1} & Q_{\hat{X}_1\hat{X}_2} & \cdots & Q_{\hat{X}_1\hat{X}_t}\\ Q_{\hat{X}_2\hat{X}_1} & Q_{\hat{X}_2\hat{X}_2} & \cdots & Q_{\hat{X}_2\hat{X}_t}\\ \vdots & \vdots & & \vdots\\ Q_{\hat{X}_t\hat{X}_1} & Q_{\hat{X}_t\hat{X}_2} & \cdots & Q_{\hat{X}_t\hat{X}_t}\end{bmatrix}$$

其中，对角线元素 $Q_{\hat{X}_j\hat{X}_j}$ 是参数 $\hat{X}_j$ 的协因数，故 $\hat{X}_j$ 的中误差为

$$\sigma_{\hat{X}_j}=\sigma_0\sqrt{Q_{\hat{X}_j\hat{X}_j}} \tag{7-4-17}$$

$\hat{\boldsymbol{X}}$的方差阵为

$$\boldsymbol{D}_{\hat{X}\hat{X}} = \sigma_0^2 \boldsymbol{Q}_{\hat{X}\hat{X}} = \sigma_0^2 N_{BB}^{-1} \tag{7-4-18}$$

例 7-4-1 求例 7-2-1 中，未知量平差值的中误差。

解： 计算单位权中误差：

$$\hat{\sigma}_0 = \sqrt{\frac{\boldsymbol{V}^{\mathrm{T}}\boldsymbol{P}\boldsymbol{V}}{r}} = \sqrt{\frac{\boldsymbol{V}^{\mathrm{T}}\boldsymbol{P}\boldsymbol{V}}{n-1}}$$

本例中，选取未知量平差值$\hat{X}$为参数。由例 7-2-1 知，法方程系数$\boldsymbol{N}_{BB} = \sum_{i=1}^{n} p_i$，则$\hat{X}$的协因数为

$$\underset{1\,1}{\boldsymbol{Q}_{\hat{X}\hat{X}}} = \boldsymbol{N}_{BB}^{-1} = 1 / \sum_{i=1}^{n} p_i$$

或$\hat{X}$的权为

$$\underset{1\,1}{\boldsymbol{P}_{\hat{X}}} = \sum_{i=1}^{n} p_i$$

故$\hat{X}$的中误差为

$$\sigma_{\hat{X}} = \sigma_0 \sqrt{\boldsymbol{Q}_{\hat{X}\hat{X}}} = \sigma_0 \sqrt{1 / \sum_{i=1}^{n} p_i}$$

第i次观测值L_i的中误差为

$$\sigma_{L_i} = \sigma_0 \sqrt{Q_{ii}} = \sigma_0 \sqrt{1 / p_i}$$

特别地，当$p_1 = p_2 = \cdots = p_n = 1$，即为等精度观测时，精度评定公式为

$$\hat{\sigma}_0 = \sqrt{\frac{\boldsymbol{V}^{\mathrm{T}}\boldsymbol{V}}{n-1}} = \sqrt{\frac{[vv]}{n-1}}$$

$$\sigma_{\hat{X}} = \hat{\sigma}_0 \sqrt{\frac{1}{n}} = \sqrt{\frac{[vv]}{n(n-1)}}$$

综合例 7-2-1、例 7-4-1 可知，对某个量所作的n个独立等精度观测值的算术平均值就是该量的平差值，此平差值的权$p_{\hat{X}}$为单个观测值的权$p_i = 1$的n倍。

7.5 综 合 例 题

7.5.1 水准网

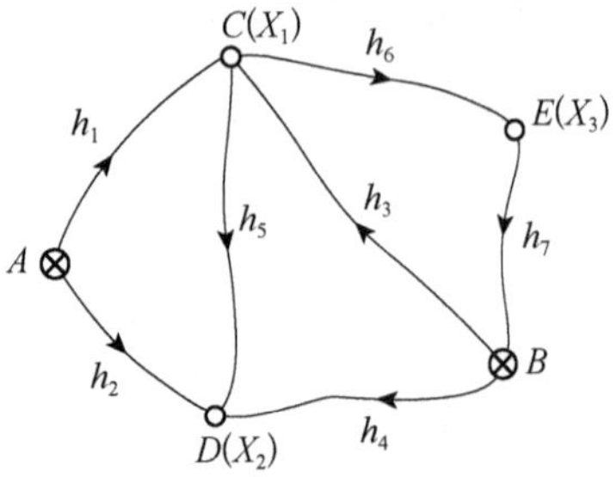

图 7-5-1 水准网

例 7-5-1 对例 5-6-1 水准网（图 7-5-1），选取C、D、E三点高程为参数$\hat{X}_1$、$\hat{X}_2$、$\hat{X}_3$。试按间接平差求：①各待定点的平差高程；②C点到D点间高差的平差值及其中误差。

解： 依题意知本题有$n = 7$个观测值，$t = 3$个待定点，多余观测$r = n - t = 7 - 3 = 4$个。此时，参数个数$u = 3 = t$。

（1）计算参数的近似值X^0。

$$\begin{cases} X_1^0 = H_C^0 = H_A + L_1 = 6.375 \\ X_2^0 = H_D^0 = H_A + L_2 = 7.025 \\ X_3^0 = H_E^0 = H_B - L_7 = 6.611 \end{cases}$$

（2）列观测方程、误差方程。根据图 7-5-1 所示的水准路线，写出 7（$=n$）个观测方程

$$\begin{cases} \hat{L}_1 = \hat{X}_1 - H_A \\ \hat{L}_2 = \hat{X}_2 - H_A \\ \hat{L}_3 = \hat{X}_1 - H_B \\ \hat{L}_4 = \hat{X}_2 - H_B \\ \hat{L}_5 = \hat{X}_2 - \hat{X}_1 \\ \hat{L}_6 = \hat{X}_3 - \hat{X}_1 \\ \hat{L}_7 = H_B - \hat{X}_3 \end{cases}$$

将 $\hat{\boldsymbol{L}} = \boldsymbol{L} + \boldsymbol{V}$、$\hat{\boldsymbol{X}} = \boldsymbol{X}^0 + \hat{\boldsymbol{x}}$ 代入，并将观测值移到等号右侧，即得误差方程（$\boldsymbol{V} = \boldsymbol{B}\hat{\boldsymbol{x}} - \boldsymbol{l}$）：

$$\begin{cases} v_1 = \hat{x}_1 + X_1^0 - H_A - L_1 = \hat{x}_1 + 0 \\ v_2 = \hat{x}_2 + X_2^0 - H_A - L_2 = \hat{x}_2 + 0 \\ v_3 = \hat{x}_1 + X_1^0 - H_B - L_3 = \hat{x}_1 - 4 \\ v_4 = \hat{x}_2 + X_2^0 - H_B - L_4 = \hat{x}_2 - 3 \\ v_5 = -\hat{x}_1 + \hat{x}_2 - X_1^0 + X_2^0 - L_5 = -\hat{x}_1 + \hat{x}_2 - 7 \\ v_6 = -\hat{x}_1 + \hat{x}_3 - X_1^0 + X_3^0 - L_6 = -\hat{x}_1 + \hat{x}_3 - 2 \\ v_7 = -\hat{x}_3 - X_3^0 + H_B - L_7 = -\hat{x}_3 + 0 \end{cases}$$

（3）定权并组成法方程。令 C=1，即以 1km 观测高差为单位权观测，于是 $p_i = \dfrac{1}{S_i}$，$Q_{ii} = \dfrac{1}{p_i} = S_i$。因为各观测高差不相关，故权阵、协因数阵为对角阵，即

$$\underset{77}{\boldsymbol{P}} = \begin{bmatrix} \frac{1}{1.1} &&&&&& \\ & \frac{1}{1.7} &&&&& \\ && \frac{1}{2.3} &&&& \\ &&& \frac{1}{2.7} &&& \\ &&&& \frac{1}{2.4} && \\ &&&&& \frac{1}{1.4} & \\ &&&&&& \frac{1}{2.6} \end{bmatrix}, \underset{77}{\boldsymbol{Q}} = \boldsymbol{P}^{-1} = \begin{bmatrix} 1.1 &&&&&& \\ & 1.7 &&&&& \\ && 2.3 &&&& \\ &&& 2.7 &&& \\ &&&& 2.4 && \\ &&&&& 1.4 & \\ &&&&&& 2.6 \end{bmatrix}$$

由误差方程知系数阵、常数阵为

$$\underset{73}{B}=\begin{bmatrix}1&0&0\\0&1&0\\1&0&0\\0&1&0\\-1&1&0\\-1&0&1\\0&0&-1\end{bmatrix},\underset{71}{l}=\begin{bmatrix}0\\0\\4\\3\\7\\2\\0\end{bmatrix}$$

按式（7-2-10）组成法方程（$N_{BB}\hat{x}-W=0$，$N_{BB}=B^{\mathrm{T}}PB$，$W=B^{\mathrm{T}}Pl$）为

$$\begin{bmatrix}2.4748&-0.4167&-0.7143\\-0.4167&1.3753&0\\-0.7143&0&1.0989\end{bmatrix}\hat{x}-\begin{bmatrix}-2.6061\\4.0278\\1.4286\end{bmatrix}=0$$

（4）解算法方程。可用 $\hat{x}=N_{BB}^{-1}W$ 求解，解得

$$\hat{x}_1=-0.2\text{mm}，\hat{x}_2=2.9\text{mm}，\hat{x}_3=1.1\text{mm}$$

（5）计算 C 点、D 点、E 点高程平差值，即参数 $\hat{X}_1$、$\hat{X}_2$、$\hat{X}_3$ 的平差值 $(\hat{X}=X^0+\hat{x})$。

$$\hat{H}_C=\hat{X}_1=X_1^0+\hat{x}_1=6.3748\text{m}$$

$$\hat{H}_D=\hat{X}_2=X_2^0+\hat{x}_2=7.0279\text{m}$$

$$\hat{H}_E=\hat{X}_3=X_3^0+\hat{x}_3=6.6121\text{m}$$

（6）计算观测值改正数。将求出的 $\hat{x}$ 代入 $V=B\hat{x}-l$ 得

$$V=\begin{bmatrix}-0.2&2.9&-4.2&-0.1&-3.9&-0.6&-1.1\end{bmatrix}^{\mathrm{T}}(\text{mm})$$

（7）计算平差值 $(\hat{L}=L+V)$，并将 $\hat{L}$、$\hat{X}$ 代入观测方程 $(\hat{L}=B\hat{X}+d)$ 检核。

$$\hat{L}=\begin{bmatrix}1.3588&2.0119&0.3588&1.0119&0.6531&0.2374&-0.5961\end{bmatrix}^{\mathrm{T}}(\text{m})$$

经检验满足所有观测方程。

（8）计算单位权中误差。

$$\hat{\sigma}_0=\sqrt{\frac{V^{\mathrm{T}}PV}{r}}=\sqrt{\frac{19.80}{4}}=2.2\,(\text{mm})$$

即该水准网 1km 观测高差的中误差为 2.2mm 。

（9）列平差值函数式。平差后 C 点到 D 点间高差平差值（$\hat{\varphi}=F^{\mathrm{T}}\hat{X}$）：

$$\hat{\varphi}=\hat{X}_2-\hat{X}_1=\begin{bmatrix}-1&1&0\end{bmatrix}\begin{bmatrix}\hat{X}_1\\\hat{X}_2\\\hat{X}_3\end{bmatrix}=0.6531\,(\text{m})$$

所以，$F^{\mathrm{T}}=\begin{bmatrix}-1&1&0\end{bmatrix}$。

（10）计算平差后 C 点到 D 点间高差平差值的中误差。由表 7-4-1 查得

$$Q_{\hat{X}\hat{X}}=N_{BB}^{-1}=(B^{\mathrm{T}}PB)^{-1}=\begin{bmatrix}0.5307&0.1608&0.3450\\0.1608&0.7758&0.1045\\0.3450&0.1045&1.1342\end{bmatrix}$$

根据式（7-4-12），得

$$\boldsymbol{Q}_{\hat{\varphi}\hat{\varphi}} = \boldsymbol{F}^{\mathrm{T}}\boldsymbol{Q}_{\hat{X}\hat{X}}\boldsymbol{F} = 0.99$$

则

$$\hat{\sigma}_{\hat{\varphi}} = \hat{\sigma}_0\sqrt{\boldsymbol{Q}_{\hat{\varphi}\hat{\varphi}}} = 2.2\sqrt{0.99} = 2.2\,(\mathrm{mm})$$

7.5.2　三角网

例 7-5-2　例 5-6-2 的三角网（图 7-5-2）中，选取 E 点、D 点的坐标 $(\hat{X}_E,\hat{Y}_E)$、$(\hat{X}_D,\hat{Y}_D)$，AC 的坐标方位角 $\hat{\alpha}_{AC}$ 等 5 个非观测量的平差值为参数 $\hat{X}$，试按间接平差法对该三角网进行平差：①求观测角度的平差值；②求平差后 BE 边长的中误差和相对中误差。

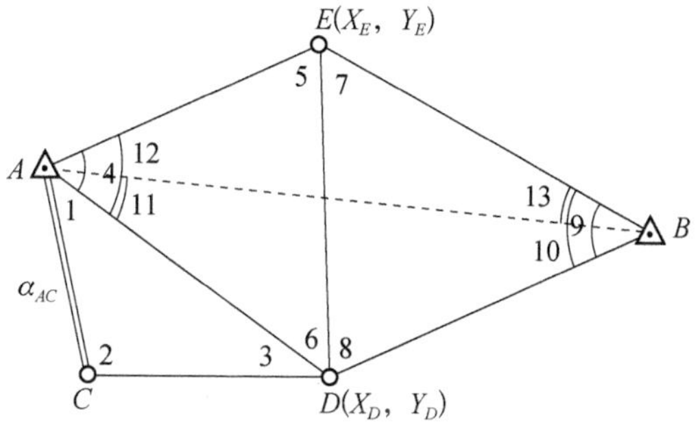

图 7-5-2　测角三角网

解：本题有 $n=9$ 个观测值，为了确定 C、D、E 三点坐标，其必要观测数 $t=5$，故多余观测数 $r=n-t=4$，参数 $u=5$，因此，必须列出 9 个观测方程。

（1）计算参数的近似值 X^0。

$$\sin L_{10} = \frac{S_{AD}\sin\left(L_6+L_8\right)}{S_{AB}} = \frac{S_{AC}\sin L_2\sin\left(L_6+L_8\right)}{S_{AB}\sin L_3} = 0.41588976$$

得 $L_{10} = 24°34'31.3''$。

$$L_{11} = 180° - (L_6 + L_8 + L_{10}) = 18°00'22.5''$$
$$L_{12} = L_4 - L_{11} = 29°00'59.3''$$
$$L_{13} = L_9 - L_{10} = 42°15'47.9''$$

按角度前方交会公式，计算待定点 D 点、E 点的近似坐标：

$$X_E^0 = \frac{X_A\cot L_{13} + X_B\cot L_{12} - Y_A + Y_B}{\cot L_{12} + \cot L_{13}} = 2797049.850 \quad (X_1^0)$$

$$Y_E^0 = \frac{Y_A\cot L_{13} + Y_B\cot L_{12} + X_A - X_B}{\cot L_{12} + \cot L_{13}} = 528108.157 \quad (X_2^0)$$

$$X_D^0 = \frac{X_B\cot L_{11} + X_A\cot L_{10} - Y_B + Y_A}{\cot L_{10} + \cot L_{11}} = 2794943.537 \quad (X_3^0)$$

$$Y_D^0 = \frac{Y_B\cot L_{11} + Y_A\cot L_{10} + X_B - X_A}{\cot L_{10} + \cot L_{11}} = 525556.113 \quad (X_4^0)$$

AC 边的近似坐标方位角：

$$\alpha_{AB}=180^\circ-\left|\arctan\frac{Y_B-Y_A}{X_B-X_A}\right|=136^\circ33'55.5''$$

$$\alpha_{AC}^0=\alpha_{AB}+(L_{11}+L_1)=189^\circ53'34.2'' \qquad (X_5^0)$$

点 C 的近似坐标：

$$X_C^0=X_A+S_{AC}\cos\alpha_{AC}^0=2796098.887$$

$$Y_C^0=Y_A+S_{AC}\sin\alpha_{AC}^0=523529.359$$

说明：点 C 的近似坐标和 AC 边的近似坐标方位角似乎也可以用下述方法计算：

$$X_C^0=\frac{X_D\cot L_1+X_A\cot L_3-Y_D+Y_A}{\cot L_1+\cot L_3}=2796098.875$$

$$Y_C^0=\frac{Y_D\cot L_1+Y_A\cot L_3+X_D-X_A}{\cot L_1+\cot L_3}=523529.357$$

$$\alpha_{AC}^0=180^\circ+\left|\arctan\frac{Y_C^0-Y_A}{X_C^0-X_A}\right|=189^\circ53'34.2'' \qquad (X_5^0)$$

但用这3个近似值平差时，平差结果与本例的计算结果不完全一样。究其原因，依此计算 X_C^0、Y_C^0 及后续列出 CD、DC 边的坐标方位角改正数方程系数时，没有用到 CD 边长已知的条件。

（2）计算待定边的坐标方位角改正数方程系数、近似坐标方位角 α^0。

a. 边 AC、CA：

$$\hat{\alpha}_{AC}=\alpha_{AC}^0+\delta\alpha_{AC}$$

$$\hat{\alpha}_{CA}=180^\circ+\hat{\alpha}_{AC}=180^\circ+(\alpha_{AC}^0+\delta\alpha_{AC})=\alpha_{CA}^0+\delta\alpha_{AC}$$

b. 边 CD、DC：

$$\hat{X}_C=X_A+S_{AC}\cos\hat{\alpha}_{AC}$$

$$\hat{Y}_C=Y_A+S_{AC}\sin\hat{\alpha}_{AC}$$

式中，X_A、Y_A、S_{AC} 为已知值，可以认为误差为 0。进一步计算坐标改正数 $\hat{x}_C$、$\hat{y}_C$ 与坐标方位角改正数 $\delta\alpha_{AC}$ 的线性关系：

$$\hat{x}_C=-S_{AC}\sin\alpha_{AC}^0\frac{\delta\alpha_{AC}''}{\rho''}=-\Delta Y_{AC}^0\frac{\delta\alpha_{AC}''}{\rho''}$$

$$\hat{y}_C=S_{AC}\cos\alpha_{AC}^0\frac{\delta\alpha_{AC}''}{\rho''}=\Delta X_{AC}^0\frac{\delta\alpha_{AC}''}{\rho''}$$

由式（7-3-9）可知

$$\delta\alpha_{CD}''=\frac{\rho''\Delta Y_{CD}^0}{(S_{CD}^0)^2}\hat{x}_C-\frac{\rho''\Delta X_{CD}^0}{(S_{CD}^0)^2}\hat{y}_C-\frac{\rho''\Delta Y_{CD}^0}{(S_{CD}^0)^2}\hat{x}_D+\frac{\rho''\Delta X_{CD}^0}{(S_{CD}^0)^2}\hat{y}_D$$

将 $\hat{x}_C$、$\hat{y}_C$ 代入上式，并整理得

$$\delta\alpha_{CD}''=(-\frac{\Delta Y_{CD}^0}{(S_{CD}^0)^2}\Delta Y_{AC}^0-\frac{\Delta X_{CD}^0}{(S_{CD}^0)^2}\Delta X_{AC}^0)\delta\alpha_{AC}''-\frac{\rho''\Delta Y_{CD}^0}{(S_{CD}^0)^2}\hat{x}_D+\frac{\rho''\Delta X_{CD}^0}{(S_{CD}^0)^2}\hat{y}_D$$

顾及 $\Delta Y_{DC}^0=-\Delta Y_{CD}^0$，$\Delta X_{DC}^0=-\Delta X_{CD}^0$，可得 $\delta\alpha_{DC}''=\delta\alpha_{CD}''$。

c. 其他各边：参考式（7-3-9）计算。

计算时，S^0、ΔX^0、ΔY^0 均以 m 为单位，$\delta\alpha_{AC}''$ 以“秒”为单位，而 $\hat{x}$、$\hat{y}$ 因其数值较小，

以 cm 为单位。有关系数值的计算见表 7-5-1。

表 7-5-1 坐标方位角改正数方程系数、近似坐标方位角计算表

方向	ΔY^0/m	ΔX^0/m	$(S^0)^2$/m²	$\delta\alpha$ 的系数/（″/cm）					近似坐标方位角 α^0
				$\delta\alpha''_{AC}$	$\hat{x}_D$	$\hat{y}_D$	$\hat{x}_E$	$\hat{y}_E$	
AC	−396.508	−2273.564		1	0	0	0	0	189°53′34.2″
CA				1	0	0	0	0	9°53′34.2″
AD	1630.246	−3428.914	1442×10^4	0	−0.2333	−0.4906	0	0	154°34′18.0″
DA				0	−0.2333	−0.4906	0	0	334°34′18.0″
AE	4182.290	−1322.601	1924×10^4	0	0	0	−0.4483	−0.1418	107°32′56.2″
EA				0	0	0	−0.4483	−0.1418	287°32′56.2″
BD	−2616.713	1056.693	796×10^4	0	0.6777	0.2737	0	0	291°59′24.2″
DB				0	0.6777	0.2737	0	0	111°59′24.2″
BE	−64.669	3163.006	1001×10^4	0	0	0	0.0133	0.6518	358°49′43.4″
EB				0	0	0	0.0133	0.6518	178°49′43.4″
CD	2026.753	−1155.350	544×10^4	−0.3350	−0.7681	−0.4379	0	0	119°41′07.0″
DC				−0.3350	−0.7681	−0.4379	0	0	299°41′07.0″
DE	2552.045	2106.313	1095×10^4	0	0.4808	−0.3968	−0.4808	0.3968	50°27′56.4″
ED				0	0.4808	−0.3968	−0.4808	0.3968	230°27′56.4″

（3）定权并列误差方程。各观测角为独立等精度观测，设权均为 1。由表 7-5-1 中坐标方位角改正数方程系数两两相减，可得角度观测值误差方程的系数项 $\boldsymbol{B}$。误差方程（$\boldsymbol{v}=\boldsymbol{B}\hat{\boldsymbol{x}}-\boldsymbol{l}$）各参数的计算见表 7-5-2。

表 7-5-2 角度观测值的误差方程各参数计算表

角 β_i	始边	终边	$\delta\alpha''_{AC}$	$\hat{x}_D$	$\hat{y}_D$	$\hat{x}_E$	$\hat{y}_E$	$l_i=L_i-(\alpha^0_{终}-\alpha^0_{始})$	权 p
1	*AD*	*AC*	1	0.2333	0.4906	0	0	0	1
2	*CA*	*CD*	−1.3350	−0.7681	−0.4379	0	0	−4.0062	1
3	*DC*	*DA*	0.3350	0.5348	−0.0528	0	0	1.0062	1
4	*AE*	*AD*	0	−0.2333	−0.4906	0.4483	0.1418	0	1
5	*ED*	*EA*	0	−0.4808	0.3968	0.0324	−0.5386	4.1606	1
6	*DA*	*DE*	0	0.7140	0.0939	−0.4808	0.3968	−2.6606	1
7	*EB*	*ED*	0	0.4808	−0.3968	−0.4941	−0.2551	−1.0606	1
8	*DE*	*DB*	0	0.1970	0.6705	0.4808	−0.3968	2.6606	1
9	*BD*	*BE*	0	−0.6777	−0.2737	0.0133	0.6518	0	1

（4）组成法方程。由表 7-5-2 可知误差方程的系数阵 $\boldsymbol{B}$、常数阵 $\boldsymbol{l}$，权阵 $\boldsymbol{P}$。按式（7-2-10）组成法方程（$\boldsymbol{N}_{BB}\hat{\boldsymbol{x}}-\boldsymbol{W}=0$，$\boldsymbol{N}_{BB}=\boldsymbol{B}^{\mathrm{T}}\boldsymbol{P}\boldsymbol{B}$，$\boldsymbol{W}=\boldsymbol{B}^{\mathrm{T}}\boldsymbol{P}\boldsymbol{l}$）为

$$
\begin{bmatrix}
2.8944 & 1.4378 & 1.0575 & 0 & 0 \\
1.4378 & 2.4551 & 0.5401 & -0.6153 & -0.1334 \\
1.0575 & 0.5401 & 1.5241 & 0.2625 & -0.5893 \\
0 & -0.6153 & 0.2625 & 0.9086 & -0.2007 \\
0 & -0.1334 & -0.5893 & -0.2007 & 1.1150
\end{bmatrix}
\begin{bmatrix}
\delta\alpha_{AC} \\ \hat{x}_D \\ \hat{y}_D \\ \hat{x}_E \\ \hat{y}_E
\end{bmatrix}
-
\begin{bmatrix}
5.6853 \\ -0.2703 \\ 5.3068 \\ 3.2169 \\ -4.0816
\end{bmatrix}
=0
$$

（5）解算法方程。可用 $\hat{\boldsymbol{x}}=\boldsymbol{N}_{BB}^{-1}\boldsymbol{W}$ 求解，解得

$$\delta\alpha_{AC}=2.36''，\hat{x}_D=-1.45\text{cm}，\hat{y}_D=0.89\text{cm}，\hat{x}_E=1.63\text{cm}，\hat{y}_E=-3.07\text{cm}$$

（6）计算参数平差值 $(\hat{\boldsymbol{X}}=\boldsymbol{X}_0+\hat{\boldsymbol{x}})$。

$$\hat{\alpha}_{AC}=189^0 53'36.6''$$

$$\hat{X}_D=2794943.523\text{m}，\hat{Y}_D=525556.122\text{m}，\hat{X}_E=2797049.866\text{m}，\hat{Y}_E=528108.127\text{m}$$

（7）计算观测值改正数。将求出的 $\hat{\boldsymbol{x}}$ 代入 $\boldsymbol{V}=\boldsymbol{B}\hat{\boldsymbol{x}}-\boldsymbol{l}$ 得

$$\boldsymbol{V}=\begin{bmatrix}2.46 & 1.58 & -1.04 & 0.19 & -1.41 & -0.29 & -0.01 & -0.35 & -1.24\end{bmatrix}^{\mathrm{T}}('')$$

（8）计算平差值 $(\hat{\boldsymbol{L}}=\boldsymbol{L}+\boldsymbol{V})$，并将 $\hat{\boldsymbol{L}}$、$\hat{\boldsymbol{X}}$ 代入平差值方程 $(\hat{\boldsymbol{L}}=\boldsymbol{B}\hat{\boldsymbol{X}}+\boldsymbol{d})$ 检核。

$$\hat{L}_1=35^0 19'18.7'',\hat{L}_2=109^0 47'30.4'',\hat{L}_3=34^0 53'11.0'',$$
$$\hat{L}_4=47^0 01'22.0'',\hat{L}_5=57^0 05'02.6'',\hat{L}_6=75^0 53'35.4'',$$
$$\hat{L}_7=51^0 38'11.9'',\hat{L}_8=61^0 31'30.2'',\hat{L}_9=66^0 50'18.0''$$

经检验满足所有平差值方程。

（9）计算单位权中误差。

$$\hat{\sigma}_0=\sqrt{\frac{\boldsymbol{V}^{\mathrm{T}}\boldsymbol{PV}}{r}}=\sqrt{\frac{13.37}{4}}=1.83('')$$

即该三角网每个角度观测值的中误差为 $1.83''$。

（10）列平差值函数式。

列平差值函数式，可以用第 6 章例 6-5-2 的方法，此时 $\boldsymbol{X}$ 即 L_{10}。本例中已经算出 E 点坐标，则平差后 BE 边的边长（$\hat{\varphi}=F(\hat{L}_1,\hat{L}_2,\cdots,\hat{L}_n)$）：

$$\hat{S}_{BE}=\sqrt{(\hat{X}_E-X_B)^2+(\hat{Y}_E-Y_B)^2}=3163.684$$

全微分得线性形式的权函数式（$\mathrm{d}\hat{\boldsymbol{\varphi}}=\boldsymbol{F}^{\mathrm{T}}\mathrm{d}\hat{\boldsymbol{L}}$）：

$$\mathrm{d}\hat{S}_{BE}=\frac{1}{S_{BE}}[(X_E^0-X_B)\mathrm{d}\hat{X}_E+(Y_E^0-Y_B)\mathrm{d}\hat{Y}_E]=0.9998\mathrm{d}\hat{X}_E-0.0204\mathrm{d}\hat{Y}_E$$

所以，$\boldsymbol{F}^{\mathrm{T}}=\begin{bmatrix}0 & 0 & 0 & 0.9998 & -0.0204\end{bmatrix}$。

（11）计算平差后 BE 边长的中误差和相对中误差。由表 7-4-1 查得

$$\boldsymbol{Q}_{\hat{X}\hat{X}}=\boldsymbol{N}_{BB}^{-1}=(\boldsymbol{B}^{\mathrm{T}}\boldsymbol{PB})^{-1}=\begin{bmatrix}0.6890 & -0.3752 & -0.4300 & -0.1979 & -0.3078\\ -0.3752 & 0.7987 & -0.0589 & 0.5958 & 0.1717\\ -0.4300 & -0.0589 & 1.2571 & -0.2685 & 0.6090\\ -0.1979 & 0.5958 & -0.2685 & 1.6309 & 0.2229\\ -0.3078 & 0.1717 & 0.6090 & 0.2229 & 1.2793\end{bmatrix}$$

根据式（7-4-12），得

$$\boldsymbol{Q}_{\hat{S}_{BE}\hat{S}_{BE}}=\boldsymbol{F}^{\mathrm{T}}\boldsymbol{Q}_{\hat{X}\hat{X}}\boldsymbol{F}=1.6216$$

则

$$\hat{\sigma}_{\hat{S}_{BE}}=\hat{\sigma}_0\sqrt{\boldsymbol{Q}_{\hat{S}_{BE}\hat{S}_{BE}}}=1.83\sqrt{1.6216}=2.33\,(\text{cm})$$

$$\frac{\hat{\sigma}_{\hat{S}_{BE}}}{\hat{S}_{BE}}=\frac{0.0233}{3163.684}=\frac{1}{135000}$$

7.5.3 导线网

例 7-5-3　例 5-6-3 四等附合导线（图 7-5-3）中，选取 2、3、4 号点的坐标平差值 $\hat{X}_2$、$\hat{Y}_2$、$\hat{X}_3$、$\hat{Y}_3$、$\hat{X}_4$、$\hat{Y}_4$ 为参数，试按间接平差法对此导线进行平差，求：①2、3、4 点的坐标平差值；②3 号点 x、y 坐标平差值的精度。

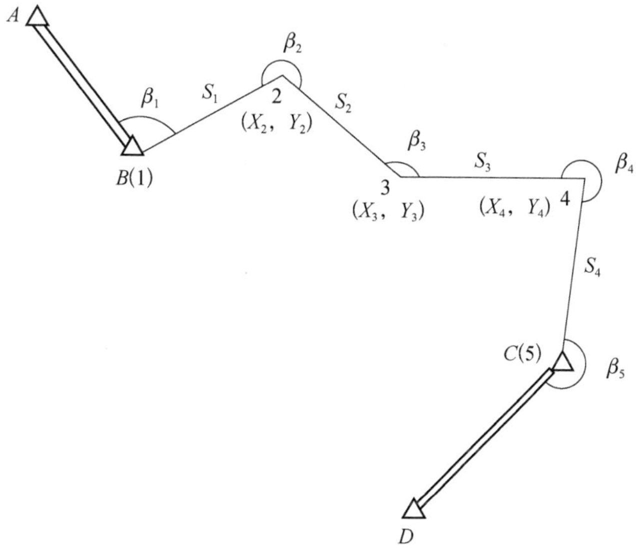

图 7-5-3　附合导线

解：本题观测导线边数为 4，角度个数为 5，即有 $n=9$ 个观测值，待定导线点数为 3，必要观测 $t=6$ 个，多余观测数 $r=n-t=3$ 个。参数 $u=6=t$，故可按间接平差法进行平差。

（1）计算各导线边的近似坐标方位角和各导线点的近似坐标。计算公式为

$$T_{n+1}=T_n+\beta_{n+1}-180^\circ$$
$$x_{n+1}=x_n+S_n\cos T_n$$
$$y_{n+1}=y_n+S_n\sin T_n$$

计算结果见表 7-5-3。

表 7-5-3　近似坐标方位角和近似坐标的计算

近似坐标/m	近似坐标方位角
2（187966.645，506889.655）	$T_1=67°14'28.3''$
3（186847.275，507771.035）	$T_2=141°47'00.5''$
4（186760.010，509518.179）	$T_3=92°51'33.8''$

（2）计算待定边的边长误差方程系数、坐标方位角改正数方程系数。

参考式（7-3-21）和式（7-3-9）计算。计算时，S^0、ΔX^0、ΔY^0 均以 m 为单位，而 $\hat{x}$、$\hat{y}$ 因其数值较小，以 cm 为单位。有关系数值的计算见表 7-5-4 和表 7-5-5。

表 7-5-4　边长误差方程系数计算表

方向	ΔX^0/m	ΔY^0/m	S^0/m	边长误差方程系数					
				$\hat{x}_2$	$\hat{y}_2$	$\hat{x}_3$	$\hat{y}_3$	$\hat{x}_4$	$\hat{y}_4$
$B2$	570.393	1359.646	1474.444	0.3869	0.9221	0	0	0	0
23	−1119.369	881.380	1424.717	0.7857	−0.6186	−0.7857	0.6186	0	0
34	−87.265	1747.144	1749.322	0	0	0.0499	−0.9988	−0.0499	0.9988
$4C$	−1942.405	−176.697	**1950.425**	0	0	0	0	0.9959	0.0906

表 7-5-5　坐标方位角改正数方程系数、近似坐标方位角计算表

方向	ΔY^0/m	ΔX^0/m	$(S^0)^2$/m²	$\delta\alpha$ 的系数/（″/cm）						近似坐标方位角 α^0
				$\hat{x}_2$	$\hat{y}_2$	$\hat{x}_3$	$\hat{y}_3$	$\hat{x}_4$	$\hat{y}_4$	
$B2$	1359.646	570.393	2.1740×10^6	−1.2900	0.5412	0	0	0	0	67°14′28.3″
23	881.380	−1119.369	2.0298×10^6	0.8956	1.1375	−0.8956	−1.1375	0	0	141°47′00.5″
34	1747.144	−87.265	3.0601×10^6	0	0	1.1776	0.0588	−1.1776	−0.0588	92°51′33.8″
$4C$	−176.697	−1942.405	$\mathbf{3.8042\times10^6}$	0	0	0	0	−0.0958	1.0532	185°11′52.0″

注：上两表中，$4C$ 边的近似边长不用实测边长，$4C$ 边的近似坐标方位角不由 $T_{4C}=T_{AB}+[\beta_i]_1^4-4\times180°$ 计算，而是通过点 4 的近似坐标和点 C 的已知坐标反算得到。

（3）定权并列误差方程。设单位权中误差 $\sigma_0=\sigma_\beta=2.5''$，根据提供的标称精度公式 $\sigma_D=5\text{mm}+5\times10^{-6}\cdot D$，计算测边中误差。

根据式（5-4-34），测角观测值的权为

$$p_\beta=1$$

为了不使测边观测值的权与测角观测值的权相差过大，在计算测边观测值的权时，取测边中误差和边长改正数的单位均为 cm。

$$p_{S_i}=\frac{\sigma_0^2}{\sigma_{S_i}^2}$$

边角观测值权的计算结果见表 7-5-6。

表 7-5-6　边长、角度观测值的误差方程各参数计算表

		$\hat{x}_2$	$\hat{y}_2$	$\hat{x}_3$	$\hat{y}_3$	$\hat{x}_4$	$\hat{y}_4$	l	p
边长	S_1	0.3869	0.9221	0	0	0	0	0	4.0831
	S_2	0.7857	−0.6186	−0.7857	0.6186	0	0	0	4.2522
	S_3	0	0	0.0499	−0.9988	−0.0499	0.9988	0	3.3074
	S_4	0	0	0	0	0.9959	0.0906	−1.3492	2.8719
角度	β_1	−1.2900	0.5412	0	0	0	0	0	1
	β_2	2.1857	0.5963	−0.8956	−1.1375	0	0	0	1
	β_3	−0.8956	−1.1375	2.0733	1.1963	−1.1776	−0.0588	0	1
	β_4	0	0	−1.1776	−0.0588	1.0818	1.1120	1.9778	1
	β_5	0	0	0	0	0.0958	−1.0532	−5.8778	1

由表 7-5-4 可知，边长观测值误差方程的系数项，其常数项 $l_i=L_i-S_i^0$；由表 7-5-5 中坐标方位角改正数方程系数两两相减，可得角度观测值误差方程的系数项，其常数项 $l_i=L_i-L_i^0=L_i-(\alpha_{终}^0-\alpha_{始}^0)$。误差方程（$\boldsymbol{v}=\boldsymbol{B}\hat{\boldsymbol{x}}-\boldsymbol{l}$）各参数的计算见表 7-5-6。

（4）组成法方程。由表 7-5-6 可知，误差方程的系数阵 $\boldsymbol{B}$、常数阵 $\boldsymbol{l}$，权阵 $\boldsymbol{P}$。按式（7-2-10）组成法方程（$\boldsymbol{N}_{BB}\hat{\boldsymbol{x}}-\boldsymbol{W}=0$，$\boldsymbol{N}_{BB}=\boldsymbol{B}^{\mathrm{T}}\boldsymbol{PB}$，$\boldsymbol{W}=\boldsymbol{B}^{\mathrm{T}}\boldsymbol{Pl}$）为

$$\begin{bmatrix} 10.4793 & 1.0137 & -6.4393 & -1.4908 & 1.0547 & 0.0527 \\ 1.0137 & 7.0417 & -0.8256 & -3.6664 & 1.3395 & 0.0669 \\ -6.4393 & -0.8256 & 9.1206 & 1.3367 & -3.7238 & -1.2667 \\ -1.4908 & -3.6664 & 1.3367 & 7.6550 & -1.3077 & -3.4350 \\ 1.0547 & 1.3395 & -3.7238 & -1.3077 & 5.4230 & 1.2657 \\ 0.0527 & 0.0669 & -1.2667 & -3.4350 & 1.2657 & 5.6720 \end{bmatrix}\begin{bmatrix} \hat{x}_2 \\ \hat{y}_2 \\ \hat{x}_3 \\ \hat{y}_3 \\ \hat{x}_4 \\ \hat{y}_4 \end{bmatrix}-\begin{bmatrix} 0 \\ 0 \\ -2.3291 \\ -0.1163 \\ -2.2823 \\ 8.0386 \end{bmatrix}=0$$

（5）解算法方程。可用 $\hat{\boldsymbol{x}}=\boldsymbol{N}_{BB}^{-1}\boldsymbol{W}$ 求解，解得

$$\hat{x}_2=-0.2466\text{cm}，\hat{x}_3=-0.7663\text{cm}，\hat{x}_4=-1.3391\text{cm}$$
$$\hat{y}_2=0.8493\text{cm}，\quad \hat{y}_3=1.2885\text{cm}，\quad \hat{y}_4=2.3175\text{cm}$$

（6）计算参数平差值。用 $\hat{\boldsymbol{X}}=\boldsymbol{X}^0+\hat{\boldsymbol{x}}$ 求得各参数的平差值，即各导线点的坐标平差值：

2（187966.642，506889.664）

3（186847.267，507771.048）

4（186759.997，509518.202）

（7）计算观测值改正数（$\boldsymbol{V}=\boldsymbol{B}\hat{\boldsymbol{x}}-\boldsymbol{l}$）、平差值（$\hat{\boldsymbol{L}}=\boldsymbol{L}+\boldsymbol{V}$），并将 $\hat{\boldsymbol{L}}$、$\hat{\boldsymbol{X}}$ 代入平差值条件式（$\hat{\boldsymbol{L}}=\boldsymbol{B}\hat{\boldsymbol{X}}+\boldsymbol{d}$）检核。

$$\boldsymbol{V}=\begin{bmatrix} 0.69\text{cm} \\ 0.68\text{cm} \\ 1.06\text{cm} \\ 0.23\text{cm} \\ 0.78'' \\ -0.81'' \\ 0.65'' \\ -0.02'' \\ 3.31'' \end{bmatrix}，\hat{\boldsymbol{L}}=\begin{bmatrix} \hat{S}_1 \\ \hat{S}_2 \\ \hat{S}_3 \\ \hat{S}_4 \\ \hat{\beta}_1 \\ \hat{\beta}_2 \\ \hat{\beta}_3 \\ \hat{\beta}_4 \\ \hat{\beta}_5 \end{bmatrix}=\begin{bmatrix} 1474.451\text{m} \\ 1424.724\text{m} \\ 1749.333\text{m} \\ 1950.414\text{m} \\ 85^\circ30'21.9'' \\ 254^\circ32'31.4'' \\ 131^\circ04'33.9'' \\ 272^\circ20'20.2'' \\ 244^\circ18'33.3'' \end{bmatrix}$$

经检验满足所有平差值方程。

（8）计算单位权中误差。

$$\hat{\sigma}_0=\sqrt{\frac{\boldsymbol{V}^{\mathrm{T}}\boldsymbol{PV}}{r}}=\sqrt{\frac{20.37}{3}}=2.61('')$$

即该导线中每个观测角度的中误差为 2.61″。

（9）计算平差后 3 号点 x、y 坐标平差值的中误差。由表 7-4-1 查得

$$\boldsymbol{Q}_{\hat{X}\hat{X}}=\boldsymbol{N}_{BB}^{-1}=\begin{bmatrix} 0.2002 & -0.0032 & 0.1743 & 0.0404 & 0.0811 & 0.0434 \\ -0.0032 & 0.2228 & -0.0099 & 0.1403 & -0.0486 & 0.0910 \\ 0.1743 & -0.0099 & 0.3052 & 0.0249 & 0.1741 & 0.0429 \\ 0.0404 & 0.1403 & 0.0249 & 0.2788 & 0.0017 & 0.1720 \\ 0.0811 & -0.0486 & 0.1741 & 0.0017 & 0.3073 & -0.0289 \\ 0.0434 & 0.0910 & 0.0429 & 0.1720 & -0.0289 & 0.2950 \end{bmatrix}$$

即 $$Q_{\hat{X}_3}=0.3052，Q_{\hat{Y}_3}=0.2788$$

则3号点x、y坐标的精度分别为

$$\sigma_{\hat{X}_3}=\hat{\sigma}_0\sqrt{Q_{\hat{X}_3}}=1.44\text{cm}，\sigma_{\hat{Y}_3}=\hat{\sigma}_0\sqrt{Q_{\hat{Y}_3}}=1.38\text{cm}$$

7.6 公式汇编

间接平差的函数模型和随机模型：

$$\underset{n1}{\boldsymbol{V}}=\underset{nt}{\boldsymbol{B}}\,\underset{t1}{\hat{\boldsymbol{x}}}-\underset{n1}{\boldsymbol{l}} \tag{7-2-4a}$$

$$\underset{nn}{\boldsymbol{D}}=\sigma_0^2\underset{nn}{\boldsymbol{Q}}=\sigma_0^2\boldsymbol{P}^{-1} \tag{7-2-5}$$

式中，$\boldsymbol{l}=\boldsymbol{L}-(\boldsymbol{B}\boldsymbol{X}^0+\boldsymbol{d})=\boldsymbol{L}-\boldsymbol{L}^0$。

法方程：

$$\boldsymbol{N}_{BB}\hat{\boldsymbol{x}}-\boldsymbol{W}=0 \tag{7-2-10}$$

式中，$\boldsymbol{N}_{BB}=\boldsymbol{B}^{\mathrm{T}}\boldsymbol{P}\boldsymbol{B}$；$\boldsymbol{W}=\boldsymbol{B}^{\mathrm{T}}\boldsymbol{P}\boldsymbol{l}$。

法方程解为

$$\hat{\boldsymbol{x}}=\boldsymbol{N}_{BB}^{-1}\boldsymbol{W} \tag{7-2-11}$$

观测值和参数的平差值：

$$\hat{\boldsymbol{L}}=\boldsymbol{L}+\boldsymbol{V}，\hat{\boldsymbol{X}}=\boldsymbol{X}^0+\hat{\boldsymbol{x}} \tag{7-2-13}$$

单位权方差的估值：

$$\hat{\sigma}_0^2=\frac{\boldsymbol{V}^{\mathrm{T}}\boldsymbol{P}\boldsymbol{V}}{r}=\frac{\boldsymbol{V}^{\mathrm{T}}\boldsymbol{P}\boldsymbol{V}}{n-t} \tag{7-4-1}$$

间接平差基本向量的协因数阵见表7-4-1。

平差参数的协方差：

$$\boldsymbol{D}_{\hat{X}\hat{X}}=\sigma_0^2\boldsymbol{Q}_{\hat{X}\hat{X}}=\sigma_0^2\boldsymbol{N}_{BB}^{-1} \tag{7-4-18}$$

参数平差值函数：

$$\hat{\varphi}=\Phi(\hat{X}_1，\hat{X}_2,\cdots,\hat{X}_t) \tag{7-4-8}$$

参数平差值函数的权函数式、协因数和方差：

$$\mathrm{d}\hat{\boldsymbol{\varphi}}=\boldsymbol{F}^{\mathrm{T}}\mathrm{d}\hat{\boldsymbol{X}} \tag{7-4-11}$$

$$\boldsymbol{Q}_{\hat{\varphi}\hat{\varphi}}=\boldsymbol{F}^{\mathrm{T}}\boldsymbol{Q}_{\hat{X}\hat{X}}\boldsymbol{F}=\boldsymbol{F}^{\mathrm{T}}\boldsymbol{N}_{BB}^{-1}\boldsymbol{F} \tag{7-4-12}$$

$$\boldsymbol{D}_{\hat{\varphi}\hat{\varphi}}=\sigma_0^2\boldsymbol{Q}_{\hat{\varphi}\hat{\varphi}}=\sigma_0^2(\boldsymbol{F}^{\mathrm{T}}\boldsymbol{N}_{BB}^{-1}\boldsymbol{F}) \tag{7-4-13}$$

式中，$\boldsymbol{F}^{\mathrm{T}}=\begin{bmatrix}f_1 & f_2 & \cdots & f_t\end{bmatrix}=\begin{bmatrix}\dfrac{\partial\Phi}{\partial\hat{X}_1} & \dfrac{\partial\Phi}{\partial\hat{X}_2} & \cdots & \dfrac{\partial\Phi}{\partial\hat{X}_t}\end{bmatrix}_0$。

第 8 章　附有限制条件的间接平差

8.1 概　　述

在以下几种情形下，需要对间接平差进行扩展。

1）参数 $u>t$ 个，且其中包含了 t 个独立参数

在间接平差中，观测数 n，必要观测数 t，多余观测数 $r=n-t$。选 $u=t$ 个独立参数，即要求所选的未知参数的数目等于必要观测的个数，且要求未知参数之间是相互独立的。此时，条件数 $c=r+u=r+t=n$，条件式个数与观测数相等。附有参数的条件平差方程 $\boldsymbol{F}(\hat{\boldsymbol{L}},\hat{\boldsymbol{X}})=0$，变形处理为 $\hat{\boldsymbol{L}}=\boldsymbol{F}(\hat{\boldsymbol{X}})$，即每个观测值都可以写成未知参数的函数。

如果在平差中所选的未知参数的数目多于必要观测的个数，参数 $u>t$ 个，且其中包含了 t 个独立参数，那么这些未知参数的真值之间必然存在着相互依赖的函数关系式，或者说在未知参数的真值之间存在着条件方程式。而且每增加一个不独立的未知参数，就增加一个条件式，即参数间存在 $s=u-t$ 个限制条件。平差时需列出 n 个观测方程和 s 个限制参数间关系的条件方程：

$$\begin{cases}\underset{n1}{\hat{\boldsymbol{L}}}=\boldsymbol{F}(\underset{u1}{\hat{\boldsymbol{X}}})\\ \underset{s1}{\boldsymbol{\Phi}}(\underset{u1}{\hat{\boldsymbol{X}}})=0\end{cases}$$

2）为保证误差方程的规律性

图 8-1-1 中，A、B 为已知点，BD 为已知边，在网中观测了 6 个角度，即 $n=6$，为了确定 C、D 两点坐标，其必要观测数 $t=2p-1-4=3$，故 $r=n-t=3$，因此，必须列出 3 个条件方程。

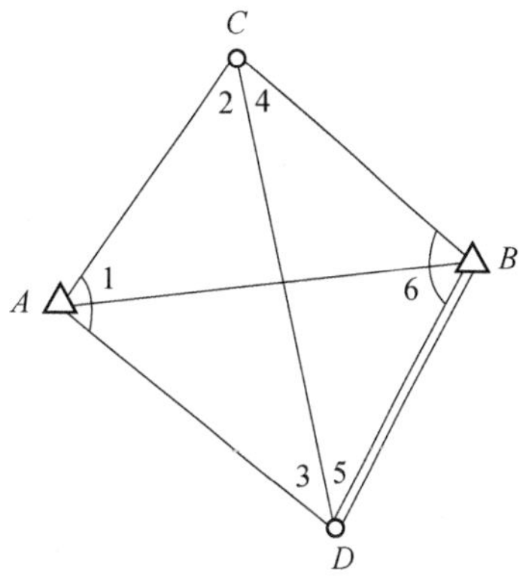

图 8-1-1　三角网示意图

类似例 7-5-2，如选取非观测量 x_C、y_C、α_{BD} 作为参数 $\hat{\boldsymbol{X}}(\hat{X}_1,\hat{X}_2,\hat{X}_3)$，参数个数 $u=t=3$ 且相互独立，此时为间接平差，但列出的 6 个角度的观测方程不规律。如选取 x_C、y_C、x_D、y_D 作为参数 $\hat{\boldsymbol{X}}(\hat{X}_1,\hat{X}_2,\hat{X}_3,\hat{X}_4)$，此时 6 个角度的误差方程可以用 7.3.5 节坐标改正数与角度改正数之间的关系式列立，有规律。但参数个数 $u=4>t$，独立参数个数是 3，增加了一个不独立的未知参数，即参数间存在 $s=u-t=1$ 个限制条件：

$$S_{BD}=\sqrt{(\hat{X}_D-X_B)^2+(\hat{Y}_D-Y_B)^2}$$

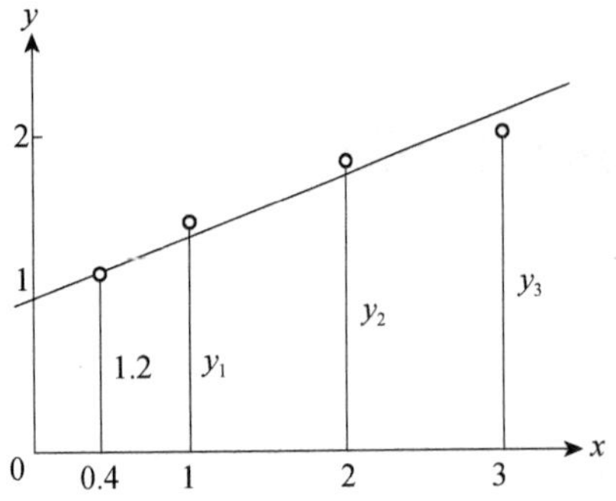

图 8-1-2　直线方程拟合图

3）满足事先给定的条件

有些情形，某条边的边长或某个角的角度事先给定。图 8-1-1 中三角网也满足这种情形，图中 BD 为已知边。如果没有给定边长或角度的已知值，选取网中待定点的坐标作为参数，可能 $u=t$ 且参数间相互独立，为间接平差。但如果给定了边长或角度的已知值，仍然选取网中待定点的坐标作为参数，$u>t$，参数不全部独立。多给定一个已知值，就增加一个不独立的未知参数，参数间增加一个限制条件。

类似情形，在直线拟合中，要求拟合的直线通过某个固定点。例如，在图 8-1-2 的直线拟合问题中，为了确定通过已知点 $x_0=0.4$，$y_0=1.2$ 处的一条直线方程 $y=ax+b$，现以等精度量测了 $x=1,2,3$ 处（非观测值，设无误差）的函数值 $y_i(i=1,2,3)$（观测值，有误差），试求直线拟合方程。

图 8-1-2 中，$n=3$，$t=1$，$r=n-t=2$。如果选取直线方程中的系数 a、b 为参数，$\hat{\boldsymbol{X}}=[\hat{X}_1\quad \hat{X}_2]^{\mathrm{T}}=[\hat{a}\quad \hat{b}]^{\mathrm{T}}$，$u=2>t$。两个参数中，有一个是独立的，另一个不独立。平差时，需列出 $n=3$ 个观测方程和 $s=u-t=1$ 个限制参数间关系的条件方程：

$$\begin{cases}\hat{y}_1=x_1\hat{a}+\hat{b}=\hat{a}+\hat{b}\\ \hat{y}_2=x_2\hat{a}+\hat{b}=2\hat{a}+\hat{b}\\ \hat{y}_3=x_3\hat{a}+\hat{b}=3\hat{a}+\hat{b}\end{cases} \tag{8-1-1}$$

$$y_0=x_0\hat{a}+\hat{b} \tag{8-1-2}$$

上述几种情形中，在平差的函数模型中不仅包含有误差方程式，还包含有未知参数之间的限制条件式，这类平差问题，称为附有限制条件的间接平差问题。以此为函数模型的平差方法，就是附有限制条件的间接平差。

解决这类平差问题的方法有两种：第一，利用条件方程消去不独立的未知参数，使误差方程中只留下 t 个相互独立的未知参数，然后按间接平差进行平差；第二，将误差方程和限制条件方程联合起来，在满足 $\boldsymbol{V}^{\mathrm{T}}\boldsymbol{PV}=\min$ 的原则下，导出新的平差计算公式，这种附有限制条件的间接平差法，就是本章所要讨论的内容。

8.2　附有限制条件的间接平差方程个数的确定

附有参数的条件平差和间接平差中，都强调所选的参数是彼此函数独立的变量。但在实际工作中，有时所选参数之间是函数不独立的，或者要使参数之间满足事先给定的某种条件，因而出现了未知参数之间的限制条件。

一般而言，如果有 n 个观测值，t 个必要观测，r 个多余观测，若选了 u 个参数，$u>t$，且其中包含有 t 个独立参数（这是每个观测量都能表达成这 u 个参数的函数的必要条件），即多选了 $s=u-t$ 个不独立参数，参数之间就一定存在 s 个限制条件。对于这一函数模型，方程式的总数应为 $r+u$。由上述可知，其中参数个数 $u=t+s$，同时顾及 $r+t=n$，因而有

$r+u=r+t+s=n+s$，其中，n 为观测值总数；s 为限制条件个数（即不独立参数的个数）；r 为多余观测数；u 为所选参数的个数。

8.3　附有限制条件的间接平差原理

8.3.1　函数模型与随机模型

第 4 章中已给出这种平差的函数模型，观测值平差值形式为

$$\underset{n1}{\hat{\boldsymbol{L}}}=\boldsymbol{F}(\underset{u1}{\hat{\boldsymbol{X}}}),\ \hat{\boldsymbol{L}}=\boldsymbol{B}\hat{\boldsymbol{X}}+\boldsymbol{d} \tag{8-3-1}$$

$$\underset{s1}{\boldsymbol{\varPhi}}(\hat{\boldsymbol{X}})=0 \tag{8-3-2}$$

改正数平差值形式为

$$\underset{n1}{\boldsymbol{V}}=\underset{nu}{\boldsymbol{B}}\underset{u1}{\hat{\boldsymbol{x}}}-\underset{n1}{\boldsymbol{l}},\ \boldsymbol{l}=\boldsymbol{L}-(\boldsymbol{B}\boldsymbol{X}^0+\boldsymbol{d})=\boldsymbol{L}-\boldsymbol{F}(\boldsymbol{X}^0)=\boldsymbol{L}-\boldsymbol{L}^0 \tag{8-3-3}$$

$$\underset{su}{\boldsymbol{C}}\underset{u1}{\hat{\boldsymbol{x}}}+\underset{s1}{\boldsymbol{W}_x}=0 \tag{8-3-4}$$

其中，

$$\boldsymbol{R}(\boldsymbol{B})=u,\ \boldsymbol{R}(\boldsymbol{C})=s,\ u<n,\ s<u \tag{8-3-5}$$

即 $\boldsymbol{B}$ 为列满秩阵；$\boldsymbol{C}$ 为行满秩阵。

随机模型为

$$\boldsymbol{D}=\sigma_0^2\underset{nn}{\boldsymbol{Q}}=\sigma_0^2\boldsymbol{P}^{-1} \tag{8-3-6}$$

在式（8-3-3）和式（8-3-4）中，待求量是 n 个改正数和 u 个参数，而方程个数为 $n+s$，少于待求量的个数 $n+u$，且系数阵的秩等于其增广矩阵的秩，即

$$\boldsymbol{R}\begin{bmatrix}-\boldsymbol{I} & \boldsymbol{B}\\ 0 & \boldsymbol{C}\end{bmatrix}=\boldsymbol{R}\left[\begin{array}{cc|c}-\boldsymbol{I} & \boldsymbol{B} & \boldsymbol{l}\\ 0 & \boldsymbol{C} & \boldsymbol{W}_x\end{array}\right]=n+s \tag{8-3-7}$$

故是有无穷多组解的一组相容方程。为此应在无穷多组解中求出能使 $\boldsymbol{V}^{\mathrm{T}}\boldsymbol{P}\boldsymbol{V}=\min$ 的一组解。

8.3.2　基础方程及其求解

按求条件极值法组成函数：

$$\boldsymbol{\varPhi}=\boldsymbol{V}^{\mathrm{T}}\boldsymbol{P}\boldsymbol{V}+2\boldsymbol{K}_s^{\mathrm{T}}(\boldsymbol{C}\hat{\boldsymbol{x}}+\boldsymbol{W}_x) \tag{8-3-8}$$

式中，$\underset{s1}{\boldsymbol{K}_s}$ 为对应于限制条件方程的联系数向量。由式（8-3-3）知，$\boldsymbol{V}$ 为 $\hat{\boldsymbol{x}}$ 的显函数，为求 $\boldsymbol{\varPhi}$ 的极值，将其对 $\hat{\boldsymbol{x}}$ 取偏导数并令其为 0，则有

$$\frac{\partial\boldsymbol{\varPhi}}{\partial\hat{\boldsymbol{x}}}=2\boldsymbol{V}^{\mathrm{T}}\boldsymbol{P}\frac{\partial\boldsymbol{V}}{\partial\hat{\boldsymbol{x}}}+2\boldsymbol{K}_s^{\mathrm{T}}\boldsymbol{C}=2\boldsymbol{V}^{\mathrm{T}}\boldsymbol{P}\boldsymbol{B}+2\boldsymbol{K}_s^{\mathrm{T}}\boldsymbol{C}=0$$

转置后得

$$\underset{un}{\boldsymbol{B}^{\mathrm{T}}}\underset{nn}{\boldsymbol{P}}\underset{n1}{\boldsymbol{V}}+\underset{us}{\boldsymbol{C}^{\mathrm{T}}}\underset{s1}{\boldsymbol{K}_s}=\underset{u1}{0} \tag{8-3-9}$$

在式（8-3-3）、式（8-3-4）和式（8-3-9）中，方程的个数是 $n+s+u$，待求未知数的个数是 n 个改正数、u 个参数和 s 个联系数，即方程个数等于未知数个数，故有唯一解。称这三个方程为附有限制条件的间接平差法的基础方程。

解此基础方程通常是先将式（8-3-3）代入式（8-3-9），得

$$\underset{un}{B^{\mathrm{T}}}\underset{nn}{P}\underset{nu}{B}\underset{u1}{\hat{x}}+\underset{us}{C^{\mathrm{T}}}\underset{s1}{K_s}-\underset{un}{B^{\mathrm{T}}}\underset{nn}{P}\underset{n1}{l}=0 \tag{8-3-10}$$

$$\underset{su}{C}\underset{u1}{\hat{x}}+\underset{s1}{W_x}=0 \tag{8-3-11}$$

第 7 章已令

$$\underset{uu}{N_{BB}}=B^{\mathrm{T}}PB,\ \underset{u1}{W}=B^{\mathrm{T}}Pl \tag{8-3-12}$$

故上两式可写成

$$\underset{uu}{N_{BB}}\underset{u1}{\hat{x}}+\underset{us}{C^{\mathrm{T}}}\underset{s1}{K_s}-\underset{u1}{W}=0 \tag{8-3-13}$$

$$\underset{su}{C}\underset{u1}{\hat{x}}+\underset{s1}{W_x}=0 \tag{8-3-14}$$

上两式称为附有限制条件的间接平差法的法方程。由它可解出 $\hat{x}$ 和 K_s。第 7 章已指出，N_{BB} 为一满秩对称方阵，是可逆阵。用 CN_{BB}^{-1} 左乘式（8-3-13），并减去式（8-3-14）得

$$CN_{BB}^{-1}C^{\mathrm{T}}K_s-(CN_{BB}^{-1}W+W_x)=0 \tag{8-3-15}$$

若令

$$\underset{ss}{N_{CC}}=\underset{su}{C}\underset{uu}{N_{BB}^{-1}}\underset{us}{C^{\mathrm{T}}} \tag{8-3-16}$$

则式（8-3-15）也可写成

$$N_{CC}K_s-(CN_{BB}^{-1}W+W_x)=0 \tag{8-3-17}$$

式中，N_{CC} 的秩为 $R(N_{CC})=R(CN_{BB}^{-1}C^{\mathrm{T}})=R(C)=s$，且 $N_{CC}^{\mathrm{T}}=(CN_{BB}^{-1}C^{\mathrm{T}})^{\mathrm{T}}=CN_{BB}^{-1}C^{\mathrm{T}}$，故 $\underset{ss}{N_{CC}}$ 为一 s 阶的满秩对称方阵，是可逆阵。于是

$$\underset{s1}{K_s}=N_{CC}^{-1}(CN_{BB}^{-1}W+W_x) \tag{8-3-18}$$

将上式代入式（8-3-13），经整理可得

$$\underset{u1}{\hat{x}}=(N_{BB}^{-1}-N_{BB}^{-1}C^{\mathrm{T}}N_{CC}^{-1}CN_{BB}^{-1})W-N_{BB}^{-1}C^{\mathrm{T}}N_{CC}^{-1}W_x \tag{8-3-19}$$

由上式解得 $\hat{x}$ 之后，代入式（8-3-3）可求得 V，最后即可求出

$$\hat{L}=L+V \tag{8-3-20}$$

$$\hat{X}=X^0+\hat{x} \tag{8-3-21}$$

在实际平差计算中，当列出误差方程和限制条件方程之后，即可计算 N_{BB}、N_{BB}^{-1}、N_{CC}、N_{CC}^{-1}，然后由式（8-3-19）计算 $\hat{x}$，再代入误差方程式（8-3-3）计算 V，最后由式（8-3-20）和式（8-3-21）求得观测值和参数的平差值。

8.3.3 计算步骤及算例

综上所述，按附有限制条件的间接平差法求平差值的计算步骤可归纳如下。

（1）选择变量参数：根据平差问题的性质，选择 $u(u>t)$ 个量作为参数，其中包含 t 个独立参数。

（2）列误差方程和限制条件方程：将每一个观测量的平差值分别表达成所选参数的函数，并列出限制参数间函数关系的条件方程，若函数为非线性，则要将其线性化，最终列出误差方程式（8-3-3）、限制条件方程式（8-3-4）。

（3）组成法方程：由误差方程系数 B、自由项 l 及限制条件方程系数 C、常数项 W_x，组

成法方程式（8-3-13）和式（8-3-14），法方程个数等于$u+s$，即参数的总个数 u 加上不独立的参数个数s。

（4）解算法方程：求出联系数 $\boldsymbol{K}_s$ 和参数 $\hat{\boldsymbol{x}}$，计算参数的平差值 $\hat{\boldsymbol{X}}=\boldsymbol{X}^0+\hat{\boldsymbol{x}}$。

（5）计算观测值改正数：由误差方程计算 $\boldsymbol{V}$，求出观测量平差值 $\hat{\boldsymbol{L}}=\boldsymbol{L}+\boldsymbol{V}$。

（6）平差结果检验：为了检查平差计算的正确性，常用平差值 $\hat{\boldsymbol{L}}$、$\hat{\boldsymbol{X}}$ 重新列出平差值方程式（8-3-1）和式（8-3-2），看其是否满足方程。

（7）评定精度：计算单位权中误差，平差值函数精度等（详见 8.4 节）。

表 8-3-1　直线拟合数据

点号	x_i	y_i
1	1	1.6
2	2	2.0
3	3	2.4

例 8-3-1　如图 8-1-2 所示的拟合数据见表 8-3-1，选取直线方程中的系数 a、b 为参数。试列出其误差方程和限制条件方程，并求 a、b 的估值。

解：将观测数据代入观测方程式（8-1-1），（x_0，y_0）代入条件方程式（8-1-2），得误差方程和限制条件方程：

$$\begin{cases} v_1=\hat{a}+\hat{b}-1.6 \\ v_2=2\hat{a}+\hat{b}-2.0 \\ v_3=3\hat{a}+\hat{b}-2.4 \end{cases}$$

$$0.4\hat{a}+\hat{b}-1.2=0$$

相应的法方程为

$$\begin{bmatrix} 14 & 6 & 0.4 \\ 6 & 3 & 1 \\ 0.4 & 1 & 0 \end{bmatrix}\begin{bmatrix} \hat{a} \\ \hat{b} \\ k_s \end{bmatrix}=\begin{bmatrix} 12.8 \\ 6.0 \\ 1.2 \end{bmatrix}$$

解得

$$\hat{a}=0.4793,\quad \hat{b}=1.0083,\quad k_s=0.0992$$

所以，直线方程为

$$y=0.4793x+1.0083$$

8.4　精 度 评 定

精度评定仍是给出单位权方差的估值公式、推导协因数阵和平差参数的函数的协因数和中误差的公式。

8.4.1　单位权方差的估值公式

附有限制条件的间接平差的单位权方差估值仍是$\boldsymbol{V}^{\mathrm{T}}\boldsymbol{PV}$ 除以其自由度，即

$$\hat{\sigma}_0^2=\frac{\boldsymbol{V}^{\mathrm{T}}\boldsymbol{PV}}{r}=\frac{\boldsymbol{V}^{\mathrm{T}}\boldsymbol{PV}}{n-u+s} \tag{8-4-1}$$

此处多余观测数$r=n-u+s$，其中，$u-s=t$ 为必要的独立参数个数。式中，$\boldsymbol{V}^{\mathrm{T}}\boldsymbol{PV}$ 可以用已经算出的 $\boldsymbol{V}$ 和已知的权阵 $\boldsymbol{P}$ 直接计算。此外，也可按以下导出的公式计算。因为$\boldsymbol{V}^{\mathrm{T}}\boldsymbol{PV}=(\boldsymbol{B}\hat{\boldsymbol{x}}-\boldsymbol{l})^{\mathrm{T}}\boldsymbol{PV}=\hat{\boldsymbol{x}}^{\mathrm{T}}\boldsymbol{B}^{\mathrm{T}}\boldsymbol{PV}-\boldsymbol{l}^{\mathrm{T}}\boldsymbol{PV}$，顾及式（8-3-3）和式（8-3-9），则有

$$\boldsymbol{V}^{\mathrm{T}}\boldsymbol{PV}=-\hat{\boldsymbol{x}}^{\mathrm{T}}\boldsymbol{C}^{\mathrm{T}}\boldsymbol{K}_s-\boldsymbol{l}^{\mathrm{T}}\boldsymbol{P}(\boldsymbol{B}\hat{\boldsymbol{x}}-\boldsymbol{l})=\boldsymbol{l}^{\mathrm{T}}\boldsymbol{Pl}-\hat{\boldsymbol{x}}^{\mathrm{T}}\boldsymbol{C}^{\mathrm{T}}\boldsymbol{K}_s-\boldsymbol{l}^{\mathrm{T}}\boldsymbol{PB}\hat{\boldsymbol{x}}$$

考虑式（8-3-11）和式（8-3-12），上式可写为

$$V^{\mathrm{T}}PV = l^{\mathrm{T}}Pl + W_x^{\mathrm{T}}K_s - W^{\mathrm{T}}\hat{x} \tag{8-4-2}$$

8.4.2 协因数阵的计算

在附有限制条件的间接平差法中，基本向量为 $L,W,\hat{X},K_s,V$ 和 $\hat{L}$。顾及 $Q_{LL}=Q$，即可推求各基本向量的自协因数阵及两两向量之间的互协因数阵。

因为平差值方程的形式是 $\hat{L}=F(\hat{X})$，根据式（8-3-3）知，误差方程的常数项 $l=L-F(X^0)$，其中，$F(X^0)$ 为常量，对精度计算无影响，故有

$$W = B^{\mathrm{T}}Pl = B^{\mathrm{T}}P[L-F(X^0)] = B^{\mathrm{T}}PL + W^0 \tag{8-4-3}$$

其中，W^0 也为与观测值 L 无关的常量。于是，基本向量的表达式为

$$\begin{aligned}
&L = L\\
&W = B^{\mathrm{T}}PL + W^0\\
&\hat{X} = X^0 + \hat{x} = X^0 + (N_{BB}^{-1} - N_{BB}^{-1}C^{\mathrm{T}}N_{CC}^{-1}CN_{BB}^{-1})W + N_{BB}^{-1}C^{\mathrm{T}}N_{CC}^{-1}W_x\\
&K_s = N_{CC}^{-1}CN_{BB}^{-1}W - N_{CC}^{-1}W_x\\
&V = B\hat{x} - l\\
&\hat{L} = L + V
\end{aligned}$$

由以上各表达式，按协因数传播律可得

$$\begin{aligned}
Q_{LL} &= Q\\
Q_{WW} &= B^{\mathrm{T}}PQPB = B^{\mathrm{T}}PB = N_{BB}\\
Q_{WL} &= B^{\mathrm{T}}PQ = B^{\mathrm{T}}(\because Q_{LW} = B)\\
Q_{K_sK_s} &= N_{CC}^{-1}CN_{BB}^{-1}Q_{WW}N_{BB}^{-1}C^{\mathrm{T}}N_{CC}^{-1} = N_{CC}^{-1}CN_{BB}^{-1}N_{BB}N_{BB}^{-1}C^{\mathrm{T}}N_{CC}^{-1}\\
&= N_{CC}^{-1}CN_{BB}^{-1}C^{\mathrm{T}}N_{CC}^{-1} = N_{CC}^{-1}N_{CC}N_{CC}^{-1} = N_{CC}^{-1}\\
Q_{K_sL} &= N_{CC}^{-1}CN_{BB}^{-1}Q_{WL} = N_{CC}^{-1}CN_{BB}^{-1}B^{\mathrm{T}}\\
Q_{K_sW} &= N_{CC}^{-1}CN_{BB}^{-1}Q_{WW} = N_{CC}^{-1}CN_{BB}^{-1}N_{BB} = N_{CC}^{-1}C\\
Q_{\hat{X}\hat{X}} &= (N_{BB}^{-1} - N_{BB}^{-1}C^{\mathrm{T}}N_{CC}^{-1}CN_{BB}^{-1})Q_{WW}(N_{BB}^{-1} - N_{BB}^{-1}C^{\mathrm{T}}N_{CC}^{-1}CN_{BB}^{-1})^{\mathrm{T}}\\
&= (N_{BB}^{-1} - N_{BB}^{-1}C^{\mathrm{T}}N_{CC}^{-1}CN_{BB}^{-1})N_{BB}(N_{BB}^{-1} - N_{BB}^{-1}C^{\mathrm{T}}N_{CC}^{-1}CN_{BB}^{-1})\\
&= N_{BB}^{-1} - N_{BB}^{-1}C^{\mathrm{T}}N_{CC}^{-1}CN_{BB}^{-1}\\
Q_{\hat{X}L} &= (N_{BB}^{-1} - N_{BB}^{-1}C^{\mathrm{T}}N_{CC}^{-1}CN_{BB}^{-1})Q_{WL} = Q_{\hat{X}\hat{X}}B^{\mathrm{T}}(\because Q_{L\hat{X}} = BQ_{\hat{X}\hat{X}})\\
Q_{\hat{X}W} &= (N_{BB}^{-1} - N_{BB}^{-1}C^{\mathrm{T}}N_{CC}^{-1}CN_{BB}^{-1})Q_{WW} = Q_{\hat{X}\hat{X}}N_{BB}\\
Q_{\hat{X}K_s} &= (N_{BB}^{-1} - N_{BB}^{-1}C^{\mathrm{T}}N_{CC}^{-1}CN_{BB}^{-1})Q_{WW}(N_{CC}^{-1}CN_{BB}^{-1})^{\mathrm{T}}\\
&= Q_{\hat{X}\hat{X}}N_{BB}N_{BB}^{-1}C^{\mathrm{T}}N_{CC}^{-1} = Q_{\hat{X}\hat{X}}C^{\mathrm{T}}N_{CC}^{-1} = 0\\
Q_{VV} &= BQ_{\hat{X}\hat{X}}B^{\mathrm{T}} - BQ_{\hat{X}l} - Q_{l\hat{X}}B^{\mathrm{T}} + Q = BQ_{\hat{X}\hat{X}}B^{\mathrm{T}} - BQ_{\hat{X}\hat{X}}B^{\mathrm{T}} - BQ_{\hat{X}\hat{X}}B^{\mathrm{T}} + Q\\
&= Q - BQ_{\hat{X}\hat{X}}B^{\mathrm{T}}\\
Q_{VL} &= BQ_{\hat{X}L} - Q_{lL} = BQ_{\hat{X}\hat{X}}B^{\mathrm{T}} - Q = -Q_{VV}\\
Q_{VW} &= BQ_{\hat{X}W} - Q_{lW} = BQ_{\hat{X}\hat{X}}N_{BB} - Q_{LW} = BQ_{\hat{X}\hat{X}}N_{BB} - B = B(Q_{\hat{X}\hat{X}}N_{BB} - I)\\
Q_{V\hat{X}} &= BQ_{\hat{X}\hat{X}} - Q_{l\hat{X}} = BQ_{\hat{X}\hat{X}} - Q_{L\hat{X}} = BQ_{\hat{X}\hat{X}} - BQ_{\hat{X}\hat{X}} = 0
\end{aligned}$$

$$Q_{VK_s}=BQ_{\hat{X}K_s}-Q_{lK_s}=-Q_{LW}N_{BB}^{-1}C^{\mathrm{T}}N_{CC}^{-1}=-BN_{BB}^{-1}C^{\mathrm{T}}N_{CC}^{-1}$$

$$Q_{\hat{L}\hat{L}}=Q-Q_{VV}$$

$$Q_{\hat{L}L}=Q_{LL}+Q_{VL}=Q-Q_{VV}$$

$$Q_{\hat{L}W}=Q_{LW}+Q_{VW}=B+BQ_{\hat{X}\hat{X}}N_{BB}-B=BQ_{\hat{X}\hat{X}}N_{BB}$$

$$Q_{\hat{L}\hat{X}}=Q_{L\hat{X}}+Q_{V\hat{X}}=BQ_{\hat{X}\hat{X}}$$

$$Q_{\hat{L}K_s}=Q_{LK_s}+Q_{VK_S}=Q_{K_sL}^{\mathrm{T}}+Q_{VK_S}=BN_{BB}^{-1}C^{\mathrm{T}}N_{CC}^{-1}-BN_{BB}^{-1}C^{\mathrm{T}}N_{CC}^{-1}=0$$

$$Q_{\hat{L}V}=Q_{LV}+Q_{VV}=0$$

类似可以推求剩余的协因数阵。将以上结果列于表 8-4-1，以便查用。

表 8-4-1　基本向量的协因数阵（ $N_{BB}=B^{\mathrm{T}}PB, N_{CC}=CN_{BB}^{-1}C^{\mathrm{T}}$ ）

	L	W	K_s	$\hat{X}$	V	$\hat{L}$
L	Q	B	$BN_{BB}^{-1}C^{\mathrm{T}}N_{CC}^{-1}$	$BQ_{\hat{X}\hat{X}}$	$-Q_{VV}$	$Q-Q_{VV}$
W	B^{T}	N_{BB}	$C^{\mathrm{T}}N_{CC}^{-1}$	$N_{BB}Q_{\hat{X}\hat{X}}$	$(Q_{\hat{X}\hat{X}}N_{BB}-I)^{\mathrm{T}}B^{\mathrm{T}}$	$N_{BB}Q_{\hat{X}\hat{X}}B^{\mathrm{T}}$
K_s	$N_{CC}^{-1}CN_{BB}^{-1}B^{\mathrm{T}}$	$N_{CC}^{-1}C$	N_{CC}^{-1}	0	$-N_{CC}^{-1}CN_{BB}^{-1}B^{\mathrm{T}}$	0
$\hat{X}$	$Q_{\hat{X}\hat{X}}B^{\mathrm{T}}$	$Q_{\hat{X}\hat{X}}N_{BB}$	0	$N_{BB}^{-1}-N_{BB}^{-1}C^{\mathrm{T}}N_{CC}^{-1}CN_{BB}^{-1}$	0	$Q_{\hat{X}\hat{X}}B^{\mathrm{T}}$
V	$-Q_{VV}$	$B(Q_{\hat{X}\hat{X}}N_{BB}-I)$	$-BN_{BB}^{-1}C^{\mathrm{T}}N_{CC}^{-1}$	0	$Q-BQ_{\hat{X}\hat{X}}B^{\mathrm{T}}$	0
$\hat{L}$	$Q-Q_{VV}$	$BQ_{\hat{X}\hat{X}}N_{BB}$	0	$BQ_{\hat{X}\hat{X}}$	0	$Q-Q_{VV}$

8.4.3　参数平差值函数的中误差

在附有限制条件的间接平差中，因 u 个参数中包含了 t 个独立参数，故平差中所求任一量都能表达成这 u 个参数的函数。设某个量的平差值 $\hat{\varphi}$ 为

$$\hat{\varphi}=\Phi(\hat{X}) \tag{8-4-4}$$

对其全微分，得参数函数的权函数式为

$$\mathrm{d}\hat{\varphi}=\left(\frac{\mathrm{d}\Phi}{\mathrm{d}\hat{X}}\right)_0\mathrm{d}\hat{X}=F^{\mathrm{T}}\mathrm{d}\hat{X} \tag{8-4-5}$$

式中，F 为

$$F^{\mathrm{T}}=\begin{bmatrix}\frac{\partial\Phi}{\partial\hat{X}_1} & \frac{\partial\Phi}{\partial\hat{X}_2} & \cdots & \frac{\partial\Phi}{\partial\hat{X}_u}\end{bmatrix}_0 \tag{8-4-6}$$

用 X^0 代入各偏导数中，即得各偏导数值，然后按下式计算其协因数：

$$Q_{\hat{\varphi}\hat{\varphi}}=F^{\mathrm{T}}Q_{\hat{X}\hat{X}}F \tag{8-4-7}$$

$Q_{\hat{X}\hat{X}}$ 可按表 8-4-1 中给出的公式计算。于是函数 $\hat{\varphi}$ 的中误差为

$$\hat{\sigma}_{\hat{\varphi}}=\hat{\sigma}_0\sqrt{Q_{\hat{\varphi}\hat{\varphi}}} \tag{8-4-8}$$

类似 7.4.3 节，可以计算 m 个函数，即函数向量 $\underset{m1}{\hat{\varphi}}$ 的平差值及其精度。

8.5 综合例题

8.5.1 水准网

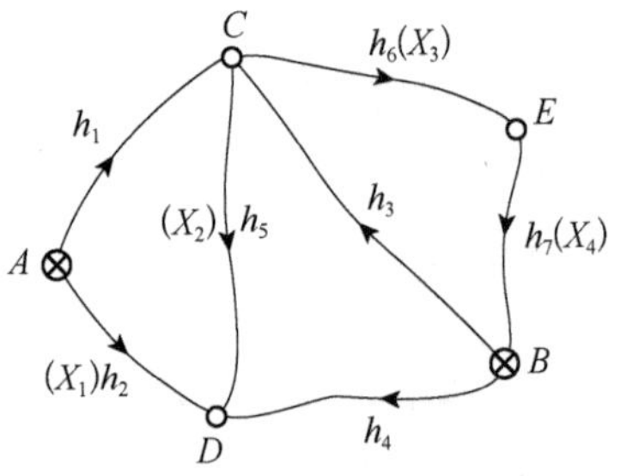

图 8-5-1 水准网

例 8-5-1 对例 5-6-1 水准网（图 8-5-1），若设参数 $\hat{\boldsymbol{X}}=[\hat{X}_1\quad \hat{X}_2\quad \hat{X}_3\quad \hat{X}_4]^{\mathrm{T}}=[\hat{L}_2\quad \hat{L}_5\quad \hat{L}_6\quad \hat{L}_7]^{\mathrm{T}}$，试按附有限制条件的间接平差求：①各待定点的平差高程；②C 点到 D 点间高差的平差值及其中误差。

解： 依题意知本题有 $n=7$ 个观测值，$t=3$ 个待定点，多余观测 $r=n-t=7-3=4$ 个。参数个数 $u=4>t$，总共应列 $r+u=8$ 个方程。其中，误差方程为 7 个，限制条件 $s=u-t=4-3=1$ 个。

（1）求参数的近似值。

$X_1^0=L_2=2.009\text{m}$，$X_2^0=L_5=0.657\text{m}$，$X_3^0=L_6=0.238\text{m}$，$X_4^0=L_7=-0.595\text{m}$

（2）列观测方程、误差方程和限制条件方程。根据图 8-5-1 所示的水准路线写出 7（$=n$）个观测方程，1 个限制条件方程。

观测方程为

$$
\begin{cases}
\hat{L}_1=\hat{X}_1-\hat{X}_2\\
\hat{L}_2=\hat{X}_1\\
\hat{L}_3=-\hat{X}_3-\hat{X}_4\\
\hat{L}_4=\hat{X}_2-\hat{X}_3-\hat{X}_4\\
\hat{L}_5=\hat{X}_2\\
\hat{L}_6=\hat{X}_3\\
\hat{L}_7=\hat{X}_4
\end{cases}
$$

限制条件为

$$\hat{X}_1-\hat{X}_2+\hat{X}_3+\hat{X}_4-(H_B-H_A)=0$$

将 $\hat{\boldsymbol{L}}=\boldsymbol{L}+\boldsymbol{V}$、$\hat{\boldsymbol{X}}=\boldsymbol{X}^0+\hat{\boldsymbol{x}}$ 代入，并将观测值移到等号右侧，即得误差方程（$\boldsymbol{V}=\boldsymbol{B}\hat{\boldsymbol{x}}-\boldsymbol{l}$）和限制条件方程（$\boldsymbol{C}\hat{\boldsymbol{x}}+\boldsymbol{W}_x=0$）：

$$
\begin{cases}
v_1=\hat{x}_1-\hat{x}_2-[L_1-(X_1^0-X_2^0)]=\hat{x}_1-\hat{x}_2-7\\
v_2=\hat{x}_1-(L_2-X_1^0)=\hat{x}_1-0\\
v_3=-\hat{x}_3-\hat{x}_4-[L_3+(X_3^0+X_4^0)]=-\hat{x}_3-\hat{x}_4-6\\
v_4=\hat{x}_2-\hat{x}_3-\hat{x}_4-[L_4-(X_2^0-X_3^0-X_4^0)]=\hat{x}_2-\hat{x}_3-\hat{x}_4+2\\
v_5=\hat{x}_2-(L_5-X_2^0)=\hat{x}_2-0\\
v_6=\hat{x}_3-(L_6-X_3^0)=\hat{x}_3-0\\
v_7=\hat{x}_4-(L_7-X_4^0)=\hat{x}_4-0
\end{cases}
$$

$$\hat{x}_1-\hat{x}_2+\hat{x}_3+\hat{x}_4+[(X_1^0-X_2^0+X_3^0+X_4^0)-(H_B-H_A)]=\hat{x}_1-\hat{x}_2+\hat{x}_3+\hat{x}_4-5=0$$

（3）定权并组成法方程。令 C=1，即以 1km 观测高差为单位权观测，于是 $p_i=\dfrac{1}{S_i}$，$Q_{ii}=\dfrac{1}{p_i}=S_i$。因为各观测高差不相关，故权阵、协因数阵为对角阵，即

$$\underset{77}{P}=\begin{bmatrix}\frac{1}{1.1}&&&&&&\\&\frac{1}{1.7}&&&&&\\&&\frac{1}{2.3}&&&&\\&&&\frac{1}{2.7}&&&\\&&&&\frac{1}{2.4}&&\\&&&&&\frac{1}{1.4}&\\&&&&&&\frac{1}{2.6}\end{bmatrix},\underset{77}{Q}=P^{-1}=\begin{bmatrix}1.1&&&&&&\\&1.7&&&&&\\&&2.3&&&&\\&&&2.7&&&\\&&&&2.4&&\\&&&&&1.4&\\&&&&&&2.6\end{bmatrix}$$

由误差方程、限制条件方程知系数阵、常数阵为

$$\underset{74}{B}=\begin{bmatrix}1&-1&0&0\\1&0&0&0\\0&0&-1&-1\\0&1&-1&-1\\0&1&0&0\\0&0&1&0\\0&0&0&1\end{bmatrix},\underset{71}{l}=\begin{bmatrix}7\\0\\6\\-2\\0\\0\\0\end{bmatrix},\underset{14}{C}=\begin{bmatrix}1&-1&1&1\end{bmatrix},\underset{11}{W_x}=-5$$

按式（8-3-13）和式（8-3-14）组成法方程（$N_{BB}\hat{x}+C^{\mathrm{T}}K_s-W=0$，$C\hat{x}+W_x=0$，其中，$N_{BB}=B^{\mathrm{T}}PB$，$W=B^{\mathrm{T}}Pl$）为

$$\begin{bmatrix}1.4973&-0.9091&0&0&1\\-0.9091&1.6961&-0.3704&-0.3704&-1\\0&-0.3704&1.5194&0.8052&1\\0&-0.3704&0.8052&1.1898&1\\1&-1&1&1&0\end{bmatrix}\begin{bmatrix}\hat{x}_1\\\hat{x}_2\\\hat{x}_3\\\hat{x}_4\\k_1\end{bmatrix}-\begin{bmatrix}6.3636\\-7.1044\\-1.8680\\-1.8680\\5\end{bmatrix}=0$$

（4）解算法方程。可用 $\underset{u1}{\hat{x}}=(N_{BB}^{-1}-N_{BB}^{-1}C^{\mathrm{T}}N_{CC}^{-1}CN_{BB}^{-1})W-N_{BB}^{-1}C^{\mathrm{T}}N_{CC}^{-1}W_x$ 求解（$N_{CC}=CN_{BB}^{-1}C^{\mathrm{T}}$），也可以用程序直接解上述线性方程组。

$$\hat{x}_1=2.9\text{mm}，\hat{x}_2=-3.9\text{mm}，\hat{x}_3=-0.6\text{mm}，\hat{x}_4=-1.1\text{mm}，k_1=-1.4589$$

（5）计算观测值改正数。将求出的 $\hat{x}$ 代入 $V=B\hat{x}-l$ 得

$$V=\begin{bmatrix}-0.2&2.9&-4.2&-0.1&-3.9&-0.6&-1.1\end{bmatrix}^{\mathrm{T}}(\text{mm})$$

（6）计算平差值($\hat{\boldsymbol{L}}=\boldsymbol{L}+\boldsymbol{V}$，$\hat{\boldsymbol{X}}=\boldsymbol{X}^0+\boldsymbol{x}$)，并将$\hat{\boldsymbol{L}}$、$\hat{\boldsymbol{X}}$代入观测方程$\hat{\boldsymbol{L}}=\boldsymbol{B}\hat{\boldsymbol{X}}+\boldsymbol{d}$、限制条件$\boldsymbol{\Phi}(\hat{\boldsymbol{X}})=0$检核。

$$\hat{\boldsymbol{L}}=\begin{bmatrix}1.3588 & 2.0119 & 0.3588 & 1.0119 & 0.6531 & 0.2374 & -0.5961\end{bmatrix}^{\mathrm{T}}\ (\mathrm{m})$$

$$\hat{\boldsymbol{X}}=\begin{bmatrix}2.0119 & 0.6531 & 0.2374 & -0.5961\end{bmatrix}^{\mathrm{T}}\ (\mathrm{m})$$

经检验满足所有平差值方程。

（7）计算 C、D、E 点高程平差值。

$$\hat{H}_C=H_A+\hat{L}_1=H_A+\hat{X}_1-\hat{X}_2=6.3748\mathrm{m}$$

$$\hat{H}_D=H_A+\hat{L}_2=H_A+\hat{X}_1=7.0279\mathrm{m}$$

$$\hat{H}_E=H_B-\hat{L}_7=H_B-\hat{X}_4=6.6121\mathrm{m}$$

（8）计算单位权中误差。

$$\hat{\sigma}_0=\sqrt{\frac{\boldsymbol{V}^{\mathrm{T}}\boldsymbol{P}\boldsymbol{V}}{r}}=\sqrt{\frac{19.80}{4}}=2.2\,(\mathrm{mm})$$

即该水准网 1km 观测高差的中误差为 2.2mm 。

（9）计算平差后 C 点到 D 点间高差平差值及其中误差。

C 到 D 点间高差平差值，即

$$\hat{\varphi}=\hat{X}_2=0.6531\mathrm{m}$$

平差值函数式的矩阵形式（$\hat{\varphi}=\boldsymbol{F}^{\mathrm{T}}\hat{\boldsymbol{X}}$）为

$$\hat{\varphi}=\hat{X}_2=\begin{bmatrix}0 & 1 & 0 & 0\end{bmatrix}\begin{bmatrix}\hat{X}_1\\ \hat{X}_2\\ \hat{X}_3\\ \hat{X}_4\end{bmatrix}$$

所以，$\boldsymbol{F}^{\mathrm{T}}=\begin{bmatrix}0 & 1 & 0 & 0\end{bmatrix}$。

查表 8-4-1 得

$$\boldsymbol{Q}_{\hat{X}\hat{X}}=\boldsymbol{N}_{BB}^{-1}-\boldsymbol{N}_{BB}^{-1}\boldsymbol{C}^{\mathrm{T}}\boldsymbol{N}_{CC}^{-1}\boldsymbol{C}\boldsymbol{N}_{BB}^{-1}=\begin{bmatrix}0.7758 & 0.6151 & -0.0563 & -0.1045\\ 0.6151 & 0.9850 & 0.1295 & 0.2404\\ -0.0563 & 0.1295 & 0.9750 & -0.7893\\ -0.1045 & 0.2404 & -0.7893 & 1.1342\end{bmatrix}$$

根据式（8-4-7），得

$$\boldsymbol{Q}_{\hat{\varphi}\hat{\varphi}}=\boldsymbol{F}^{\mathrm{T}}\boldsymbol{Q}_{\hat{X}\hat{X}}\boldsymbol{F}=0.99$$

则

$$\hat{\sigma}_{\hat{\varphi}}=\hat{\sigma}_0\sqrt{\boldsymbol{Q}_{\hat{\varphi}\hat{\varphi}}}=2.2\sqrt{0.99}=2.2\,(\mathrm{mm})$$

实际上，平差值函数的协因数$\boldsymbol{Q}_{\hat{\varphi}\hat{\varphi}}$就是参数协因数阵$\boldsymbol{Q}_{\hat{X}\hat{X}}$中的$Q_{22}$元素，也就是计算参数$\hat{X}_2$的平差值及其中误差。

8.5.2 三角网

例 8-5-2 例 5-6-2 的三角网（图 8-5-2）中，选取 C、D、E 点的坐标$(\hat{X}_C,\hat{Y}_C)$、$(\hat{X}_D,\hat{Y}_D)$、

$(\hat{X}_E,\hat{Y}_E)$ 等 6 个非观测量的平差值为参数 $\hat{X}$，试按附有限制条件的间接平差法对该三角网进行平差：①求观测角度的平差值；②求平差后 BE 边长的中误差和相对中误差。

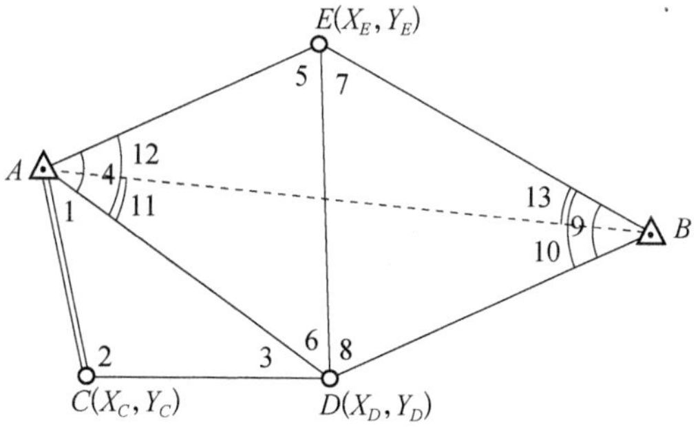

图 8-5-2　测角三角网

解：本题有 $n=9$ 个观测值，为了确定 C、D、E 三点坐标，其必要观测数 $t=5$，故 $r=n-t=4$，参数 $u=6$，因此，必须列出 9 个观测方程和 1 个限制条件方程。

（1）计算 C、D、E 点的近似坐标。

$$\sin L_{10}=\frac{S_{AD}\sin(L_6+L_8)}{S_{AB}}=\frac{S_{AC}\sin L_2\sin(L_6+L_8)}{S_{AB}\sin L_3}=0.41588976$$

得 $L_{10}=24°34'31.3''$。

$$L_{11}=180°-(L_6+L_8+L_{10})=18°00'22.5''$$

$$L_{12}=L_4-L_{11}=29°00'59.3''$$

$$L_{13}=L_9-L_{10}=42°15'47.9''$$

按角度前方交会公式，计算待定点 D、E 点的近似坐标。

$$X_E^0=\frac{X_A\cot L_{13}+X_B\cot L_{12}-Y_A+Y_B}{\cot L_{12}+\cot L_{13}}=2797049.850 \quad (X_1^0)$$

$$Y_E^0=\frac{Y_A\cot L_{13}+Y_B\cot L_{12}+X_A-X_B}{\cot L_{12}+\cot L_{13}}=528108.157 \quad (X_2^0)$$

$$X_D^0=\frac{X_B\cot L_{11}+X_A\cot L_{10}-Y_B+Y_A}{\cot L_{10}+\cot L_{11}}=2794943.537 \quad (X_3^0)$$

$$Y_D^0=\frac{Y_B\cot L_{11}+Y_A\cot L_{10}+X_B-X_A}{\cot L_{10}+\cot L_{11}}=525556.113 \quad (X_4^0)$$

$$X_C^0=\frac{X_D\cot L_1+X_A\cot L_3-Y_D+Y_A}{\cot L_1+\cot L_3}=2796098.875 \quad (X_5^0)$$

$$Y_C^0=\frac{Y_D\cot L_1+Y_A\cot L_3+X_D-X_A}{\cot L_1+\cot L_3}=523529.357 \quad (X_6^0)$$

（2）由已知点坐标和待定点近似坐标，计算待定边的坐标方位角改正数方程系数、近似坐标方位角 α^0。计算时，S^0、ΔX^0、ΔY^0 均以 m 为单位，而 $\hat{x}$、$\hat{y}$ 因其数值较小，以 cm 为单位。有关系数值的计算见表 8-5-1。

表 8-5-1 坐标方位角改正数方程系数、近似坐标方位角计算表

方向	ΔY^0 / m	ΔX^0 / m	$(S^0)^2$ / m^2	$\delta\alpha$ 的系数/（″/cm）						近似坐标方位角 α^0
				$\hat{x}_C$	$\hat{y}_C$	$\hat{x}_D$	$\hat{y}_D$	$\hat{x}_E$	$\hat{y}_E$	
AC	−396.510	−2273.576	533×10^4	0.1535	−0.8804	0	0	0	0	189°53′34.2″
CA				0.1535	−0.8804	0	0	0	0	9°53′34.2″
AD	1630.246	−3428.914	1442×10^4	0	0	−0.2333	−0.4906	0	0	154°34′18.0″
DA				0	0	−0.2333	−0.4906	0	0	334°34′18.0″
AE	4182.290	−1322.601	1924×10^4	0	0	0	0	−0.4483	−0.1418	107°32′56.2″
EA				0	0	0	0	−0.4483	−0.1418	287°32′56.2″
BD	−2616.713	1056.693	796×10^4	0	0	0.6777	0.2737	0	0	291°59′24.2″
DB				0	0	0.6777	0.2737	0	0	111°59′24.2″
BE	−64.669	3163.006	1001×10^4	0	0	0	0	0.0133	0.6518	358°49′43.4″
EB				0	0	0	0	0.0133	0.6518	178°49′43.4″
CD	2026.756	−1155.338	544×10^4	0.7681	0.4379	−0.7681	−0.4379	0	0	119°41′06.0″
DC				0.7681	0.4379	−0.7681	−0.4379	0	0	299°41′06.0″
DE	2552.045	2106.313	1095×10^4	0	0	0.4808	−0.3968	−0.4808	0.3968	50°27′56.4″
ED				0	0	0.4808	−0.3968	−0.4808	0.3968	230°27′56.4″

（3）定权并列误差方程、限制条件方程。各观测角为独立等精度观测，设权均为 1。由表 8-5-1 中坐标方位角改正数方程系数两两相减，可得角度观测值误差方程的系数项 $\boldsymbol{B}$。误差方程（$\boldsymbol{v}=\boldsymbol{B}\hat{\boldsymbol{x}}-\boldsymbol{l}$）各参数的计算见表 8-5-2。

表 8-5-2 角度观测值的误差方程各参数计算表

角 β_i	始边	终边	$\hat{x}_C$	$\hat{y}_C$	$\hat{x}_D$	$\hat{y}_D$	$\hat{x}_E$	$\hat{y}_E$	$l=L_i-(\alpha^0_{终}-\alpha^0_{始})$	权 p
1	*AD*	*AC*	0.1535	−0.8804	0.2333	0.4906	0	0	0	1
2	*CA*	*CD*	0.6146	1.3183	−0.7681	−0.4379	0	0	−3.0000	1
3	*DC*	*DA*	−0.7681	−0.4379	0.5348	−0.0528	0	0	0	1
4	*AE*	*AD*	0	0	−0.2333	−0.4906	0.4483	0.1418	0	1
5	*ED*	*EA*	0	0	−0.4808	0.3968	0.0324	−0.5386	4.1606	1
6	*DA*	*DE*	0	0	0.7140	0.0939	−0.4808	0.3968	−2.6606	1
7	*EB*	*ED*	0	0	0.4808	−0.3968	−0.4941	−0.2551	−1.0606	1
8	*DE*	*DB*	0	0	0.1970	0.6705	0.4808	−0.3968	2.6606	1
9	*BD*	*BE*	0	0	−0.6777	−0.2737	0.0133	0.6518	0	1

限制条件方程（$\boldsymbol{C}\hat{\boldsymbol{x}}+\boldsymbol{W}_x=0$），本例即为边长误差方程，各参数的计算见表 8-5-3。

表 8-5-3 边长误差方程系数计算表

方向	ΔX^0/m	ΔY^0/m	S^0/m	边长误差方程系数						$W_x=S_i^0-L_i$
				$\hat{x}_C$	$\hat{y}_C$	$\hat{x}_D$	$\hat{y}_D$	$\hat{x}_E$	$\hat{y}_E$	
AC	−2273.576	−396.510	2307.892	−0.9851	−0.1718	0	0	0	0	1.2095

（4）组成法方程。由表 8-5-2 可知误差方程的系数阵 $\boldsymbol{B}$、常数阵 $\boldsymbol{l}$，权阵 $\boldsymbol{P}$；由表 8-5-3 可知限制条件方程的系数阵 $\boldsymbol{C}$、常数阵 $\boldsymbol{W}_x$。按式（8-3-13）和式（8-3-14）组成法方程（$\boldsymbol{N}_{BB}\hat{\boldsymbol{x}}+\boldsymbol{C}^{\mathrm{T}}\boldsymbol{K}_s-\boldsymbol{W}=0$，$\boldsymbol{C}\hat{\boldsymbol{x}}+\boldsymbol{W}_x=0$，其中，$\boldsymbol{N}_{BB}=\boldsymbol{B}^{\mathrm{T}}\boldsymbol{P}\boldsymbol{B}$，$\boldsymbol{W}=\boldsymbol{B}^{\mathrm{T}}\boldsymbol{P}\boldsymbol{l}$）为

$$\begin{bmatrix} 0.9913 & 1.0113 & -0.8471 & -0.1532 & 0 & 0 & -0.9851 \\ 1.0113 & 2.7048 & -1.4522 & -0.9861 & 0 & 0 & -0.1718 \\ 0.8471 & -1.4522 & 2.4551 & 0.5401 & -0.6153 & -0.1334 & 0 \\ -0.1532 & -0.9861 & 0.5401 & 1.5241 & 0.2625 & -0.5893 & 0 \\ 0 & 0 & -0.6153 & 0.2625 & 0.9086 & -0.2007 & 0 \\ 0 & 0 & -0.1334 & -0.5893 & -0.2007 & 1.1150 & 0 \\ -0.9851 & -0.1718 & 0 & 0 & 0 & 0 & 0 \end{bmatrix} \begin{bmatrix} \hat{x}_C \\ \hat{y}_C \\ \hat{x}_D \\ \hat{y}_D \\ \hat{x}_E \\ \hat{y}_E \\ k_1 \end{bmatrix} - \begin{bmatrix} -1.8437 \\ -3.9549 \\ -1.5813 \\ 4.9194 \\ 3.2169 \\ -4.0816 \\ -1.2095 \end{bmatrix} = 0$$

（5）解算法方程。可用 $\underset{u1}{\hat{\boldsymbol{x}}} = (\boldsymbol{N}_{BB}^{-1} - \boldsymbol{N}_{BB}^{-1}\boldsymbol{C}^{\mathrm{T}}\boldsymbol{N}_{CC}^{-1}\boldsymbol{C}\boldsymbol{N}_{BB}^{-1})\boldsymbol{W} - \boldsymbol{N}_{BB}^{-1}\boldsymbol{C}^{\mathrm{T}}\boldsymbol{N}_{CC}^{-1}\boldsymbol{W}_x$ 求解（$\boldsymbol{N}_{CC} = \boldsymbol{C}\boldsymbol{N}_{BB}^{-1}\boldsymbol{C}^{\mathrm{T}}$），也可以用程序直接解上述线性方程组。

$$\hat{x}_C = 1.6445\text{cm}，\hat{x}_D = -1.4458\text{cm}，\hat{x}_E = 1.6257\text{cm}$$
$$\hat{y}_C = -2.3895\text{cm}，\hat{y}_D = 0.8928\text{cm}，\hat{y}_E = -3.0692\text{cm}，k_1 = 2.1776$$

（6）计算观测值改正数。将求出的 $\hat{\boldsymbol{x}}$ 代入 $\boldsymbol{V} = \boldsymbol{B}\hat{\boldsymbol{x}} - \boldsymbol{l}$ 得

$$\boldsymbol{V} = \begin{bmatrix} 2.46 & 1.58 & -1.04 & 0.19 & -1.41 & -0.29 & -0.01 & -0.35 & -1.24 \end{bmatrix}^{\mathrm{T}} ('')$$

（7）计算平差值 $(\hat{\boldsymbol{L}} = \boldsymbol{L} + \boldsymbol{V}，\hat{\boldsymbol{X}} = \boldsymbol{X}^0 + \boldsymbol{x})$，并将 $\hat{\boldsymbol{L}}$、$\hat{\boldsymbol{X}}$ 代入观测方程 $\hat{\boldsymbol{L}} = \boldsymbol{B}\hat{\boldsymbol{X}} + \boldsymbol{d}$、限制条件 $\boldsymbol{\Phi}(\hat{\boldsymbol{X}}) = 0$ 检核。

$$\hat{L}_1 = 35°19'18.7''，\hat{L}_2 = 109°47'30.4''，\hat{L}_3 = 34°53'11.0''$$
$$\hat{L}_4 = 47°01'22.0''，\hat{L}_5 = 57°05'02.6''，\hat{L}_6 = 75°53'35.4''$$
$$\hat{L}_7 = 51°38'11.9''，\hat{L}_8 = 61°31'30.2''，\hat{L}_9 = 66°50'18.0''$$
$$\hat{X}_C = 2796098.892\text{m}，\hat{X}_D = 2794943.523\text{m}，\hat{X}_E = 2797049.866\text{m}$$
$$\hat{Y}_C = 523529.333\text{m}，\quad \hat{Y}_D = 525556.122\text{m}，\quad \hat{Y}_E = 528108.127\text{m}$$

经检验满足所有条件方程。

（8）计算单位权中误差。

$$\hat{\sigma}_0 = \sqrt{\frac{\boldsymbol{V}^{\mathrm{T}}\boldsymbol{P}\boldsymbol{V}}{n-t}} = \sqrt{\frac{13.37}{4}} = 1.83\,('')$$

即该三角网每个角度观测值的中误差为 1.83″。

（9）列平差值函数式。平差后 BE 边的边长（$\hat{\varphi} = F(\hat{L}_1, \hat{L}_2, \cdots, \hat{L}_n)$）

$$\hat{S}_{BE} = \sqrt{(\hat{X}_E - X_B)^2 + (\hat{Y}_E - Y_B)^2} = 3163.684$$

全微分得线性形式的权函数式（$\mathrm{d}\hat{\boldsymbol{\varphi}} = \boldsymbol{F}^{\mathrm{T}}\mathrm{d}\hat{\boldsymbol{L}}$）

$$\begin{aligned} \mathrm{d}\hat{S}_{BE} &= \frac{1}{S_{BE}}[(X_E^0 - X_B)\mathrm{d}\hat{X}_E + (Y_E^0 - Y_B)\mathrm{d}\hat{Y}_E] \\ &= 0.9998\mathrm{d}\hat{X}_E - 0.0204\mathrm{d}\hat{Y}_E \end{aligned}$$

所以，$\boldsymbol{F}^{\mathrm{T}} = \begin{bmatrix} 0 & 0 & 0 & 0.9998 & -0.0204 \end{bmatrix}$。

（10）计算平差后 BE 边长的中误差和相对中误差。

由表 8-4-1 查得

$$
\boldsymbol{Q}_{\hat{X}\hat{X}}=\boldsymbol{N}_{BB}^{-1}-\boldsymbol{N}_{BB}^{-1}\boldsymbol{C}^{\mathrm{T}}\boldsymbol{N}_{CC}^{-1}\boldsymbol{C}\boldsymbol{N}_{BB}^{-1}=\begin{bmatrix}
0.0255 & -0.1460 & -0.0721 & -0.0827 & -0.0380 & -0.0592\\
-0.1460 & 0.8372 & 0.4136 & 0.4740 & 0.2181 & 0.3392\\
-0.0721 & 0.4136 & 0.7987 & -0.0589 & 0.5958 & 0.1717\\
-0.0827 & 0.4740 & -0.0589 & 1.2571 & -0.2685 & 0.6090\\
-0.0380 & 0.2181 & 0.5958 & -0.2685 & 1.6309 & 0.2229\\
-0.0592 & 0.3392 & 0.1717 & 0.6090 & 0.2229 & 1.2793
\end{bmatrix}
$$

根据式（8-4-7），得

$$
\boldsymbol{Q}_{\hat{S}_{BE}\hat{S}_{BE}}=\boldsymbol{F}^{\mathrm{T}}\boldsymbol{Q}_{\hat{X}\hat{X}}\boldsymbol{F}=1.6216
$$

则

$$
\hat{\sigma}_{\hat{S}_{BE}}=\hat{\sigma}_0\sqrt{\boldsymbol{Q}_{\hat{S}_{BE}\hat{S}_{BE}}}=1.83\sqrt{1.6216}=2.33\,(\mathrm{cm})
$$

$$
\frac{\hat{\sigma}_{\hat{S}_{BE}}}{\hat{S}_{BE}}=\frac{0.0233}{3163.684}=\frac{1}{135000}
$$

8.5.3 导线网

例 8-5-3 例 5-6-3 四等附合导线（图 8-5-3）中，又已知 3—4 边的坐标方位角 $\alpha_{34}=92°51'34.4''$，选取 2、3、4 号点的坐标平差值 $\hat{X}_2$、$\hat{Y}_2$、$\hat{X}_3$、$\hat{Y}_3$、$\hat{X}_4$、$\hat{Y}_4$ 为参数，试按附有限制条件的间接平差法对此导线进行平差，求：①2、3、4 点的坐标平差值；②3 号点 X、Y 坐标平差值的精度。

解： 本题观测导线边数为 4，角度个数为 5，即有 $n=9$ 个观测值，待定导线点数为 3，必要观测 $t=2\times3-1=5$ 个，多余观测数 $r=n-t=4$ 个。参数 $u=6>t$，故应按附有限制条件的间接平差法进行平差。

（1）计算各导线边的近似坐标方位角和各导线点的近似坐标。计算公式为

$$
T_{n+1}=T_n+\beta_{n+1}-180°
$$

$$
x_{n+1}=x_n+S_n\cos T_n
$$

$$
y_{n+1}=y_n+S_n\sin T_n
$$

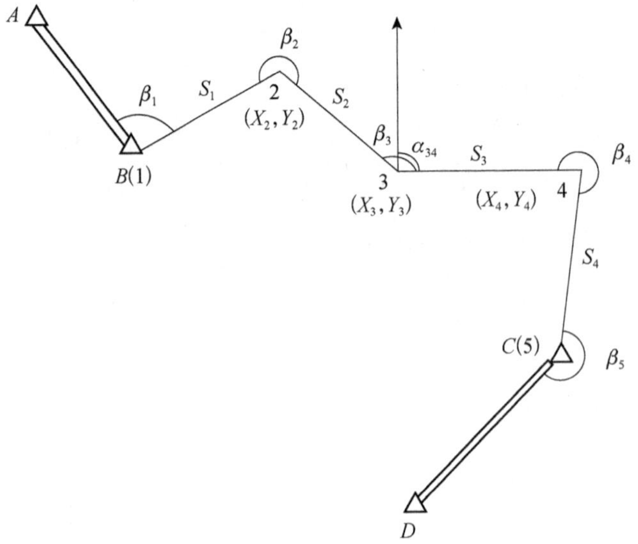

图 8-5-3 附合导线

计算结果见表 8-5-4。

表 8-5-4 近似坐标方位角和近似坐标的计算

近似坐标/m	近似坐标方位角
2（187966.645，506889.655）	$T_1 = 67°14'28.3''$
3（186847.275，507771.035）	$T_2 = 141°47'00.5''$
4（186760.010，509518.179）	$T_3 = 92°51'33.8''$

（2）计算待定边的边长误差方程系数、坐标方位角改正数方程系数、限制条件方程系数。参考式（7-3-9）和式（7-3-21）计算。计算时，S^0、ΔX^0、ΔY^0 均以 m 为单位，而 $\hat{x}$、$\hat{y}$ 因其数值较小，以 cm 为单位。限制条件方程（$\boldsymbol{C\hat{x}}+\boldsymbol{W}_x=0$），本例即为 3—4 边的坐标方位角改正数方程。有关系数值的计算见表 8-5-5～表 8-5-7。

表 8-5-5 边长误差方程系数计算表

方向	ΔX^0/m	ΔY^0/m	S^0/m	边长误差方程系数					
				$\hat{x}_2$	$\hat{y}_2$	$\hat{x}_3$	$\hat{y}_3$	$\hat{x}_4$	$\hat{y}_4$
*B*2	570.393	1359.646	1474.444	0.3869	0.9221	0	0	0	0
23	−1119.369	881.380	1424.717	0.7857	−0.6186	−0.7857	0.6186	0	0
34	−87.265	1747.144	1749.322	0	0	0.0499	−0.9988	−0.0499	0.9988
4*C*	−1942.405	−176.697	**1950.425**	0	0	0	0	0.9959	0.0906

表 8-5-6 坐标方位角改正数方程系数、近似坐标方位角计算表

方向	ΔX^0/m	ΔY^0/m	$(S^0)^2$/m²	$\delta\alpha$ 的系数/（″/cm）						近似坐标方位角 α^0
				$\hat{x}_2$	$\hat{y}_2$	$\hat{x}_3$	$\hat{y}_3$	$\hat{x}_4$	$\hat{y}_4$	
*B*2	1359.646	570.393	2.1740×10^6	−1.2900	0.5412	0	0	0	0	67°14′28.3″
23	881.380	−1119.369	2.0298×10^6	0.8956	1.1375	−0.8956	−1.1375	0	0	141°47′00.5″
34	1747.144	−87.265	3.0601×10^6	0	0	1.1776	0.0588	−1.1776	−0.0588	92°51′33.8″
4*C*	−176.697	−1942.405	$\mathbf{3.8042\times10^6}$	0	0	0	0	−0.0958	1.0532	185°11′52.0″

注：上两表中，4*C* 边的近似边长不用实测边长，4*C* 边的近似坐标方位角不由 $T_{4C}=T_{AB}+[\beta_i]_1^4-4\times180°$ 计算，而是通过点 4 的近似坐标和点 *C* 的已知坐标反算得到。

表 8-5-7 限制条件的坐标方位角改正数方程系数、近似坐标方位角计算表

方向	ΔY^0/m	ΔX^0/m	$(S^0)^2$/m²	$\delta\alpha$ 的系数/（″/cm）						近似坐标方位角 α^0
				$\hat{x}_2$	$\hat{y}_2$	$\hat{x}_3$	$\hat{y}_3$	$\hat{x}_4$	$\hat{y}_4$	
34	1747.144	−87.265	3.0601×10^6	0	0	1.1776	0.0588	−1.1776	−0.0588	92°51′33.8″

（3）定权并列误差方程、限制条件方程。设单位权中误差 $\sigma_0=\sigma_\beta=2.5''$，根据提供的标称精度公式 $\sigma_D=5\text{mm}+5\times10^{-6}\bullet D$，计算测边中误差。

根据式（5-4-34），测角观测值的权为

$$p_\beta=1$$

为了不使测边观测值的权与测角观测值的权相差过大，在计算测边观测值的权时，取测

边中误差和边长改正数的单位均为 cm。

$$p_{S_i}=\frac{\sigma_0^2}{\sigma_{S_i}^2}$$

边角观测值权的计算结果见表 8-5-8。

表 8-5-8　误差方程、限制条件方程的各参数计算表

		$\hat{x}_2$	$\hat{y}_2$	$\hat{x}_3$	$\hat{y}_3$	$\hat{x}_4$	$\hat{y}_4$	l/W_x	p
边长	S_1	0.3869	0.9221	0	0	0	0	0	4.0831
	S_2	0.7857	−0.6186	−0.7857	0.6186	0	0	0	4.2522
	S_3	0	0	0.0499	−0.9988	−0.0499	0.9988	0	3.3074
	S_4	0	0	0	0	0.9959	0.0906	−1.3492	2.8719
角度	β_1	−1.2900	0.5412	0	0	0	0	0	1
	β_2	2.1857	0.5963	−0.8956	−1.1375	0		0	1
	β_3	−0.8956	−1.1375	2.0733	1.1963	−1.1776	−0.0588	0	1
	β_4	0	0	−1.1776	−0.0588	1.0818	1.1120	1.9778	1
	β_5	0	0	0	0	0.0958	−1.0532	−5.8778	1
方位角条件	α_{34}	0	0	1.1776	0.0588	−1.1776	−0.0588	−0.6″	—

由表 8-5-5 可知边长观测值误差方程的系数项，其常数项 $l_i=L_i-S_i^0$；由表 8-5-6 中坐标方位角改正数方程系数两两相减，可得角度观测值误差方程的系数项，其常数项 $l_i=L_i-L_i^0=L_i-(\alpha_{终}^0-\alpha_{始}^0)$；由表 8-5-7 可知限制条件方程的系数项，其常数项 $\boldsymbol{W}_x=\alpha_{34}^0-\alpha_{34}$。

误差方程（$\boldsymbol{v}=\boldsymbol{B}\hat{\boldsymbol{x}}-\boldsymbol{l}$）、限制条件方程（$\boldsymbol{C}\hat{\boldsymbol{x}}+\boldsymbol{W}_x=0$）各参数的计算见表 8-5-8。

（4）组成法方程。由表 8-5-8 可知误差方程的系数阵 $\boldsymbol{B}$、常数阵 $\boldsymbol{l}$、权阵 $\boldsymbol{P}$，限制条件方程的系数阵 $\boldsymbol{C}$、常数阵 $\boldsymbol{W}_x$。按式（8-3-13）和式（8-3-14）组成法方程（$\boldsymbol{N}_{BB}\hat{\boldsymbol{x}}+\boldsymbol{C}^{\mathrm{T}}\boldsymbol{K}_s-\boldsymbol{W}=0$，$\boldsymbol{C}\hat{\boldsymbol{x}}+\boldsymbol{W}_x=0$，其中，$\boldsymbol{N}_{BB}=\boldsymbol{B}^{\mathrm{T}}\boldsymbol{P}\boldsymbol{B}$，$\boldsymbol{W}=\boldsymbol{B}^{\mathrm{T}}\boldsymbol{P}\boldsymbol{l}$）为

$$\begin{bmatrix} 10.4793 & 1.0137 & -6.4393 & -1.4908 & 1.0547 & 0.0527 & 0 \\ 1.0137 & 7.0417 & -0.8256 & -3.6664 & 1.3395 & 0.0669 & 0 \\ -6.4393 & -0.8256 & 9.1206 & 1.3367 & -3.7238 & -1.2667 & 1.1776 \\ -1.4908 & -3.6664 & 1.3367 & 7.6550 & -1.3077 & -3.4350 & 0.0588 \\ 1.0547 & 1.3395 & -3.7238 & -1.3077 & 5.4230 & 1.2657 & -1.1776 \\ 0.0527 & 0.0669 & -1.2667 & -3.4350 & 1.2657 & 5.6720 & -0.0588 \\ 0 & 0 & 1.1776 & 0.0588 & -1.1776 & -0.0588 & 0 \end{bmatrix}\begin{bmatrix} \hat{x}_2 \\ \hat{y}_2 \\ \hat{x}_3 \\ \hat{y}_3 \\ \hat{x}_4 \\ \hat{y}_4 \\ k_1 \end{bmatrix}-\begin{bmatrix} 0 \\ 0 \\ -2.3291 \\ -0.1163 \\ -2.2823 \\ 8.0386 \\ 0.6000 \end{bmatrix}=0$$

（5）解算法方程。可用 $\underset{u1}{\hat{\boldsymbol{x}}}=(\boldsymbol{N}_{BB}^{-1}-\boldsymbol{N}_{BB}^{-1}\boldsymbol{C}^{\mathrm{T}}\boldsymbol{N}_{CC}^{-1}\boldsymbol{C}\boldsymbol{N}_{BB}^{-1})\boldsymbol{W}-\boldsymbol{N}_{BB}^{-1}\boldsymbol{C}^{\mathrm{T}}\boldsymbol{N}_{CC}^{-1}\boldsymbol{W}_x$ 求解（$\boldsymbol{N}_{CC}=\boldsymbol{C}\boldsymbol{N}_{BB}^{-1}\boldsymbol{C}^{\mathrm{T}}$），也可以用程序直接解上述线性方程组。

$$\hat{x}_2=-0.2508\text{cm}，\hat{x}_3=-0.7722\text{cm}，\hat{x}_4=-1.3330\text{cm}$$

$$\hat{y}_2=0.8474\text{cm}，\quad \hat{y}_3=1.2872\text{cm}，\quad \hat{y}_4=2.3145\text{cm}，k_1=0.0388$$

（6）计算参数平差值。用 $\hat{\boldsymbol{X}}=\boldsymbol{X}^0+\hat{\boldsymbol{x}}$ 求得各参数的平差值，即各导线点的坐标平差值。

2（187966.642，506889.664）

3（186847.267，507771.048）

4（186759.997，509518.202）

（7）计算观测值改正数 $(\boldsymbol{V}=\boldsymbol{B}\hat{\boldsymbol{x}}-\boldsymbol{l})$、平差值 $(\hat{\boldsymbol{L}}=\boldsymbol{L}+\boldsymbol{V})$，并将 $\hat{\boldsymbol{L}}$、$\hat{\boldsymbol{X}}$ 代入观测方程 $\hat{\boldsymbol{L}}=\boldsymbol{B}\hat{\boldsymbol{X}}+\boldsymbol{d}$、限制条件 $\Phi(\hat{\boldsymbol{X}})=0$ 检核。

$$\boldsymbol{V}=\begin{bmatrix}0.68\text{cm}\\0.68\text{cm}\\1.05\text{cm}\\0.23\text{cm}\\0.78''\\-0.82''\\0.63''\\-0.01''\\3.31''\end{bmatrix},\quad \hat{\boldsymbol{L}}=\begin{bmatrix}\hat{S}_1\\\hat{S}_2\\\hat{S}_3\\\hat{S}_4\\\hat{\beta}_1\\\hat{\beta}_2\\\hat{\beta}_3\\\hat{\beta}_4\\\hat{\beta}_5\end{bmatrix}=\begin{bmatrix}1474.451\text{m}\\1424.724\text{m}\\1749.333\text{m}\\1950.414\text{m}\\85°30'21.9''\\254°32'31.4''\\131°04'33.9''\\272°20'20.2''\\244°18'33.3''\end{bmatrix}$$

经检验满足所有平差值方程。

（8）计算单位权中误差。

$$\hat{\sigma}_0=\sqrt{\frac{\boldsymbol{V}^{\mathrm{T}}\boldsymbol{P}\boldsymbol{V}}{r}}=\sqrt{\frac{\boldsymbol{V}^{\mathrm{T}}\boldsymbol{P}\boldsymbol{V}}{n-u+s}}=\sqrt{\frac{20.37}{4}}=2.26\,('')$$

即该导线中每个观测角度的中误差为 2.26″。

（9）计算平差后 3 号点 x、y 坐标平差值的中误差。由表 8-4-1 查得

$$\boldsymbol{Q}_{\hat{X}\hat{X}}=\boldsymbol{N}_{BB}^{-1}-\boldsymbol{N}_{BB}^{-1}\boldsymbol{C}^{\mathrm{T}}\boldsymbol{N}_{CC}^{-1}\boldsymbol{C}\boldsymbol{N}_{BB}^{-1}=\begin{bmatrix}0.1669&-0.0179&0.1277&0.0301&0.1282&0.0200\\-0.0179&0.2162&-0.0305&0.1358&-0.0277&0.0806\\0.1277&-0.0305&0.2400&0.0106&0.2400&0.0100\\0.0301&0.1358&0.0106&0.2757&0.0161&0.1648\\0.1282&-0.0277&0.2400&0.0161&0.2406&0.0044\\0.0200&0.0806&0.0100&0.1648&0.0044&0.2785\end{bmatrix}$$

即

$$\boldsymbol{Q}_{\hat{X}_3}=0.2400,\quad \boldsymbol{Q}_{\hat{Y}_3}=0.2757$$

则 3 号点 x、y 坐标的精度分别为

$$\sigma_{\hat{X}_3}=\hat{\sigma}_0\sqrt{\boldsymbol{Q}_{\hat{X}_3}}=1.11\text{cm},\quad \sigma_{\hat{Y}_3}=\hat{\sigma}_0\sqrt{\boldsymbol{Q}_{\hat{Y}_3}}=1.18\text{cm}$$

本例的平差结果与例 5-6-3、例 6-5-3、例 7-5-3 中导线的计算结果略有不同，是因为增加了 $\alpha_{34}=92°51'34.4''$ 的限制条件后，网中几何关系稍有变化。

8.6 公式汇编

附有限制条件的间接平差的函数模型和随机模型：

$$\underset{n1}{\boldsymbol{V}}=\underset{nu\,u1}{\boldsymbol{B}\hat{\boldsymbol{x}}}-\underset{n1}{\boldsymbol{l}} \tag{8-3-3}$$

$$\underset{su\,u1}{\boldsymbol{C}\hat{\boldsymbol{x}}}+\underset{s1}{\boldsymbol{W}_x}=0 \tag{8-3-4}$$

$$D = \sigma_0^2 \underset{nn}{Q} = \sigma_0^2 P^{-1} \quad (8\text{-}3\text{-}6)$$

式中，$l = L - (BX^0 + d) = L - L^0$；$W_x = \Phi(X^0)$。

法方程：

$$\underset{uu}{N_{BB}} \underset{u1}{\hat{x}} + \underset{us}{C^{\mathrm{T}}} \underset{s1}{K_s} - \underset{u1}{W} = 0 \quad (8\text{-}3\text{-}13)$$

$$\underset{su}{C} \underset{u1}{\hat{x}} + \underset{s1}{W_x} = 0 \quad (8\text{-}3\text{-}14)$$

式中，$\underset{uu}{N_{BB}} = B^{\mathrm{T}}PB$; $\underset{u1}{W} = B^{\mathrm{T}}Pl$。

法方程解为

$$\underset{s1}{K_s} = N_{CC}^{-1}(CN_{BB}^{-1}W + W_x) \quad (8\text{-}3\text{-}18)$$

$$\underset{u1}{\hat{x}} = (N_{BB}^{-1} - N_{BB}^{-1}C^{\mathrm{T}}N_{CC}^{-1}CN_{BB}^{-1})W - N_{BB}^{-1}C^{\mathrm{T}}N_{CC}^{-1}W_x \quad (8\text{-}3\text{-}19)$$

式中，$\underset{ss}{N_{CC}} = \underset{su}{C}\underset{uu}{N_{BB}^{-1}}\underset{us}{C^{\mathrm{T}}}$；$N_{BB}^{-1} - N_{BB}^{-1}C^{\mathrm{T}}N_{CC}^{-1}CN_{BB}^{-1} = Q_{\hat{X}\hat{X}}$。

观测值和参数的平差值：

$$\hat{L} = L + V \quad (8\text{-}3\text{-}20)$$

$$\hat{X} = X^0 + \hat{x} \quad (8\text{-}3\text{-}21)$$

单位权方差的估值：

$$\hat{\sigma}_0^2 = \frac{V^{\mathrm{T}}PV}{r} = \frac{V^{\mathrm{T}}PV}{n-u+s} \quad (8\text{-}4\text{-}1)$$

附有限制条件的间接平差协因数阵见表 8-4-1。

参数平差值函数：

$$\hat{\varphi} = \Phi(\hat{X}) \quad (8\text{-}4\text{-}4)$$

参数平差值函数的权函数式、协因数和中误差：

$$\mathrm{d}\hat{\varphi} = \left(\frac{\mathrm{d}\Phi}{\mathrm{d}\hat{X}}\right)_0 \mathrm{d}\hat{X} = F^{\mathrm{T}}\mathrm{d}\hat{X} \quad (8\text{-}4\text{-}5)$$

$$Q_{\hat{\varphi}\hat{\varphi}} = F^{\mathrm{T}}Q_{\hat{X}\hat{X}}F \quad (8\text{-}4\text{-}7)$$

$$\hat{\sigma}_{\hat{\varphi}} = \hat{\sigma}_0\sqrt{Q_{\hat{\varphi}\hat{\varphi}}} \quad (8\text{-}4\text{-}8)$$

式中，

$$F^{\mathrm{T}} = \begin{bmatrix} \dfrac{\partial\Phi}{\partial\hat{X}_1} & \dfrac{\partial\Phi}{\partial\hat{X}_2} & \cdots & \dfrac{\partial\Phi}{\partial\hat{X}_u} \end{bmatrix}_0 \quad (8\text{-}4\text{-}6)$$

第9章 概括平差

前面几章中，已经介绍了条件平差、附有参数的条件平差、间接平差及附有限制条件的间接平差等四种基本平差方法。本章对这些基本平差方法的函数模型进行综合，给出附有限制条件的条件平差函数模型，作为一个能概括以上所有平差方法的函数模型，称为概括平差函数模型。

9.1 条件方程与参数

条件平差、附有参数的条件平差、间接平差及附有限制条件的间接平差等四种基本平差方法，其差别就在于函数模型不同。若将误差方程（$\boldsymbol{V}=\boldsymbol{B}\hat{\boldsymbol{x}}-\boldsymbol{l}$）也视为参数形式的条件方程，以未知参数为纽带，可以将四种经典平差方法概括为统一的形式。

一个平差问题有n个观测量，t个必要元素，多余观测数$r=n-t$，平差时选择了u个参数。如表9-1-1所示，在进行条件平差时不选参数，附有参数的条件平差、间接平差、附有限制条件的间接平差等三种方法都要增选数量不等的参数参与平差。

表9-1-1 条件方程与参数

平差方法	未知参数		条件方程	
	数量	约束性要求	一般形式	线性形式
条件平差	$u=0$	无	$\boldsymbol{F}(\tilde{\boldsymbol{L}})=0$	$\boldsymbol{A}\tilde{\boldsymbol{L}}+\boldsymbol{A}_0=0$
附有参数的条件平差	$u<t$	参数相互独立	$\boldsymbol{F}(\tilde{\boldsymbol{L}},\tilde{\boldsymbol{X}})=0$	$\boldsymbol{A}\tilde{\boldsymbol{L}}+\boldsymbol{B}\tilde{\boldsymbol{X}}+\boldsymbol{A}_0=0$
间接平差	$u=t$	参数相互独立	$\tilde{\boldsymbol{L}}=\boldsymbol{F}(\tilde{\boldsymbol{X}})$	$\tilde{\boldsymbol{L}}=\boldsymbol{B}\tilde{\boldsymbol{X}}+\boldsymbol{d}$
附有限制条件的间接平差	$u>t$	必须包含t个独立参数	$\tilde{\boldsymbol{L}}=\boldsymbol{F}(\tilde{\boldsymbol{X}})$ $\boldsymbol{\Phi}(\tilde{\boldsymbol{X}})=0$	$\tilde{\boldsymbol{L}}=\boldsymbol{B}\tilde{\boldsymbol{X}}+\boldsymbol{d}$ $\boldsymbol{C}\tilde{\boldsymbol{X}}+\boldsymbol{C}_0=0$

由此可见，是否选择参数及如何选择参数决定着平差方法，即参数是联系各种平差方法的纽带。从函数模型上看，四种平差方法共包含如下四类方程：$\boldsymbol{F}(\tilde{\boldsymbol{L}})=0$、$\boldsymbol{F}(\tilde{\boldsymbol{L}},\tilde{\boldsymbol{X}})=0$、$\tilde{\boldsymbol{L}}=\boldsymbol{F}(\tilde{\boldsymbol{X}})$和$\boldsymbol{\Phi}(\tilde{\boldsymbol{X}})=0$。前三种函数模型中都含有观测量，或者同时包含观测量和未知参数，统称为一般条件方程；而最后一种只含有未知参数而无观测量，称为限制条件方程。两类方程统称为条件方程。

在平差模型中，函数独立参数个数总是介于下列范围之内：$0\leqslant u\leqslant t$。也就是说，在任一平差问题中，最多只能列出$u=t$个函数独立的参数。在不选择参数时，一般条件方程数c等于多余观测数$r=n-t$；若又选用了u个函数独立参数，则总共应当列出$c=r+u$个一般条件方程。因为$u\leqslant t$，所以一般条件方程的个数总是介于$r\leqslant c\leqslant n$范围，即一般条件方程总数不超过n个。若$u>t$且包含t个独立参数，则参数中有$s=u-t$个参数不独立，或者说在这u个参数中存在着s个函数关系式，建立平差模型时应列出s个限制条件方程，除此之外再列出$c=r+u-s$个一般条件方程，因此方程总数也可以认为是$c+s$个。

更一般的情形是选了$u<t$或$u=t$个参数，但它们之间可能是相关的，所以即使选择了$u>t$个参数，也不一定就包含t个独立参数。这种情况下，不仅有包含观测量和未知参数的（一般条件方程），而且未知参数间也存在限制条件方程，对这样的问题进行平差称为附有限制条件的条件平差，它是四种经典平差方法的统一形式，也称为概括平差。

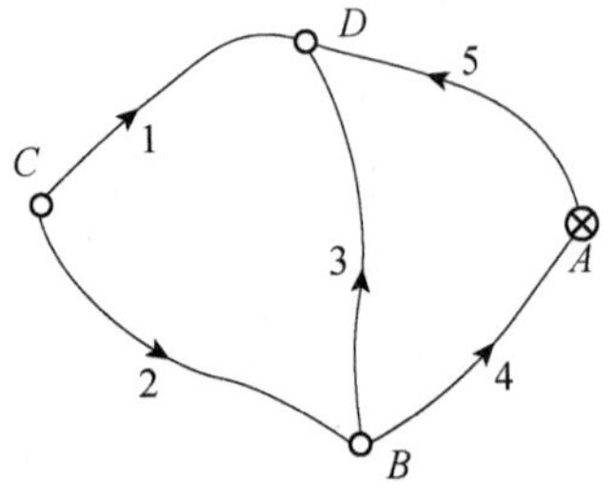

图 9-1-1　水准网

例 9-1-1　如图 9-1-1 所示的水准网中，A 为已知点，H_A=15.100m，各水准路线观测值为$h=[1.359\quad 2.009\quad -0.657\quad -0.657\quad 0.363]^{\mathrm{T}}$(m)，且为等精度独立观测值，若设 D 点高程和 A 与 D 点间高差的最或是值为参数$\hat{X}_1$和$\hat{X}_2$，取近似值为$X_1^0=15.463\text{m}$，$X_2^0=0.363\text{m}$，试列出观测值与参数的一般条件方程及未知参数间的限制条件方程。

解：由题意，$n=5$，$t=3$，$r=n-t=5-3=2$，$u=2$，参数$\hat{X}_1$和$\hat{X}_2$之间不独立，因此，$s=1$。于是条件方程为

$$\begin{cases}\hat{h}_1-\hat{h}_2-\hat{h}_3=0\\ \hat{h}_3-\hat{h}_4-\hat{X}_2=0\\ \hat{h}_5-\hat{X}_1+H_A=0\end{cases}$$

限制条件方程为

$$\hat{X}_1-\hat{X}_2-H_A=0$$

以$\hat{h}_i=h_i+v_i$，$\hat{X}_i=X_i^0+\hat{x}_i$代入得

$$\begin{cases}v_1-v_2-v_3+7=0\\ v_3-v_4-\hat{x}_2-8=0\\ v_5-x_1=0\end{cases}$$

$$\hat{x}_1-\hat{x}_2=0$$

式中，单位为 mm。

9.2　概括平差原理

9.2.1　函数模型与随机模型

四种平差方法以参数为纽带形成内在的联系，可将平差函数模型：$\boldsymbol{F}(\tilde{\boldsymbol{L}})=0$，$\tilde{\boldsymbol{L}}=\boldsymbol{F}(\tilde{\boldsymbol{X}})$视为$\boldsymbol{F}(\tilde{\boldsymbol{L}},\tilde{\boldsymbol{X}})=0$的特殊形式，则各种平差函数模型可统一表示为

$$\begin{cases}\underset{c1}{\boldsymbol{F}}(\underset{n1}{\tilde{\boldsymbol{L}}},\underset{u1}{\tilde{\boldsymbol{X}}})=\underset{c1}{0}\\ \underset{s1}{\boldsymbol{\Phi}}(\underset{u1}{\tilde{\boldsymbol{X}}})=\underset{s1}{0}\end{cases}\tag{9-2-1}$$

线性化后表示为

$$\begin{cases}\underset{cn}{A}\underset{n1}{\tilde{L}}+\underset{cu}{B}\underset{u1}{\tilde{X}}+\underset{c1}{A_0}=\underset{c1}{0}\\ \underset{su}{C}\underset{u1}{\tilde{X}}+\underset{s1}{C_0}=\underset{s1}{0}\end{cases} \quad 或 \begin{cases}\underset{cn}{A}\underset{n1}{\Delta}+\underset{cu}{B}\underset{u1}{\tilde{x}}+\underset{c1}{W}=\underset{c1}{0}\\ \underset{su}{C}\underset{u1}{\tilde{x}}+\underset{s1}{W_x}=\underset{s1}{0}\end{cases} \tag{9-2-2}$$

式中，$W=F(L,X^0)$；$W_x=\Phi(X^0)$。以Δ和$\tilde{x}$的估值V和$\hat{x}$代入上式，则

$$\begin{cases}\underset{cn}{A}\underset{n1}{V}+\underset{cu}{B}\underset{u1}{\hat{x}}+\underset{c1}{W}=\underset{c1}{0}\\ \underset{su}{C}\underset{u1}{\hat{x}}+\underset{s1}{W_x}=\underset{s1}{0}\end{cases} \tag{9-2-3}$$

式中，$W=F(L,X^0)=AL+BX^0+A_0$；$W_x=\Phi(X^0)=CX^0+C_0$。以上式作为函数模型而进行的平差，称为附有限制条件的条件平差。它将四种经典平差方法概括为统一的形式，因此，本书称其为概括平差。

而平差的随机模型是

$$D=\sigma_0^2Q=\sigma_0^2P^{-1} \tag{9-2-4}$$

9.2.2 基础方程及其求解

在概括平差函数模型中，待求量是n个观测值的改正数和u个参数，而方程的个数是$c+s<n+u$，所以有无穷多组解。为此，应当在无穷多组解中求出满足$V^{\mathrm{T}}PV=\min$的特解。按照求条件极值的方法组成函数：

$$\Phi=V^{\mathrm{T}}PV-2K^{\mathrm{T}}(AV+B\hat{x}+W)-2K_s^{\mathrm{T}}(C\hat{x}+W_x) \tag{9-2-5}$$

为求其极小值，将上式分别对V和$\hat{x}$取偏导数并令其为 0，即

$$\begin{cases}\dfrac{\partial\Phi}{\partial V}=2V^{\mathrm{T}}P-2K^{\mathrm{T}}A=0\\ \dfrac{\partial\Phi}{\partial\hat{x}}=-2K^{\mathrm{T}}B-2K_s^{\mathrm{T}}C=0\end{cases} \tag{9-2-6}$$

转置后得

$$\begin{cases}PV-A^{\mathrm{T}}K=0\\ B^{\mathrm{T}}K+C^{\mathrm{T}}K_s=0\end{cases} \tag{9-2-7}$$

结合式（9-2-3），有

$$\begin{cases}① & \underset{cn}{A}\underset{n1}{V}+\underset{cu}{B}\underset{u1}{\hat{x}}+\underset{c1}{W}=\underset{c1}{0}\\ ② & \underset{su}{C}\underset{u1}{\hat{x}}+\underset{s1}{W_x}=\underset{s1}{0}\\ ③ & \underset{nn}{P}\underset{n1}{V}-\underset{nc}{A^{\mathrm{T}}}\underset{c1}{K}=\underset{n1}{0}\\ ④ & \underset{uc}{B^{\mathrm{T}}}\underset{c1}{K}+\underset{us}{C^{\mathrm{T}}}\underset{s1}{K_s}=\underset{u1}{0}\end{cases} \tag{9-2-8}$$

这四式合称为概括平差模型的基础方程。

列基础方程①与②时要求条件方程相互独立，且方程①包含u个未知参数，所以A、C都是行满秩矩阵，即$R(A)=c$，$R(C)=s$；B 是列满秩矩阵$R(B)=u$。方程数为$c+s+n+u$，未知数是n个观测值改正数V、u个未知参数$\hat{x}$、c个对应于一般条件式的联系数K、s个对应于限制条件式的联系数K_s，方程数与未知数相等，方程有唯一解。

由基础方程③得

$$V = P^{-1}A^{\mathrm{T}}K = QA^{\mathrm{T}}K \tag{9-2-9}$$

上式称为改正数方程。将此式代入基础方程式①得

$$AQA^{\mathrm{T}}K + B\hat{x} + W = 0 \tag{9-2-10}$$

令 $N_{aa} = AQA^{\mathrm{T}}$ 。连同基础方程②、④，则得概括平差模型的法方程为

$$\begin{cases} \underset{cc}{N_{aa}}\underset{c1}{K} + \underset{cu}{B}\underset{u1}{\hat{x}} + \underset{c1}{W} = 0 \\ \underset{uc}{B^{\mathrm{T}}}\underset{c1}{K} + \underset{us}{C^{\mathrm{T}}}\underset{s1}{K_s} = 0 \\ \underset{su}{C}\underset{u1}{\hat{x}} + \underset{s1}{W_x} = 0 \end{cases} \tag{9-2-11}$$

或

$$\begin{bmatrix} \underset{cc}{N_{aa}} & \underset{cu}{B} & \underset{cs}{0} \\ \underset{uc}{B^{\mathrm{T}}} & \underset{uu}{0} & \underset{us}{C^{\mathrm{T}}} \\ \underset{sc}{0} & \underset{su}{C} & \underset{ss}{0} \end{bmatrix} \begin{bmatrix} \underset{c1}{K} \\ \underset{u1}{\hat{x}} \\ \underset{s1}{K_s} \end{bmatrix} + \begin{bmatrix} \underset{c1}{W} \\ \underset{u1}{0} \\ \underset{s1}{W_x} \end{bmatrix} = 0 \tag{9-2-12}$$

因为 $R(A) = c$ ，所以 $\underset{cc}{N_{aa}} = AQA^{\mathrm{T}}$ 是 c 阶可逆的对称阵。以 N_{aa}^{-1} 左乘式（9-2-10）可得

$$K = -N_{aa}^{-1}(B\hat{x} + W) \tag{9-2-13}$$

以 $B^{\mathrm{T}}N_{aa}^{-1}$ 左乘式（9-2-10）并减去基础方程式④，得

$$B^{\mathrm{T}}N_{aa}^{-1}B\hat{x} - C^{\mathrm{T}}K_s + B^{\mathrm{T}}N_{aa}^{-1}W = 0 \tag{9-2-14}$$

令 $N_{bb} = B^{\mathrm{T}}N_{aa}^{-1}B$ ， $W_e = B^{\mathrm{T}}N_{aa}^{-1}W$ ，则式（9-2-14）可写成

$$N_{bb}\hat{x} - C^{\mathrm{T}}K_s + W_e = 0 \tag{9-2-15}$$

其中， $R(N_{bb}) = R(B^{\mathrm{T}}N_{aa}^{-1}B) = R(B) = u$ ，且 $N_{bb}^{\mathrm{T}} = (B^{\mathrm{T}}N_{aa}^{-1}B)^{\mathrm{T}} = B^{\mathrm{T}}N_{aa}^{-1}B = N_{bb}$ ，即 N_{bb} 是 u 阶满秩可逆方阵。于是由式（9-2-15）解得

$$\hat{x} = N_{bb}^{-1}(C^{\mathrm{T}}K_s - W_e) = N_{bb}^{-1}(C^{\mathrm{T}}K_s - B^{\mathrm{T}}N_{aa}^{-1}W) \tag{9-2-16}$$

将上式代入基础方程式②，得

$$CN_{bb}^{-1}C^{\mathrm{T}}K_s - CN_{bb}^{-1}W_e + W_x = 0 \tag{9-2-17}$$

令 $N_{cc} = CN_{bb}^{-1}C^{\mathrm{T}}$ ，则式（9-2-17）可写成

$$N_{cc}K_s - CN_{bb}^{-1}W_e + W_x = 0 \tag{9-2-18}$$

式中， $R(N_{cc}) = R(CN_{bb}^{-1}C^{\mathrm{T}}) = R(C) = s$ ，且 $N_{cc}^{\mathrm{T}} = (CN_{bb}^{-1}C^{\mathrm{T}})^{\mathrm{T}} = CN_{bb}^{-1}C^{\mathrm{T}} = N_{cc}$ ，即 N_{cc} 是 s 阶满秩可逆方阵。由式（9-2-18）可解得

$$K_s = -N_{cc}^{-1}(W_x - CN_{bb}^{-1}W_e) = -N_{cc}^{-1}(W_x - CN_{bb}^{-1}B^{\mathrm{T}}N_{aa}^{-1}W) \tag{9-2-19}$$

将上式代入式（9-2-16），可得

$$\hat{x} = -(N_{bb}^{-1} - N_{bb}^{-1}C^{\mathrm{T}}N_{cc}^{-1}CN_{bb}^{-1})W_e - N_{bb}^{-1}C^{\mathrm{T}}N_{cc}^{-1}W_x \tag{9-2-20}$$

联系数矩阵 K 、 K_s 并非平差中所必须计算的，因此，在实际计算时，列出一般条件方程和限制条件方程以后，即有了式（9-2-3），可直接计算 N_{aa} 、 N_{bb} 、 N_{cc} 及它们的逆阵 N_{aa}^{-1} 、 N_{bb}^{-1} 、 N_{cc}^{-1} ，然后计算出 $\hat{x}$ ：

$$\hat{x} = -(N_{bb}^{-1} - N_{bb}^{-1}C^{\mathrm{T}}N_{cc}^{-1}CN_{bb}^{-1})B^{\mathrm{T}}N_{aa}^{-1}W - N_{bb}^{-1}C^{\mathrm{T}}N_{cc}^{-1}W_x \tag{9-2-21}$$

而式（9-2-9）可写成

$$\boldsymbol{V}=-\boldsymbol{Q}\boldsymbol{A}^{\mathrm{T}}\boldsymbol{N}_{aa}^{-1}(\boldsymbol{B}\hat{\boldsymbol{x}}+\boldsymbol{W}) \tag{9-2-22}$$

观测值与参数的平差值为

$$\begin{cases}\hat{\boldsymbol{L}}=\boldsymbol{L}+\boldsymbol{V}\\ \hat{\boldsymbol{X}}=\boldsymbol{X}^{0}+\hat{\boldsymbol{x}}\end{cases} \tag{9-2-23}$$

9.2.3 计算步骤及算例

综上所述，按附有限制条件的条件平差法求平差值的计算步骤可归纳如下。

（1）选择变量参数：根据平差问题的具体情况，选择u个量作为参数，其中不独立的参数个数为s（u和s的大小没有特殊要求）。

（2）列一般条件方程和限制条件方程：列出含有观测量或同时包含观测量和未知参数的方程，并列出限制参数间函数关系的条件方程，若函数为非线性，则要将其线性化，最终列出一般条件方程和限制条件方程式（9-2-3）。

（3）组成法方程：由一般条件方程系数 $\boldsymbol{A}$ 和 $\boldsymbol{B}$、闭合差 $\boldsymbol{W}$，限制条件方程系数 $\boldsymbol{C}$、常数项$\boldsymbol{W}_x$，以及观测值协因数阵 $\boldsymbol{Q}$，组成法方程式（9-2-11），法方程个数等于$c+u+s$。

（4）解算法方程：求出联系数$\boldsymbol{K}$、$\boldsymbol{K}_s$和参数$\hat{\boldsymbol{x}}$，计算参数的平差值$\hat{\boldsymbol{X}}=\boldsymbol{X}^0+\hat{\boldsymbol{x}}$。

（5）计算观测值改正数：将 $\boldsymbol{K}$ 代入改正数方程式（9-2-9）计算 $\boldsymbol{V}$，求出观测量平差值$\hat{\boldsymbol{L}}=\boldsymbol{L}+\boldsymbol{V}$。

（6）平差结果检验：为了检查平差计算的正确性，常用平差值$\hat{\boldsymbol{L}}$、$\hat{\boldsymbol{X}}$重新列出平差值方程式$\boldsymbol{A}\hat{\boldsymbol{L}}+\boldsymbol{B}\hat{\boldsymbol{X}}+\boldsymbol{A}_0=0$、$\boldsymbol{C}\hat{\boldsymbol{X}}+\boldsymbol{C}_0=0$，看其是否满足方程。

（7）评定精度：计算单位权中误差、平差值函数精度等（详见 9.3 节）。

例 9-2-1　数据如例 9-1-1，求参数的平差值$\hat{X}_1$和$\hat{X}_2$。

解：本例省略过程量计算，直接用式（9-2-21）计算参数的平差值。

根据例 9-1-1 计算结果，观测值和参数的改正数方程为

$$\begin{cases}v_1-v_2-v_3+7=0\\ v_3-v_4-\hat{x}_2-8=0\\ v_5-x_1=0\end{cases}$$

$$\hat{x}_1-\hat{x}_2=0$$

则改正数方程的系数阵、常数阵为

$$\boldsymbol{A}=\begin{bmatrix}1&-1&-1&0&0\\0&0&1&-1&0\\0&0&0&0&1\end{bmatrix},\ \boldsymbol{B}=\begin{bmatrix}0&0\\0&-1\\-1&0\end{bmatrix},\ \boldsymbol{W}=\begin{bmatrix}7\\-8\\0\end{bmatrix},\ \boldsymbol{C}=\begin{bmatrix}1&-1\end{bmatrix},\ \boldsymbol{W}_x=0$$

各段高差是等精度独立观测，随机模型$\boldsymbol{Q}=\boldsymbol{P}^{-1}=\boldsymbol{I}$。于是

$$\boldsymbol{N}_{aa}=\boldsymbol{A}\boldsymbol{Q}\boldsymbol{A}^{\mathrm{T}}=\begin{bmatrix}1&-1&-1&0&0\\0&0&1&-1&0\\0&0&0&0&1\end{bmatrix}\begin{bmatrix}1&0&0\\-1&0&0\\-1&1&0\\0&-1&0\\0&0&1\end{bmatrix}=\begin{bmatrix}3&-1&0\\-1&2&0\\0&0&1\end{bmatrix}$$

$$N_{aa}^{-1}=\begin{bmatrix}3&-1&0\\-1&2&0\\0&0&1\end{bmatrix}^{-1}=\frac{1}{5}\begin{bmatrix}2&1&0\\1&3&0\\0&0&5\end{bmatrix}$$

$$N_{bb}=B^{\mathrm{T}}N_{aa}^{-1}B=\frac{1}{5}\begin{bmatrix}0&0&-1\\0&-1&0\end{bmatrix}\begin{bmatrix}2&1&0\\1&3&0\\0&0&5\end{bmatrix}\begin{bmatrix}0&0\\0&-1\\-1&0\end{bmatrix}=\frac{1}{5}\begin{bmatrix}5&0\\0&3\end{bmatrix}$$

$$N_{bb}^{-1}=\frac{1}{3}\begin{bmatrix}3&0\\0&5\end{bmatrix}$$

$$N_{cc}=CN_{bb}^{-1}C^{\mathrm{T}}=\frac{1}{3}\begin{bmatrix}1&-1\end{bmatrix}\begin{bmatrix}3&0\\0&5\end{bmatrix}\begin{bmatrix}1\\-1\end{bmatrix}=\frac{8}{3}$$

$$N_{cc}^{-1}=\frac{3}{8}$$

则改正数$\hat{x}$和平差值$\hat{X}$为

$$\hat{x}=-(N_{bb}^{-1}-N_{bb}^{-1}C^{\mathrm{T}}N_{cc}^{-1}CN_{bb}^{-1})B^{\mathrm{T}}N_{aa}^{-1}W-N_{bb}^{-1}C^{\mathrm{T}}N_{cc}^{-1}W_x=\begin{bmatrix}-5\\-5\end{bmatrix}(\mathrm{mm})$$

$$\hat{X}=X^0+\hat{x}=\begin{bmatrix}15.458&0.358\end{bmatrix}^{\mathrm{T}}(\mathrm{m})$$

9.3 精 度 评 定

评定测量成果的精度，是测量平差的另一项任务，包括计算单位权方差的估计值，推导各向量的协因数阵和互协因数阵的计算公式，以及平差值函数的协因数与中误差等内容。

9.3.1 单位权方差的估计值公式

概括平差（附有限制条件的条件平差）的单位权方差估值也是$V^{\mathrm{T}}PV$除以它的自由度，即

$$\hat{\sigma}_0^2=\frac{V^{\mathrm{T}}PV}{r}=\frac{V^{\mathrm{T}}PV}{c-(u-s)}=\frac{V^{\mathrm{T}}PV}{c-u+s} \tag{9-3-1}$$

式中，$V^{\mathrm{T}}PV$除可直接由V计算外，还可以依据V与其他平差变量关系计算，如

$$\begin{aligned}V^{\mathrm{T}}PV&=V^{\mathrm{T}}PQA^{\mathrm{T}}K=(AV)^{\mathrm{T}}K=(-W-B\hat{x})^{\mathrm{T}}K\\&=-W^{\mathrm{T}}K-\hat{x}^{\mathrm{T}}B^{\mathrm{T}}K=-W^{\mathrm{T}}K+\hat{x}^{\mathrm{T}}C^{\mathrm{T}}K_s=-W^{\mathrm{T}}K-W_x^{\mathrm{T}}K_s\\&=W^{\mathrm{T}}N_{aa}^{-1}W+W^{\mathrm{T}}N_{aa}^{-1}B\hat{x}-W_x^{\mathrm{T}}K_s=W^{\mathrm{T}}N_{aa}^{-1}W+W_e^{\mathrm{T}}\hat{x}-W_x^{\mathrm{T}}K_s\end{aligned} \tag{9-3-2}$$

9.3.2 协因数阵的计算

概括平差的基本向量有W、$\hat{X}$、K、K_s、V、$\hat{L}$和L，由$Q_{LL}=Q=P^{-1}$，应用协因数传播律，可推求各向量的自协因数阵和两两向量间互协因数阵。

向量的基本表达式为

$$\begin{aligned}&L=L\\&W=AL+BX^0+A^0=AL+W^0\\&\hat{X}=X^0-(N_{bb}^{-1}-N_{bb}^{-1}C^{\mathrm{T}}N_{cc}^{-1}CN_{bb}^{-1})B^{\mathrm{T}}N_{aa}^{-1}W-N_{bb}^{-1}C^{\mathrm{T}}N_{cc}^{-1}W_x\\&K=-N_{aa}^{-1}W-N_{aa}^{-1}B\hat{x}\end{aligned}$$

$$\boldsymbol{K}_s=\boldsymbol{N}_{cc}^{-1}\boldsymbol{C}\boldsymbol{N}_{bb}^{-1}\boldsymbol{B}^{\mathrm{T}}\boldsymbol{N}_{aa}^{-1}\boldsymbol{W}-\boldsymbol{N}_{cc}^{-1}\boldsymbol{W}_x$$
$$\boldsymbol{V}=\boldsymbol{Q}\boldsymbol{A}^{\mathrm{T}}\boldsymbol{K}$$
$$\hat{\boldsymbol{L}}=\boldsymbol{L}+\boldsymbol{V}$$

式中，$\boldsymbol{W}_x$ 为由参数近似值算得的闭合差，可视为常量，与推求精度无关。应用协因数传播律，可得

$$\begin{aligned}
\boldsymbol{Q}_{LL}&=\boldsymbol{Q}\\
\boldsymbol{Q}_{WL}&=\boldsymbol{A}\boldsymbol{Q}\\
\boldsymbol{Q}_{WW}&=\boldsymbol{A}\boldsymbol{Q}\boldsymbol{A}^{\mathrm{T}}=\boldsymbol{N}_{aa}\\
\boldsymbol{Q}_{\hat{X}\hat{X}}&=[(\boldsymbol{N}_{bb}^{-1}-\boldsymbol{N}_{bb}^{-1}\boldsymbol{C}^{\mathrm{T}}\boldsymbol{N}_{cc}^{-1}\boldsymbol{C}\boldsymbol{N}_{bb}^{-1})\boldsymbol{B}^{\mathrm{T}}\boldsymbol{N}_{aa}^{-1}]\boldsymbol{Q}_{WW}[(\boldsymbol{N}_{bb}^{-1}-\boldsymbol{N}_{bb}^{-1}\boldsymbol{C}^{\mathrm{T}}\boldsymbol{N}_{cc}^{-1}\boldsymbol{C}\boldsymbol{N}_{bb}^{-1})\boldsymbol{B}^{\mathrm{T}}\boldsymbol{N}_{aa}^{-1}]^{\mathrm{T}}\\
&=(\boldsymbol{N}_{bb}^{-1}-\boldsymbol{N}_{bb}^{-1}\boldsymbol{C}^{\mathrm{T}}\boldsymbol{N}_{cc}^{-1}\boldsymbol{C}\boldsymbol{N}_{bb}^{-1})\boldsymbol{B}^{\mathrm{T}}\boldsymbol{N}_{aa}^{-1}\boldsymbol{N}_{aa}\boldsymbol{N}_{aa}^{-1}\boldsymbol{B}(\boldsymbol{N}_{bb}^{-1}-\boldsymbol{N}_{bb}^{-1}\boldsymbol{C}^{\mathrm{T}}\boldsymbol{N}_{cc}^{-1}\boldsymbol{C}\boldsymbol{N}_{bb}^{-1})^{\mathrm{T}}\\
&=(\boldsymbol{N}_{bb}^{-1}-\boldsymbol{N}_{bb}^{-1}\boldsymbol{C}^{\mathrm{T}}\boldsymbol{N}_{cc}^{-1}\boldsymbol{C}\boldsymbol{N}_{bb}^{-1})\boldsymbol{N}_{bb}(\boldsymbol{N}_{bb}^{-1}-\boldsymbol{N}_{bb}^{-1}\boldsymbol{C}^{\mathrm{T}}\boldsymbol{N}_{cc}^{-1}\boldsymbol{C}\boldsymbol{N}_{bb}^{-1})\\
&=\boldsymbol{N}_{bb}^{-1}-\boldsymbol{N}_{bb}^{-1}\boldsymbol{C}^{\mathrm{T}}\boldsymbol{N}_{cc}^{-1}\boldsymbol{C}\boldsymbol{N}_{bb}^{-1}
\end{aligned}$$

于是，参数的平差值 $\hat{\boldsymbol{X}}$ 可写成

$$\hat{\boldsymbol{X}}=\boldsymbol{X}^0-\boldsymbol{Q}_{\hat{X}\hat{X}}\boldsymbol{B}^{\mathrm{T}}\boldsymbol{N}_{aa}^{-1}\boldsymbol{W}-\boldsymbol{N}_{bb}^{-1}\boldsymbol{C}^{\mathrm{T}}\boldsymbol{N}_{cc}^{-1}\boldsymbol{W}_x \tag{9-3-3}$$

则

$$\begin{aligned}
\boldsymbol{Q}_{\hat{X}L}&=-\boldsymbol{Q}_{\hat{X}\hat{X}}\boldsymbol{B}^{\mathrm{T}}\boldsymbol{N}_{aa}^{-1}\boldsymbol{Q}_{WL}=-\boldsymbol{Q}_{\hat{X}\hat{X}}\boldsymbol{B}^{\mathrm{T}}\boldsymbol{N}_{aa}^{-1}\boldsymbol{A}\boldsymbol{Q}\\
\boldsymbol{Q}_{\hat{X}W}&=-\boldsymbol{Q}_{\hat{X}\hat{X}}\boldsymbol{B}^{\mathrm{T}}\boldsymbol{N}_{aa}^{-1}\boldsymbol{Q}_{WW}=-\boldsymbol{Q}_{\hat{X}\hat{X}}\boldsymbol{B}^{\mathrm{T}}\\
\boldsymbol{Q}_{KK}&=\boldsymbol{N}_{aa}^{-1}\boldsymbol{Q}_{WW}\boldsymbol{N}_{aa}^{-1}+\boldsymbol{N}_{aa}^{-1}\boldsymbol{Q}_{W\hat{X}}\boldsymbol{B}^{\mathrm{T}}\boldsymbol{N}_{aa}^{-1}+\boldsymbol{N}_{aa}^{-1}\boldsymbol{B}\boldsymbol{Q}_{\hat{X}W}\boldsymbol{N}_{aa}^{-1}+\boldsymbol{N}_{aa}^{-1}\boldsymbol{B}\boldsymbol{Q}_{\hat{X}\hat{X}}\boldsymbol{B}^{\mathrm{T}}\boldsymbol{N}_{aa}^{-1}\\
&=\boldsymbol{N}_{aa}^{-1}-\boldsymbol{N}_{aa}^{-1}\boldsymbol{B}\boldsymbol{Q}_{\hat{X}\hat{X}}\boldsymbol{B}^{\mathrm{T}}\boldsymbol{N}_{aa}^{-1}-\boldsymbol{N}_{aa}^{-1}\boldsymbol{B}\boldsymbol{Q}_{\hat{X}\hat{X}}\boldsymbol{B}^{\mathrm{T}}\boldsymbol{N}_{aa}^{-1}+\boldsymbol{N}_{aa}^{-1}\boldsymbol{B}\boldsymbol{Q}_{\hat{X}\hat{X}}\boldsymbol{B}^{\mathrm{T}}\boldsymbol{N}_{aa}^{-1}\\
&=\boldsymbol{N}_{aa}^{-1}-\boldsymbol{N}_{aa}^{-1}\boldsymbol{B}\boldsymbol{Q}_{\hat{X}\hat{X}}\boldsymbol{B}^{\mathrm{T}}\boldsymbol{N}_{aa}^{-1}
\end{aligned}$$

因此，联系数向量 $\boldsymbol{K}$ 可写成

$$\begin{aligned}
\boldsymbol{K}&=-\boldsymbol{N}_{aa}^{-1}\boldsymbol{W}-\boldsymbol{N}_{aa}^{-1}\boldsymbol{B}\hat{\boldsymbol{x}}=-\boldsymbol{N}_{aa}^{-1}\boldsymbol{W}+\boldsymbol{N}_{aa}^{-1}\boldsymbol{B}\boldsymbol{Q}_{\hat{X}\hat{X}}\boldsymbol{B}^{\mathrm{T}}\boldsymbol{N}_{aa}^{-1}\boldsymbol{W}+\text{常数}1\\
&=(-\boldsymbol{N}_{aa}^{-1}+\boldsymbol{N}_{aa}^{-1}\boldsymbol{B}\boldsymbol{Q}_{\hat{X}\hat{X}}\boldsymbol{B}^{\mathrm{T}}\boldsymbol{N}_{aa}^{-1})\boldsymbol{A}\boldsymbol{L}+\text{常数}2=-\boldsymbol{Q}_{KK}\boldsymbol{A}\boldsymbol{L}+\text{常数}2
\end{aligned} \tag{9-3-4}$$

则

$$\begin{aligned}
\boldsymbol{Q}_{KL}&=-\boldsymbol{Q}_{KK}\boldsymbol{A}\boldsymbol{Q}\\
\boldsymbol{Q}_{KW}&=-\boldsymbol{Q}_{KK}\boldsymbol{A}\boldsymbol{Q}\boldsymbol{A}^{\mathrm{T}}=-\boldsymbol{Q}_{KK}\boldsymbol{N}_{aa}\\
\boldsymbol{Q}_{K\hat{X}}&=-\boldsymbol{N}_{aa}^{-1}\boldsymbol{Q}_{W\hat{X}}-\boldsymbol{N}_{aa}^{-1}\boldsymbol{B}\boldsymbol{Q}_{\hat{X}\hat{X}}=\boldsymbol{N}_{aa}^{-1}\boldsymbol{B}\boldsymbol{Q}_{\hat{X}\hat{X}}-\boldsymbol{N}_{aa}^{-1}\boldsymbol{B}\boldsymbol{Q}_{\hat{X}\hat{X}}=0\\
\boldsymbol{Q}_{VW}&=\boldsymbol{Q}\boldsymbol{A}^{\mathrm{T}}\boldsymbol{Q}_{KW}=-\boldsymbol{Q}\boldsymbol{A}^{\mathrm{T}}\boldsymbol{Q}_{KK}\boldsymbol{N}_{aa}\\
\boldsymbol{Q}_{V\hat{X}}&=\boldsymbol{Q}\boldsymbol{A}^{\mathrm{T}}\boldsymbol{Q}_{K\hat{X}}=0\\
\boldsymbol{Q}_{VK}&=\boldsymbol{Q}\boldsymbol{A}^{\mathrm{T}}\boldsymbol{Q}_{KK}
\end{aligned}$$

设 $\boldsymbol{Y}=\begin{bmatrix}\boldsymbol{V}\\\boldsymbol{L}\end{bmatrix}=\begin{bmatrix}\boldsymbol{Q}_{LL}\boldsymbol{A}^{\mathrm{T}} & 0\\ 0 & \boldsymbol{I}\end{bmatrix}\begin{bmatrix}\boldsymbol{K}\\\boldsymbol{L}\end{bmatrix}$，则

$$\begin{aligned}
\boldsymbol{Q}_{YY}&=\begin{bmatrix}\boldsymbol{Q}_{VV} & \boldsymbol{Q}_{VL}\\ \boldsymbol{Q}_{LV} & \boldsymbol{Q}_{LL}\end{bmatrix}=\begin{bmatrix}\boldsymbol{Q}_{LL}\boldsymbol{A}^{\mathrm{T}} & 0\\ 0 & \boldsymbol{I}\end{bmatrix}\begin{bmatrix}\boldsymbol{Q}_{KK} & \boldsymbol{Q}_{KL}\\ \boldsymbol{Q}_{LK} & \boldsymbol{Q}_{LL}\end{bmatrix}\begin{bmatrix}\boldsymbol{A}\boldsymbol{Q}_{LL} & 0\\ 0 & \boldsymbol{I}\end{bmatrix}\\
&=\begin{bmatrix}\boldsymbol{Q}\boldsymbol{A}^{\mathrm{T}}\boldsymbol{Q}_{KK}\boldsymbol{A}\boldsymbol{Q} & \boldsymbol{Q}\boldsymbol{A}^{\mathrm{T}}\boldsymbol{Q}_{KL}\\ \boldsymbol{Q}_{LK}\boldsymbol{A}\boldsymbol{Q} & \boldsymbol{Q}\end{bmatrix}=\begin{bmatrix}-\boldsymbol{Q}\boldsymbol{A}^{\mathrm{T}}\boldsymbol{Q}_{KK}\boldsymbol{A}\boldsymbol{Q} & -\boldsymbol{Q}\boldsymbol{A}^{\mathrm{T}}\boldsymbol{Q}_{KK}\boldsymbol{A}\boldsymbol{Q}\\ -\boldsymbol{Q}\boldsymbol{A}^{\mathrm{T}}\boldsymbol{Q}_{KK}\boldsymbol{A}\boldsymbol{Q} & \boldsymbol{Q}\end{bmatrix}
\end{aligned}$$

即$\boldsymbol{Q}_{VV}=\boldsymbol{QA}^{\mathrm{T}}\boldsymbol{Q}_{KK}\boldsymbol{AQ}$，而$\boldsymbol{Q}_{VL}=-\boldsymbol{QA}^{\mathrm{T}}\boldsymbol{Q}_{KK}\boldsymbol{AQ}=-\boldsymbol{Q}_{VV}$。同理，可得

$$\boldsymbol{Q}_{\hat{L}\hat{L}}=\boldsymbol{Q}_{LL}+\boldsymbol{Q}_{VL}+\boldsymbol{Q}_{LV}+\boldsymbol{Q}_{VV}=\boldsymbol{Q}-\boldsymbol{Q}_{VV}$$

$$\boldsymbol{Q}_{\hat{L}L}=\boldsymbol{Q}_{LL}+\boldsymbol{Q}_{VL}=\boldsymbol{Q}-\boldsymbol{Q}_{VV}$$

$$\boldsymbol{Q}_{\hat{L}V}=\boldsymbol{Q}_{LV}+\boldsymbol{Q}_{VV}=\boldsymbol{Q}_{VV}-\boldsymbol{Q}_{VV}=0$$

$$\boldsymbol{Q}_{\hat{L}W}=\boldsymbol{Q}_{LW}+\boldsymbol{Q}_{VW}=\boldsymbol{QA}^{\mathrm{T}}-\boldsymbol{QA}^{\mathrm{T}}\boldsymbol{Q}_{KK}\boldsymbol{N}_{aa}=\boldsymbol{QA}^{\mathrm{T}}\boldsymbol{N}_{aa}^{-1}\boldsymbol{BQ}_{\hat{X}\hat{X}}\boldsymbol{B}^{\mathrm{T}}$$

$$\boldsymbol{Q}_{\hat{L}\hat{X}}=\boldsymbol{Q}_{L\hat{X}}+\boldsymbol{Q}_{V\hat{X}}=-\boldsymbol{QA}^{\mathrm{T}}\boldsymbol{N}_{aa}^{-1}\boldsymbol{BQ}_{\hat{X}\hat{X}}$$

$$\boldsymbol{Q}_{\hat{L}K}=\boldsymbol{Q}_{LK}+\boldsymbol{Q}_{VK}=-\boldsymbol{QA}^{\mathrm{T}}\boldsymbol{Q}_{KK}+\boldsymbol{QA}^{\mathrm{T}}\boldsymbol{Q}_{KK}=0$$

$$\begin{aligned}\boldsymbol{Q}_{K_sK_s}&=\boldsymbol{N}_{cc}^{-1}\boldsymbol{CN}_{bb}^{-1}\boldsymbol{B}^{\mathrm{T}}\boldsymbol{N}_{aa}^{-1}\boldsymbol{Q}_{WW}\boldsymbol{N}_{aa}^{-1}\boldsymbol{BN}_{bb}^{-1}\boldsymbol{C}^{\mathrm{T}}\boldsymbol{N}_{cc}^{-1}\\&=\boldsymbol{N}_{cc}^{-1}\boldsymbol{CN}_{bb}^{-1}\boldsymbol{B}^{\mathrm{T}}\boldsymbol{N}_{aa}^{-1}\boldsymbol{N}_{aa}\boldsymbol{N}_{aa}^{-1}\boldsymbol{BN}_{bb}^{-1}\boldsymbol{C}^{\mathrm{T}}\boldsymbol{N}_{cc}^{-1}=\boldsymbol{N}_{cc}^{-1}\end{aligned}$$

$$\boldsymbol{Q}_{K_sL}=\boldsymbol{N}_{cc}^{-1}\boldsymbol{CN}_{bb}^{-1}\boldsymbol{B}^{\mathrm{T}}\boldsymbol{N}_{aa}^{-1}\boldsymbol{Q}_{WL}=\boldsymbol{N}_{cc}^{-1}\boldsymbol{CN}_{bb}^{-1}\boldsymbol{B}^{\mathrm{T}}\boldsymbol{N}_{aa}^{-1}\boldsymbol{AQ}$$

$$\boldsymbol{Q}_{K_sW}=\boldsymbol{N}_{cc}^{-1}\boldsymbol{CN}_{bb}^{-1}\boldsymbol{B}^{\mathrm{T}}\boldsymbol{N}_{aa}^{-1}\boldsymbol{Q}_{WW}=\boldsymbol{N}_{cc}^{-1}\boldsymbol{CN}_{bb}^{-1}\boldsymbol{B}^{\mathrm{T}}\boldsymbol{N}_{aa}^{-1}\boldsymbol{N}_{aa}=\boldsymbol{N}_{cc}^{-1}\boldsymbol{CN}_{bb}^{-1}\boldsymbol{B}^{\mathrm{T}}$$

$$\begin{aligned}\boldsymbol{Q}_{K_s\hat{X}}&=-\boldsymbol{N}_{cc}^{-1}\boldsymbol{CN}_{bb}^{-1}\boldsymbol{B}^{\mathrm{T}}\boldsymbol{N}_{aa}^{-1}\boldsymbol{Q}_{WW}\boldsymbol{N}_{aa}^{-1}\boldsymbol{BQ}_{\hat{X}\hat{X}}=-\boldsymbol{N}_{cc}^{-1}\boldsymbol{CN}_{bb}^{-1}\boldsymbol{B}^{\mathrm{T}}\boldsymbol{N}_{aa}^{-1}\boldsymbol{N}_{aa}\boldsymbol{N}_{aa}^{-1}\boldsymbol{BQ}_{\hat{X}\hat{X}}\\&=-\boldsymbol{N}_{cc}^{-1}\boldsymbol{CQ}_{\hat{X}\hat{X}}=-\boldsymbol{N}_{cc}^{-1}\boldsymbol{CN}_{bb}^{-1}+\boldsymbol{N}_{cc}^{-1}\boldsymbol{CN}_{bb}^{-1}\boldsymbol{C}^{\mathrm{T}}\boldsymbol{N}_{cc}^{-1}\boldsymbol{CN}_{bb}^{-1}=0\end{aligned}$$

$$\begin{aligned}\boldsymbol{Q}_{K_sK}&=-\boldsymbol{N}_{cc}^{-1}\boldsymbol{CN}_{bb}^{-1}\boldsymbol{B}^{\mathrm{T}}\boldsymbol{N}_{aa}^{-1}\boldsymbol{Q}_{WL}\boldsymbol{A}^{\mathrm{T}}\boldsymbol{Q}_{KK}=-\boldsymbol{N}_{cc}^{-1}\boldsymbol{CN}_{bb}^{-1}\boldsymbol{B}^{\mathrm{T}}\boldsymbol{N}_{aa}^{-1}\boldsymbol{AQA}^{\mathrm{T}}\boldsymbol{Q}_{KK}\\&=-\boldsymbol{N}_{cc}^{-1}\boldsymbol{CN}_{bb}^{-1}\boldsymbol{B}^{\mathrm{T}}\boldsymbol{N}_{aa}^{-1}+\boldsymbol{N}_{cc}^{-1}\boldsymbol{CN}_{bb}^{-1}\boldsymbol{B}^{\mathrm{T}}\boldsymbol{N}_{aa}^{-1}\boldsymbol{BQ}_{\hat{X}\hat{X}}\boldsymbol{B}^{\mathrm{T}}\boldsymbol{N}_{aa}^{-1}\\&=-\boldsymbol{N}_{cc}^{-1}\boldsymbol{CN}_{bb}^{-1}\boldsymbol{B}^{\mathrm{T}}\boldsymbol{N}_{aa}^{-1}+\boldsymbol{N}_{cc}^{-1}\boldsymbol{CN}_{bb}^{-1}\boldsymbol{B}^{\mathrm{T}}\boldsymbol{N}_{aa}^{-1}-\boldsymbol{N}_{cc}^{-1}\boldsymbol{CN}_{bb}^{-1}\boldsymbol{B}^{\mathrm{T}}\boldsymbol{N}_{aa}^{-1}\\&=-\boldsymbol{N}_{cc}^{-1}\boldsymbol{CN}_{bb}^{-1}\boldsymbol{B}^{\mathrm{T}}\boldsymbol{N}_{aa}^{-1}\end{aligned}$$

$$\boldsymbol{Q}_{VK_s}=\boldsymbol{QA}^{\mathrm{T}}\boldsymbol{Q}_{KK_s}=-\boldsymbol{QA}^{\mathrm{T}}\boldsymbol{N}_{aa}^{-1}\boldsymbol{BN}_{bb}^{-1}\boldsymbol{C}^{\mathrm{T}}\boldsymbol{N}_{cc}^{-1}$$

$$\boldsymbol{Q}_{\hat{L}K_s}=\boldsymbol{Q}_{LK_s}+\boldsymbol{Q}_{VK_s}=\boldsymbol{QA}^{\mathrm{T}}\boldsymbol{N}_{aa}^{-1}\boldsymbol{BN}_{bb}^{-1}\boldsymbol{C}^{\mathrm{T}}\boldsymbol{N}_{cc}^{-1}-\boldsymbol{QA}^{\mathrm{T}}\boldsymbol{N}_{aa}^{-1}\boldsymbol{BN}_{bb}^{-1}\boldsymbol{C}^{\mathrm{T}}\boldsymbol{N}_{cc}^{-1}=0$$

类似可以推求剩余的 21 个协因数阵。将以上结果列于表 9-3-1 中，以便查用。

表 9-3-1 基本向量的协因数阵（$\boldsymbol{N}_{aa}=\boldsymbol{AQA}^{\mathrm{T}}$，$\boldsymbol{N}_{bb}=\boldsymbol{B}^{\mathrm{T}}\boldsymbol{N}_{aa}^{-1}\boldsymbol{B}$，$\boldsymbol{N}_{cc}=\boldsymbol{CN}_{bb}^{-1}\boldsymbol{C}^{\mathrm{T}}$）

	$\boldsymbol{L}$	$\boldsymbol{W}$	$\hat{\boldsymbol{X}}$	$\boldsymbol{K}$	$\boldsymbol{K}_s$	$\boldsymbol{V}$	$\hat{\boldsymbol{L}}$
$\boldsymbol{L}$	$\boldsymbol{Q}$	$\boldsymbol{Q}_{WL}^{\mathrm{T}}$	$\boldsymbol{Q}_{\hat{X}L}^{\mathrm{T}}$	$\boldsymbol{Q}_{KL}^{\mathrm{T}}$	$\boldsymbol{Q}_{K_sL}^{\mathrm{T}}$	$\boldsymbol{Q}_{VL}^{\mathrm{T}}$	$\boldsymbol{Q}_{\hat{L}L}^{\mathrm{T}}$
$\boldsymbol{W}$	$\boldsymbol{AQ}$	$\boldsymbol{N}_{aa}$	$\boldsymbol{Q}_{\hat{X}W}^{\mathrm{T}}$	$\boldsymbol{Q}_{KW}^{\mathrm{T}}$	$\boldsymbol{Q}_{K_sW}^{\mathrm{T}}$	$\boldsymbol{Q}_{VW}^{\mathrm{T}}$	$\boldsymbol{Q}_{\hat{L}W}^{\mathrm{T}}$
$\hat{\boldsymbol{X}}$	$-\boldsymbol{Q}_{\hat{X}\hat{X}}\boldsymbol{B}^{\mathrm{T}}\boldsymbol{N}_{aa}^{-1}\boldsymbol{AQ}$	$-\boldsymbol{Q}_{\hat{X}\hat{X}}\boldsymbol{B}^{\mathrm{T}}$	$\boldsymbol{N}_{bb}^{-1}-\boldsymbol{N}_{bb}^{-1}\boldsymbol{C}^{\mathrm{T}}\boldsymbol{N}_{cc}^{-1}\boldsymbol{CN}_{bb}^{-1}$	0	0	0	$\boldsymbol{Q}_{\hat{L}\hat{X}}^{\mathrm{T}}$
$\boldsymbol{K}$	$-\boldsymbol{Q}_{KK}\boldsymbol{AQ}$	$-\boldsymbol{Q}_{KK}\boldsymbol{N}_{aa}$	0	$\boldsymbol{N}_{aa}^{-1}-\boldsymbol{N}_{aa}^{-1}\boldsymbol{BQ}_{\hat{X}\hat{X}}\boldsymbol{B}^{\mathrm{T}}\boldsymbol{N}_{aa}^{-1}$	$\boldsymbol{Q}_{K_sK}^{\mathrm{T}}$	$\boldsymbol{Q}_{VK}^{\mathrm{T}}$	$\boldsymbol{Q}_{\hat{L}K}^{\mathrm{T}}$
$\boldsymbol{K}_s$	$\boldsymbol{N}_{cc}^{-1}\boldsymbol{CN}_{bb}^{-1}\boldsymbol{B}^{\mathrm{T}}\boldsymbol{N}_{aa}^{-1}\boldsymbol{AQ}$	$\boldsymbol{N}_{cc}^{-1}\boldsymbol{CN}_{bb}^{-1}\boldsymbol{B}^{\mathrm{T}}$	0	$-\boldsymbol{N}_{cc}^{-1}\boldsymbol{CN}_{bb}^{-1}\boldsymbol{B}^{\mathrm{T}}\boldsymbol{N}_{aa}^{-1}$	$\boldsymbol{N}_{cc}^{-1}$	$\boldsymbol{Q}_{VK_s}^{\mathrm{T}}$	$\boldsymbol{Q}_{\hat{L}K_s}^{\mathrm{T}}$
$\boldsymbol{V}$	$-\boldsymbol{Q}_{VV}$	$-\boldsymbol{QA}^{\mathrm{T}}\boldsymbol{Q}_{KK}\boldsymbol{N}_{aa}$	0	$\boldsymbol{QA}^{\mathrm{T}}\boldsymbol{Q}_{KK}$	$-\boldsymbol{QA}^{\mathrm{T}}\boldsymbol{N}_{aa}^{-1}\boldsymbol{BN}_{bb}^{-1}\boldsymbol{C}^{\mathrm{T}}\boldsymbol{N}_{cc}^{-1}$	$\boldsymbol{QA}^{\mathrm{T}}\boldsymbol{Q}_{KK}\boldsymbol{AQ}$	$\boldsymbol{Q}_{\hat{L}V}^{\mathrm{T}}$
$\hat{\boldsymbol{L}}$	$\boldsymbol{Q}-\boldsymbol{Q}_{VV}$	$\boldsymbol{QA}^{\mathrm{T}}\boldsymbol{N}_{aa}^{-1}\boldsymbol{BQ}_{\hat{X}\hat{X}}\boldsymbol{B}^{\mathrm{T}}$	$-\boldsymbol{QA}^{\mathrm{T}}\boldsymbol{N}_{aa}^{-1}\boldsymbol{BQ}_{\hat{X}\hat{X}}$	0	0	0	$\boldsymbol{Q}-\boldsymbol{Q}_{VV}$

9.3.3　平差值函数的中误差

设平差值函数为

$$\hat{\varphi} = \boldsymbol{\Phi}(\underset{n1}{\hat{\boldsymbol{L}}}, \underset{u1}{\hat{\boldsymbol{X}}}) \tag{9-3-5}$$

对其全微分，得权函数式为

$$\mathrm{d}\hat{\varphi} = \frac{\partial \boldsymbol{\Phi}}{\partial \hat{\boldsymbol{L}}}\mathrm{d}\hat{\boldsymbol{L}} + \frac{\partial \boldsymbol{\Phi}}{\partial \hat{\boldsymbol{X}}}\mathrm{d}\hat{\boldsymbol{X}} = \boldsymbol{F}^{\mathrm{T}}\mathrm{d}\hat{\boldsymbol{L}} + \boldsymbol{F}_x^{\mathrm{T}}\mathrm{d}\hat{\boldsymbol{X}} \tag{9-3-6}$$

其中，

$$\underset{1n}{\boldsymbol{F}^{\mathrm{T}}} = \begin{bmatrix} \dfrac{\partial \boldsymbol{\Phi}}{\partial \hat{L}_1} & \dfrac{\partial \boldsymbol{\Phi}}{\partial \hat{L}_2} & \cdots & \dfrac{\partial \boldsymbol{\Phi}}{\partial \hat{L}_n} \end{bmatrix}_{\boldsymbol{L},\boldsymbol{X}^0}, \quad \underset{1u}{\boldsymbol{F}_x^{\mathrm{T}}} = \begin{bmatrix} \dfrac{\partial \boldsymbol{\Phi}}{\partial \hat{X}_1} & \dfrac{\partial \boldsymbol{\Phi}}{\partial \hat{X}_2} & \cdots & \dfrac{\partial \boldsymbol{\Phi}}{\partial \hat{X}_u} \end{bmatrix}_{\boldsymbol{L},\boldsymbol{X}^0} \tag{9-3-7}$$

按协因数传播律得 $\hat{\varphi}$ 的协因数为

$$\boldsymbol{Q}_{\hat{\varphi}\hat{\varphi}} = \boldsymbol{F}^{\mathrm{T}}\boldsymbol{Q}_{\hat{L}\hat{L}}\boldsymbol{F} + \boldsymbol{F}^{\mathrm{T}}\boldsymbol{Q}_{\hat{L}\hat{X}}\boldsymbol{F}_x + \boldsymbol{F}_x^{\mathrm{T}}\boldsymbol{Q}_{\hat{X}\hat{L}}\boldsymbol{F} + \boldsymbol{F}_x^{\mathrm{T}}\boldsymbol{Q}_{\hat{X}\hat{X}}\boldsymbol{F}_x \tag{9-3-8}$$

其中，$\boldsymbol{Q}_{\hat{L}\hat{L}}$、$\boldsymbol{Q}_{\hat{X}\hat{L}} = \boldsymbol{Q}_{\hat{L}\hat{X}}^{\mathrm{T}}$、$\boldsymbol{Q}_{\hat{X}\hat{X}}$ 等协因数阵可按表 9-3-1 中公式计算。$\hat{\varphi}$ 的中误差为

$$\hat{\sigma}_{\hat{\varphi}} = \hat{\sigma}_0\sqrt{\boldsymbol{Q}_{\hat{\varphi}\hat{\varphi}}} \tag{9-3-9}$$

9.4　各种平差模型间的关系

前面已经介绍了五种不同的平差方法，不同的平差方法对应着形式不同的函数模型。对同一个平差问题，无论采用哪种模型进行平差，其最后结果，包括任何一个量的平差值和精度都是相同的。

9.4.1　各种平差方法的特点

目前较多使用的是间接平差法或附有限制条件的间接平差法。原因在于：①误差方程形式统一，规律性强，便于计算机程序设计；②所选的参数通常就是平差后所需要的最后成果，如选待定点坐标或高程作为参数，其解就是控制测量工作所要得到的最终结果；③法方程系数阵的逆阵本身或者其中的一部分，就是所选参数的协因数阵，因此评定精度较简单。

但是每种平差方法都有其自身的优点和特点，在实际应用时，考虑计算工作量的大小、方程列立的难易程度、所要解决问题的性质和要求，以及计算工具等因素，应根据各种平差方法的特点，选择合适的平差方法。

条件平差法是不选任何参数，即 $u=0$。依据观测量之间存在的条件开列 r 个独立条件方程建立函数模型，方程的个数为 $c=r$ 个，法方程的个数也为 r 个，通过平差可以直接求得观测值的平差值。但该方法相对于间接平差而言，精度评定较为复杂，随着控制网规模的增大，对于已知点较多的大型平面网，条件式较多而且列立复杂、规律不明显。

附有参数的条件平差选择 $u<t$ 个相互独立的参数，通过列立观测量之间或观测量与参数之间满足的条件方程来建立函数模型，方程的个数为 $c=r+u$ 个，法方程的个数为 $r+u$ 个。常适合于下述情况：需要求个别非直接观测量的平差值和精度时，可以将这些量设为参数；当条件方程式通过直接观测量难以列立时，可以增选非观测量作为参数，以解决列立条件式的困难。

间接平差需要选择 $u=t$ 个相互独立的参数，将每一个观测量都表达为所选参数的函数，

方程的个数为$c=r+u=r+t=n$个，法方程的个数为t个。由于列每个方程时只考虑一个观测量，以及这个观测量所涉及的参数，方程的列立规律性强，便于用计算机编程解算。另外，参数的协因数阵就是法方程系数阵的逆阵，精度评定非常便利。再者，所选参数往往就是平差后所需要的成果。

附有限制条件的间接平差选$u>t$个参数，但要求必须包含t个独立参数，不独立参数的个数为$s=u-t$个。因此，建立函数模型时，除按间接平差法对每一个观测值列立一个方程外，还要列出参数之间所满足的s个限制条件方程，方程的总数为$c=r+u=n+s$个，法方程的个数为$u+s$个。

附有限制条件的条件平差（概括平差）是一种综合模型，类似于附有参数的条件平差，不同的是所选参数部分不独立，或参数满足事先给定的条件。建立函数模型时，除列立观测量之间或观测量与参数之间满足的条件方程外，还要列出参数之间的限制条件方程，总方程个数为$r+u=c+s$个，法方程的阶数为$c+u+s$个。

条件平差法及附有参数的条件平差法，由于条件方程式不规范，不便于计算机编程，加之精度评定困难的缺点，大规模控制网平差中实际应用较少。至于附有限制条件的条件平差法，本身没有多少实用价值，作为能概括四种基本平差方法的平差模型，目的是帮助学生理解各种平差方法差异及内在联系，锻炼他们的数学思维能力，仍然有其理论价值。

9.4.2 概括平差模型转换为基本平差模型

四种基本平差方法的函数模型都可以说是附有限制条件的条件平差法函数模型的一个特例，换言之，该模型概括了所有的函数模型，这是将该函数模型称为“概括平差函数模型”的由来。其函数模型为

$$\begin{cases}\underset{cn}{\boldsymbol{A}}\underset{n1}{\boldsymbol{V}}+\underset{cu}{\boldsymbol{B}}\underset{u1}{\hat{\boldsymbol{x}}}+\underset{c1}{\boldsymbol{W}}=\underset{c1}{0}\\ \underset{su}{\boldsymbol{C}}\underset{u1}{\hat{\boldsymbol{x}}}+\underset{s1}{\boldsymbol{W}_x}=\underset{s1}{0}\end{cases} \tag{9-4-1}$$

随着参数选择的不同，概括平差转换为四种基本平差方法，如图 9-4-1 所示。

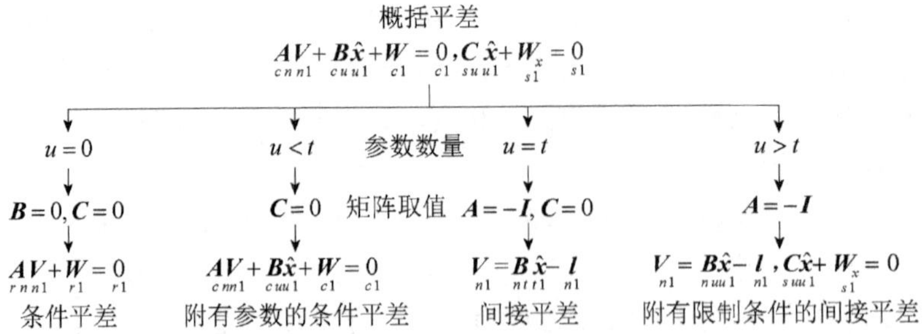

图 9-4-1 概括平差转换为四种基本平差

9.4.3 条件平差与间接平差的关系

一个平差问题有n个观测量，t个必要元素，多余观测数$r=n-t$。条件平差不选未知参数，列r个条件方程进行平差，法方程系数阵阶数为r；间接平差选择$u=t$个独立参数，将每个观测量表达为参数的函数，方程数为n个，法方程系数阵阶数为t。由于$r+t=n$，即条件平差与间接平差的法方程个数之和等于观测值个数，因此，当某一平差问题的r与t相差较大时，若$r<t$，通常采用条件平差，若$r>t$，则采用间接平差，这样可保证法方程的阶数较少，

减少法方程系数阵求逆计算量。

1）由条件平差导出间接平差

附有限制条件的间接平差的误差方程和条件方程为

$$\begin{cases}\boldsymbol{V}=\boldsymbol{B}\hat{\boldsymbol{x}}-\boldsymbol{l} \quad \text{权阵}\boldsymbol{P}\\ \boldsymbol{C}\hat{\boldsymbol{x}}+\boldsymbol{W}_x=0\end{cases} \tag{9-4-2}$$

将它们写成

$$\begin{bmatrix}-\boldsymbol{I}\\0\end{bmatrix}\boldsymbol{V}+\begin{bmatrix}\boldsymbol{B}\\\boldsymbol{C}\end{bmatrix}\hat{\boldsymbol{x}}+\begin{bmatrix}-\boldsymbol{l}\\\boldsymbol{W}_x\end{bmatrix}=0 \tag{9-4-3}$$

可将上式视为附有未知参数的条件方程式，仿照式（6-3-8），直接写出法方程为

$$\begin{cases}\begin{bmatrix}-\boldsymbol{I}\\0\end{bmatrix}\boldsymbol{P}^{-1}\begin{bmatrix}-\boldsymbol{I}\\0\end{bmatrix}^{\mathrm{T}}\begin{bmatrix}\boldsymbol{K}_1\\\boldsymbol{K}_2\end{bmatrix}+\begin{bmatrix}\boldsymbol{B}\\\boldsymbol{C}\end{bmatrix}\hat{\boldsymbol{x}}+\begin{bmatrix}-\boldsymbol{l}\\\boldsymbol{W}_x\end{bmatrix}=0\\ \begin{bmatrix}\boldsymbol{B}\\\boldsymbol{C}\end{bmatrix}^{\mathrm{T}}\begin{bmatrix}\boldsymbol{K}_1\\\boldsymbol{K}_2\end{bmatrix}=0\end{cases} \tag{9-4-4}$$

乘开得

$$\begin{cases}\boldsymbol{P}^{-1}\boldsymbol{K}_1+\boldsymbol{B}\hat{\boldsymbol{x}}-\boldsymbol{l}=0\\ \boldsymbol{C}\hat{\boldsymbol{x}}+\boldsymbol{W}_x=0\\ \boldsymbol{B}^{\mathrm{T}}\boldsymbol{K}_1+\boldsymbol{C}^{\mathrm{T}}\boldsymbol{K}_2=0\end{cases} \tag{9-4-5}$$

其中，$\boldsymbol{K}_1$和$\boldsymbol{K}_2$是相应式（9-4-3）中两条件方程的联系数向量。

仿照式（6-3-6），改正数方程为

$$\boldsymbol{V}=\boldsymbol{P}^{-1}\begin{bmatrix}-\boldsymbol{I}\\0\end{bmatrix}^{\mathrm{T}}\begin{bmatrix}\boldsymbol{K}_1\\\boldsymbol{K}_2\end{bmatrix}=-\boldsymbol{P}^{-1}\boldsymbol{K}_1 \tag{9-4-6}$$

由上式得

$$\boldsymbol{K}_1=-\boldsymbol{P}\boldsymbol{V} \tag{9-4-7}$$

将上式代入式（9-4-5）中的第三式，并令$\boldsymbol{K}=-\boldsymbol{K}_2$得

$$-\boldsymbol{B}^{\mathrm{T}}\boldsymbol{P}\boldsymbol{V}-\boldsymbol{C}^{\mathrm{T}}\boldsymbol{K}=0 \tag{9-4-8}$$

顾及式（9-4-2）中的第一式，上式变为

$$\boldsymbol{B}^{\mathrm{T}}\boldsymbol{P}\boldsymbol{B}\hat{\boldsymbol{x}}+\boldsymbol{C}^{\mathrm{T}}\boldsymbol{K}-\boldsymbol{B}^{\mathrm{T}}\boldsymbol{P}\boldsymbol{l}=0 \tag{9-4-9}$$

再与式（9-4-2）中的第二式联合，有

$$\begin{cases}\boldsymbol{B}^{\mathrm{T}}\boldsymbol{P}\boldsymbol{B}\hat{\boldsymbol{x}}+\boldsymbol{C}^{\mathrm{T}}\boldsymbol{K}-\boldsymbol{B}^{\mathrm{T}}\boldsymbol{P}\boldsymbol{l}=0\\ \boldsymbol{C}\hat{\boldsymbol{x}}+\boldsymbol{W}_x=0\end{cases} \tag{9-4-10}$$

将式（9-4-7）代入式（9-4-5）的第一式得

$$\boldsymbol{V}=\boldsymbol{B}\hat{\boldsymbol{x}}-\boldsymbol{l}$$

上式就是误差方程。式（9-4-10）是附有限制条件的间接平差的法方程。

也就是说，由附有参数的条件平差法导出了附有限制条件的间接平差法。因为条件平差和间接平差分别是附有参数的条件平差和附有限制条件的间接平差的特例，所以，本节导出的公式对任何形式的条件平差和间接平差均适用。这就是说，由条件平差法导出了间接平差法。

2）由间接平差导出条件平差

设某平差问题的观测值最或然值向量为 $\hat{\boldsymbol{Y}}$，观测值权阵为 $\boldsymbol{P}$，未知数向量平差值为 $\hat{\boldsymbol{X}}$，那么平差值方程为

$$\hat{\boldsymbol{L}} = \boldsymbol{L} + \boldsymbol{V} = \hat{\boldsymbol{Y}} \tag{9-4-11}$$

条件方程式有线性和非线性两类，参照式（4-3-10）和式（4-3-11）得

$$\boldsymbol{F}(\hat{\boldsymbol{Y}},\hat{\boldsymbol{X}}) = 0,\ \boldsymbol{A}\hat{\boldsymbol{Y}} + \boldsymbol{B}\hat{\boldsymbol{X}} + \boldsymbol{A}_0 = 0 \tag{9-4-12}$$

令

$$\hat{\boldsymbol{Y}} = \boldsymbol{Y}^0 + \hat{\boldsymbol{y}},\ \hat{\boldsymbol{X}} = \boldsymbol{X}^0 + \hat{\boldsymbol{x}} \tag{9-4-13}$$

将式（9-4-13）代入式（9-4-11）和式（9-4-12），并将非线性条件式线性化得

$$\begin{cases}\boldsymbol{V} = \hat{\boldsymbol{y}} - \boldsymbol{l} \\ \boldsymbol{A}\hat{\boldsymbol{y}} + \boldsymbol{B}\hat{\boldsymbol{x}} + \boldsymbol{W} = 0\end{cases} \tag{9-4-14}$$

上式又可写成

$$\begin{cases}\boldsymbol{V} = \begin{bmatrix}\boldsymbol{I} & 0\end{bmatrix}\begin{bmatrix}\hat{\boldsymbol{y}} \\ \hat{\boldsymbol{x}}\end{bmatrix} - \boldsymbol{l} \quad \text{权阵}\boldsymbol{P} \\ \begin{bmatrix}\boldsymbol{A} & \boldsymbol{B}\end{bmatrix}\begin{bmatrix}\hat{\boldsymbol{y}} \\ \hat{\boldsymbol{x}}\end{bmatrix} + \boldsymbol{W} = 0\end{cases} \tag{9-4-15}$$

式中，

$$\boldsymbol{l} = \boldsymbol{L} - \boldsymbol{Y}^0$$

$$\boldsymbol{W} = \boldsymbol{A}\boldsymbol{Y}^0 + \boldsymbol{B}\boldsymbol{X}^0 + \boldsymbol{A}_0 \text{或} \boldsymbol{W} = \boldsymbol{F}(\boldsymbol{Y}^0,\boldsymbol{X}^0)$$

式（9-4-15）为附有限制条件的间接平差的误差方程和条件方程。按照附有限制条件的间接平差法，仿照式（8-3-10）和式（8-3-11），由式（9-4-15）可直接写出法方程：

$$\begin{cases}\begin{bmatrix}\boldsymbol{I} & 0\end{bmatrix}^{\mathrm{T}}\boldsymbol{P}\begin{bmatrix}\boldsymbol{I} & 0\end{bmatrix}\begin{bmatrix}\hat{\boldsymbol{y}} \\ \hat{\boldsymbol{x}}\end{bmatrix} + \begin{bmatrix}\boldsymbol{A} & \boldsymbol{B}\end{bmatrix}^{\mathrm{T}}\boldsymbol{K}_s - \begin{bmatrix}\boldsymbol{I} & 0\end{bmatrix}^{\mathrm{T}}\boldsymbol{P}\boldsymbol{l} = 0 \\ \begin{bmatrix}\boldsymbol{A} & \boldsymbol{B}\end{bmatrix}\begin{bmatrix}\hat{\boldsymbol{y}} \\ \hat{\boldsymbol{x}}\end{bmatrix} + \boldsymbol{W} = 0\end{cases} \tag{9-4-16}$$

将上式整理后得

$$\begin{cases}\boldsymbol{P}\hat{\boldsymbol{y}} + \boldsymbol{A}^{\mathrm{T}}\boldsymbol{K}_s - \boldsymbol{P}\boldsymbol{l} = 0 \\ \boldsymbol{B}^{\mathrm{T}}\boldsymbol{K}_s = 0 \\ \boldsymbol{A}\hat{\boldsymbol{y}} + \boldsymbol{B}\hat{\boldsymbol{x}} + \boldsymbol{W} = 0\end{cases} \tag{9-4-17}$$

取 $\boldsymbol{Y}^0 = \boldsymbol{L}$，则 $\hat{\boldsymbol{y}} = \boldsymbol{V}$，$\boldsymbol{l} = 0$；令 $-\boldsymbol{K}_s = \boldsymbol{K}$，代入式（9-4-17）得

$$\begin{cases}\boldsymbol{P}\boldsymbol{V} - \boldsymbol{A}^{\mathrm{T}}\boldsymbol{K} = 0 \\ \boldsymbol{B}^{\mathrm{T}}\boldsymbol{K} = 0 \\ \boldsymbol{A}\boldsymbol{V} + \boldsymbol{B}\hat{\boldsymbol{x}} + \boldsymbol{W} = 0\end{cases} \tag{9-4-18}$$

由式（9-4-18）中的第一式得

$$\boldsymbol{V} = \boldsymbol{P}^{-1}\boldsymbol{A}^{\mathrm{T}}\boldsymbol{K} \tag{9-4-19}$$

将式（9-4-19）代入式（9-4-18）中的第三式并联合第二式得

$$\begin{cases}\boldsymbol{A}\boldsymbol{P}^{-1}\boldsymbol{A}^{\mathrm{T}}\boldsymbol{K}+\boldsymbol{B}\hat{\boldsymbol{x}}+\boldsymbol{W}=0\\ \boldsymbol{B}^{\mathrm{T}}\boldsymbol{K}=0\end{cases} \tag{9-4-20}$$

上式即附有参数的条件平差的法方程式，而式（9-4-18）的第三式为条件方程式，式（9-4-19）为改正数方程式。

因为附有参数的条件平差和附有限制条件的间接平差是条件平差和间接平差的一般形式，所以由上述推导结果可以说由间接平差法导出了条件平差法。

3）条件平差方程系数 $\boldsymbol{A}$ 与间接平差方程系数 $\boldsymbol{B}$ 的关系

对一个具体的平差问题，最终的平差值和其精度估计与采用的平差方法无关。基于这一原则，可导出条件平差与间接平差方程系数的某些关系。

条件平差的函数模型为

$$\boldsymbol{A}\boldsymbol{V}+\boldsymbol{W}=0,\ \boldsymbol{W}=\boldsymbol{A}\boldsymbol{L}+\boldsymbol{A}_0 \tag{9-4-21}$$

间接平差的函数模型为

$$\boldsymbol{V}=\boldsymbol{B}\hat{\boldsymbol{x}}-\boldsymbol{l},\ \boldsymbol{l}=\boldsymbol{L}-(\boldsymbol{B}\boldsymbol{X}^0+\boldsymbol{d}) \tag{9-4-22}$$

平差的随机模型为

$$\boldsymbol{P}=\boldsymbol{Q}^{-1} \tag{9-4-23}$$

采用最小二乘准则由条件平差模型得

$$\boldsymbol{V}=\boldsymbol{Q}\boldsymbol{A}^{\mathrm{T}}\boldsymbol{K}=-\boldsymbol{Q}\boldsymbol{A}^{\mathrm{T}}(\boldsymbol{A}\boldsymbol{Q}\boldsymbol{A}^{\mathrm{T}})^{-1}\boldsymbol{W} \tag{9-4-24}$$

由间接平差模型得

$$\boldsymbol{V}=\boldsymbol{B}\hat{\boldsymbol{x}}-\boldsymbol{l}=[\boldsymbol{B}(\boldsymbol{B}^{\mathrm{T}}\boldsymbol{P}\boldsymbol{B})^{-1}\boldsymbol{B}^{\mathrm{T}}\boldsymbol{P}-\boldsymbol{I}]\boldsymbol{l} \tag{9-4-25}$$

采用条件平差得到的观测值改正数，应当与间接平差结果相等，即

$$-\boldsymbol{Q}\boldsymbol{A}^{\mathrm{T}}(\boldsymbol{A}\boldsymbol{Q}\boldsymbol{A}^{\mathrm{T}})^{-1}\boldsymbol{W}=[\boldsymbol{B}(\boldsymbol{B}^{\mathrm{T}}\boldsymbol{P}\boldsymbol{B})^{-1}\boldsymbol{B}^{\mathrm{T}}\boldsymbol{P}-\boldsymbol{I}]\boldsymbol{l} \tag{9-4-26}$$

又由式（9-4-21）与式（9-4-22）有 $\boldsymbol{W}=-\boldsymbol{A}\boldsymbol{V}$，$\boldsymbol{l}=\boldsymbol{B}\hat{\boldsymbol{x}}-\boldsymbol{V}$，代入上式得

$$\boldsymbol{Q}\boldsymbol{A}^{\mathrm{T}}(\boldsymbol{A}\boldsymbol{Q}\boldsymbol{A}^{\mathrm{T}})^{-1}\boldsymbol{A}\boldsymbol{V}=[\boldsymbol{B}(\boldsymbol{B}^{\mathrm{T}}\boldsymbol{P}\boldsymbol{B})^{-1}\boldsymbol{B}^{\mathrm{T}}\boldsymbol{P}-\boldsymbol{I}](\boldsymbol{B}\hat{\boldsymbol{x}}-\boldsymbol{V})=-[\boldsymbol{B}(\boldsymbol{B}^{\mathrm{T}}\boldsymbol{P}\boldsymbol{B})^{-1}\boldsymbol{B}^{\mathrm{T}}\boldsymbol{P}-\boldsymbol{I}]\boldsymbol{V}$$

因为 $\boldsymbol{V}$ 是非平凡向量，所以有

$$\boldsymbol{Q}\boldsymbol{A}^{\mathrm{T}}(\boldsymbol{A}\boldsymbol{Q}\boldsymbol{A}^{\mathrm{T}})^{-1}\boldsymbol{A}=\boldsymbol{I}-\boldsymbol{B}(\boldsymbol{B}^{\mathrm{T}}\boldsymbol{P}\boldsymbol{B})^{-1}\boldsymbol{B}^{\mathrm{T}}\boldsymbol{P} \tag{9-4-27}$$

或

$$\boldsymbol{Q}\boldsymbol{A}^{\mathrm{T}}(\boldsymbol{A}\boldsymbol{Q}\boldsymbol{A}^{\mathrm{T}})^{-1}\boldsymbol{A}+\boldsymbol{B}(\boldsymbol{B}^{\mathrm{T}}\boldsymbol{P}\boldsymbol{B})^{-1}\boldsymbol{B}^{\mathrm{T}}\boldsymbol{P}=\boldsymbol{I} \tag{9-4-28}$$

左乘 $\boldsymbol{A}$ 得

$$\boldsymbol{A}+\boldsymbol{A}\boldsymbol{B}(\boldsymbol{B}^{\mathrm{T}}\boldsymbol{P}\boldsymbol{B})^{-1}\boldsymbol{B}^{\mathrm{T}}\boldsymbol{P}=\boldsymbol{A} \tag{9-4-29}$$

再右乘 $\boldsymbol{B}$ 得

$$\boldsymbol{A}\boldsymbol{B}+\boldsymbol{A}\boldsymbol{B}=\boldsymbol{A}\boldsymbol{B} \tag{9-4-30}$$

所以

$$\boldsymbol{A}\boldsymbol{B}=0 \tag{9-4-31}$$

同理，还可推得

$$\begin{cases}\boldsymbol{W}=\boldsymbol{A}\boldsymbol{l}\\ \boldsymbol{A}_0=-\boldsymbol{A}\boldsymbol{d}\end{cases} \tag{9-4-32}$$

例 9-4-1　某平差问题按条件平差时的条件方程为

$$\begin{cases} v_1+v_2-v_3+2=0 \\ v_3-v_4-v_5-2=0 \\ v_5-v_6-v_7+3=0 \\ v_1+v_4+v_7+4=0 \end{cases}$$

试将其改写成误差方程。

解： 条件方程转换为误差方程的步骤如下。

（1）确定观测值数 n，观测值个数就是残差的个数。由题意，$n=7$。

（2）根据条件方程的个数判断必要元素个数 t，条件方程的个数就是多余观测个数 r，而 $t=n-r$。由题意，$r=4$，$t=n-r=7-4=3$。

（3）设立 $t=3$ 个独立的参数，一般独立参数的近似值为相应的观测值。由题意，设 L_1、L_2、L_4 的平差值为参数，分别为 $\hat{X}_1$、$\hat{X}_2$、$\hat{X}_3$，其近似值分别为 $X_1^0=L_1$、$X_2^0=L_2$、$X_3^0=L_4$。

（4）列出 n 个误差方程。由题意，误差方程为

$$\begin{cases} v_1=\hat{x}_1 \\ v_2=\hat{x}_2 \\ v_3=\hat{x}_1+\hat{x}_2+2 \\ v_4=\hat{x}_3 \\ v_5=\hat{x}_1+\hat{x}_2-\hat{x}_3 \\ v_6=2\hat{x}_1+\hat{x}_2-1 \\ v_7=-\hat{x}_1-\hat{x}_3-4 \end{cases}$$

例 9-4-2 某平差问题，按间接平差法列出误差方程为

$$\begin{cases} v_1=\hat{x}_1+1 \\ v_2=\hat{x}_2-1 \\ v_3=\hat{x}_1+2 \\ v_4=\hat{x}_1-\hat{x}_2+1 \end{cases}$$

试将其改写成条件方程。

解： 误差方程转换为条件方程的步骤如下。

（1）确定观测值数 n，观测值个数就是残差的个数。由题意，n=4。

（2）根据参数个数确定必要元素个数 t，多余观测个数 $r=n-t$。由题意，t=2，$r=n-t=4-2=2$。

（3）确定独立条件方程个数 c，条件方程个数 c 就是多余观测个数 r。由题意，$c=r=2$。

（4）由误差方程消除参数，得到 c=r 个独立的条件方程。由题意，条件方程为

$$\begin{cases} v_1-v_3-1=0 \\ v_1-2v_2+v_3-2v_4+3=0 \end{cases}$$

9.5 平差结果的统计性质

运用概率统计原理，对带有随机误差的观测序列进行处理，合理地消除不符值，求出各观测量的最可靠结果，并评定测量成果的精度，就是测量平差的任务。

求未知量的最佳估值，有几个判定标准，即无偏性、一致性和有效性。经典测量平差处理的对象是仅含有偶然误差的观测量，采用最小二乘准则进行平差计算所求得的结果具有上述最优性质。

9.5.1　补充知识

1）矩阵的迹

$n\times n$ 阶方阵 $\boldsymbol{A}$ 的主对角线元素之和，记作 $\mathrm{tr}(\boldsymbol{A})=\sum_{i=1}^{n}a_{ii}$ 。迹运算有如下特性。

（1） $\mathrm{tr}(\boldsymbol{A})=\mathrm{tr}(\boldsymbol{A}^{\mathrm{T}})$

（2） $\mathrm{tr}(\boldsymbol{AB})=\mathrm{tr}(\boldsymbol{BA})$

（3） $\mathrm{tr}(\boldsymbol{A}^{\mathrm{T}}\boldsymbol{B})=\mathrm{tr}(\boldsymbol{AB}^{\mathrm{T}})$

（4）矩阵迹的线性可加性：

$$\mathrm{tr}(\boldsymbol{A}+\boldsymbol{B})=\mathrm{tr}(\boldsymbol{A})+\mathrm{tr}(\boldsymbol{B})$$

$$\mathrm{tr}(k\boldsymbol{A})=k\,\mathrm{tr}(\boldsymbol{A})\text{，}\ k\text{是常数}$$

（5）随机特性：$\boldsymbol{X}$ 为随机向量，$\boldsymbol{A}$、$\boldsymbol{B}$ 为常数阵，则有

$$\boldsymbol{E}(\mathrm{tr}(\boldsymbol{XX}^{\mathrm{T}}))=\mathrm{tr}(\boldsymbol{E}(\boldsymbol{XX}^{\mathrm{T}}))$$

$$\boldsymbol{E}(\mathrm{tr}(\boldsymbol{AXX}^{\mathrm{T}}\boldsymbol{B}))=\mathrm{tr}(\boldsymbol{AE}(\boldsymbol{XX}^{\mathrm{T}})\boldsymbol{B})$$

（6）导数：$\boldsymbol{X}$ 为变量矩阵，$\boldsymbol{A}$、$\boldsymbol{B}$ 为常数阵，有

$$\frac{\mathrm{d}}{\mathrm{d}\boldsymbol{X}}\mathrm{tr}(\boldsymbol{AX})=\frac{\mathrm{d}}{\mathrm{d}\boldsymbol{X}}\mathrm{tr}(\boldsymbol{XA})=\boldsymbol{A}^{\mathrm{T}}$$

$$\frac{\mathrm{d}}{\mathrm{d}\boldsymbol{X}}\mathrm{tr}(\boldsymbol{X}^{\mathrm{T}}\boldsymbol{AX})=(\boldsymbol{A}+\boldsymbol{A}^{\mathrm{T}})\boldsymbol{X}$$

$$\frac{\mathrm{d}}{\mathrm{d}\boldsymbol{X}}\mathrm{tr}(\boldsymbol{XAX}^{\mathrm{T}})=\boldsymbol{X}(\boldsymbol{A}+\boldsymbol{A}^{\mathrm{T}})$$

$$\frac{\mathrm{d}}{\mathrm{d}\boldsymbol{X}}\mathrm{tr}(\boldsymbol{XX}^{\mathrm{T}})=2\boldsymbol{X}$$

2）二次型定理

二次型定理：若有服从任一分布的 q 维随机向量 $\underset{q1}{\boldsymbol{Y}}$，已知其数学期望为 $\underset{q1}{\boldsymbol{\eta}}$，方差阵为 $\underset{qq}{\boldsymbol{\Sigma}}$，则 $\boldsymbol{Y}$ 向量的任一二次型的数学期望可以表示成 $\boldsymbol{E}(\boldsymbol{Y}^{\mathrm{T}}\boldsymbol{MY})=\mathrm{tr}(\boldsymbol{M\Sigma})+\boldsymbol{\eta}^{\mathrm{T}}\boldsymbol{M\eta}$，式中，$\boldsymbol{M}$ 为 q 阶对称可逆矩阵。

证：方差阵 $\boldsymbol{\Sigma}$ 为

$$\boldsymbol{\Sigma}=\boldsymbol{E}[(\boldsymbol{Y}-\boldsymbol{E}(\boldsymbol{Y}))(\boldsymbol{Y}-\boldsymbol{E}(\boldsymbol{Y}))^{\mathrm{T}}]=\boldsymbol{E}(\boldsymbol{YY}^{\mathrm{T}})-\boldsymbol{E}(\boldsymbol{Y})\boldsymbol{E}(\boldsymbol{Y}^{\mathrm{T}})$$

则二次型 $\boldsymbol{Y}^{\mathrm{T}}\boldsymbol{BY}$ 的期望为

$$\begin{aligned}\boldsymbol{E}(\boldsymbol{Y}^{\mathrm{T}}\boldsymbol{MY})&=\boldsymbol{E}[\mathrm{tr}(\boldsymbol{Y}^{\mathrm{T}}\boldsymbol{MY})]=\boldsymbol{E}[\mathrm{tr}(\boldsymbol{YY}^{\mathrm{T}}\boldsymbol{M})]=\mathrm{tr}[\boldsymbol{E}(\boldsymbol{YY}^{\mathrm{T}}\boldsymbol{M})]\\&=\mathrm{tr}[(\boldsymbol{\Sigma}+\boldsymbol{E}(\boldsymbol{Y})\boldsymbol{E}(\boldsymbol{Y}^{\mathrm{T}}))\boldsymbol{M}]=\mathrm{tr}(\boldsymbol{\Sigma M})+\mathrm{tr}[\boldsymbol{E}(\boldsymbol{Y})\boldsymbol{E}(\boldsymbol{Y}^{\mathrm{T}})\boldsymbol{M}]\\&=\mathrm{tr}(\boldsymbol{M\Sigma})+\mathrm{tr}[\boldsymbol{E}(\boldsymbol{Y}^{\mathrm{T}})\boldsymbol{ME}(\boldsymbol{Y})]=\mathrm{tr}(\boldsymbol{M\Sigma})+\boldsymbol{E}(\boldsymbol{Y}^{\mathrm{T}})\boldsymbol{ME}(\boldsymbol{Y})\\&=\mathrm{tr}(\boldsymbol{M\Sigma})+\boldsymbol{\eta}^{\mathrm{T}}\boldsymbol{M\eta}\end{aligned}$$

3）参数估计的最优性质

参数估计最优性质具有三个判别标准：无偏性、一致性和有效性。

（1）无偏性：$E(\hat{\theta})=\theta$。

（2）一致性：$\lim\limits_{n\to\infty}P(\theta-\varepsilon<\hat{\theta}<\theta+\varepsilon)=1$。

（3）有效性：$D(\hat{\theta})=\min$。

9.5.2 估计量 $\hat{L}$ 和 $\hat{X}$ 具有无偏性

当处理仅含有偶然误差的观测量，或其他误差已经处理得相比于偶然误差可以忽略不计时，有 $\boldsymbol{E}(\boldsymbol{\Delta})=0$。对概括平差方程：

$$\begin{cases}\boldsymbol{A\Delta}+\boldsymbol{B}\tilde{\boldsymbol{x}}+\boldsymbol{W}=0\\ \boldsymbol{C}\tilde{\boldsymbol{x}}+\boldsymbol{W}_x=0\end{cases} \tag{9-5-1}$$

两边取数学期望，有

$$\begin{cases}\boldsymbol{E}(\boldsymbol{W})=-[\boldsymbol{AE}(\boldsymbol{\Delta})+\boldsymbol{BE}(\tilde{\boldsymbol{x}})]=-\boldsymbol{B}\tilde{\boldsymbol{x}}\\ \boldsymbol{E}(\boldsymbol{W}_x)=-\boldsymbol{CE}(\tilde{\boldsymbol{x}})=-\boldsymbol{C}\tilde{\boldsymbol{x}}\end{cases} \tag{9-5-2}$$

对参数改正数 $\hat{\boldsymbol{x}}$ 估值：

$$\hat{\boldsymbol{x}}=-(\boldsymbol{N}_{bb}^{-1}-\boldsymbol{N}_{bb}^{-1}\boldsymbol{C}^{\mathrm{T}}\boldsymbol{N}_{cc}^{-1}\boldsymbol{C}\boldsymbol{N}_{bb}^{-1})\boldsymbol{B}^{\mathrm{T}}\boldsymbol{N}_{aa}^{-1}\boldsymbol{W}-\boldsymbol{N}_{bb}^{-1}\boldsymbol{C}^{\mathrm{T}}\boldsymbol{N}_{cc}^{-1}\boldsymbol{W}_x \tag{9-5-3}$$

取期望，顾及 $\boldsymbol{N}_{bb}=\boldsymbol{B}^{\mathrm{T}}\boldsymbol{N}_{aa}^{-1}\boldsymbol{B}$，得到

$$\begin{aligned}\boldsymbol{E}(\hat{\boldsymbol{x}})&=(-\boldsymbol{N}_{bb}^{-1}+\boldsymbol{N}_{bb}^{-1}\boldsymbol{C}^{\mathrm{T}}\boldsymbol{N}_{cc}^{-1}\boldsymbol{C}\boldsymbol{N}_{bb}^{-1})\boldsymbol{B}^{\mathrm{T}}\boldsymbol{N}_{aa}^{-1}\boldsymbol{E}(\boldsymbol{W})-\boldsymbol{N}_{bb}^{-1}\boldsymbol{C}^{\mathrm{T}}\boldsymbol{N}_{cc}^{-1}\boldsymbol{E}(\boldsymbol{W}_x)\\&=(\boldsymbol{N}_{bb}^{-1}-\boldsymbol{N}_{bb}^{-1}\boldsymbol{C}^{\mathrm{T}}\boldsymbol{N}_{cc}^{-1}\boldsymbol{C}\boldsymbol{N}_{bb}^{-1})\boldsymbol{B}^{\mathrm{T}}\boldsymbol{N}_{aa}^{-1}\boldsymbol{B}\tilde{\boldsymbol{x}}+\boldsymbol{N}_{bb}^{-1}\boldsymbol{C}^{\mathrm{T}}\boldsymbol{N}_{cc}^{-1}\boldsymbol{C}\tilde{\boldsymbol{x}}\\&=\boldsymbol{I}\tilde{\boldsymbol{x}}-\boldsymbol{N}_{bb}^{-1}\boldsymbol{C}^{\mathrm{T}}\boldsymbol{N}_{cc}^{-1}\boldsymbol{C}\tilde{\boldsymbol{x}}+\boldsymbol{N}_{bb}^{-1}\boldsymbol{C}^{\mathrm{T}}\boldsymbol{N}_{cc}^{-1}\boldsymbol{C}\tilde{\boldsymbol{x}}=\tilde{\boldsymbol{x}}\end{aligned} \tag{9-5-4}$$

即 $\hat{\boldsymbol{x}}$ 是 $\tilde{\boldsymbol{x}}$ 的无偏估计量。而参数估值 $\hat{\boldsymbol{X}}$ 为 $\hat{\boldsymbol{X}}=\boldsymbol{X}^0+\hat{\boldsymbol{x}}$，所以

$$\boldsymbol{E}(\hat{\boldsymbol{X}})=\boldsymbol{X}^0+\boldsymbol{E}(\hat{\boldsymbol{x}})=\boldsymbol{X}^0+\tilde{\boldsymbol{x}}=\tilde{\boldsymbol{X}} \tag{9-5-5}$$

对观测量改正数 $\boldsymbol{V}$ 的估值：

$$\boldsymbol{V}=-\boldsymbol{QA}^{\mathrm{T}}\boldsymbol{N}_{aa}^{-1}(\boldsymbol{W}+\boldsymbol{B}\hat{\boldsymbol{x}}) \tag{9-5-6}$$

取期望，得

$$\boldsymbol{E}(\boldsymbol{V})=-\boldsymbol{QA}^{\mathrm{T}}\boldsymbol{N}_{aa}^{-1}\left[\boldsymbol{E}(\boldsymbol{W})+\boldsymbol{BE}(\hat{\boldsymbol{x}})\right]=-\boldsymbol{QA}^{\mathrm{T}}\boldsymbol{N}_{aa}^{-1}(-\boldsymbol{B}\tilde{\boldsymbol{x}}+\boldsymbol{B}\tilde{\boldsymbol{x}})=0 \tag{9-5-7}$$

观测量的平差值 $\hat{\boldsymbol{L}}=\boldsymbol{L}+\boldsymbol{V}$，由于 $\boldsymbol{E}(\boldsymbol{L})=\boldsymbol{E}(\tilde{\boldsymbol{L}}-\boldsymbol{\Delta})=\boldsymbol{E}(\tilde{\boldsymbol{L}})-\boldsymbol{E}(\boldsymbol{\Delta})=\tilde{\boldsymbol{L}}$，则

$$\boldsymbol{E}(\hat{\boldsymbol{L}})=\boldsymbol{E}(\boldsymbol{L})+\boldsymbol{E}(\boldsymbol{V})=\tilde{\boldsymbol{L}} \tag{9-5-8}$$

这就证明了 $\hat{\boldsymbol{X}}$ 是 $\tilde{\boldsymbol{X}}$ 的无偏估计量，$\hat{\boldsymbol{L}}$ 是 $\tilde{\boldsymbol{L}}$ 的无偏估计量。

例 9-5-1 证明间接平差参数估值具有无偏性。

证： 当 $\boldsymbol{A}=-\boldsymbol{I}$、$\boldsymbol{C}=0$ 时概括平差模型转换为间接平差模型，而 $\boldsymbol{W}=\boldsymbol{AL}+\boldsymbol{BX}^0+\boldsymbol{A}_0=-\boldsymbol{L}+\boldsymbol{BX}^0+\boldsymbol{A}_0=-\boldsymbol{l}$（间接平差中，$\boldsymbol{l}=\boldsymbol{L}-(\boldsymbol{BX}^0+\boldsymbol{d})$，$\boldsymbol{d}=\boldsymbol{A}_0$），$\boldsymbol{N}_{aa}^{-1}=(\boldsymbol{AQA}^{\mathrm{T}})^{-1}=\boldsymbol{P}$，$\boldsymbol{N}_{bb}=\boldsymbol{B}^{\mathrm{T}}\boldsymbol{N}_{aa}^{-1}\boldsymbol{B}=\boldsymbol{B}^{\mathrm{T}}\boldsymbol{PB}$，则 $\hat{\boldsymbol{x}}$ 的值为

$$\begin{aligned}\hat{\boldsymbol{x}}&=-(\boldsymbol{N}_{bb}^{-1}-\boldsymbol{N}_{bb}^{-1}\boldsymbol{C}^{\mathrm{T}}\boldsymbol{N}_{cc}^{-1}\boldsymbol{C}\boldsymbol{N}_{bb}^{-1})\boldsymbol{B}^{\mathrm{T}}\boldsymbol{N}_{aa}^{-1}\boldsymbol{W}-\boldsymbol{N}_{bb}^{-1}\boldsymbol{C}^{\mathrm{T}}\boldsymbol{N}_{cc}^{-1}\boldsymbol{W}_x\\&=-\boldsymbol{N}_{bb}^{-1}\boldsymbol{B}^{\mathrm{T}}\boldsymbol{N}_{aa}^{-1}\boldsymbol{W}=\boldsymbol{N}_{bb}^{-1}\boldsymbol{B}^{\mathrm{T}}\boldsymbol{Pl}=(\boldsymbol{B}^{\mathrm{T}}\boldsymbol{PB})^{-1}\boldsymbol{B}^{\mathrm{T}}\boldsymbol{Pl}\end{aligned}$$

与第 7 章间接平差中得到的参数估值为 $\hat{\boldsymbol{x}}=(\boldsymbol{B}^{\mathrm{T}}\boldsymbol{PB})^{-1}\boldsymbol{B}^{\mathrm{T}}\boldsymbol{Pl}$ 完全一致。

由间接平差模型得 $\boldsymbol{l}=\boldsymbol{B}\tilde{\boldsymbol{x}}-\boldsymbol{\Delta}$，顾及模型仅含偶然误差，即 $\boldsymbol{E}(\boldsymbol{\Delta})=0$，则

$$\boldsymbol{E}(\hat{\boldsymbol{x}})=\boldsymbol{N}_{bb}^{-1}\boldsymbol{B}^{\mathrm{T}}\boldsymbol{PE}(\boldsymbol{l})=\boldsymbol{N}_{bb}^{-1}\boldsymbol{B}^{\mathrm{T}}\boldsymbol{P}(\boldsymbol{B}\tilde{\boldsymbol{x}})=\boldsymbol{N}_{bb}^{-1}\boldsymbol{B}^{\mathrm{T}}\boldsymbol{PB}\tilde{\boldsymbol{x}}=\boldsymbol{N}_{bb}^{-1}\boldsymbol{N}_{bb}\tilde{\boldsymbol{x}}=\tilde{\boldsymbol{x}}$$

即间接平差参数估值具有无偏性。

9.5.3 估计量 $\hat{X}$ 具有最小方差（有效性）

证明一个向量具有最小方差，即要证明该向量的协方差阵的迹为最小。参数估计量 $\hat{X}$ 的方差阵为 $\boldsymbol{D}_{\hat{X}\hat{X}}=\hat{\sigma}^2\boldsymbol{Q}_{\hat{X}\hat{X}}$，也就是要证明

$$\mathrm{tr}(\boldsymbol{D}_{\hat{X}\hat{X}})=\min \text{ 或 } \mathrm{tr}(\boldsymbol{Q}_{\hat{X}\hat{X}})=\min$$

由

$$\hat{\boldsymbol{x}}=-(\boldsymbol{N}_{bb}^{-1}-\boldsymbol{N}_{bb}^{-1}\boldsymbol{C}^{\mathrm{T}}\boldsymbol{N}_{cc}^{-1}\boldsymbol{C}\boldsymbol{N}_{bb}^{-1})\boldsymbol{B}^{\mathrm{T}}\boldsymbol{N}_{aa}^{-1}\boldsymbol{W}-\boldsymbol{N}_{bb}^{-1}\boldsymbol{C}^{\mathrm{T}}\boldsymbol{N}_{cc}^{-1}\boldsymbol{W}_x=\boldsymbol{F}_1\boldsymbol{W}+\boldsymbol{F}_2\boldsymbol{W}_x \tag{9-5-9}$$

知参数改正数 $\hat{\boldsymbol{x}}$ 的估值是条件方程与限制条件方程中常数项 $\boldsymbol{W}$ 与 $\boldsymbol{W}_x$ 的线性函数。现在假设有 $\boldsymbol{W}$ 与 $\boldsymbol{W}_x$ 的另一个线性函数 $\hat{\boldsymbol{x}}'$，即设

$$\hat{\boldsymbol{x}}'=\boldsymbol{H}_1\boldsymbol{W}+\boldsymbol{H}_2\boldsymbol{W}_x \tag{9-5-10}$$

式中，$\boldsymbol{H}_1$ 和 $\boldsymbol{H}_2$ 均为待定系数阵。若要 $\hat{\boldsymbol{x}}'$ 满足无偏性和方差最小，即

$$\begin{cases}\boldsymbol{E}(\hat{\boldsymbol{x}}')=\tilde{\boldsymbol{x}}\\ \mathrm{tr}(\boldsymbol{Q}_{\hat{x}'\hat{x}'})=\min\end{cases} \tag{9-5-11}$$

在此约束条件下求 $\boldsymbol{H}_1$ 和 $\boldsymbol{H}_2$ 的值。

$\hat{\boldsymbol{x}}'$ 要满足无偏性要求，必须使

$$\boldsymbol{E}(\hat{\boldsymbol{x}}')=\boldsymbol{H}_1\boldsymbol{E}(\boldsymbol{W})+\boldsymbol{H}_2\boldsymbol{E}(\boldsymbol{W}_x)=-\boldsymbol{H}_1\boldsymbol{B}\tilde{\boldsymbol{x}}-\boldsymbol{H}_2\boldsymbol{C}\tilde{\boldsymbol{x}}=-(\boldsymbol{H}_1\boldsymbol{B}+\boldsymbol{H}_2\boldsymbol{C})\tilde{\boldsymbol{x}}=\tilde{\boldsymbol{x}} \tag{9-5-12}$$

即当

$$-(\boldsymbol{H}_1\boldsymbol{B}+\boldsymbol{H}_2\boldsymbol{C})=\boldsymbol{I} \tag{9-5-13}$$

时，$\hat{\boldsymbol{x}}'$ 才是 $\tilde{\boldsymbol{x}}$ 的无偏估计。

应用协因数传播律，并顾及 $\boldsymbol{W}_x=\boldsymbol{\Phi}(\boldsymbol{X}^0)$ 为非随机量，由式（9-5-10）得

$$\boldsymbol{Q}_{\hat{x}'\hat{x}'}=\boldsymbol{H}_1\boldsymbol{Q}_{WW}\boldsymbol{H}_1^{\mathrm{T}} \tag{9-5-14}$$

因此，现在问题转换为求 $\boldsymbol{H}_1$ 和 $\boldsymbol{H}_2$ 的值，使得既能满足 $-(\boldsymbol{H}_1\boldsymbol{B}+\boldsymbol{H}_2\boldsymbol{C})=\boldsymbol{I}$，又能使 $\mathrm{tr}(\boldsymbol{Q}_{\hat{x}'\hat{x}'})=\mathrm{tr}(\boldsymbol{H}_1\boldsymbol{Q}_{WW}\boldsymbol{H}_1^{\mathrm{T}})=\min$。这是一个条件极值问题，为此组成函数：

$$\boldsymbol{\Phi}=\mathrm{tr}(\boldsymbol{H}_1\boldsymbol{Q}_{WW}\boldsymbol{H}_1^{\mathrm{T}})+\mathrm{tr}[2(\boldsymbol{H}_1\boldsymbol{B}+\boldsymbol{H}_2\boldsymbol{C}+\boldsymbol{I})\boldsymbol{K}^{\mathrm{T}}] \tag{9-5-15}$$

式中，$\boldsymbol{K}^{\mathrm{T}}$ 为联系数向量。为求函数 $\boldsymbol{\Phi}$ 的极小值，需将上式对 $\boldsymbol{H}_1$ 和 $\boldsymbol{H}_2$ 求偏导数并令其为 0，得

$$\frac{\partial\boldsymbol{\Phi}}{\partial\boldsymbol{H}_1}=2\boldsymbol{H}_1\boldsymbol{Q}_{WW}+2\boldsymbol{K}\boldsymbol{B}^{\mathrm{T}}=0 \tag{9-5-16}$$

$$\frac{\partial\boldsymbol{\Phi}}{\partial\boldsymbol{H}_2}=2\boldsymbol{K}\boldsymbol{C}^{\mathrm{T}}=0 \tag{9-5-17}$$

顾及 $\boldsymbol{Q}_{WW}=\boldsymbol{A}\boldsymbol{Q}\boldsymbol{A}^{\mathrm{T}}=\boldsymbol{N}_{aa}$，由式（9-5-16）得

$$\boldsymbol{H}_1=-\boldsymbol{K}\boldsymbol{B}^{\mathrm{T}}\boldsymbol{N}_{aa}^{-1} \tag{9-5-18}$$

将上式代入式（9-5-13），得

$$\boldsymbol{K}\boldsymbol{B}^{\mathrm{T}}\boldsymbol{N}_{aa}^{-1}\boldsymbol{B}-\boldsymbol{H}_2\boldsymbol{C}=\boldsymbol{I} \tag{9-5-19}$$

因为 $\boldsymbol{N}_{bb}=\boldsymbol{B}^{\mathrm{T}}\boldsymbol{N}_{aa}^{-1}\boldsymbol{B}$，所以

$$\boldsymbol{K}=(\boldsymbol{H}_2\boldsymbol{C}+\boldsymbol{I})\boldsymbol{N}_{bb}^{-1} \tag{9-5-20}$$

将上式代入式（9-5-17），得

$$(\boldsymbol{H}_2\boldsymbol{C}+\boldsymbol{I})\boldsymbol{N}_{bb}^{-1}\boldsymbol{C}^{\mathrm{T}}=0 \tag{9-5-21}$$

因为 $\boldsymbol{N}_{cc}=\boldsymbol{C}\boldsymbol{N}_{bb}^{-1}\boldsymbol{C}^{\mathrm{T}}$，由上式解得

$$\boldsymbol{H}_2=-\boldsymbol{N}_{bb}^{-1}\boldsymbol{C}^{\mathrm{T}}\boldsymbol{N}_{cc}^{-1} \tag{9-5-22}$$

于是，$\boldsymbol{K}$ 与 $\boldsymbol{H}_1$ 的值为

$$\boldsymbol{K}=\boldsymbol{N}_{bb}^{-1}-\boldsymbol{N}_{bb}^{-1}\boldsymbol{C}^{\mathrm{T}}\boldsymbol{N}_{cc}^{-1}\boldsymbol{C}\boldsymbol{N}_{bb}^{-1} \tag{9-5-23}$$

$$\boldsymbol{H}_1=-(\boldsymbol{N}_{bb}^{-1}-\boldsymbol{N}_{bb}^{-1}\boldsymbol{C}^{\mathrm{T}}\boldsymbol{N}_{cc}^{-1}\boldsymbol{C}\boldsymbol{N}_{bb}^{-1})\boldsymbol{B}^{\mathrm{T}}\boldsymbol{N}_{aa}^{-1} \tag{9-5-24}$$

由式（9-5-10），得 $\hat{\boldsymbol{x}}'$ 的无偏和方差最小估值为

$$\hat{\boldsymbol{x}}'=\boldsymbol{H}_1\boldsymbol{W}+\boldsymbol{H}_2\boldsymbol{W}_x=-(\boldsymbol{N}_{bb}^{-1}-\boldsymbol{N}_{bb}^{-1}\boldsymbol{C}^{\mathrm{T}}\boldsymbol{N}_{cc}^{-1}\boldsymbol{C}\boldsymbol{N}_{bb}^{-1})\boldsymbol{B}^{\mathrm{T}}\boldsymbol{N}_{aa}^{-1}\boldsymbol{W}-\boldsymbol{N}_{bb}^{-1}\boldsymbol{C}^{\mathrm{T}}\boldsymbol{N}_{cc}^{-1}\boldsymbol{W}_x \tag{9-5-25}$$

对比式（9-5-9）知，$\hat{\boldsymbol{x}}'=\hat{\boldsymbol{x}}$，而 $\hat{\boldsymbol{x}}'$ 是在无偏和方差最小的条件下推导出的，因此，这说明由最小二乘估计求得的 $\hat{\boldsymbol{x}}$ 也是无偏估计，且方差最小（有效性），故 $\hat{\boldsymbol{X}}=\boldsymbol{X}^0+\hat{\boldsymbol{x}}$ 是最优无偏估计。

9.5.4 估计量 $\hat{\boldsymbol{L}}$ 具有最小方差（有效性）

同理，证明 $\hat{\boldsymbol{L}}$ 具有最小方差，也就是要证明

$$\mathrm{tr}(\boldsymbol{D}_{\hat{L}\hat{L}})=\min \text{ 或 } \mathrm{tr}(\boldsymbol{Q}_{\hat{L}\hat{L}})=\min$$

因为 $\hat{\boldsymbol{x}}=-\boldsymbol{Q}_{\hat{X}\hat{X}}\boldsymbol{B}^{\mathrm{T}}\boldsymbol{N}_{aa}^{-1}\boldsymbol{W}-\boldsymbol{N}_{bb}^{-1}\boldsymbol{C}^{\mathrm{T}}\boldsymbol{N}_{cc}^{-1}\boldsymbol{W}_x$，则

$$\begin{aligned}\hat{\boldsymbol{L}}&=\boldsymbol{L}+\boldsymbol{V}=\boldsymbol{L}-\boldsymbol{Q}\boldsymbol{A}^{\mathrm{T}}\boldsymbol{N}_{aa}^{-1}(\boldsymbol{W}+\boldsymbol{B}\hat{\boldsymbol{x}})\\&=\boldsymbol{L}-\boldsymbol{Q}\boldsymbol{A}^{\mathrm{T}}\boldsymbol{N}_{aa}^{-1}[(\boldsymbol{I}-\boldsymbol{B}\boldsymbol{Q}_{\hat{X}\hat{X}}\boldsymbol{B}^{\mathrm{T}}\boldsymbol{N}_{aa}^{-1})\boldsymbol{W}+\boldsymbol{B}\boldsymbol{N}_{bb}^{-1}\boldsymbol{C}^{\mathrm{T}}\boldsymbol{N}_{cc}^{-1}\boldsymbol{W}_x]\end{aligned} \tag{9-5-26}$$

即 $\hat{\boldsymbol{L}}$ 是 $\boldsymbol{L}$、$\boldsymbol{W}$、$\boldsymbol{W}_x$ 的线性函数。

设有另一个参数估值向量 $\hat{\boldsymbol{L}}'$ 是 $\tilde{\boldsymbol{L}}$ 的无偏和最小方差估计量，令其表达式为

$$\hat{\boldsymbol{L}}'=\boldsymbol{L}+\boldsymbol{G}_1\boldsymbol{W}+\boldsymbol{G}_2\boldsymbol{W}_x \tag{9-5-27}$$

式中，$\boldsymbol{G}_1$、$\boldsymbol{G}_2$ 为待定系数阵，对其取数学期望，得

$$E(\hat{\boldsymbol{L}}')=E(\boldsymbol{L})+\boldsymbol{G}_1E(\boldsymbol{W})+\boldsymbol{G}_2\boldsymbol{W}_x=\tilde{\boldsymbol{L}}-\boldsymbol{G}_1\boldsymbol{B}\tilde{\boldsymbol{x}}-\boldsymbol{G}_2\boldsymbol{C}\tilde{\boldsymbol{x}}=\tilde{\boldsymbol{L}}-(\boldsymbol{G}_1\boldsymbol{B}+\boldsymbol{G}_2\boldsymbol{C})\tilde{\boldsymbol{x}} \tag{9-5-28}$$

若 $\hat{\boldsymbol{L}}'$ 为无偏估计，必有

$$\boldsymbol{G}_1\boldsymbol{B}+\boldsymbol{G}_2\boldsymbol{C}=0 \tag{9-5-29}$$

对 $\hat{\boldsymbol{L}}'=\boldsymbol{L}+\boldsymbol{G}_1\boldsymbol{W}+\boldsymbol{G}_2\boldsymbol{W}_x$ 应用协因数传播律，顾及 $\boldsymbol{W}_x$ 是非随机量，$\boldsymbol{Q}_{WL}=\boldsymbol{A}\boldsymbol{Q}$，$\boldsymbol{Q}_{WW}=\boldsymbol{A}\boldsymbol{Q}\boldsymbol{A}^{\mathrm{T}}=\boldsymbol{N}_{aa}$，得 $\hat{\boldsymbol{L}}'$ 的协因数阵为

$$\boldsymbol{Q}_{\hat{L}'\hat{L}'}=\boldsymbol{Q}+\boldsymbol{Q}_{LW}\boldsymbol{G}_1^{\mathrm{T}}+\boldsymbol{G}_1\boldsymbol{Q}_{WL}+\boldsymbol{G}_1\boldsymbol{Q}_{WW}\boldsymbol{G}_1^{\mathrm{T}}=\boldsymbol{Q}+\boldsymbol{Q}\boldsymbol{A}^{\mathrm{T}}\boldsymbol{G}_1^{\mathrm{T}}+\boldsymbol{G}_1\boldsymbol{A}\boldsymbol{Q}+\boldsymbol{G}\boldsymbol{N}_{aa}\boldsymbol{G}_1^{\mathrm{T}} \tag{9-5-30}$$

要在满足式（9-5-29）的条件下求 $\mathrm{tr}(\boldsymbol{Q}_{\hat{L}\hat{L}})=\min$，为此组成函数：

$$\boldsymbol{\Phi}=\mathrm{tr}(\boldsymbol{Q}_{\hat{L}'\hat{L}'})+2\mathrm{tr}\left[(\boldsymbol{G}_1\boldsymbol{B}+\boldsymbol{G}_2\boldsymbol{C})\boldsymbol{K}^{\mathrm{T}}\right] \tag{9-5-31}$$

为求函数 $\boldsymbol{\Phi}$ 的极小值，需将上式对 $\boldsymbol{G}_1$、$\boldsymbol{G}_2$ 求偏导数并令其为 0，得

$$\frac{\partial\boldsymbol{\Phi}}{\partial\boldsymbol{G}_1}=2\boldsymbol{Q}\boldsymbol{A}^{\mathrm{T}}+2\boldsymbol{G}_1\boldsymbol{N}_{aa}+2\boldsymbol{K}\boldsymbol{B}^{\mathrm{T}}=0 \tag{9-5-32}$$

$$\frac{\partial\boldsymbol{\Phi}}{\partial\boldsymbol{G}_2}=2\boldsymbol{K}\boldsymbol{C}^{\mathrm{T}}=0 \tag{9-5-33}$$

由式（9-5-32）得

$$\boldsymbol{G}_1=-(\boldsymbol{Q}\boldsymbol{A}^{\mathrm{T}}+\boldsymbol{K}\boldsymbol{B}^{\mathrm{T}})\boldsymbol{N}_{aa}^{-1} \tag{9-5-34}$$

把上式代入无偏性条件式 $\boldsymbol{G}_1\boldsymbol{B}+\boldsymbol{G}_2\boldsymbol{C}=0$ 中，得

$$-(\boldsymbol{Q}\boldsymbol{A}^{\mathrm{T}}+\boldsymbol{K}\boldsymbol{B}^{\mathrm{T}})\boldsymbol{N}_{aa}^{-1}\boldsymbol{B}+\boldsymbol{G}_2\boldsymbol{C}=0 \tag{9-5-35}$$

顾及 $\boldsymbol{B}^{\mathrm{T}}\boldsymbol{N}_{aa}^{-1}\boldsymbol{B}=\boldsymbol{N}_{bb}$，由上式得

$$\boldsymbol{K}=(-\boldsymbol{Q}\boldsymbol{A}^{\mathrm{T}}\boldsymbol{N}_{aa}^{-1}\boldsymbol{B}+\boldsymbol{G}_2\boldsymbol{C})\boldsymbol{N}_{bb}^{-1} \tag{9-5-36}$$

再代入式（9-5-33），顾及 $\boldsymbol{C}\boldsymbol{N}_{bb}^{-1}\boldsymbol{C}^{\mathrm{T}}=\boldsymbol{N}_{cc}$，解得

$$G_2 = QA^{\mathrm{T}} N_{aa}^{-1} B N_{bb}^{-1} C^{\mathrm{T}} N_{cc}^{-1} \tag{9-5-37}$$

至此，已经求得第一个未知数向量 G_2。再回代 K 表达式（9-5-36），得

$$\begin{aligned} K &= (-QA^{\mathrm{T}} N_{aa}^{-1} B + G_2 C) N_{bb}^{-1} = -QA^{\mathrm{T}} N_{aa}^{-1} B N_{bb}^{-1} + QA^{\mathrm{T}} N_{aa}^{-1} B N_{bb}^{-1} C^{\mathrm{T}} N_{cc}^{-1} C N_{bb}^{-1} \\ &= -QA^{\mathrm{T}} N_{aa}^{-1} B (N_{bb}^{-1} - N_{bb}^{-1} C^{\mathrm{T}} N_{cc}^{-1} C N_{bb}^{-1}) = -QA^{\mathrm{T}} N_{aa}^{-1} B Q_{\hat{X}\hat{X}} \end{aligned} \tag{9-5-38}$$

再代入式（9-5-34）得

$$G_1 = (-QA^{\mathrm{T}} + KB^{\mathrm{T}}) N_{aa}^{-1} = -QA^{\mathrm{T}} N_{aa}^{-1} (I - BQ_{\hat{X}\hat{X}} B^{\mathrm{T}} N_{aa}^{-1}) \tag{9-5-39}$$

这就又求得了第二个未知数向量 G_1，将 G_1、G_2 表达式代入 $\hat{L}' = L + G_1 W + G_2 W_x$ 就得到

$$\hat{L}' = L - QA^{\mathrm{T}} N_{aa}^{-1} (I - BQ_{\hat{X}\hat{X}} B^{\mathrm{T}} N_{aa}^{-1}) W - QA^{T} N_{aa}^{-1} B N_{bb}^{-1} C^{\mathrm{T}} N_{cc}^{-1} W_x \tag{9-5-40}$$

对比式（9-5-26）知，两式完全相同，而 $\hat{L}'$ 是在无偏和方差最小的条件下求得的，这说明由最小二乘估计求得的 $\hat{L}$ 也是无偏估计，且方差最小，即是最优无偏估计。

9.5.5　单位权方差估值 $\hat{\sigma}_0^2$ 是 σ_0^2 的无偏估计量

在以上各章中，单位权方差的估计公式都是用 $V^{\mathrm{T}}PV$ 除以模型自由度（多余观测数 r），即

$$\hat{\sigma}_0^2 = \frac{V^{\mathrm{T}}PV}{r} \tag{9-5-41}$$

现要证明：$E(\hat{\sigma}_0^2) = \sigma_0^2$。

根据二次型定理：$E(Y^{\mathrm{T}}MY) = \mathrm{tr}(M\Sigma) + \eta^{\mathrm{T}} M \eta$，现在用 V 代替 Y，P 代替 M，顾及 $\eta = E(V)$，可得

$$E(V^{\mathrm{T}}PV) = \mathrm{tr}(PD_{VV}) + E(V)^{\mathrm{T}} PE(V) \tag{9-5-42}$$

顾及 $E(V)=0$，由表 9-3-1 查得 $Q_{VV} = QA^{\mathrm{T}} Q_{KK} AQ = QA^{\mathrm{T}} (N_{aa}^{-1} - N_{aa}^{-1} BQ_{\hat{X}\hat{X}} B^{\mathrm{T}} N_{aa}^{-1}) AQ$，$Q_{\hat{X}\hat{X}} = N_{bb}^{-1} - N_{bb}^{-1} C^{\mathrm{T}} N_{cc}^{-1} C N_{bb}^{-1}$，又 $\underset{cc}{N_{aa}} = AQA^{\mathrm{T}}$，$\underset{uu}{N_{bb}} = B^{\mathrm{T}} N_{aa}^{-1} B$，$\underset{ss}{N_{cc}} = CN_{bb}^{-1} C^{\mathrm{T}}$，$QP = I$，则式（9-5-42）为

$$\begin{aligned} E(V^{\mathrm{T}}PV) &= \mathrm{tr}(PD_{VV}) + E(V)^{\mathrm{T}} PE(V) = \sigma_0^2 \mathrm{tr}(PQ_{VV}) \\ &= \sigma_0^2 \mathrm{tr}[PQA^{\mathrm{T}} (N_{aa}^{-1} - N_{aa}^{-1} BQ_{\hat{X}\hat{X}} B^{\mathrm{T}} N_{aa}^{-1}) AQ] \\ &= \sigma_0^2 \mathrm{tr}[AQA^{\mathrm{T}} (N_{aa}^{-1} - N_{aa}^{-1} BQ_{\hat{X}\hat{X}} B^{\mathrm{T}} N_{aa}^{-1})] = \sigma_0^2 \mathrm{tr}[\underset{cc}{I} - BQ_{\hat{X}\hat{X}} B^{\mathrm{T}} N_{aa}^{-1}] \\ &= \sigma_0^2 [c - \mathrm{tr}(Q_{\hat{X}\hat{X}} N_{bb})] = \sigma_0^2 [c - \mathrm{tr}((N_{bb}^{-1} - N_{bb}^{-1} C^{\mathrm{T}} N_{cc}^{-1} C N_{bb}^{-1}) N_{bb})] \\ &= \sigma_0^2 [c - \mathrm{tr}(\underset{uu}{I} - N_{bb}^{-1} C^{\mathrm{T}} N_{cc}^{-1} C)] = \sigma_0^2 [c - \mathrm{tr}(\underset{uu}{I}) + \mathrm{tr}(N_{bb}^{-1} C^{\mathrm{T}} N_{cc}^{-1} C)] \\ &= \sigma_0^2 [c - u + \mathrm{tr}(CN_{bb}^{-1} C^{\mathrm{T}} N_{cc}^{-1})] = \sigma_0^2 [c - u + \mathrm{tr}(\underset{ss}{I})] \\ &= \sigma_0^2 [c - u + s] = r\sigma_0^2 \end{aligned} \tag{9-5-43}$$

其中，$\underset{cc}{I}$、$\underset{uu}{I}$、$\underset{ss}{I}$ 表示 c、u、s 阶单位阵，$\mathrm{tr}(\underset{cc}{I}) = c$、$\mathrm{tr}(\underset{uu}{I}) = u$、$\mathrm{tr}(\underset{ss}{I}) = s$，所以

$$E(\hat{\sigma}_0^2) = E\left(\frac{V^{\mathrm{T}}PV}{r}\right) = \sigma_0^2 \tag{9-5-44}$$

即 $\hat{\sigma}_0^2$ 是 σ_0^2 的无偏估计量。

由于所有证明都是由概括平差模型（附有限制条件的条件平差）推证，而其他模型可视为概括模型的特例，故上述结论适用于其他任一平差方法，从而知最小二乘平差所得估值具

有优良统计性质。

9.6 公式汇编

附有限制条件的条件平差的函数模型如下。

观测值和参数的一般形式：

$$\begin{cases}\underset{c1}{F}(\underset{n1}{\hat{L}},\underset{u1}{\hat{X}})=\underset{c1}{0}\\ \underset{s1}{\Phi}(\underset{u1}{\hat{X}})=\underset{s1}{0}\end{cases} \quad \text{类似（9-2-1）}$$

观测值和参数的线性化形式：

$$\begin{cases}\underset{cn}{A}\underset{n1}{\hat{L}}+\underset{cu}{B}\underset{u1}{\hat{X}}+\underset{c1}{A_0}=\underset{c1}{0}\\ \underset{su}{C}\underset{u1}{\hat{X}}+\underset{s1}{C_0}=\underset{s1}{0}\end{cases}$$

观测值和参数的改正数形式：

$$\begin{cases}\underset{cn}{A}\underset{n1}{V}+\underset{cu}{B}\underset{u1}{\hat{x}}+\underset{c1}{W}=\underset{c1}{0}\\ \underset{su}{C}\underset{u1}{\hat{x}}+\underset{s1}{W_x}=\underset{s1}{0}\end{cases} \quad (9\text{-}2\text{-}3)$$

式中，$W=F(L,X^0)=AL+BX^0+A_0$；$W_x=\Phi(X^0)=CX^0+C_0$。

附有限制条件的条件平差的随机模型：

$$D=\sigma_0^2Q=\sigma_0^2P^{-1} \quad (9\text{-}2\text{-}4)$$

法方程：

$$\begin{cases}\underset{cc}{N_{aa}}\underset{c1}{K}+\underset{cu}{B}\underset{u1}{\hat{x}}+\underset{c1}{W}=0\\ \underset{uc}{B^{\mathrm{T}}}\underset{c1}{K}+\underset{us}{C^{\mathrm{T}}}\underset{s1}{K_s}=0\\ \underset{su}{C}\underset{u1}{\hat{x}}+\underset{s1}{W_x}=0\end{cases} \quad (9\text{-}2\text{-}11)$$

式中，$N_{aa}=AQA^{\mathrm{T}}$。

法方程解为

$$K=-N_{aa}^{-1}(B\hat{x}+W) \quad (9\text{-}2\text{-}13)$$

$$K_s=-N_{cc}^{-1}(W_x-CN_{bb}^{-1}W_e)=-N_{cc}^{-1}(W_x-CN_{bb}^{-1}B^{\mathrm{T}}N_{aa}^{-1}W) \quad (9\text{-}2\text{-}19)$$

$$\hat{x}=-(N_{bb}^{-1}-N_{bb}^{-1}C^{\mathrm{T}}N_{cc}^{-1}CN_{bb}^{-1})B^{\mathrm{T}}N_{aa}^{-1}W-N_{bb}^{-1}C^{\mathrm{T}}N_{cc}^{-1}W_x \quad (9\text{-}2\text{-}21)$$

式中，$N_{bb}=B^{\mathrm{T}}N_{aa}^{-1}B$；$N_{cc}=CN_{bb}^{-1}C^{\mathrm{T}}$；$W_e=B^{\mathrm{T}}N_{aa}^{-1}W$。

观测值改正数方程：

$$V=P^{-1}A^{\mathrm{T}}K=QA^{\mathrm{T}}K \quad (9\text{-}2\text{-}9)$$

观测值和参数的平差值：

$$\begin{cases}\hat{L}=L+V\\ \hat{X}=X^0+\hat{x}\end{cases} \quad (9\text{-}2\text{-}23)$$

单位权方差的估值：

$$\hat{\sigma}_0^2 = \frac{\boldsymbol{V}^{\mathrm{T}}\boldsymbol{PV}}{r} = \frac{\boldsymbol{V}^{\mathrm{T}}\boldsymbol{PV}}{c-(u-s)} = \frac{\boldsymbol{V}^{\mathrm{T}}\boldsymbol{PV}}{c-u+s} \tag{9-3-1}$$

附有限制条件的条件平差基本向量的协因数阵见表 9-3-1。

平差值函数：

$$\hat{\boldsymbol{\varphi}} = \boldsymbol{\Phi}(\underset{n1}{\hat{\boldsymbol{L}}}, \underset{u1}{\hat{\boldsymbol{X}}}) \tag{9-3-5}$$

平差值函数的权函数式、协因数和中误差：

$$\mathrm{d}\hat{\boldsymbol{\varphi}} = \frac{\partial \boldsymbol{\Phi}}{\partial \hat{\boldsymbol{L}}}\mathrm{d}\hat{\boldsymbol{L}} + \frac{\partial \boldsymbol{\Phi}}{\partial \hat{\boldsymbol{X}}}\mathrm{d}\hat{\boldsymbol{X}} = \boldsymbol{F}^{\mathrm{T}}\mathrm{d}\hat{\boldsymbol{L}} + \boldsymbol{F}_x^{\mathrm{T}}\mathrm{d}\hat{\boldsymbol{X}} \tag{9-3-6}$$

$$\boldsymbol{Q}_{\hat{\varphi}\hat{\varphi}} = \boldsymbol{F}^{\mathrm{T}}\boldsymbol{Q}_{\hat{L}\hat{L}}\boldsymbol{F} + \boldsymbol{F}^{\mathrm{T}}\boldsymbol{Q}_{\hat{L}\hat{X}}\boldsymbol{F}_x + \boldsymbol{F}_x^{\mathrm{T}}\boldsymbol{Q}_{\hat{X}\hat{L}}\boldsymbol{F} + \boldsymbol{F}_x^{\mathrm{T}}\boldsymbol{Q}_{\hat{X}\hat{X}}\boldsymbol{F}_x \tag{9-3-8}$$

$$\hat{\sigma}_{\hat{\varphi}} = \hat{\sigma}_0\sqrt{\boldsymbol{Q}_{\hat{\varphi}\hat{\varphi}}} \tag{9-3-9}$$

其中，

$$\underset{1n}{\boldsymbol{F}^{\mathrm{T}}} = \begin{bmatrix} \dfrac{\partial \boldsymbol{\Phi}}{\partial \hat{L}_1} & \dfrac{\partial \boldsymbol{\Phi}}{\partial \hat{L}_2} & \cdots & \dfrac{\partial \boldsymbol{\Phi}}{\partial \hat{L}_n} \end{bmatrix}_{L,X^0}, \quad \underset{1u}{\boldsymbol{F}_x^{\mathrm{T}}} = \begin{bmatrix} \dfrac{\partial \boldsymbol{\Phi}}{\partial \hat{X}_1} & \dfrac{\partial \boldsymbol{\Phi}}{\partial \hat{X}_2} & \cdots & \dfrac{\partial \boldsymbol{\Phi}}{\partial \hat{X}_u} \end{bmatrix}_{L,X^0} \tag{9-3-7}$$

第10章　误 差 椭 圆

测绘工作开始之初是布设控制网。在控制网设计时，需要估算控制网中每个点的精度、每条边的精度；土木、交通等工程建设往往更关注某个方向（如桥轴线方向、隧道贯通方向等）精度，用以确定设计方案是否满足工程建设要求。本章对此进行探讨。

10.1　概　　述

控制网通常由已知点与待定点构成，点的平面位置常用平面直角坐标来表示。为了确定待定点的平面直角坐标，需要对构成控制网的元素（角度、边长等）进行一系列观测，进而通过已知点的平面直角坐标和观测值，用一定的数学方法（平差方法）求出待定点的平面直角坐标。由于观测条件的存在，观测值总是带有观测误差，因而根据观测值通过平差计算所获得的某个待定点P的平面直角坐标，并不是P点的坐标真值（$\tilde{x}_P$，$\tilde{y}_P$），而是待定点P的坐标真值的平差值（x，y）（为了书写方便，本章以x，y代替前几章采用的符号$\hat{x}_P$，$\hat{y}_P$）。

坐标平差值(x, y)由观测值通过平差方法获得，带有随机性，P点的精度用中误差（σ_{x_P}，σ_{y_P}）来描述，表示待定点在x轴和y轴方向上的位差。在前面几章讲述的几种平差方法中，对坐标平差值的精度估算已有论述，在此基础上，本节对测量中常用的评定控制点点位的精度方法进行进一步讨论。

10.1.1　点位中误差的概念

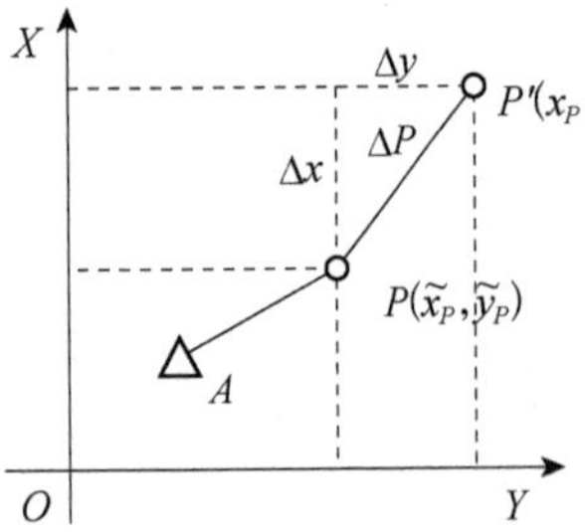

图10-1-1　点位真误差

1）点位真误差的概念

在图10-1-1中，控制点A为已知点，其坐标为（x_A，y_A），假设它的坐标没有误差（或误差忽略不计），待定点P的真位置坐标为（$\tilde{x}_P$，$\tilde{y}_P$）。由A点坐标（x_A，y_A）和观测值求得的平差值（x_P，y_P）所确定的P点平面位置并不是P点的真位置（$\tilde{x}_P$，$\tilde{y}_P$），而是最或然点位，记为P'，在P和P'对应的这两对坐标之间存在着坐标真误差Δx和Δy。由图10-1-1知

$$\begin{cases}\Delta x = \tilde{x}_P - x_P \\ \Delta y = \tilde{y}_P - y_P\end{cases} \tag{10-1-1}$$

由于Δx和Δy的存在而产生的距离ΔP称为P点的点位真误差，简称真位差。由图10-1-1知

$$\Delta P^2 = \Delta x^2 + \Delta y^2 \tag{10-1-2}$$

2）点位中误差的概念

根据方差的定义，并顾及式（10-1-1），则有

$$\begin{cases}\sigma_{x_P}^2 = E[(x_P - E(x_P))^2] = E[(x_P - \tilde{x}_P)^2] = E[\Delta x^2] \\ \sigma_{y_P}^2 = E[(y_P - E(y_P))^2] = E[(y_P - \tilde{y}_P)^2] = E[\Delta y^2]\end{cases} \tag{10-1-3}$$

对式（10-1-2）两边取数学期望，得

$$E(\Delta P^2) = E(\Delta x^2) + E(\Delta y^2) = \sigma_{x_P}^2 + \sigma_{y_P}^2 \tag{10-1-4}$$

式中，$E(\Delta P^2)$ 为 P 点真位差平方的理论平均值，通常定义为 P 点的点位方差，并记为 σ_P^2，于是有

$$\sigma_P^2 = \sigma_{x_P}^2 + \sigma_{y_P}^2 \tag{10-1-5}$$

则 P 点的点位中误差 σ_P 为

$$\sigma_P = \sqrt{\sigma_{x_P}^2 + \sigma_{y_P}^2} \tag{10-1-6}$$

点位中误差 σ_P 是衡量待定点精度的常用指标之一。

10.1.2 点位中误差的计算

待定点的纵、横坐标的方差是按下式计算的：

$$\begin{cases}\sigma_x^2 = \sigma_0^2 \dfrac{1}{p_x} = \sigma_0^2 Q_{xx} \\ \sigma_y^2 = \sigma_0^2 \dfrac{1}{p_y} = \sigma_0^2 Q_{yy}\end{cases} \tag{10-1-7}$$

根据式（10-1-5）可求得点位方差：

$$\sigma_P^2 = \sigma_0^2 (Q_{xx} + Q_{yy}) = \sigma_0^2 \left(\frac{1}{p_x} + \frac{1}{p_y}\right) \tag{10-1-8}$$

进而可求得点位中误差：

$$\sigma_P = \sigma_0 \sqrt{Q_{xx} + Q_{yy}} = \sigma_0 \sqrt{\frac{1}{p_x} + \frac{1}{p_y}} \tag{10-1-9}$$

从式（10-1-9）中可以看出，若想求得点位中误差 σ_P，要解决两个问题：一个是方差因子 σ_0^2（或中误差 σ_0）；另一个就是 P 点的坐标未知数 x 和 y 的协因数 Q_{xx} 和 Q_{yy}。

方差因子 σ_0^2（或中误差 σ_0）的确定分两种情况：一种是在控制网设计阶段，σ_0 的确定只能采用先验值，按规范规定的相应等级的误差容许值（如四等平面控制网，测角中误差容许值为 ±2.5″，则可取 $\sigma_0 = 2.5''$），或使用经验值（如所用仪器的标称精度）；另一种是已经对控制网进行了观测，在平差计算时，用 $\sqrt{\boldsymbol{V}^{\mathrm{T}}\boldsymbol{PV}/r}$ 计算。两种方法得到的都是 σ_0 的估值 $\hat{\sigma}_0$（本章为符号简单，仍用 σ_0）。

下面按条件平差和间接平差两种平差方法介绍 Q_{xx} 和 Q_{yy} 的计算问题。

1）间接平差法计算 Q_{xx} 和 Q_{yy}

当控制网中有 k 个待定点，并以这 k 个待定点的坐标作为未知数（未知数个数为 $t = 2k$），即 $\hat{\boldsymbol{X}} = (x_1 \quad y_1 \quad x_2 \quad y_2 \quad \cdots \quad x_k \quad y_k)^{\mathrm{T}}$，按间接平差法进行平差时，法方程系数阵的逆阵就是未知数的协因数阵 $\boldsymbol{Q}_{\hat{X}\hat{X}}$，即

$$
\boldsymbol{Q}_{\hat{X}\hat{X}}=(\boldsymbol{B}^{\mathrm{T}}\boldsymbol{P}\boldsymbol{B})^{-1}=\begin{bmatrix}
Q_{x_1x_1} & Q_{x_1y_1} & Q_{x_1x_2} & Q_{x_1y_2} & \cdots & Q_{x_1x_k} & Q_{x_1y_k}\\
Q_{y_1x_1} & Q_{y_1y_1} & Q_{y_1x_2} & Q_{y_1y_2} & \cdots & Q_{y_1x_k} & Q_{y_1y_k}\\
Q_{x_2x_1} & Q_{x_2y_1} & Q_{x_2x_2} & Q_{x_2y_2} & \cdots & Q_{x_2x_k} & Q_{x_2y_k}\\
Q_{y_2x_1} & Q_{y_2y_1} & Q_{y_2x_2} & Q_{y_2y_2} & \cdots & Q_{y_2x_k} & Q_{y_2y_k}\\
\vdots & \vdots & \vdots & \vdots & & \vdots & \vdots\\
Q_{x_kx_1} & Q_{x_ky_1} & Q_{x_kx_2} & Q_{x_ky_2} & \cdots & Q_{x_kx_k} & Q_{x_ky_k}\\
Q_{y_kx_1} & Q_{y_ky_1} & Q_{y_kx_2} & Q_{y_ky_2} & \cdots & Q_{y_kx_k} & Q_{y_ky_k}
\end{bmatrix} \tag{10-1-10}
$$

其中，主对角线元素 $Q_{x_ix_i}$ 和 $Q_{y_iy_i}$ 就是第 i 个待定点坐标 x_i 和 y_i 的协因数（或称权倒数）；$Q_{x_iy_i}$ 和 $Q_{y_ix_i}$ 则是它们的相关协因数（或称相关权倒数），在相应协因数（权倒数）连线的两侧；而 $Q_{x_ix_j}$、$Q_{x_iy_j}$、$Q_{y_ix_j}$、$Q_{y_iy_j}$（$i\neq j$）则是 i 点与 j 点的纵横坐标 x_i 和 y_i 与 x_j 和 y_j 之间的互协因数，它们位于主对角线元素连线的两侧，并呈对称关系。

当平差问题中只有一个待定点时，即 $k=1$，$t=2$ 时：

$$
\boldsymbol{Q}_{\hat{X}\hat{X}}=(\boldsymbol{B}^{\mathrm{T}}\boldsymbol{P}\boldsymbol{B})^{-1}=\begin{bmatrix} Q_{xx} & Q_{xy}\\ Q_{yx} & Q_{yy}\end{bmatrix} \tag{10-1-11}
$$

2）条件平差法计算 Q_{xx} 和 Q_{yy}

当平面控制网按条件平差时，首先求出观测值的平差值 $\hat{\boldsymbol{L}}$，由平差值 $\hat{\boldsymbol{L}}$ 和已知点的坐标计算待定点最或然坐标，因此说，待定点最或然坐标是观测值的平差值的函数。

欲求待定点最或然坐标的协因数（权倒数），需按照条件平差法中求平差值函数的权倒数的方法进行计算。

设待定点 P 的最或然坐标为 x_P 和 y_P，计算 x_P 和 y_P 使用的已知点 A 的坐标为 x_A 和 y_A（认为没有误差），则应有以下函数式：

$$
\begin{cases} x_P = x_A + F_x(\hat{\boldsymbol{L}})\\ y_P = y_A + F_y(\hat{\boldsymbol{L}})\end{cases} \tag{10-1-12}
$$

对式（10-1-12）微分，得其权函数式为

$$
\begin{cases} \mathrm{d}x_P = \boldsymbol{f}_x^{\mathrm{T}}\mathrm{d}\hat{\boldsymbol{L}}\\ \mathrm{d}y_P = \boldsymbol{f}_y^{\mathrm{T}}\mathrm{d}\hat{\boldsymbol{L}}\end{cases} \tag{10-1-13}
$$

按协因数传播律得

$$
\begin{cases} Q_{xx} = \boldsymbol{f}_x^{\mathrm{T}}\boldsymbol{Q}_{\hat{L}\hat{L}}\boldsymbol{f}_x\\ Q_{yy} = \boldsymbol{f}_y^{\mathrm{T}}\boldsymbol{Q}_{\hat{L}\hat{L}}\boldsymbol{f}_y\\ Q_{xy} = \boldsymbol{f}_x^{\mathrm{T}}\boldsymbol{Q}_{\hat{L}\hat{L}}\boldsymbol{f}_y\end{cases} \tag{10-1-14}
$$

顾及观测值的平差值 $\hat{\boldsymbol{L}}$ 的协因数阵 $\boldsymbol{Q}_{\hat{L}\hat{L}}=\boldsymbol{Q}-\boldsymbol{Q}\boldsymbol{A}^{\mathrm{T}}\boldsymbol{N}_{aa}^{-1}\boldsymbol{A}\boldsymbol{Q}$，$\boldsymbol{Q}=\boldsymbol{P}^{-1}$ 是观测量的权逆阵，$\boldsymbol{N}_{aa}$ 是条件平差的法方程系数阵，则

$$
\begin{cases} Q_{xx} = \boldsymbol{f}_x^{\mathrm{T}}\boldsymbol{Q}_{\hat{L}\hat{L}}\boldsymbol{f}_x = \boldsymbol{f}_x^{\mathrm{T}}\boldsymbol{Q}\boldsymbol{f}_x - \boldsymbol{f}_x^{\mathrm{T}}\boldsymbol{Q}\boldsymbol{A}^{\mathrm{T}}\boldsymbol{N}_{aa}^{-1}\boldsymbol{A}\boldsymbol{Q}\boldsymbol{f}_x\\ Q_{yy} = \boldsymbol{f}_y^{\mathrm{T}}\boldsymbol{Q}_{\hat{L}\hat{L}}\boldsymbol{f}_y = \boldsymbol{f}_y^{\mathrm{T}}\boldsymbol{Q}\boldsymbol{f}_y - \boldsymbol{f}_y^{\mathrm{T}}\boldsymbol{Q}\boldsymbol{A}^{\mathrm{T}}\boldsymbol{N}_{aa}^{-1}\boldsymbol{A}\boldsymbol{Q}\boldsymbol{f}_y\\ Q_{xy} = \boldsymbol{f}_x^{\mathrm{T}}\boldsymbol{Q}_{\hat{L}\hat{L}}\boldsymbol{f}_y = \boldsymbol{f}_x^{\mathrm{T}}\boldsymbol{Q}\boldsymbol{f}_y - \boldsymbol{f}_x^{\mathrm{T}}\boldsymbol{Q}\boldsymbol{A}^{\mathrm{T}}\boldsymbol{N}_{aa}^{-1}\boldsymbol{A}\boldsymbol{Q}\boldsymbol{f}_y\end{cases} \tag{10-1-15}
$$

10.1.3　横向与纵向点位中误差

待定点 P 的真位差 Δ_P 可以认为是 AP 边的边长误差与 AP 边的方位角误差导致的，如图 10-1-2 所示，将 P 点的真位差 Δ_P 投影于 AP 方向和垂直于 AP 的方向上，则得 Δ_S 和 Δ_u 。此时有

$$\Delta_P^2 = \Delta_S^2 + \Delta_u^2 \tag{10-1-16}$$

同理可得

$$\sigma_P^2 = \sigma_S^2 + \sigma_u^2 \tag{10-1-17}$$

式中，σ_S 为纵向中误差；σ_u 为横向中误差。通过纵、横向误差来求定点位误差，也是测量工作中一种常用的方法。

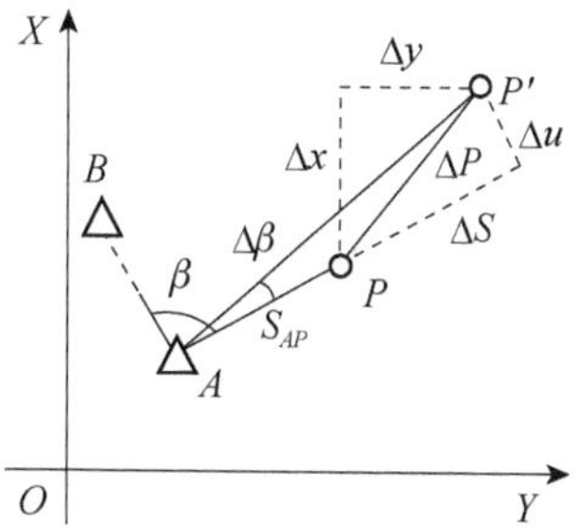

图 10-1-2　点位真误差与其在特定方向上的分量之间的关系

上述的 σ_{x_P} 和 σ_{y_P} 分别为 P 点在纵横坐标 x 和 y 方向上的中误差，或称为 x 和 y 方向上的位差。而 σ_S 和 σ_u 是 P 点在 AP 边的纵向和横向上的位差。点位中误差 σ_P 是衡量待定点精度的常用指标之一，在应用时，只要求出 P 点在两个相互垂直方向上的中误差，如（σ_{x_P}，σ_{y_P}）或（σ_S，σ_u）就可计算点位中误差。

例 10-1-1　设图 10-1-2 中 A 为已知点，AB 边方位角中误差 $\sigma_{\alpha_{AB}} = 1.0''$，边 AP 的长度为 $S = 600\text{m}$，测量中误差为 $\sigma_S = \sqrt{0.5}$ cm，角度 β 的测量精度为 $\sigma_\beta = 2.0''$。试求点 P 的点位中误差。

解：方法一：由 P 点的坐标中误差（σ_{x_P}，σ_{y_P}）计算点位中误差 σ_P。

P 点坐标计算函数式为

$$\begin{cases} x_P = x_A + \Delta x = x_A + S\cos(\alpha_{AB} + \beta) \\ y_P = y_A + \Delta y = y_A + S\sin(\alpha_{AB} + \beta) \end{cases}$$

对上式求全微分得

$$\begin{cases} \mathrm{d}x_P = \mathrm{d}S\cos(\alpha_{AB} + \beta) - \Delta y(\dfrac{\mathrm{d}\alpha_{AB}}{\rho} + \dfrac{\mathrm{d}\beta}{\rho}) \\ \mathrm{d}y_P = \mathrm{d}S\sin(\alpha_{AB} + \beta) + \Delta x(\dfrac{\mathrm{d}\alpha_{AB}}{\rho} + \dfrac{\mathrm{d}\beta}{\rho}) \end{cases}$$

应用协方差传播律得

$$\begin{cases} \sigma_{x_P}^2 = 0.5\cos^2(\alpha_{AB} + \beta) + 5\dfrac{\Delta y^2}{\rho^2} \\ \sigma_{y_P}^2 = 0.5\sin^2(\alpha_{AB} + \beta) + 5\dfrac{\Delta x^2}{\rho^2} \end{cases}$$

所以，P 点的点位方差为

$$\begin{aligned} \sigma_P^2 = \sigma_{x_P}^2 + \sigma_{y_P}^2 &= 0.5\cos^2(\alpha_{AB} + \beta) + 5\frac{\Delta y^2}{\rho^2} + 0.5\sin^2(\alpha_{AB} + \beta) + 5\frac{\Delta x^2}{\rho^2} \\ &= 0.5 + \frac{5 \times S^2}{\rho^2} = 0.5 + \frac{5 \times (600 \times 1000)^2}{206265^2} = 0.95\,(\text{cm}^2) \end{aligned}$$

方法二：由 P 点的纵横中误差（σ_S，σ_u）计算点位中误差 σ_P。

AP 边的纵向误差 σ_S 就是 AP 边的测量中误差；AP 边的横向误差为 $\sigma_u = S\dfrac{\sigma_{\alpha_{AP}}}{\rho}$。因为 $\alpha_{AP} = \alpha_{AB} + \beta$，所以有 $\sigma_{\alpha_{AP}}^2 = \sigma_{\alpha_{AB}}^2 + \sigma_\beta^2$，横向方差为

$$\sigma_u^2 = S^2\frac{\sigma_{\alpha_{AB}}^2 + \sigma_\beta^2}{\rho^2} = \frac{(600\times1000)^2\times(1+4)}{206265^2} = 0.45\,(\text{cm}^2)$$

所以

$$\sigma_P^2 = \sigma_S^2 + \sigma_u^2 = 0.5 + 0.45 = 0.95\,(\text{cm}^2)$$

10.1.4 点位中误差的局限性

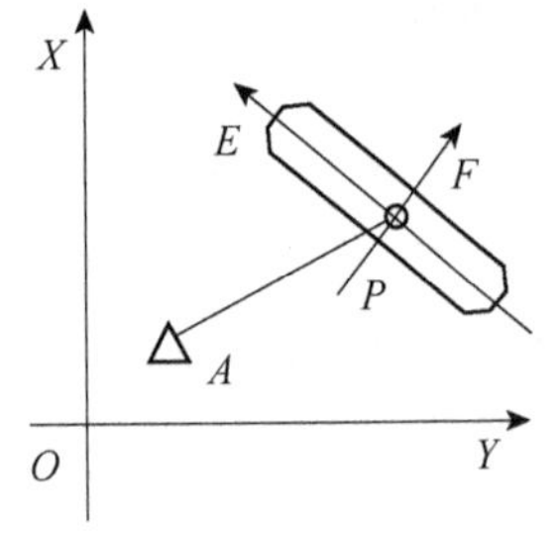

图 10-1-3 桥墩轴线示意图

点位中误差 σ_P 可以用来评定待定点的点位精度，但是它只是表示点位的“平均精度”，不能代表该点在某一任意方向上的位差大小。而 σ_{x_P} 和 σ_{y_P} 或 σ_S 和 σ_u 等，也只能代表待定点 P 在 x 和 y 轴方向上及在 AP 边的纵向、横向上的位差。但在有些情况下，往往需要研究点位在某些特殊方向上的位差大小。例如，桥（墩）轴线方向、隧道贯通方向等重要方向误差的大小。如图 10-1-3 所示，工程中需要控制桥墩定位点 P 在轴线 PE 与 PF 方向误差的大小，这些方向与 x 和 y 轴方向上，以及 AP 边的纵向、横向往往是不一致的，因此，需要求定待定点点位在任意方向上位差的大小。

10.2 点位任意方向的位差

待定点点位在不同方向上位差的大小不同，为了便于求定待定点点位在任意方向上位差的大小，需要建立相应的数学模型（公式）来计算任意方向上的位差，指示出点位在哪一个方向上的位差最大，在哪一个方向上的位差最小。

10.2.1 点位中误差与坐标系统的选择

如果将图 10-1-1 中的坐标系围绕原点 O 旋转某一角度 α，得 $x'Oy'$ 坐标系，如图 10-2-1 所示，则 A、P、P' 各点的坐标分别为（x'_A，y'_A）、（$\tilde{x}'_P$，$\tilde{y}'_P$）和（x'_P，y'_P）。同理，在 P 和 P' 对应的这两对坐标之间存在着误差 $\Delta x'$ 和 $\Delta y'$。

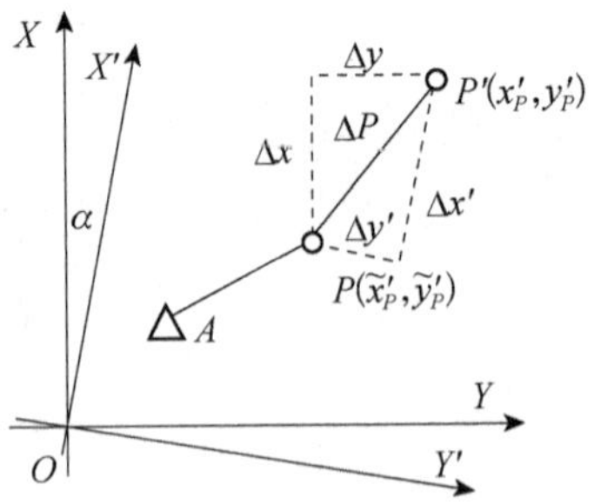

图 10-2-1 点位误差与坐标系统的关系

从图 10-2-1 可以看出，在 $x'Oy'$ 坐标系中对应的真误差 $\Delta x'$ 和 $\Delta y'$ 与 xOy 坐标系中的真误差 Δx 和 Δy 不同，但 P 点真位差 ΔP 的大小没有发生变化，即 $\Delta P^2 = \Delta x^2 + \Delta y^2 = \Delta x'^2 + \Delta y'^2$。同理，有

$$\sigma_P^2 = \sigma_{x_P}^2 + \sigma_{y_P}^2 = \sigma_{x'_P}^2 + \sigma_{y'_P}^2 \tag{10-2-1}$$

即点位方差 σ_P^2 总是可以表示为两个相互垂直的方向上的坐标方差之和，在应用时，只要求出 P 点在两个相互垂直方向上的中误差，如（σ_{x_P}，σ_{y_P}）、（$\sigma_{x'_P}$，σ_{yP}）或（σ_S，σ_u）就可计

算点位中误差。

从上面的分析知，点位中误差σ_P的大小与坐标系的选择无关，而（σ_{x_P}，σ_{y_P}）或（$\sigma_{x'_P}$，$\sigma_{y'_P}$）的大小与坐标系选择有关。换句话说，点位在不同方向位差不同。因此，需要建立相应的数学模型（公式）来计算任意方向上的位差的大小，更要了解点位在哪一个方向上的位差最大，在哪一个方向上的位差最小。

10.2.2　任意方向 φ 上的位差

为了求定 P 点在某一方向 φ 上的位差，需先找出待定点 P 在 φ 方向上的真误差 $\Delta\varphi$ 与纵、横坐标的真误差 Δx 、Δy 的函数关系，然后求出该方向的位差。P 点在 φ 方向的位置真误差，实际上就是 P 点点位真误差在 φ 方向的投影值。

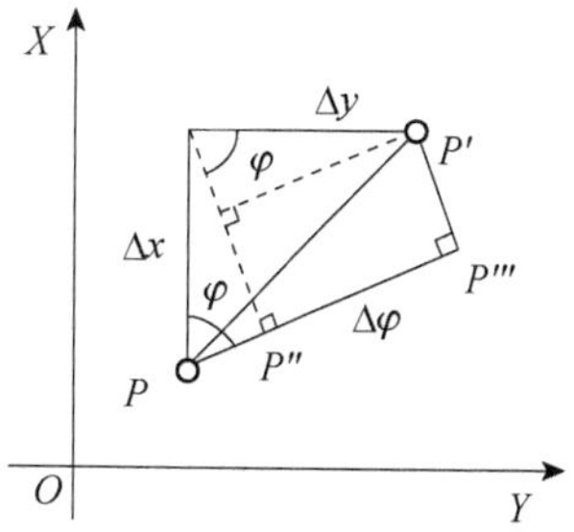

图 10-2-2　任意方向的真误差与 x、y 方向的真误差之间的关系

如图 10-2-2 所示，在 P 点有任意一方向，与 x 轴的夹角为 φ，P 点的点位真误差 PP' 在 φ 方向上的投影值为 $\Delta\varphi=\overline{PP'''}$，在 x 轴和 y 轴上的投影为 Δx 和 Δy，则 $\Delta\varphi$ 与 Δx 和 Δy 的关系为

$$\Delta\varphi=\overline{PP'''}=\overline{PP''}+\overline{P''P'''}=\Delta x\cos\varphi+\Delta y\sin\varphi=\begin{bmatrix}\cos\varphi & \sin\varphi\end{bmatrix}\begin{bmatrix}\Delta x\\ \Delta y\end{bmatrix}\qquad(10\text{-}2\text{-}2)$$

根据协因数传播律得

$$\boldsymbol{Q}_{\varphi\varphi}=\begin{bmatrix}\cos\varphi & \sin\varphi\end{bmatrix}\begin{bmatrix}Q_{xx} & Q_{xy}\\ Q_{yx} & Q_{yy}\end{bmatrix}\begin{bmatrix}\cos\varphi\\ \sin\varphi\end{bmatrix}=Q_{xx}\cos^2\varphi+Q_{yy}\sin^2\varphi+Q_{xy}\sin2\varphi\qquad(10\text{-}2\text{-}3)$$

$\boldsymbol{Q}_{\varphi\varphi}$ 即为求方向 φ 上的位差时的协因数（权倒数）。因此，方向 φ 的位差为

$$\sigma_\varphi^2=\sigma_0^2\boldsymbol{Q}_{\varphi\varphi}=\sigma_0^2(Q_{xx}\cos^2\varphi+Q_{yy}\sin^2\varphi+Q_{xy}\sin2\varphi)\qquad(10\text{-}2\text{-}4)$$

式（10-2-4）即计算 P 点在给定方向 φ 上的位差的公式。单位权方差为常量，σ_φ^2 的大小取决于 $\boldsymbol{Q}_{\varphi\varphi}$，是方向 φ 的函数。同理，对于任意坐标系 $x'Oy'$，P 点在给定方向 φ' 上的 $\Delta\varphi'$ 可表示为 $\Delta\varphi'=\Delta x'\cos\varphi'+\Delta y'\sin\varphi'$，位差计算公式为

$$\sigma_{\varphi'}^2=\sigma_0^2Q_{\varphi'\varphi'}=\sigma_0^2(Q_{x'x'}\cos^2\varphi'+Q_{y'y'}\sin^2\varphi'+Q_{x'y'}\sin2\varphi')\qquad(10\text{-}2\text{-}5)$$

10.2.3　位差的极大值 E 和极小值 F

σ_φ^2 的大小是方向 φ 的函数，在 0°～360° 范围内有无穷多个，其中，应存在一个极大值 $\max(\sigma_\varphi^2)$ 和一个极小值 $\min(\sigma_\varphi^2)$。求位差 σ_φ^2 极值的问题等价于求 $\boldsymbol{Q}_{\varphi\varphi}$ 的极值问题。

1）极值方向值 φ_0 的确定

要求 $\boldsymbol{Q}_{\varphi\varphi}$ 的极值，只需要将式（10-2-3）对 φ 求一阶导数，并令其等于 0，即可求出使得 $\boldsymbol{Q}_{\varphi\varphi}$ 取得极值的方向值 φ_0。由

$$\begin{aligned}\frac{\mathrm{d}\boldsymbol{Q}_{\varphi\varphi}}{\mathrm{d}\varphi}&=\frac{\mathrm{d}}{\mathrm{d}\varphi}(Q_{xx}\cos^2\varphi+Q_{yy}\sin^2\varphi+Q_{xy}\sin2\varphi)\\&=(-Q_{xx}\sin2\varphi+Q_{yy}\sin2\varphi+2Q_{xy}\cos2\varphi)\Big|_{\varphi=\varphi_0}=0\end{aligned}$$

得

$$-(Q_{xx}-Q_{yy})\sin 2\varphi_0+Q_{xy}\cos 2\varphi_0=0$$

由此可得

$$\tan 2\varphi_0=\frac{2Q_{xy}}{Q_{xx}-Q_{yy}} \tag{10-2-6}$$

又因为 $\tan 2\varphi_0=\tan(2\varphi_0+180)$，所以式（10-2-6）有两个解，一个是 $2\varphi_0$，另一个是 $2\varphi_0+180°$。因此，$Q_{\varphi\varphi}$ 取得极值的方向值为 φ_0 和 $\varphi_0+90°$，其中一个为极大值方向，另一个为极小值方向。常将位差的极大值方向和极小值方向记为 φ_E 和 φ_F，两个极值方向相互正交。

2）极大值方向 φ_E 和极小值方向 φ_F 的确定

将三角公式 $\sin^2\varphi_0=\dfrac{1-\cos 2\varphi_0}{2}$，$\cos^2\varphi_0=\dfrac{1+\cos 2\varphi_0}{2}$ 代入式（10-2-3）得

$$\begin{aligned}\boldsymbol{Q}_{\varphi\varphi}&=Q_{xx}\cos^2\varphi_0+Q_{yy}\sin^2\varphi_0+Q_{xy}\sin 2\varphi_0\\&=\frac{1}{2}Q_{xx}(1+\cos 2\varphi_0)+\frac{1}{2}Q_{yy}(1-\cos 2\varphi_0)+Q_{xy}\sin 2\varphi_0\\&=\frac{1}{2}[(Q_{xx}+Q_{yy})+(Q_{xx}-Q_{yy})\cos 2\varphi_0+2Q_{xy}\sin 2\varphi_0]\\&=\frac{1}{2}[(Q_{xx}+Q_{yy})+\frac{2Q_{xy}}{\tan 2\varphi_0}\cos 2\varphi_0+2Q_{xy}\sin 2\varphi_0]\\&=\frac{1}{2}[(Q_{xx}+Q_{yy})+2(\cot^2 2\varphi_0+1)Q_{xy}\sin 2\varphi_0]\end{aligned} \tag{10-2-7}$$

在式（10-2-7）中，根据测量平差的特点，第一项 $(Q_{xx}+Q_{yy})$ 恒大于 0；$(\cot^2 2\varphi_0+1)$ 恒为正值，所以，当第二项中的 $Q_{xy}\sin 2\varphi_0$ 值大于 0 时，$Q_{\varphi\varphi}$ 取得极大值，当第二项中的 $Q_{xy}\sin 2\varphi_0$ 值小于 0 时，$\boldsymbol{Q}_{\varphi\varphi}$ 取得极小值。又因为 $\sin 2\varphi_0=\sin 2(\varphi_0+180°)$，所以说对于在 φ_0 和 $\varphi_0+180°$ 取得相同的极值，即能使 $\boldsymbol{Q}_{\varphi\varphi}$ 取得极大值的两个方向相差 $180°$，同样，能使 $Q_{\varphi\varphi}$ 取得极小值的两个方向也相差 $180°$，而且极大值方向和极小值方向总是正交。极大值、极小值所在象限与 Q_{xy} 的正负有关：

（1）当 $Q_{xy}>0$ 时，φ_E 在第一、第三象限，φ_F 在第二、第四象限。

（2）当 $Q_{xy}<0$ 时，φ_E 在第二、第四象限，φ_F 在第一、第三象限。

3）极大值 E 和极小值 F 的计算

当 φ_E 和 φ_F 求出后，分别代入式（10-2-4），则可求出位差 σ_φ^2 的极大值 E 和极小值 F，即

$$\begin{cases}\sigma_{\varphi_E}^2=E^2=\sigma_0^2Q_E=\sigma_0^2(Q_{xx}\cos^2\varphi_E+Q_{yy}\sin^2\varphi_E+Q_{xy}\sin 2\varphi_E)\\\sigma_{\varphi_F}^2=F^2=\sigma_0^2Q_F=\sigma_0^2(Q_{xx}\cos^2\varphi_F+Q_{yy}\sin^2\varphi_F+Q_{xy}\sin 2\varphi_F)\end{cases} \tag{10-2-8}$$

还可以导出计算 E 和 F 关于 Q_{xx}、Q_{yy}、Q_{xy} 的表达公式。由式（10-2-7），顾及 $\cos^2 2\varphi=\dfrac{1}{1+\tan^2 2\varphi}$，并代入式（10-2-6），有

$$\begin{aligned}\boldsymbol{Q}_{\varphi\varphi}&=\frac{1}{2}[(Q_{xx}+Q_{yy})+(Q_{xx}-Q_{yy})\cos 2\varphi_0+2Q_{xy}\sin 2\varphi_0]\\&=\frac{1}{2}(Q_{xx}+Q_{yy})+\frac{1}{2}[(Q_{xx}-Q_{yy})+2Q_{xy}\tan 2\varphi_0]\cos 2\varphi_0\end{aligned}$$

$$
\begin{aligned}
&=\frac{1}{2}(Q_{xx}+Q_{yy})\pm\frac{1}{2}\sqrt{[(Q_{xx}-Q_{yy})+2Q_{xy}\tan 2\varphi_0]^2\cos^2 2\varphi_0}\\
&=\frac{1}{2}(Q_{xx}+Q_{yy})\pm\frac{1}{2}\sqrt{[(Q_{xx}-Q_{yy})+2Q_{xy}\tan 2\varphi_0]^2\frac{1}{1+\tan^2 2\varphi_0}}\\
&=\frac{1}{2}(Q_{xx}+Q_{yy})\pm\frac{1}{2}\sqrt{[(Q_{xx}-Q_{yy})+2Q_{xy}\frac{2Q_{xy}}{Q_{xx}-Q_{yy}}]^2\frac{1}{1+(\frac{2Q_{xy}}{Q_{xx}-Q_{yy}})^2}}\\
&=\frac{1}{2}(Q_{xx}+Q_{yy})\pm\frac{1}{2}\sqrt{[\frac{(Q_{xx}-Q_{yy})^2+4Q_{xy}^2}{Q_{xx}-Q_{yy}}]^2\frac{(Q_{xx}-Q_{yy})^2}{(Q_{xx}-Q_{yy})^2+4Q_{xy}^2}}\\
&=\frac{1}{2}[(Q_{xx}+Q_{yy})\pm\sqrt{(Q_{xx}-Q_{yy})^2+4Q_{xy}^2}]
\end{aligned}
\tag{10-2-9}
$$

令 $K=\sqrt{(Q_{xx}-Q_{yy})^2+4Q_{xy}^2}$，$K$ 恒为正值，则

$$
\begin{cases}
E^2=\dfrac{\sigma_0^2}{2}(Q_{xx}+Q_{yy}+K)\\
F^2=\dfrac{\sigma_0^2}{2}(Q_{xx}+Q_{yy}-K)
\end{cases}
\tag{10-2-10}
$$

$$
\sigma_P^2=E^2+F^2 \tag{10-2-11}
$$

例 10-2-1　已知某平面控制网中待定点坐标平差参数 $\hat{x}$、$\hat{y}$ 的协因数为 $\boldsymbol{Q}_{\hat{X}\hat{X}}=\begin{bmatrix}1.236 & -0.314\\ -0.314 & 1.192\end{bmatrix}$，单位 $[\text{cm}/('')]^2$，并求得 $\hat{\sigma}_0=1''$，试求 E、F 和 φ_E、φ_F。

解：由题意知 $Q_{xx}=1.236$，$Q_{yy}=1.192$，$Q_{xy}=-0.314$。

（1）极值方向的计算与确定。

$$
\tan 2\varphi_0=\frac{2Q_{xy}}{Q_{xx}-Q_{yy}}=\frac{2\times(-0.314)}{0.044}=-14.27273
$$

所以，$2\varphi_0=94°$ 或 $2\varphi_0=274°$，即 $\varphi_0=47°$ 或 $\varphi_0=137°$。

因为 $Q_{xy}<0$，所以极大值 E 在第二、第四象限，极小值 F 在第一、第三象限，所以有

$$
\varphi_E=137° \text{ 或 } \varphi_E=317°
$$

$$
\varphi_F=47° \text{ 或 } \varphi_F=227°
$$

（2）极大值 E、极小值 F 的计算。

$$
K=\sqrt{(Q_{xx}-Q_{yy})^2+4Q_{xy}^2}=0.6295
$$

$$
Q_{EE}=\frac{1}{2}(Q_{xx}+Q_{yy}+K)=1.528
$$

$$
Q_{FF}=\frac{1}{2}(Q_{xx}+Q_{yy}-K)=0.899
$$

$$
\hat{E}=\hat{\sigma}_0\sqrt{Q_{EE}}=1.24\text{cm}
$$

$$
\hat{F}=\hat{\sigma}_0\sqrt{Q_{FF}}=0.95\text{cm}
$$

同理，有了 φ_E 与 φ_F 也可以按式（10-2-8）计算 E 与 F。

10.2.4 极大值 E 和极小值 F 表示任意方向上的位差

在以上的讨论中，求任意方向 φ 上的位差时，φ 是以纵坐标 x 轴顺时针方向起算的，实质上是 xOy 坐标系中的方位角。前面曾提及，对于任意坐标系 $x'Oy'$，P 点在给定方向 φ' 上的 $\Delta\varphi'$ 可表示为 $\Delta\varphi' = \Delta x'\cos\varphi' + \Delta y'\sin\varphi'$，方向 φ' 上位差的表达式为

$$\sigma_{\varphi'}^2 = \sigma_0^2 Q_{\varphi'} = \sigma_0^2 (Q_{x'x'}\cos^2\varphi' + Q_{y'y'}\sin^2\varphi' + Q_{x'y'}\sin 2\varphi') \tag{10-2-12}$$

又因为极大值 E 和极小值 F 在相互正交的两个方向上，因而可将 E、F 方向为坐标轴构成一个直角坐标系 EOF。因此，可将任意坐标系 $x'Oy'$ 认为是坐标系 EOF，则 P 点在 EOF 中给定方向 ψ 上的 $\Delta\psi$ 可表示为

$$\Delta\psi = \Delta E\cos\psi + \Delta F\sin\psi \tag{10-2-13}$$

在 EOF 中给定方向 ψ 上的位差为

$$\sigma_{\psi}^2 = \sigma_0^2 Q_{\psi\psi} = \sigma_0^2 (Q_{EE}\cos^2\psi + Q_{FF}\sin^2\psi + Q_{EF}\sin 2\psi) \tag{10-2-14}$$

由于 E 轴与 F 轴在 xOy 坐标系中的方向分别是 φ_E、φ_F，所以有

$$\begin{cases} \Delta E = \Delta x\cos\varphi_E + \Delta y\sin\varphi_E \\ \Delta F = \Delta x\cos\varphi_F + \Delta y\sin\varphi_F \end{cases} \tag{10-2-15}$$

顾及 $\cos\varphi_F = \cos(90° + \varphi_E) = -\sin\varphi_E$，$\sin\varphi_F = \sin(90° + \varphi_E) = \cos\varphi_E$，则有

$$\begin{cases} \Delta E = \Delta x\cos\varphi_E + \Delta y\sin\varphi_E \\ \Delta F = -\Delta x\sin\varphi_E + \Delta y\cos\varphi_E \end{cases} \tag{10-2-16}$$

根据协因数传播定律，有

$$Q_{EE} = Q_{xx}\cos^2\varphi_E + Q_{yy}\sin^2\varphi_E + Q_{xy}\sin 2\varphi_E \tag{10-2-17}$$

$$Q_{FF} = Q_{xx}\sin^2\varphi_E + Q_{yy}\cos^2\varphi_E - Q_{xy}\sin 2\varphi_E \tag{10-2-18}$$

$$Q_{EF} = -\frac{1}{2}(Q_{xx} - Q_{yy})\sin 2\varphi_E + Q_{xy}\sin 2\varphi_E \tag{10-2-19}$$

由于

$$\tan 2\varphi_E = \frac{\sin 2\varphi_E}{\cos 2\varphi_E} = \frac{2Q_{xy}}{Q_{xx} - Q_{yy}} \tag{10-2-20}$$

即

$$2Q_{xy}\cos 2\varphi_E = (Q_{xx} - Q_{yy})\sin 2\varphi_E \tag{10-2-21}$$

对照式（10-2-19）有

$$Q_{EF} = -\frac{1}{2}(Q_{xx} - Q_{yy})\sin 2\varphi_E + Q_{xy}\sin 2\varphi_E = 0 \tag{10-2-22}$$

所以，以 E、F 表示的任意方向 ψ 上的位差公式为

$$\begin{aligned} \sigma_{\psi}^2 &= \sigma_0^2 Q_{\psi\psi} = \sigma_0^2 (Q_{EE}\cos^2\psi + Q_{FF}\sin^2\psi) \\ &= E^2\cos^2\psi + F^2\sin^2\psi \end{aligned} \tag{10-2-23}$$

例 10-2-2 数据同例 10-2-1，试求坐标方位角 $\alpha = 167°$ 方向上的位差。

解： 极大值方向 φ_E 是从 x 轴起算的，即 E 轴的方位角为 φ_E，方向 ψ 从 E 轴起算，所以坐标方位角 $\alpha = 167°$ 方向的 ψ 值为

$$\psi = \alpha - \varphi_E = 167° - 137° = 30°$$

$$\hat{\sigma}_{\psi}^2 = \hat{E}^2 \cos^2\psi + \hat{F}^2 \sin^2\psi = 1.528 \times 0.75 + 0.899 \times 0.25 = 1.371\,(\mathrm{cm}^2)$$

$$\hat{\sigma}_{\psi} = 1.17\,\mathrm{cm}$$

同理，也可将 $\varphi = \alpha = 167°$ 代入式（10-2-4）进行计算：

$$\begin{aligned}\hat{\sigma}_{\varphi}^2 &= \hat{\sigma}_0^2(Q_{xx}\cos^2\varphi + Q_{yy}\sin^2\varphi + Q_{xy}\sin 2\varphi)\\ &= 1.236\cos^2 167° + 1.192\sin^2 167° - 0.314\sin 334° = 1.731\,(\mathrm{cm}^2)\end{aligned}$$

$$\hat{\sigma}_{\psi} = 1.17\mathrm{cm}$$

10.3　误差椭圆原理

直观形象地表达任意方向上位差的大小和分布情况，一般是通过绘制待定点的点位误差椭圆图形来实现的，通过误差椭圆图形也可以图解待定点在任意方向上的位差。

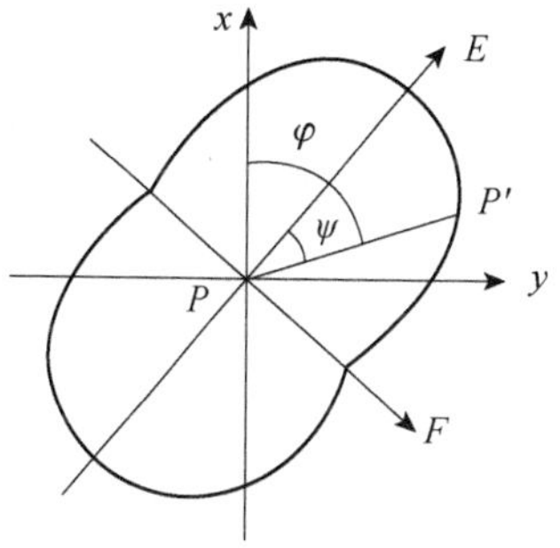

图 10-3-1　误差曲线

10.3.1　误差曲线的概念

σ_{φ}（或 σ_{ψ}）随着不同的 φ（或 Ψ）值而变化，以待定控制点 P 为极点，x 轴为极轴，φ 为极角变量，相应的 σ_{φ} 为极径（向径）变量（或 E 轴为极轴，Ψ 为极角变量，相应的 σ_{ψ} 极径变量）确定的点的轨迹为一闭合曲线，其形状如图 10-3-1 所示，向径 $\overline{PP'}$ 就是 φ（ψ）方向的位差 σ_{φ}（σ_{ψ}）。该图形关于 E（φ_E）轴和 F（φ_F）轴对称，整个曲线把各方向的位差的大小直观地、清楚地描述出来，称这条曲线为点位误差曲线（或点位精度曲线）。

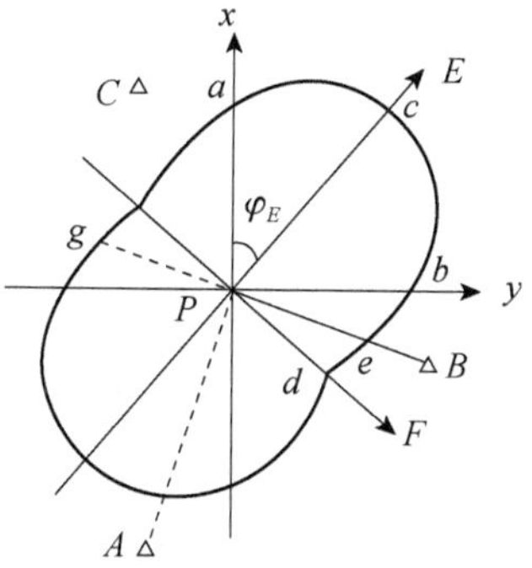

图 10-3-2　在 P 点的点位误差曲线图上量取特定方向的位差

10.3.2　误差曲线的应用

在测量工程中，点位误差曲线图的应用很广泛，在它上面可以图解出控制点在各个方向上的位差，从而进行精度评定。

如图 10-3-2 所示，A、B、C 为已知点，P 为待定点，根据平差后的数据绘出了 P 点位误差曲线图，利用此图可以图解和计算出以下的一些中误差，以达到精度评定的目的。

从图 10-3-2 可量出沿 x 轴、y 轴的中误差 σ_{x_P}、σ_{y_P}，沿 E 轴、F 轴极大值 E 和极小值 F，即

$$\begin{cases}\sigma_{x_P} = \overline{Pa}\\ \sigma_{y_P} = \overline{Pb}\\ \sigma_{\varphi_E} = \overline{Pc} = E\\ \sigma_{\varphi_F} = \overline{Pd} = F\end{cases} \tag{10-3-1}$$

从图 10-3-2 沿 PB 方向可量出边 $\overline{PB}$ 中误差 $\sigma_{\overline{PB}}$，即 $\sigma_{\overline{PB}} = \overline{Pe}$；同理可量出边 $\overline{PA}$、$\overline{PC}$ 的中误差 $\sigma_{\overline{PA}}$、$\sigma_{\overline{PC}}$。

由图 10-3-2 还可以求出坐标平差值函数的中误差。例如，要求平差后方位角 α_{PA} 的中误差 $\sigma_{\alpha_{PA}}$，则可先从图中量出垂直于 PA 方向上的位差 $\overline{Pg}$，这就是 $\overline{PA}$ 边的横向误差 $\sigma_{u_{PA}}$，因为

$$\sigma_{u_{PA}} \approx \frac{\sigma_{\alpha_{PA}}}{\rho''} S_{PA} \tag{10-3-2}$$

所以可求得 $\sigma_{\alpha_{PA}}$ 为

$$\sigma_{\alpha_{PA}} \approx \frac{\sigma_{u_{PA}}}{S_{PA}} \rho'' = \frac{\overline{Pg}}{S_{PA}} \rho'' \tag{10-3-3}$$

式中，S_{PA} 为边 $\overline{PA}$ 的长度。

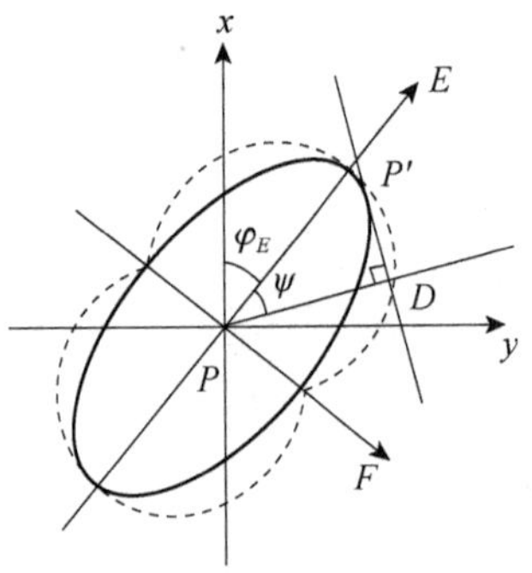

图 10-3-3 误差曲线与误差椭圆

10.3.3 误差椭圆的概念

点位误差曲线虽然有许多用途，但它不是一种典型曲线，作图也不太方便，因此降低了它的实用价值。如图 10-3-3 所示，误差曲线总体形状与以 E、F 为长、短半轴且 φ_E 为长半轴方向的椭圆很相似，在极大值 E 和极小值 F 处两者完全一致，其他方向相差也不是很大。因此，实用上常以此椭圆代替点位误差曲线，称此椭圆为点位误差椭圆，φ_E、E、F 称为点位误差椭圆的参数。

图 10-3-3 中虚线为误差曲线，实线为误差椭圆。自椭圆作 ψ 方向的正交切线 $\overline{P'D}$，P' 为切点，D 为垂足点，则 $\sigma_\psi = \overline{PD}$，这种利用误差椭圆量取任意方向的位差的方法，称为切线垂足法。

10.3.4 误差椭圆代替误差曲线的原理

下面证明由切线垂足法得到的 $\overline{PD}$ 满足 $\sigma_\psi = \overline{PD}$。如图 10-3-4 所示，设误差椭圆所在坐标系为 $x'Py'$，在该坐标系中可写出待定点的误差椭圆方程为

$$\frac{x'^2}{E^2} + \frac{y'^2}{F^2} = 1 \tag{10-3-4}$$

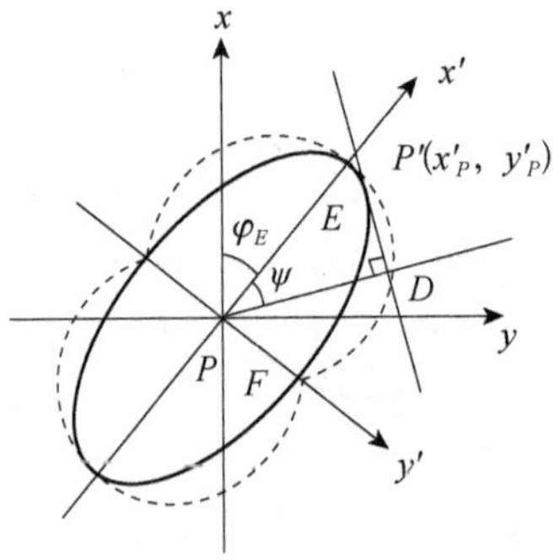

图 10-3-4 切线垂足法原理

设切点 P' 在 $x'Py'$ 坐标系中的坐标为（x'_P，y'_P），则边 $\overline{PD}$、方向 ψ 及坐标 x'_P 与 y'_P 有关系式

$$\overline{PD} = x'_P \cos\psi + y'_P \sin\psi \tag{10-3-5}$$

将上式平方得

$$\overline{PD}^2 = x_P'^2 \cos^2\psi + y_P'^2 \sin^2\psi + 2x'_P y'_P \cos\psi \sin\psi \tag{10-3-6}$$

又因为过 P' 点的切线 $P'D$ 直线的斜率为

$$\frac{\mathrm{d}y'}{\mathrm{d}x'} = -\frac{F^2 x'_P}{E^2 y'_P} \tag{10-3-7}$$

$P'D$ 与 PD 正交，所以 $P'D$ 的斜率为 $-\cot\psi$。于是有

$$\frac{\mathrm{d}y'}{\mathrm{d}x'}=-\frac{F^2x'_P}{E^2y'_P}=-\cot\psi=-\frac{\cos\psi}{\sin\psi} \tag{10-3-8}$$

或

$$F^2x'_P\sin\psi-E^2y'_P\cos\psi=0 \tag{10-3-9}$$

将上式平方后再除以 E^2F^2 得

$$\frac{F^2}{E^2}x'^2_P\sin^2\psi+\frac{E^2}{F^2}y'^2_P\cos^2\psi-2x'_Py'_P\sin\psi\cos\psi=0 \tag{10-3-10}$$

将式（10-3-6）与式（10-3-10）相加得

$$\begin{aligned}\overline{PD}^2&=x'^2_P(\frac{F^2}{E^2}\sin^2\psi+\cos^2\psi)+y'^2_P(\frac{E^2}{F^2}\cos^2\psi+\sin^2\psi)\\&=\frac{x'^2_P}{E^2}(E^2\cos^2\psi+F^2\sin^2\psi)+\frac{y'^2_P}{F^2}(E^2\cos^2\psi+F^2\sin^2\psi)\\&=(\frac{x'^2_P}{E^2}+\frac{y'^2_P}{F^2})(E^2\cos^2\psi+F^2\sin^2\psi)=E^2\cos^2\psi+F^2\sin^2\psi\end{aligned} \tag{10-3-11}$$

比较式（10-2-23）知 $\overline{PD}^2=\sigma_\psi^2$。因此，利用误差椭圆求某点在任意方向 ψ 上的位差 σ_ψ 时，只要在垂直于该方向上作椭圆的切线，则垂足与原点的连线长度就是 ψ 方向上的位差 σ_ψ。

10.3.5　误差椭圆的绘制

有了误差椭圆的元素长短半轴 E、F 和长半轴方向 φ_E，就可以按一定的比例绘制误差椭圆的图形。如果控制网中有多个待定点，也可以用同样的方法为每个待定点确定一个点位误差椭圆，通常将所有待定点的误差椭圆绘制在同一幅图中，如图 10-3-5 所示。首先根据控制网中已知点和待定点的坐标，按一定的比例绘制成控制网图。然后根据待定点坐标平差值的协因数阵，分别计算出每一个待定点的点位误差椭圆的三个参数 E、F、φ_E。最后，选择一个恰当的比例尺，在各待定点位置上依次绘出各自的点位误差椭圆。

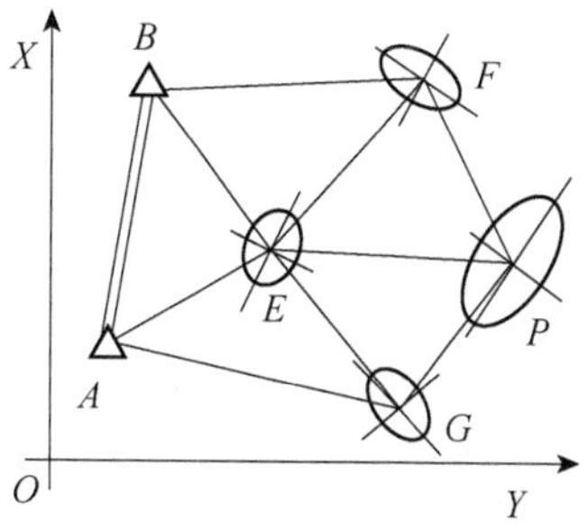

图 10-3-5　控制网误差椭圆图

在控制网误差椭圆图上，可以直观地看出某个基准下各待定点点位精度的情况。不仅能够图解出待定点各方向的位差，还可以判断出点间精度的高低：若甲点上的误差椭圆比乙点上的误差椭圆小，说明在该基准下甲点的精度要高于乙点；一般而言，离已知点较近的点，精度较高，误差椭圆较小，如图中 E 点；离已知点较远，如 P 点，精度较低，误差椭圆较大。

利用点位误差椭圆可以确定已知点与任一待定点之间的边长中误差或方位角中误差，因为点位误差椭圆反映的是待定点相对于已知点的点位精度情况。但是，由于待定点之间的坐标是相关的，用点位误差椭圆不能确定待定点与待定点之间的边长中误差或方位角中误差。

10.3.6　相对误差椭圆

控制网平差后各点的精度是相对于平差基准（起算数据）而言的，即是相对于已知点的，所以点位误差椭圆所描述的待定点相对于起算点（已知点）的点位误差分布情况。在工程应用中，有时并不需要研究待定点相对于起始点的精度，往往关心的是任意两个待定点之间相对位置的精度。当需要了解网中任意两个待定点间相对位置精度时，就必须引入基于两点坐标差的相对误差椭圆的概念。

设两个待定点为 P_i 和 P_k，这两点的相对位置可通过其坐标差来表示，即

$$\begin{cases}\Delta x_{ik}=x_k-x_i\\ \Delta y_{ik}=y_k-y_i\end{cases}\tag{10-3-12}$$

根据协因数传播律可得

$$\begin{cases}Q_{\Delta x\Delta x}=Q_{x_kx_k}+Q_{x_ix_i}-2Q_{x_kx_i}\\ Q_{\Delta y\Delta y}=Q_{y_ky_k}+Q_{y_iy_i}-2Q_{y_ky_i}\\ Q_{\Delta x\Delta y}=Q_{x_ky_k}-Q_{x_ky_i}-Q_{x_iy_k}+Q_{x_iy_i}\end{cases}\tag{10-3-13}$$

如果 P_i 和 P_k 两点中有一个点（如 P_i 点）为不带误差的已知点，则从式（10-3-13）可以得出 $Q_{\Delta x\Delta x}=Q_{x_kx_k}$，$Q_{\Delta y\Delta y}=Q_{y_ky_k}$，$Q_{\Delta x\Delta y}=Q_{x_ky_k}$，即两点之间坐标差的协因数就等于待定点坐标的协因数。而在前几节中，所有的讨论都是以此为基础的。由此可见，这样作出的点位误差曲线都是待定点相对于已知点而言的。

利用这些协因数，可得到计算 P_i 和 P_k 点间的相对误差椭圆的三个参数的公式：

$$\begin{cases}E^2=\dfrac{1}{2}\sigma_0^2\left(Q_{\Delta x\Delta x}+Q_{\Delta y\Delta y}+\sqrt{(Q_{\Delta x\Delta x}-Q_{\Delta y\Delta y})^2+4Q_{\Delta x\Delta y}^2}\right)\\ F^2=\dfrac{1}{2}\sigma_0^2\left(Q_{\Delta x\Delta x}+Q_{\Delta y\Delta y}-\sqrt{(Q_{\Delta x\Delta x}-Q_{\Delta y\Delta y})^2+4Q_{\Delta x\Delta y}^2}\right)\\ \tan2\varphi_E=\dfrac{2Q_{\Delta x\Delta y}}{Q_{\Delta x\Delta x}-Q_{\Delta y\Delta y}}\end{cases}\tag{10-3-14}$$

有了 P_i、P_k 两点相对误差椭圆的三个参数后，即可在 P_i、P_k 两点连线的中间位置绘出其相对误差椭圆，它全面地反映了 P_i、P_k 两待定点间的相对位置精度。用切线垂足法可在此相对误差椭圆上图解出任意方向上的位差大小。

例 10-3-1 在某三角网中插入 P_1 和 P_2 两个待定点。设用间接平差法平差该网，待定点坐标近似值的改正数为 $\hat{x}=(\hat{x}_1\quad\hat{y}_1\quad\hat{x}_2\quad\hat{y}_2)^{\mathrm{T}}$（以 dm 为单位），其法方程 $\boldsymbol{N}_{BB}\hat{\boldsymbol{x}}-\boldsymbol{W}=0$ 如下。试求 P_1 和 P_2 点的点位误差椭圆元素及 P_1、和 P_2 点间的相对误差椭圆元素。

$$\begin{cases}906.91\hat{x}_1+107.07\hat{y}_1-426.42\hat{x}_2-172.17\hat{y}_2-94.23=0\\ 107.07\hat{x}_1+486.22\hat{y}_1-177.64\hat{x}_2-142.65\hat{y}_2+41.40=0\\ -426.42\hat{x}_1-177.64\hat{y}_1+716.39\hat{x}_2+60.25\hat{y}_2+52.78=0\\ -172.17\hat{x}_1-142.65\hat{y}_1+60.25\hat{x}_2+444.60\hat{y}_2+1.06=0\end{cases}$$

解： 经平差计算，得单位权中误差为 $\hat{\sigma}_0=0.8\text{dm}$。对法方程式系数 $\boldsymbol{N}_{BB}$ 求逆得未知参数的协因数为

$$\boldsymbol{Q}_{\hat{X}\hat{X}}=\boldsymbol{N}_{BB}^{-1}=\begin{bmatrix}0.0016&0.0002&0.0010&0.0005\\0.0002&0.0024&0.0006&0.0008\\0.0010&0.0006&0.0021&0.0003\\0.0005&0.0008&0.0003&0.0027\end{bmatrix}$$

（1）P_1 点的误差椭圆参数的计算。

$$E_1^2=\frac{1}{2}\sigma_0^2\left(Q_{\hat{x}_1\hat{x}_1}+Q_{\hat{y}_1\hat{y}_1}+\sqrt{(Q_{\hat{x}_1\hat{x}_1}-Q_{\hat{y}_1\hat{y}_1})^2+4Q_{\hat{x}_1\hat{y}_1}^2}\right)=0.00157$$

$$F_1^2 = \frac{1}{2}\sigma_0^2\left(Q_{\hat{x}_1\hat{x}_1} + Q_{\hat{y}_1\hat{y}_1} - \sqrt{(Q_{\hat{x}_1\hat{x}_1} - Q_{\hat{y}_1\hat{y}_1})^2 + 4Q_{\hat{x}_1\hat{y}_1}^2}\right) = 0.00099$$

$$\tan 2\varphi_{E_1} = \frac{2Q_{\hat{x}_1\hat{y}_1}}{Q_{\hat{x}_1\hat{x}_1} - Q_{\hat{y}_1\hat{y}_1}} = 4.25$$

则得

$$E_1 = 0.040\text{dm}，\quad F_1 = 0.032\text{dm}，\quad \varphi_{E_1} = 76°45'$$

（2）P_2 点的误差椭圆参数的计算。同（1）可计算得

$$E_2 = 0.042\text{dm}，\quad F_2 = 0.036\text{dm}，\quad \varphi_{E_2} = 67°30'$$

（3）P_1 和 P_2 点间相对误差椭圆参数的计算。按式（10-3-13）求得

$$Q_{\Delta x\Delta x} = Q_{x_kx_k} + Q_{x_ix_i} - 2Q_{x_kx_i} = 0.0016 + 0.0021 - 2\times 0.0010 = 0.0017$$

$$Q_{\Delta y\Delta y} = Q_{y_ky_k} + Q_{y_iy_i} - 2Q_{y_ky_i} = 0.0024 + 0.0027 - 2\times 0.0008 = 0.0035$$

$$Q_{\Delta x\Delta y} = Q_{x_ky_k} - Q_{x_ky_i} - Q_{x_iy_k} + Q_{x_iy_i} = 0.0002 + 0.0003 - 0.0005 - 0.0006 = -0.0006$$

按式（10-3-14）得

$$E_{P_1P_2}^2 = \frac{1}{2}\sigma_0^2(Q_{\Delta x\Delta x} + Q_{\Delta y\Delta y} + \sqrt{(Q_{\Delta x\Delta x} - Q_{\Delta y\Delta y})^2 + 4Q_{\Delta x\Delta y}^2}) = 0.0024$$

$$F_{P_1P_2}^2 = \frac{1}{2}\sigma_0^2(Q_{\Delta x\Delta x} + Q_{\Delta y\Delta y} - \sqrt{(Q_{\Delta x\Delta x} - Q_{\Delta y\Delta y})^2 + 4Q_{\Delta x\Delta y}^2}) = 0.0010$$

$$\tan 2\varphi_{E_{P_1P_2}} = \frac{2Q_{\Delta x\Delta y}}{Q_{\Delta x\Delta x} - Q_{\Delta y\Delta y}} = 0.6667$$

可得

$$E_{P_1P_2} = 0.049\text{dm}，\quad F_{P_1P_2} = 0.031\text{dm}$$

则 $2\varphi_0 = 33°41'$ 或 $2\varphi_0 = 213°41'$，即 $\varphi_0 = 16°50'$ 或 $\varphi_0 = 106°50'$，因为 $Q_{\Delta x\Delta y} = -0.0006 < 0$，即 $\varphi_{E_{P_1P_2}}$ 在第二、第四象限，所以

$$\varphi_{E_{P_1P_2}} = 106°50'，\quad \varphi_{F_{P_1P_2}} = 16°50'$$

$$\tan 2\varphi_0 = \frac{2Q_{\Delta x\Delta y}}{Q_{\Delta x\Delta x} - Q_{\Delta y\Delta y}} = \frac{2\times(-0.0006)}{0.0017 - 0.0035} = 0.6667$$

（4）误差椭圆的绘制。根据以上算得的 P_1、P_2 两点的点位误差椭圆元素及相对误差椭圆的元素，即可绘出 P_1、P_2 两点的点位误差椭圆及 P_1 和 P_2 点间的相对误差椭圆，相对误差椭圆一般绘制在 P_1、P_2 两点连线的中间部分，如图 10-3-6 所示。

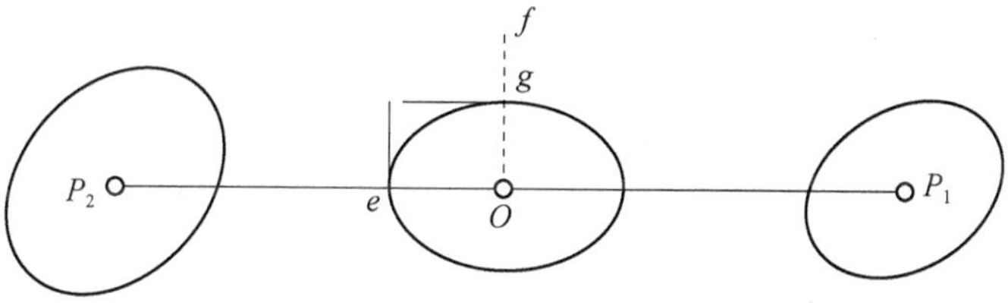

图 10-3-6　点位误差椭圆与相对误差椭圆

有了 P_1、P_2 两点的相对误差椭圆，就可以用图解法量取所需要的任意方向上的位差大小。例如，要确定 P_1、P_2 两点间的边长 $S_{P_1P_2}$ 的中误差，则可作 $\overline{P_1P_2}$ 的垂线，并使垂线与相对误差

椭圆相切，则垂足 e 至中心 O 的长度 $\overline{Oe}$ 即为 $\sigma_{S_{P_1P_2}}$。同样，也可以量出与 P_1、P_2 连线相垂直方向 Of 的垂足 g，则 Og 就是边 $\overline{P_1P_2}$ 的横向位差，进而可以求出边 $\overline{P_1P_2}$ 方位角误差。

10.3.7 误差椭圆在控制网设计中的应用

在测量工作中，特别是在一些精度要求较高的特殊测量工程中，如桥梁工程、隧道贯通工程、水利工程的大坝、精密施工放样工程中，最关心的是某一个方向的测量精度，因此在控制网设计阶段，往往利用误差椭圆对布网方案进行精度估计和分析。

在确定点位误差椭圆的三要素 E、F、φ_E 时，除了单位权中误差 σ_0 外，只需要知道各个协因数 Q_{ij} 的大小。而参数协因数阵 $\boldsymbol{Q}_{\hat{X}\hat{X}}$ 是相应平差问题的法方程式系数矩阵的逆阵，即 $\boldsymbol{Q}_{\hat{X}\hat{X}}=(\boldsymbol{B}^{\mathrm{T}}\boldsymbol{PB})^{-1}$。当在适当的比例尺的地形图上设计了控制网的点位以后，可以从图上量取各边边长和方位角的概略值，根据这些可以计算出误差方程的系数，而观测值的权则可根据需要事先加以确定，因此，可以求出该网的协因数阵 $\boldsymbol{Q}_{\hat{X}\hat{X}}$。另外，根据设计中所拟定的观测仪器来确定单位权中误差 σ_0 的大小，这样就可以估算出 E、F、φ_E 的数值了。如果估算的结果符合工程建设对控制网所提出的精度要求，则可认为该设计方案是可采用的，否则，可改变设计方案，不断地对观测设计方案和网形进行改进，直至估算的结果符合工程建设对控制网所提出的精度要求。

例如，A、B 是已知点，为了确定待定点 C、D、E、F，布设了一条导线，如图 10-3-7（a）所示，在拟定的观测方案和仪器条件下，不能满足精度要求。于是，加强网形结构，布设成三角网，如图 10-3-7（b）或图 10-3-7（c）所示，使待定点估算精度满足要求。

有时也设计多种不同的方案，考虑各种因素，如建网的经费开支、施测工期的长短、布网的难易程度等，在满足精度要求的前提下，从中选择最优的布网方案。

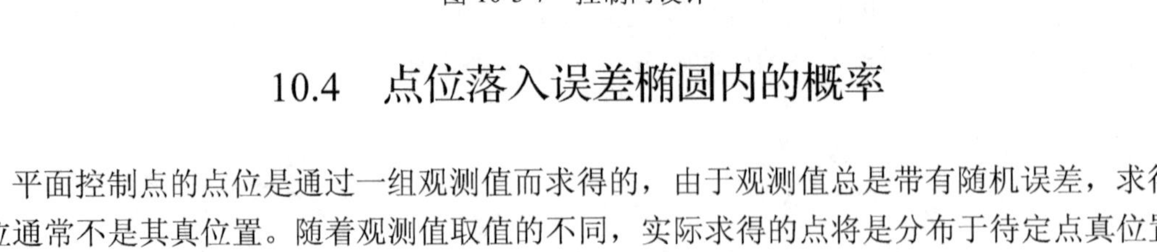

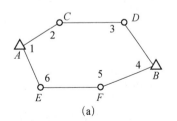

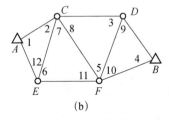

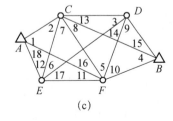

图 10-3-7 控制网设计

10.4 点位落入误差椭圆内的概率

平面控制点的点位是通过一组观测值而求得的，由于观测值总是带有随机误差，求得的点位通常不是其真位置。随着观测值取值的不同，实际求得的点将是分布于待定点真位置周围的一组平面上的随机点。

观测误差一般认为是服从正态分布的，在其影响下而得到的这组平面上的随机点，其分布就是二维正态分布。二维正态分布的联合分布密度为

$$f(x,y)=\frac{1}{2\pi\sigma_x\sigma_y\sqrt{1-\rho^2}}\exp\left\{\frac{-1}{2(1-\rho^2)}\left[\frac{(x-\mu_x)^2}{\sigma_x^2}-2\rho\frac{(x-\mu_x)(y-\mu_y)}{\sigma_x\sigma_y}+\frac{(y-\mu_y)^2}{\sigma_y^2}\right]\right\} \quad (10\text{-}4\text{-}1)$$

式中，μ_x、μ_y 为待定点纵、横坐标 x、y 的数学期望；而 ρ 为随机变向量 x 与 y 的相关系数，即

$$\rho=\frac{\sigma_{xy}}{\sigma_x\sigma_y}$$

式中，σ_x 与 σ_y 为 x 与 y 的中误差；σ_{xy} 为 x 与 y 的协方差。

以垂直于 xOy 平面的方向作为函数 $f(x,y)$ 的方向建立三维坐标系，则函数 $f(x,y)$ 是一曲面，其形状如图 10-4-1 所示，并称此曲面为分布曲面，它的形状如山岗，在点 (μ_x,μ_y) 上达到最高峰。

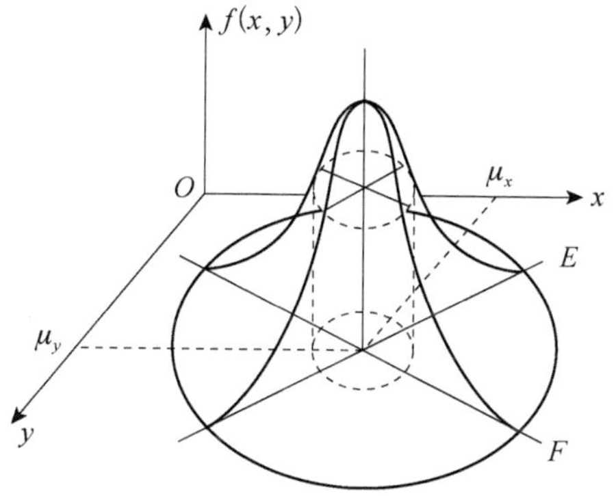

图 10-4-1 误差正态分布曲面

用垂直于 xOy 平面的平面截此曲面，得到类似于正态分布的曲线。用平行于平面 xOy 的平面截该分布曲面，将截线投影到平面 xOy 上，得到一族同心的椭圆，这些椭圆的中心是 (μ_x,μ_y)，由于位于同一椭圆上的点其 $f(x,y)$ 的数值相等，即

$$f(x,y)=\text{常数}$$

由式（10-4-1）知，若要满足上式，只要使函数的指数部分等于某一常数即可，即

$$\frac{(x-\mu_x)^2}{\sigma_x^2}-2\rho\frac{(x-\mu_x)(y-\mu_y)}{\sigma_x\sigma_y}+\frac{(y-\mu_y)^2}{\sigma_y^2}=\lambda^2 \tag{10-4-2}$$

式中，λ^2 为一常数。

在同一椭圆上的所有点，其分布密度 $f(x,y)$ 是相同的，因此这些椭圆称为等密度椭圆。当分布密度 $f(x,y)$（或 λ^2 ）为不同常数时，得到的是一族分布密度不同的椭圆，这族同心椭圆反映了待定点点位分布情况，也称为误差椭圆。

为了讨论时的方便，可以简化式（10-4-2），即将坐标原点移到椭圆中心 (μ_x,μ_y) 上，则式（10-4-2）变换为

$$\frac{x^2}{\sigma_x^2}-2\rho\frac{xy}{\sigma_x\sigma_y}+\frac{y^2}{\sigma_y^2}=\lambda^2 \tag{10-4-3}$$

上式可改写成

$$\sigma_y^2x^2-2\rho\sigma_x\sigma_y xy+\sigma_x^2y^2=\lambda^2\sigma_x^2\sigma_y^2 \tag{10-4-4}$$

由解析几何知，当有方程 $Ax^2+Bxy+Cy^2=R^2$ 时，为了消去方程中的 Bxy 项，使其变成标准化形式，则需将坐标系旋转一 θ 角，该 θ 角应由下式确定：

$$\tan 2\theta = \frac{B}{A-C}$$

将式（10-4-4）中的系数代入，则有

$$\tan 2\theta = \frac{-2\rho\sigma_x\sigma_y}{\sigma_y^2 - \sigma_x^2} = \frac{2\rho\sigma_x\sigma_y}{\sigma_x^2 - \sigma_y^2}$$

顾及 $\rho\sigma_x\sigma_y = \sigma_{xy}$，且 $\sigma_{xy} = \sigma_0^2 Q_{xy}$，同时 $\sigma_x^2 = \sigma_0^2 Q_{xx}$，$\sigma_y^2 = \sigma_0^2 Q_{yy}$，则上式可以写成

$$\tan 2\theta = \frac{2Q_{xy}}{Q_{xx} - Q_{yy}}$$

由此可见，这里的旋转角 θ 实际上就是式（10-2-6）中确定的 φ_0 角，而 φ_0 角是 σ_φ 取得极大值或极小值的方向，换句话说，只要坐标轴与 E、F 方向相重合，则式（10-4-4）就可变成标准化形式。此时，式（10-4-4）中第二项前的系数 $-2\rho\sigma_x\sigma_y = 0$，因为 σ_x 和 σ_y 不为 0，所以 $\rho = 0$，并且式中的 σ_x^2 和 σ_y^2 可以分别换写成 E^2 和 F^2。现令 $\lambda = k$，则式（10-4-4）即可写成

$$\frac{x^2}{E^2} + \frac{y^2}{F^2} = k^2 \tag{10-4-5}$$

当 k 取不同的值时，就得到一族同心的误差椭圆，并记作 B_k。当 $k=1$ 时的误差椭圆称为标准误差椭圆。

经过上述简化后，二维正态分布的密度函数为

$$f(x,y) = \frac{1}{2\pi EF}\exp\left[-\frac{1}{2}\left(\frac{x^2}{E^2} + \frac{y^2}{F^2}\right)\right]$$

现在讨论待定点落入误差椭圆 B_k（记作 $(x,y) \subset B_k$）内的概率，即

$$P((x,y)\subset B_k) = \iint_{B_k} f(x,y)\mathrm{d}x\mathrm{d}y = \iint_{B_k} \frac{1}{2\pi EF}\exp\left[-\frac{1}{2}\left(\frac{x^2}{E^2} + \frac{y^2}{F^2}\right)\right]\mathrm{d}x\mathrm{d}y$$

在上面的积分式中作变量代换，令

$$u = \frac{x}{\sqrt{2}E},\quad v = \frac{y}{\sqrt{2}F}$$

代入式（10-4-5），得

$$u^2 + v^2 = \frac{k^2}{2}$$

上式是以 $k/\sqrt{2}$ 为半径的圆 C_k 的方程，待定点落入椭圆 B_k 内的概率就相当于落入圆 C_k 内的概率，因而有

$$P((x,y)\subset B_k) = \frac{1}{\pi}\iint_{C_k} \mathrm{e}^{-u^2-v^2}\mathrm{d}u\mathrm{d}v \tag{10-4-6}$$

令 $u = r\cos\theta$，$v = r\sin\theta$，将此两式代入式（10-4-6），得

$$P((x,y)\subset B_k) = \frac{1}{\pi}\int_0^{2\pi}\int_0^{\frac{k}{\sqrt{2}}} r\mathrm{e}^{-r^2}\mathrm{d}r\mathrm{d}\theta = 2\int_0^{\frac{k}{\sqrt{2}}} r\mathrm{e}^{-r^2}\mathrm{d}r = 1 - \mathrm{e}^{-\frac{k^2}{2}} \tag{10-4-7}$$

给予 k 不同的值，就得到表 10-4-1 内相应的概率 P。

表 10-4-1　点位落入误差椭圆内的概率

k	P	k	P
0	0	2.5	0.9561
0.5	0.1175	3.0	0.9889
1.0	0.3935	3.5	0.9978
1.5	0.6752	4.0	0.99966
2.0	0.8647	4.5	0.99996

将 $k=1$、2、3、4 的四个相应的椭圆表示在图 10-4-2 中，每一个椭圆上注明在该椭圆内出现待定点的概率，椭圆之间所标明的数字表示待定点出现在两椭圆之间的概率。

由图 10-4-2 可以看出，点出现在 $k=1$、2 两椭圆之间的概率最大，约为 47%。而点出现在 $k=3$ 的椭圆以外的概率很小，约为 1%，即 $k=3$ 的椭圆实际上可视为最大的误差椭圆。

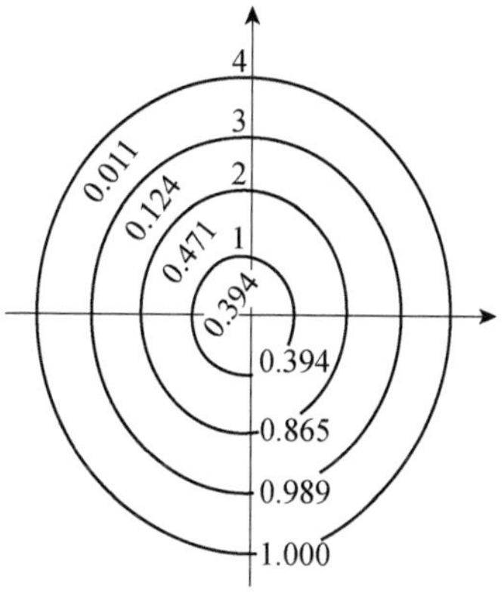

图 10-4-2　待定点出现在两两椭圆之间的概率

10.5　公式汇编和延伸阅读

10.5.1　公式汇编

P 点的点位方差，记为 σ_P^2：

$$\sigma_P^2 = \sigma_{x_P}^2 + \sigma_{y_P}^2 \tag{10-1-5}$$

或

$$\sigma_P^2 = \sigma_0^2(Q_{xx} + Q_{yy}) = \sigma_0^2\left(\frac{1}{p_x} + \frac{1}{p_y}\right) \tag{10-1-8}$$

P 点的点位中误差，记为 σ_P：

$$\sigma_P = \sqrt{\sigma_{x_P}^2 + \sigma_{y_P}^2} \tag{10-1-6}$$

或

$$\sigma_P = \sigma_0\sqrt{Q_{xx} + Q_{yy}} = \sigma_0\sqrt{\frac{1}{p_x} + \frac{1}{p_y}} \tag{10-1-9}$$

由纵向中误差 σ_S、横向中误差 σ_u 计算点位方差：

$$\sigma_P^2 = \sigma_S^2 + \sigma_u^2 \tag{10-1-17}$$

方向 φ 的位差：

$$\sigma_\varphi^2 = \sigma_0^2 \boldsymbol{Q}_{\varphi\varphi} = \sigma_0^2(Q_{xx}\cos^2\varphi + Q_{yy}\sin^2\varphi + Q_{xy}\sin 2\varphi) \tag{10-2-4}$$

误差椭圆三参数：

$$\tan 2\varphi_0 = \frac{2Q_{xy}}{Q_{xx} - Q_{yy}} \tag{10-2-6}$$

$$\begin{cases} E^2 = \dfrac{\sigma_0^2}{2}(Q_{xx} + Q_{yy} + K) \\ F^2 = \dfrac{\sigma_0^2}{2}(Q_{xx} + Q_{yy} - K) \end{cases} \tag{10-2-10}$$

式中，$K = \sqrt{(Q_{xx} - Q_{yy})^2 + 4Q_{xy}^2}$。

两个待定点 P_i 和 P_k 的相对误差椭圆：

$$\begin{cases} E^2 = \dfrac{1}{2}\sigma_0^2\left(Q_{\Delta x\Delta x} + Q_{\Delta y\Delta y} + \sqrt{(Q_{\Delta x\Delta x} - Q_{\Delta y\Delta y})^2 + 4Q_{\Delta x\Delta y}^2}\right) \\ F^2 = \dfrac{1}{2}\sigma_0^2\left(Q_{\Delta x\Delta x} + Q_{\Delta y\Delta y} - \sqrt{(Q_{\Delta x\Delta x} - Q_{\Delta y\Delta y})^2 + 4Q_{\Delta x\Delta y}^2}\right) \\ \tan 2\varphi_E = \dfrac{2Q_{\Delta x\Delta y}}{Q_{\Delta x\Delta x} - Q_{\Delta y\Delta y}} \end{cases} \tag{10-3-14}$$

其中，

$$\begin{cases} Q_{\Delta x\Delta x} = Q_{x_k x_k} + Q_{x_i x_i} - 2Q_{x_k x_i} \\ Q_{\Delta y\Delta y} = Q_{y_k y_k} + Q_{y_i y_i} - 2Q_{y_k y_i} \\ Q_{\Delta x\Delta y} = Q_{x_k y_k} - Q_{x_k y_i} - Q_{x_i y_k} + Q_{x_i y_i} \end{cases} \tag{10-3-13}$$

10.5.2 延伸阅读

误差椭圆三参数还可以用以下方法求解。

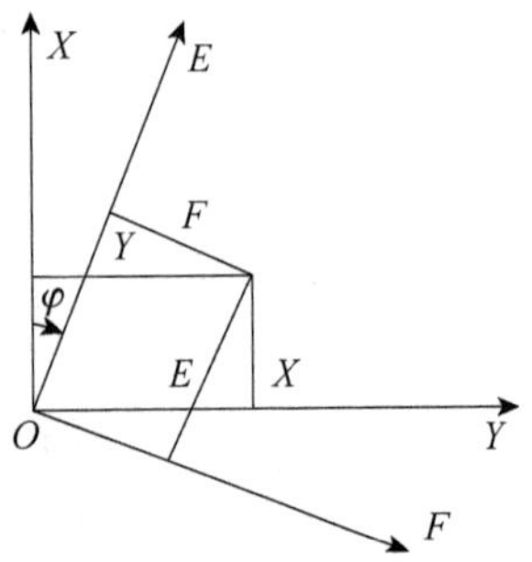

图 10-5-1 坐标系 XOY 与坐标系 EOF

方法一：坐标转换方法。

如图 10-5-1 所示，有

$$\begin{bmatrix} E \\ F \end{bmatrix} = \begin{bmatrix} \cos\varphi & \sin\varphi \\ -\sin\varphi & \cos\varphi \end{bmatrix}\begin{bmatrix} x \\ y \end{bmatrix}$$

应用协因数传播律，有

$$\begin{cases} Q_{EE} = Q_{xx}\cos^2\varphi + Q_{yy}\sin^2\varphi + Q_{xy}\sin 2\varphi \\ Q_{FF} = Q_{xx}\sin^2\varphi + Q_{yy}\cos^2\varphi - Q_{xy}\sin 2\varphi \\ Q_{EF} = -\frac{1}{2}(Q_{xx} - Q_{yy})\sin 2\varphi + Q_{xy}\cos 2\varphi \end{cases}$$

于是

$$\text{tg}2\varphi_0 = \frac{2Q_{xy}}{Q_{xx} - Q_{yy}}$$

极大值：

$$Q_{EE} = \frac{1}{2}(Q_{xx} + Q_{yy}) + \frac{1}{2}\sqrt{(Q_{xx} - Q_{yy})^2 + 4Q_{xy}^2}$$

极小值：

$$Q_{FF} = \frac{1}{2}(Q_{xx} + Q_{yy}) - \frac{1}{2}\sqrt{(Q_{xx} - Q_{yy})^2 + 4Q_{xy}^2}$$

或

$$E^2 = \sigma_0^2 Q_{EE} = \sigma_0^2[\frac{1}{2}(Q_{xx} + Q_{yy}) + \frac{1}{2}\sqrt{(Q_{xx} - Q_{yy})^2 + 4Q_{xy}^2}]$$

$$F^2 = \sigma_0^2 Q_{FF} = \sigma_0^2[\frac{1}{2}(Q_{xx} + Q_{yy}) - \frac{1}{2}\sqrt{(Q_{xx} - Q_{yy})^2 + 4Q_{xy}^2}]$$

方法二：求特征根方法。

极值是协因数阵 $\boldsymbol{Q_{XX}} = \begin{bmatrix} Q_{xx} & Q_{xy} \\ Q_{yx} & Q_{yy} \end{bmatrix}$ 的特征值的两个根，即

$$|\boldsymbol{Q_{XX}} - \lambda \boldsymbol{I}| = \begin{vmatrix} Q_{xx} - \lambda & Q_{xy} \\ Q_{yx} & Q_{yy} - \lambda \end{vmatrix} = 0$$

展开得

$$\lambda^2 - (Q_{xx} + Q_{yy})\lambda + (Q_{xx}Q_{yy} - Q_{xy}^2) = 0$$

解二次方程得

$$\lambda_1 = \frac{1}{2}(Q_{xx} + Q_{yy}) + \frac{1}{2}\sqrt{(Q_{xx} - Q_{yy})^2 + 4Q_{xy}^2}$$

$$\lambda_2 = \frac{1}{2}(Q_{xx} + Q_{yy}) - \frac{1}{2}\sqrt{(Q_{xx} - Q_{yy})^2 + 4Q_{xy}^2}$$

即极大值：

$$Q_{EE} = \lambda_1 = \frac{1}{2}(Q_{xx} + Q_{yy}) + \frac{1}{2}\sqrt{(Q_{xx} - Q_{yy})^2 + 4Q_{xy}^2}$$

极小值：

$$Q_{FF} = \lambda_2 = \frac{1}{2}(Q_{xx} + Q_{yy}) - \frac{1}{2}\sqrt{(Q_{xx} - Q_{yy})^2 + 4Q_{xy}^2}$$

或

$$E^2 = \sigma_0^2 Q_{EE} = \sigma_0^2\left[\frac{1}{2}(Q_{xx} + Q_{yy}) + \frac{1}{2}\sqrt{(Q_{xx} - Q_{yy})^2 + 4Q_{xy}^2}\right]$$

$$F^2 = \sigma_0^2 Q_{FF} = \sigma_0^2\left[\frac{1}{2}(Q_{xx} + Q_{yy}) - \frac{1}{2}\sqrt{(Q_{xx} - Q_{yy})^2 + 4Q_{xy}^2}\right]$$

第 11 章　平差在测量中的应用

平差作为一种观测数据处理方法，在诸多工程领域有广泛的应用。本章以传统工程控制网、全球导航卫星系统（GNSS）、地理信息系统（GIS）、摄影测量、遥感（RS）、坐标变换和曲线拟合为例，结合实例，介绍平差在测量中的应用。

11.1　传统工程控制网

传统高程控制网，一般布设为水准网；传统平面控制网主要有测角三角网、测边三角网、导线网。

11.1.1　水准网

参见第 5～8 章“综合例题”部分的水准网例题。采用何种平差方法，视具体情况而定。

11.1.2　测角三角网

参见第 5～8 章“综合例题”部分的三角网例题。前文为比较各种平差方法的优缺点和适用情形，案例分别用条件平差、附有参数的条件平差、间接平差和附有限制条件的间接平差方法解算。实际工作中，一般设所有待定点坐标为未知参数，用间接平差或附有限制条件的间接平差方法计算。

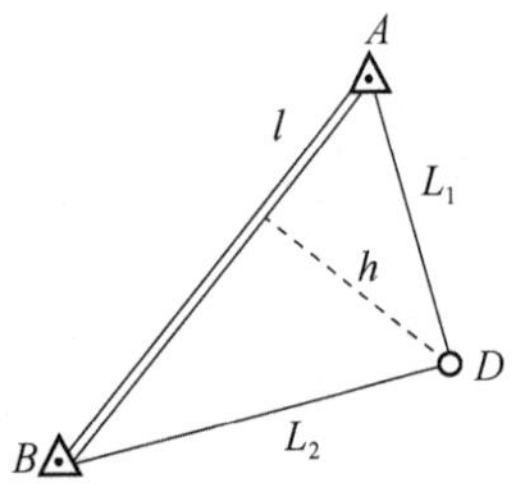

图 11-1-1　边长交会计算待定点近似坐标

11.1.3　测边三角网

在三角网中，以边长为观测值，待定点坐标为未知参数的间接平差，也称为测边网坐标平差。

测边网坐标平差的误差方程为式（7-3-21）。平差时，首先用边长交会计算待定点的近似坐标。图 11-1-1 中，设 h 为三角形 ABD 底边 AB 上的高，l 为 L_1 在 AB 上的投影，得

$$l=\frac{L_1^2+L_{AB}^2-L_2^2}{2L_{AB}},\quad h=\sqrt{L_1^2-l^2}$$

$$\cos\alpha_{AB}=\frac{x_B-x_A}{L_{AB}},\sin\alpha_{AB}=\frac{y_B-y_A}{L_{AB}}$$

按此，计算待定点 D 的近似坐标为

$$X_D^0=X_A+l\cos\alpha_{AB}+h\sin\alpha_{AB}$$

$$Y_D^0=Y_A+l\sin\alpha_{AB}-h\cos\alpha_{AB}$$

下面举例说明测边网坐标平差的计算过程。

例 11-1-1　有测边网如图 11-1-2 所示。网中 A、B、C 及 D 为已知点，P_1、P_2、P_3 及 P_4 为

待定点，现用某测距仪观测了 13 条边长，测距精度 $\hat{\sigma}_S = 3\text{mm} + 1\times10^{-6}\bullet S$。起算数据及观测边长见表 11-1-1 和表 11-1-2。试按间接平差法求待定点坐标平差值及其中误差。

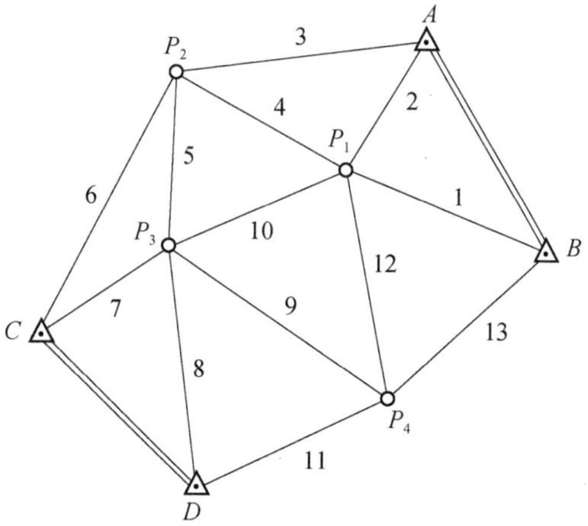

图 11-1-2　测边三角网

表 11-1-1　起算数据

点名	坐标 X/m	坐标 Y/m	边长/m	坐标方位角
A	53743.136	61003.826	7804.558	138°00′08.6″
B	47943.002	66225.854		
C	40049.229	53782.790	7889.381	113°19′50.8″
D	36924.728	61027.086		

表 11-1-2　观测数据

编号	边观测值/m	编号	边观测值/m	编号	边观测值/m
1	5760.706	6	8720.162	11	5487.073
2	5187.342	7	5598.570	12	8884.587
3	7838.880	8	7494.881	13	7228.367
4	5483.158	9	7493.323		
5	5731.788	10	5438.382		

解：（1）计算待定点近似坐标。按图 11-1-1 的公式，由已知点 B、A 及观测值 L_1、L_2 交会计算待定点 P_1 的近似坐标；由 P_1、A 及 L_4、L_3 交会计算 P_2 点近似坐标；由 P_1、P_2 及 L_{10}、L_5 交会计算 P_3 点的近似坐标；由 P_1、P_3 及 L_{12}、L_9 交会计算 P_4 点近似坐标。其结果为

$$X_1^0 = 48580.270\text{m},\quad Y_1^0 = 60500.505\text{m}$$

$$X_2^0 = 48681.390\text{m},\quad Y_2^0 = 55018.279\text{m}$$

$$X_3^0 = 43767.223\text{m},\quad Y_3^0 = 57968.593\text{m}$$

$$X_4^0 = 40843.219\text{m},\quad Y_4^0 = 64867.875\text{m}$$

（2）计算误差方程的系数及常数项。由已知点坐标和待定点近似坐标，按式（7-3-21）和式（7-3-20）计算误差方程系数及常数项，其结果见表 11-1-3。

表 11-1-3　边长误差方程系数及常数项

边号	方向	ΔX^0/m	ΔY^0/m	S^0/m	边长误差方程系数								$l(\text{dm})=L-S^0$
					$\hat{x}_1$	$\hat{y}_1$	$\hat{x}_2$	$\hat{y}_2$	$\hat{x}_3$	$\hat{y}_3$	$\hat{x}_4$	$\hat{y}_4$	
1	P_1B	−637.268	5725.349	5760.70583	0.1106	−0.9939							0.0017
2	P_1A	5162.866	503.321	5187.34203	−0.9953	−0.0970							−0.0003
3	P_2A	5061.746	5985.547	7838.88037			−0.6457	−0.7636					−0.0037
4	P_2P_1	−101.120	5482.226	5483.15850	−0.0184	0.9998	0.0184	−0.9998					−0.0050
5	P_2P_3	−4914.167	2950.314	5781.78768			0.8574	−0.5147	−0.8574	0.5147			0.0032
6	P_2C	−8632.161	−1235.489	8720.12824			0.9899	−0.1417					0.3376
7	P_3C	−3717.994	−4185.803	5598.60930					0.6641	0.7477			−0.3930
8	P_3D	−6842.495	3058.493	7494.93944					0.9129	−0.4081			−0.5844
9	P_3P_4	−2924.004	6899.282	7493.32313					0.3902	−0.9207	−0.3902	0.9207	−0.0013
10	P_3P_1	4813.047	2531.912	5438.38209	0.8850	0.4656			−0.8850	−0.4656			−0.0009
11	P_4D	−3918.491	−3840.789	5486.91460							0.7142	0.7000	1.5840
12	P_4P_1	7737.051	−4367.370	8884.58659	0.8708	−0.4916					−0.8708	0.4916	0.0041
13	P_4B	7099.783	1357.979	7228.48709							−0.9822	−0.1879	−1.2009

（3）计算观测值的权。将表 11-1-2 中的边长观测值代入测距精度公式，算得各边的测距精度 σ_{S_i}，并设 $\sigma_0=10\text{mm}$，由此算得各条边的权，其结果均列于表 11-1-4 中。

表 11-1-4　各边测距精度及权

边号	1	2	3	4	5	6	7	8	9	10	11	12	13
σ / mm	8.8	8.2	10.8	8.5	8.7	11.7	8.6	10.5	10.5	8.4	8.5	11.9	10.2
P	1.29	1.49	0.86	1.38	1.32	0.73	1.35	0.91	0.91	1.42	1.38	0.71	0.96

（4）组成法方程并求解。法方程为 $\boldsymbol{B}^{\mathrm{T}}\boldsymbol{PB}\hat{\boldsymbol{x}}-\boldsymbol{B}^{\mathrm{T}}\boldsymbol{Pl}=0$。法方程的系数项 $\boldsymbol{B}^{\mathrm{T}}\boldsymbol{PB}$ 和常数项 $\boldsymbol{B}^{\mathrm{T}}\boldsymbol{Pl}$ 值列于表 11-1-5。求 $(\boldsymbol{B}^{\mathrm{T}}\boldsymbol{PB})^{-1}=\boldsymbol{N}_{BB}^{-1}$ 及参数的改正数 $\hat{x}_i$、$\hat{y}_i$ 列于表 11-1-6。

表 11-1-5　法方程的系数项 $\boldsymbol{B}^{\mathrm{T}}\boldsymbol{PB}$ 和 $\boldsymbol{B}^{\mathrm{T}}\boldsymbol{Pl}$ 值

$\hat{x}_1$	$\hat{y}_1$	$\hat{x}_2$	$\hat{y}_2$	$\hat{x}_3$	$\hat{y}_3$	$\hat{x}_4$	$\hat{y}_4$	$B^{\mathrm{T}}Pl$
3.1428	0.2578	−0.0005	0.0254	−1.1122	−0.5851	−0.5384	0.3039	0.0022
	3.1472	0.0254	−1.3794	−0.5851	−0.3078	0.3039	−0.1716	−0.0111
		2.0447	−0.2863	−0.9704	0.5825	0	0	0.2495
			2.2452	0.5825	−0.3497	0	0	−0.0278
				3.5749	0.0070	−0.1386	0.3269	−0.8408
					2.3352	0.3269	−0.7714	−0.1758
						2.3070	0.2362	2.6914
							1.6531	1.7471

表 11-1-6　求系数阵的逆阵 N_{BB}^{-1} 及参数的改正数 $\hat{x}_i$ 、$\hat{y}_i$

	$\hat{x}_1$	$\hat{y}_1$	$\hat{x}_2$	$\hat{y}_2$	$\hat{x}_3$	$\hat{y}_3$	$\hat{x}_4$	$\hat{y}_4$
	0.4187	−0.0530	0.0681	−0.0708	0.1683	0.0093	0.1267	−0.1295
		0.5089	−0.0169	0.3432	−0.0142	0.1822	−0.1233	0.1680
			0.6524	−0.0186	0.2177	−0.2190	0.0797	−0.1709
N_{BB}^{-1}				0.7174	−0.1102	0.2192	−0.1188	0.1897
					0.4274	−0.1045	0.1002	−0.1805
						0.6297	−0.1658	0.3850
							0.5302	−0.2090
								0.8914
平差值	−0.0079	−0.0779	−0.0650	0.0373	−0.3286	0.1305	1.0316	1.0289

（5）平差值计算。

a. 坐标平差值：

$$\hat{X}_1 = X_1^0 + \hat{x}_1 = 48580.269\text{m}，\quad \hat{Y}_1 = Y_1^0 + \hat{y}_1 = 60500.497\text{m}$$
$$\hat{X}_2 = X_2^0 + \hat{x}_2 = 48681.384\text{m}，\quad \hat{Y}_2 = Y_2^0 + \hat{y}_2 = 55018.283\text{m}$$
$$\hat{X}_3 = X_3^0 + \hat{x}_3 = 43767.189\text{m}，\quad \hat{Y}_3 = Y_3^0 + \hat{y}_3 = 57968.606\text{m}$$
$$\hat{X}_4 = X_4^0 + \hat{x}_4 = 40843.322\text{m}，\quad \hat{Y}_4 = Y_4^0 + \hat{y}_4 = 64867.978\text{m}$$

b. 边长平差值 $\hat{L}_i = L_i + v_i$， v_i 和 $\hat{L}_i$ 的计算见表 11-1-7。

表 11-1-7　边长平差值的计算

边号	1	2	3	4	5	6	7
v_i / dm	0.0749	0.0157	0.0172	−0.1112	0.2708	−0.4072	0.2724
$\hat{L}_i$ / m	5760.713	5187.344	7838.882	5483.147	5731.815	8720.121	5598.597
边号	8	9	10	11	12	13	
v_i / dm	0.2312	0.2977	0.1876	−0.1270	−0.3652	−0.0057	
$\hat{L}_i$ / m	7494.904	7493.353	5438.401	5487.060	8884.550	7228.366	

（6）精度计算。

a. 单位权中误差：

$$\hat{\sigma}_0 = \sqrt{\frac{\boldsymbol{V}^{\mathrm{T}}\boldsymbol{PV}}{r}} = \sqrt{\frac{0.658}{13-8}} = 0.36\,(\text{dm})$$

b. 待定点坐标中误差。由参数的协因数阵（即 $\boldsymbol{N}_{BB}^{-1}$ ）取得参数的权倒数，计算待定点坐标和点位中误差：

$$\hat{\sigma}_{X_1} = 0.36\sqrt{0.42} = 0.23\,(\text{dm})，\quad \hat{\sigma}_{Y_1} = 0.36\sqrt{0.51} = 0.26\,(\text{dm})，\quad \hat{\sigma}_{P_1} = \sqrt{0.23^2 + 0.26^2} = 0.35\,(\text{dm})$$
$$\hat{\sigma}_{X_2} = 0.36\sqrt{0.65} = 0.29\,(\text{dm})，\quad \hat{\sigma}_{Y_2} = 0.36\sqrt{0.71} = 0.30\,(\text{dm})，\quad \hat{\sigma}_{P_2} = \sqrt{0.29^2 + 0.30^2} = 0.42\,(\text{dm})$$
$$\hat{\sigma}_{X_3} = 0.36\sqrt{0.43} = 0.24\,(\text{dm})，\quad \hat{\sigma}_{Y_3} = 0.36\sqrt{0.63} = 0.28\,(\text{dm})，\quad \hat{\sigma}_{P_3} = \sqrt{0.24^2 + 0.28^2} = 0.37\,(\text{dm})$$
$$\hat{\sigma}_{X_4} = 0.36\sqrt{0.53} = 0.26\,(\text{dm})，\quad \hat{\sigma}_{Y_4} = 0.36\sqrt{0.89} = 0.34\,(\text{dm})，\quad \hat{\sigma}_{P_4} = \sqrt{0.26^2 + 0.34^2} = 0.43\,(\text{dm})$$

11.1.4 导线网

参见第 5～8 章“综合例题”部分的导线网例题。实际工作中，一般设所有待定点坐标为未知参数，用间接平差或附有限制条件的间接平差方法计算。

前文各章例题为单一附合导线，对导线网而言，平差方法是类似的，只要对导线网中的每个观测角度和边长列出误差方程即可。

11.2 GNSS 网平差

在 GNSS 定位中，任意两个观测站上用 GNSS 卫星的同步观测成果，可得到两点之间的基线向量观测值，它是在 WGS84（World Geodetic System）空间坐标系下的三维坐标差。为了提高定位结果的精度和可靠性，通常需将不同时段观测的基线向量联结成网，进行整体平差。用基线向量构成的网称为 GNSS 网。一般 GNSS 网采用间接平差法。

11.2.1 函数模型

设 GNSS 网中各待定点的空间直角坐标平差值为参数，参数的纯量形式记为

$$\begin{bmatrix}\hat{X}_i\\\hat{Y}_i\\\hat{Z}_i\end{bmatrix}=\begin{bmatrix}X_i^0\\Y_i^0\\Z_i^0\end{bmatrix}+\begin{bmatrix}\hat{x}_i\\\hat{y}_i\\\hat{z}_i\end{bmatrix} \tag{11-2-1}$$

若 GNSS 基线向量观测值为$(\Delta X_{ij}\ \ \Delta Y_{ij}\ \ \Delta Z_{ij})$，$\Delta X_{ij}=X_j-X_i$，$\Delta Y_{ij}=Y_j-Y_i$，$\Delta Z_{ij}=Z_j-Z_i$，则三维坐标差，即基线向量观测值的平差值为

$$\begin{bmatrix}\Delta\hat{X}_{ij}\\\Delta\hat{Y}_{ij}\\\Delta\hat{Z}_{ij}\end{bmatrix}=\begin{bmatrix}\hat{X}_j\\\hat{Y}_j\\\hat{Z}_j\end{bmatrix}-\begin{bmatrix}\hat{X}_i\\\hat{Y}_i\\\hat{Z}_i\end{bmatrix}=\begin{bmatrix}\Delta X_{ij}+V_{X_{ij}}\\\Delta Y_{ij}+V_{Y_{ij}}\\\Delta Z_{ij}+V_{Z_{ij}}\end{bmatrix} \tag{11-2-2}$$

基线向量的误差方程为

$$\begin{bmatrix}V_{X_{ij}}\\V_{Y_{ij}}\\V_{Z_{ij}}\end{bmatrix}=\begin{bmatrix}\hat{x}_j\\\hat{y}_j\\\hat{z}_j\end{bmatrix}-\begin{bmatrix}\hat{x}_i\\\hat{y}_i\\\hat{z}_i\end{bmatrix}+\begin{bmatrix}X_j^0-X_i^0-\Delta X_{ij}\\Y_j^0-Y_i^0-\Delta Y_{ij}\\Z_j^0-Z_i^0-\Delta Z_{ij}\end{bmatrix}$$

或

$$\begin{bmatrix}V_{X_{ij}}\\V_{Y_{ij}}\\V_{Z_{ij}}\end{bmatrix}=\begin{bmatrix}\hat{x}_j\\\hat{y}_j\\\hat{z}_j\end{bmatrix}-\begin{bmatrix}\hat{x}_i\\\hat{y}_i\\\hat{z}_i\end{bmatrix}-\begin{bmatrix}\Delta X_{ij}-\Delta X_{ij}^0\\\Delta Y_{ij}-\Delta Y_{ij}^0\\\Delta Z_{ij}-\Delta Z_{ij}^0\end{bmatrix} \tag{11-2-3}$$

令

$$\underset{31}{\boldsymbol{V}_K}=\begin{bmatrix}V_{X_{ij}}\\V_{Y_{ij}}\\V_{Z_{ij}}\end{bmatrix},\underset{31}{\boldsymbol{X}_i^0}=\begin{bmatrix}X_i^0\\Y_i^0\\Z_i^0\end{bmatrix},\underset{31}{\hat{\boldsymbol{x}}_j}=\begin{bmatrix}\hat{x}_j\\\hat{y}_j\\\hat{z}_j\end{bmatrix},\underset{31}{\hat{\boldsymbol{x}}_i}=\begin{bmatrix}\hat{x}_i\\\hat{y}_i\\\hat{z}_i\end{bmatrix},\underset{31}{\Delta\boldsymbol{X}_{ij}}=\begin{bmatrix}\Delta X_{ij}\\\Delta Y_{ij}\\\Delta Z_{ij}\end{bmatrix}$$

则编号为 K 的基线向量误差方程为

$$\underset{31}{\boldsymbol{V}_K} = \underset{31}{\hat{\boldsymbol{x}}_j} - \underset{31}{\hat{\boldsymbol{x}}_i} - \underset{31}{\boldsymbol{l}_K} \tag{11-2-4}$$

式中，

$$\underset{31}{\boldsymbol{l}_K} = \underset{31}{\Delta\boldsymbol{X}_{ij}} - \underset{31}{\Delta\boldsymbol{X}_{ij}^0} = \underset{31}{\Delta\boldsymbol{X}_{ij}} - (\underset{31}{\boldsymbol{X}_j^0} - \underset{31}{\boldsymbol{X}_i^0}) \tag{11-2-5}$$

当网中有 m 个待定点，n 条基线向量时，则 GNSS 网的误差方程为

$$\underset{3n1}{\boldsymbol{V}} = \underset{3n3m}{\boldsymbol{B}}\ \underset{3m1}{\hat{\boldsymbol{x}}} - \underset{3n1}{\boldsymbol{l}} \tag{11-2-6}$$

11.2.2　随机模型

随机模型一般形式仍为

$$\boldsymbol{D} = \sigma_0^2\boldsymbol{Q} = \sigma_0^2\boldsymbol{P}^{-1} \tag{11-2-7}$$

现以两台 GNSS 接收机测得的结果为例，说明 GNSS 平差的随机模型的组成。

用两台 GNSS 接收机测量，在一个时段内只能得到一条观测基线向量($\Delta X_{ij}\ \ \Delta Y_{ij}\ \ \Delta Z_{ij}$)，其中，3 个观测坐标分量是相关的，观测基线向量的协方差直接由软件给出，已知为

$$\boldsymbol{D}_{ij} = \begin{bmatrix} \sigma_{\Delta X_{ij}}^2 & \sigma_{\Delta X_{ij}\Delta Y_{ij}} & \sigma_{\Delta X_{ij}\Delta Z_{ij}} \\ \text{对} & \sigma_{\Delta Y_{ij}}^2 & \sigma_{\Delta Y_{ij}\Delta Z_{ij}} \\ & \text{称} & \sigma_{\Delta Z_{ij}}^2 \end{bmatrix} \tag{11-2-8}$$

不同的观测基线向量之间是互相独立的。因此对于全网而言，式（11-2-7）中的 $\boldsymbol{D}$ 是块对角阵，即

$$\boldsymbol{D} = \begin{bmatrix} \underset{33}{\boldsymbol{D}_1} & 0 & \cdots & 0 \\ 0 & \underset{33}{\boldsymbol{D}_2} & \cdots & 0 \\ \vdots & \vdots & & \vdots \\ 0 & 0 & \cdots & \underset{33}{\boldsymbol{D}_g} \end{bmatrix} \tag{11-2-9}$$

式中，$\boldsymbol{D}$ 的下脚标号 $1,2,\cdots,\ g$ 为各观测基线向量号，如其中 $\underset{33}{\boldsymbol{D}_2}$ 为式（11-2-8）所示的 $\boldsymbol{D}_{ij}$ 等。

对于多台 GNSS 接收机测量的随机模型组成，其原理同上，全网的 $\boldsymbol{D}$ 也是一个块对角阵，但其中对角块阵 $\boldsymbol{D}_j$ 是多个同步基线向量的协方差阵。

由式（11-2-9）可得权阵为

$$\boldsymbol{P}^{-1} = \frac{\boldsymbol{D}}{\sigma_0^2},\ \boldsymbol{P} = \left(\frac{\boldsymbol{D}}{\sigma_0^2}\right)^{-1} \tag{11-2-10}$$

式中，σ_0^2 可任意选定，最简单的方法是设为 1，但为了使权阵中各元素不过大，可适当选取 σ_0^2。权阵也是块对角阵。

根据进行网平差时所采用的观测量和已知条件的类型及数量，可将网平差分为无约束平差和约束平差。

无约束平差中所采用的观测量为 GNSS 基线向量，平差通常在与基线向量相同的地心地固坐标系下进行。在平差进行过程中，无约束平差除了引入一个提供位置基准信息的起算点

坐标外，不再引入其他的外部起算数据，或者不引入任何外部起算数据，采用秩亏自由网基准。总之，无约束平差时，不引入会使 GNSS 网的尺度或方位发生变化的起算数据。

约束平差过程中，引入了会使 GNSS 网的尺度或方位发生变化的外部起算数据。GNSS 网的约束平差，常被用于实现 GNSS 网成果由基线解算时所用 GNSS 卫星星历所对应的参照系到特定的区域参照系的转换。

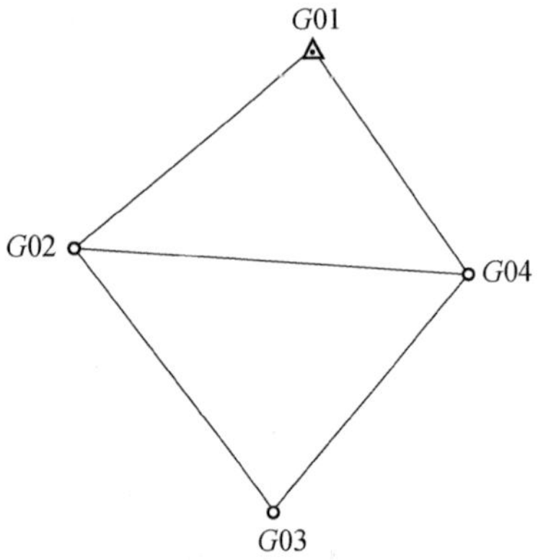

图 11-2-1　GNSS 无约束基线向量网

下面举例说明 GNSS 网平差的步骤，首先是 GNSS 三维无约束平差。

11.2.3　GNSS 三维无约束平差

例 11-2-1　图 11-2-1 为一简单 GNSS 网，用两台 GNSS 接收机观测，测得 5 条基线向量，$n=15$，每一个基线向量中三个坐标差观测值相关，因为只用两台 GNSS 接收机观测，所以各观测基线向量互相独立，网中点 $G01$ 其三维坐标已知，其余三个为待定点，参数个数 $t=9$。

解：（1）画网图。

（2）已知点信息，见表 11-2-1（单位：m）。

表 11-2-1　已知点信息

	X	Y	Z
$G01$	−1974638.7340	4590014.8190	3953144.9235

（3）观测基线向量信息，见表 11-2-2（单位：m）。

表 11-2-2　观测基线向量信息

编号	起点	终点	ΔX	ΔY	ΔZ	基线方差阵
1	$G02$	$G01$	−1218.561	−1039.227	1737.720	$\begin{bmatrix} 2.320999\times10^{-7} & & \\ -5.097008\times10^{-7} & 1.339931\times10^{-6} & \\ -4.371401\times10^{-7} & 1.109356\times10^{-6} & 1.008592\times10^{-6} \end{bmatrix}$
2	$G04$	$G01$	270.457	−503.208	1879.923	$\begin{bmatrix} 1.044894\times10^{-6} & & \\ -2.396533\times10^{-6} & 6.341291\times10^{-6} & \\ -2.319683\times10^{-6} & 5.902876\times10^{-6} & 6.035577\times10^{-6} \end{bmatrix}$
3	$G04$	$G02$	1489.013	536.030	142.218	$\begin{bmatrix} 5.850064\times10^{-7} & & \\ -1.329620\times10^{-6} & 3.362548\times10^{-6} & \\ -1.252374\times10^{-6} & 3.069820\times10^{-6} & 3.019233\times10^{-6} \end{bmatrix}$
4	$G03$	$G02$	1405.531	−178.157	1171.380	$\begin{bmatrix} 1.205319\times10^{-6} & & \\ -2.636702\times10^{-6} & 6.858585\times10^{-6} & \\ -2.174106\times10^{-6} & 5.480745\times10^{-6} & 4.820125\times10^{-6} \end{bmatrix}$
5	$G04$	$G03$	83.497	714.153	−1029.199	$\begin{bmatrix} 9.662657\times10^{-6} & & \\ -2.175476\times10^{-5} & 5.194777\times10^{-5} & \\ -1.971468\times10^{-5} & 4.633565\times10^{-5} & 4.324110\times10^{-5} \end{bmatrix}$

（4）待定参数。设 $G02$、$G03$、$G04$ 点的三维坐标平差值为参数，即

$$\hat{\boldsymbol{X}}=\begin{bmatrix}\hat{X}_2 & \hat{Y}_2 & \hat{Z}_2 & \hat{X}_3 & \hat{Y}_3 & \hat{Z}_3 & \hat{X}_4 & \hat{Y}_4 & \hat{Z}_4\end{bmatrix}^{\mathrm{T}}$$

（5）待定点参数近似坐标信息，见表 11-2-3（单位：m）。

表 11-2-3 待定点参数近似坐标信息

	X^0	Y^0	Z^0
$G02$	−1973420.1740	4591054.0467	3951407.2050
$G03$	−1974825.7010	4591232.1940	3950235.8130
$G04$	−1974909.1980	4590518.0410	3951265.0120

（6）误差方程。

$$\underset{15\,1}{\boldsymbol{V}} = \underset{15\,9}{\boldsymbol{B}}\ \underset{9\,1}{\hat{\boldsymbol{x}}} - \underset{15\,1}{\boldsymbol{l}}$$

$$\begin{bmatrix} v_1 \\ v_2 \\ v_3 \\ v_4 \\ v_5 \\ v_6 \\ v_7 \\ v_8 \\ v_9 \\ v_{10} \\ v_{11} \\ v_{12} \\ v_{13} \\ v_{14} \\ v_{15} \end{bmatrix} = \begin{bmatrix} -1 & 0 & 0 & 0 & 0 & 0 & 0 & 0 & 0 \\ 0 & -1 & 0 & 0 & 0 & 0 & 0 & 0 & 0 \\ 0 & 0 & -1 & 0 & 0 & 0 & 0 & 0 & 0 \\ 0 & 0 & 0 & 0 & 0 & 0 & -1 & 0 & 0 \\ 0 & 0 & 0 & 0 & 0 & 0 & 0 & -1 & 0 \\ 0 & 0 & 0 & 0 & 0 & 0 & 0 & 0 & -1 \\ 1 & 0 & 0 & 0 & 0 & 0 & -1 & 0 & 0 \\ 0 & 1 & 0 & 0 & 0 & 0 & 0 & -1 & 0 \\ 0 & 0 & 1 & 0 & 0 & 0 & 0 & 0 & -1 \\ 1 & 0 & 0 & -1 & 0 & 0 & 0 & 0 & 0 \\ 0 & 1 & 0 & 0 & -1 & 0 & 0 & 0 & 0 \\ 0 & 0 & 1 & 0 & 0 & -1 & 0 & 0 & 0 \\ 0 & 0 & 0 & 1 & 0 & 0 & -1 & 0 & 0 \\ 0 & 0 & 0 & 0 & 1 & 0 & 0 & -1 & 0 \\ 0 & 0 & 0 & 0 & 0 & 1 & 0 & 0 & -1 \end{bmatrix} \begin{bmatrix} \hat{x}_2 \\ \hat{y}_2 \\ \hat{z}_2 \\ \hat{x}_3 \\ \hat{y}_3 \\ \hat{z}_3 \\ \hat{x}_4 \\ \hat{y}_4 \\ \hat{z}_4 \end{bmatrix} - \begin{bmatrix} -0.0010 \\ 0.0007 \\ 0.0015 \\ -0.0070 \\ 0.0140 \\ 0.0115 \\ -0.0110 \\ 0.0243 \\ 0.0250 \\ 0.0040 \\ -0.0097 \\ -0.0120 \\ 0 \\ 0 \\ 0 \end{bmatrix}$$

（7）权阵。为了计算方便，取先验单位权中误差为 $\sigma_0 = 0.00298$，其权阵为

$$\boldsymbol{P} = \left(\frac{\boldsymbol{D}}{\sigma_0^2}\right)^{-1}$$

$$\underset{15\,15}{\boldsymbol{P}} = \begin{bmatrix} 249.53 \\ 60.20 & 88.85 \\ 41.94 & -71.63 & 105.79 \\ 0 & 0 & 0 & 71.43 \\ 0 & 0 & 0 & 16.07 & 19.28 \\ 0 & 0 & 0 & 11.73 & -12.68 & 18.38 \\ 0 & 0 & 0 & 0 & 0 & 0 & 169.83 \\ 0 & 0 & 0 & 0 & 0 & 0 & 39.60 & 46.12 \\ 0 & 0 & 0 & 0 & 0 & 0 & 30.18 & -30.46 & 46.44 \\ 0 & 0 & 0 & 0 & 0 & 0 & 0 & 0 & 0 & 49.05 \\ 0 & 0 & 0 & 0 & 0 & 0 & 0 & 0 & 0 & 12.89 & 17.59 \\ 0 & 0 & 0 & 0 & 0 & 0 & 0 & 0 & 0 & 7.47 & -14.19 & 21.35 \\ 0 & 0 & 0 & 0 & 0 & 0 & 0 & 0 & 0 & 0 & 0 & 0 & 17.74 \\ 0 & 0 & 0 & 0 & 0 & 0 & 0 & 0 & 0 & 0 & 0 & 0 & 4.86 & 5.21 \\ 0 & 0 & 0 & 0 & 0 & 0 & 0 & 0 & 0 & 0 & 0 & 0 & 2.88 & -3.36 & 5.12 \end{bmatrix}$$

（8）法方程 $\boldsymbol{B}^{\mathrm{T}}\boldsymbol{PB}\hat{\boldsymbol{x}}=\boldsymbol{B}^{\mathrm{T}}\boldsymbol{Pl}$：

$$\begin{bmatrix} 468.4142 \\ 112.6840 & 152.5534 \\ 79.5936 & -116.2839 & 173.5805 \\ -49.0502 & -12.8852 & -7.4728 & 14.1853 \\ -12.8852 & -17.5868 & 14.1853 & 17.7451 & 22.7947 \\ -7.4728 & 14.1853 & -21.3465 & 10.3510 & -17.5501 & 26.4702 \\ -169.8336 & -39.6002 & -30.1830 & -17.7351 & -4.8599 & -2.8782 & 259.0030 \\ -39.6002 & -46.1183 & 30.4649 & -4.8599 & -5.2079 & 3.3648 & 60.5337 & 70.6066 \\ -30.1830 & 30.4649 & -46.4430 & -2.8782 & 3.3648 & -5.1237 & 44.7957 & -46.5086 & 69.9513 \end{bmatrix}\begin{bmatrix} \hat{x}_2 \\ \hat{y}_2 \\ \hat{z}_2 \\ \hat{x}_3 \\ \hat{y}_3 \\ \hat{z}_3 \\ \hat{x}_4 \\ \hat{y}_4 \\ \hat{z}_4 \end{bmatrix}=\begin{bmatrix} -0.0253 \\ 0.0801 \\ -0.0665 \\ 0.0185 \\ -0.0512 \\ 0.0887 \\ 0.2914 \\ 0.0649 \\ -0.0405 \end{bmatrix}$$

（9）法方程系数阵的逆阵 $\boldsymbol{N}_{BB}^{-1}=(\boldsymbol{B}^{\mathrm{T}}\boldsymbol{PB})^{-1}$：

$$\boldsymbol{N}_{BB}^{-1}=\begin{bmatrix} 0.0020 \\ -0.0044 & 0.0116 \\ -0.0038 & 0.0097 & 0.0089 \\ 0.0019 & -0.0042 & -0.0037 & 0.0124 \\ -0.0042 & 0.0111 & 0.0093 & -0.0273 & 0.0700 \\ -0.0037 & 0.0093 & 0.0086 & -0.0231 & 0.0575 & 0.0515 \\ 0.0013 & -0.0028 & -0.0025 & 0.0016 & -0.0036 & -0.0032 & 0.0044 \\ -0.0028 & 0.0076 & 0.0064 & -0.0035 & 0.0097 & 0.0082 & -0.0100 & 0.0260 \\ -0.0025 & 0.0064 & 0.0060 & -0.0030 & 0.0080 & 0.0076 & -0.0094 & 0.0235 & 0.0231 \end{bmatrix}$$

（10）法方程的解及精度评定（单位：m）。

$$\begin{bmatrix} \hat{x}_2 \\ \hat{y}_2 \\ \hat{z}_2 \\ \hat{x}_3 \\ \hat{y}_3 \\ \hat{z}_3 \\ \hat{x}_4 \\ \hat{y}_4 \\ \hat{z}_4 \end{bmatrix}=\boldsymbol{N}_{BB}^{-1}\boldsymbol{B}^{\mathrm{T}}\boldsymbol{Pl}=\begin{bmatrix} 0.0007 \\ -0.0002 \\ -0.0006 \\ -0.0023 \\ 0.0073 \\ 0.0087 \\ 0.0096 \\ -0.0198 \\ -0.0197 \end{bmatrix}$$

单位权中误差：

$$\hat{\sigma}_0=\sqrt{\frac{\boldsymbol{V}^{\mathrm{T}}\boldsymbol{PV}}{n-t}}=\sqrt{\frac{0.0006}{15-9}}=0.010\,(\mathrm{m})$$

坐标中误差（单位：m）见表 11-2-4。

表 11-2-4 坐标中误差

点	$\hat{\sigma}_{\hat{x}_i}=\hat{\sigma}_0\sqrt{Q_{\hat{x}_i\hat{x}_i}}$	$\hat{\sigma}_{\hat{y}_i}=\hat{\sigma}_0\sqrt{Q_{\hat{y}_i\hat{y}_i}}$	$\hat{\sigma}_{\hat{z}_i}=\hat{\sigma}_0\sqrt{Q_{\hat{z}_i\hat{z}_i}}$
*G*02	0.0015	0.0036	0.0032
*G*03	0.0037	0.0089	0.0076
*G*04	0.0022	0.0054	0.0051

（11）平差结果（单位：m）见表 11-2-5。

表 11-2-5　平差结果

点	$\hat{X}$	$\hat{Y}$	$\hat{Z}$
$G02$	−1973420.1733	4591054.0465	3951407.2044
$G03$	−1974825.7033	4591232.2013	3950235.8217
$G04$	−1974909.1884	4590518.0212	3951264.9923

11.2.4　GNSS 三维约束平差

接下来，举例说明三维约束平差。

例 11-2-2　图 11-2-2 为另一简单 GNSS 网，用两台 GNSS 接收机观测，测得 5 条基线向量，$n=15$，每一个基线向量中三个坐标差观测值相关。因为只用两台 GNSS 接收机观测，所以各观测基线向量互相独立，网中点 $G01$、$G02$ 三维坐标已知，$G03$、$G04$ 为待定点，参数个数 $t=6$。

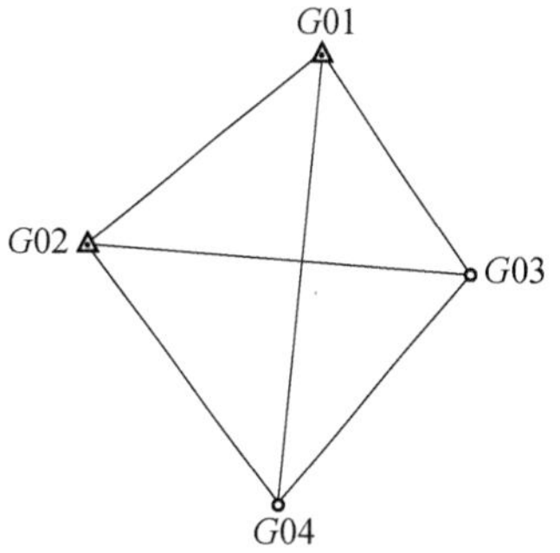

图 11-2-2　GNSS 约束基线向量网

解：（1）画网图。

（2）已知点信息，见表 11-2-6（单位：m）。

表 11-2-6　已知点信息

	X	Y	Z
$G01$	−2411745.1210	−4733176.7637	3510160.3400
$G02$	−2411356.6914	−4733839.0845	3518496.4387

（3）观测基线向量信息，见表 11-2-7（单位：m）。

表 11-2-7　观测基线向量信息

编号	起点	终点	ΔX	ΔY	ΔZ	基线方差阵
1	$G01$	$G03$	−4627.5876	1730.2583	−885.4004	$\begin{bmatrix} 0.04703247 & & \\ -0.05020088 & 0.09218768 & \\ -0.03281445 & 0.04696787 & 0.05623398 \end{bmatrix}$
2	$G01$	$G04$	−6711.4497	466.8445	−3961.5828	$\begin{bmatrix} 0.02473143 & & \\ 0.02876859 & 0.06655087 & \\ -0.01509773 & -0.02851111 & 0.03094389 \end{bmatrix}$
3	$G02$	$G03$	−5016.0719	2392.4410	−221.3953	$\begin{bmatrix} 0.04070099 & & \\ 0.04414530 & 0.08474371 & \\ -0.02748649 & -0.04139903 & 0.04886984 \end{bmatrix}$
4	$G02$	$G04$	−7099.8788	1129.2431	−3297.7530	$\begin{bmatrix} 0.02779443 & & \\ -0.03152263 & 0.06920519 & \\ -0.01775849 & -0.03106032 & 0.03470832 \end{bmatrix}$
5	$G03$	$G04$	−2083.8123	−1263.3628	−3076.2452	$\begin{bmatrix} 0.03731600 & & \\ 0.04074495 & 0.08001627 & \\ -0.02452800 & -0.03802864 & 0.04469407 \end{bmatrix}$

（4）待定参数。设 $G03$、$G04$ 点的三维坐标平差值为参数，即

$$\hat{\boldsymbol{X}}=\left[\hat{X}_3\ \hat{Y}_3\ \hat{Z}_3\ \hat{X}_4\ \hat{Y}_4\ \hat{Z}_4\right]^{\mathrm{T}}$$

（5）待定点参数近似坐标信息，见表 11-2-8（单位：m）。

表 11-2-8 待定点参数近似坐标信息

	X^0	Y^0	Z^0
$G03$	−2416372.7665	−4731446.5765	3518275.0196
$G04$	−2418456.5526	−4732709.8813	3515198.7678

（6）误差方程。

$$\underset{151}{\boldsymbol{V}}=\underset{156}{\boldsymbol{B}}\,\underset{61}{\hat{\boldsymbol{x}}}-\underset{151}{\boldsymbol{l}}$$

$$\begin{bmatrix}v_1\\v_2\\v_3\\v_4\\v_5\\v_6\\v_7\\v_8\\v_9\\v_{10}\\v_{11}\\v_{12}\\v_{13}\\v_{14}\\v_{15}\end{bmatrix}=\begin{bmatrix}1&0&0&0&0&0\\0&1&0&0&0&0\\0&0&1&0&0&0\\0&0&0&1&0&0\\0&0&0&0&1&0\\0&0&0&0&0&1\\1&0&0&0&0&0\\0&1&0&0&0&0\\0&0&1&0&0&0\\0&0&0&1&0&0\\0&0&0&0&1&0\\0&0&0&0&0&1\\-1&0&0&1&0&0\\0&-1&0&0&1&0\\0&0&-1&0&0&1\end{bmatrix}\begin{bmatrix}\hat{x}_3\\\hat{y}_3\\\hat{z}_3\\\hat{x}_4\\\hat{y}_4\\\hat{z}_4\end{bmatrix}-\begin{bmatrix}5.79\\7.11\\-8.00\\-1.81\\-3.79\\-1.06\\0.32\\-6.70\\2.38\\-1.76\\3.99\\-8.21\\-2.62\\-5.80\\0.66\end{bmatrix}$$

常数项单位为 cm。

（7）法方程。取先验单位权中误差为 σ_0，计算权阵 $\boldsymbol{P}=(\boldsymbol{D}/\sigma_0^2)^{-1}$，组成法方程：

$$\boldsymbol{B}^{\mathrm{T}}\boldsymbol{P}\boldsymbol{B}\hat{\boldsymbol{x}}=\boldsymbol{B}^{\mathrm{T}}\boldsymbol{P}\boldsymbol{l}$$

$$\begin{bmatrix}0.1250&&&&&\\0.1351&0.2569&&&&\\-0.0848&-0.1264&0.1498&&&\\-0.0373&-0.0407&0.0245&0.0898&&\\-0.0407&-0.0800&0.0380&0.1010&0.2158&\\0.0245&0.0380&-0.0447&-0.0574&-0.0976&0.1103\end{bmatrix}\begin{bmatrix}\hat{x}_3\\\hat{y}_3\\\hat{z}_3\\\hat{x}_4\\\hat{y}_4\\\hat{z}_4\end{bmatrix}=\begin{bmatrix}0.89\\1.27\\-0.90\\-0.27\\-0.39\\0.04\end{bmatrix}$$

（8）法方程系数阵的逆阵 $\boldsymbol{N}_{BB}^{-1}=(\boldsymbol{B}^{\mathrm{T}}\boldsymbol{P}\boldsymbol{B})^{-1}$：

$$
N_{BB}^{-1}=\begin{bmatrix}
22.620304 & & & & & \\
-9.4844961 & 1.511957 & & & & \\
4.747137 & 4.3882481 & 3.995193 & & & \\
8.680639 & -3.384450 & 1.6868442 & 8.065997 & & \\
-3.386006 & 4.094469 & 1.778182 & -10.817164 & 12.916282 & \\
1.682683 & 1.779732 & 5.551018 & 4.947777 & 5.860772 & 18.080173
\end{bmatrix}
$$

（9）法方程的解及精度评定（单位：m）。

$$
\begin{bmatrix} \hat{x}_3 \\ \hat{y}_3 \\ \hat{z}_3 \\ \hat{x}_4 \\ \hat{y}_4 \\ \hat{z}_4 \end{bmatrix} = N_{BB}^{-1}B^{\mathrm{T}}Pl = \begin{bmatrix} 3.03 \\ 1.48 \\ -3.77 \\ -1.04 \\ -1.44 \\ -4.17 \end{bmatrix}
$$

单位权中误差：

$$
\hat{\sigma}_0=\sqrt{\frac{V^{\mathrm{T}}PV}{n-t}}=\sqrt{\frac{1.3619}{15-6}}=0.389\,(\mathrm{cm})
$$

坐标中误差（单位：cm）见表 11-2-9。

表 11-2-9　坐标中误差

点	$\hat{\sigma}_{\hat{x}_i}=\hat{\sigma}_0\sqrt{Q_{\hat{x}_i\hat{x}_i}}$	$\hat{\sigma}_{\hat{y}_i}=\hat{\sigma}_0\sqrt{Q_{\hat{y}_i\hat{y}_i}}$	$\hat{\sigma}_{\hat{z}_i}=\hat{\sigma}_0\sqrt{Q_{\hat{z}_i\hat{z}_i}}$
*G*03	1.85	1.32	2.27
*G*04	1.46	2.06	2.52

（10）平差结果（单位：m）见表 11-2-10。

表 11-2-10　平差结果

点	$\hat{X}$	$\hat{Y}$	$\hat{Z}$
*G*03	−2416372.7362	−4731446.5617	3518274.9819
*G*04	−2418456.5630	−4732709.8957	3515198.7261

11.3　平差在 GIS 中的应用

本节以叠置分析为例，介绍平差在 GIS 中的应用。

11.3.1　同名点元的误差建模

对某一地区不同比例尺图层进行叠置，可在叠加图层上找到若干组相似点集。每组相似点集描述了该地区包含位置误差的某个同名点。同名点坐标误差服从正态分布时，同名点在叠加图层中的坐标最或然值是其在各源图层坐标的带权平均值，且评估该点位置误差的最简单的方法是计算出该点的中误差。一般来说，按照源图层的比例尺来定权，但所定的权是否准确，我们不得而知。

设在对 m 幅地图进行叠置分析中，首先获得了 n 个同名点的坐标数据。令第一幅图上同名点的坐标为(x_{1i},y_{1i})，在第二幅图上同名点的坐标为(x_{2i},y_{2i})，…，在第m幅图上同名点的坐标为(x_{mi},y_{mi})。设各点在第i幅图上的坐标为

$$W_i=(x_{i1},y_{i1},x_{i2},y_{i2},\cdots,x_{in},y_{in})^{\mathrm{T}} \tag{11-3-1}$$

令点的坐标真值序列为

$$\tilde{W}=(\tilde{x}_1,\tilde{y}_1,\tilde{x}_2,\tilde{y}_2,\cdots,\tilde{x}_n,\tilde{y}_n)^{\mathrm{T}} \tag{11-3-2}$$

设来自同一幅图的坐标数据x_{ij}、y_{ij}服从期望为$\tilde{x}_j$、$\tilde{y}_j$，方差为σ_i^2的正态分布，且各图层的误差是独立的。

现在来求合成图层的点位坐标的最优估计量$\hat{x}_i$、$\hat{y}_i$。根据最小二乘原理可得

$$\hat{x}_i=\frac{\sum_{k=1}^{m}p_k x_{ki}}{\sum_{k=1}^{m}p_k},\quad \hat{y}_i=\frac{\sum_{k=1}^{m}p_k y_{ki}}{\sum_{k=1}^{m}p_k} \tag{11-3-3}$$

式中，p_i为第k个图层的点位坐标的权，以往根据图层的比例尺定权，研究的实际上只是单位权方差的估计、统计问题。本节中，视它们是未知量。因此，需要先估计源叠置图层的点元方差，由此推求权阵，然后估计合成图层上同名点的坐标最或然值。

令

$$\varDelta_i=W_i-\tilde{W}(i=1,2,\cdots,m) \tag{11-3-4}$$

$$\varDelta_{ij}=\varDelta_i-\varDelta_j=W_i-W_j(i=1,2,\cdots,m;j=1,2,\cdots,m;i\neq j) \tag{11-3-5}$$

则$\varDelta_i$是真误差序列，服从期望为 0，方差阵分别为$\sigma_i^2\boldsymbol{I}_{2n}$的正态分布（$\boldsymbol{I}_{2n}$为$2n$阶单位阵）。根据协方差传播律知：$\varDelta_{ij}$服从期望为 0，方差阵为$(\sigma_i^2+\sigma_j^2)\boldsymbol{I}_{2n}$的正态分布。

令

$$\begin{aligned}\varOmega_1&=\varDelta_{12}^{\mathrm{T}}\varDelta_{12}\\ \varOmega_2&=\varDelta_{13}^{\mathrm{T}}\varDelta_{13}\\ &\vdots\\ \varOmega_m&=\varDelta_{23}^{\mathrm{T}}\varDelta_{23}\\ &\vdots\\ \varOmega_{m(m-1)/2}&=\varDelta_{(m-1)m}^{\mathrm{T}}\varDelta_{(m-1)m}\end{aligned} \tag{11-3-6}$$

则根据统计理论知$\dfrac{\varOmega_1}{\sigma_1^2+\sigma_2^2}$为具有自由度$2n$的卡方变量，即

$$\frac{\varOmega_1}{\sigma_1^2+\sigma_2^2}\sim\chi_{2n}^2 \tag{11-3-7}$$

顾及卡方变量的期望等于其自由度，即$E\left(\dfrac{\varOmega_1}{\sigma_1^2+\sigma_2^2}\right)=2n$，或

$$E\left(\frac{\varOmega_1}{2n}\right)=\sigma_1^2+\sigma_2^2 \tag{11-3-8}$$

考虑$\lim\limits_{2n\to\infty}\dfrac{\varOmega_j}{2n}=E\left(\dfrac{\varOmega_j}{2n}\right)$，引入随机量$\varepsilon_j$，令

$$l_j = \frac{\Omega_j}{2n} = E\left(\frac{\Omega_j}{2n}\right) - \varepsilon_j \quad \left(j = 1, 2, \cdots, \frac{m(m-1)}{2}\right) \tag{11-3-9}$$

顾及式（11-3-8）得

$$l_1 + \varepsilon_1 = \sigma_1^2 + \sigma_2^2 \tag{11-3-10}$$

则对所有的 Ω 能得到 $\frac{m(m-1)}{2}$ 个关于 σ_i^2 的与式（11-3-10）类似的式子。将它们写成

$$\boldsymbol{L} + \boldsymbol{\varepsilon} = \boldsymbol{A\theta} \tag{11-3-11}$$

式中，$\boldsymbol{L}$、$\boldsymbol{\varepsilon}$ 为 $\frac{m(m-1)}{2}$ 维列向量；$\boldsymbol{\theta} = (\sigma_1^2, \sigma_2^2, \cdots, \sigma_m^2)^{\mathrm{T}}$；$\boldsymbol{A}$ 为 $\frac{m(m-1)}{2}$ 行 m 列的矩阵。

定义形如式（11-3-12）的矩阵为配对阵：

$$\boldsymbol{A} = \begin{bmatrix} 1 & 1 & 0 & 0 & \cdots & 0 \\ 1 & 0 & 1 & 0 & \cdots & 0 \\ \vdots & \vdots & \vdots & \vdots & & \vdots \\ 0 & \cdots & \cdots & 0 & 1 & 1 \end{bmatrix} \tag{11-3-12}$$

当 $m > 2$ 时，对于配对阵 $\boldsymbol{A}$ 有

$$\begin{gathered} \boldsymbol{A}^{\mathrm{T}}\boldsymbol{A} = \begin{bmatrix} m-1 & 1 & 1 & 1 & \cdots & 1 \\ 1 & m-1 & 1 & \cdots & & 1 \\ \vdots & \vdots & \vdots & \vdots & & 1 \\ 1 & \cdots & \cdots & \cdots & 1 & m-1 \end{bmatrix} \\ (\boldsymbol{A}^{\mathrm{T}}\boldsymbol{A})^{-1} = \frac{1}{\alpha}\begin{bmatrix} 2(m-2)+1 & -1 & -1 & -1 & \cdots & -1 \\ -1 & 2(m-2)+1 & -1 & \cdots & \cdots & -1 \\ \vdots & \vdots & \vdots & \vdots & & -1 \\ -1 & \cdots & \cdots & \cdots & -1 & 2(m-2)+1 \end{bmatrix} \end{gathered} \tag{11-3-13}$$

式中，$\alpha = 2(m-1)(m-2)$。可见，易于采用间接平差的最小二乘法解式（11-3-11）

$$\hat{\boldsymbol{\theta}} = (\boldsymbol{A}^{\mathrm{T}}\boldsymbol{A})^{-1}\boldsymbol{A}^{\mathrm{T}}\boldsymbol{L} \tag{11-3-14}$$

进而求得 $\hat{\sigma}_i^2$。

如果将同名点视为图上点元集的一个样本，则可以将上述估计结果作为对图层中点元的位置特征点误差的一个估计。当 $2n \gg m > 2$ 时，这种估计方法是可行的。当 $m = 2$ 时，式（11-3-12）中的两两组合阵 $\boldsymbol{A}$ 只有一行两列，法方程系数阵 $\boldsymbol{A}^{\mathrm{T}}\boldsymbol{A}$ 秩亏，不能直接采用式（11-3-13）求解。此时，可先按图层的比例尺定权：

$$p_1 = 1, \quad p_2 = \frac{M_1}{M_2} \tag{11-3-15}$$

式中，M_1、M_2 分别为第一和第二叠置层的数字化原图比例尺的分母。由此可导出

$$\hat{\sigma}_2^2 = \frac{\hat{\sigma}_1^2}{p_2}$$

则可解得

$$\hat{\sigma}_1^2 = \frac{\Omega_1 p_2}{1 + p_2}, \quad \hat{\sigma}_2^2 = \frac{\Omega_1}{1 + p_2} \tag{11-3-16}$$

11.3.2 多层叠置点元方差估计值的方差

由式（11-3-14）解出的$\hat{\theta}$是点元方差的估计值。对于一个估计值，还需要考察它的方差，即求$\hat{\sigma}_{\hat{\theta}}^2$。由式（11-3-14）可以写出

$$\hat{\sigma}_{\hat{\theta}}^2=\hat{\sigma}_0^2(\boldsymbol{A}^{\mathrm{T}}\boldsymbol{A})^{-1}$$
$$\hat{\sigma}_0^2=\frac{[\varepsilon\varepsilon]}{\gamma}=\frac{(\boldsymbol{A}\hat{\boldsymbol{\theta}}-\boldsymbol{L})^{\mathrm{T}}(\boldsymbol{A}\hat{\boldsymbol{\theta}}-\boldsymbol{L})}{\dfrac{m(m-1)}{2}-m} \tag{11-3-17}$$

式中，自由度$\gamma=\dfrac{m(m-3)}{2}$。因此，仅当$m>3$时，才能够求$\hat{\theta}$的方差$\hat{\sigma}_{\hat{\theta}}^2$的估计值。

由$(\boldsymbol{A}^{\mathrm{T}}\boldsymbol{A})^{-1}$的形式，易见$\hat{\sigma}_1^2,\hat{\sigma}_2^2,\cdots,\hat{\sigma}_m^2$是等精度的估值，它们之间具有相等的负的协方差。

11.3.3 合成图层的同名点元的坐标及其精度

令$p_k=\dfrac{\hat{\sigma}_1^2}{\hat{\sigma}_k^2}$，代入式（11-3-3），即可求得合成图层的同名点元的坐标值最优估计量$\hat{x}_i$、$\hat{y}_i$。由式（11-3-3）有

$$p_{\hat{x}_i}=p_{\hat{y}_i}=\sum_{k=1}^{m}p_k \tag{11-3-18}$$

则可以依下式估计$\hat{x}_i$、$\hat{y}_i$的精度：

$$\hat{\sigma}_{\hat{x}_i}^2=\hat{\sigma}_{\hat{y}_i}^2=\frac{\hat{\sigma}_1^2}{p_{\hat{x}_i}} \tag{11-3-19}$$

显然，$\hat{x}_i$、$\hat{y}_i$的精度高于所有图层x_i、y_i的精度。

例 11-3-1 设叠置层Ⅰ、Ⅱ、Ⅲ、Ⅳ、Ⅴ共有 10 个同名点。为节省篇幅，直接列出各点的真误差序列于表 11-3-1。事实上，它们是由计算机生成的服从期望为 0 的正态分布的随机数序列（表中取随机种子数为 3），其理论方差σ_k^2列于σ^2行。根据真误差计算各层同名点元的方差估值列于$\hat{\sigma}_{\hat{\theta}}^2$行，如$\hat{\sigma}_1^2=\dfrac{\Delta_1^{\mathrm{T}}\Delta_1}{2n}$。按本节讨论的方法，作同名点元的方差估计，估计结果列于表 11-3-1 的$\hat{\theta}$行。

表 11-3-1 同名点坐标值真误差数据表

点号	Ⅰ(Δ_1)		Ⅱ(Δ_2)		Ⅲ(Δ_3)		Ⅳ(Δ_4)		Ⅴ(Δ_5)	
	x	y	x	y	x	y	x	y	x	y
1	−0.08	−0.05	−1.44	2.18	−1.44	−0.53	0.20	0.25	−1.25	−5.39
2	−1.39	0.96	−0.39	−1.46	−0.39	−0.82	3.25	−0.43	−0.91	0.06
3	−0.45	0.58	0.64	0.39	0.64	−0.57	−1.99	−1.39	0.92	1.20
4	0.31	1.19	0.25	0.35	0.25	−1.15	−0.07	−2.01	0.42	5.58
5	−0.96	0.18	−1.27	−2.57	−1.27	−2.04	−0.70	−0.86	4.30	−3.01
6	−0.37	−0.78	0.83	0.38	0.83	0.05	0.18	−1.96	−1.53	−1.57
7	0.15	−0.17	−0.04	0.37	−0.04	−0.15	−2.75	−0.57	1.11	−1.39
8	0.26	0.08	1.34	−0.60	1.34	0.67	−0.48	0.85	−3.13	−3.16
9	0.62	−0.42	0.69	0.22	0.69	2.65	−0.11	−3.18	−0.66	−4.23
10	−0.48	−0.05	−0.65	0.51	−0.65	0.98	0.07	1.48	8.22	3.26

续表

点号	Ⅰ(Δ_1)		Ⅱ(Δ_2)		Ⅲ(Δ_3)		Ⅳ(Δ_4)		Ⅴ(Δ_5)	
	x	y	x	y	x	y	x	y	x	y
σ^2	0.64		1.00		1.21		1.44		9.00	
$\hat{\sigma}_{\hat{\theta}}^2$	0.38		1.12		1.12		2.35		10.84	
$\hat{\theta}$	0.31		0.78		0.78		2.57		11.65	

分析表 11-3-1，可以发现：

（1）在相对误差意义上，σ^2行与$\hat{\sigma}_{\hat{\theta}}^2$相差较大，分别约为 41%、12%、7%、63%和 20%，这说明样本的容量不够大；而$\hat{\theta}$行与$\hat{\sigma}_{\hat{\theta}}^2$相差较小，分别约为 18%、30%、30%、9%和 8%，这说明本节讨论的方法是可行的。

（2）当$2n$足够大且$m>2$时，理论方差明显较大的图层，其方差估计值也明显较大。并且，方差估计值的大小顺序基本反映了理论方差的大小顺序。

11.4　平差在摄影测量中的应用

在摄影测量中，有大量的坐标解算会应用到测量平差模型，其中以间接平差模型为主。本节将以摄影测量中的单像空间后方交会为例，说明间接平差法的具体应用。

11.4.1　摄影模型及共线方程

在航空摄影瞬间，像片和摄影中心、像片和地面之间存在着固有的几何关系，确定这些关系的参数称为像片的方位元素。像片的方位元素分为内方位元素和外方位元素两类。

描述摄影物镜像方节点与像片之间相关位置的参数称为像片的内方位元素。内方位元素共有三个，分别是像主点在框标坐标系中的坐标(x_0,y_0)和像方节点到像片面的垂直距离（像主距）f。内方位元素的值通常是已知的，由相机制造厂家在实验室鉴定得到，并提供给用户。

确定航摄像片在摄影瞬间的空间位置和姿态的参数，称为像片的外方位元素。一张像片的外方位元素有六个，其中三个是描述摄影中心在物方空间坐标系中的坐标，称为线元素；另外三个是描述摄影光束空间姿态的角元素。航摄像片的外方位元素通常是未知的，且不同像片有不同的外方位元素值。

航摄像片是地面景物的中心投影，如图 11-4-1 所示，P 为某地面点，S 为摄影中心，地面点 P 经摄影中心 S 在像片上得到的像点为 p 点。图中 $C\text{-}XYZ$ 为地面摄影测量坐标系，$S\text{-}XYZ$ 为像空间辅助坐标系，$S\text{-}xyz$ 为像空间坐标系。物点 P 和摄影中心 S 在地面摄影测量坐标系中的坐标分别为(X_P,Y_P,Z_P)和(X_S,Y_S,Z_S)，像点 p 在像空间辅助坐标系和像空间坐标系中的坐标分别为(X,Y,Z)和$(x,y,-f)$。

如果不考虑底片变形等原因引起的误差，物点 P、摄影中心 S 和像点 p 应位于一条直线上，即满足共线条件。共线方程如式（11-4-1）所示（详细推导过程参见摄影测量教材）：

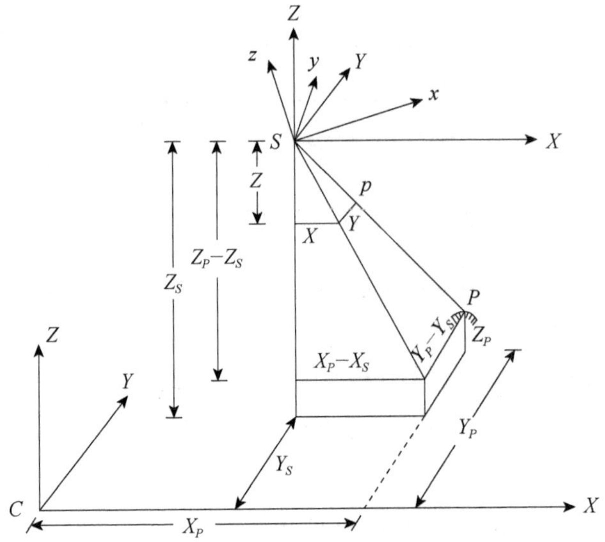

图 11-4-1 摄影模型

$$\begin{cases} x = -f\dfrac{a_1(X_P - X_S) + b_1(Y_P - Y_S) + c_1(Z_P - Z_S)}{a_3(X_P - X_S) + b_3(Y_P - Y_S) + c_3(Z_P - Z_S)} \\ y = -f\dfrac{a_2(X_P - X_S) + b_2(Y_P - Y_S) + c_2(Z_P - Z_S)}{a_3(X_P - X_S) + b_3(Y_P - Y_S) + c_3(Z_P - Z_S)} \end{cases} \tag{11-4-1}$$

式中，$a_i,b_i,c_i(i=1,2,3)$ 称为方向余弦，分别是像空间辅助坐标系各轴与相应的像空间坐标系各轴夹角的余弦，九个方向余弦中只含有三个独立的参数，这三个参数是像空间辅助坐标系按某一转角系统，旋转至像空间坐标系的三个角方位元素。

式（11-4-1）就是一般地区的中心投影构像方程式。它描述的是摄影瞬间像点、摄影中心和物点三点共线的几何关系，因而又称为共线条件方程式。共线条件方程式是摄影测量中最重要的基本公式之一，应用十分广泛。

若已知像片的内方位元素及至少三个地面点坐标和相应的像点坐标，就可根据共线方程式解算出像片的六个外方位元素，此法称为空间后方交会。

11.4.2 空间后方交会的平差解算

空间后方交会使用的数学模型是共线条件方程式，为了书写方便，省去式（11-4-1）中地面点 P 坐标的下标，将公式变化为式（11-4-2）：

$$\begin{cases} x = -f\dfrac{a_1(X - X_S) + b_1(Y - Y_S) + c_1(Z - Z_S)}{a_3(X - X_S) + b_3(Y - Y_S) + c_3(Z - Z_S)} \\ y = -f\dfrac{a_2(X - X_S) + b_2(Y - Y_S) + c_2(Z - Z_S)}{a_3(X - X_S) + b_3(Y - Y_S) + c_3(Z - Z_S)} \end{cases} \tag{11-4-2}$$

式中，x,y 为像点在像平面直角坐标系中的坐标，可以从图像中量测得到；f 为摄影机主距，是已知值；X,Y,Z 为物点在地面摄影测量坐标系中的坐标，若是地面控制点，则为已知值；X_S,Y_S,Z_S 为摄影中心在地面摄影测量坐标系中的坐标，通常是未知的；a_i,b_i,c_i 为只含有三个独立参数（常用的为 φ,ω,k 三个旋转角）的九个方向余弦，也是未知的。

对式（11-4-2）进行分析可知，如果已知三个地面点坐标（不在一条直线上），并量测出对应的像点坐标，可列出六个方程式，即可按间接平差模型求解像片的六个外方位元素。解算步骤如下。

1）共线方程线性化

共线方程是非线性化公式，按泰勒级数公式展开，取至一次项，得到线性表达式，有

$$\begin{cases} x = x^0 + \dfrac{\partial x}{\partial X_S}\mathrm{d}X_S + \dfrac{\partial x}{\partial Y_S}\mathrm{d}Y_S + \dfrac{\partial x}{\partial Z_S}\mathrm{d}Z_S + \dfrac{\partial x}{\partial \varphi}\mathrm{d}\varphi + \dfrac{\partial x}{\partial \omega}\mathrm{d}\omega + \dfrac{\partial x}{\partial \kappa}\mathrm{d}k \\ y = y^0 + \dfrac{\partial y}{\partial X_S}\mathrm{d}X_S + \dfrac{\partial y}{\partial Y_S}\mathrm{d}Y_S + \dfrac{\partial y}{\partial Z_S}\mathrm{d}Z_S + \dfrac{\partial y}{\partial \varphi}\mathrm{d}\varphi + \dfrac{\partial y}{\partial \omega}\mathrm{d}\omega + \dfrac{\partial y}{\partial \kappa}\mathrm{d}k \end{cases} \tag{11-4-3}$$

此处略去线性化的详细过程，可得在竖直摄影时用共线方程解算外方位元素的实用公式，即

$$\begin{cases} x = x^0 - \dfrac{f}{H}\mathrm{d}X_S - \dfrac{x}{H}\mathrm{d}Z_S - f(1+\dfrac{x^2}{f^2})\mathrm{d}\varphi - \dfrac{xy}{f}\mathrm{d}\omega + y\mathrm{d}k \\ y = y^0 - \dfrac{f}{H}\mathrm{d}X_S - \dfrac{y}{H}\mathrm{d}Z_S - \dfrac{xy}{f}\mathrm{d}\varphi - f(1+\dfrac{y^2}{f^2})\mathrm{d}\omega - x\mathrm{d}k \end{cases} \tag{11-4-4}$$

式中，H 为平均航高，可从航摄资料中查取。

2）误差方程式和法方程式的建立

利用共线方程求解外方位元素时，为了提高精度和可靠性，通常需要量测四个或更多的地面控制点及对应的像点坐标，依据最小二乘准则进行平差解算。此时像点坐标 (x, y) 作为观测值，加入相应的偶然误差改正数 v_x, v_y，由式（11-4-4）可以列出每个点的误差方程式为

$$\begin{cases} v_x = -\dfrac{f}{H}\mathrm{d}X_S - \dfrac{x}{H}\mathrm{d}Z_S - f(1+\dfrac{x^2}{f^2})\mathrm{d}\varphi - \dfrac{xy}{f}\mathrm{d}\omega + y\mathrm{d}k - l_x \\ v_y = -\dfrac{f}{H}\mathrm{d}X_S - \dfrac{y}{H}\mathrm{d}Z_S - \dfrac{xy}{f}\mathrm{d}\varphi - f(1+\dfrac{y^2}{f^2})\mathrm{d}\omega - x\mathrm{d}k - l_y \end{cases} \tag{11-4-5}$$

用符号代替各变量系数，公式变为

$$\begin{cases} v_x = a_{11}\mathrm{d}X_S + a_{12}\mathrm{d}Y_S + a_{13}\mathrm{d}Z_S + a_{14}\mathrm{d}\varphi + a_{15}\mathrm{d}\omega + a_{16}\mathrm{d}k - l_x \\ v_y = a_{21}\mathrm{d}X_S + a_{22}\mathrm{d}Y_S + a_{23}\mathrm{d}Z_S + a_{24}\mathrm{d}\varphi + a_{25}\mathrm{d}\omega + a_{26}\mathrm{d}k - l_y \end{cases} \tag{11-4-6}$$

式中，l_x, l_y 为常数项，由像点坐标的量测值与将未知数的近似值代入共线方程算出的像点坐标近似值相减得到，即

$$\begin{cases} l_x = x - x^0 = x + f\dfrac{a_1(X-X_S)+b_1(Y-Y_S)+c_1(Z-Z_S)}{a_3(X-X_S)+b_3(Y-Y_S)+c_3(Z-Z_S)} \\ l_y = y - y^0 = y + f\dfrac{a_2(X-X_S)+b_2(Y-Y_S)+c_2(Z-Z_S)}{a_3(X-X_S)+b_3(Y-Y_S)+c_3(Z-Z_S)} \end{cases} \tag{11-4-7}$$

将式（11-4-6）表达成矩阵形式的误差方程，如式（11-4-8）所示：

$$\boldsymbol{V} = \boldsymbol{BX} - \boldsymbol{L} \tag{11-4-8}$$

其中，

$$\boldsymbol{V} = \left[v_x, v_y\right]^{\mathrm{T}}$$

$$B=\begin{bmatrix} a_{11} & a_{12} & a_{13} & a_{14} & a_{15} & a_{16} \\ a_{21} & a_{22} & a_{23} & a_{24} & a_{25} & a_{26} \end{bmatrix}$$

$$X=\begin{bmatrix} \mathrm{d}X_S & \mathrm{d}Y_S & \mathrm{d}Z_S & \mathrm{d}\varphi & \mathrm{d}\omega & \mathrm{d}k \end{bmatrix}^{\mathrm{T}}$$

$$L=\begin{bmatrix} l_x, l_y \end{bmatrix}^{\mathrm{T}}$$

根据间接平差原理，由误差方程式可列出法方程式，即

$$(B^{\mathrm{T}}PB)X=B^{\mathrm{T}}PL \tag{11-4-9}$$

式中，P 为观测值权阵，像点坐标的观测值一般认为是等精度观测，即权阵为单位阵。由此可得法方程的解为

$$X=(B^{\mathrm{T}}B)^{-1}B^{\mathrm{T}}L \tag{11-4-10}$$

例 11-4-1 某次摄影测量的内方位元素和控制点在像方坐标系、地面坐标系中的坐标如表 11-4-1 所示。利用空间后方交会的平差模型解算后，6 个外方位元素的平差值及其中误差见表 11-4-2。平差时，迭代阈值为 0.000001m 或弧度。

表 11-4-1 空间后方交会的已知数据

内方位元素	x_0/mm	0	y_0/mm	0	f/mm	153.24
点号	像片 x/mm		像片 y/mm	地面 x/m	地面 y/m	地面 z/m
1	−86.15		−68.99	36589.41	25273.32	2195.17
2	−53.40		82.21	37631.08	31324.51	728.69
3	−14.78		−76.63	39100.97	24934.98	2386.50
4	10.46		64.43	40426.54	30319.81	757.31

表 11-4-2 空间后方交会的平差结果

外方位元素	X_S/m	Y_S/m	Z_S/m	φ /rad	ω /rad	k /rad
近似值	38437	27963.155	9178.9175	0	0	0
第 1 次改正数	1378.975691	−489.416505	−1618.446718	−0.004939	0.001746	−0.053590
第 1 次平差值	39815.975691	27473.738495	7560.470782	−0.004939	0.001746	−0.053590
第 2 次改正数	−20.508505	2.694786	11.636101	0.000950	0.000370	−0.014015
第 2 次平差值	39795.467186	27476.433282	7572.106883	−0.003989	0.002115	−0.067605
第 3 次改正数	−0.014904	0.029056	0.579052	0.000002	−0.000001	0.000027
第 3 次平差值	39795.452282	27476.462338	7572.685935	−0.003987	0.002114	−0.067578
第 4 次改正数	0.000006	−0.000094	−0.000021	−0.000000	0.000000	−0.000000
第 4 次平差值	39795.452288	27476.462244	7572.685914	−0.003987	0.002114	−0.067578
第 5 次改正数	0.000000	0.000000	0.000000	−0.000000	-0.000000	0.000000
第 5 次平差值	39795.452288	27476.462244	7572.685914	−0.003987	0.002114	−0.067578
单位权中误差			0.007259			
外方位元素中误差	1.107388	1.249519	0.488128	0.000179	0.000161	0.000072

11.5 平差在遥感中的应用

本节以遥感图像配准误差为例，说明平差在遥感中的应用。

为了研究遥感图像纠正的精度，采取如下步骤获取一幅纠正影像。首先，选择图像区域内用于配准的若干控制点。其次，选择图像纠正的影像变换方法。再次，通过将控制点坐标代入变换方程以估算出变换参数。最后，使用附有估计参数的变换进行图像纠正，并获得纠正图像。

图像纠正精度受图像变换模型和控制点精度的影响。一般，影像变换的方法有正交投影变换、仿射变换和多项式变换等。下面给出一个正形变换平差模型的实例。

选定 n 个控制点，其相应的地面坐标分别为 (x_i, y_i) $(i=1,2,\cdots,n)$。令 (ξ_i, η_i) 表示图像配准前第 i 个控制点的坐标，基于正形变换，可得方程：

$$\begin{cases} x_i = T_x + \mu\cos(\alpha)\xi_i - \mu\sin(\alpha)\eta_i \\ y_i = T_y + \mu\sin(\alpha)\xi_i + \mu\cos(\alpha)\eta_i \end{cases} \tag{11-5-1}$$

其中，T_x 与 T_y 为平移参数；μ 为尺度参数；α 为旋转参数。

令

$$a = \mu\cos(\alpha),\quad b = \mu\sin(\alpha) \tag{11-5-2}$$

则式（11-5-1）可以简化为

$$\begin{bmatrix} x_i \\ y_i \end{bmatrix} = \begin{bmatrix} 1 & 0 & \xi_i & -\eta_i \\ 0 & 1 & \eta_i & \xi_i \end{bmatrix} \begin{bmatrix} T_x \\ T_y \\ a \\ b \end{bmatrix} \tag{11-5-3}$$

将所有的控制点坐标代入式（11-5-3），可得一个线性方程组，其矩阵形式为

$$\boldsymbol{A\lambda} = \boldsymbol{L} + \boldsymbol{V} \tag{11-5-4}$$

其中，

$$\boldsymbol{\lambda} = \begin{bmatrix} T_x \\ T_y \\ a \\ b \end{bmatrix}, \boldsymbol{A} = \begin{bmatrix} 1 & 0 & \xi_1 & -\eta_1 \\ 0 & 1 & \eta_1 & \xi_1 \\ \vdots & \vdots & \vdots & \vdots \\ 1 & 0 & \xi_n & -\eta_n \\ 0 & 1 & \eta_n & \xi_n \end{bmatrix}, \boldsymbol{L} = \begin{bmatrix} x_1 \\ y_1 \\ \vdots \\ x_n \\ y_n \end{bmatrix}, \text{且} \boldsymbol{V} = \begin{bmatrix} v_{x_1} \\ v_{y_1} \\ \vdots \\ v_{x_n} \\ v_{y_n} \end{bmatrix}$$

列向量 $\boldsymbol{V}$ 表示的是正形变换引起的位置误差。根据最小二乘法，正形变换参数可以按下式导出：

$$\boldsymbol{\lambda} = (\boldsymbol{A}^{\mathrm{T}}\boldsymbol{A})^{-1}\boldsymbol{A}^{\mathrm{T}}\boldsymbol{L} \tag{11-5-5}$$

同时，参数 $\boldsymbol{\lambda}$ 的协方差矩阵为

$$\boldsymbol{Q}_{\lambda\lambda} = (\boldsymbol{A}^{\mathrm{T}}\boldsymbol{A})^{-1} = \frac{1}{\boldsymbol{p}} \begin{bmatrix} \sum_{i=1}^{n}(\xi_i^2+\eta_i^2) & 0 & -\sum_{i=1}^{n}\xi_i & \sum_{i=1}^{n}\eta_i \\ 0 & \sum_{i=1}^{n}(\xi_i^2+\eta_i^2) & -\sum_{i=1}^{n}\eta_i & -\sum_{i=1}^{n}\xi_i \\ -\sum_{i=1}^{n}\xi_i & -\sum_{i=1}^{n}\eta_i & n & 0 \\ \sum_{i=1}^{n}\eta_i & -\sum_{i=1}^{n}\xi_i & 0 & n \end{bmatrix} \tag{11-5-6}$$

其中，$\boldsymbol{p}=n\sum_{i=1}^{n}(\xi_i^2+\eta_i^2)-\left[(\sum_{i=1}^{n}\xi_i^2)^2+(\sum_{i=1}^{n}\eta_i^2)^2\right]$。

通过下面所有控制点的均方差，可以计算出图像配准精度：

$$\begin{cases} S_x=\dfrac{1}{\sqrt{n-2}}\sqrt{\sum_{i=1}^{n}v_{x_i}^2} \\ S_y=\dfrac{1}{\sqrt{n-2}}\sqrt{\sum_{i=1}^{n}v_{y_i}^2} \end{cases} \tag{11-5-7}$$

其中，$\boldsymbol{V}=\boldsymbol{A\lambda}-\boldsymbol{L}$。

此外，对于每一个控制点(x_i,y_i)，其x与y方向的位置误差及其径向误差分别如式（11-5-8）和式（11-5-9）所示：

$$\begin{cases} R_{x_i}=v_{x_i} \\ R_{y_i}=v_{y_i} \end{cases} \tag{11-5-8}$$

$$R_i=\sqrt{R_{x_i}^2+R_{y_i}^2} \tag{11-5-9}$$

表 11-5-1 是以香港特别行政区九龙某一部分的 IKONOS 图像为例，图像正形变换配准后的控制点误差计算结果。

表 11-5-1　图像配准后控制点误差计算结果

控制点号	x 向误差 R_{x_i}	y 向误差 R_{y_i}	径向误差 R_i
5	6.05	−2.53	6.56
8	−13.13	2.56	13.37
11	8.47	−0.01	8.47
13	8.92	−1.02	8.98
16	−8.27	−1.85	8.48
17	−3.72	0.34	3.74
18	−4.15	−4.30	5.97
19	−5.15	12.97	13.96
20	11.50	−5.15	12.60
21	8.20	−3.08	8.76
27	−11.07	1.20	11.13
28	4.70	−0.43	4.72
29	−2.36	1.30	2.69

对于图像上的任意点，其精度可以通过如下步骤得到。

令$(\tilde{x},\tilde{y})$为图像纠正前某点的坐标，于是图像纠正后其相应的坐标为

$$\begin{bmatrix} x \\ y \end{bmatrix}=\begin{bmatrix} 1 & 0 & \tilde{x} & -\tilde{y} \\ 0 & 1 & \tilde{y} & \tilde{x} \end{bmatrix}\lambda \tag{11-5-10}$$

变换后该坐标所对应的协方差矩阵为

$$\begin{aligned}\begin{bmatrix} q_x^2 & q_{xy} \\ q_{xy} & q_y^2 \end{bmatrix}&=\begin{bmatrix} 1 & 0 & \tilde{x} & -\tilde{y} \\ 0 & 1 & \tilde{y} & \tilde{x} \end{bmatrix}Q_{\lambda\lambda}\begin{bmatrix} 1 & 0 & \tilde{x} & -\tilde{y} \\ 0 & 1 & \tilde{y} & \tilde{x} \end{bmatrix}^{\mathrm{T}} \\ &=\frac{1}{p}\begin{bmatrix} \sum_{i=1}^{n}(\tilde{x}-\xi_i)^2+\sum_{i=1}^{n}(\tilde{y}-\eta_i)^2 & 0 \\ 0 & \sum_{i=1}^{n}(\tilde{x}-\xi_i)^2+\sum_{i=1}^{n}(\tilde{y}-\eta_i)^2 \end{bmatrix}\end{aligned} \tag{11-5-11}$$

因为纠正图像上的控制点含有位置误差，所以纠正图像上任意点的 x 和 y 的方差可以表示为

$$\begin{cases} \sigma_x^2 = \dfrac{1}{(n-2)p}\sum_{i=1}^{n} v_{x_i}^2 \left[\sum_{i=1}^{n} (\tilde{x}-\xi_i)^2 + \sum_{i=1}^{n} (\tilde{y}-\eta_i)^2 \right] \\ \sigma_y^2 = \dfrac{1}{(n-2)p}\sum_{i=1}^{n} v_{y_i}^2 \left[\sum_{i=1}^{n} (\tilde{x}-\xi_i)^2 + \sum_{i=1}^{n} (\tilde{y}-\eta_i)^2 \right] \end{cases} \tag{11-5-12}$$

该式表明，纠正后图像上点的误差源于控制点的误差。

为了评估图像配准的误差，可以将控制点的误差看作基准，图像上任意点的误差都可以采用空间内插的方式来计算。

11.6　坐标变换的平差模型

11.4 节中摄影测量的空间后方交会、11.5 节中的遥感图像配准，实则为坐标变换平差模型。坐标变换是 GIS 和遥感中常用的操作，有相似变换、仿射变换、射影变换和直接线性变换等。本节介绍相似变换平差模型。

从理论上讲，二维坐标相似变换可以采用四参数模型，三维坐标相似变换可以采用七参数模型。

11.6.1　二维坐标相似变换

二维坐标相似变换四参数模型为

$$\begin{cases} X + v_X = ax - by + c \\ Y + v_Y = ay + bx + d \end{cases} \tag{11-6-1}$$

其中，$a = S\cos\theta$；$b = S\sin\theta$；S 为尺度因子；θ 为旋转角；c、d 分别为 x 方向、y 方向的平移因子。

设有 n 个公共点，建立误差方程

$$\boldsymbol{V} = \boldsymbol{BX} - \boldsymbol{L} \tag{11-6-2}$$

其中，

$$\boldsymbol{B} = \begin{bmatrix} x_1 & -y_1 & 1 & 0 \\ y_1 & x_1 & 0 & 1 \\ \vdots & \vdots & \vdots & \vdots \\ x_i & -y_i & 1 & 0 \\ y_i & x_i & 0 & 1 \\ \vdots & \vdots & \vdots & \vdots \\ x_n & -y_n & 1 & 0 \\ y_n & x_n & 0 & 1 \end{bmatrix},\quad \boldsymbol{X} = \begin{bmatrix} a \\ b \\ c \\ d \end{bmatrix},\quad \boldsymbol{L} = \begin{bmatrix} X_1 \\ Y_1 \\ \vdots \\ X_i \\ Y_i \\ \vdots \\ X_n \\ Y_n \end{bmatrix}$$

法方程为

$$\begin{bmatrix} \sum_{i=1}^{n}(x_i^2+y_i^2) & 0 & \sum_{i=1}^{n}x_i & \sum_{i=1}^{n}y_i \\ & \sum_{i=1}^{n}(x_i^2+y_i^2) & -\sum_{i=1}^{n}y_i & \sum_{i=1}^{n}x_i \\ & & n & 0 \\ & & & n \end{bmatrix}\begin{bmatrix} a \\ b \\ c \\ d \end{bmatrix}=\begin{bmatrix} \sum_{i=1}^{n}(x_iX_i+y_iY_i) \\ \sum_{i=1}^{n}(x_iY_i-y_iX_i) \\ \sum_{i=1}^{n}X_i \\ \sum_{i=1}^{n}Y_i \end{bmatrix} \tag{11-6-3}$$

间接平差得未知数a、b、c、d的解。进而按下式计算尺度因子和旋转角：

$$\theta=\arctan\frac{b}{a}$$

$$S=\frac{a}{\cos\theta}$$

例 11-6-1 为实现北京 54 坐标系和西安 80 坐标系的转换，已知六个点在北京 54 坐标系和西安 80 坐标系中的坐标，如表 11-6-1 所示，试按间接平差法求由北京 54 坐标系转换到西安 80 坐标系中的转换参数a、b、c、d的估值。

表 11-6-1 坐标转换公共点坐标

点号	X_{54} /m	Y_{54} /m	X_{80} /m	Y_{80} /m
1	3549410.630	382033.143	3549365.443	381988.085
2	3549941.317	389274.489	3549896.201	389229.483
3	3488420.433	431772.569	3488375.189	431728.376
4	3487723.267	511991.287	3487678.665	511947.702
5	3836092.404	427757.550	3836049.733	427710.519
6	3786132.749	381414.543	3786089.331	381367.572

解： 在实际解算过程中，误差项通常是很小的数值，而已知坐标值很大，容易使方程出现病态问题。为解决此问题，通常用已知坐标值减去坐标的平均值，得到一个较小值，如表 11-6-2 所示，再代入方程计算。

表 11-6-2 预处理后的公共点坐标

点号	X_{54} /m	Y_{54} /m	X_{80} /m	Y_{80} /m
1	−66876.170	−38674.121	−66876.984	−38673.871
2	−66345.483	−31432.775	−66346.226	−31432.473
3	−127866.367	11065.306	−127867.238	11066.420
4	−128563.533	91284.024	−128563.762	91285.746
5	219805.604	7050.287	219807.306	7048.563
6	169845.949	−39292.721	169846.904	−39294.384

对题目进行分析可知，公共点的数量有 6 个，所以观测值的个数$n=12$，为了确定参数a、b、c、d的估值，必要观测值为$t=4$，所以，多余观测数$r=8$。假定旧坐标系点的坐标无误

差，将表 11-6-2 中的数据代入式（11-6-1）中，可写出误差方程，其中，

$$\boldsymbol{B}=\begin{bmatrix} -66876.170 & 38674.121 & 1 & 0 \\ -38674.121 & -66876.170 & 0 & 1 \\ -66345.483 & 31432.775 & 1 & 0 \\ -31432.775 & -66345.483 & 0 & 1 \\ -127866.367 & -11065.306 & 1 & 0 \\ 11065.306 & -127866.367 & 0 & 1 \\ -128563.533 & -91284.024 & 1 & 0 \\ 91284.024 & -128563.533 & 0 & 1 \\ 219805.604 & -7050.287 & 1 & 0 \\ 7050.287 & 219805.604 & 0 & 1 \\ 169845.949 & 39292.721 & 1 & 0 \\ -39292.721 & 169845.949 & 0 & 1 \end{bmatrix},\quad \boldsymbol{L}=\begin{bmatrix} -66876.984 \\ -38673.871 \\ -66346.226 \\ -31432.473 \\ -127867.238 \\ 11066.420 \\ -128563.762 \\ 91285.746 \\ 219807.306 \\ 7048.563 \\ 169846.904 \\ -39294.384 \end{bmatrix}$$

解得

$$\hat{\boldsymbol{X}}=\begin{bmatrix} \hat{a} \\ \hat{b} \\ \hat{c} \\ \hat{d} \end{bmatrix}=\boldsymbol{N}_{BB}^{-1}\boldsymbol{W}=\begin{bmatrix} 1.000007489786580 \\ -0.000008070067014 \\ 0.000000000000735 \\ -0.000002833333626 \end{bmatrix}$$

11.6.2　三维坐标相似变换

三维坐标相似变换七参数模型为

$$\begin{cases} X+v_X=S(r_{11}x+r_{21}y+r_{31}z)+T_x \\ Y+v_Y=S(r_{12}x+r_{22}y+r_{32}z)+T_y \\ Z+v_Z=S(r_{13}x+r_{23}y+r_{33}z)+T_z \end{cases} \tag{11-6-4}$$

其中，

$$\begin{aligned} r_{11}&=\cos\theta_2\cos\theta_3 \\ r_{12}&=\sin\theta_1\sin\theta_2\cos\theta_3+\cos\theta_1\sin\theta_3 \\ r_{13}&=-\cos\theta_1\sin\theta_2\cos\theta_3+\sin\theta_1\sin\theta_3 \\ r_{21}&=-\cos\theta_2\sin\theta_3 \\ r_{22}&=-\sin\theta_1\sin\theta_2\sin\theta_3+\cos\theta_1\cos\theta_3 \\ r_{23}&=\cos\theta_1\sin\theta_2\sin\theta_3+\sin\theta_1\cos\theta_3 \\ r_{31}&=\sin\theta_2 \\ r_{32}&=-\sin\theta_1\cos\theta_2 \\ r_{33}&=\cos\theta_1\cos\theta_2 \end{aligned}$$

式中，S 为尺度因子；θ_1、θ_2、θ_3 分别为绕 x、y、z 轴的旋转角；T_x、T_y、T_z 分别为 x、y、z 方向的平移因子，共涉及 7 个未知参数（S、θ_1、θ_2、θ_3、T_x、T_y、T_z）。

设有 n 个公共点，建立误差方程并线性化得

$$\begin{bmatrix} \left(\frac{\partial X}{\partial S}\right)_0 & 0 & \left(\frac{\partial X}{\partial \theta_2}\right)_0 & \left(\frac{\partial X}{\partial \theta_3}\right)_0 & 1 & 0 & 0 \\ \left(\frac{\partial Y}{\partial S}\right)_0 & \left(\frac{\partial Y}{\partial \theta_1}\right)_0 & \left(\frac{\partial Y}{\partial \theta_2}\right)_0 & \left(\frac{\partial Y}{\partial \theta_3}\right)_0 & 0 & 1 & 0 \\ \left(\frac{\partial Z}{\partial S}\right)_0 & \left(\frac{\partial Z}{\partial \theta_1}\right)_0 & \left(\frac{\partial Z}{\partial \theta_2}\right)_0 & \left(\frac{\partial Z}{\partial \theta_3}\right)_0 & 0 & 0 & 1 \end{bmatrix} \begin{bmatrix} dS \\ d\theta_1 \\ d\theta_2 \\ d\theta_3 \\ dT_x \\ dT_y \\ dT_z \end{bmatrix} = \begin{bmatrix} X - X_0 \\ Y - Y_0 \\ Z - Z_0 \end{bmatrix} \tag{11-6-5}$$

其中，

$$\frac{\partial X}{\partial S} = r_{11}x + r_{21}y + r_{31}z，\frac{\partial Y}{\partial S} = r_{12}x + r_{22}y + r_{32}z，\frac{\partial Z}{\partial S} = r_{13}x + r_{23}y + r_{33}z$$

$$\frac{\partial Y}{\partial \theta_1} = -S(r_{13}x + r_{23}y + r_{33}z)，\frac{\partial Z}{\partial \theta_1} = S(r_{12}x + r_{22}y + r_{32}z)$$

$$\frac{\partial X}{\partial \theta_2} = S(-x\sin\theta_2\cos\theta_3 + y\sin\theta_2\sin\theta_3 + z\cos\theta_2)$$

$$\frac{\partial Y}{\partial \theta_2} = S(x\sin\theta_1\cos\theta_2\cos\theta_3 - y\sin\theta_1\cos\theta_2\sin\theta_3 + z\sin\theta_1\sin\theta_2)$$

$$\frac{\partial Z}{\partial \theta_2} = S(-x\cos\theta_1\cos\theta_2\cos\theta_3 + y\cos\theta_1\cos\theta_2\sin\theta_3 - z\cos\theta_1\sin\theta_2)$$

$$\frac{\partial X}{\partial \theta_3} = S(r_{21}x - r_{11}y)，\frac{\partial Y}{\partial \theta_3} = S(r_{22}x - r_{12}y)，\frac{\partial Z}{\partial \theta_3} = S(r_{23}x - r_{13}y)$$

组成法方程，间接平差可求得未知数的解。

例 11-6-2 已知 5 个点在 WGS-84 和北京 54 坐标系下的坐标，见表 11-6-3，根据布尔沙相似变换模型求解 WGS-84 和北京 54 坐标系之间的转换参数。

表 11-6-3 点在 WGS-84 和北京 54 坐标系中的坐标

点号	X_{84} /m	Y_{84} /m	Z_{84} /m	X_{54} /m	Y_{54} /m	Z_{54} /m
1	−2066241.5001	5360801.8835	2761896.3022	−2066134.4896	5360847.0595	2761895.5970
2	−1983936.0407	5430615.7282	2685375.7214	−1983828.7084	5430658.9827	2685374.6681
3	−1887112.7302	5468749.1944	2677688.9806	−1887005.1714	5468790.6487	2677687.2680
4	−1808505.4212	5512502.2716	2642356.5720	−1808397.7260	5512542.0921	2642354.4550
5	−1847017.0670	5573542.7934	2483802.9904	−1846909.0036	5573582.6511	2483801.6147

解： 两个坐标系之间转换的布尔沙模型为

$$\begin{bmatrix} X \\ Y \\ Z \end{bmatrix}_{54} = \begin{bmatrix} T_x \\ T_y \\ T_z \end{bmatrix} + (1+m)R_3(\theta_3)R_2(\theta_2)R_1(\theta_1)\begin{bmatrix} X \\ Y \\ Z \end{bmatrix}_{84}$$

式中，$\begin{bmatrix} X \\ Y \\ Z \end{bmatrix}_{54}$ 和 $\begin{bmatrix} X \\ Y \\ Z \end{bmatrix}_{84}$ 分别为某点在北京 54 坐标系和 WGS-84 坐标系下的坐标；T_x、T_y、T_z 为由 WGS-84 坐标系转换到北京 54 坐标系的平移参数；θ_1、θ_2、θ_3 为由 WGS-84 坐标系转换到北京 54 坐标系的旋转参数；m 为由 WGS-84 坐标系转换到北京 54 坐标系的尺度参数。

考虑通常情况下，两个不同基准间旋转的 3 个欧拉角 θ_1、θ_2、θ_3 都非常小，忽略二阶微小量，则 $\sin\theta=\theta$，$\cos\theta=1$，因此，布尔沙模型最终可简化表示为

$$\begin{bmatrix} X \\ Y \\ Z \end{bmatrix}_{54} = \begin{bmatrix} X \\ Y \\ Z \end{bmatrix}_{84} + \begin{bmatrix} X_{84} & 0 & -Z_{84} & Y_{84} & 1 & 0 & 0 \\ Y_{84} & Z_{84} & 0 & -X_{84} & 0 & 1 & 0 \\ Z_{84} & -Y_{84} & X_{84} & 0 & 0 & 0 & 1 \end{bmatrix} \begin{bmatrix} m \\ \theta_1 \\ \theta_2 \\ \theta_3 \\ T_x \\ T_y \\ T_z \end{bmatrix}$$

按题意知，必要观测数 $t=7$，$n=15$，$r=8$。选取 7 个转换参数为待估参数。

（1）列误差方程。

将北京 54 坐标系下的坐标视为观测值，设 WGS-84 坐标系下的坐标为无误差，则可列出误差方程为

$$\begin{bmatrix} v_{x_1} \\ v_{y_1} \\ v_{z_1} \\ \vdots \\ v_{x_5} \\ v_{y_5} \\ v_{z_5} \end{bmatrix}_{54} = \begin{bmatrix} X_1 & 0 & -Z_1 & Y_1 & 1 & 0 & 0 \\ Y_1 & Z_1 & 0 & -X_1 & 0 & 1 & 0 \\ Z_1 & -Y_1 & X_1 & 0 & 0 & 0 & 1 \\ \vdots & \vdots & \vdots & \vdots & \vdots & \vdots & \vdots \\ X_5 & 0 & -Z_5 & Y_5 & 1 & 0 & 0 \\ Y_5 & Z_5 & 0 & -X_5 & 0 & 1 & 0 \\ Z_5 & -Y_5 & X_5 & 0 & 0 & 0 & 1 \end{bmatrix}_{84} \begin{bmatrix} m \\ \theta_1 \\ \theta_2 \\ \theta_3 \\ T_x \\ T_y \\ T_z \end{bmatrix} - \left\{ \begin{bmatrix} X_1 \\ Y_1 \\ Z_1 \\ \vdots \\ X_5 \\ Y_5 \\ Z_5 \end{bmatrix}_{54} - \begin{bmatrix} X_1 \\ Y_1 \\ Z_1 \\ \vdots \\ X_5 \\ Y_5 \\ Z_5 \end{bmatrix}_{84} \right.$$

写成矩阵形式，即

$$\boldsymbol{V} = \boldsymbol{B}\hat{\boldsymbol{X}} - \boldsymbol{L}$$

因为各点的坐标可视为独立等精度观测值，所以 $\boldsymbol{P}=\boldsymbol{I}$。

（2）参数求解。

把各点坐标已知值代入上述误差方程，然后按照下列公式：

$$\hat{\boldsymbol{X}} = (\boldsymbol{B}^{\mathrm{T}}\boldsymbol{B})^{-1}(\boldsymbol{B}^{\mathrm{T}}\boldsymbol{L})$$

求解出参数估值：

$$\hat{m}=-4.271\,48\text{ppm}，\hat{\theta}_1=0.516\,83\text{s}，\hat{\theta}_2=-1.218\,48\text{s}，\hat{\theta}_3=3.506\,69\text{s}$$

$$\hat{T}_x=-9.3089\text{m}，\hat{T}_y=26.0137\text{m}，\hat{T}_z=12.2981\text{m}$$

（3）精度评定。

将所求得 $\hat{\boldsymbol{X}}$ 代入 $\boldsymbol{V}=\boldsymbol{B}\hat{\boldsymbol{X}}-\boldsymbol{L}$ 求改正数 $\boldsymbol{V}$，利用改正数进行精度评定。

单位权中误差：

$$\hat{\sigma}_0 = \sqrt{\frac{\boldsymbol{V}^{\mathrm{T}}\boldsymbol{P}\boldsymbol{V}}{n-t}} = \sqrt{\frac{\boldsymbol{V}^{\mathrm{T}}\boldsymbol{P}\boldsymbol{V}}{8}} = 0.035\text{m}$$

北京 54 坐标系中各坐标的中误差为

$$\hat{\sigma}_{\hat{x}_1} = \hat{\sigma}_{\hat{y}_1} = \hat{\sigma}_{\hat{z}_1} = \cdots = \hat{\sigma}_{\hat{x}_5} = \hat{\sigma}_{\hat{y}_5} = \hat{\sigma}_{\hat{z}_5} = \hat{\sigma}_0 = 0.035\text{m}$$

11.7 平差在拟合模型中的应用

11.7.1 拟合模型概述

函数模型是变量之间存在着确定的关系而建立的模型。有时，各变量之间并没有确定的函数关系，而是存在某种不确定的相关关系，可以通过对现象的大量观察，探索它们之间的统计规律性，对这类统计规律性的研究称为回归分析，建立其描述模型称为拟合模型。

例如，在地图数字化中，对圆曲线上的 n 个点进行数字化坐标采集，数字化采集过程中误差的存在，使得这 n 个点并不严格地在同一条圆曲线上，但可依据一定的原则，拟合出一条最优圆曲线，建立拟合模型。

本节将以最基础的直线拟合模型为例，说明间接平差在拟合模型解算中的应用。

11.7.2 直线拟合

直线拟合也称一元线性回归，设有两个变量 x 和 y，它们之间具有相关关系，变量 x 的变化会引起 y 作对应的变化，但二者之间的变化关系没有确定的函数模型。现对两个变量进行观测，得到的观测数据如图 11-7-1 所示。

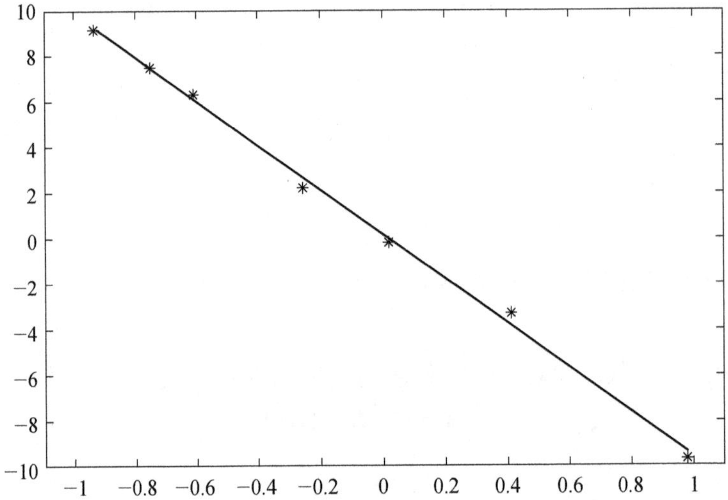

图 11-7-1 近似于直线关系的两个变量

从图 11-7-1 可以看出，两个变量之间有近似于直线的关系，因此，可以拟合出一条直线方程来近似表达二者之间的关系，即直线拟合。直线方程可写作

$$y = ax + b \tag{11-7-1}$$

式中，x、y 为观测值；直线方程的系数 a、b 为待估参数。设 x 无误差，将上式改写成误差方程为

$$v_i = \hat{a}x_i + \hat{b} - y_i \tag{11-7-2}$$

若有 n 个观测值，将上式写成矩阵的形式为

$$\begin{bmatrix} v_1 \\ v_2 \\ \vdots \\ v_n \end{bmatrix} = \begin{bmatrix} x_1 & 1 \\ x_2 & 1 \\ \vdots & \vdots \\ x_n & 1 \end{bmatrix} \begin{bmatrix} \hat{a} \\ \hat{b} \end{bmatrix} - \begin{bmatrix} y_1 \\ y_2 \\ \vdots \\ y_n \end{bmatrix} \tag{11-7-3}$$

即

$$\underset{n1}{\boldsymbol{V}} = \underset{n2}{\boldsymbol{B}} \underset{21}{\hat{\boldsymbol{X}}} - \underset{n1}{\boldsymbol{L}}$$

根据上式即可按间接平差解算出直线方程的两个系数，从而确定直线方程，完成直线拟合。

参数的解为

$$\hat{\boldsymbol{x}} = \begin{bmatrix} \hat{a} \\ \hat{b} \end{bmatrix} = (\boldsymbol{B}^{\mathrm{T}} \boldsymbol{PB})^{-1} \boldsymbol{B}^{\mathrm{T}} \boldsymbol{PL}$$

11.7.3　实例分析

现有两个变量 x，y 的观测数据如表 11-7-1 所示。

表 11-7-1　直线拟合观测数据

坐标＼点号	1	2	3	4	5	6	7
X	−0.932	0.981	0.019	−0.613	−0.256	−0.751	0.412
Y	9.154	−9.625	−0.186	6.281	2.203	7.456	−3.304

根据以上数据绘制观测值二维散点图，如图 11-7-1 所示。从图中可看出，两个变量的关系近似直线模型，选择直线拟合方法建立描述二者之间关系的函数模型。将观测数据代入式（11-7-3），有

$$\begin{bmatrix} v_1 \\ v_2 \\ v_3 \\ v_4 \\ v_5 \\ v_6 \\ v_7 \end{bmatrix} = \begin{bmatrix} -0.932 & 1 \\ 0.981 & 1 \\ 0.019 & 1 \\ -0.613 & 1 \\ -0.256 & 1 \\ -0.751 & 1 \\ 0.412 & 1 \end{bmatrix} \begin{bmatrix} \hat{a} \\ \hat{b} \end{bmatrix} - \begin{bmatrix} 9.154 \\ -9.625 \\ -0.186 \\ 6.281 \\ 2.203 \\ 7.456 \\ -3.304 \end{bmatrix}$$

解算出参数为

$$\begin{bmatrix} \hat{a} \\ \hat{b} \end{bmatrix} = \begin{bmatrix} -9.714 \\ 0.129 \end{bmatrix}$$

因此，拟合出的两个变量间的直线方程为

$$y = -9.714x + 0.129$$

主要参考文献

崔希璋，於宗俦，陶本藻，等. 2009. 广义测量平差. 2 版. 武汉：武汉大学出版社.

丁安民. 2012. 误差理论与测量平差基础. 北京：测绘出版社.

胡伍生，潘庆林. 2016. 土木工程测量. 5 版. 南京：东南大学出版社.

金学林，马金铃，王菊珍. 1990. 误差理论与测量平差. 北京：煤炭工业出版社.

邱卫宁，陶本藻，姚宜斌，等. 2008. 测量数据处理理论与方法. 武汉：武汉大学出版社.

史文中. 2005. 空间数据与空间分析不确定性原理. 北京：科学出版社.

陶本藻，邱卫宁. 2012. 误差理论与测量平差. 武汉：武汉大学出版社.

王穗辉. 2009. 误差理论与测量平差. 2 版. 上海：同济大学出版社.

王新洲，陶本藻，邱卫宁，等. 2006. 高等测量平差. 北京：测绘出版社.

武汉大学测绘学院测量平差学科组. 2005. 误差理论与测量平差基础习题集. 武汉：武汉大学出版社.

武汉大学测绘学院测量平差学科组. 2014. 误差理论与测量平差基础. 3 版. 武汉：武汉大学出版社.

夏春林，钱建国，张恒璟. 2015. 误差理论与测量平差. 北京：清华大学出版社.

许娅娅，雒应，沈照庆. 2014. 测量学. 4 版. 北京：人民交通出版社.

於宗俦，鲁林成. 1982. 测量平差基础（增订本）. 北京：测绘出版社.

於宗俦，于正林. 1989. 测量平差原理. 武汉：武汉测绘科技大学出版社.

张琴，张菊清，岳东杰. 2010. 近代测量数据处理与应用. 北京：测绘出版社.

张书毕. 2013. 测量平差. 2 版. 徐州：中国矿业大学出版社.

张祖勋，张剑清. 2002. 数字摄影测量学. 武汉：武汉大学出版社.

朱建军，左廷英，宋迎春. 2013. 误差理论与测量平差基础. 北京：测绘出版社.

左廷英，朱建军，鲍建宽. 2016. 误差理论与测量平差基础习题集. 北京：测绘出版社.